装备科技译著出版基金

超宽带电磁辐射技术

［俄］ В. И. 科舍廖夫　　В. П. 别里钦科

Ю. И. 布扬诺夫　　著

李国政　译

国防工业出版社

·北京·

著作权合同登记　图字:军-2016-112 号

图书在版编目(CIP)数据

超宽带电磁辐射技术／（俄罗斯）科舍廖夫，（俄罗斯）别里钦科，（俄罗斯）布扬诺夫著;李国政译．—北京:国防工业出版社,2018.9
ISBN 978-7-118-11650-2

Ⅰ.①超…　Ⅱ.①科…　②别…　③布…　④李…　Ⅲ.①超宽带天线-电磁辐射-研究　Ⅳ.①TN82

中国版本图书馆 CIP 数据核字(2018)第 208067 号

本书简体中文版由 В. И. Кощелев，В. П. Беличенко，Ю. И. Буянов 授予国防工业出版社独家出版发行。

※

国防工业出版社出版发行

（北京市海淀区紫竹院南路 23 号　邮政编码 100048）
三河市腾飞印务有限公司印刷
新华书店经售

*

开本 710×1000　1/16　　印张 28¾　字数 530 千字
2018 年 9 月第 1 版第 1 次印刷　印数 1—2000 册　定价 159.00 元

(本书如有印装错误,我社负责调换)

国防书店：(010)88540777　　发行邮购：(010)88540776
发行传真：(010)88540755　　发行业务：(010)88540717

译　者　序

本书是俄罗斯三名学者 В. И. 科舍廖夫、В. П. 别里钦科和 Ю. И. 布扬诺夫撰写的关于超宽带电磁辐射技术的一部专著。从 20 世纪 90 年代初以来，作者所在的俄罗斯科学院西伯利亚分院强流电子学研究所和托木斯克国立大学无线电物理系组成的科研集体，在超宽带无线电脉冲技术领域实际装置研制和理论模拟，尤其在天线阵列技术方面，开展了系统的研究工作，取得了很大进展。本书就是他们的研究和研制工作的总结，其中包括一些原创性成果。

本书俄文版名为 *СВЕРХШИРОКОПОЛОСНЫЕ ИМПУЛЬСНЫЕ РАДИОСИСТ-ЕМЫ*，经与原书主编 В. И. 科舍廖夫教授商量，该书中文版更名为《超宽带电磁辐射技术》。此外，还征得 В. И. 科舍廖夫教授同意，将书中符号表、缩略语分别作为附录 1、附录 2 列在全书第 12 章后。在本书翻译完成后，原书主编 В. И. 科舍廖夫教授于 2016 年 12 月 28 日来函，对该书第 2～5 章、第 7 章、第 9～10 章中发现的问题给出了修改意见，这些在本书中相应页脚处以页末注形式标明。

本书在前 8 章中首先阐述了超宽带脉冲无线电技术发展及其应用的历史，接着介绍了超宽带脉冲定义和特性，描述了非稳态过程的电动力学问题及其求解方法即解析方法、解析–数值方法、数值方法以及小波分析方法，以及将这些方法应用于超宽带脉冲的发射和接收、超宽带脉冲在导电和介电目标上以及通道中的传输和散射问题等，包括脉冲信号在散射目标和传输通道的脉冲响应、原脉冲重建等。在后 4 章中给出了读者更感兴趣的天线和天线阵列以及利用行波叠加方法对发射和接收天线脉冲响应的研究等，归纳了对有源接收天线和双极天线阵列、利用向量接收天线对辐射和目标散射的超宽带脉冲极化结构的研究结果，并特别关注了组合天线和天线阵列以及兆伏有效辐射势的高功率超宽带辐射源。在最后一章给出了 2×2、4×4、8×8 单元阵列辐射源的研究结果，实现了辐射的方向可控、频谱可控。此外，各章都罗列了该领域（俄罗斯）国内外公开发表的参考文献。基于前述可见，本书反映了俄罗斯这一领域当今的概况和水平。因此，本书的翻译出版，对于我国在相关技术领域从事研究和研制的科技研究人员大有裨益，是值得借鉴和参考的重要资料。

大家知道，无线电技术、电磁场技术、微波技术，乃至本书阐述的超宽带技术，它们在学科和专业技术上是相近的，其基础都是著名的麦克斯韦方程组。这一领域科学技术虽然早在 19 世纪末就开始了，但是直到核武器出现以后，随着核爆炸电磁脉冲（ЭМИ ЯВ）模拟器的研究和研制得到了很大的发展，然而从20世纪90年代初以来，超宽带科学和技术及其在不同方面的应用才更得到了蓬勃发展，这其中包括超宽带雷达、超宽带无线电通信等以及它们的基础技术：天线、天线阵列和高功率超宽带辐射源技术，概括地讲就是它们的军用、民用甚至反恐应用等。

因此，本书有益于从事超宽带电磁脉冲的产生、辐射、传播和接收及其应用领域的专家和科技研究人员，以及高等院校相关专业和研究方向的教师、研究生等。

本书译者有幸得到俄罗斯强流电子学研究所 B. И. 科舍廖夫教授和托木斯克国立大学 B. П. 别里钦科教授、Ю. И. 布扬诺夫教授授权翻译并协助出版本书的中文版。

本书的翻译出版得到了许多同志和朋友的支持和帮助，首先感谢邱爱慈院士、段宝岩院士支持推荐本书的出版。谢彦召教授和范亚军研究员作为这一领域从事研究的专家，在得知将要翻译出版这一专著时，表示了很大的兴趣和支持。感谢谢彦召教授在出版和翻译过程中给予的帮助，审阅了部分书稿。感谢潘妮妮女士在译稿计算机录入中所做的大量工作。除此之外，还要感谢 Ю. А. 安德列耶夫博士在西安时对本书某些原文翻译的帮助。

最后，还要感谢国防工业出版社和牛旭东责任编辑的大力支持和帮助，没有他们的努力，本书的出版也是困难的。

本书的翻译是应西安交通大学特种电气技术教育部重点实验室和瞬态电磁环境与应用国际联合研究中心的需要完成的。

由于译者水平所限，译文不当之处在所难免，敬请批评指正。

译者谨记

2017.11，西安

作 者 引 言

从 20 世纪 90 年代初开始,对超宽带无线电系统即高功率电磁脉冲辐射源,展开了密集强化的研究。与此同时,俄罗斯科学院西伯利亚分院强流电子学研究所与托木斯克国立大学无线电物理系组成的科研集体,在这一领域开展了系统的研究工作。

在过去的 20 多年中,本书作者作为上述两个单位联合科研集体的主要参与者,在这一极其非稳态过程物理领域的研究中获得了许多新的认知,在研究和研制发射天线、接收天线、天线阵列和高功率超宽带电磁辐射源的工作中积累了丰富的经验。本书作者在本专著中涉猎非常广泛的研究领域,包括雷达定位和许多目标的电子系统对短电磁脉冲作用的敏感度问题。基于这种情况,作者最初曾打算,本书的阐述只限于作者科研集体得到的原创性结果。

然而,对这些结果表述的逻辑本身,却使作者相信:更广泛地讨论和研究超宽带无线电系统,即高功率电磁脉冲辐射源的现代状况和水平是十分必要的。因此,本专著把非常大的注意力集中到非稳态电动力学诸多问题上,而问题的求解方法涉及解析方法、解析–数值方法和数值方法,以及将这些方法应用于超宽带脉冲的发射和接收问题及在介质和通道中的传播、在导电和介电目标上的散射问题等。当然,对本书材料的选取造成影响的,应当提到的还有作者的科学兴趣。

作者感到非常高兴的是,能够借助本书出版的机会,对本科研集体同事们在研究过程不同阶段中富有成效的合作表示深深的谢意。

目　　录

第1章　超宽带脉冲无线电系统引言

一般情况下,超宽带脉冲无线电系统不仅包括与测量数据处理系统组成一体的发射器和接收器,还包括辐射超宽带脉冲的传播通道(介质)及通道中的散射目标。超宽带电磁脉冲辐射,就是它的频带宽度与其平均频率相当的辐射。

在超宽带脉冲无线电系统发展过程中,对它们的分类曾提出几种思路。这里只讨论其中的两种。第一种思路的定义[1]是基于相对频带的估计,这主要用于通信和雷达系统的研制方面。辐射脉冲的相对带宽由下式确定:

$$\eta = 2\frac{f_H - f_L}{f_H + f_L} \tag{1.1}$$

式中:f_H 和 f_L 分别为脉冲频谱的上边界频率和下边界频率,它们在频谱 10dB 水平上计算。这里将超宽带辐射理解为相对频带 $\eta \geqslant 0.2$ 和绝对频带 $\geqslant 500MHz$ 的辐射。后面,将窄带辐射理解为相对频带 $\eta < 0.01$ 的辐射,而宽带辐射为相对频带满足 $0.01 \leqslant \eta < 0.2$ 的辐射。

辐射分类的第二种思路[2],是建立在频率带比 $b = f_H / f_L$ 基础上的,该系数由下面公式表示:

$$b = (2 + \eta)/(2 - \eta) \tag{1.2}$$

按第二种思路可分出四种频带:①窄带,即 $b < 1.01$;②中带,即 $1.01 \leqslant b \leqslant 3$;③超中带,即 $3 < b \leqslant 10$;④超带,即 $b > 10$。这种频带分类法是针对从事在高功率电磁脉冲作用下无线电电子设备稳定性(功能失效)问题研究者的,同时也适用所谓电磁兼容(ЭМС)领域的研究工作。窄带辐射对应的是第一频带 $b < 1.01$,这与上面讨论 $\eta < 0.01$ 的思路是一致的,而超宽带辐射对应的是剩下所有的频带,如文献[3]中提出的那样。在文献[4]中,提出将第四频带 $b > 10$($\eta > 1.63$)归到超宽带信号范畴。根据前述的第一种思路,超宽带辐射对应频带 $b \geqslant 1.22$。应当指出,在后面进行的辐射脉冲估计中将采用第一种分类思路。

因此,现在可以将超宽带信号及相应的无线电系统分为三种基本类型:

(1)基于频率和相位调制的信号,以及类噪声无规则信号。

(2)辐射中心频率不同的射频脉冲信号序列(时频调制)。

(3)无射频载波的短电磁脉冲。

下面利用短的电脉冲能量直接转换为电磁辐射能量,主要研究超宽带无线电系统。对于这样的系统,首先是在对包括生物体在内的目标和介质作用的情

1

况下,研究系统的非线性和非稳态过程。此外,它们的重要应用领域还包括无线电电子学设备在电磁脉冲作用下的稳定性研究,现代雷达的研究和研制,诊断目标的识别,以及对脉冲通信系统和电磁兼容的研究等。

将超宽带天线理解为满足信号不畸变传输条件的辐射器。在物理上,这个条件要求在天线中存在辐射相位中心,并且在给定的超宽带信号频率范围内这个中心是稳定的。这表明,与频率无关的宽范围天线[5](例如螺旋天线和对数周期天线)不属于超宽带天线,因为这些天线在辐射时并不使超宽带脉冲发生畸变。后面在研究无线电系统时将细致地分析在辐射和接收短电磁脉冲方式下工作的超宽带天线。

下面集中注意力在高功率超宽带脉冲下工作的无线电系统。这种状况是由于短电磁脉冲能量的增大引起的,而这又是增大无线电系统作用距离所必需的,这可能只有通过增大峰值功率才能做到。超宽带辐射脉冲的能量在空间上的分布与辐射器的方向图是一致的。对于不同的应用,必须知道在远区 r 距离上方向图主方向的脉冲电场 E_p 的峰值场强。因此,表征超宽带无线电系统的主要参数,不论是高功率系统还是低功率系统都是由 rE_p 乘积决定的辐射有效势。本书将高功率无线电系统理解为辐射的峰值功率大于或等于 100MW 的系统。

1.1　超宽带无线电系统的发展历史

超宽带无线电系统的历史[6-9]是从 H. 赫兹在 1887 年和 1888 年间的实验开始的。在他的实验中,探测了利用产生衰减电振荡的火花发生器和天线作为发射器辐射电磁波的方法,晚些时候就将天线称作赫兹电偶极子,同时他在实验上证实了 J. K. 麦克斯韦在 1865 年理论上预言的电磁波的存在。为了记录电磁振荡,赫兹最初采用了火花指示器和天线环,而在抛物线型镜面天线用于辐射电磁脉冲的实验中,他还采用了电偶极子记录这些脉冲。他预先根据 LC 回路振荡公式估计了共振频率,并将发射接收系统调整到这个频率。

在实验中,辐射了宽带电磁脉冲,其带宽由衰减振荡周期数决定,而接收天线在共振频率上截取了窄带辐射。这是因为为记录辐射利用了共振接收天线和火花指示器,这里的火花指示器是指与接收天线圆环或偶极子终端连接的两个球电极之间,在空气中产生火花击穿并在黑暗中用肉眼确定的火花数。但是,当时还不能够记录辐射的电磁脉冲。这些研究的重要结果,是在物理上从牛顿和他人的瞬时作用力理论转为法拉第提出场的力线以及接着由麦克斯韦发展的电磁波有限传播速度的近距离作用理论。

超宽带无线电系统发展的一个重要阶段,是 1895—1913 年,在这个阶段俄罗斯人 A. C. 波波夫和英国人 G. 马可尼同时又相互独立地发明了无线电。开始时,无线电用来传送信息,而在阶段结束时 A. 迈斯涅尔建成了真空管振荡器,接着在通信系统中转为采用不衰减的电磁振荡,即较为窄带发射阶段。这个阶段的重要任务是增大信号传送的距离。为此目的,对于直视范围外的无线电通信,采用了无线电波的衍射和天线系统本身在共振频率上的电磁振荡激励,这就导致了建设庞大的无线电设施和利用 10~100kHz 频率。1901 年,马可尼实现了从英国经过大西洋 3500km 距离到加拿大的无线电通信。根据这些实验,1902 年 A. 肯涅里和 O. 赫文赛德各自独立地提出了在地球大气中存在可反射电磁波的电离区域即电离层的假设,这个假设晚些时候在 1924 年和 1925 年间被直接测量电离层高度的实验所证实。

为了传送信号,采用了莫尔斯编码,即长的和短的衰减振荡序列。增大衰减振荡幅度和减小它的时间宽度,即增大辐射功率和频谱就必须寻找火花开关和天线有效工作方式的新技术解决办法。减小衰减振荡的时间宽度,曾设想通过外作用来减小开关中等离子体去电离的时间来实现。最初的研究已经表明,为了增大天线的通频带,必须增大它的面积或体积。在这一时期直到 20 世纪末所研制的超宽带天线的基本结构,尤其是用于无线电通信系统的,都在专著[10]中给出了描述。

应当指出,在这一研究时期,探测了根据金属反射无线电波而探测金属目标的方法,这是 1904 年由 X. 休斯梅尔完成的。在他的专利中描述的装置,包括有火花发射器、定向天线和接收器,后者就是布兰里-楼日金属屑检波器,在 A. 波波夫和 G. 马可尼最初的实验中也都采用过。后来,雷达成为无线电脉冲应用的主要方向之一,尤其是在军事领域[11]。

H. 斯特拉的研究工作[12,13],对高功率超宽带无线电系统的发展做出了很大贡献。他提出的基本思想,使得能无线传送能量和信息到很大的距离上。他从实验观测到的雷电放电现象得知,有时记录的信号随着雷电远离而增大。这就使得他设想,在对地放电时,在共振腔中出现类似的驻波。这里还应当指出,A. C. 波波夫最初的实验也与记录雷电场有关,因此他的第一台仪器曾称作雷电指示器。为了实现自己的思想,N. 特斯拉在 1891 年制成了共振变压器,就是现在所说的"特斯拉变压器",他在 1892 年的最初实验中,就已经得到了输出电压 1MV,尔后是 4MV 的结果。

为了传送能量到很大的距离上,H. 特斯拉曾设想调试他的变压器与地球共振,同时实现对地的高压放电,并激发约 10Hz 频率的波沿着体积共振器的地球表面传播,而这个体积共振器代表的是围绕地球的空间。过了半个世纪,V. 舒曼[14,15]指出,有可能在地球-电离层的空腔中激励出全球的共振电磁振荡,他还计算了地球-电离层共振腔的本征频率谱,同时指出雷电放电作为自然的超

3

低频振荡源的重要作用。他发现,存在两种类型的本征频率,其中第一类本征频率的近似表达式,可以写作

$$f_n \approx 7.5n \, \text{Hz}, \quad n = 1, 2, \cdots \tag{1.3}$$

而第二类本振频率的表达式为

$$F_n \approx 300 f_n \tag{1.4}$$

第一类共振,称作低频共振,或者舒曼共振,而第二类共振称作高频共振。应当指出,舒曼共振的频率与特斯拉估计的一致。

为了分出通信通道即选择振荡,N. 特斯拉于 1893 年提出采用共振回路作为发射器和接收器,当时他不知道 W. 克鲁柯斯于 1892 年提出的类似建议。应当指出,共振回路在通信系统中开始使用,比 A.C. 波波夫和 G. 马可尼最初的实验晚很长时间。N. 特斯拉 1893 年开始研制无线电系统。此时,他指出,他的思路与赫兹当时采用自由空间的电磁波不一样。

在 1899 年和 1900 年,N. 特斯拉建立了基于共振变压器的实验装置,这个装置由幅度 12MV 的振荡在 100kHz 频率下激发。变压器绕组的高压端与直径 30 英寸(1 英寸 = 2.54cm)的空心金属球连接,该球置于地面上方 142 英尺(1 英尺 = 0.3048m)处。长波的电磁振荡,处于千米级波长范围,在大气中电气放电时对它进行了测量。为了产生短波振荡,建立了输出电压 400kV 装置。放电是在直径 30 英寸的球体与接地金属板之间进行,在不限制电流条件下传播的电磁波引起了测量回路中仪器绝缘的击穿。可以假设,根据辐射器尺寸,它是处在约 100MHz 的频率范围。何况,在距实验室很大距离的供电站发电机上,发生了与这种放电有关的短路。看来,这是高功率电磁脉冲导致目标失效的第一批试验。

正如前面指出,20 世纪 20 年代,转向窄带信号降低了对发展超宽带无线电系统的兴趣。但是在四五十年代,情况发生了急剧变化。这是由两组原因造成的。第一组原因,是与美国在 1945 年和苏联 1949 年进行了原子弹试验有关。这些试验表明,核爆炸产生的电磁脉冲(ЭМИ ЯВ)是核爆炸毁伤因素之一,而这个电磁脉冲又是超宽带的;第二组原因,是研究者意识到,为了改进雷达的空间分辨 Δr 与 $1/\Delta f$,使其呈比例关系并增强传输通道的通过容量 C,必须采用宽频带 Δf 的辐射脉冲。根据香农(Shannon)定律[16,17],有

$$C = \Delta f \log_2(1 + P_S/P_N) \tag{1.5}$$

式中:P_S 和 P_N 分别为信号功率和噪声功率。这两个研究方向同时并相互独立地发展,只是到了 20 世纪 90 年代,在解决高功率超宽带脉冲对自由空间中大目标作用问题并研制高功率超宽带雷达时,这两个方向才开始接近。

下面将首先研究在核爆炸电磁脉冲作用下目标稳定性试验问题引发的超宽带系统的发展。将区分高空核爆炸与地上核爆炸的电磁脉冲,以及电磁脉冲

辐射的早期部分与晚期部分。所有这些都是由于核爆炸电磁脉冲形成中物理过程不同决定的[18-20]。

为了简化,将主要研究高空核爆炸电磁脉冲的早期部分。下面阐述一下核爆炸能量转换为电磁脉冲的物理机制:核爆炸产生的 γ 量子与空气原子发生相互作用,并从空气原子中打出快康普顿电子和光电子。这些电子沿着 γ 量子方向运动,称作间接电流,它们导致介质极化并产生径向电场。快电子使空气电离,使其变成导电的。在极化电场作用下,导电空气中产生电导电流,即感应电流。总电场的强度,由间接电流和电导电流的比值决定。在真实条件下,间接电流和电导电流的空间分布是不对称的,这将导致出现电磁辐射,并使其从电磁脉冲源区向更大距离传播。

在高空核爆炸时,不对称因子包括有地电场和地磁场、大气随高度的不均匀性、地表下的导电表面和电离辐射输出的可能不对称性。高空核爆炸产生的早期电磁脉冲,具有的时间特性和频率特性如下:它的波形前沿在 0.1~0.9 幅度水平上的时间宽度为 2.5ns,在峰值场强 50kV/m 时它的脉冲幅度半高处的时间宽度为 25ns;就电磁脉冲的高频成分而言,它的能量主要份额集中在 0.1~100MHz 频率范围内。

电磁脉冲的晚期部分是低频的,具有很大的时间宽度,但是它的场强却非常小。由于核爆炸条件各种各样,而核弹头参数可以非常不同,因此电磁脉冲特性可在很大范围内变化,这些可以通过本章引用的文献查到。只是应当指出,超-电磁脉冲的前沿宽度等于 0.5ns,而电磁脉冲的波形并不总是所需单极性的,可能有几个时间瓣[21]。

在 1963 年,苏联、美国和大不列颠签订了关于在三种介质环境中禁止核武器试验的协定后,许多国家(美国、苏联、英国、法国、中国、德国、意大利、瑞典、荷兰、瑞士、以色列)开始开展了建设核爆炸电磁脉冲模拟器的工作。现在这类模拟器,可以分成两类:①在自由空间产生平面波的模拟器,用于试验飞行的导弹、飞机;②产生平面波加上地表面反射的平面波的模拟器,用于试验地上的目标。

核爆炸电磁脉冲模拟器可以分成三种基本类型[22,23]:

(1) 波导线型或传输线型模拟器。这样的模拟器用得最广,它们用于模拟均匀的横向电磁(transverse electromagnetic)波,即 TEM 平面波。线的输入端与给定时间波形的高电压脉冲发生器连接。目标置于线的中部,而在线的终端接入匹配的电阻负载,以吸收通过的脉冲。

(2) 混合型模拟器。该模拟器的特点,是将模拟高频(早期的)电磁场和低频(晚期的)电磁场两种类型源兼容在一起工作。混合型模拟器,可以模拟有地球表面反射或没有这个反射两种情况。

（3）电偶极子型模拟器。通常采用很大的电偶极子,但它具有分布式电阻负载,以抑制结构中产生的振荡。偶极子与试验目标(如大军舰)有一定距离。天线在零频率附近不辐射电磁场,因此这种模拟器在低频方面受到限制。已建成的这种模拟器及其特性,在专著[20]中可以找到。

核爆炸电磁脉冲模拟器的研制,促进了高功率脉冲技术、辐射高功率电磁脉冲的超宽带天线、高时间分辨测量电磁场的传感器和示波器的发展。应当指出,核爆炸电磁脉冲模拟器领头研制者之一 K. 鲍姆,在 1989 年曾提出了向自由空间发射高功率亚纳秒超宽带脉冲天线的构想[24,25],这个天线称作脉冲辐射天线(Impulse Radiating Antenna,IRA)。这是高功率超宽带系统从核爆炸电磁脉冲模拟器向高功率辐射源发展的规律性结果。

从 20 世纪 90 年代初,许多国家如美国、俄罗斯、中国、英国、德国、法国、乌克兰、以色列、韩国、印度等大力地开展了研制核爆炸电磁脉冲模拟器的工作,得到了超宽带辐射脉冲在重复频率 3kHz 下具有半高幅度的宽度 0.1~1ns 和有效辐射势 0.1~5.3MV[3,20,26,27],而辐射的频谱构成处在 0.1~10GHz 频率范围,下边界邻近核爆炸电磁脉冲的频谱,其辐射的峰值功率达到约 1GW。

建造高功率超宽带辐射源的工作,可以分成三个主要方向[27]。在第一个方向,采用的是一个高压发生器加一个天线的方案,这是这个方案的特点。在这样的辐射源中,为了增强辐射的方向及它的有效辐射势 rE_p,采用了大孔径的天线,如 IRA 和 TEM 天线。在 JOLT[28] 装置上,得到了在重复频率 200Hz 下辐射脉冲有效势为 5.3MV 的结果。

在第二个方向,采用了每个天线都由单个可控的发生器激发的天线阵列,此时发生器数等于阵列的天线数。在这个方向上,印象最深的结果是在 GEM2 装置上达到的[29],在这个装置上得到了超宽带辐射脉冲,其有效辐射势在重复频率 3kHz 下为 1.65MV。利用这个装置,实现了波束在±30°范围内扫描方式。但是,这个装置由于采用大量(144 个)激光控制的半导体开关带来的复杂性,而没有得到实际应用。

在第三个方向,采用了由一个发生器经过功率分配器后激发多单元的天线系统。在这种 64 单元阵列的超宽带源上,在输入电压 200kV 和重复频率 100Hz 条件下,得到了有效辐射势 $rE_p = 2.8$MV 的辐射脉冲[30],又在随后的研究中[31],辐射脉冲远区场的有效辐射势 rE_p 增大到 4.3MV。显而易见,上面所述的各个研究方向都有自己的优点和缺点。

应当指出,对于超宽带辐射源,为了激发天线和阵列采用了不同形状的高压脉冲:单极脉冲、双极脉冲和双指数型脉冲,后者像核爆炸电磁脉冲模拟器一样,发生器输出快指数上升和慢指数下降的电压脉冲。双极脉冲的优点,是由它的辐射频谱决定的高辐射效率,而它的电压脉冲幅度与单极脉冲比较,在辐射脉冲的峰值场强相近时双极脉冲约为单极脉冲的一半。在达到超宽带源的极限参数时,这个因子是决定性的,因为这些极限参数都受限于辐射系统的电气击穿。

除了上面指出的方向外,还有基于高功率激光脉冲激发(带有光发射阴极)辐射器[32,33]的超宽带辐射源。在这些辐射源中,得到了有效势 $80\sim120\mathrm{kV}$ 的辐射脉冲,而这个有效势还可通过增大光阴极面积而增大。

现在我们回到发展超宽带无线电系统以解决无线电定位(雷达)问题上来。这里可以分成三个基本阶段。第一阶段是从简单的谐波信号过渡到复杂信号,并进行频率、相位的调制,再过渡到类噪声信号。

下面只简要地谈一下采用线性调频信号的系统[34,35]。利用时间宽度 τ_p 和带宽 Δf 的线性频率调制脉冲,可以得到接收器的时间宽度压缩系数 $\tau_\mathrm{p}\Delta f\gg1$,而信号幅度在压缩时增大 $\sqrt{\tau_\mathrm{p}\Delta f}$ 倍,这将使雷达的空间分辨得到改善: $\Delta r=c/\Delta f$,这里 c 为自由空间的光速,这个改善是根据主瓣脉冲,而不减小目标探测的极限距离。这些信号的主要缺点,就是在巨大尺寸的目标附近探测小尺寸目标时受到限制,这与压缩信号上出现的侧瓣有关。

在该方向上,许多国家(美国、英国、德国、苏联)都进行过研究。这里主要的问题是如何保障在最广泛的频带范围内频率调制的线性。Я. Д. 希尔曼研究组[36]在 1962 年和 1963 年进行过实验室雷达实验,他们是在载波频率约 $10\mathrm{GHz}$ 及带宽 $600\sim700\mathrm{MHz}$ 上采用脉冲线性频率调制进行的,并得到了距离分辨 $\Delta r=50\mathrm{cm}$。根据上面给出的超宽带辐射的分类($\Delta f\geqslant500\mathrm{MHz}$),可以认为,他们的实验是超宽带雷达的最初实验之一。应当指出,很大能量宽度的线性频率调制脉冲雷达的研制,首先是为了探测远距离自由空间(大气)中的目标。

超宽带雷达发展的第二阶段,与解决近距离上探测地面下自然介质(雪、冰、土地)的问题有关[37-39]。这里为了保证空间分辨,必须减小脉冲时间宽度,而为了增大辐射穿入介质的深度,必须向低频方面移动频谱。为了获取辐射的短脉冲,采用了天线的冲击激发。衰减振荡的周期数,依赖于天线品质因子 Q。很清楚,品质因子越小,振荡周期就越小,而辐射的相对频带也越宽。应当指出,相对利用火花发生器研究短衰减振荡的最初工作,这是第二个,确是建立在新的技术基础上的重要工作。

第三阶段,也是超宽带雷达发展的现代阶段,其特点是首先制定了识别目标的方法并建立了无线视频手段,这要求发展新方法,以解决超宽带脉冲在目标上和介质中的发射、传播和散射问题。对要解决问题复杂性的认识,使得人们必须更细致地研究发射系统和接收系统,这里主要是发射和接收超宽带脉冲时间形状应达到畸变最小条件,因为在目标反射脉冲的形状中还包括有目标的其他信息。关于超宽带雷达发展的历史,还可以从其他专著中了解到[39-49]。

建立无线电脉冲的思想[50,51]，对超宽带无线电系统的发展产生了很大的影响。无线电系统的基础是借助编码的短脉冲实现信息的传输，这就保证了信息传输的高速度和在多路传输条件下信号耦合的稳定性。就功率的频谱密度而言，超宽带辐射可能低于窄带辐射。这样可能导致信号的探测是低概率的，这一点在研制安全(隐蔽)的通信系统时是很重要的。超宽带脉冲通信的发展，在美国是从 20 世纪 70 年代开始的。然而，这些研究在 21 世纪还将会有"亮点"，这与研制不同的脉冲无线电系统时，并在频谱密度不大于 41.3dB/MHz 时，可能不需许可就能使用 3.1～10.6GHz 频段有关。主要在俄罗斯发展的其他方向，是将"动力学混沌"方法用于超宽带通信系统[52]。

1.2　超宽带雷达

下面将主要讨论时间宽度 τ_p 满足 $\tau_p \Delta f = 1$ 条件的短脉冲超宽带雷达，有时这样的脉冲称作简单脉冲，以区别于不同类型调制的复杂脉冲。在很大的约定条件下，根据观测目标，可以将超宽带雷达分成[53]地下目标、地上目标(水上目标)和空中目标(宇宙目标)，如果考虑目标距离，还可以分成近距离(小于 1km)目标和远距离(约 100km)目标。

在利用超宽带脉冲探测目标时，反射辐射由受激辐射(早期辐射)和本身共振辐射(晚期辐射)构成，这些辐射都是由目标表面上的感生电流引起的。如果复杂目标局域散射部分("发光"部分)间的径向距离[54]大于探测脉冲的 2 倍空间宽度 $2\tau_p c$，则信号的第一部分上将含有时间系列的脉冲，而正是这些脉冲与这些局部散射表面是对应的。因此，散射辐射即它的受激高频成分包含目标的几何信息。它的本身共振辐射是由于目标具有散射共振频率决定的，而这些频率依赖于目标的尺寸、形状和材料，因此这部分散射辐射也将携带目标的信息。应当指出，早期辐射非常依赖于目标的方位角，而当目标位置相对探测方向改变时，晚期辐射由于它本身的共振特点而变化不大。

在辐照具有特征长度 L 的目标时，信号的早期分量在 $2L/c$ 时间形成。考虑到这种情况，可以将超宽带雷达分成小尺寸($L < \tau_p c / 2$)目标和大尺寸($L \gg \tau_p c$)目标的雷达。为了有效识别目标，在第一种情况下可利用辐射的晚期分量，而在第二种情况下则利用辐射的早期分量。

当选择目标识别方法时，这种倾向意见决定于探测的超宽带脉冲频谱。为了激发目标的本身共振(晚期辐射)，必须使得在探测脉冲的辐射频谱中，大部分能量集中在对应目标特征尺寸的波长范围上。在这种情况下，将可以分出信号的晚期分量。

在满足 $L \gg \tau_p c$ 条件下，为了激发共振振荡所需的低频能量份额，在探测脉冲频谱中占得很小,并且很难在噪声背景下分出反射脉冲中的晚期分量。应当指出,小尺寸和大尺寸目标的概念是相对的。同样的一个目标,在利用长的超宽带脉冲辐照时可以认为是小尺寸目标,而在短的超宽带脉冲辐照时也可以认为是大尺寸目标。

显然,不同领域的雷达观测,对超宽带的发射接收无线电系统、信号处理的方法和速度都提出了不同的要求,其中,为了消除非单值性,在到目标的距离 150km 情况下,探测脉冲的重复频率不应超过 1kHz,而在近距离定位时,这个重复频率可以约为 100kHz,这样就可以在短的时间间隔得到足够平均的数据。在探测地下目标时,希望增大辐射频谱低频成分的能量,以增大探测的深度。当探测目标在空中近距离定位或在宇宙中远距离定位时,采用的超宽带脉冲宽度可以小于 100ps,而在空中目标远距离定位时,必须采用时间宽度约 1ns 的脉冲,这是由于 ps 宽度的超宽带脉冲在大气中传播时产生的模糊[55]和信号时间形状中含有目标其他信息的缺失造成的。

对于高速目标,必须采用一个探测脉冲或它们短序列(串)探测脉冲及信息处理,目的是在真实时间方式下识别目标,因为目标相对雷达发射-接收系统的方位角,可能在相邻脉冲间或脉冲串间时间会发生变化。对于不动的地下目标,可能会发生信号堆积和信息处理在时间上会发生移动。

超宽带雷达具有一系列优点[56,57],而所有这些优点都是由于它的短的脉冲宽度和相应的电磁脉冲在空间所占体积很小决定的。在这些优点中,具体地可以分出以下几点:首先是高的距离分辨能力,这一点有利于解决目标识别问题;其次是在地下或水下表面的背景下对低飞目标雷达观测的可能性;再次是具有高的概率能正确探测目标,因为与窄带辐射不同,从目标反射的超宽带辐射方向图中,没有发现深的干扰塌陷;最后是如雨滴、雾霾、大气微粒等的低水平无源干扰,因为在小的脉冲体积中干扰散射的有效面积也在减小。

在超宽带雷达问题中,应当指出的是信号的数字处理,这要求解决建立高时间分辨的数字编码模/数变换器问题,以及大量的数字信息处理问题。对于具有分置的发射和接收天线系统的高功率超宽带雷达,重要的问题是电磁兼容。而对于在许多领域有广泛应用的(小于 41.3dBm/MHz)低功率且辐射频谱处在频率 2.9~10.6GHz 范围[1]的超宽带雷达,并没有这个电磁兼容问题。

在利用超宽带脉冲进行探测时,到达接收设备的信号可以表达如下:

$$y(t) = s(t) + n(t) + \gamma(t) \tag{1.6}$$

式中:$n(t)$ 为正态分布定律的噪声,其平均值为零,离散度为 σ_N;$\gamma(t)$ 为干扰,它既可以是有源的,也可以是无源的。反射信号 $s(t)$,通过探测脉冲 $x(t)$ 与目标脉冲响应(ИХ)$h(t)$ 的卷积确定:

$$s(t) = \int x(\tau) h(t-\tau) \mathrm{d}\tau \tag{1.7}$$

影响接收器特性的重要参数是信噪比,在利用超宽带脉冲探测时,信噪比可以根据下面的平均功率表达式确定:

$$q = \frac{\dfrac{1}{T_S} \displaystyle\int_0^{T_S} s^2(t)\,\mathrm{d}t}{\sigma_N^2} \tag{1.8}$$

而根据峰值功率的信噪比表达式:

$$q = \frac{s_{max}^2}{\sigma_N^2} = \frac{(E_p l_e)^2}{\sigma_N^2} \tag{1.9}$$

又根据峰值场强的信噪比表达式:

$$q_p = \frac{s_{max}}{\sigma_N} = \frac{(E_p l_e)}{\sigma_N} \tag{1.10}$$

这里噪声功率 $P_N = \sigma_N^2$, l_e 为接收天线的有效长度, T_S 为信号的时间宽度。应当指出,根据式 (1.8) 估计的信噪比,比式(1.9)给出的小些,而在利用分贝尺度,根据式(1.9)和式(1.10)估计的结果符合。采用依赖时间 t 的量,可以有场强的量纲或接收天线输出端(接收器的输入端)电压的量纲。

在窄带雷达中,信噪比由下式确定:

$$q = \frac{2W_S}{N_0} \tag{1.11}$$

式中: W_S 为信号能量; N_0 为噪声功率频谱密度。在已知探测脉冲参数情况下,噪声功率的频谱密度可以根据 $N_0 = \sigma_N^2/\Delta f = \sigma_N^2 \tau_p$ 关系式估计。由此可得,在同样条件下,信噪比根据式 (1.8) 估计比根据式(1.11)估计的结果要小些,大概要小 T_S/τ_p 倍。

雷达的最重要问题是目标的探测和识别。在这样的次序下,我们将研究超宽带雷达中解决这些问题的一些方法。

1.2.1　雷达目标的探测

采用超宽带脉冲探测目标的特点是反射信号形状相对探测脉冲的变化。此时,反射信号形状事先并不知道,这就不能利用探测脉冲对反射信号进行关联处理,也不能利用在窄带定位中广泛采用的匹配滤波技术。

对于超宽带雷达,曾建议采用目标反射信号的次最佳[58]和最佳探测器[59]。在最佳探测器中,计算两个相邻周期接收的信号的能量,还利用这两个信号的隔周期关联处理方法,而在次最佳探测器中,只利用隔周期关联处理方法。

作为隔周期关联处理方法的基础,是知道探测脉冲重复周期的信息。对于两个在相邻时间周期进入接收器输入端的信号,进行关联处理。在关联函数最大值超过特定的阈值时,应该解决信号存在的问题。由于进入相邻周期的噪声电压观测数并不关联,则在没有信号时这个关联函数等于零。

这个方法的缺点是它相对干扰不稳定,因为这些干扰会抬高关联函数高于阈值水平,甚至在没有信号时也是这样。为了提高稳定性,曾建议采用后者幅度频谱对应探测脉冲的频率滤波器,不论是在超宽带信号的次最佳探测器[60,61]还是在最佳探测器[62]情况下都是如此。

下面将讨论最佳探测器[62]统计研究的结果,并近似假设探测目标是不动的。如果目标速度有很大的径向成分,则这将会丢失探测目标的效能。

对最佳探测器输出端上两个相邻时间周期的电压,可以写成下式:

$$u_j = 2\int y_f(t+jT)y_f(t+(j+1)T)\,dt + \int \left[y_f(t+jT)\right]^2 dt$$
$$+ \int \left[y_f(t+(j+1)T)\right]^2 dt \tag{1.12}$$

式(1.12)是在信号观测窗口上进行积分;j 为脉冲重复周期的编号;T 为脉冲重复周期;$y_f(t)$ 为应用滤波器 K 后接收的信号,有

$$Y_f(\omega) = Y(\omega)K(\omega)$$

式(1.12)中第一项是隔周期关联处理方法的探测器,第二项和第三项都是能量探测器。

在电压超过确定的阈值 $u_j > u_0$ 的情况下,决定信号的存在。阈值 u_0 是在观测的基准窗口上得到的统计数据基础上计算的,而观测基准窗口是在窗口中没有信号时选取的。对于观测的基准窗口中的电压,计算了它们的平均值 ζ 和离散度 σ_u。接着假设,电压 U 按正态定律分布:

$$W(u,\zeta,\sigma_u) = \frac{1}{\sqrt{2\pi}\,\sigma_u}\exp\left(-\frac{1}{2\sigma_u^2}(u-\zeta)^2\right) \tag{1.13}$$

正如数值实验表明,函数(1.13)很好地近似最佳探测器输出端的电压分布,并且可以用于误报概率计算:

$$F = \int_{u_0}^{\infty} W(u)\,du \tag{1.14}$$

阈值 u_0 决定于误报概率(式(1.14))的大小,而后者这里通常取作 $F = 10^{-6}$。如果知道阈值 u_0,可以计算正确观测的概率:

$$P = \int_{u_0}^{\infty} \widetilde{W}(u)\,du \tag{1.15}$$

式中:$\widetilde{W}$ 为“信号+噪声+干扰”事件的电压分布函数。式(1.15)概率随着阈值水平 u_0 的减小而增大,而 u_0 同样地依赖于分布函数(式(1.13))的宽度 σ_u 的确定。应当指出,在预先对信号 $y(t)$ 在脉冲的 N 个重复周期进行平均时,噪声的离散度减小到 $\sqrt{N}$ 倍之一。这将导致阈值 u_0 减小,同时也将使正确观测概率

（式(1.15)）增大。

在该算法中，信号观测窗的时间宽度受到信号处理采用的计算机计算能力的限制。为了使信号观测窗变窄，曾提出[60]采用预先处理办法，在这个过程中从平均信号$\widetilde{y}(t)$过渡到信号的能量：

$$W(t) = \int_0^t \widetilde{y}^2(\tau)\mathrm{d}\tau \tag{1.16}$$

噪声和干扰水平随时间的缓慢变化将保证能量$W(t)$的平缓上升。在信号$s(t)$的始点和终点，发生能量曲线$\mathrm{d}W(t)/\mathrm{d}t$倾角的阶变。因此，信号检测算法只用于观测窗的那些部分，即能量曲线倾角发生跃变的那些部分。

在数值模拟时，作为探测脉冲采用了宽度$\tau_\mathrm{p}=1\mathrm{ns}$的超宽带脉冲，如图1.1中（曲线1）所示。探测的目标选取为金属球，其脉冲特性已经知道[41]。从该球反射的信号$s(t)$作为探测脉冲$x(t)$与直径$D=c\tau_\mathrm{p}$球的脉冲特性的卷积结果，也在图1.1中曲线2上给出。这里反射信号的第2脉冲，是由环绕球的"爬行"波产生的。

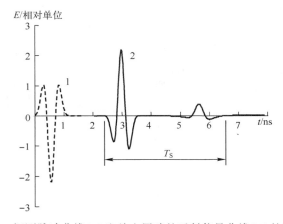

图1.1　探测脉冲曲线(1)和从金属球的反射信号曲线(2)的示波图

在计算中，利用了既有有源的也有无源的超宽带干扰。为了模拟有源的干扰$\gamma(t)$，采用了宽度为探测脉冲$x(t)$宽度的$\dfrac{1}{2}$和2倍的脉冲信号的脉冲信号。干扰和信号两者在观测时间窗口上并不覆盖。为了排除类似的干扰，在干扰的重复频率是探测脉冲重复频率的几倍，而它的频带与探测脉冲的频带又相互覆盖的情况下，是不能采用最佳探测器的。

无源干扰模型表示成从金属球反射的信号之和，而球的尺寸比被探测目标的尺寸小许多，并且许多金属球随机地置于被探测目标的周围，此时该模型的表达式如下：

$$\gamma(t) = \sum_{m=1}^{M} a_m s_0(t - \tau_m) \qquad (1.17)$$

式中：a_m 为遵从正态定律分布的权重系数，该分布参数为平均值 $\langle a \rangle$ 和离散度 σ_a；τ_m 为接收信号在观测窗口内均匀分布的随机延迟；$s_0(t)$ 为小直径 d 金属球反射的信号；M 为反射体（金属球）数。在球的尺寸比探测脉冲空间尺度小许多的情况下，球的反射信号以很高的精确度可以写成下面形式：

$$s_0(t) \approx A x(t)$$

式中：A 为依赖于球直径的某个常量；$x(t)$ 为辐射脉冲形状。

　　首先将研究在没有滤波器和超宽带干扰情况下，由式（1.8）确定的噪声水平对采用不同检测器正确检测信号概率的影响，如图 1.2 所示。在模拟时，采用了能量检测器曲线（1）、隔周期关联处理检测器曲线（2）和最佳探测器曲线（3）以及匹配过滤的检测器曲线（4），后者用于窄带定位中并要求知道反射信号的形状，而这在超宽带雷达中是做不到的。与此同时，将超宽带雷达引入到这里，是为了估计目标检测的极限可能性。

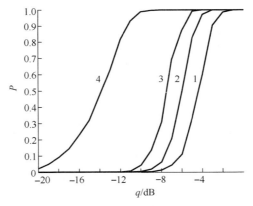

图 1.2　采用能量（1）、隔周期关联处理（2）和最佳
（3）及匹配过滤检测器（4）时信号正确探测的概率

　　在研究中，检验了不同滤波器在没有超宽带干扰条件下正确探测概率的影响。作为滤波器采用了带状滤波器，其频带根据探测脉冲频谱幅度的某个水平确定，还采用了重复探测脉冲幅度频谱形状的滤波器，即最佳滤波器。仿真的模拟结果在图 1.3 上给出。从图可见，滤波器（图中 1、2）的存在，与无滤波器（图中 3）的探测器比较，大大降低了信噪比的水平。带状滤波器的频带根据频谱幅度 0.5 水平确定，它与最佳滤波器（图中 1）比较相差不多。比较图 1.2 中4 和图 1.3 中 1 给出的结果，应当得出，在最佳探测器中采用滤波器，可以达到像匹配滤波探测器一样的质量的探测水平。

　　此外，还研究了式（1.17）的无源干扰对正确探测概率的影响。散射体数设

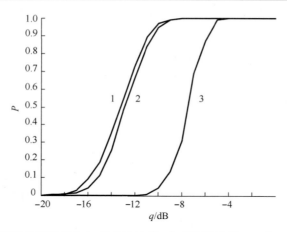

图 1.3　在采用最佳滤波器(1)、带状滤波器(2)和无滤波器(3)时正确探测的概率

定为 200。被探测目标和散射体的尺寸比 D/d 设定为 6 和 10。对最佳探测器带最佳滤波器的情况进行了模拟,它的计算结果在图 1.4 上给出。增大尺寸比 D/d 从 6(图中 1)到 10(图中 2),导致了在给定的正确探测概率水平下信噪比的某些减小。可见,所得结果与无干扰(图中 3)时的结果差别很小。这表明,对于抑制无源干扰,滤波器的效率是很高的。

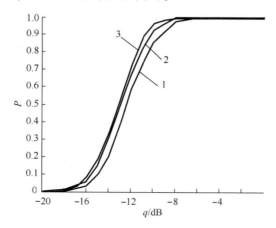

图 1.4　在以金属球形式的无源干扰(1、2)和无干扰(3)时正确检测的概率
(被探测目标与散射体尺寸之比: D/d 为 6 (1) 和 10 (2))

在研究有源干扰对正确探测概率的影响时,不仅改变了超宽带干扰的宽度,还使反射信号和有源干扰的幅度比处在 0.5~2 范围内。研究表明,超宽带干扰的宽度减小和幅度增大,导致在正确探测概率 0.9 时信噪比增大到 -3dB。

超宽带雷达的突出特点,是目标反射脉冲的形状相对探测脉冲形状发生变化。当 $L/(\tau_{p}c)$ 比越大,这个差别也越大。由于这个关系,当利用超宽带脉冲进

行探测时,为了估计在自由空间中目标探测的极限距离,曾提出能量方法[63],根据这个方法接收信号的能量由下式给出:

$$W_r = \frac{W_t G A_e \sigma}{(4\pi)^2 r^4} \qquad (1.18)$$

式中:W_t 为发射器的脉冲能量;G 为发射天线放大系数;A_e 为接收天线的有效面积;σ 为目标有效散射面积;r 为发射接收系统到目标的距离。此时,到目标的最大距离,可利用下面表达式估计:

$$r_{max} = \left(\frac{N W_t G A_e \sigma}{(4\pi)^2 W_{min}}\right)^{1/4} \qquad (1.19)$$

式中:W_{min} 为目标反射脉冲的最小能量,它依赖于噪声和信号探测方法;N 为串中的脉冲数。这里目标的有效散射面积是不确定的。有几个基于能量方法估计有效散射面积的方案[64,65]。目标的有效散射面积,依赖于探测脉冲的能量频谱 $|S(\omega)|^2$,而根据文献[64],这个有效散射面积有下面形式:

$$\sigma = \frac{\int_{-\infty}^{\infty} |S(\omega)|^2 \sigma(\omega) d\omega}{\int_{-\infty}^{\infty} |S(\omega)|^2 d\omega} \qquad (1.20)$$

值得注意的是,在一般情况下,有效散射面积依赖于探测脉冲场的极化,也依赖于目标相对发射接收系统的方位角,因此在估计 r_{max} 时,必须采用对目标观测角度平均的有效散射面积。

为了粗略估计目标在无损耗空间中探测的极限距离,利用基于窄带定位中确定远区有效散射面积已知的简化关系式:

$$\sigma = 4\pi r^2 E_2^2 / E_1^2 \qquad (1.21)$$

式中:E_1 为在目标区域探测脉冲场强的幅度值;E_2 为在接收天线区域目标反射信号场强的幅度值。

在超宽带雷达中,要测量的基本特性是辐射脉冲的形状 $x(t)$ 及其有效辐射势 rE_p,还有接收信号的形状 $s(t)$ 及其峰值场强,而有效辐射势 rE_p 在远区是不变的。将相应的量代入式(1.21),得到

$$r_{max} = \sqrt[4]{\frac{\sigma}{4\pi}\left(\frac{rE_p l_e}{q_p \sigma_N}\right)^2} \qquad (1.22)$$

式中:q_p 为有效长度 l_e 天线接收的信号峰值场强信噪比(见式(1.10))。应当指出,在利用 N_r 个单元的接收天线阵列时,有效长度 l_e 增大 $\sqrt{N_r}$ 倍。

为了估计 r_{max}[66],利用已建成的宽度 1ns 超宽带辐射源的参数,这个源是建立在单元数 $N_t = 64$ 和有效辐射势 $rE_p = 2.8\mathrm{MV}$ 的发射阵列[30]基础上的,其辐射

频谱中心频率等于1GHz。此时,辐射的峰值功率约为1GW。作为接收天线,采用了单元数 $N_r = 16$ 和一个单元有效长度0.015m的有源天线阵列[67]。在 $\sigma = 1m^2$、$\sigma_N = 0.5mV$ 和 $q_p = 2$ 的情况下,得到辐射最大距离 $r_{max} \approx 7km$。

在同一个超宽带辐射源中,由于发射天线数增大4倍到 $N_t = 256$,其有效辐射势增大2倍达5.6MV,而接收天线阵列由于该阵列单元数增大到 $N_r = 1024$,其有效长度也将增大,这样两个源可以增大探测距离达33km。在这个超宽带雷达方案中,发射天线阵列的孔径为 2.8m×2.8m,而它的接收天线阵列的孔径为 1.7m×1.7m。对 N 个脉冲重复周期的平均信号,根据式(1.19),将增大它的探测距离 $\sqrt[4]{N}$ 倍。在超宽带源的脉冲重复频率100Hz和1s时间信号幅度平均的情况下,目标检测距离将达到 $r_{max} \approx 100km$。从上面估计可见,为了增大到被探测目标的距离,需要在什么方向上发展超宽带无线电系统。

1.2.2 雷达目标的识别

雷达识别是一个获取的信息与标准信息进行比较,并根据被某个规则将被探测目标归为某一个标准目标而采取措施的过程。为此目的,建立数据库,并在库中录入标准目标的雷达特性,而雷达特性包括目标的脉冲响应、传输函数和共振频率等。

数据库是在目标散射的辐射响应进行数值模拟和在实物测量基础上建成的。根据得到的脉冲响应数据进行处理和平滑,因为探测脉冲与δ脉冲性质上是不同的。因此,在研究标准目标时脉冲频谱应当对应,而最好是比实际上解决雷达问题采用的脉冲频谱更宽。

识别可以根据目标的一个特性或一组特性来实现。后一种识别称作信号的特性组识别。作为信号的特性组,如可采用表征目标的一组共振频率。

在识别时,通常研究电动力学性能呈线性的目标。此时,将目标模型分成参数的和非参数的数学模型两种,以及对应这两种模型的还有信号处理方法和识别方法。

在非参数的识别时,采用目标反射信号及其频谱,或者根据测量结果估计的脉冲特性。在这种情况下,数据库中包括标准目标不同方位角情况下系列反射信号、频谱和脉冲特性。在查看所有的目标后应做出决定。作为鉴别参数,可以采用如关联系数,其最大值对应的是最可能类似的目标,或者采用在测量数据和录入数据库的数据间偏差泛函最小值方法。

这种方法为保存标准的信息要求计算机有很大的存储容量,同时又有速度很大的数据处理能力。因此,与数字编号的信号比较,进行着信息压缩的研究工作[68]。此外,雷达的特性不是一样的,对于每一个具体的雷达,需要得到标准目标的信息,或者利用在更宽带宽的超宽带脉冲探测目标时[69]产生的数据库,进行模拟计算。

雷达识别方法的发展,主要是研制目标和反射信号的参数模型。这对于建立自动化的识别系统并减少时间消耗是必要的,尤其对于高速目标是非常重要的。通常把散射中心的总体、目标天然共振散射这一类都归于目标的参数模型。

当数据库中有对应被探测客体的标准目标的数据时,可以实现目标的识别。在相反的情况下,必须根据测量结果构建目标的图像,并且进一步进行人-机对话分析。

由于雷达目标识别的重要性和复杂性,对这一问题已进行大量的研究,这些研究的一部分,已经在专著[41,70]和述评文章[53,66,71-75]中发表。下面将只给出属于目标识别和构建图像的两种方法。

1.2.2.1　E脉冲方法

在目标识别的方法中,理论上最发展且实验上用飞机模型检验了的是 E 脉冲方法[75-79]。这个方法的基础是辐射在目标上散射的共振模型。理论上证实了的模型,是由鲍姆(C. Baum)[80,81]研制的奇异点展开方法,随后又有许多研究发展了这一方法。

奇异点展开方法,最初是在核爆炸电磁脉冲对目标作用的实验研究中提出的。当时确定,在典型的非稳态响应中,主要是衰减的正弦振荡。从这里开始,在复频平面(s-平面)上将这些响应数据特性与它们图像的解析性质联系起来,即进行两方面的拉普拉斯变换,这是这个方法的出发点。

重要的是要指出,在复频平面上两个简单极点(即第一阶极点)的位置,只依赖于目标的几何,而不依赖它的方位角,因此确定两个极点后,我们得到表征该目标在任何激发方式下的参数,这一点在解决识别问题时是很重要的。

下面将简短地研究辐射在目标上散射的共振模型。假设,理想的导电目标被沿ς方向极化的平面波辐照,同时该波在向量 $\boldsymbol{k}$ 决定的方向上传播并具有随时间变化的电场强度 $E(t)$。这个场在与目标联系的坐标系中某点进行拉普拉斯变换,其结果具有下面形式:

$$\boldsymbol{E}^{\mathrm{i}}(\boldsymbol{r},s) = \boldsymbol{\varsigma}E(s)\exp(-skr/c)$$

式中:$E(s)$ 为函数 $E(t)$ 的拉普拉斯变换映象。

在目标表面 $\boldsymbol{r}$ 点感应的电流表面密度表示为 $\boldsymbol{J}(\boldsymbol{r},s)$,它的拉普拉斯变换通过积分方程求解确定,并可由奇异展开为下面级数[76]形式:

$$\boldsymbol{J}(\boldsymbol{r},s) = \sum_{m=1}^{M} a_m \boldsymbol{J}_m(\boldsymbol{r})(s-s_m)^{-1} + \boldsymbol{W}(\boldsymbol{r},s) \tag{1.23}$$

式中:$\boldsymbol{W}(\boldsymbol{r},s)$ 为某个整数函数;$\boldsymbol{J}_m(\boldsymbol{r})$ 为复函数,即感应电流密度的模;$s_m = \sigma_m + \mathrm{i}\omega_m$ 为复本征共振频率;a_m 为复耦合系数,它依赖于向量 $\boldsymbol{k}$ 和 ς。在采用具有有

限频带和能量的探测脉冲时,只激发出有限数目的共振模式。

反向辐射电场沿ς方向发生极化,这个电场在远区$\boldsymbol{r}$点处成分的映象可以写成下面形式:

$$E_{\varsigma}^{s}(\boldsymbol{r},s,\boldsymbol{k}) = \frac{\exp(-sr/c)}{r}E(s)H(s,\boldsymbol{k},\varsigma)$$

式中:$r=|\boldsymbol{r}|$;$H(s,\boldsymbol{k},\varsigma)$为传输函数,它依赖于目标的方位角(向量$\boldsymbol{k}$)和信号的极化(向量$\varsigma$)。

利用表达式(1.23),可以得到目标传输函数的表达式,该表达式包括两个成分:一是整数函数$W(\boldsymbol{r},s)$的贡献,并对应响应的受激分量;二是由对本征模式的展开确定,它对应散射脉冲的本征分量。因此

$$H(s,\boldsymbol{k},\varsigma) = H'(s,\boldsymbol{k},\varsigma) + H''(s,\boldsymbol{k},\varsigma) \tag{1.24}$$

式中:$H'(s,\boldsymbol{k},\varsigma)$为传输函数的受激分量,而$H''(s,\boldsymbol{k},\varsigma)$为传输函数的本征分量,后者的结构由表达式(1.23)给出。

传输函数的逆拉普拉斯变换,给出目标的脉冲特性表达式如下:

$$h(t,\boldsymbol{k},\varsigma) = h'(t,\boldsymbol{k},\varsigma) + h''(t,\boldsymbol{k},\varsigma) \tag{1.25}$$

脉冲特性的本征(晚期)分量通过指数衰减振荡之和表示,它是目标的共振模型:

$$h''(t,\boldsymbol{k},\varsigma) = \sum_{n=1}^{N} a_n(\boldsymbol{k},\varsigma)\exp(\sigma_n t)\cos(\omega_n t + \varphi_n(\boldsymbol{k},\varsigma)), \quad t > 2L/c$$

$$\tag{1.26}$$

式中:a_n和φ_n分别为受激模式的幅度和相位。应当指出,共振频率以复-共轭对($s_{-n}=s_n^*$)形式存在,因此N为偶数。

目标对任意的探测脉冲$x(t)$的响应$y(t)$,由卷积方程(1.7)确定,并且像脉冲特性(式(1.25))那样,该响应含有$t>2L/c$的晚期分量,这个成分是同样的共轭频率的复指数之和。在探测脉冲非常不同于δ脉冲的情况下,响应$y(t)$具有受激成分$y'(t)$和本征成分$y''(t)$的很大覆盖区域。此时,很难确定响应的哪个时间段实际上是属于共振分量的。

E脉冲方法的实质在于,在从实验测量得到对目标响应的共振频率的基础上,通过一定的方式选出有限宽度T_e的鉴别信号$e(t)$。如果将目标响应与其选出的E脉冲进行卷积运算,则在晚期的卷积结果应当趋向于零,即应当满足下面条件:

$$c(t) = e(t) \otimes y(t) = 0, \quad 2L/c + T_e \leqslant t \leqslant T_y \tag{1.27}$$

式中:$\otimes$为卷积运算符号;T_y为目标响应的宽度。数据库含有不依赖目标方位角的E脉冲。

识别目标的鉴别参数,可以写作如下:

$$\varPsi = \int_{2L/c+T_e}^{T_y} c^2(t)\,\mathrm{d}t \bigg/ \int_0^{T_e} e^2(t)\,\mathrm{d}t \qquad (1.28)$$

上式只对正确的 E 脉冲将等于零。然而,测量噪声和构建 E 脉冲时采用的本征共振频率测量的不准确度,妨碍获取晚期卷积的零值,并导致 $\varPsi_{\min}$ 参数的有限值。因此,鉴别参数可以表示如下:

$$\varLambda = 10\lg(\varPsi/\varPsi_{\min}) \qquad (1.29)$$

实验研究和数值计算,展示了识别飞机模型的可能性。在给定两个目标鉴别参数的差值为 10dB 情况下,正确识别的概率在信噪比(式(1.8)) 约为 25dB 时可以达到 0.9[75]。

基于反射信号晚期分量的 E 脉冲方法是有缺点的,这是由于它的早期分量幅度常常远大于晚期分量的幅度,而该方法的困难随着噪声水平的升高而增大。因此,又发展了综合 E 脉冲方法[82,83],后者考虑了反射信号两个部分:对于信号的早期分量,可以表示成从局部散射中心反射并具有各自的时间延迟的脉冲之和,在这种情况下 E 脉冲的合成,是在信号各部分频谱基础上实现的。

因此,组合的 E 脉冲含有两个部分:反射脉冲分别有早期和晚期分量的频域部分和时域部分。在这种情况下,综合的 E 脉冲依赖于目标的方位角,因此数据库含有目标位置不同角度时的 E 脉冲。利用飞机模型完成的研究,证实了所提出方法的有效性。同时还展示了在利用组合方法时确定目标方位角的可能性。应当指出的是,测量是在 0.2~18GHz 的广泛频率范围内进行的,但是这很难利用简单的超宽带辐射脉冲实现。

1.2.2.2　遗传函数方法

根据测量结果复原雷达目标的形状,属于最复杂的逆向问题。研究[84-87]表明,定位目标形状的复原只有在对目标扫描得到足够多的空间(角度)数据情况下才有可能。在这种情况下,将有可能实现获得所谓的多方位角投影,此时问题就归结为利用层析照相方法并进行拉顿(J. Radon)变换[88]。

在数据少的雷达系统情况下,不太可能实现大量数据的空间布放,此时采用层析照相方法来复原目标的形状就成了很大的问题。利用刘易斯-波雅尔斯基(R. Lewis-N. Bojarski)[89,90]变换以复原二维目标,可以达到角度扫描 10°,这是该方法在利用探测脉冲频率 4 重覆盖时的极限角数。此时,信噪比(式(1.10))应当不小于 $q_p = 54\mathrm{dB}$。

为了探测目标采用短的超宽带脉冲($L/\tau_p c \gg 1$)时,可以实现反射信号高的时间分辨。在将目标的时间分辨换算成空间分辨时,脉冲形状复原问题的求解可以减小角度数据,同时这也就增大到被探测目标的距离。实施该方法以复原目标的形状[91],是基于引入所谓的遗传函数($\varGamma\Phi$),以表征目标不同部分的时间形态。

下面将简短地讨论一下利用上面方法的研究结果。图 1.5 中给出了在采用遗传函数方法时,为被探测的定位目标形状复原而实施的雷达系统布局图。在直角坐标系统中心处,布置了超宽带脉冲辐射器和接收器。另有 3 台接收器沿着坐标轴距坐标系统中心距离 b 处布放。

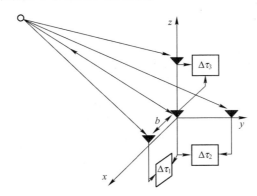

图 1.5　雷达发射接收系统布局图

在数值实验中,采用了具有理想导电表面的飞机模仿模型。为了计算反射信号,采用了基于基尔霍夫方法的程序,用于求解单次散射近似下非稳态衍射问题[92]。利用不同宽度 τ_p 的双极脉冲对目标进行了探测。

建立数据库的程序步骤如下:

(1) 复杂的目标表示成各个部分即简单几何体之和。

(2) 对于每一单个部分,对于给定的探测脉冲形状,计算在不同的尺寸和角度 (θ,φ) 情况下的反射信号,这也就是遗传函数 $g_n(t,\theta,\varphi)$。

(3) 选取离散化的角度步长,建立原函数 $g_n(t,\theta,\varphi)$ 的数据库。对一组遗传函数进行分级,使之对应目标的各个典型部分,只包含它们的形状变化。最小部分的尺寸,受限于探测脉冲的空间尺度。

(4) 在已知角度 θ 和 φ 下从复杂目标反射的信号 $s(t)$,表示成遗传函数及其权重 a_n 和延迟时间 τ_n 之和,即如下式:

$$s(t) = \sum_n a_n g_n(t - \tau_n) \tag{1.30}$$

复杂目标形状的重构问题,按下述次序求解:

(1) 确定遗传函数的构成,以近似目标散射的信号,从给定的观测方位角开始,相对未知量 a_n 和 $\tau_n(n=1,2,\cdots,N)$ 构建下面矩阵方程并求解:

$$s_m = \sum_n a_n g_n(t_m - \tau_n) \tag{1.31}$$

式中: $s_m(m=1,2,\cdots,M;M>N)$ 为目标的反射信号,同时它也是接收发射系统(图 1.5)的基准接收器接收的信号。

（2）计算与求得的遗传函数对应的目标各部分坐标，其计算公式如下：

$$\tau_{n,j} = \frac{2c\Delta\tau_{n,j}R_n + b^2 - (c\Delta\tau_{n,j})^2}{2b} \qquad (1.32)$$

式中：$\Delta\tau_{n,j}$ 为与 j 接收器中第 n 遗传函数对应的信号相对基准接收器的时间延迟；R_n 为与被探测目标第 n 部分的距离，它根据发射器辐射脉冲和基准接收器中反射信号第 n 局部最大值间延迟确定。

（3）对应求得的遗传函数的目标各部分组合，与根据式（1.32）计算一致的坐标一起，也就是复原的被探测目标的形状。

目标形状重构的精确度，可借助下述关系式估计：

$$\eta = 1 - |\tilde{S} - S| / S \qquad (1.33)$$

式中：S 为目标在所选平面上投影的面积；$\tilde{S}$ 为复原目标在该平面上投影的面积。

在单脉冲雷达定位方式下所进行的研究表明，目标形状复原的精确度非常依赖于测量噪声、目标尺寸 L 与探测脉冲空间尺度 $\tau_p c$ 之比、测量系统接收器角度布置、遗传函数数据库建立时的角度步长、目标方位角确定的精确度。还应当指出，信号数字化的时间间隔 Δt 应当比探测脉冲宽度要小，即 $\Delta t \leqslant \tau_p / 20$。

在所完成的计算中，在用于探测的双极脉冲宽度 $\tau_p = 1\mathrm{ns}$、接收器的角度布置 $\alpha = 2°$ 和信噪比 $q_p = 20\mathrm{dB}$ 的情况下，长 4.5m 的飞机模型复原精确度 $\eta = 80\%$。图 1.6 中给出了在确定方位角时没有误差情况下，目标形状复原精确度依赖 $L/(\tau_p c)$ 比的关系。合适的精确度，在 $L/(\tau_p c) \approx 20$ 情况下达到。根据 10 个实施方案的结果，飞机目标复原形状的投影图在图 1.7 中给出。

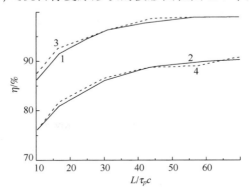

图 1.6　在不同噪声水平下目标形状重建的精确度与目标尺寸对探测脉冲
空间尺度比 $L/(\tau_p c)$ 的依赖关系

噪声水平：$q_p = 26\mathrm{dB}$，1—$\tau_p = 1\mathrm{ns}$，3—$\tau_p = 2\mathrm{ns}$；$q_p = 20\mathrm{dB}$，2—$\tau_p = 1\mathrm{ns}$，4—$\tau_p = 2\mathrm{ns}$。

在目标尺寸 50m 并利用时间宽度 $\tau_p = 1\mathrm{ns}$ 的探测脉冲、信噪比 $q_p = 20\mathrm{dB}$、数据库中最近的方位角间角度步长 $\Delta\alpha = 1°$、接收系统的尺寸 $b = 50\mathrm{m}$ 的情况下，如果目标形状重建的精确度超过 60%，则到目标的距离为 30km。如果这个距离增大到 100km 时,则目标形状重建的精确度减小到 17%,这样在目标重建形状基础上还不足够识别目标。在这种情况下,所提出的方法可以用于描写从被探测目标反射的信号并确定对应的遗传函数的构成。关于遗传函数构成的信息,可以用于目标识别问题中。

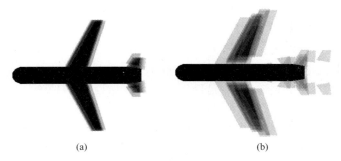

(a)   (b)

图 1.7　根据 10 个实施方案在不同信噪比下平均得到的目标重建形状的投影图

信噪比 q_p:(a) 26dB;(b) 20dB。

最简单的遗传函数,是从矩形平板散射体产生的镜像响应。在数值模拟中[93],目标的散射信号是用 1 组 6 个同样的遗传函数近似。作为目标采用了长 10m 的三维飞机模型。为了增大视角,目标处在固定高度 1km、速度 200m/s 运动的情况下,以重复频率 2Hz 在 10s 过程中进行了孔径逆向合成,这样完成了对 21 个观测角的计算。

确定每个散射体的坐标,是按上面描述的方案进行的。在数值模拟过程中,研究了探测脉冲宽度 τ_p、接收器间距离 b 和信噪比 q_p 对目标近似精确度的影响。在相应参数 $\tau_p = 2ns$ 和 $b = 50m$ 情况下,数值模拟结果之一如图 1.8 所示。

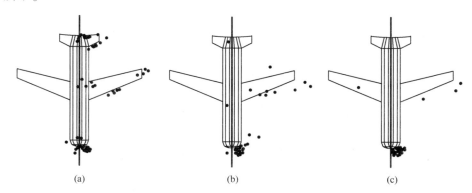

(a)   (b)   (c)

图 1.8　在不同信噪比下目标用一组点近似结果

(a) $q_p = \infty$;(b) $q_p = 26dB$;(c) $q_p = 20dB$。

在图 1.8 中点的尺寸与散射体的尺寸正比,而它们的坐标都加在一个平面上。这里所给的遗传函数方法是另一种方案,它属于法塞特(Facet)模型[94]。利用飞行器局部散射中心的信息,可以估计目标沿轨迹的运动速度和特征尺寸,这可以用于直接或在散射中心模型框架下识别飞行器[95]。

1.3　超宽带通信系统

表征通信系统发展的基本参数是它的信息传输速率。根据香农定律(式(1.5)),这个速率正比于信号占用的频带 Δf。在研制超宽带通信系统时,采用的频率范围可以分成三个频域:在频谱密度不大于 41.3dB/MHz[1] 时为 3.1~10.6GHz 频域,还有 57~66GHz[96] 频域,275~300GHz[97] 频域。随着发送信号频率升高,频带很容易实现增宽。

根据文献[97]给出的分析得出,从 1984 年到 2009 年,通信系统频带每 18 个月呈 2 倍增大。此时,信息传输速率从 1kb/s 增大到 100Mb/s。当代的发展趋势,要求数据的传输速率增大到 5~10Gb/s。

这里将简要地讨论主要针对频带 3.1~10.6GHz 的超宽带通信系统。此时,注意力将集中到对这样通信系统采用天线的要求上。通常,把超宽带通信系统的发展分成两个主要方向[50,51,98,99]:单带或脉冲的无线电通信系统和多带的通信系统。在边界频率下限范围,与上面这两种通信系统邻近的是基于动力学混沌(无规则)的超宽带通信系统[52,100]。

1.3.1　单带超宽带通信

单带超宽带通信的发展,按带宽可以分成三个方向:3.1~10.6GHz,3~5GHz 和 6~10GHz。在第一方向上,采用全部频率范围用于通信。这个思路实现起来最困难,因为它对天线的频带提出了苛刻要求,此时频带应当比 7.5 GHz 更宽,以便它能发射和接收宽度 150~200ps 的脉冲,而畸变又要很小,并且还对相位中心在脉冲所占频带界限内的稳定性提出了要求。此外,还必须保证超宽带无线电和窄带通信系统都能在 5~6GHz 范围内[101,102] 共同工作。

为了更容易实现脉冲的辐射,曾提出将频率范围分成两个频域:3~5GHz 和 6~10GHz。频带变窄降低了对天线的要求,但增大了辐射脉冲宽度,这个脉冲含有几个振荡,将使发射接收器模拟部分易于实现。此外,这样的超宽带通信系统对现有的窄带通信系统在 5~6GHz 范围内不造成干扰。

在超宽带通信中,为了对脉冲序列进行信息编码,采用了脉冲位置调制、脉冲幅度调制和双-相位调制(Bi-phase Modulation)。下面将讨论第三类调制,因为它具有系列优点,已被广泛采用。在双-相位调制时,利用正向脉冲和逆向脉冲两种类型脉冲进行编码,这里逆向脉冲相对正向脉冲相位移动了 180°。这两种极性相反的脉冲,用作逻辑 0 和 1 的编码。信息速率为 1bit/脉冲。

单带超宽带通信的概念,可以用图 1.9 表示。应当指出,脉冲形成器是一种将脉冲的频谱限制在给定的频带范围内的装置。应当指出,在大量的研究工作中,只有两项工作[103,104]是为了在采用频带 6~10GHz 时提高信息的传输速率的。在这两项工作中,采用了双-相位调制。由于所进行的研究,信息的传输速率分别达到了 750Mb/s[103] 和 2Gb/s[104]。

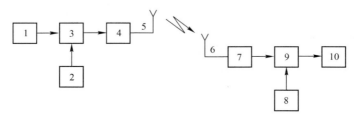

图 1.9　单带超宽带通信的发射接收系统结构图

发射器:1——信息源;2——脉冲发生器;3——调制器;4——脉冲形成器;5——天线。
接收器:6——天线;7——放大器;8——脉冲发生器;9——解调器;10——信号处理系统。

1.3.2　多带超宽带通信

多带的超宽带通信的思想,在于将整个频带(7.5GHz)分成宽度 528MHz 的 14 个子带,这些子带符合超宽带辐射的定义[1],它们联合成几组,形成组子带。这样可以在频谱内构成子带组合,以使通信系统的工作最佳化并降低所需要的功率。

每个子带有 128 个频率子载体(窄带通道),这对应传输信号宽度242.42ns。考虑宽度 60.61ns 的循环超前脉冲和宽度 9.47ns 的安全间隔,符号的宽度为 312.5ns。每一个这样的符号,可以同时辐射,以得到高的信息传输速率,或者它们依次地辐射出来。载频的序列,是基于时间-频率编码的。

多带通信系统在 53.3~480Mb/s 范围上可以支持 10 种信息传输速率[51]。多带通信系统的优势,就在于利用窄带来传输信息,这降低了发射接收设备的复杂性,特别是如模/数变换器,还将改进频谱的灵活性,如关掉窄带通信系统占用的子带,也可以与不同国家的要求匹配,这将通过软件程序对通道进行调试。

在多带通信系统中,还将降低对天线的要求。虽然如此,但是它们在整个频率范围上同时辐射信号时,应当保证在全频带下工作。与单带通信系统比较,多带通信系统的灵活性将大大地降低信息传输速率。

1.3.3　超宽带直接无规则通信

动态的无规则振荡(混沌)[52]具有一系列性能,借助这些性能在通信系统中可将混沌用作信息载体。在直接无规则通信系统中,实现直接产生承载信息的无规则振荡,并通过信息信号来调制这些振荡这一思想。作为将信息引入无规则信号的方法,采用了脉冲幅度调制。在时间轴上分出一些位置若出现脉冲,它表明逻辑"1"在传输,而若没出现脉冲,这对应的是逻辑"0"在传输。

超宽带直接无规则通信的发射接收系统的结构,如图 1.10 所示。根据这个结构,曾建成信息发射系统的模型[100]。通过研制的混沌发生器(0.5 ~ 3.5GHz),可以得到在-20dB 水平上带宽 3GHz 的振荡。

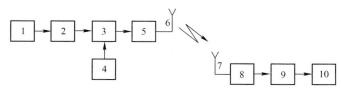

图 1.10　超宽带直接无规则通信的发射接收系统的结构框图
发射器:1—超宽带混沌发生器;2、5—放大器;3—调制器;4—控制脉冲源;6—天线。
接收器:7—天线;8—放大器;9—解调器;10—信号处理系统。

调制器是混沌信号的转换装置。如果在调制器控制输入端上的电压有约 5V 的水平(逻辑"1"),则调制器让混沌信号通过它。在信号水平约 0V(逻辑"0")时,调制器会发生堵塞。此时,调制器不放过混沌信号。因此,在向调制器输入端加上脉冲形式的两个水平信息信号时,在它的输出端就产生了无规则的无线电脉冲流。信号的发射和接收是借助超宽带盘锥形天线实现的。

利用无规则振荡研究数字信息传输的实验,是在 10~200Mb/s 传输速率的很宽范围内进行的。最大的信息传输速率是在调制脉冲 5ns 宽度条件下达到的。在局域网两台计算机间曾组建通信系统。在无线方式下数据的传输速率 10Mb/s 时,实现了在数字视频标准 MPEG2 下的视频信息传输。在接收端的图像质量与初始端的质量没有差别。直接无规则通信的进一步发展,导致建立起生活和办公应用方面的超宽带综合平台[105]。

1.4　电子系统对超宽带电磁脉冲作用的敏感度

在文献[106]中,将电磁辐射脉冲对技术手段(如元器件、仪器、系统和装置),以及对生物体,包括对人的作用,分成蓄意的作用和无意的作用两种。在电磁场对物体无意的作用研究,电磁兼容领域的专家很早就开始进行了。强电磁场对技术手段,对信息系统,以及对人(非致命的武器)等蓄意作用的研究,都是与高功率微波辐射源的发展相关的[3,20,107-109]。电磁兼容专家对蓄意电磁干扰兴趣的急剧增强，都是由于近年来利用电磁辐射源作为恐怖和犯罪手段潜在的可能性增强引起的。

研究技术手段对蓄意的电磁干扰的敏感度，目的是确定这些技术手段对高功率超宽带辐射源的技术要求。电磁兼容专家的基本任务，就包括：研究电磁辐射脉冲毁伤作用的机理和规律性，确定功能失效标准，制定和研制目标防护的方法和手段。研究工作的最后阶段，是对社会重要设备的稳定性试验，并且希望在最苛刻的条件下进行。对社会重要的设备，包括有通信系统、交通（地面的、空中的和海上的）设备、能源设备的安全系统，首先是原子反应堆、大容量的计算机系统、生命支撑的医疗设备。为了进行这些设备试验，需要高功率超宽带辐射源。

还要研究在超宽带辐射作用下的生物效应[110]，它也是很重要的。这些研究对于理解短辐射脉冲与生物介质和生物体相互作用的非热效应机制，同时制定居民和高功率超宽带辐射源操作人员的安全标准都是非常必要的。

下面仅限于讨论微波短带和超宽带辐射脉冲对设备作用的研究结果。对于这些研究，有意义的频率范围已确定在 200MHz～5GHz[106] 之间。有时，这个范围变窄到 0.5～3GHz[111]。如果利用宽度 0.2～5ns 的双极电压脉冲激发超宽带辐射器，可以实现频率范围 0.2～5GHz。对于更窄的频率范围 0.5～3GHz，可以采用宽度 0.3～2ns 的双极电压脉冲来激发超宽带辐射器。在研究电子系统对微波辐射的敏感度时，因为微波超宽带辐射脉冲的宽度通常不超过 10ns，我们利用尽可能短的脉冲宽度。

这些研究，在辐照大尺寸的目标，如飞机、导弹、汽车时，都是在开阔场地上进行的，其他设备多是在屏蔽室、无回波暗室和 TEM 小室内进行。利用的是垂直和水平极化的辐射，以及不同宽度的单次脉冲和重复频率 1～1000Hz 的脉冲串。在实验中峰值场强达到约 100kV/m。这些实验研究的结果，都可以在专著[20,108]和述评文章[112,113]中找到。

研究者将设备功能失效分成两种类型：第一种是设备发生短时间故障，而在辐射作用停止后它的功能又恢复了，或者操作员重新启动设备恢复功能；第二种是设备损坏，必须对它进行修理或者替换。在短宽度脉冲的情况下，第一种故障与未完成的电击穿有关，而第二种故障与电击穿完成后系统元器件的热破坏有关。这两种功能失效的概率，随着峰值电场强度的升高而增大。遗憾的是，对中心频率约 1GHz 超宽带双极脉冲的系统研究，只是文献[112]的作者进行过，而在更多的研究中，采用的是前沿宽度约 100ps 的单极超宽带脉冲，其脉冲的半高宽度约几 ns，对于这样的脉冲，能量的显著份额处在频率 0.1～1GHz 范围，虽然频谱的最大值对应的是零频率。应当指出，超宽带辐射脉冲在零频率附近没有场的分量。

根据得到的研究结果,可以做出下面几个结论。确定的设备对电磁脉冲作用敏感度的临界场强,随着脉冲宽度和重复频率的减小而增大。然而,利用双极脉冲得到的数据表明,更重要的是场和目标有效相互作用的频率范围。在双极脉冲宽度从 1ns(中心频率 1GHz)减小到约 0.5ns(中心频率 2GHz)时,微处理器电路板功能失效的能量密度不是增大,而是减小,约为 $10^{-5}J/m^2$。不同计算机设备功能失效的短脉冲临界场强处在很宽的范围内,约为 $1\sim100kV/m$。

应当指出,超宽带脉冲对电子系统作用敏感度的实验研究,是在小尺寸目标且没有屏蔽的条件下进行的。借助金属屏蔽,可以减小研究目标内部场强约 30dB。决定电子系统部件上感生电压和入射场强比值的传输函数,在上述频率范围内可能约为 $-30dB$。因此可得,对于产生 $10\sim100V$ 的感生电压,需要超宽带辐射脉冲在目标上的场强为 $10\sim100kV/m$。当辐射源和目标间距离约为 10m 时,这相当于远区的情况,此时辐射的有效势为 $0.1\sim1MV$。在所感兴趣的频率范围建造这样的超宽带辐射源,利用不同宽度的高压双极脉冲激发单个天线和多单元天线阵列都是可能的。

比较研究表明,在利用窄带微波辐射的长脉冲时,目标功能损伤的临界场强远远低于超宽带辐射短脉冲下的结果。这是由两个原因造成的:一是在长脉冲情况下,更容易增大能量,实现热的损伤机制;二是被研究的电子系统很容易被长脉冲激发产生的共振所损伤,因为长脉冲辐射源的品质因子(场的振荡数)可能大于被研究的电子系统的品质因子。在窄带辐射频率与被研究的电子系统共振频率符合的情况下,功能损伤的临界场强最小[106]。窄带辐射可以在一个频率上激发共振,与此不同的是,超宽带辐射在很宽的频带范围内可能激发共振,但是激发共振的效率却很低,因为超宽带辐射器的品质因子,通常远小于被研究的电子系统的品质因子。

为了估计大目标(汽车、飞机)长电路的临界场,研制了理论模型和计算机程序[111,114]。作为研制模型的基础是拓扑逻辑方法,就是将大型复杂的电路分成相互联系的模块。在理论研究中应当指出文献[115],正是这篇文献对双极脉冲作用下的信息故障(位错误)进行了研究和分析。在文献[112]中,在单极超宽带脉冲对微处理器电路板作用时,对相近模式进行了实验研究。

对于电磁兼容领域专家而言,还有一个问题,就是对不同设备和目标进行电磁发射的研究。无意的电磁辐射可用于未经核准的信息[116]和目标识别[117]。此外,所得到的关于频率范围的信息通常处于超宽带频率范围,它们将用于选择设备易损性检验的辐射源参数。不仅如此,为了降低设备电磁发射而进行的研究,将促使增大设备功能损伤的临界场强。很清楚,为了研究不同用途设备在时域范围上的电磁发射,需要很大动态范围的超宽带接收天线。

小结

超宽带无线电系统的发展,可以有条件地分成三个基本阶段。第一阶段在1887—1913 年间,它与利用火花发生器和不同类型天线探测电磁波辐射方法有关。这是发明无线电、无线电定位(雷达)、建立第一批高功率超宽带辐射源的时期,而后者导致目标的功能失效。第二阶段在 1960—1990 年间,首先突出的是研究和研制核爆炸电磁脉冲模拟器。在这一时期,强力地开展了关于地面下超宽带雷达的研究工作。

现在的阶段,就是第三阶段,可以从 20 世纪 90 年代初算起,其特点是对不同领域应用的超宽带无线电系统提出了更苛刻的要求,其中对于天线系统,首先要求它发射和接收的脉冲形状畸变要更小。这是因为,为获取超宽带雷达关于目标的信息和脉冲无线电通信中关于信号的编码,重要的是要知道发射和接收脉冲的形状。

随着脉冲技术的发展,这期间出现了许多不同用途的超宽带辐射源,它们具有不同的参数组合。此时,很大注意力是放在研制具有可控辐射参数的超宽带无线电系统上,并继续研发超宽带系统的理论方法和计算机程序,同时作为基础继续完善用于雷达、通信和电磁兼容的超宽带无线电系统的各个部分。

问题和检测试题

1. 阐述一下已知的辐射按频带分类方法,说明造成各种方法不同的原因。
2. 超宽带无线电系统概念包括哪些内容?为什么在提出超宽带辐射参数的技术问题时,必须考虑脉冲传播通道的特性?
3. 表述一下超宽带无线电系统发展的各个阶段及各阶段的主要成果。
4. 阐述一下超宽带雷达与窄带雷达的基本区别。
5. 阐述一下不同超宽带通信系统的区别,给出它们的优缺点。
6. 给出用于电子系统对单极超宽带脉冲和超宽带辐射脉冲作用敏感度研究的实验装置功能框图。比较这些脉冲的幅度频谱,指出它们频谱区别的原因。

参考文献

[1] Federal Communication Commission USA (FCC) 02-48, ET Docket 98-153, First Report

and Order, April 2002.

[2] Giri D. V. , Tesche F. M. Classification of intentional electromagnetic environments // IEEE Trans. Electromagn. Compat. 2004. V. 46. No. 3. P. 322−328.

[3] Benford J. , Swegle J. A. , Schamiloglu E. High power microwaves. Second edition. −New York : Taylor & Francis, 2007. −531 p.

[4] ГОСТ Р 51317. 1. 5−2009. Совместимость технических средств электромагнитная. Воздействия электромагнитные большой мощности на системы гражданского назначения. Основные положения.

[5] Rumsey V. H. Frequency independent antennas. −New York : Academic Press, 1966. Русский перевод. Рамсей В. Частотно независимые антенны. / Пер. с англ. А. П. Сахарова под ред. А. Ф. Чаплина. −М. : Мир, 1968. −176 с.

[6] Кудрявцев П. С. История физики. −Т. 2. М. : Учпедгиз, 1956. −487 с.

[7] Григорьян А. Т. , Вяльцев А. Н. Генрих Герц /1857−1894/. −М. : Наука, 1968. − 310 с.

[8] Родионов В. М. Зарождение радиотехники. −М. : Наука, 1985. −240 с.

[9] Мигулин В. В. Зарождение радио и первые шаги радиотехники. 100 лет радио : Сборник статей / Под ред. В. В. Мигулина, А. В. Гороховского. −М. : Радио и связь, 1995. −С. 7−24.

[10] Schantz H. The art and science of ultrawideband antennas. −London : Artech House, 2005. −340 p.

[11] Кобзарев Ю. Б. Создание отечественной радиолокации : научные труды, мемуары, воспоминания. −М. : Наука, 2007. −503 с.

[12] Тесла Н. Колорадо−Спрингс. Дневники. 1899−1900. −Самара : Издательский дом « Агни », 2008. −460 с.

[13] Тесла Н. Статьи. 2−е изд. −Самара : Издательский дом « Агни », 2008. −584 с.

[14] Schumann W. O. Über die Stralungslosen Eigenschwingungen einer leitenden Kugel die von Luftschicht und einer Ionosphärenhülle umgeben ist // Zeitschrift Naturforschung. 1952. B. 7a. S. 149−154.

[15] Блиох П. В. , Николаенко А. П. , Филиппов Ю. Ф. Глобальные электромагнитные резонанс ы в полости Земля−ионосфера. −Киев : Наук. думка, 1977. −200 с.

[16] Shannon C. A. A mathematical theory of communication // Bell System Techn. J. 1948. V. 27. No. 3. P. 379−423 ; 1948. V. 27. No. 4. P. 623−656.

[17] Шеннон К. Э. Работы по теории информации и кибернетике. / Под. ред. Р. Л. Добрушина, О. Б. Лупанова. −М. : Изд−во иностранной литературы, 1963. −829 с.

[18] Медведев Ю. А. , Степанов Б. М. , Федорович Г. В. Физика радиационного возбуж дения электромагнитных полей. −М. : Атомиздат, 1980. −104 с.

[19] Физика ядерного взрыва. Т. 1. Развитие взрыва. −М. : Наука. Физматлит, 1997. −528 с.

[20] Балюк Н. В. ,Кечиев Л. Н. ,Степанов П. В. Мощный электромагнитный импульс: воздействие на электронные средства и методы защиты. —М. :ООО « Группа ИДТ », 2008. —478 с.

[21] Голубев А. И. ,Исмаилов Н. А. ,Терехин В. А. ,Тихончук В. Т. Влияние асимметрии окружающей среды на временную форму радиоимпульса воздушного ядерного взрыва // Физика плазмы. 1999. Т. 25. № 5. С. 428-434.

[22] Baum C. E. EMP simulators for various types of nuclear EMP environments:an interim categorization // IEEE Trans. Electromagn. Compat. 1978. V. 20. No. 1. P. 35-53.

[23] Baum C. E. From the electromagnetic pulse to high-power electromagnetics // Proc. IEEE. 1992. V. 80. No. 6. P. 789-817.

[24] Baum C. E. Radiation of impulse-like transient fields // Sensor and Simulation Notes. Edited by C. E. Baum. USA,New Mexico,Kirtland:Air Force Research Laboratory,Directed Energy Directorate,1989. No. 321.

[25] Baum C. E. ,Farr E. G. Impulse radiating antenna // Ultra-Wideband,Short-Pulse Electromagnetics. Edited by H. Bertoni et al. ,New York:Plenum Press,1993. P. 139-147.

[26] Agee F. J. ,Baum C. E. ,Prather W. D. ,Lehr J. M. ,O'Loughlin J. P. ,Burger J. W. , Schoenberg J. S. H. ,Scholfield D. W. ,Torres R. J. ,Hull J. P. ,Gaudet J. A. Ultra-wideband transmitter research // IEEE Trans. Plasma Sci. 1998. V. 26. No. 3. P. 860 -872.

[27] Кошелев В. И. Антенные системы для излучения мощных сверхширокополосных импульсов // Доклады 3 Всероссийской научно-технической конференции « Радиолокация и радиосвязь ». Россия, Москва:Институт радиотехники и электроники им. В. А. Котельникова РАН,2009. Т. 1. С. 33-37.

[28] Baum C. E. ,Baker W. L. ,Prather W. D. ,Lehr J. M. ,O'Loughlin J. P. ,Giri D. V. , Smith I. D. ,Altes R. ,Fockler J. ,McMillan D. ,Abdalla M. D. ,Skipper M. C. JOLT:A highly directive,very intensive,impulse-like radiator // Proc. IEEE. 2004. V. 92. No. 7. P. 1096-1109.

[29] Oicles J. A. ,Grant J. R. ,Herman M. H. Realizing the potential of photoconductive switching for HPM applications // Proc. SPIE. 1995. V. 2557. P. 225-236.

[30] Koshelev V. I. ,Efremov A. M. ,Kovalchuk B. M. ,Plisko V. V. ,Sukhushin K. N. High-power source of ultrawideband radiation wave beams with high directivity // Proc. 15 Inter. Symp. on High Current Electronics. Russia,Tomsk:Institute of High Current Electronics SB RAS,2008. P. 383-386.

[31] Ефремов А. М. ,Кошелев В. И. ,Ковальчук Б. М. ,Плиско В. В. . Сухушин К. Н. Мощный источник сверхширокополосного излучения с мультимегавольтным эффективным потенциалом // Доклады 1 Всероссийской Микроволновой конференции. Россия, Москва:Институт радиотехники и электроники им. В. А. Котельникова РАН,27 -29 ноября 2013. С. 197-201.

[32] Бессараб А. В. ,Гаранин Г. С. ,Мартыненко С. П. ,Прудкой Н. А. ,Солдатов А.

В., Терехин В. А., Трутнев Ю. А. Генератор сверхширокополосного электромагнитного излучения, инициируемый пикосекундным лазером // ДАН. 2006. Т. 411. № 5. С. 609−612.

[33] Кондратьев А. А., Лазарев Ю. Н., Потапов А. В., Тищенко А. С., Заволоков Е. В., Сорокин И. А. Экспериментальное исследование генератора ЭМИ СВЧ−диапазона на основе сверхсветового источника // ДАН. 2011. Т. 438. № 5. С. 615−618.

[34] Cook C. E. Pulse compression −key to more efficient radar transmission // Proc. IRE. March 1960. V. 48. P. 310−316.

[35] Cook C. E., Bernfield M. Radar signals. New York: Academic Press, 1967. Русский перевод. Кук Ч., Бернфельд М. Радиолокационные сигналы / Пер. с англ. под ред. В. С. Кельзона. −М.: Советское радио, 1971. −568 с.

[36] Ширман Я. Д., Алмазов В. Б., Голиков В. Н., Гомозов В. И., Кривелев А. П., Цурский Д. А. О первых отечественных исследованиях по сверхширокополосной радиолокации // Радиотехника и электроника. 1991. Т. 36. № 1. С. 96−100.

[37] Cook J. C. Proposed monocycle−pulse very−high−frequency radar for air−borne ice and snow measurement // Trans. AIEE Commun. Electron. Nov. 1960. V. 79. P. 588−594.

[38] Cook J. C. Radar exploration through rock in advance of mining // Trans. AIME. June 1973. V. 254. P. 140−146.

[39] Финкельштейн М. И., Мендельсон В. Л., Кутев В. А. Радиолокация слоистых земных покровов. / Под ред. М. И. Финкельштейна. −М. : Советское радио, 1977. −176 с.

[40] Harmuth H. F. Nonsinusoidal waves for radar and radio communications. New York: Academic Press, 1981. Русский перевод. Хармут Х. Ф. Несинусоидальные волны в радиолокации и радиосвязи. / Пер. с англ. Г. С. Колмогорова, В. Г. Лабунца под ред. А. П. Мальцева. −М. : Радио и связь, 1985. −376 с.

[41] Астанин Л. Ю., Костылев А. А. Основы сверхширокополосных радиолокационных измерений. −М. : Радио и связь, 1989. −192 с.

[42] Introduction to ultra−wideband radar system. / Edited by J. D. Taylor. −London: CRC Press, 1995. −670 p.

[43] Ultra−wideband radar technology. / Edited by J. D. Taylor. −London: CRC Press, 2000. −424 p.

[44] Chen V. C., Ling H. Time−frequency transforms for radar imaging and signal analysis. −London: Artech House, 2002. −214 p.

[45] Ground penetrating radar. Second edition. / Edited by D. J. Daniels. −London: IEE, 2004. −726 p.

[46] Вопросы перспективной радиолокации. / Под ред. А. В. Соколова. − М. : Радиотехника, 2003. −512 с.

[47] Вопросы подповерхностной радиолокации. / Под ред. А. Ю. Гринева. − М. : Радиотехника, 2005. −416 с.

［48］ Обнаружение и распознавание объектов радиолокации. / Под ред. А. В. Соколова. —М. :Радиотехника,2006. —176 с.

［49］ Биорадиолокация. / Под ред. А. С. Бугаева,С. И. Ивашова,И. Я. Иммореева. — М. :Изд-во МГТУ им. Н. Э. Баумана,2010. —396 с.

［50］ Ghavami M. ,Michael L. B. ,Kohno R. Ultra wideband signals and systems in communication engineering. —London:John Wiley & Sons,2004. —247 p.

［51］ Siriwongpairat W. P. ,Liu K. J. R. Ultra-wideband communications systems:multiband OFDM approach. —New Jersey:John Wiley & Sons,2008. —229 p.

［52］ Дмитриев А. С. ,Панас А. И. Динамический хаос:новые носители информации для систем связи. — М. : Изд - во Физико - математической литературы, 2002. —252 с.

［53］ Кошелев В. И. Мощные импульсы сверхширокополосного излучения для радиоло кации. В кн. Активные фазированные антенные решетки / Под ред. Д. И. Воскресенского и А. И. Канащенкова. —М. :Радиотехника,2004. —С. 428-454.

［54］ Штагер Е. А. ,Чаевский Е. В. Рассеяние волн на телах сложной формы. —М. : Советское радио,1974. —240 с.

［55］ Стадник А. М. ,Ермаков Г. В. Искажения сверхширокополосных электромагнитн ых импульсов в атмосфере Земли // Радиотехника и электроника. 1995. Т. 40. № 7. С. 1009-1016.

［56］ Бункин Б. В. ,Кашин В. А. Особенности,проблемы и перспективы субнаносекунд ных видеоимпульсных РЛС // Радиотехника. 1995. № 4-5. С. 128-133.

［57］ Иммореев И. Я. Сверхширокополосная локация:основные особенности и отличия от традиционной радиолокации // Электромагнитные волны и электронные системы. 1997. Т. 2. № 1. С. 81-88.

［58］ Иммореев И. Я. ,Федотов Д. В. Оптимальная обработка радиолокационных сигналов с неизвестными параметрами // Радиотехника. 1998. № 10. С. 84-88.

［59］ Иммореев И. Я. ,Черняк В. С. Обнаружение сверхширокополосных сигналов, отраженных от сложных целей // Радиотехника. 2008. № 4. С. 3-10.

［60］ Кошелев В. И. ,Сарычев В. Т. ,Шипилов С. Э. Обнаружение сверхширокополосн ых импульсных сигналов на фоне шумов и помех // Сборник докладов 2 научной конференции-семинара « Сверхширокополосные сигналы в радиолокации,связи, акустике ». Россия,Муром:Муромский институт Владимирского государственного университета,2006. С. 332-336.

［61］ Koshelev V. I. ,Sarychev V. T. ,Shipilov S. E. Radar target detection at noise and interference background // Ultra-Wideband,Short-Pulse Electromagnetics 7. Edited by F. Sabath et al. ,New York:Springer,2007. P. 715-722.

［62］ Koshelev V. I. ,Shipilov S. E. ,Sarychev V. T. Suboptimal method of UWB signal detection at noise,interference and clutter environment // Proc. 5th European Radar Conf. The Netherlands,Amsterdam:European Microwave Association,2008. P. 232-235.

［63］ Harmuth H. F. Radar equation for nonsinusoidal waves // IEEE Trans. Electromagn. Compat. 1989. V. 31. No. 2. P. 138-147.

［64］ Lorber H. W. A time domain radar range equation // Ultra-Wideband, Short-Pulse Electromagnetics 2. Edited by L. Carin and L. B. Felsen, New York: Plenum Press, 1995. P. 355-364.

［65］ Брикер А. М., Зернов Н. В., Мартынова Т. Е. Рассеивающие свойства антенн при действии негармонических сигналов // Радиотехника и электроника. 2000. Т. 45. № 5. С. 559-564.

［66］ Koshelev V. I. Detection and recognition of radar objects at sounding by high-power ultra-wideband pulses // Proc. 2007 IEEE Inter. Conf. on Ultra-Wideband. Singapore: IEEE Catalog Number 07EX1479C, 2007.

［67］ Балзовский Е. В., Буянов Ю. И., Кошелев В. И. Двухполяризационная приемная антенная решетка для регистрации сверхширокополосных импульсов // Радиотехника и электроника. 2010. Т. 55. № 2. С. 184-192.

［68］ Кошелев В. И., Коньков П. А., Сарычев В. Т., Шипилов С. Э. Параметрическая идентификация сверхширокополосных сигналов на фоне шумов // Известия вузов. Физика. 2008. Т. 51. № 6. С. 46-53.

［69］ Кошелев В. И., Сарычев В. Т., Шипилов С. Э., Якубов В. П. Оценивание инфо рмационных характеристик радиолокационных объектов при сверхширокополосном зондировании // Журнал радиоэлектроники. 2001. № 6. http://jre.cplire.ru/jre/jun01/1/text.html

［70］ Небабин В. Г., Сергеев В. В. Методы и техника радиолокационного распознаван ия. -М.: Радио и связь, 1984. -152 с.

［71］ КостылевА. А. Идентификация радиолокационных целей при использовании сверх широкополосных сигналов: методы и приложения // Зарубежная радиоэлектрони ка. 1984. № 4. С. 75-104.

［72］ Костылев А. А. Идентификация и применение резонансных моделей рассеивателей и антенн // Зарубежная радиоэлектроника. 1991. № 1. С. 23-34.

［73］ Кононов А. Ф. Применение томографических методов для получения радиолокаци онных изображений объектов с помощью сверхширокополосных сигналов // Зарубежная радиоэлектроника. 1991. № 1. С. 35-49.

［74］ Костылев А. А., Калинин Ю. Н. Методы экспериментального определения призн аков распознавания при использовании сверхширокополосных сигналов // Зарубежная радиоэлектроника. 1992. № 10. С. 21-40.

［75］ Кузнецов Ю. В. Распознавание целей в сверхширокополосной радиолокации. В кн. Активные фазированные антенные решетки / Под ред. Д. И. Воскресенского и А. И. Канащенкова. -М.: Радиотехника, 2004. -С. 234-319.

［76］ Rothwell E., Nyquist D. P., Chen K. -M., Drachman B. Radar target discrimination using the extinction-pulse technique // IEEE Trans. Antennas Propogat. 1985. V. 33. No. 9.

P. 929-937.

[77] Rothwell E. J. ,Chen K. -M. ,Nyquist D. P. Extraction of the natural frequencies of a radar target from a measured response using$E$-pulse techniques // IEEE Trans. Antennas Propogat. 1987. V. 35. No. 6. P. 715-720.

[78] Baum C. E. , Rothwell E. J. , Chen K. -M. , Nyquist D. P. The singularity expantion method and its application to target identification // Proc. IEEE. 1991. V. 79. No. 10. P. 1481-1492.

[79] Ilavarasan P. ,Ross J. E. ,Rothwell E. J. ,Chen K. -M. ,Nyquist D. P. Performance of an automated radar target discrimination scheme using E pulses and S pulses // IEEE Trans. Antennas Propogat. 1993. V. 41. No. 5. P. 582-588.

[80] Baum C. E. On the singularity expantion method for the solution of electromagnetic interaction problem // Interaction Notes. Edited by C. E. Baum. USA,New Mexico,Kirtland: Air Force Weapons Laboratory,1971. No. 88.

[81] Baum C. E. The singularity expantion method // Transient Electromagnetic Fields. Edited by L. B. Felsen,New York:Springer-Verlag,1976. P. 129-179.

[82] Rothwell E. J. ,Chen K. -M. ,Nyquist D. P. ,Ilavarasan P. ,Ross J. E. ,Bebermeyer R. ,Li Q. A general E-pulse scheme arising from the dual early-time/late-time behavior of radar scatterers // IEEE Trans. Antennas Propogat. 1994. V. 42. No. 9. P. 1336-1341.

[83] Li Q. ,Ilavarasan P. , Ross J. E. , Rothwell E. J. , Chen K. -M. , Nyquist D. P. Radar target identification using a combined early-time/late-time E-pulse technique // IEEE Trans. Antennas Propogat. 1998. V. 46. No. 9. P. 1272-1278.

[84] Das Y . , Boerner W. M. On radar target shape estimation using algorithms for reconstruction from projections // IEEE Trans. Antennas Propogat. 1978. V. 26. No. 2. P. 274-279.

[85] Moffat D. L. , Young J. D. , Ksienski A. A. , Lin H. -C. , Rhoads C. M. Transient response characteristics in identification and imaging // IEEE Trans. Antennas Propogat. 1981. V. 29. No. 2. P. 192-205.

[86] Dai Y. ,Rothwell E. J. , Chen K. -M. , Nyquist D. P. Time-domain imaging of radar targets using algorithms for reconstruction from projections // IEEE Trans. Antennas Propogat. 1997. V. 45. No. 8. P. 1227-1235.

[87] Кошелев В. И. . Шипилов С. Э. , Якубов В. П. Восстановление формы объектов при малоракурсной сверхширокополосной радиолокации // Радиотехника и электроника. 1999. Т. 44. № 3. С. 301-305.

[88] Radon J. On the determination of function from their integrals along certain manifolds // Ber. Saechs. Akad. Wiss. Leipzig,Math. Physics Kl. 1917. V. 69. No. 2. P. 262-277.

[89] Lewis R. M. Physical optics inverse diffraction // IEEE Trans. Antennas Propogat. 1969. V. 17. No. 3. P. 308-314.

[90] Bojarski N. N. Low frequency inverse scattering // IEEE Trans. Antennas Propogat. 1982. V. 30. No. 4. P. 775-778.

［91］ Кошелев В. И. ,Шипилов С. Э. ,Якубов В. П. Использование метода генетических функций для восстановления формы объектов в малоракурсной сверхширокополосной радиолокации // Радиотехника и электроника. 2000. Т. 45. № 12. С. 1470-1476.

［92］ Гутман В. М. Метод Кирхгофа для расчета импульсных полей // Радиотехника и электроника. 1997. Т. 42. № 3. С. 271-276.

［93］ Koshelev V. I. ,Shipilov S. E. ,Yakubov V. P. The problems of small base ultrawideband radar // Ultra-Wideband,Short-Pulse Electromagnetics 4. Edited by E. Heyman et al. , New York:Plenum Press,1999. P. 395-399.

［94］ Bhalla R. ,Ling H. ,Moore J. ,Andersh D. J. ,Lee S. W. ,Hughes J. 3D scattering center representation of complex target using the shooting and bouncing ray technique // IEEE Trans. Antennas and Propagation Magazine. 1998. V. 40. No. 5. P. 30-39.

［95］ Li Q. ,Rothwell E. J. ,Chen K. -M. ,Nyquist D. P. Scattering center analysis of radar targets using fitting scheme and genetic algorithm // IEEE Trans. Antennas Propogat. 1996. V. 44. No. 2. P. 198-207.

［96］ Special issue on antennas and propagation aspects of 60-90 GHz wireless communications // IEEE Trans. Antennas Propagat. 2009. V. 57. No. 10. Part I of two Parts.

［97］ Federici J. ,Moeller L. Review of terahertz and subterahertz wireless communications // J. Appl. Phys. 2010. V. 107. No. 11. 111101.

［98］ Aiello G. R. ,Rogerson G. D. Ultra-wideband wireless systems // IEEE Microwave Magazine. 2003. V. 4. P. 36-47.

［99］ Marenco A. L. , Rice R. On ultra wideband (UWB) technology and its applications to radar and communications // The Georgia Tech Ultra Wideband Center of Excellence. 2009. http://www. uwbtech. gatech. edu

［100］ Дмитриев А. С. ,Кяргинский Б. Е. ,Панас А. И. ,Пузиков Д. Ю. ,Старков С. О. Эксперименты по сверхширокополосной прямохаотической передаче информации в сверхвысокочастотном диапазоне // Радиотехника и электроника. 2002. Т. 47. № 10. С. 1219-1228.

［101］ Manzi G. , Feliziani M. , Beeckman P. A. , van Dijk N. Coexistence between ultra - wideband radio and narrow-band wireless LAN communication system -Part I:Modeling and measurement of UWB radio signals in frequency and time // IEEE Trans. Electromagn. Compat. 2009. V. 51. No. 2. P. 372-381.

［102］ Manzi G. ,Feliziani M. ,Beeckman P. A. ,van Dijk N. Coexistence between ultra-wideband radio and narrow-band wireless LAN communication system -Part II:EMI evaluation // IEEE Trans. Electromagn. Compat. 2009. V. 51. No. 2. P. 382-390.

［103］ Kulkarni V. V. ,Muqsith M. ,Niitsu K. ,Ishikuro H. ,Kuroda T. A 750Mb/s,12 pJ/b,6-to-10GHz CMOS IR-UWB transmitter with embedded on-chip antenna // IEEE J. Solid-State Circuits. 2009. V. 44. No. 2. P. 394-403.

［104］ Zhou L. ,Chen Z. ,Wang C. -C. ,Tzeng F. ,Jain V. ,Heydari P. A 2-Gb/s 130nm SMOS RF-correlation-based IR-UWB transceiver front-end // IEEE Trans. Microw. Theory Tech. 2011. V. 59. No. 4. P. 1117-1130.

[105] Дмитриев А. С. ,Клецов А. В. ,Лактюшкин А. М. ,Панас А. И. ,Старков С. О. Сверхширокополосная беспроводная связь на основе динамического хаоса // Радиотехника и электроника. 2006. Т. 51. № 10. С. 1193−1209.

[106] Radasky W. A. , Baum C. E. , Wik M. W. Introduction to the special issue on high−power electromagnetics (HPEM) and intentional electromagnetic interference (IEMI) // IEEE Trans. Electromagn. Compat. 2004. V. 46. No. 3. P. 314−321.

[107] Бугаев С. П. ,Канавец В. И. ,Кошелев В. И. ,Черепенин В. А. Релятивистские многоволновые СВЧ−генераторы. −Новосибирск:Наука,1991. −296 с.

[108] Giri D. V. High−power electromagnetic radiators:Nonlethal weapons and other applications. −Cambridge:Harvard university press,2004. −198 p.

[109] Добыкин В . Д. , Куприянов А. И. , Пономарев В. Г. , Шустов Л. Н. Радиоэлектронная борьба. Силовое поражение радиоэлектронных систем. М. : Вузовская книга,2007. −468 с.

[110] Holden S. ,Inns R. H. ,Lindsay C. D. ,Tattersall J. H. ,Rice P. ,Hambrook J. L. Ultra−wideband (UWB) radiofrequency (RF) bioeffects research in DERA // Ultra−Wideband, Short−Pulse Electromagnetics 5. Edited by P. D. Smith and S. R. Cloude,New York:Plenum Press,2002. P. 739−747.

[111] Parmantier J. −P. Numerical coupling models for complex systems and results // IEEE Trans. Electromagn. Compat. 2004. V. 46. No. 3. P. 359−367.

[112] Nitsch D. ,Camp M. ,Sabath F. ,Haseborg J. L. ,Garbe H. Susceptibility of some electronic equipment to HPEM threats // IEEE Trans. Electromagn. Compat. 2004. V. 46. No. 3. P. 380−389.

[113] Backstrom M. G. , Lovstrand K. G. Susceptibility of electronic systems to high−power microwaves:Summary of test experience // IEEE Trans. Electromagn. Compat. 2004. V. 46. No. 3. P. 396−403.

[114] Paletta L. ,Parmantier J. −P. ,Issac F. ,Dumas P. ,Alliot J. −C. Susceptibility analysis of wiring in a complex system combining a 3−D solver and a transmission−line network simulation // IEEE Trans. Electromagn. Compat. 2002. V. 44. No. 2. P. 309−317.

[115] Вдовин В. А. ,Кулагин В. В. ,Черепенин В. А. Помехи и сбои при нетепловом воздействии короткого электромагнитного импульса на радиоэлектронные устройства // Электромагнитные волны и электронные системы. 2003. Т. 8. № 1. С. 64−73.

[116] Кузнецов Ю. В. , Баев А. Б. , Бехтин М. А. , Сергеев А. А. Развитие методов анализа электромагнитных излучений в широкой полосе частот // Успехи современной радиоэлектроники. 2009. № 1−2. С. 132−139.

[117] Dong X. ,Weng H. ,Beetner D. G. ,Hubing T. H. ,Wunsh,II,D. C. ,Noll M. ,Goksu H. , Moss B. Detection and identification of vehicles based on their unintended electromagnetic emission // IEEE Trans. Electromagn. Compat. 2006. V. 48. No. 4. P. 752−759.

第2章　超宽带脉冲的定义和特性

引言

现在讨论与超宽带脉冲的定义和表达形式有关的问题。首先,我们将确定电脉冲和电磁辐射超宽带脉冲的参数和性能,然后将非常详细地讨论电磁辐射脉冲的特性,还将探讨脉冲的频谱表达和用时间实函数表达的可能性。

下面将重点指出在超宽带脉冲近似时,采用指数衰减振荡(脉冲极点模型)作为基准的合理性。

最后还将介绍小波变换理论的基本概念,该理论也是近些年蓬勃发展的一种数学工具,非常适合研究复杂信号的结构和处理。此外,还专门将适用于超宽带脉冲能量特性单列出来,以分析实际的辐射器。

2.1　基本定义

首先,我们将给出脉冲定义并指出它的广义特性,尔后将详细地讨论超宽带电磁辐射脉冲的典型特点。

这里将电压、电流、电场或磁场强度、电磁场的功率通量密度等各个量,与它们的某个初始水平,如零水平的短时间偏离,称作该量的单次脉冲。

脉冲与其来源、性能无关,可利用解析形式、图形或频谱形式表达:

一是脉冲的解析形式,这是表达式或表达式组合,它唯一地确定了脉冲随时间的变化规律。脉冲的一个重要特点,是它有不同变化速率的几个特征段,其中就包括急剧的下降段。例如,对于电磁脉冲辐射器,其宽度 τ_p 的电流矩形脉冲 $I(t)$ 可用下面等式表示:

$$I(t) = 0, \quad -\infty < t < 0$$
$$I(t) = I_0 = 常数, 0 \leqslant t \leqslant \tau_p$$
$$I(t) = 0, \quad \tau_p < t < \infty$$

在这种情况下,初始电流的水平等于零。在 $t=0$ 时刻,电流发生阶跃式变化,达到 $I_0 =$ 常数值,而在 $t=\tau_p$ 时,电流发生相反的过程。

二是图形形式,这是在笛卡儿坐标系中画出来的图形。此时,沿 x 轴以一

定比例画出时间 t，而沿 y 轴也以一定比例画出脉冲的瞬时值。通常，脉冲图像与 x 轴构成的几何图形，与脉冲本身是符合的。例如，矩形脉冲、三角形（锯齿形）脉冲和钟罩形脉冲，在无线电电子学不同领域都得到了广泛的应用。

脉冲形状 $s(t)$ 通过脉冲的频谱函数（频谱密度）$S(\omega)$，并根据傅里叶积分变换可以单值地确定：

$$S(\omega) = \int_{-\infty}^{\infty} s(t) e^{-i\omega t} dt$$

而复值函数 $S(\omega)$ 可以表达式如下：

$$S(\omega) = |S(\omega)| e^{i\varphi(\omega)}$$

式中：函数 $|S(\omega)|$ 称作幅频特性（AЧX），而 $\varphi(\omega)$ 为它的相频特性（ФЧX）。因此，在给定函数 $|S(\omega)|$ 和 $\varphi(\omega)$ 时，单值地确定了脉冲 $s(t)$。

电压或电流的单向偏离，称作视频脉冲。这是在无线电技术、无线电电子学和脉冲功率技术中，通常采用的定义。偏离的方向表征视频脉冲的极性。正极性的视频脉冲在电压（或电流）增大时产生，而不管电压或电流的瞬时值是正的还是负的；负极性的视频脉冲，在电压（或电流）瞬时值降低时产生。有时双极脉冲或极性改变次数不大的脉冲，也称作视频脉冲。

无线电脉冲是一段谐波振荡，其幅度按随意的视频脉冲的变化规律而变化，即无线电脉冲实际是饱含高频变化的脉冲。

2.2 电脉冲参数

电脉冲的参数，可分成基本参数、导出参数和辅助参数[1]。基本参数可以表征任何形状的脉冲，与它们的用途和获取方法无关。它们总共有幅度 A、时间宽度 τ_p 和持续周期 T 三种参数，而最后的参数只用于脉冲序列特性的表示，即当脉冲数足够大（理论上可以无限大）时可用。

脉冲幅度 A，是电压（或电流）脉冲与其初始水平偏离的最大值。

脉冲时间宽度 τ_p，为脉冲出现时刻到它结果时刻的时间间隔。对于实际脉冲，固定"开始"和"结束"时刻常常是很困难的，特别当脉冲在其存在的开始和结束阶段参数变化速率很小的时候。由于这种情况，采用预先约定幅度的 $0.1A$ 水平，更常些以约定幅度的 $0.5A$ 水平来计算脉冲宽度 τ_p。

脉冲的能量宽度 τ_e 约定为矩形的脉冲宽度，该矩形的幅度和能量与非矩形的实际脉冲的幅度和能量一样。例如，电流脉冲 $I(t)$ 在 1Ω 电阻上释放的能量 W，由下式确定：

$$W = \int_{-\infty}^{\infty} I^2(t) dt$$

对于幅度 A 和宽度 τ_e 的矩形电流脉冲，在同样的（1Ω）电阻上释放的能量等于

$$W_e = \tau_e A^2$$

由能量相等条件可得

$$\tau_e = \frac{W_e}{A^2} = \frac{\int_{-\infty}^{\infty} I^2(t)\,\mathrm{d}t}{A^2}$$

导出参数，由基本参数经过换算得到，它们包括脉冲重复频率 F、填充系数 K 和间隙系数 M。

脉冲重复频率 F 为每秒的脉冲数，即 $F = 1/T$。

脉冲填充因子 $K = \tau_p/T$，表征脉冲重复周期的"填充"程度。

脉冲占空比 $M = T/\tau_p$，为填充因子倒数的量。

辅助参数表征的是具体脉冲的"精细"结构。作为辅助参数，采用的有脉冲的前沿宽度 τ_r 和截断宽度 τ_d，它们按从 0.1 到 0.9 脉冲幅度水平间计算；还有叠加到脉冲上的振荡成分系数；以及预脉冲上冲和后脉冲上冲的幅度和宽度，这些上冲在脉冲形成或传输时伴随产生。

2.3　超宽带辐射脉冲的特性

为了描述超宽带脉冲，可以采用它们的时间实函数及其频谱函数[2,3]。超宽带脉冲的最重要特性，是它们所占的频带，而这个频带通常定量地用相对频带（1.1）估计。

具有任意频谱宽度和有限时间宽度的脉冲，还有几个基本参数[4]，一个是它的中心位置，另一个是它的"有效时间宽度"。通过下面关系式定义任意脉冲 $s(t)$ 的第一时刻 $\bar{t}$ 和第二时刻 $\overline{t^2}$ 如下：

$$\bar{t} = \frac{\int_{-\infty}^{\infty} t s^2(t)\,\mathrm{d}t}{\int_{-\infty}^{\infty} s^2(t)\,\mathrm{d}t}, \quad \overline{t^2} = \frac{\int_{-\infty}^{\infty} t^2 s^2(t)\,\mathrm{d}t}{\int_{-\infty}^{\infty} s^2(t)\,\mathrm{d}t} \tag{2.1}$$

式中：$\bar{t}$ 和 $\overline{t^2}$ 表示按时间的平均量。参数 $\bar{t}$ 对应脉冲在时间轴上的"重心"（中心）位置，而参数 $\overline{t^2}$ 确定了脉冲"有效时间宽度"的平方，如下式：

$$\Delta t^2 = \overline{(t-\bar{t})^2} = \overline{t^2} - (\bar{t})^2 \tag{2.2}$$

这些参数是很方便的，因为它们非常简便地通过脉冲频谱函数 $S(\omega) = |S(\omega)| e^{i\varphi(\omega)}$ 表示。确实[5]，根据傅里叶积分变换的帕谢瓦尔（Parseval）定理有

$$\int_{-\infty}^{\infty} s^2(t)\,\mathrm{d}t = \frac{1}{2\pi}\int_{-\infty}^{\infty} |S(\omega)|^2\,\mathrm{d}\omega$$

由此得到下面恒等式：

$$\int_{-\infty}^{\infty} ts^2(t)\,\mathrm{d}t = \frac{1}{2\pi i}\int_{-\infty}^{\infty} \frac{\mathrm{d}S(\omega)}{\mathrm{d}\omega}S^*(\omega)\,\mathrm{d}\omega = \frac{1}{2\pi}\int_{-\infty}^{\infty} \tau(\omega)\,|S(\omega)|^2\,\mathrm{d}\omega$$

$$\int_{-\infty}^{\infty} t^2 s^2(t)\,\mathrm{d}t = \frac{1}{2\pi}\int_{-\infty}^{\infty} \left|\frac{\mathrm{d}S(\omega)}{\mathrm{d}\omega}\right|^2\,\mathrm{d}\omega = \frac{1}{2\pi}\int_{-\infty}^{\infty}\left[\left(\frac{\mathrm{d}|S(\omega)|}{\mathrm{d}\omega}\right)^2 + \tau^2(\omega)\,|S(\omega)|^2\right]\mathrm{d}\omega$$

式中：$\tau(\omega) = \dfrac{\mathrm{d}\varphi(\omega)}{\mathrm{d}\omega}$。

此时，式(2.1)和式(2.2)取下面形式：

$$\bar{t} = \frac{\displaystyle\int_{-\infty}^{\infty} \tau(\omega)\,|S(\omega)|^2\,\mathrm{d}\omega}{\displaystyle\int_{-\infty}^{\infty} |S(\omega)|^2\,\mathrm{d}\omega} = \langle \tau \rangle$$

$$\overline{t^2} = \frac{\displaystyle\int_{-\infty}^{\infty}\left(\frac{\mathrm{d}|S(\omega)|}{\mathrm{d}\omega}\right)^2\mathrm{d}\omega + \int_{-\infty}^{\infty}\tau^2(\omega)\,|S(\omega)|^2\,\mathrm{d}\omega}{\displaystyle\int_{-\infty}^{\infty} |S(\omega)|^2\,\mathrm{d}\omega} = \left\langle\left(\frac{\mathrm{d}|S(\omega)|}{\mathrm{d}\omega}\right)^2\right\rangle + \langle\tau^2\rangle$$

$$(2.3)$$

$$\Delta t^2 = \left\langle\left(\frac{\mathrm{d}|S(\omega)|}{\mathrm{d}\omega}\right)^2\right\rangle + \langle(\tau - \langle\tau\rangle)^2\rangle$$

式中：括号 $\langle\ \rangle$ 表示按频谱平均的计算。

由式(2.3)可得，在一般情况下，脉冲的中心位置对应频谱平均的群延迟，而脉冲"有效宽度"依赖于频谱的幅度和相位的比值，并且相应分量相互间不发生作用，它们的求积项的平方相加。

由于脉冲 $s(t)$ 是实值的，函数 $|S(\omega)|$ 和 $\tau(\omega)$ 是偶数的，则函数对变量 ω 的积分可以转换为对半无穷区间 $(0,\infty)$ 上的积分，这就是转为所谓的"解析信号"情况。因此，在式(2.1)中用解析信号的包络线代替 $s^2(t)$，在研究脉冲结构的情况下可以引入这个概念。这表明，参数 $\bar{t}$ 和 Δt^2 表征的不只是脉冲本身，而且也有它的包络线。

脉冲的功率和能量，是脉冲的基本能量特征。根据定义[6,7]，瞬时功率 $P(t)$ 是 $s(t)$ 瞬时值的平方：

$$P(t) = s^2(t)$$

如果脉冲时间段为 $[t_1, t_2]$，则它的能量等于

$$W = \int_{t_1}^{t_2} P(t)\,\mathrm{d}t = \int_{t_1}^{t_2} s^2(t)\,\mathrm{d}t$$

当然,如果 $s(t)$ 是电压或电流的脉冲,则不论是功率还是电压都没有所要求的量纲。虽然如此,但是上面给出的定义还是方便的,并且也是通常采用的[7]。下面的关系式:

$$\frac{W}{t_1 - t_2} = \frac{1}{t_1 - t_2} \int_{t_1}^{t_2} s^2(t)\,\mathrm{d}t = \overline{s^2(t)}$$

具有脉冲在时间段 $[t_1, t_2]$ 上平均功率的意义。

如果脉冲 $s(t)$ 是逐段连续并在时间段 $[t_1, t_2]$ 上平方积分的函数一类的,即

$$\int_{t_1}^{t_2} s^2(t)\,\mathrm{d}t < \infty$$

则在时间段 $[t_1, t_2]$ 上完全正交系的情况下,该脉冲 $s(t)$ 可以按函数 $\varphi_n(t)$ 的平均收敛展开式表示如下:

$$s(t) = \sum_{n=0}^{\infty} c_n \varphi_n(t), \quad c_n = \frac{1}{\|\varphi_n\|^2} \int_{t_1}^{t_2} s(t)\varphi_n(t)\,\mathrm{d}t$$

此时,

$$W = \|s\|^2 = \sum_{n=0}^{\infty} |c_n|^2 \|\varphi_n\|^2$$

式中: $\|s\|^2 = \int_{t_1}^{t_2} s^2(t)\,\mathrm{d}t$ 和 $\|\varphi_n\|^2 = \int_{t_1}^{t_2} \varphi^2_n(t)\,\mathrm{d}t$ 分别为函数 $s(t)$ 和 $\varphi_n(t)$ "标准"的平方。

2.4　脉冲电磁辐射的表达形式

2.4.1　时间表达

根据形式的不同,脉冲电磁辐射过程在空间任意点 r 和任意时刻 t 的状态,可用依赖于时间的 $E(r,t) = E_0(r)\cos(\omega_0 t + \varphi_0)$ 谐波形式或随时间周期变化的 $E(r,t) = E(r,t+mT)$ 形式的函数表征,也可用 $E(r,t) = A(r,t)\cos\varphi(t)$ 形式的函数表征,这里 $|E_0|$、ω_0、φ_0 分别为随时间谐波过程的幅度、频率和初始相位,T 为周期,m 为整数,$|A(r,t)|$ 和 $\varphi(t)$ 分别为脉冲的幅度和相位。这里假设,所有函数都是空间和时间变量的实函数。这样对过程的描写,通常称作时间表达。

如果分析的目标是超宽带电磁辐射的脉冲,则采用通常认可的复模型并不是完全正确的,因为复包络线已经不能反映超宽带脉冲的形状。通常,其中的

部分原因是由于：

（1）脉冲总共含有一个或几个时间瓣，它们通常与正弦波形状差得很远。

（2）脉冲的前沿和后沿是不对称的。

（3）脉冲与零水平相交点间的距离不相等。

因此，非常自然的是，将采用坐标和时间的实函数来表达超宽带脉冲，而这样表达的重要特点，是与 $s(t)$ 脉冲的频谱函数在零频率（$\omega = 0$）上应当具有零值的要求有关：

$$S(\omega) = \int_{-\infty}^{\infty} s(t) e^{-i\omega t} dt \bigg|_{\omega=0} = \int_{-\infty}^{\infty} s(t) dt = 0$$

在物理上这表明，向自由空间辐射的电磁场的任何脉冲都具有符号变更性和均衡性，同时又表明采用有限尺寸辐射器不可能产生直流场辐射，这即是为瑞利（Rayleigh）假设。

在对超宽带脉冲实模型进行解析研究时，采用所谓的"双指数"是很合适的：

$$E(t) = E_0 \left[\exp(-\alpha t) - \exp(-\beta t) \right] \chi(t) \tag{2.4}$$

式中：E_0 为常数，实参数 α 和 β（$\alpha < \beta$）分别决定了这个函数最大值的上升速率和其后的下降速率，$\chi(t)$ 为赫维赛德（Heaviside）函数。函数（2.4）为连续函数，并且在下面的点处有唯一的最大值：

$$t_0 = \frac{\ln(\beta/\alpha)}{\beta - \alpha}$$

但是，它的导数在 $t = 0$ 点处发生间断。由于存在这个间断，将导致所研究的函数在高频区域的频谱更加丰富。这个状况应当归于"双指数"的缺点，因为物理上在辐射器的输入端可实现的电压脉冲，应当利用连续的二次微分函数描写。

下面这个函数[8]：

$$E(t) = E_0 \left(\frac{t}{T} \right)^n \left[M^{n+1} \exp(-Mt/T) - \exp(-t/T) \right] \chi(t) \tag{2.5}$$

可以看作是"双指数"的完备方案。上面模型式（2.5）满足了频谱函数在频率 $\omega = 0$ 处有零值的条件，因为

$$\int_{-\infty}^{\infty} E(t) dt = 0$$

这个函数的典型形式，在图 2.1 上给出。无量纲的量 $M > 1$ 和 $n > 0$ 以及时间量纲的量 T，它们一起表征了既超宽带脉冲的形状，也表征了它的宽度。

模型（2.5）的优点，包括有：在进行解析计算时，可以将结果推进得很远。例如，利用 $\Gamma(x)$ 函数的积分表达式，很容易计算下面的频谱函数：

$$E(\omega) = E_0 T \Gamma(n+1) \left\{ \frac{\exp[i(n+1)\arctan(\omega T/M)]}{[1+(\omega T/M)^2]^{(n+1)/2}} - \frac{\exp[i(n+1)\arctan(\omega T)]}{[1+(\omega T)^2]^{(n+1)/2}} \right\}$$

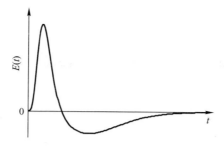

图 2.1　超宽带脉冲的典型形状

式中:$\Gamma(x)$ 为伽马函数。

时刻的表达式:

$$\overline{t^m} = \frac{\int\limits_{-\infty}^{\infty} t^m E^2(t)\,\mathrm{d}t}{\int\limits_{-\infty}^{\infty} E^2(t)\,\mathrm{d}t}$$

的归一因子,由下面的关系式决定:

$$N = \int\limits_{-\infty}^{\infty} E^2(t)\,\mathrm{d}t = E_0 T \Gamma(2n+1)\left[1 - \left(\frac{2\sqrt{M}}{1+M}\right)^{2n+m+1}\right]$$

对于时刻本身的值,也可以得到闭合表达式如下:

$$\overline{t^m} = \left(\frac{T}{2}\right)^m \frac{\Gamma(2n+m+1)}{\Gamma(2n+1)} \frac{2\sqrt{M}}{(1+M)M^{m/2}} \frac{(M^{\frac{m-1}{2}}+M^{\frac{1-m}{2}})/2\left[2\sqrt{M}/(1+m)\right]^{2n+m+1}}{1-\left[2\sqrt{M}/(1+m)\right]^{2(n+1)}}$$

$$(2.6)$$

由式(2.6)可得,如脉冲的"重心":

$$\bar{t} = \frac{2n+1}{1+M}T$$

根据 M 和 n 值的大小,这个"重心"可以沿时间轴相对下面时刻 t_0:

$$t_0 = (n+1)\frac{\ln M}{M-1}T$$

移到任意一边,而该时刻 t_0 将脉冲(2.5)分成正的和负的"时间相位",而该脉冲的"有效宽度"由下式给出:

$$\Delta t = T\cos\varphi\sqrt{(2n+1)\left[1+\frac{2(n+1)\cot^2 2\varphi}{1-\sin^{2(n+1)}\varphi}\right]}, \quad \varphi = \arctan\sqrt{M}$$

在模型(2.5)中,非常重要的是存在 $\chi(t)$ 和 $(t/T)^n$ 两个因子,这些因子保证满足因果原理(在 $t<0$ 时,$E(t)=0$),并使超宽带脉冲平缓地加到模型中去。

在文献[9]中提出了灵活模拟视频脉冲的问题,这里的视频脉冲是由 1 个或几个场的振荡构成。这些模型的优点,是允许脉冲前沿有任意的曲率,它与零值的相交点可有不同的间隔,而脉冲可有任意的不对称性。已经表明,对于具有非常突出前沿但在 $t=0$ 时刻有固定值 $E(0)=0$ 的脉冲,而在 $0 \leqslant t < \infty$ 间隔上确定的脉冲,很容易借助下面的拉格尔函数 $L_m(x)$ 组合进行模拟:

$$L_m(x) = \frac{\exp(x/2)}{m!} \frac{\mathrm{d}^m}{\mathrm{d}x^m} [\exp(-x) x^m]$$

在对不同目标上发生的辐射散射进行理论研究时,作为初始场,通常选取高斯型平面脉冲波,其表达式由下面关系确定:

$$\boldsymbol{E}_i = \boldsymbol{E}_0 \frac{4}{\sqrt{\pi}\, T} \mathrm{e}^{-\left[\frac{4}{T}\left(t - \frac{(r,n)}{c}\right)\right]^2} \tag{2.7}$$

式中:向量 $\boldsymbol{E}_0$ 决定脉冲场的极化和最大值;r 为观测点的半径向量;n 为波传播方向的单位向量;$(\boldsymbol{E}_0, \boldsymbol{n}) = 0$;$T$ 为决定脉冲约定宽度的参数,而脉冲宽度本身则由下述条件给出:在 $t - (\boldsymbol{r}, \boldsymbol{n})/c = \pm T/2$ 时,指数值是它的最大值的 2%。

高斯型函数式(2.7)的主要优点,就是它是光滑的时间函数,借助它通过选择 T,以所需的精确度可近似狄拉克 δ 函数。高斯型函数的傅里叶变换还是高斯型函数,但是后者的频谱宽度与 T 成反比。如果入射场是与时间成任意依赖关系的脉冲,并且脉冲的频谱完全可以置入高斯型函数频谱"差的部分"范围,则目标对类似脉冲(光滑了的脉冲特性)的响应,可以通过目标对高斯型函数的激发响应(光滑了的脉冲特性)与入射脉冲的卷积来求得。

为了研究短的超宽带电磁辐射脉冲,采用了具有很宽通频带的专门天线。这些天线的基本特性,如放大系数和方向图,依赖于入射到天线输入端的电压或电流脉冲的时间形状。脉冲的理论模型,应当满足下面要求:

(1)时间函数本身以及至少它们的一阶导数,应当是连续的。

(2)为了简化数值计算,这些函数应当采用傅里叶映象的解析表达。

(3)希望脉冲从某个给定时刻起,可用不等于零的函数描写。

通常,加到天线输入端的脉冲可用三个参数表征:峰值幅度、峰值幅度从 0.1 到 0.9 水平的脉冲上升时间、脉冲最大值在 0.5 水平和 0.1 水平上的全宽度。对于 IRA 型天线还有一个参数,即表征脉冲上升速率的参数,因为这种天线在远区的场与这个量成正比。

2.4.2 频谱表达

有时,排在第一位的不是电磁辐射脉冲随时间变化,而是该辐射脉冲是由那些最简单的谐波振荡构成的。在类似的情况下,应当采用电磁辐射脉冲的频谱表达。在这种情况下,脉冲不是用时间的函数表达,而是用频率函数表达,而该脉冲谐波成分的组合,称作是脉冲的频谱。脉冲的谐波成分所占的频带,称作是它的频谱宽度。

脉冲的时间和频谱表达,与正向和逆向傅里叶积分变换有关。如果在$-\infty <t<\infty$条件下给定了决定空间任意点脉冲瞬时值的函数$s(t)$,或者在$(-\infty <\omega =2\pi f<\infty)$条件下给定了决定空间该点频谱成分的频率函数$S(\omega)$:

$$S(\omega)=\int_{-\infty}^{\infty}s(t)\mathrm{e}^{-\mathrm{i}\omega t}\mathrm{d}t, \quad s(t)=\frac{1}{2\pi}\int_{-\infty}^{\infty}S(\omega)\mathrm{e}^{\mathrm{i}\omega t}\mathrm{d}\omega \tag{2.8}$$

则电磁辐射脉冲可认为是完全确定的,在傅里叶变换理论中,对函数$x(t)\in L_2(-\infty ,\infty)$情况,证明了下面的帕谢瓦尔(Parseval)等式:

$$\int_{-\infty}^{\infty}|x(t)|^2\mathrm{d}t=\int_{-\infty}^{\infty}|X(f)|^2\mathrm{d}f$$

这个等式的物理意义表明,脉冲$x(t)$的能量等于脉冲所有频谱成分能量的积分。换句话说,帕谢瓦尔等式表明脉冲在时域和频域上的能量守恒定律。在这种情况下,脉冲$x(t)$属于$L_2(-\infty ,\infty)$一类,这将保证脉冲能量的有限性,因为对于物理上任何可实现的辐射脉冲都应当满足这个条件。

另外,如果根据求得的频谱函数,利用式(2.8)和快傅里叶变换[①]开始数值重建脉冲[①],则可能产生很大的误差,这是由于与吉布斯现象关联的现象造成的。众所周知[7],吉布斯现象的实质在于,就是在它们的表达函数断点附近数值计算[①]傅里叶级数或积分时,该函数计算的精确度,不能做到函数截断大小的18%以上,甚至如果将随便大项数的级数相加或随便高精确度积分计算时也是这样。

从傅里叶变换式(2.8)的性质直接可以得出,任意脉冲的频谱宽度$\Delta\omega$与其时间宽度τ_p具有简单的依赖关系:

$$\Delta\omega\tau_\mathrm{p}=2\pi\mu$$

式中:μ为大约为1的量。在确定脉冲时间宽度τ_p及其频谱宽度$\Delta\omega$时,由于描写脉冲的许多函数没有清晰的时间或频谱边界,会常常碰到困难。在这种情况下,脉冲的频谱宽度及其时间宽度,是作为脉冲频带及其时间间隔在相关条件下确定的,而这个条件就是在这样的频带或时间间隔内集中了给定的脉冲能量份额,此时认为,扔掉不超过总能量5%的频谱成分是允许的。

例如,如果从发生器沿同轴型传输线传送幅度为1的矩形电流脉冲$I(t)$,后者宽度为τ_p,则该脉冲在时域上的边界是清晰的。但是,这个脉冲的频谱函数

---

① 根据作者2016.12.28来信,增加了快傅里叶变换、数值(重建脉冲)和数值(计算)3处修改。——译者注

$$I(\omega) = \int_{-\tau_p/2}^{\tau_p/2} e^{-i\omega t} dt = \tau_p \frac{\sin(\omega\tau_p/2)}{\omega\tau_p/2}$$

却没有边界频率。在图 2.2 上，画出了宽度 τ_p 的矩形电流脉冲 $|I(\omega)|$ 的幅频特性：

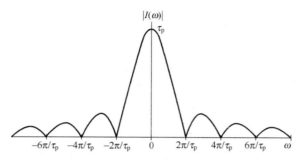

图 2.2　宽度 τ_p 的矩形电流脉冲 $|I(\omega)|$ 的幅频特性

从图 2.2 上可以看到，低频成分（$\omega < 2\pi/\tau_p$）承载着矩形电流脉冲 $I(t)$ 的主要能量份额，并决定了脉冲中央部分的几何形状。频谱第一个"瓣"的宽度限制在 $\omega_1 = 2\pi/\tau_p$ 频谱以内，并接近脉冲频谱的能量宽度。在高频（$\omega > 2\pi/\tau_p$）范围，脉冲频谱成分的相对幅度很小，与它们有关的电流脉冲能量份额也不大。然而，频谱的高频成分决定了脉冲前沿（$t = 0$）和后沿（$t = \tau_p$）的形状。去掉这些成分，决定了脉冲形状在其前、后沿附近的畸变。因此，作为频谱宽度，通常采用集中 95% 能量的正频率的带宽：

$$\Delta\omega = 4\pi/\tau_p$$

有时作为频谱宽度，采用的是函数 $|I(\omega)|$ 从最大值到第一零值的正频率范围，此时 $\Delta\omega = 2\pi/\tau_p$。在构建模型图时，不考虑复频谱函数的负频率部分，因为它们物理上是不真实的，而只是在复数形式下采用傅里叶积分变换时才出现。

如果采用逆傅里叶变换的三角形式，由于函数（2.8）的偶性质，将有

$$s(t) = \frac{1}{\pi} \int_0^\infty |S(\omega)| \cos[\omega t + \varphi(\omega)] d\omega$$

式中：$\varphi(\omega) = \arg S(\omega)$。所以，在这种表达下，不出现负频率，而在每个频率上频谱函数的幅度都要加倍。

在空间给定点辐射电磁脉冲有意义的频谱成分，可以借助下面复频谱函数进行分析：

$$S(\omega) = |S(\omega)| e^{i\varphi(\omega)} = \mathrm{Re}S(\omega) + i\mathrm{Im}S(\omega)$$

复频谱函数的模数 $|S(\omega)|$ 和自变量 $\varphi(\omega)$，通过该函数的实数部分 $\mathrm{Re}S(\omega)$ 和虚数部分 $\mathrm{Im}S(\omega)$ 表示：

$$|S(\omega)| = \sqrt{[\mathrm{Re}S(\omega)]^2 + [\mathrm{Im}S(\omega)]^2}$$

$$\varphi(\omega) = \arg S(\omega) = \begin{cases} \arctan\dfrac{\mathrm{Im}S(\omega)}{\mathrm{Re}S(\omega)}, & \mathrm{Re}S(\omega)>0, \mathrm{Im}S(\omega)>0 \\[2mm] \arctan\dfrac{\mathrm{Im}S(\omega)}{\mathrm{Re}S(\omega)}+\pi, & \mathrm{Re}S(\omega)<0, \mathrm{Im}S(\omega)>0 \\[2mm] \arctan\dfrac{\mathrm{Im}S(\omega)}{\mathrm{Re}S(\omega)}+\pi, & \mathrm{Re}S(\omega)<0, \mathrm{Im}S(\omega)<0 \\[2mm] \arctan\dfrac{\mathrm{Im}S(\omega)}{\mathrm{Re}S(\omega)}+2\pi, & \mathrm{Re}S(\omega)>0, \mathrm{Im}S(\omega)<0 \end{cases}$$

式中:$\varphi(\omega)$ 为函数 $\arg S(\omega)$ 的主值,属于 $[0,2\pi)$ 区间。函数 $|S(\omega)|$ 和 $\varphi(\omega)$,分别称作辐射的电磁脉冲在给定空间点的幅频特性和相频特性。

电磁脉冲频谱特性的形式,非常依赖这个脉冲是单极性的还是双极性的,单极性只含有正极性的或负极性的"瓣",而双极性含有两种极性的"瓣"。与双极性脉冲不同,单极性脉冲的频谱函数主"瓣"的最大值是落在零频率上,因此发射系统的这种单极类型脉冲的产生,在低频区域任何真实天线由于辐射效率很低是适用的。而在双极性脉冲的情况下,它们频谱函数主"瓣"的最大值,由脉冲振荡的"周期"决定。

2.4.3　通过指数函数的表达

脉冲的表达除了傅里叶变换外,还广泛地采用拉普拉斯积分变换[10]。这种变换将时间函数变换为复变量的解析函数,而后者可以看作是频谱函数解析延续到变换参数的复平面上。很重要的情况是,这个解析函数比频谱函数以更加完善方式反映了脉冲的性质,何况频谱函数远不是对所有实际感兴趣的脉冲都是存在的。

我们下面约定将实自变量 t 的任何实函数或复函数 $s(t)$ 都称作原函数,如果下面条件成立:

(1) 当 $t<0$ 时,$s(t)=0$。

(2) 对所有 $t\geqslant 0$ 值 $|s(t)|<Me^{\sigma_0 t}$ 时,存在这样的实常数 $M>0$ 和 σ_0。

(3) 除了个别点,在 $t\geqslant 0$ 半轴上,函数都满足下面赫尔德(Hölder)条件:

$$|s(t+h)-s(t)| \leqslant A|h|^\alpha, \qquad |h| \leqslant h_0$$

式中:A、$\alpha \leqslant 1$、h_0 均为正的常数。并且,在每个有限的区间上,存在有限数目的上述特殊点,而在这些点处函数 $s(t)$ 有第一种类型的间断。

这样,函数 $s(t)$ 将有下面的映象 $S(p)$:

$$S(p) = \int_0^\infty s(t)\,e^{-pt}\,dt \tag{2.9}$$

这个映象处在 $\text{Re}p > \sigma_0$ 半平面上,并且它是半平面上的解析函数。从应用角度看,条件(2)和(3)并不是非常麻烦的,因为对于描写物理过程大多数时间变量 t 的函数 $s(t)$,这两个条件都是满足的。而条件(1)的满足,也完全是很自然的事,因为作为观察物理过程的开始时刻,总是取 $t = 0$ 时刻。在连续点处的原象 $s(t)$,完全决定于它自己的映象 $S(p)$,如下式所示:

$$s(t) = \frac{1}{2\pi i} \int_{\sigma - i\infty}^{\sigma + i\infty} S(p) e^{pt} dp, \quad \text{Re}p > \sigma_0 \tag{2.10}$$

式中:积分应理解为柯西定理的主值。式(2.9)和式(2.10)分别称作正向和逆向的拉普拉斯积分变换。

例如,如果映象是下面分数的有理函数:

$$S(p) = \frac{r_1(p)}{r_2(p)}$$

并且分子的方次小于分母的方次,则 $S(p)$ 可以表示成有限个分数和的形式:

$$S(p) = \sum_{m=1}^{n} \frac{r_1(\alpha_m)}{r_2'(\alpha_m)} \frac{1}{p - \alpha_m} \tag{2.11}$$

式中:$\alpha_1, \alpha_2, \cdots, \alpha_n$ 为多项式 $r_2(p)$ 的零,并假设它们都是简分数,而 $r_2'(\alpha_m)$ 为导数。因为级数含的项数是有限个,则完成逐项过渡到原象的空间后,将得到

$$s(t) = \sum_{m=1}^{n} \frac{r_1(\alpha_m)}{r_2'(\alpha_m)} e^{\alpha_m t} \tag{2.12}$$

如果多项式 $r_2(p)$ 的零中间有多重方次,则 $s(t)$ 的相应展开项乘以 t 的多项式,而多项式的方次小于零的多重方次为1。

在采用拉普拉斯积分变换工具解决许多重要的实际问题时,映象 $S(p)$ 是亚纯函数。这表明,像分数有理函数一样,除了在有限个或无限个极点外,在整个平面 P 上,这些函数都是解析函数。然而,此时情况发生了根本变化。展开成洛朗(Laurent)级数,与式(2.11)展开类似。洛朗级数主要部分的确定,不会引起特别的困难,然而级数整函数部分的确定,通常伴有很大的困难[10]。在实际研究中,这种情况常常没有注意到,而作为映象组成的整函数也被忽略了。尽管可能是这样,但正是这个整函数才是映象的主要组成部分。

考虑式(2.12)的展开和物理特点表明,采用指数衰减函数近似时域上的脉冲是合适的。从式(2.11)展开可见,这个近似对应的是有特殊极点的映象。这个近似在非稳态的超宽带脉冲研究[11,12]中广泛采用的所谓奇异展开方法中起到了关键作用。根据上面指出,这里描述的脉冲模型通常称作极点模型,而近似脉冲的函数称作极点函数。

2.4.4 小波分析

术语"小波"("wavelet"——字面上的翻译,是很小的波,浪花)在不久前,

即 20 世纪 80 年代中期才出现,这与地震信号和声学信号性质的分析有关。近些年,小波在解决不同的数学物理、地震学、无线电物理问题中,以及在分析讲话和音乐、图像处理等方面都得到了广泛的应用。在最简单的一维信号情况下,分析过程就是将信号按照基准展开,而这个基准是由具有一定性能的类孤子导出函数(小波)通过它在比例变化和迁移而构建的[13,14]。而基准的每一个函数,同时由一定的空间(时间)频率和在物理空间(时间)中的位置来表征。

因此,与传统的用于信号分析的傅里叶变换不同,小波变换提供了所研究的一维信号的二维展开。此时,频率和坐标都被看作是独立变量。这样就可能保证对信号的性质同时在物理(时间,坐标)空间上和频率空间上进行分析,也就可能得到显式下信号行为及其"瞬时频谱"。并且将类似的思路推广到非一维的信号或函数,不会引起根本性的困难。

2.4.4.1　小波展开

假设,被分析信号可在属于泛函空间 $L_2(R)$ 的函数 $s(t)$ 表征,即该函数 $s(t)$ 在 $R(-\infty, \infty)$ 整个实轴上确定并且其平方可积如下式:

$$E_s = \int_{-\infty}^{\infty} |s(t)|^2 \mathrm{d}t < \infty$$

就是它具有有限的能量。我们将小波作为这个空间(泛函空间 $L_2(R)$)的基准函数研究。所有的基准函数都可借助一个小波构建,这可以是一个频率或一组频率的小波。总体上,小波变换可分成两类:离散变换和连续变换。下面我们开始表述构建离散变换的程序[14]。借助很快趋零的局域函数 $\psi(t)$,可以最简单地覆盖整个数轴 $R(-\infty, \infty)$,如果通过沿轴移位(或迁移),可以复现这个函数。为了简化,假设这个函数是整数的函数,即 $\psi(t-k)$。

引入圆频率模拟。为了简单而又确定,我们通过 2 的方次写出它:$\psi(2^j t-k)$,这里 j 和 k 是整数。因此,借助离散的比例变换($1/2^j$)和位移($k/2^j$),可以描写所有的频率并覆盖全轴,并且有唯一的基准小波。众所周知,在泛函空间 $L_2(R)$,标准由下式给出:

$$\|p\|_2 = \langle p, p \rangle^{1/2}, \quad \langle p, q \rangle = \int_{-\infty}^{\infty} p(t) q^*(t) \mathrm{d}t$$

式中:* 星号表示复共轭。所以

$$\| \psi(2^j t-k) \|_2 = 2^{-j/2} \| \psi(t) \|_2$$

即如果小波 $\psi(t) \in L_2(R)$ 有唯一的标准,则 $\{\psi_{jk}\}$ 簇的所有小波

$$\psi_{jk}(t) = 2^{j/2} \psi(2^j t-k) \tag{2.13}$$

也都归一到 1,即 $\| \psi_{jk} \|_2 = \| \psi \|_2 = 1$。

小波 $\psi \in L_2(R)$ 称作是正交的,如果由关系式(2.13)确定的 $\{\psi_{jk}\}$ 簇,是泛函空间 $L_2(R)$ 的正交归一的基准,即

$$\langle \psi_{jk}, \psi_{lm} \rangle = \delta_{jl}\delta_{km}$$

而 $s(t) \in L_2(R)$ 的每一个函数,都可以表达成下面级数:

$$s(t) = \sum_{j,k=-\infty}^{\infty} c_{jk}\psi_{jk}(t) \qquad (2.14)$$

上面级数平均收敛于 $L_2(R)$。这表示,有

$$\lim_{M_1,N_1,M_2,N_2\to\infty} \left\| s - \sum_{-M_2}^{N_2}\sum_{-M_1}^{N_1} c_{jk}\psi_{jk} \right\|_2 = 0。$$

正交小波的最简单例子是 HAAR 小波,它由下面关系式确定:

$$\psi^H(t) = \begin{cases} 1, & 0 \leqslant t < 1/2 \\ -1, & 1/2 \leqslant t < 1 \\ 0, & t < 0, t > 1 \end{cases}$$

从上面这个小波,根据式(2.13)并通过比例变换 $1/2^j$、$1/2^l$ 和位移 $k/2^j$、$m/2^l$,得到的任意两个函数 ψ_{jk}^H 和 ψ_{lm}^H 都是正交的,并有单位标准。

现在借助小波 $\psi(t)$ 的连续比例变换和位移构建泛函空间 $L_2(R)$ 的基准如下:

$$\psi_{ab}(t) = |a|^{-1/2}\psi\left(\frac{t-b}{a}\right), \quad a,b \in R, \psi \in L_2(R) \qquad (2.15)$$

这里小波 $\psi(t)$ 具有基准参数(尺度系数 a 和位移参数 b)的任意值。在此基础上,写出积分小波变换如下:

$$[W_\psi s](a,b) = |a|^{-1/2}\int_{-\infty}^{\infty} s(t)\psi^*\left(\frac{t-a}{b}\right)dt = \int_{-\infty}^{\infty} s(t)\psi_{ab}^*(t)dt \qquad (2.16)$$

进行与傅里叶变换类似的运算,我们得出,函数 $s(t)$ 展开为小波级数式(2.14)的系数 $c_{jk} = \langle s, \psi_{jk} \rangle$,可以通过积分的小波变换确定:

$$c_{jk} = [W_\psi s]\left(\frac{1}{2^j}, \frac{k}{2^j}\right)$$

总之,泛函空间 $L_2(R)$ 的每个函数,都可以通过基准小波经过比例变换和位移后叠加得到,即它是"小波"波的组合,其系数依赖于波的编号(频率,尺度)和位移参数(时间)。在分析信号时,连续的小波变换(2.16)比离散的小波变换更方便。这里比例系数 a 和位移参数 b 变化的连续性起正面作用,因为这可以更完全和更清晰地表达和分析信号的信息。

2.4.4.2 逆向小波变换

在基准参数 a、b 并 $a,b \in R$ 时,借助式(2.15)基准的正向小波变换,逆向小波变换可以写出:

$$s(t) = C_\psi^{-1}\iint [W_\psi s](a,b)\psi_{ab}(t)\frac{\mathrm{d}a\mathrm{d}b}{a^2}$$

式中: C_ψ 为归一系数,它的表达式为

$$C_\psi = \int_{-\infty}^{\infty} |\hat{\psi}(\omega)|^2 |\omega|^{-1} d\omega < \infty$$

式中:函数项上的"^"符号表示正向傅里叶变换。

常数 C_ψ 的有限性条件,限制函数 $\psi(t) \in L_2(R)$ 用作基准小波。很明显, $\hat{\psi}$ 在 $\omega = 0$ 时应当等于零,所以应当等于零的至少有零时刻:

$$\int_{-\infty}^{\infty} \psi(t) dt = 0$$

在应用中,常常只限于研究正频率,即 $a > 0$;而傅里叶变换相应地应当满足下面条件:

$$C_\psi = 2\int_0^\infty |\hat{\psi}(\omega)|^2 \omega^{-1} d\omega = 2\int_0^\infty |\hat{\psi}(-\omega)|^2 \omega^{-1} d\omega < \infty$$

2.4.4.3　小波标志

对于实际应用,必须知道,使函数成为小波应当具有的那些标志,这里将给出这些标志。大家已知道满足这些标志的具体函数例子,可以在文献[15—17]中找到。对小波展开提出的要求,主要有以下这些:时域上的定位;频域上的定位;自相似;等于零的有零时刻,可能还有几个时刻:

$$\int_{-\infty}^{\infty} \psi(t) dt = 0, \quad \int_{-\infty}^{\infty} t^m \psi(t) dt = 0, \quad m = 1,2,3,\cdots,$$

这些要求具有很好的近似性质,完全符合设想的应用;平滑性,即存在足够多的连续导数;计算方便等。

同样地,这些性质的每一个,可以有几种不同形式或层次。根据局域定位的程度,小波具有下面的标志:

(1) 对某个固定 m,它像 $|x|^{-m}$ 一样的衰减,这里 x 为时间变量(或空间变量),并且 $|x| \to \infty$。

(2) 对所有的 m,当 $|x| \to \infty$ 时,它比 $|x|^{-m}$ 衰减得更快,即它是快衰减的。

(3) 在 $\alpha > 0$ 时,它像 $e^{-\alpha|x|}$ 一样衰减,它是指数衰减的,即它随指数定位而衰减。

(4) 它在某个有限区间外等于零,即它是有限的。

小结

本章讨论了各种表达的应用范围,实际上这些范围远为更宽。各种各样的物理问题的解决,正是基于下面两种思想:一是将待求函数展开成适当的正交

函数系统;二是将这个系统表达成积分形式或空间和时间变量不分开函数的叠加形式。本章中给出了最著名的解析方法。与此同时,这些方法总是富有成效的新思想的源泉,它们有时还会有不寻常的应用。

问题和检测试题

1. 请表明,信号 $s(t)$ 的宽度及其频谱函数 $S(\omega)$ 所占的频带,不能同时限制它们到任意小的值。

求解:根据定义,$S(\omega) = \int_{-\infty}^{\infty} s(t)\mathrm{e}^{-\mathrm{i}\omega t}\mathrm{d}t$。傅里叶积分变换根据相似律定理,有

$$\frac{1}{\lambda}S\left(\frac{\omega}{\lambda}\right) = \int_{-\infty}^{\infty} s(\lambda t)\mathrm{e}^{-\mathrm{i}\omega t}\mathrm{d}t$$

式中:$\lambda > 0$ 为某个实数。

由上式可见,$s(\lambda t)$ 在 $\lambda > 1$ 时是宽度比 $s(t)$ 的宽度小 λ 倍的脉冲,并且它形状上与 $s(t)$ 重合。

这个脉冲的频谱函数 $\frac{1}{\lambda}S\left(\frac{\omega}{\lambda}\right)$ 所占的频带,比 $S(\omega)$ 的频带更宽,为 λ 倍。

2. 请表明,不能同时限制脉冲所占的频带宽度和时间宽度到有限的区间,因为在这些区间外它的频谱函数和脉冲本身会消失。

求解:假设,对于 $s(t)$ 脉冲,$|s(t)| < M\mathrm{e}^{-\alpha|t|}$ 估计是成立的,而 $M > 0$、$\alpha > 0$ 都是常数。

在这种情况下,函数

$$S(p) = \int_{-\infty}^{\infty} s(t)\mathrm{e}^{pt}\mathrm{d}t$$

在 $-\alpha < \mathrm{Re}p < \alpha$ 区域上是解析的。这是函数解析定理的结果,而这些函数是由依赖于参数的均匀收敛非本征积分决定的。由函数 $S(p)$ 的解析性质得出,这个函数在 p 平面虚轴上所有的零值都应当是孤立的点。

因此,如果函数 $s(t)$ 在某个有限区间外等于零,则该函数在相应选取参数 α 的情况下,满足上面给出的估计,因此由于函数 $S(p)$ 零值的孤立性,频谱函数 $S(\omega)$ 只是在孤立点处可能趋向零值,但不是在有限的频率区间上。

3. 请表明,对于下述函数:

$$\mathrm{sign}x = \begin{cases} 1, & x > 0 \\ -1, & x < 0 \end{cases}$$

(1) 当 $|x| < \pi$ 时,可展开为傅里叶三角级数

$$\text{sign}x = \frac{4}{\pi} \sum_{k=1}^{\infty} \frac{\sin(2k-1)x}{2k-1}, \quad |x| < \pi$$

（2）检验一下，下面的部分和

$$S_n(x) = \frac{4}{\pi} \sum_{k=1}^{\infty} \frac{\sin(2k-1)x}{2k-1}$$

在 $x = \pi/2n$ 时有最大值，而当 $n \to \infty$ 时为

$$S_n\left(\frac{\pi}{2n}\right) = \frac{2}{\pi} \sum_{k=1}^{n} \frac{\sin(2k-1)\frac{\pi}{2n}}{(2k-1)\frac{\pi}{2n}} \cdot \frac{\pi}{n} \to \frac{2}{\pi} \int_0^{\pi} \frac{\sin x}{x} dx \approx 1.179$$

即当 $n \to \infty$ 时，$S_n(x)$ 部分和在 $x = 0$ 点附近发生振荡，比函数 $\text{sign}x$ 本身在这个点的阶跃超过约 18%（吉布斯现象）。

（3）在上面分析基础上，请做出关于脉冲 $s(t)$ 在脉冲水平急剧下降附近可展开为傅里叶级数或积分的结论。

参考文献

［1］ Ерофеев Ю. Н. Импульсная техника. －М.：Высшая школа,1968. －280 с.

［2］ Астанин Л. Ю. ,Костылев А. А. Основы сверхширокополосных радиолокационных измерений. －М.：Радио и связь,1989. －192 с.

［3］ Schantz H. The art and science of ultrawideband antennas. －London：Artech House,2005. －340 p.

［4］ Зиновьев А. Л. ,Филиппов Л. И. Введение в теорию сигналов и цепей. － М.： Высшая школа,1968. －280 с.

［5］ Вакман Д. Е. Эволюция параметров импульса при распространении с дисперсией и затуханием // Радиотехника и электроника. 1986. Т. 31. № 3. С. 531－536.

［6］ Гоноровский И. С. Радиотехнические цепи и сигналы. －М.：Радио и связь,1986. －512 с.

［7］ Сиберт У. М. Цепи,сигналы,системы：в 2-х частях. / Пер с англ. Э. Я. Пастрона, Л. А. Шпирта,В. А. Усика. Под ред. И. С. Рыжака －М.：Мир,1988. －Ч. 1. －336 с. ,Ч2－360 с.

［8］ Стадник А. М. ,Ермаков Г. В. Искажения сверхширокополосных электромагнитны х импульсов в атмосфере Земли // Радиотехника и электроника. 1995. Т. 40. № 7. С. 1009－1016.

［9］ Шварцбург А. Б. Видеоимпульсы и непериодические волны в диспегирующих средах （точно решаемые модели） // Успехи физических наук. 1998. Т. 168. № 1. С. 85－103.

［10］ Деч Г. Руководство к практическому применению преобразования Лапласа и Z - преобразования. －М.：Наука,1971. －288 с.

［11］ Baum C. E. Emerging technology for transient and broad-band analysis and synthesis of antennas and scatterers // Proceedings IEEE. 1976. V. 64. No 11. P. 1598-1616；Баум К. Э. Новые методы нестационарного（широкополосного）анализа и синтеза антенн и рассеивателей // ТИИЭР. 1976. Т. 64. № 11. С. 53-74.

［12］ Baum C. E. ，Rothwell E. J. ，Chen K. M. ，Nyquist D. P. The singularity expansion method and its application to target identification // Proc. IEEE. 1991. V. 79. No. 10. P. 1481 -1492.

［13］ Чуи К. Введение в вэйвлеты. / Пер. с англ. Я. М. Жилейкина. -М. : Мир，2001. -413 с.

［14］ Астафьева Н. М. Вейвлет-анализ: основы теории и примеры применения // Успехи физических наук. 1996. Т. 166. № 11. С. 1145-1170.

［15］ Кравченко В. Ф. ，Рвачев В. А. " Wavelet" - системы и их применение в обработке сигналов // Зарубежная радиоэлектроника. 1996. № 4. С. 3-20.

［16］ Дремин И. М. ，Иванов О. В. ，Нечитайло В. А. Вейвлеты и их использование // Успехи физических наук. 2001. Т. 171. № 5. С. 465-501.

［17］ Дьяконов В. П. Вейвлеты. От теории к практике. -М. :СОЛОН-Р，2002. -448 с.

第3章 非稳态过程电动力学的基本原理

引言

本章简要地描述了非稳态过程电动力学的基本定义、表达、概念和论点。

初始的方程是时域上的麦克斯韦方程,它除了电流密度外,还包含磁流密度。电动力学势是在假定周围介质满足不变性、线性和各向同性条件下引入的。在初始条件和边界条件写出时,给出了必要的简要注释。这里推导出能量关系式,并在这个基础上讨论了解的单值性问题和非稳态过程电动力学边界条件的相容性问题,特别注意到了洛伦兹引理型的归纳引理的表述和证明。

对于基本偶极子和有限尺寸的天线,利用了上述这些引理,表述了它们的互易性定理的不同方案,而这些方案具有重要的实际意义。

本章给出了时域上第一、第二和混合的边界问题的一般概况,还给出了第一边界问题求解的结果。

将互易性原理应用于两种天线(组合天线和非对称 TEM 天线)特性的实验研究结果,以及该原理在解决无源传感器(在对纳秒和亚纳秒宽度范围高功率脉冲电磁场测量中)频率范围扩展问题框架内得到的结果,都进行了简要的讨论,这些都是对理论研究的重要补充。

3.1 麦克斯韦方程和波方程

电磁场在不动的连续介质中的经典理论,是基于宏观的麦克斯韦方程[1-6]上的:

$$\mathrm{rot}\boldsymbol{H} = \frac{\partial \boldsymbol{D}}{\partial t} + \boldsymbol{j}^e + \boldsymbol{j}_i^e \tag{3.1}$$

$$\mathrm{rot}\boldsymbol{E} = -\frac{\partial \boldsymbol{B}}{\partial t} - \boldsymbol{j}^m - \boldsymbol{j}_i^m \tag{3.2}$$

$$\mathrm{div}\boldsymbol{D} = \rho^e \tag{3.3}$$

$$\mathrm{div}\boldsymbol{B} = \rho^m \tag{3.4}$$

在方程(3.1)~方程(3.4)中出现的量有:$\boldsymbol{H}$ 为磁场强度;$\boldsymbol{E}$ 为电场强度;$\boldsymbol{D}$ 为电感应强度;$\boldsymbol{B}$ 为磁感应强度。除了电流密度 $\boldsymbol{j}^e$ 和电荷密度 ρ^e 外,方程[4-6]

中还有磁流密度 $\boldsymbol{j}^{\mathrm{m}}$ 和磁荷密度 ρ^{m}。在方程(3.1)和(3.2)中,还分出来间接电流密度 $\boldsymbol{j}_i^{\mathrm{e}}$ 和间接磁流密度 $\boldsymbol{j}_i^{\mathrm{m}}$,这还包括间接源激发电磁场的情况。如果它们中第一种电流和电荷的量具有真实的物理意义,则第二种磁流和磁荷的引入完全是形式上的,因为在自然界磁流和磁荷并不存在。然而,麦克斯韦方程证明正是这种写法是有益的,譬如在构建缝隙天线或组合天线理论时就很有用。

对于无色散的线性介质有

$$\boldsymbol{D} = \varepsilon\boldsymbol{E}, \boldsymbol{B} = \mu\boldsymbol{H}, \boldsymbol{j}^{\mathrm{e}} = \sigma^{\mathrm{e}}\boldsymbol{E}, \boldsymbol{j}^{\mathrm{m}} = \sigma^{\mathrm{m}}\boldsymbol{H} \tag{3.5}$$

式中:ε 和 μ 分别为介质的绝对介电系数和绝对磁导系数;σ^{e} 和 σ^{m} 分别为介质的电导率和磁导率。

在一般情况下,介质参数 ε、μ、σ^{e}、σ^{m} 都是空间点和时间点的函数。对于各向同性介质,它们都是标量,对于各向异性介质它们是张量。在这种情况下,方程(3.1)~方程(3.4)必须写成张量形式。在介质中存在色散时,这些参数与电磁场的关系具有更复杂的形式[6]。

电荷和磁荷守恒定律由下面关系式表示:

$$\frac{\partial \rho^{\mathrm{e}}}{\partial t} + \mathrm{div}\boldsymbol{j}^{\mathrm{e}} = 0, \frac{\partial \rho^{\mathrm{m}}}{\partial t} + \mathrm{div}\boldsymbol{j}^{\mathrm{m}} = 0 \tag{3.6}$$

麦克斯韦方程组可以归结成一个二阶偏导微分方程。我们假设,介质是线性的、没有色散,并且它的特性与时间无关。

由方程(3.2)可得

$$\mathrm{rotrot}\boldsymbol{E} = -\frac{\partial}{\partial t}\mathrm{rot}(\mu\boldsymbol{H}) - \mathrm{rot}\boldsymbol{j}^{\mathrm{m}} - \mathrm{rot}\boldsymbol{j}_i^{\mathrm{m}}$$

但是

$$\mathrm{rot}(\mu\boldsymbol{H}) = \mu\mathrm{rot}\boldsymbol{H} + [\mathrm{grad}\mu, \boldsymbol{H}] = \varepsilon\mu\frac{\partial \boldsymbol{E}}{\partial t} + \mu\boldsymbol{j}^{\mathrm{e}} + \mu\boldsymbol{j}_i^{\mathrm{e}} + [\mathrm{grad}\mu, \boldsymbol{H}]$$

所以

$$\mathrm{rotrot}\boldsymbol{E} = -\varepsilon\mu\frac{\partial^2 \boldsymbol{E}}{\partial t^2} - \mu\frac{\partial \boldsymbol{j}^{\mathrm{e}}}{\partial t} - \mu\frac{\partial \boldsymbol{j}_i^{\mathrm{e}}}{\partial t} - \left[\mathrm{grad}\mu, \frac{\partial \boldsymbol{H}}{\partial t}\right] - \mathrm{rot}\boldsymbol{j}^{\mathrm{m}} - \mathrm{rot}\boldsymbol{j}_i^{\mathrm{m}}$$

最后,利用方程

$$\frac{\partial \boldsymbol{H}}{\partial t} = -\frac{1}{\mu}\mathrm{rot}\boldsymbol{E} - \frac{1}{\mu}\boldsymbol{j}^{\mathrm{m}} - \frac{1}{\mu}\boldsymbol{j}_i^{\mathrm{m}}, \qquad \boldsymbol{j}^{\mathrm{e}} = \sigma^{\mathrm{e}}\boldsymbol{E}, \qquad \boldsymbol{j}^{\mathrm{m}} = \sigma^{\mathrm{m}}\boldsymbol{H}$$

将得到

$$\mathrm{rotrot}\boldsymbol{E} = -\varepsilon\mu\frac{\partial^2 \boldsymbol{E}}{\partial t^2} + \left[\mathrm{grad}\mu, \frac{1}{\mu}\mathrm{rot}\boldsymbol{E}\right] + \left[\mathrm{grad}\mu, \frac{\sigma^{\mathrm{m}}}{\mu}\boldsymbol{H}\right] + \left[\mathrm{grad}\mu, \frac{1}{\mu}\boldsymbol{j}_i^{\mathrm{m}}\right]$$
$$- \sigma^{\mathrm{e}}\mu\frac{\partial \boldsymbol{E}}{\partial t} - \mu\frac{\partial \boldsymbol{j}_i^{\mathrm{e}}}{\partial t} - \mathrm{rot}(\sigma^{\mathrm{m}}\boldsymbol{H}) - \mathrm{rot}\boldsymbol{j}_i^{\mathrm{m}} \tag{3.7}$$

类似地推导出下面方程:

$$\mathrm{rotrot}\boldsymbol{H} = -\varepsilon\mu\frac{\partial^2\boldsymbol{H}}{\partial t^2} + \left[\mathrm{grad}\varepsilon, \frac{1}{\varepsilon}\mathrm{rot}\boldsymbol{H}\right] - \left[\mathrm{grad}\varepsilon, \frac{\sigma^{e}}{\varepsilon}\boldsymbol{E}\right] - \left[\mathrm{grad}\varepsilon, \frac{1}{\varepsilon}\boldsymbol{j}_{i}^{e}\right]$$

$$-\sigma^{m}\varepsilon\frac{\partial\boldsymbol{H}}{\partial t} - \varepsilon\frac{\partial\boldsymbol{j}_{i}^{m}}{\partial t} + \mathrm{rot}(\sigma^{e}\boldsymbol{E}) + \mathrm{rot}\boldsymbol{j}_{i}^{e} \tag{3.8}$$

应当指出,在方程(3.7)和方程(3.8)中,微分算子 rotrot 可用算子 graddiv-∇^2 替换;而在方程中有两个向量 $\boldsymbol{E}$ 和 $\boldsymbol{H}$。如果 ε,μ 和 σ^{e}、σ^{m} 为常数,则

$$\mathrm{rotrot}\boldsymbol{E} + \varepsilon\mu\frac{\partial^2\boldsymbol{E}}{\partial t^2} + \mu\sigma^{e}\frac{\partial\boldsymbol{E}}{\partial t} + \sigma^{m}\mathrm{rot}\boldsymbol{H} = -\mu\frac{\partial\boldsymbol{j}_{i}^{e}}{\partial t} - \mathrm{rot}\boldsymbol{j}_{i}^{m} \tag{3.9}$$

$$\mathrm{rotrot}\boldsymbol{H} + \varepsilon\mu\frac{\partial^2\boldsymbol{H}}{\partial t^2} + \varepsilon\sigma^{m}\frac{\partial\boldsymbol{H}}{\partial t} - \sigma^{e}\mathrm{rot}\boldsymbol{E} = \mathrm{rot}\boldsymbol{j}_{i}^{e} - \varepsilon\frac{\partial\boldsymbol{j}_{i}^{m}}{\partial t} \tag{3.10}$$

方程组(3.1)~(3.4)或方程(3.9)和方程(3.10),构成了无色散线性介质中研究不同的电动力学过程的基础。从这些方程的可能解中,必须选取满足问题的初始条件即决定电磁场在初始时刻 $t=t_0$ 状态的条件的解。

当介质性质的变化是连续的,则方程组(3.1)~(3.4)是正确的。为了描述真实的现象,可能的话,往往要少用不同介质急剧变化界面的模型。在这种情况下,在介质界面上应当给定边界条件。假设 $\boldsymbol{n}_{12}$ 为单位的法线向量,其方向从区域 2 指向区域 1。此时,下面的关系式[3,6,7]构成了一组边界条件:

$$[\boldsymbol{n}_{12}, (\boldsymbol{H}_1 - \boldsymbol{H}_2)] = 0 \tag{3.11}$$

$$[\boldsymbol{n}_{12}, (\boldsymbol{E}_1 - \boldsymbol{E}_2)] = 0 \tag{3.12}$$

$$\boldsymbol{n}_{12} \cdot (\boldsymbol{D}_1 - \boldsymbol{D}_2) = 0 \tag{3.13}$$

$$\boldsymbol{n}_{12} \cdot (\boldsymbol{B}_1 - \boldsymbol{B}_2) = 0 \tag{3.14}$$

因此,根据关系式(3.11)~(3.14),磁场和电场的正切分量在界面转换时是连续的。同时电感应和磁感应的法线分量也是连续的。然而,如果沿着界面流过表面的电流,则磁场正切分量在这个表面上发生阶跃,这个阶跃等于这个电流 $\boldsymbol{J}^{e}$ 的表面密度。类似地,表面磁流沿着界面流过,也将导致磁场的正切分量发生阶跃,这个阶跃等于这个磁流 $\boldsymbol{J}^{m}$ 的表面密度。

如果在介质的界面上,分布有表面电荷,则电感应向量的法线分量是间断的,其间断量等于电荷的表面密度 ρ_{S}^{e}。

在介质的界面上,存在分布的表面磁荷,这将导致磁感应向量的法线分量的间断,其间断量等于磁荷的表面密度 ρ_{S}^{m}。

在理想导电表面上边界条件[3,6,8]如下:

$$[\boldsymbol{n}, \boldsymbol{H}] = \boldsymbol{J}^{e} \tag{3.15}$$

$$[\boldsymbol{n}, \boldsymbol{E}] = 0 \tag{3.16}$$

$$\boldsymbol{n} \cdot \boldsymbol{D} = \rho_{S}^{e} \tag{3.17}$$

$$\boldsymbol{n} \cdot \boldsymbol{B} = 0 \tag{3.18}$$

单位法线向量 n，从导体指向场不等于零的邻近区域。在最理想的导体中，场恒等于零。

3.2　能量平衡方程和麦克斯韦方程解的单值性

下面我们将讨论没有间接源 $(j_i^e = 0, j_i^m = 0)$ 区域的电磁场，将标量方程 (3.1) 乘以 E，而方程 (3.2) 乘以 H，尔后从后面的方程减去前面的方程，得到下面的方程：

$$H \mathrm{rot} E - E \mathrm{rot} H = -H \frac{\partial B}{\partial t} - E \frac{\partial D}{\partial t} - j^m H - j^e E$$

因为，根据已知的向量分析恒等式

$$H \mathrm{rot} E - E \mathrm{rot} H = \mathrm{div}[E, H]$$

则有

$$\mathrm{div}[E, H] = -\frac{1}{2} \frac{\partial}{\partial t} (\mu H^2 + \varepsilon E^2) - j^m H - j^e E$$

上面得到的方程表示了电磁场能量平衡的局部特性[7,9]。因为相加项 $(-j^m H - j^e E)$ 表征功率密度，则方程的其余相加项也是这个意思。假设给出的能量密度和功率通量密度向量的表达式：

$$w = \frac{\mu H^2}{2} + \frac{\varepsilon E^2}{2}, S = [E, H]$$

得到能量守恒定律的微分表述如下：

$$\frac{\partial w}{\partial t} = -\mathrm{div} S - j^m H - j^e E$$

采用 w 和 S 的定义，并利用下面关系式：

$$S = wv$$

引入电磁场能量运动速度 v 的概念。

因此，知道功率通量密度的向量 S（坡印廷向量）和电磁场能量密度 w 作为坐标的函数，可以求得空间任意点的能量运动速度。

然而，应当指出，坡印廷向量通常采用的解释，不是麦克斯韦方程和能量平衡方程的必然后果[9]。实际上，譬如能量守恒定律的微分表述不能单值地决定功率通量密度，因为用 $S+Q$ 替换 S 不违背这个表述，这里 Q 为任意螺线管（无散度）向量函数 $(\mathrm{div} Q = 0)$。在这种情况下，根据相对论基本假设，能量迁移速度 v 不能超过光速 c 这一情况表明，这将有利于所采用的 S 和 w 的定义。确实[7]，根据定义，能量密度及其通量密度的关系式为 $S = wv$。利用 w 和 S 的表达式，得到

$$w^2 (c^2 - v^2) = \frac{c^2}{4} (\mu H^2 + \varepsilon E^2)^2 - [E, H]^2$$

$$= \frac{c^2}{4}(\mu H^2 + \varepsilon E^2)^2 - E^2 H^2 + (\boldsymbol{E}, \boldsymbol{H})^2$$

$$= \frac{c^2}{4}(\mu H^2 - \varepsilon E^2)^2 + (\boldsymbol{E}, \boldsymbol{H})^2 \geqslant 0$$

由此求得 $c^2 \geqslant v^2$，这里等式只是对自洽场才成立，此时

$$\mu H^2 = \varepsilon E^2, (\boldsymbol{E}, \boldsymbol{H}) = 0$$

通过推导出的能量关系式，可以解决解的单值性和相应的边界条件的相容性问题[6,7]。

在平面 S 限定的区域 V 上，将讨论麦克斯韦方程组的两组解 $\{\boldsymbol{E}_1, \boldsymbol{H}_1\}$ 和 $\{\boldsymbol{E}_2, \boldsymbol{H}_2\}$，当 $t=0$ 时这两组解在区域 V 上的所有点处重合，而当 $t>0$ 时在平面 S 上它们也将重合。并将证明，对所有 $t>0$ 在区域 V 上任意点处 $\boldsymbol{E}_1 = \boldsymbol{E}_2$ 和 $\boldsymbol{H}_1 = \boldsymbol{H}_2$。换句话说，解是唯一的。

在真空中麦克斯韦方程是线性的，而因此场 $\boldsymbol{e} = \boldsymbol{E}_1 - \boldsymbol{E}_2$、$\boldsymbol{h} = \boldsymbol{H}_1 - \boldsymbol{H}_2$ 满足这些方程。对于这个场，能量平衡的局域特性具有下面形式：

$$\text{div}[\boldsymbol{e}, \boldsymbol{h}] = -\frac{\partial}{\partial t}\left(\frac{\mu_0 h^2}{2} + \frac{\varepsilon_0 e^2}{2}\right)$$

假设体积 V 随时间不变，对上面关系式进行体积积分，求得

$$\int_V \text{div}[\boldsymbol{e}, \boldsymbol{h}] \mathrm{d}^3 \boldsymbol{r} = -\frac{\partial}{\partial t}\int_V \left(\frac{\mu_0 h^2}{2} + \frac{\varepsilon_0 e^2}{2}\right)\mathrm{d}^3 \boldsymbol{r}$$

根据奥斯特洛夫斯基-高斯定理，上式左边积分等于 $\int_S [\boldsymbol{e}, \boldsymbol{h}] \mathrm{d}s$。但是，由于在所有 $t \geqslant 0$ 时条件 $\boldsymbol{e}|_{r \in S} = \boldsymbol{h}|_{r \in S} = 0$，上式的最后积分等于零。

所以，有

$$\frac{\partial}{\partial t}\int_V \left(\frac{\mu_0 h^2}{2} + \frac{\varepsilon_0 e^2}{2}\right)\mathrm{d}^3 \boldsymbol{r} = 0$$

对 t 积分上面等式，并考虑 $\boldsymbol{e}$ 和 $\boldsymbol{h}$ 在 $t=0$ 时的零初始条件，得到

$$\int_V \left(\frac{\mu_0 h^2}{2} + \frac{\varepsilon_0 e^2}{2}\right)\mathrm{d}^3 \boldsymbol{r} = 0, t \geqslant 0$$

积分号内的表达式是非负的，因此 $\mu_0 h^2 + \varepsilon_0 e^2 = 0$。由此可得 $\boldsymbol{E}_1 = \boldsymbol{E}_2$ 和 $\boldsymbol{H}_1 = \boldsymbol{H}_2$，并且 $t>0$ 时，解是唯一的。

对于无限区域，可以类似进行证明。此时，为了使表面积分趋于零，要预先提出场在无限远处衰减的特点。

在导电介质情况下，由能量守恒定律的积分表述和初始条件，可以得出

$$\frac{\partial}{\partial t}\int_V \left(\frac{\mu h^2}{2} + \frac{\varepsilon e^2}{2}\right)\mathrm{d}^3 \boldsymbol{r} = -\sigma^e \int_V e^2 \mathrm{d}^3 \boldsymbol{r} - \sigma^m \int_V h^2 \mathrm{d}^3 \boldsymbol{r}$$

上式的右边部分在 $\sigma^e > 0$ 和 $\sigma^m > 0$ 时是负的，因此在 V 区域上，全部能量随着时

间衰减。但是,另一方面在 $t=0$ 时,$w=\left(\dfrac{\mu h^2}{2}+\dfrac{\varepsilon e^2}{2}\right)=0$。对于 $\forall\,t>0$,在这种情况下 $w<0$。然而根据定义,电磁场的能量密度是非负的量。如果 $e=h=0$,则没有矛盾。这也就证明了,在 $t>0$ 时解的单值性。

3.3 电动力学势

假设,磁流 $\boldsymbol{j}^{\mathrm{m}}\,\boldsymbol{j}_{\mathrm{i}}^{\mathrm{m}}$ 在介质中到处都不存在,并且磁荷密度 ρ^{m} 也等于零。在这种情况下,根据方程(3.4),$\mathrm{div}(\mu\boldsymbol{H})=0$ 并且存在满足下式的向量函数 $\boldsymbol{A}^{\mathrm{e}}$:

$$\boldsymbol{H}=\frac{1}{\mu}\mathrm{rot}\boldsymbol{A}^{\mathrm{e}} \tag{3.19}$$

将式(3.19)代入方程(3.2),得到

$$\mathrm{rot}\left(\boldsymbol{E}+\frac{\partial\boldsymbol{A}^{\mathrm{e}}}{\partial t}\right)=0$$

由此可得

$$\boldsymbol{E}=-\frac{\partial\boldsymbol{A}^{\mathrm{e}}}{\partial t}-\mathrm{grad}\varphi^{\mathrm{e}} \tag{3.20}$$

因此,任何电磁场 $\{\boldsymbol{E}(\boldsymbol{r},t),\boldsymbol{H}(\boldsymbol{r},t)\}$ 都可以通过向量势 $\boldsymbol{A}^{\mathrm{e}}(\boldsymbol{r},t)$ 和标量势 $\varphi^{\mathrm{e}}(\boldsymbol{r},t)$ 来表示。

将式(3.19)和式(3.20)代入方程(3.1)和(3.3)中,得到下面方程:

$$\mathrm{rotrot}\boldsymbol{A}^{\mathrm{e}}+\varepsilon\mu\frac{\partial^2\boldsymbol{A}^{\mathrm{e}}}{\partial t^2}+\sigma^{\mathrm{e}}\mu\frac{\partial\boldsymbol{A}^{\mathrm{e}}}{\partial t}=-\mathrm{grad}\left\{\mu\varepsilon\frac{\partial\varphi^{\mathrm{e}}}{\partial t}+\mu\sigma^{\mathrm{e}}\varphi^{\mathrm{e}}\right\}+\mu\boldsymbol{j}_{\mathrm{i}}^{\mathrm{e}} \tag{3.21}$$

$$\frac{\partial}{\partial t}\mathrm{div}\boldsymbol{A}^{\mathrm{e}}+\Delta\varphi^{\mathrm{e}}=-\frac{\rho^{\mathrm{e}}}{\varepsilon} \tag{3.22}$$

式中:ε 和 μ 为常数。

根据给定的电磁场,确定 $\boldsymbol{A}^{\mathrm{e}}$ 和 φ^{e} 不是单值的。由式(3.19)很容易发现,如果取向量 $\boldsymbol{A}'=\boldsymbol{A}^{\mathrm{e}}+\mathrm{grad}\psi$ 替换 $\boldsymbol{A}^{\mathrm{e}}$,则场 $\boldsymbol{H}$ 仍是不变的。为了此时场 $\boldsymbol{E}$ 也不变,必须用函数 $\varphi'=\varphi^{\mathrm{e}}-\dfrac{\partial\psi}{\partial t}$ 替换 φ^{e}。在这种情况下,

$$\boldsymbol{H}=\frac{1}{\mu}\mathrm{rot}\boldsymbol{A}'$$

而函数 $\boldsymbol{A}'$ 和 φ' 也满足方程(3.21)和(3.22)。

函数 $\boldsymbol{A}^{\mathrm{e}}$ 和 φ^{e} 确定的非单值性,通过下面条件,即洛伦兹条件或称梯度不变条件:

$$\mathrm{div}\boldsymbol{A}^{\mathrm{e}}+\varepsilon\mu\frac{\partial\varphi^{\mathrm{e}}}{\partial t}+\sigma^{\mathrm{e}}\mu\varphi^{\mathrm{e}}=0$$

可以简化方程(3.21)和(3.22),则有

$$\nabla^2 \boldsymbol{A}^e - \varepsilon\mu \frac{\partial^2 \boldsymbol{A}^e}{\partial t^2} - \sigma^e \mu \frac{\partial \boldsymbol{A}^e}{\partial t} = -\mu \boldsymbol{j}_i^e \tag{3.23}$$

$$\Delta \varphi^e - \varepsilon\mu \frac{\partial^2 \varphi^e}{\partial t^2} - \sigma^e \mu \frac{\partial \varphi^e}{\partial t} = -\frac{\rho^e}{\varepsilon} \tag{3.24}$$

洛伦兹条件并不能消除 $\boldsymbol{A}^e$ 和 φ^e 确定的非单值性,而只是要求任意函数 ψ 满足下面方程:

$$\Delta \psi - \varepsilon\mu \frac{\partial^2 \psi}{\partial t^2} - \sigma^e \mu \frac{\partial \psi}{\partial t} = 0$$

　　电磁场 $\{\boldsymbol{E}(\boldsymbol{r}, t), \boldsymbol{H}(\boldsymbol{r}, t)\}$,也可以通过一个向量函数—$\boldsymbol{\varPi}^e(\boldsymbol{r}, t)$ 来表示。电赫兹向量与电势 $\boldsymbol{A}^e$ 和 φ^e 的关系由下面关系式给出:

$$\varphi^e = -\mathrm{div}\boldsymbol{\varPi}^e, \quad \boldsymbol{A}^e = \varepsilon\mu \frac{\partial \boldsymbol{\varPi}^e}{\partial t} + \sigma^e \mu \boldsymbol{\varPi}^e$$

场的表达式有下面形式:

$$\boldsymbol{E} = -\varepsilon\mu \frac{\partial^2 \boldsymbol{\varPi}^e}{\partial t^2} - \sigma^e \mu \frac{\partial \boldsymbol{\varPi}^e}{\partial t} + \mathrm{grad\,div}\boldsymbol{\varPi}^e$$

$$\boldsymbol{H} = \varepsilon\mathrm{rot} \frac{\partial \boldsymbol{\varPi}^e}{\partial t} + \sigma^e \mathrm{rot}\boldsymbol{\varPi}^e$$

在非导电介质($\sigma^e = 0$)的情况下,这个电赫兹向量满足下面方程:

$$\varepsilon\mu \frac{\partial^2 \boldsymbol{\varPi}^e}{\partial t^2} - \nabla^2 \boldsymbol{\varPi}^e = \frac{1}{\varepsilon} \boldsymbol{P}_0$$

式中: $\boldsymbol{P}_0$ 为所谓的极化向量,它与 $\boldsymbol{j}_i^e$ 的关系式为

$$\boldsymbol{j}_i^e = \frac{\partial \boldsymbol{P}_0}{\partial t}$$

最后的情况说明,电赫兹向量还有另一个名称极化势。赫兹向量的确定也是非单值的。

　　在没有电荷($\rho^e = 0$)的情况下,任意的场 $\{\boldsymbol{E}(\boldsymbol{r}, t), \boldsymbol{H}(\boldsymbol{r}, t)\}$ 也可以通过 $\boldsymbol{A}^m$ 和 φ^m 势表示,而 $\boldsymbol{A}^m$ 和 φ^m 势的表达式为

$$\boldsymbol{E} = \frac{1}{\varepsilon}\mathrm{rot}\boldsymbol{A}^m, \quad \boldsymbol{H} = \frac{\partial \boldsymbol{A}^m}{\partial t} + \frac{\sigma^e}{\varepsilon}\boldsymbol{A}^m + \tilde{\boldsymbol{j}}^{[1]} - \mathrm{grad}\varphi^m$$

式中: $\mathrm{rot}\tilde{\boldsymbol{j}}^{[1]} = \boldsymbol{j}_i^e$。而 $\boldsymbol{A}^m$ 和 φ^m 势满足下面方程:

$$\varepsilon\mu \frac{\partial^2 \boldsymbol{A}^m}{\partial t^2} + \overset{[1]}{\sigma^e}\mu \frac{\partial \boldsymbol{A}^m}{\partial t} - \nabla^2 \boldsymbol{A}^m = -\varepsilon\mu \frac{\partial \check{\tilde{\boldsymbol{j}}}^{[1]}}{\partial t}$$

---

　　[1]　根据作者 2016.12.28 来信,做了如下更改: $j^m \to \tilde{j}$, $\sigma^m \to \sigma^e$, $\boldsymbol{\varPi}^e \to \boldsymbol{\varPi}^m$,包括本页和下页前后共 7 处。——译者注

$$\varepsilon\mu\frac{\partial^2\varphi^m}{\partial t^2}+\sigma^e\mu\frac{\partial\varphi^m}{\partial t}-\Delta\varphi^m=0$$

如果借助下面关系式：

$$\varphi^m=-\mathrm{div}\boldsymbol{\Pi}^m,\quad\boldsymbol{A}^m=-\varepsilon\mu\frac{\partial\boldsymbol{\Pi}^m}{\partial t}$$

像上面一样,引入磁赫兹向量,则不难相信,这个向量满足下面方程：

$$\varepsilon\mu\frac{\partial^2\boldsymbol{\Pi}^m}{\partial t^2}+\sigma^e\mu\frac{\partial\boldsymbol{\Pi}^{m①}}{\partial t}-\nabla^2\boldsymbol{\Pi}^{m①}=\widetilde{\boldsymbol{j}}^①$$

和

$$\boldsymbol{E}=-\mu\mathrm{rot}\frac{\partial\boldsymbol{\Pi}^m}{\partial t},\quad\boldsymbol{H}=\mathrm{rotrot}\boldsymbol{\Pi}^m$$

3.4 洛伦兹型综合辅助定理

假设在同样一种介质中,由密度为 $\{j_1^e, j_1^m\}$ 和 $\{j_2^e, j_2^m\}$ 的两种间接电流和磁流构成的不同系统,分别产生电磁场 $\{\boldsymbol{E}_1(t),\boldsymbol{H}_1(t)\}$ 和 $\{\boldsymbol{E}_2(t),\boldsymbol{H}_2(t)\}$。为了简化写法,我们约定在间接电流和磁流的密度表示中去掉 i 符号,并且只指出电磁场向量与时间(频率)的依赖关系,而这些向量还依赖空间坐标,但显然,这只是在必要情况下才需要强调的。在一般情况下,假设介质是稳态的、线性的、非均匀的、各向同性的,并具有色散性质的。

众所周知[6,10],在谐波时间关系情况下,参与物质方程的介电常数 ε 和磁导系数 μ,即使在介质中存在色散时也是标量,因此对于这样的场,洛伦兹辅助定理是正确的[5]。很清楚,这个辅助定理对于某些非谐波场向量 $\{\boldsymbol{E}_1(\omega),\boldsymbol{H}_1(\omega)\}$ 和 $\{\boldsymbol{E}_2(\omega),\boldsymbol{H}_2(\omega)\}$ 的傅里叶变换也是成立的：

$$\int_S\{[\boldsymbol{E}_1(\omega),\boldsymbol{H}_2(\omega)]-[\boldsymbol{E}_2(\omega),\boldsymbol{H}_1(\omega)]\}\mathrm{d}s$$

$$=\int_V(j_1^e(\omega)\boldsymbol{E}_2(\omega)+j_2^m(\omega)\boldsymbol{H}_1(\omega)-j_2^e(\omega)\boldsymbol{E}_1(\omega)-j_1^m(\omega)\boldsymbol{H}_2(\omega))\mathrm{d}^3r' \quad (3.25)$$

式中： V 为封闭表面 S 限制的体积; $\mathrm{d}\boldsymbol{s}=\boldsymbol{n}\mathrm{d}s$,这里 $\boldsymbol{n}$ 为相对体积 V 的 S 表面的外法线单位向量。

如果对式(3.25)应用逆向傅里叶变换,并基于正向和逆向傅里叶变换以及这个变换的卷积理论,则会得到洛伦兹型综合辅助定理表述的形式,并且对于非谐波电动力学过程这个辅助定理也是正确的：

$$\int_{-\infty}^{\infty}\mathrm{d}\tau\int_S\{[\boldsymbol{E}_1(\tau),\boldsymbol{H}_2(t-\tau)]-[\boldsymbol{E}_2(\tau),\boldsymbol{H}_1(t-\tau)]\}\mathrm{d}s$$

$$=\int_{-\infty}^{\infty}\mathrm{d}\tau\int_V(j_1^e(\tau)\boldsymbol{E}_2(t-\tau)+j_2^m(\tau)\boldsymbol{H}_1(t-\tau)-j_2^e(\tau)\boldsymbol{E}_1(t-\tau)$$

$$-\boldsymbol{j}_1^{\mathrm{m}}(\tau)\boldsymbol{H}_2(t-\tau))\mathrm{d}^3\boldsymbol{r}' \tag{3.26}$$

并且在每一项中允许自变量变换位置。

当所有场源从某个固定时刻如 $t=0$ 时开始起作用,对辅助定理式(3.26)的个别情况将有特别兴趣。在这种情况下,当 $t \leqslant 0$ 时 $\boldsymbol{E}_i = \boldsymbol{H}_i = \boldsymbol{j}_i^{\mathrm{e}} = \boldsymbol{j}_i^{\mathrm{m}} = 0$,这里 $i = 1,2$,而式(3.26)可写成下式:

$$\int_0^t \mathrm{d}\tau \int_S \{[\boldsymbol{E}_1(\tau),\boldsymbol{H}_2(t-\tau)] - [\boldsymbol{E}_2(\tau),\boldsymbol{H}_1(t-\tau)]\}\mathrm{d}s$$

$$= \int_0^t \mathrm{d}\tau \int_V (\boldsymbol{j}_1^{\mathrm{e}}(\tau)\boldsymbol{E}_2(t-\tau) + \boldsymbol{j}_2^{\mathrm{m}}(\tau)\boldsymbol{H}_1(t-\tau)$$

$$- \boldsymbol{j}_2^{\mathrm{e}}(\tau)\boldsymbol{E}_1(t-\tau) - \boldsymbol{j}_1^{\mathrm{m}}(\tau)\boldsymbol{H}_2(t-\tau))\mathrm{d}^3\boldsymbol{r}' \tag{3.27}$$

辅助定理(3.26)和(3.27)的推导程序表明,辅助定理对于任意非均匀、稳态、线性、各向同性的介质在该介质中存在时间色散时是正确的,此时介质的参数也是频率的函数。

如果将体积 V 理解成无限的空间即 $V = V_\infty$,则限制体积 V 的表面 S 将是半径无限大的球面。假设,所有的场源处在距坐标原点的有限距离上,并且在 $t \leqslant 0$ 时这些场源满足 $\boldsymbol{j}_{1,2}^{\mathrm{e}} = \boldsymbol{j}_{1,2}^{\mathrm{m}} = 0$ 条件,则由于场的传播速度是有限的,可以确定在某个有限半径的球面外没有场。因此在式(3.27)中的表面积分趋于零,而辅助定理(3.27)将取下面形式:

$$\int_0^t \mathrm{d}\tau \int_{V_\infty} \{\boldsymbol{j}_1^{\mathrm{e}}(\tau)\boldsymbol{E}_2(t-\tau) + \boldsymbol{j}_2^{\mathrm{m}}(\tau)\boldsymbol{H}_1(t-\tau) - \boldsymbol{j}_2^{\mathrm{e}}(\tau)\boldsymbol{E}_1(t-\tau) -$$

$$\boldsymbol{j}_1^{\mathrm{m}}(\tau)\boldsymbol{H}_2(t-\tau)\}\mathrm{d}^3\boldsymbol{r}' = 0 \tag{3.28}$$

3.5　互易性定理

在文献[10,11]中,在确定有限尺寸的偶极子和天线的互易性定理时,曾采用过上面引入的辅助定理。下面将简要地叙述这些工作的结果。假设,两个具有动量矩 $\boldsymbol{p}_1(t)$ 和 $\boldsymbol{p}_2(t)$ 的偶极子布放在空间的不同点,它们相互任意地取向,并且分别激发出 $\{\boldsymbol{E}_1(t),\boldsymbol{H}_1(t)\}$ 和 $\{\boldsymbol{E}_2(t),\boldsymbol{H}_2(t)\}$ 场,而在 $t \leqslant 0$ 时有 $\boldsymbol{E}_i(t) = \boldsymbol{H}_i(t) = 0, \boldsymbol{p}_i(t) = 0$,这里 $i = 1,2$。在这种情况下,由辅助定理(3.28)可得

$$\int_0^t \{I_1^{\mathrm{e}}(\tau)\,\boldsymbol{E}_2(t-\tau)\mathrm{d}\,\boldsymbol{l}_1 - I_2^{\mathrm{e}}(\tau)\,\boldsymbol{E}_1(t-\tau)\mathrm{d}\,\boldsymbol{l}_2\}\,\mathrm{d}\tau = 0 \tag{3.29}$$

式中: $I_1^{\mathrm{e}}(\tau)$ 和 $I_2^{\mathrm{e}}(\tau)$ 为两个处在发射方式下偶极子的总电流; $\mathrm{d}l_1$ 和 $\mathrm{d}l_2$ 为偶极子长度。此时场 $\boldsymbol{E}_2$ 和 $\boldsymbol{E}_1$ 应当分别为第二偶和第一偶极子所在空间点的值。

考虑下面关系式:

$$I_1^e(\tau)\,\mathrm{d}\boldsymbol{l}_1 = \frac{\partial\,\boldsymbol{p}_1}{\partial\,\tau}, I_2^e(\tau)\,\mathrm{d}\boldsymbol{l}_2 = \frac{\partial\,\boldsymbol{p}_2}{\partial\,\tau}$$

可以给出式(3.29)以下面的形式:

$$\int_0^t \frac{\partial\,\boldsymbol{p}_1(\tau)}{\partial\,\tau}\boldsymbol{E}_2(t-\tau)\,\mathrm{d}\tau = \int_0^t \frac{\partial\,\boldsymbol{p}_2(\tau)}{\partial\,\tau}\boldsymbol{E}_1(t-\tau)\,\mathrm{d}\tau$$

对上式进行分部积分,得到

$$\frac{\partial}{\partial\,t}\int_0^t \boldsymbol{p}_1(\tau)\boldsymbol{E}_2(t-\tau)\,\mathrm{d}\tau = \frac{\partial}{\partial\,t}\int_0^t \boldsymbol{p}_2(\tau)\boldsymbol{E}_1(t-\tau)\,\mathrm{d}\tau$$

所以,这里出现的积分可能相差如果不是一个常数,从物理考虑出发,它就应当假设为零:

$$\int_0^t \boldsymbol{p}_1(\tau)\boldsymbol{E}_2(t-\tau)\,\mathrm{d}\tau = \int_0^t \boldsymbol{p}_2(\tau)\boldsymbol{E}_1(t-\tau)\,\mathrm{d}\tau \tag{3.30}$$

等式(3.30)即为电偶极子的互易性定理,这是在它们的电偶极矩满足在 $t \geqslant 0$ 初始条件 $\boldsymbol{p}_1(t) = \boldsymbol{p}_2(t) = 0$ 时随时间任意改变的情况下也是成立的。

对关系式(3.29)也可以赋予另一种形式。为此,必须考虑,第二偶极子在发射方式下工作而第一偶极子在接收方式下工作时,第二偶极子在第一偶极子上感应的电动势等于

$$\varepsilon^{(1)}(t) = \boldsymbol{E}_2(t)\,\mathrm{d}\boldsymbol{l}_1$$

类似的关系式在工作方式互换时也有

$$\varepsilon^{(2)}(t) = \boldsymbol{E}_1(t)\,\mathrm{d}\boldsymbol{l}_2$$

由此,式(3.29)可以重写成下式:

$$\int_0^t I_1(\tau)\varepsilon^{(1)}(t-\tau)\,\mathrm{d}\tau = \int_0^t I_2(\tau)\varepsilon^{(2)}(t-\tau)\,\mathrm{d}\tau \tag{3.31}$$

等式(3.31)实际上是互易性定理的数学表述,它不论对电偶极子还是对任何有限尺寸的天线都是成立的。对于后一种情况,在天线端子上测量了电流和电动势,而对于接到相应方式下天线的接收器和发生器,不论在任何电阻条件下,互易性定理本身都是正确的。在式(3.31)中标号的不同位置,专门强调相应的量与工作在接收(上标号)方式下或发射(下标号)方式下天线的关系。

利用互换性的换位原则[5,6],可直接从式(3.30)得到具有磁偶极矩 $\boldsymbol{m}_1(t)$ 和 $\boldsymbol{m}_2(t)$ 的两个磁偶极子的互易性定理如下:

$$\int_0^t \boldsymbol{m}_1(\tau)\boldsymbol{H}_2(t-\tau)\,\mathrm{d}\tau = \int_0^t \boldsymbol{m}_2(\tau)\boldsymbol{H}_1(t-\tau)\,\mathrm{d}\tau$$

如果电磁场 $\{\boldsymbol{E}_1(t), \boldsymbol{H}_1(t)\}$ 只由电流产生,而电磁场 $\{\boldsymbol{E}_2(t), \boldsymbol{H}_2(t)\}$ 只由

磁流产生,则由式(3.28)可得

$$\int_0^t \mathrm{d}\tau \int_{V_\infty} (\boldsymbol{j}_1^\mathrm{e}(\tau)\boldsymbol{E}_2(t-\tau) + \boldsymbol{j}_2^\mathrm{m}(\tau)\boldsymbol{H}_1(t-\tau))\mathrm{d}^3 r' = 0$$

在电流和磁流的偶极矩 $\boldsymbol{p}_1(t)$ 和 $\boldsymbol{m}_2(t)$ 的偶极子特性情况下,我们还得到一个互易性定理:

$$\int_0^t \boldsymbol{p}_1(\tau)\boldsymbol{E}_2(t-\tau)\mathrm{d}\tau = -\int_0^t \boldsymbol{m}_2(\tau)\boldsymbol{H}_1(t-\tau)\mathrm{d}\tau$$

还要再强调一下,上面所有利用数学关系式表述的互易性定理,对于稳态、线性、非均匀、各向同性并具有时间色散的介质都是成立的。

最初互易性定理对非单色过程的表述,是由文献[12,13]给出的,但这是针对不太普遍的情况而言的。互易性定理对任何有限尺寸的天线也是正确的,在文献[11]中给出了对它的直接证明。应当指出,不同版本的互易性定理的推导,在其他文献中不只一次地给出过。例如,在文献[14]中,基于文献[12,13]采用的类似前提也推导过。文献[15](以及文献[16])的特点是,其中的互易性定理既对场势也对场本身表述过。讨论是在时域上进行的,既利用了延迟的势和场,也利用了超前的势和场。这种情况对理论物理是传统的做法[17,18],而文献[15]的作者解释了应用不同类型势和场的必要性。文献[19]利用并总结了文献[15]的结果。在文献[19,22]中,给出了互易性定理最明显的实际应用。在文献[20,21]中,对只有色散介质在应用互易性定理的特点进行了分析。与大多数文献不同,这里分析不是对两个天线,而是先对一个开始处在发射方式,尔后处在接收方式下工作的天线进行的。因为互易性定理在分析中占有中心位置,这里我们按照文献[22],将简单地叙述一下互易性定理的导出。

假设表面 S 将整个空间分成两个区域。在表面 S 里的有限体积 V 内,可以包括有简单的多个介电体和理想的导电体。这里用术语"简单的"强调的是,在多个介电体中不存在空间色散,即在它们中应满足下面关系式:

$$\boldsymbol{D}(\boldsymbol{r},t) = \varepsilon\boldsymbol{E}(\boldsymbol{r},t), \boldsymbol{B}(\boldsymbol{r},t) = \mu\boldsymbol{H}(\boldsymbol{r},t), \boldsymbol{j}(\boldsymbol{r},t) = \sigma\boldsymbol{E}(\boldsymbol{r},t)$$

相对体积 V 的外部区域是自由空间。假设有间接电流和间接磁流,它们分布在体积 V 内并具有相应的密度 $\{\boldsymbol{j}_1^\mathrm{e},\boldsymbol{j}_1^\mathrm{m}\}$,而它们在体积 V 的外部具有密度 $\{\boldsymbol{j}_2^\mathrm{e},\boldsymbol{j}_2^\mathrm{m}\}$。如果这些电流和磁流在有限的时间间隔过程中起作用,则它们在体积 V 中产生的场 $\{\boldsymbol{E}_1(\boldsymbol{r},t),\boldsymbol{H}_1(\boldsymbol{r},t)\}$ 和 $\{\boldsymbol{E}_2(\boldsymbol{r},t),\boldsymbol{H}_2(\boldsymbol{r},t)\}$,在 $t\to-\infty$ 和 $t\to\infty$ 情况下等于零。

在体积 V 的任何部分,场都满足下面的麦克斯韦方程:

$$\mathrm{rot}\boldsymbol{E}_1(\boldsymbol{r},t) = -\frac{\partial \boldsymbol{B}_1(\boldsymbol{r},t)}{\partial t} - \boldsymbol{j}_1^\mathrm{m}(\boldsymbol{r},t) \tag{3.32}$$

$$\mathrm{rot}\boldsymbol{B}_1(\boldsymbol{r},t)=\mu\Big[\sigma\boldsymbol{E}_1(\boldsymbol{r},t)+\boldsymbol{j}_1^{\mathrm{e}}(\boldsymbol{r},t)+\varepsilon\frac{\partial\boldsymbol{E}_1(\boldsymbol{r},t)}{\partial t}\Big]\tag{3.33}$$

$$\mathrm{rot}\boldsymbol{E}_2(\boldsymbol{r},t)=-\frac{\partial\boldsymbol{B}_2(\boldsymbol{r},t)}{\partial t}-\boldsymbol{j}_2^{\mathrm{m}}(\boldsymbol{r},t)\tag{3.34}$$

$$\mathrm{rot}\boldsymbol{B}_2(\boldsymbol{r},t)=\mu\Big[\sigma\boldsymbol{E}_2(\boldsymbol{r},t)+\boldsymbol{j}_2^{\mathrm{e}}(\boldsymbol{r},t)+\varepsilon\frac{\partial\boldsymbol{E}_2(\boldsymbol{r},t)}{\partial t}\Big]\tag{3.35}$$

假设 $t=\tau-t$，这里 τ 为有限量，将方程 (3.34) 和方程 (3.35) 表示为下面形式：

$$\mathrm{rot}\boldsymbol{E}_2(\boldsymbol{r},\tau-t)=-\frac{\partial\boldsymbol{B}_2(\boldsymbol{r},\tau-t)}{\partial t}-\boldsymbol{j}_2^{\mathrm{m}}(\boldsymbol{r},\tau-t)\tag{3.36}$$

$$\mathrm{rot}\boldsymbol{B}_2(\boldsymbol{r},\tau-t)=\mu\Big[\sigma\boldsymbol{E}_2(\boldsymbol{r},\tau-t)+\boldsymbol{j}_2^{\mathrm{e}}(\boldsymbol{r},\tau-t)+\varepsilon\frac{\partial\boldsymbol{E}_2(\boldsymbol{r},\tau-t)}{\partial t}\Big]\tag{3.37}$$

利用已知的向量恒等式：

$$\mathrm{div}[\boldsymbol{A},\boldsymbol{B}]=\boldsymbol{B}\,\mathrm{rot}\boldsymbol{A}-\boldsymbol{A}\,\mathrm{rot}\boldsymbol{B}$$

可以进行下面变换：

$$\mathrm{div}([\boldsymbol{E}_2(\boldsymbol{r},\tau-t),\boldsymbol{B}_1(\boldsymbol{r},t)]-[\boldsymbol{E}_1(\boldsymbol{r},t),\boldsymbol{B}_2(\boldsymbol{r},\tau-t)])$$
$$=\boldsymbol{B}_1(\boldsymbol{r},t)\,\mathrm{rot}\boldsymbol{E}_2(\boldsymbol{r},\tau-t)-\boldsymbol{E}_2(\boldsymbol{r},\tau-t)\,\mathrm{rot}\boldsymbol{B}_1(\boldsymbol{r},t)$$
$$-\{\boldsymbol{B}_2(\boldsymbol{r},\tau-t)\,\mathrm{rot}\boldsymbol{E}_1(\boldsymbol{r},t)-\boldsymbol{E}_1(\boldsymbol{r},t)\,\mathrm{rot}\boldsymbol{B}_2(\boldsymbol{r},\tau-t)\}$$

将方程 (3.32)、(3.33) 和 (3.36)、(3.37) 代入上式，将得到下面关系式：

$$\mathrm{div}([\boldsymbol{E}_2(\boldsymbol{r},\tau-t),\boldsymbol{B}_1(\boldsymbol{r},t)]-[\boldsymbol{E}_1(\boldsymbol{r},t),\boldsymbol{B}_2(\boldsymbol{r},\tau-t)])$$
$$=\frac{\partial}{\partial t}[\boldsymbol{B}_2(\boldsymbol{r},\tau-t)\boldsymbol{B}_1(\boldsymbol{r},t)]-\mu\varepsilon\frac{\partial}{\partial t}[\boldsymbol{E}_2(\boldsymbol{r},\tau-t)\boldsymbol{E}_1(\boldsymbol{r},t)]-$$
$$-\mu[\boldsymbol{E}_2(\boldsymbol{r},\tau-t)\boldsymbol{j}_1^{\mathrm{e}}(\boldsymbol{r},t)-\boldsymbol{E}_1(\boldsymbol{r},t)\boldsymbol{j}_2^{\mathrm{e}}(\boldsymbol{r},\tau-t)]-\tag{3.38}$$
$$-[\boldsymbol{B}_1(\boldsymbol{r},t)\boldsymbol{j}_2^{\mathrm{m}}(\boldsymbol{r},\tau-t)-\boldsymbol{B}_2(\boldsymbol{r},\tau-t)\boldsymbol{j}_1^{\mathrm{m}}(\boldsymbol{r},t)]$$

依次地对方程 (3.38) 开始进行体积 V 积分，然后进行时间积分，得到

$$\int_{-\infty}^{\infty}\int_V\mathrm{div}([\boldsymbol{E}_2(\boldsymbol{r},\tau-t),\boldsymbol{B}_1(\boldsymbol{r},t)]-[\boldsymbol{E}_1(\boldsymbol{r},t),\boldsymbol{B}_2(\boldsymbol{r},\tau-t)])\mathrm{d}^3r\mathrm{d}t$$

$$=\int_V[\boldsymbol{B}_2(\boldsymbol{r},\tau-t)\boldsymbol{B}_1(\boldsymbol{r},t)-\mu\varepsilon\boldsymbol{E}_2(\boldsymbol{r},\tau-t)\boldsymbol{E}_1(\boldsymbol{r},t)]\big|_{t=-\infty}^{\infty}\mathrm{d}^3r$$

$$-\int_{-\infty}^{\infty}\int_V[\mu\boldsymbol{E}_2(\boldsymbol{r},\tau-t)\boldsymbol{j}_1^{\mathrm{e}}(\boldsymbol{r},t)-\boldsymbol{B}_2(\boldsymbol{r},\tau-t)\boldsymbol{j}_1^{\mathrm{m}}(\boldsymbol{r},t)]\mathrm{d}^3r\mathrm{d}t$$

现在利用奥斯特洛夫斯基—高斯定理，得到下面互易性定理：

$$\int_{-\infty}^{\infty}\int_S([\boldsymbol{E}_2(\boldsymbol{r},\tau-t),\boldsymbol{B}_1(\boldsymbol{r},t)]-[\boldsymbol{E}_1(\boldsymbol{r},t),\boldsymbol{B}_2(\boldsymbol{r},\tau-t)])\mathrm{d}s\mathrm{d}t$$

$$= - \int_{-\infty}^{\infty} \int_V \left[\mu E_2(r, \tau - t) j_1^e(r, t) - B_2(r, \tau - t) j_1^m(r, t) \right] d^3r dt \qquad (3.39)$$

在理论描述超宽带天线不同特性时,可以应用互易性原理[23-26]。在进行实验研究时,这个原理也有重要的实用和方法的意义。例如,在文献[27]中,这个原理用于对处在发射和接收方式工作的两种类型天线的不同特性进行了比较,也就是对组合天线[28]和非对称 TEM 天线[29]构成的系统的不同特性进行了比较。开始实验时,这些天线的第一种用作发射天线,而第二种用作接收天线。然后,天线的位置调换。为了激发,利用了宽度为 3ns 的双极电压脉冲。天线在接收方式工作时接收的脉冲,如图 3.1 所示。由图可见,在接收—发射方向变换时,脉冲形状不变。类似的结果,文献[30]也得到了。在无回波暗室中,也进行了系统在单色辐射方式下特性的测量[27]。这些测量表明,系统的幅频特性与接收-发射方向无关。此时,测得的 TEM 天线方向图在发射和接收方式下是重合的。文献[31]对纳秒和亚纳秒时间范围的电磁场,提出了高功率脉冲电磁场无源传感器频率范围扩展的有效方法。在信号重建而采用的的二参数和三参数算法框架内,根据传感器瞬态响应确定算法的参数是有重要意义的。在计算轴对称形状传感器的响应时,文献作者根据互易性原理,解决了不是传感器接收辐射的三维问题,而是远为更简单的传感器辐射的问题,就是直接在时域中利用有限差分法能解决的问题。在文献中给出了三种类型传感器通过计算和实验得到的瞬态特性,以及利用这些传感器重建的电磁场脉冲,从而展示了测量的频率范围有明显的扩展。

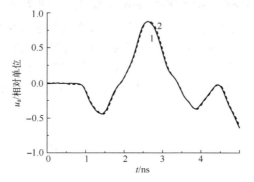

图 3.1　在不同天线输出端的电压脉冲
1—TEM 天线;2—组合天线。

3.6　非稳态过程电动力学的边界问题

确定在时刻 $\tau = t$[①] 和由封闭表面 S 限定的任意体积 V 内的电磁场问题,称

---

① 根据作者 2016.12.28 来信;原来 $t = \tau$,改成 $\tau = t$。——译者注

作是非稳态过程电动力学的第一边界问题[10]，这里 t 为任意固定时刻，而 τ 为现在时间，它们的参数：

（1）给出表面 S 上电场强度向量的正切分量 E_t，时间：$0 \leqslant \tau \leqslant t$。

（2）已知整个体积 V 内初始时刻 $\tau = 0$ 的场强：

$$E = E_0, \quad H = H_0, \text{在 } \tau = 0 \text{ 时间} \tag{3.40}$$

（3）如果在体积 V 内有场源，则它们应当事先给定。

（4）如果体积 V 延伸至无穷大，则必须使所有的场源与坐标原点处在有限距离上，并使每一时刻 t 都存在有限半径的球面，而球面外的场都等于零。

非稳态电动力学第二边界问题与第一边界问题的差别，只是在 $0 \leqslant \tau \leqslant t$ 时替代向量 E_t 应当给定向量 H_t。如果在表面 S 的 S_1 部分上给定向量 E_t，而在它的其余部分 S_2 上给定向量 H_t，则这种边界称作混合边界问题。

文献[10]表明，前面罗列的条件保证了边界问题解的存在和它的唯一性，但这是在假设介质中没有时间色散，而感应向量与场强的关系式 $D = \varepsilon E$ 和 $B = \mu H$ 的条件下的结果，这里 ε 和 μ 可以依赖空间坐标，但不依赖时间。

在解决前面罗列的问题时，先前得到的定理和辅助定理都不能直接采用。具体地讲，要求将式（3.27）型辅助定理先推广到非零的初始条件（3.40）情况。这种推广方法，见文献[10,32]。下面将研究由体积密度 j 和 $j^{(1)}$ 的电流分别激发的两种场 $\{E, H\}$ 和 $\{E^{(1)}, H^{(1)}\}$，这里体积密度随时间的变化规律可以是任意的。由于初始条件（3.40）的非均匀性，从场的向量瞬态值过渡到拉普拉斯变换的映象，是应用拉普拉斯正向变换到第一和第二麦克斯韦方程以及到材料方程实现的。像对谐波振荡类似所做的那样，由映象方程采用标准方法得到微分形式的洛伦兹型辅助定理。然后，利用奥斯特洛夫斯基-高斯定理，求得它的积分形式。最后，通过将逆向拉普拉斯变换应用到积分形式的洛伦兹型辅助定理，以及通过基于积分次序变换和拉普拉斯变换的卷积定理的系列变换，得到所要求的下面辅助定理：

$$\int_0^t \mathrm{d}\tau \int_S \left\{ [E(t-\tau), H^{(1)}(\tau)] - [E^{(1)}(\tau), H(t-\tau)] \right\} \mathrm{d}s =$$

$$\int_0^t \mathrm{d}\tau \int_V (j(t-\tau)E^{(1)}(\tau) - j^{(1)}(\tau)E(t-\tau)) \mathrm{d}^3 r' + \int_V \{ D_0^{(1)} E(t) -$$

$$D_0 E^{(1)}(t) + B_0 H^{(1)}(t) - B_0^{(1)} H(t) \} \mathrm{d}^3 r \tag{3.41}$$

式中：D_0、$D_0^{(1)}$ 和 B_0、$B_0^{(1)}$ 分别为初始时刻 $\tau = 0$ 的感应向量瞬时值。

第一边界问题的求解方法如下[10]：作为待求的解是场 $\{E(\tau), H(\tau)\}$，而场 $\{E^{(1)}(\tau), H^{(1)}(\tau)\}$。应当理解成置于观测点 q' 处并具有矩 $p(\tau)$ 的电偶极子激发的辅助场。偶极子的取向与时间无关，此外还假设，场 $\{E^{(1)}(\tau), H^{(1)}(\tau)\}$ 和偶极子矩 $p(\tau)$ 满足下面条件：

（1）在体积 V 中，$\boldsymbol{E}^{(1)}(\tau)\big|_{\tau=0}=\boldsymbol{H}^{(1)}(\tau)\big|_{\tau=0}=0$。

（2）在表面 S 上，并在 $\tau\geqslant0$ 条件下，$\boldsymbol{E}_t^{(1)}(\tau)=0$。

（3）$p(\tau)=\begin{cases}1,&\tau>0,\\0,&\tau<0,\end{cases}$ 并且 $p'(\tau)=\delta(\tau+0)$。

式中：$\delta(\tau)$ 为狄拉克 δ 函数。假设，待求的场 $\{\boldsymbol{E}(\tau),\boldsymbol{H}(\tau)\}$ 满足初始条件式（3.40），而初始条件中 $\boldsymbol{E}_0$、$\boldsymbol{H}_0$ 在体积 V 内给定，而向量 $\boldsymbol{E}$ 的正切分量 $\boldsymbol{E}_t$ 对于时间间隔 $0\leqslant\tau\leqslant t$ 在表面 S 上给定。

如果通过 $E_p(t,q')$ 表示向量 $\boldsymbol{E}$ 在辅助偶极子矩 $\boldsymbol{p}$ 方向上的投影，并利用辅助定理式（3.41），则得到观测点 q' 处 $E_p(t,q')$ 的积分表达式：

$$
\begin{aligned}
E_p(t,q')=&\int_0^t\mathrm{d}\tau\int_S\big[\boldsymbol{H}^{(1)}(\tau),\boldsymbol{E}(t-\tau)\big]\mathrm{d}\boldsymbol{s}+\int_0^t\mathrm{d}\tau\int_V\boldsymbol{j}(t-\tau)\,\boldsymbol{E}^{(1)}(\tau)\mathrm{d}^3\boldsymbol{r}'\\
&+\frac{1}{3}E_p(0,q')-\frac{1}{3\varepsilon}\int_0^t j_p(\tau,q')\mathrm{d}\tau+\int_V\{\boldsymbol{B}_0\,\boldsymbol{H}^{(1)}(t)\\
&-\boldsymbol{D}_0\,\boldsymbol{E}^{(1)}(t)\}\mathrm{d}^3r,\quad t>0
\end{aligned}\tag{3.42}
$$

式中：向量 $\mathrm{d}\boldsymbol{s}$ 的指向是相对体积 V 而言在表面 S 的外法线方向；$j_p(\tau,q')$ 表示的意思与 $E_p(\tau,q')$ 的一样。

用具有矩 $\boldsymbol{m}(\tau)$ 的辅助磁偶极子替换辅助电偶极子后，它建立的场 $\{\boldsymbol{E}^{(2)}(\tau),\boldsymbol{H}^{(2)}(\tau)\}$ 满足上面的（1）~（3）那些条件，像前面一样[10]得到下面积分表达式：

$$
\begin{aligned}
H_m(t,q')=&\int_0^t\mathrm{d}\tau\int_S\big[\boldsymbol{E}(t-\tau),\boldsymbol{H}^{(2)}(\tau)\big]\mathrm{d}\boldsymbol{s}-\int_0^t\mathrm{d}\tau\int_V\boldsymbol{j}(t-\tau)\,\boldsymbol{E}^{(2)}(\tau)\mathrm{d}^3\boldsymbol{r}'+\frac{1}{3}H_m(0,q')\\
&-\int_V\{\boldsymbol{B}_0\,\boldsymbol{H}^{(2)}(t)-\boldsymbol{D}_0\,\boldsymbol{E}^{(2)}(t)\}\mathrm{d}^3r,\quad t>0
\end{aligned}\tag{3.43}
$$

因为辅助偶极子所在的位置和它们矩的方向可以是任意的，则式（3.42）和式（3.43）根据给定的边界和初始条件，将给出确定场的边界问题的解。

至于说在第二和混合边界问题求解中出现不同的矩，它们在文献[10]中已经阐述，并给出了相应的公式。关于电动力学边界-初始条件的问题，在文献[32]中已经讨论过。例如，该文献第一次得到了微分形式的辅助定理，类似式（3.41）。此时假设，在体积 V 中没有电流。在文献[33]中还讨论了在时间色散的介质中非稳态过程电动力学的边界-初始条件问题和互易性定理。

小结

本章阐述了非稳态过程电动力学的基本定义、表达、概念和理论。其初始点是从麦克斯韦方程组开始，并且作为场源的是电流和磁流。在推导出能量关系式的基础上,研究了非稳态过程电动力学解的单值性和边界问题的相容性等,并对洛伦兹型综合辅助定理给予了特殊的关注。

在本章中,这些辅助定理用于基本偶极子和有限尺寸天线,以阐述互易性定理的不同方案,并且以简要的形式给出了实验研究结果,展示了与高功率脉冲场典型特点有关的实验数据结果及其在算法处理中互易性原理应用的可能方案。

本章还阐述了第一边界、第二边界和混合边界问题在时域上的一般状况,并给出了第一边界问题求解的结果。

问题和检测试题

1. 推导出关系式(3.26)。
2. 推导出关系式(3.41)。
3. 请给出互易性定理式(3.30)的物理说明。
4. 对于处在介质分界平面上方的非稳态赫兹偶极子远区场的求解问题,如果将互易性定理用于两个偶极子辐射器,如何简化问题求解的程序(次序)?

参考文献

[1] Стрэттон Дж. А. Теория электромагнетизма./ Пер. С англ. М. С. Рабиновича и В. М. Харитонова. Под ред. С. М. Рытова. -М. -Л. : ГИТТЛ, 1948. -539 с.

[2] Ильинский А. С., Кравцов В. В., Свешников А. Г. Математические модели электродинамики. -М. : Высшая школа, 1991. -224 с.

[3] ветов Б. С., Губатенко В. П. Аналитические решения электродинамических задач. -М. : Наука, 1988. -344 с.

[4] Семенов А. А. Теория электромагнитных волн. -М. : Изд -во Московского ун -та, 1968. -318 с.

[5] Марков Г. Т., Чаплин А. Ф. Возбуждение электромагнитных волн. -М. : Радио и связь, 1983. -296 с.

[6] Rothwell E.J., Cloud M.J. Electromagnetics. -New York : CRC Press, 2001. -540 p.

[7] Борисов В. В. Неустановившиеся электромагнитные волны. -Л. : Изд -во Ленинградского ун -та, 1987. -240 с.

[8] Борисов В. В. Электромагнитные поля неустановившихся токов. -СПб : Изд -во СПб ун -та, 1996. -208 с.

[9] Никольский В. В. Электродинамика и распространение волн. -М. : ГРФМЛ, 1973. -608 с.

[10] Фельд Я. Н. Теоремы и задачи нестационарных процессов электродинамики // Радиотехника и электроника. 1993. Т. 38. № 1. С. 38 -48.

[11] Фельд Я. Н. Общая теорема взаимности для немонохроматических процессов в теории антенн // Доклады АН СССР. 1991. Т. 318. № 2. С. 325–327.

[12] Фельд Я. Н. Теорема взаимности в электродинамике для неустановившихся процессов // Доклады АН СССР. 1943. Т. 41. № 7. С. 294–297.

[13] Фельд Я. Н. Общая теорема взаимности в теории приёмо-передающих антенн // Доклады АН СССР. 1945. Т. 48. № 7. С. 503–505.

[14] Goubau G. A reciprocity theorem for nonperiodic fields // IRE Trans. Antennas Propagat. 1960. V. 8. No 5. P. 339–342.

[15] Welch W. J. Reciprocity theorems for electromagnetic fields whose time dependence is arbitrary // IRE Trans. Antennas Propagat. 1960. V. 8. No 1. P. 68–73.

[16] Welch W. J. Comment on "Reciprocity theorems for electromagnetic fields whose time dependence is arbitrary" // IRE Trans. Antennas Propagat. 1961. V. 9. No 1. P. 114–115.

[17] Морс Ф. М. , Фешбах Г. Методы теоретической физики / Пер. с англ. под ред. С. П. Аллилуева, Н. С. Кошлякова, А. Д. Мышкиса, А. Г. Свешникова. – М. : ИЛ. , 1958. – 931 с.

[18] Бредов М. М. , Румянцев В. В. , Топтыгин И. Н. Классическая электродинамика. – М. : Наука, 1985. – 400 с.

[19] Cheo B. R. –S. A reciprocity theorem for electromagnetic fields with general time dependence // IEEE Trans. Antennas Propagat. 1965. V. 13. No 5. P. 278–284.

[20] Фелсен Л. , Маркувиц Н. Излучение и рассеяние волн. Т. 1 / Пер. с англ. под ред. М. Л. Левина – М. : Мир, 1978. – 547 с.

[21] Hoop A. T. de. Time domain reciprocity theorems for the electromagnetic fields in dispersive media // Radio Science. 1987. V. 22. No 12. P. 1171–1178.

[22] Smith G. S. A direct derivation of a single-antenna reciprocity relation for the time domain // IEEE Trans. Antennas Propagat. 2004. V. 52. No 6. P. 1568–1577.

[23] Фельд Я. Н. Гранично-начальные задачи электродинамики // Доклады АН СССР. 1945. Т. 48. № 3. С. 181–184.

[24] Казюлин А. Ф. Теорема взаимности и гранично-начальная задача электродинам-ики для неустановившихся процессов в средах с временной дисперсией // Радиотехника и электроника. 1965. Т. 10. № 1. С. 3–6.

[25] Ziolkowski R. W. Properties of electromagnetic beams generated by ultra-wide bandwith pulse-driven arrays // IEEE Trans. Antennas Propagat. 1992. V. 40. No 8. P. 888–905.

[26] Allen O. E. , Hill D. A. , Ondrejka A. R. Time-domain antenna characterizations // IEEE Trans. Electromagn. Compat. 1993. V. 35. No 8. P. 339–346.

[27] Lamensdorf D. , Susman L. Baseband-pulse-antenna techniques // IEEE Antennas Propagat. Magazine. 1994. V. 36. No 2. P. 20–30.

[28] Shlivinski A. , Heyman E. , Kastner R. Antenna characterization in the time domain // IEEE Trans. Antennas Propagat. 1997. V. 45. No 7. P. 1140–1149.

[29] Андреев Ю. А. , Кошелев В. И. , Плиско В. В. Характеристики ТЕМ антенн в режимах

приема и излучения // Доклады 5 Всероссийской научно – технической конференции « Радиолокация и радиосвязь ». Россия, Москва： Институт радиотехники и электроники им.В. А.Котельникова РАН,2011.C.77–82.

[30] Koshelev V.I. , Andreev Yu.A. , Efremov A.M. , Kovalchuk B.M. , Plisko V.V. , Sukhushin K.N. , Liu S. Increasing stability and efficiency of high – power ultrawideband radiation source // Proc.16 Inter.Symp.on High Current Electronics.Russia,Tomsk：Institute of High Current Electronics SB RAS,2010.P.415–418.

[31] Farr E. G. , Baum C. E. , Prather W. D. , Bowen L. H. Multifunction impulse radiating antennas：theory and experiment // Ultra – Wideband, Short – Pulse Electromagnetics 4. Edited by E.Heyman et al.New York：Plenum Press,1999.P.131–144.

[32] Федоров В. М. Теорема взаимности и импульсные характеристики антенн // Доклады 5 Всероссийской научно – технической конференции « Радиолокация и радиосвязь ». Россия, Москва： Институт радиотехники и электроники им. В. А. Котельникова РАН,2011.C.196–200.

[33] Домашенко Г. Д. , Лисицын В. П. , Мосин И. В. Определение параметров датчиков импульсного электрического поля с использованием принципа взаимности // Сборник докладов 2 Всероссийской научной конференции – семинара « Сверхширокополосные сигналы в радиолокации, связи и акустике ». Россия, Муром： Издательско–полиграфический центр МИ ВлГУ,2006.C.85–89.

第4章 非稳态过程电动力学
边界问题的求解方法

引言

对不同电动力学问题的研究,在开始阶段主要是与采用谐波时间依赖关系表征稳态场并进行分析有关。此时,倾向于采用解析方法。然而,随着计算技术的发展,数值方法开始得到越来越多的应用。在逐个研究方向发展的过程中,利用数值方法求解频域的电动力学问题,还存在一些缺点。在这些缺点中,一是当入射波频率与散射目标所占体积的一个固有频率重合时,求解外部衍射问题有可能得到非物理解,二是对场在强吸收、色散和非线性的介质中计算的工作量非常大。

与此同时,建造产生和发射短和超短宽度的电磁脉冲设备的工作,取得了显著的进展,这就直接促进了非稳态电动力学问题在时域上的求解方法的研制工作。在现代阶段,这些方法还远没有达到完善的地步,但是利用这些方法可以求得结果,不论从理解非稳态电磁过程物理的观点看,还是从实际应用角度看,所得结果都是非常重要的。在线性问题情况下,应用傅里叶变换,可以给出传统方法在频域上可能得到的所有电动力学特性的参数。

本章将简要地描述在非常不稳定方式下辐射器和散射体电动力学特性的研究中当今采用的研究方法,包括解析方法、解析-数值方法和数值方法等。

这里给出的解析方法、解析-数值方法的特点,首先是它们有可能得到空间和时间变量不分开的解。这样,类似的解最好地描述了非稳态过程。

数值方法包括两个正在发展着的方法,它们将解决本章讨论的问题。空间-时间积分方程方法和差分方法的应用范围,将部分地相互覆盖,下面既指出了这两种方法无可争辩的优点,也指出了它们的缺点。

4.1 严格的解析方法和解析-数值方法

采用严格的解析方法研究非稳态电动力学问题的兴趣,已经由来已久。在这个方向上的研究得到了一系列结果,这在专著[1-4]中都可以找到,在科学期刊中还发表了许多文章,它们也都是研究和求解边界问题的。首先,这些文章的很大注意力都集中在半平面和楔形体产生的非稳态电磁辐射散射过程的全面研究上[5-16]。在文献[17-21]中讨论了非稳态电磁场在不同几何形状波导中传播的典型特点。这里采用很精巧的解析方法,可以对局域源场在半无限锥体上散射的标量和向量问题进行求解[22-24]。

除此之外,应当指出,解析-数值方法也得到了稳定的发展。例如,脉冲辐射在圆柱体、带状物和阵列上衍射的二维问题的求解,成功地应用了调整法程序[25-29]。众所周知的半反转方法也得到了非常大的发展。传统上,这个方法适用于广泛的一类频域问题的求解,尤其在解决系列非稳态问题时需要制定方法,如在场的表达中采用梅勒-福克(Mehler-Fock)积分展开[30]时,这个方法是很有效的。在专著[31]中,给出了对该方法非常详细的叙述以及对它得到结果的讨论。

4.1.1 黎曼方法

黎曼方法是用来构建双曲型二阶微分方程解既严格又有据的方法,它是针对依赖时间和一个空间变量的函数,并满足一定初始和边界条件求解时用的。关于它的叙述,在许多书籍如数学物理方程[32]中都有。因此,这里只限于介绍该方法的简要特性及其基本关系式。

众所周知,在一般情况下,两个变量函数 $u(x,\tau)$ 的二阶线性微分方程可写成下式:

$$a_{11}\frac{\partial^2 u}{\partial x^2}+2a_{12}\frac{\partial^2 u}{\partial x\partial\tau}+a_{22}\frac{\partial^2 u}{\partial\tau^2}+F\left(x,\tau,u,\frac{\partial u}{\partial x},\frac{\partial u}{\partial\tau}\right)+p(x,\tau)=0 \qquad (4.1)$$

式中: a_{11}、a_{12}、a_{22} 为只依赖 x 和 τ 的系数;F 为线性依赖 u、$\dfrac{\partial u}{\partial x}$、$\dfrac{\partial u}{\partial\tau}$ 并任意依赖 x 和 τ 的函数;$p(x,\tau)$ 为已知函数。如果 $a_{12}^2-a_{11}a_{22}>0$,则方程为双曲型方程。

如果 $\xi_1(x,\tau)=$ 常数和 $\xi_2(x,\tau)=$ 常数是方程(4.1)的特性,则在变量 $x_1(x,\tau)=\xi_1(x,\tau)$ 和 $x_2(x,\tau)=\xi_2(x,\tau)$ 下,方程(4.1)将只含有二阶混合导数。下面只限于讨论在变换的方程中没有一阶导数的个别情况,即

$$Lu=\frac{\partial^2 u}{\partial x_1\partial x_2}+C(x_1,x_2)u=q(x_1,x_2)$$

$$(4.2)$$

式中: $C(x_1,x_2)$ 为连续函数。

假设,在 x_1 和 x_2 平面上,由方程 $z_2=f(x_1)$ 给出了初始曲线 AB,并且它的特性 $x_1=$ 常数和 $x_2=$ 常数与 AB 线不相切,但是它们与 AB 线相交不多于1点,如图4.1所示。假设,在初始曲线 AB 上给出柯西条件:

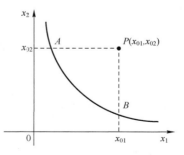

图 4.1 黎曼问题示意图

$$u = \varphi(x_1), \quad \frac{\partial u}{dx_1} = \psi_1(x_1), \quad \frac{\partial u}{dx_2} = \psi_2(x_1)$$

问题在于通过下面的齐次方程

$$L^* R = \frac{\partial^2 R}{\partial x_1 \partial x_2} + C(x_1, x_2) R = 0$$

的解并满足下面的初始条件：

$$R\big|_P = 1, \frac{\partial R}{\partial x_1}\big|_{PA} = 0, \quad \frac{\partial R}{\partial x_2}\big|_{BP} = 0$$

表达任意点 $P(x_{01}, x_{02})$（见图 4.1）的函数 $u(x_1, x_2)$。这个解通常称作黎曼函数。

文献[32]表明，如果黎曼函数已知，则

$$u(x_{01}, x_{02}) = \frac{1}{2}(Ru\big|_A + Ru\big|_B) \frac{\partial R}{\partial x_1}\big|_{PA}$$

$$+ \frac{1}{2} \int_{AB} \left[dx_1 \left(R \frac{\partial u}{\partial x_1} - u \frac{\partial R}{\partial x_1} \right) - dx_2 \left(R \frac{\partial u}{\partial x_2} - u \frac{\partial R}{\partial x_2} \right) \right] + \iint_S dx_1 dx_2 Rq$$

$$(4.3)$$

应当指出，柯西问题的解，有时用变量 x（笛卡儿坐标）和 $\tau = ct$（长度量纲的时间，c 为光速）写出更方便，这两个变量与 x_1 和 x_2 的关系式[2]为

$$x_1 = x + \tau, \quad x_2 = x - \tau$$

在转到上面这些变量后，方程(4.2)将有下面形式：

$$\frac{\partial^2 u}{\partial x^2} - \frac{\partial^2 u}{\partial \tau^2} + 4C(x, \tau)u = 4q(x, \tau)$$

首先给出在直线 $\tau = 0$ 上的初始数据，即将
时间的计算原点取作柯西条件的时刻。
选取的初始曲线 AB 如图 4.2 所示，并与
点 $P(x_0, \tau_0)$ 对应。因此，初始曲线是 x 轴
上的 AB 线段，而在线段上给出的条件为

$$u\big|_{\tau=0} = \varphi(x), \quad \frac{\partial u}{\partial \tau}\big|_{\tau=0} = \psi(x)$$

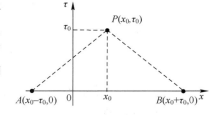

图 4.2　初始曲线和对应
解式(4.4)的特性

在上面这些条件下，式(4.3)转为下面表
达式：

$$u(x_0, \tau_0) = \frac{1}{2}(Ru\big|_{x=x_0-\tau_0, \tau=0} + Ru\big|_{x=x_0+\tau_0, \tau=0})$$

$$+ \frac{1}{2} \int_{x_0-\tau_0}^{x_0+\tau_0} dx \left(R \frac{\partial u}{\partial \tau} - u \frac{\partial R}{\partial \tau} \right) - 2\int_0^{\tau_0} d\tau \int_{\tau+x_0-\tau_0}^{-\tau+x_0+\tau_0} dx Rq \qquad (4.4)$$

对上式从分部积分转为二次积分。

在变量 x、τ 下，黎曼函数 R 是下面方程的解：

$$\frac{\partial^2 R}{\partial x^2} - \frac{\partial^2 R}{\partial \tau^2} + 4C(x,\tau)R = 0$$

这个解应当满足下面条件：

在 $x - \tau = x_0 - \tau_0$ 时，$R(x_0, \tau_0) = 1$，$\dfrac{\partial R}{\partial x} = 0$

在 $x + \tau = x_0 + \tau_0$ 时，$\dfrac{\partial R}{\partial \tau} = 0$

作为例子，将讨论寻求空间电报方程的黎曼函数，以及此方程的柯西问题[2]求解的步骤。为此目的，先找出下面方程的特解：

$$\frac{\partial^2 v}{\partial \xi_1 \partial \xi_2} - gv = 0 \tag{4.5}$$

这个特解应当满足上面给出的黎曼函数条件。作为独立变量，选取变量 $z = (\xi_1 - \xi_{01})(\xi_2 - \xi_{02})$。为方便起见，引入变量 $s = 4gz$，将得到下面方程：

$$\frac{\mathrm{d}^2 v}{\mathrm{d}s^2} + \frac{1}{s}\frac{\mathrm{d}v}{\mathrm{d}s} - \frac{v}{4s} = 0$$

上面方程的解将是下面圆柱函数中任一函数：

$$v(s) = Z_0(i\sqrt{s})$$

由于贝塞尔函数 $J_0(i\sqrt{s})$ 满足下面条件：

$$J_0(i\sqrt{s})\big|_{\xi_1 = \xi_{01}, \xi_2 = \xi_{02}} = 1, \quad \frac{\partial}{\partial \xi_1}J_0(i\sqrt{s})\big|_{\xi_2 = \xi_{02}} = \frac{\partial}{\partial \xi_2}J_0(i\sqrt{s})\big|_{\xi_1 = \xi_{01}} = 0$$

则这个贝塞尔函数就应当取作待求的特解。

电报方程

$$\frac{\partial^2 u}{\partial x^2} - \frac{\partial^2 u}{\partial \tau^2} + 4gu = 4f, \quad g < 0$$

的柯西问题的解，在给定 $\tau = 0$ 时的初始参数条件下，通过将黎曼函数和初始参数代入式（4.4），得到

$$u(x_0, \tau_0) = \frac{1}{2}\big[\varphi(x_0 - \tau_0) + \varphi(x_0 + \tau_0)\big]$$

$$- 2\int_0^{\tau_0}\mathrm{d}\tau \int_{\tau + x_0 - \tau_0}^{-\tau + x_0 + \tau_0}\mathrm{d}x f(x, \tau)J_0\left(a\sqrt{\tau_0^2 - (x_0 - x)^2}\right)$$

$$+ \frac{1}{2}\int_{x_0 - \tau_0}^{x_0 + \tau_0}\mathrm{d}x\bigg\{\psi(x)J_0\left(a\sqrt{\tau_0^2 - (x_0 - x)^2}\right) +$$

$$\varphi(x)\frac{\partial}{\partial \tau_0}J_0\left(a\sqrt{\tau_0^2 - (x_0 - x)^2}\right)\bigg\}$$

式中：$a = 2\sqrt{|g|}$。

这个解，在一些情况[2]下被大大地简化了。例如，在零的初始条件下，且源集中在 $x = x_0^0$ 及 $f = \delta(x - x_0^0) f_0(x_0^0, \tau)$ 的情况下，这个解将有下面形式：

$$u(x_0, \tau_0) = -2 \int_{0-}^{\Phi(\tau_0, x_0)} \mathrm{d}\tau f_0(x_0^0, \tau) \mathrm{J}_0\left(a\sqrt{\tau_0^2 - (x_0 - x)^2}\right)$$

式中：

$$\Phi(\tau_0, x_0) = \begin{cases} \tau_0 - x_0 + x_0^0, & x_0 > x_0^0 \\ \tau_0 + x_0 - x_0^0, & x_0 < x_0^0 \end{cases}$$

4.1.2　在电动力学内部和外部问题中采用的渐近方法

渐近方法的思想源于文献[33]，它的作者提出了在均质多耦合波导中场的表达方法，该波导具有理想的导电壁，而场在时域上可按波导模式展开。后来这个方法得到了非常大的发展，这是由于考虑了充满波导介质的纵向或横向非均匀性，而在一般情况下还要考虑介质的非线性特点。直到现在，这个方法的不同方案有不同的名称：模式基准方法、本征函数方法、渐近波导方程方法。

例如，在模式基准方法[34-36]框架内，初始的四维电动力学问题变换为两个二维问题。在波导任意横截面的平面中椭圆型方程第一问题的求解，是通过构建专门的模式基准实现的。在最简单的情况下，这个模式基准是由自身表达的膜式本征函数，以调整理想的导电波导，而波导的横截面是由给定的横截面形状确定。如果波导由分层的非均匀介质填充，则最好是构建这样的模式基准，它的每一种模式都满足波导壁上和介质非均匀层上的边界条件。在这种情况下，方法的收敛性会大大改善。

接着将麦克斯韦方程投射到构建的模式基准上，这将使双曲型方程第二个问题的表述，就是该方程的解将描述场的每种模式幅度在该模式沿波导传播时发生的变化。发现这些问题的求解，比初始问题的求解更为简单。与此同时，这个或者那个问题都要求对问题的不同数学方面预先进行深入的考虑。例如，在构建模式基准时，必须寻找基准函数，而这个基准函数既不依赖于频率，又要使各个函数单独地满足在波导横截面上及其不均匀介质上的边界条件。从数学观点看，这些问题要求采用希尔伯特空间垂直展开[41]的魏尔（Weyl）定理。在这种情况下，待求问题的算子是自共轭的，这将使得它的本征函数具有正交性，而其本征值是实数值。

根据双曲型方程的类型，在解决第二个问题时，可以采用以下几种方法。如果这个方程是非齐次的，则可应用黎曼方法[42]；如果该方程是齐次的，则可应用变量分离法。在后一种情况下，非常有成效的是采用群论方法[45]，用于研究不同类型微分方程得到的研究结果[43,34]。

为了求解模式在波导中传播时变化的方程,可以有效地应用数值方法即时域上的有限差分方法。利用这种方法,可大大地扩展求解问题的范围,并且这不仅适用于波导结构,也适用于任意充满分层电介质的无限空间。正如前面[46]指出的,与三维非稳态问题的直接数值计算比较,采用这种方法在计算时间和所要求的运算存储容量上都可以有几个量级的好处。在采用模式基准方法时,这个好处是由于减小问题的两个维数取得的。

渐近方法也适用于辐射问题的求解。开始时,这个方法曾用在圆柱坐标系中构建模式基准[43,44]。然而文献[47]给出的研究结果表明,非稳态辐射过程也可以在球坐标系中得到了更为清晰的说明。这证实了对横截面非均匀介质中锥形线以及不同宽带天线的电动力学分析[48,49]的有效性。

4.1.3　非稳态波导方程方法

非稳态波导方程方法,是在文献[50-51]中提出的,该方法是对非稳态超宽带电磁场在非规则波导中传播问题采用的横截面方法[52-54]的发展。这些问题的特点,在于它是具有 4 个独立变量(3 个空间坐标及 1 个时间坐标)的微分算子。文献[50,51]表明,利用泛函方法,这些问题可以简化为非稳态波导方程组。在这个方程组中,微分运算只是对两个独立变量(沿波导轴方向的纵向坐标 z 和时间 t 两个变量)进行。该方法的最初版本,通过求解这个方程组可以求得传播脉冲的磁场,而脉冲的电场在进行补充计算后求得。还有另一种实施方法[55],就是要改变场的计算次序:开始计算脉冲电场,而后计算磁场。

应当指出,在该方法的两种版本中,待求的场强利用一定方式选择的辅助模式系统的展开形式来寻找,而这些模式是在计算区域每一固定 z 值下由波导横截面处向量函数基准系统构成的。此时,辅助模式的幅度尚未可知,但是需要确定。值得注意的是,非稳态波导方程组具有清晰和简便的约束弦方程组形式。这种情况,使得每一种波导模式对应有自己的弦。这种对应大有益处,因为它具有深刻的物理意义:在波导的非均匀处,模式的相互变换过程对应的是约束弦间的能量转送。

通过非稳态波导方程数值求解方法的研究[56],制定了基于能量平衡监测,场计算误差的积分估计,在理想导体界面上边界条件计算的精确度估计三个重要标志的计算误差估计标准。通过这些方法和其他文献[57,58]提出的虚拟电磁波导理论,准备了关于超宽带电磁脉冲辐射的更复杂问题研究的基础,而这些脉冲正是从非规则波导的开口端和波导-喇叭天线产生出来的[59-63]。

4.2　空间−时间积分方程方法

4.2.1　基本方程

在研究非稳态电磁波在复杂形状物体上的散射时,现在广泛地采用空间−时间积分方程的方法[64]。这个方法的实施有不同的方案,这在文献[65-71]中从公共角度进行了详细的讨论,也有个别研究是针对不同类型积分方程的应用特点[72-74]讨论的。对于方程求解的有效方法的制定[75-77]和数值算法稳定性的问题[78-82],给予了很大的关注。根据数值计算,得到了大量关于复杂形状导电目标,尤其是导线目标散射性质的有益信息[83-87]。对于任意形状三维电介体上的散射问题,制定了该算法的专门实施方案[88-91]。也还有一些工作,对空间−时间积分方程方法与其他采用的方法进行了可能性的对比[92,93]。

在这个空间−时间积分方程方法的框架内,导体表面可用细导线网格(又称作细导线模型),或一组光滑单元或一组逐块光滑单元的网格模拟。将细导线网格模型用在计算散射的有效面积和方向图时,证明是有效的。这个模型通过选择网格节点坐标可以很简单地给出散射体参数,并在计算时只需进行一维积分的运算。与此同时,该模型在计算散射体表面电流和近场或天线的输入阻抗时是无效的。这里碰到的问题是由于在物体表面上电流分布的解中存在虚拟的环电流、积分方程导致矩阵方程很差的依赖关系、积分方程在物体表面内部区域共振点处数值求解时产生很大的误差等因素造成的,需要采取专门的措施才能加以避免。

如果物体表面用逐块−光滑表面替换,而逐块−光滑表面是由一组标准形状的单元构成,则上面罗列的大部分问题完全排除或部分排除。在不同作者的工作中,不论单元是平面形状或是非平面形状,采用的大都是四角单元和三角单元。此时,研究了三种类型积分方程的适用可能性:电场类型、磁场类型和混合场类型的积分方程。这里电场积分方程的优点是它可用在封闭或不封闭的散射表面的情况下,但是第二种积分方程只能用在封闭的散射表面的情况。然而,电场的积分方程具有很大的综合性,它还要求付出一定的代价:在利用这个方程时,必须克服磁场积分方程自身固有的系列困难。在这种情况下,有决定意义的是两个因素:应用平面形状的三角单元,以及利用子域上的特殊基准函数,正是它们能保证在相邻单元连接线上电流表面密度的连续性,并去除单元边界点和节点处虚拟的线性电荷或点电荷。

从一般角度看,空间−时间积分方程方法,与其他已知的方法比较具有系列优点。首先,与微分形式麦克斯韦方程的求解方法不同,这种方法对计算资源的需求并不太严苛,因为计算的不是空间的场,而是研究目标上的电流和电荷。非常重要的还有一种情况,就是必须去掉在计算区域边界上人为设置的边界条件。此外,对计算数据可应用逆向傅里叶变换,这样立刻就可以得到广泛频带上目标特性的信息。

下面,将研究电场积分方程求解和表述的基本特点[66]。假设在具有 ε 和 μ 参数的自由空间中,放置任意形状(结构)的理想导电体,其表明为 S。在非稳态电磁场 $E_i(r,t)$ 入射这个导体的情况下,在导体表面上感应出电流和电荷,其表面密度分别为 $J(r,t)$ 和 $\sigma(r,t)$,并感应出散射场 $E_s(r,t)$。这个场可以用通常方式确定的电向量势 $A(r,t)$ 和电标量势 $\varphi(r,t)$ 表达:

$$A(r,t) = \frac{\mu}{4\pi}\int_S \frac{J(r',t-|r-r'|/c)}{|r-r'|}ds', \quad \varphi(r,t) = \frac{1}{4\pi\varepsilon}\int_S \frac{\sigma(r',t-|r-r'|/c)}{|r-r'|}ds'$$

$$(4.6)$$

这里还要指出,式(4.6)与第3章采用的表示不同,为了简化,符号上面的标号 e 略去。现在应当指出,在表面 S 上整个场的正切分量应当趋于零:

$$(E_i+E_s)\big|_t = 0$$

而后得到所谓的电场积分方程:

$$\left(\operatorname{grad}\varphi(r,t)+\frac{\partial A(r,t)}{\partial t}\right)\bigg|_t = E_i(r,t)\big|_t \qquad (4.7)$$

电流和电荷表面密度的关系通过下面连续性方程给出:

$$\frac{\partial \sigma(r,t)}{\partial t} = -\operatorname{div}_S J(r,t) \qquad (4.8)$$

式中:符号 div_S 表示的是表面的散度。

方程(4.7)和方程(4.8)的求解,足可以确定表面 S 上的感应电流和电荷。在求解方程时,采用了所谓的时间步长法。在这个方法框架内,引入离散时间的计数 $k\Delta t(k=0,1,2,\cdots)$。为了简化关系式的写法,在每个时间步长上待求函数的写法采用专门的表示,例如用 $\sigma(r,k\Delta t)=\sigma^k(r)$,对其他函数也有类似的写法。而对时间的导数,可用中心的差值来近似。

在对电流密度依赖空间坐标关系的近似时,利用了专门的基准函数组[65]。为了确定这些函数,表面 S 用逐块-光滑表面来替换,逐块-光滑表面是由 N_c 个尺寸足够小的平面三角单元构成。在这种替换中,在近似的 S 表面上形成 N_e 个将相邻单元 T_n^+ 和 T_n^- 分开的内部棱线,并具有公共的棱线。与这个内部棱线联系的向量基准函数,由下面公式确定:

$$f_n(r)=f_n^+(r)+f_n^-(r),$$

$$f_n^\pm(r)=\begin{cases} \dfrac{l_n}{2A_n^\pm}\rho_n^\pm, & r\in T_n^\pm \\ 0, & r\notin T_n^\pm \end{cases}$$

式中：l_n 和 $A_n^{\pm}$ 分别为单元 $T_n^{\pm}$ 的棱线长度和面积；$\boldsymbol{\rho}_n^{\pm}$ 为单元表面上点的半径向量，并且半径向量 $\boldsymbol{\rho}_n^+$ 的起点与单元 T_n^+ 的自由顶点相连，而半径向量 $\boldsymbol{\rho}_n^-$ 的终端与单元 T_n^- 的自由顶点相连。

基准函数在自己的单元范围内是逐块-线性的函数，它们的总数等于内部棱线数 N_e。利用 N_c 个标量的基准函数去近似电荷表面密度。这些基准函数的任一个，都在单个三角单元上给出，并在这个单元范围内它的值保持不变。

如果具有基准函数组，有可能得到待求函数的近似表示。在每个时间步长上，电流表面密度可用下面的表达式近似：

$$\boldsymbol{J}^k(\boldsymbol{r}) \approx \hat{\boldsymbol{J}}^k(\boldsymbol{r}) = \sum_{n=1}^{N_e} I_n^k \boldsymbol{f}_n(\boldsymbol{r}) \tag{4.9}$$

式中：I_n^k 为待定的未知系数。

利用类似的表达式，采用 N_c 个标量基准函数，也可以近似电荷表面密度。

在求解方程（4.7）时，最倾向于采用加列金（Gallerkin）方法。为此目的，引入下面的向量函数进行讨论：

$$\boldsymbol{R}_E = \left(\boldsymbol{E}_i^k(\boldsymbol{r}) - \mathrm{grad}\,\varphi^k(\boldsymbol{r}) - \frac{\hat{\boldsymbol{A}}^{k+1}(\boldsymbol{r}) - \hat{\boldsymbol{A}}^{k-1}(\boldsymbol{r})}{2\Delta t} \right) \bigg|_t \tag{4.10}$$

式中利用关系式（4.6）通过 $\hat{\boldsymbol{J}}^k(\boldsymbol{r})$ 表示 $\hat{\boldsymbol{A}}^k(\boldsymbol{r})$，类似地 $\varphi^k(\boldsymbol{r})$ 也通过 $\sigma(\boldsymbol{r})$ 表示。

根据加列金方法，这样引入的向量函数 $\boldsymbol{R}_E$，应当与所有的基准函数 $\boldsymbol{f}_n(\boldsymbol{r})$ 是正交的，这个要求的数学表示，由下面等式给出：

$$\int_S \boldsymbol{R}_E \cdot \boldsymbol{f}_n(\boldsymbol{r})\,\mathrm{d}s = 0, \quad 1 \leqslant n \leqslant N_e \tag{4.11}$$

类似的过程也可以用到连续性方程式（4.8）中，此时除了基准函数 $\boldsymbol{f}_n(\boldsymbol{r})$ 外，方程中将出现标量的基准函数。作为结果，将得到由 $N_e + N_c$ 个方程构成未知系数的方程组，而这些未知系数就是电流和电荷表面密度近似表达式的系数。

如果已知前 k 个时间步长的系数值，则在第 $k+1$ 个时间步长上的系数值，可以在时间步长算法基础上进行计算。由于这个方法很繁琐，就不再描写它了，只是要指出，系数 I_n^{k+1} 可以直接根据关系式（4.10）确定。因此，待求的量将在感兴趣的时间间隔范围内确定，这样就可能实现研究目标的基本电动力学特性的计算。

应当专门强调一下，在实施算法时，可能出现计算的不稳定性，这表现在计算误差会呈指数增长上。为了避开这一点，时间步长应当满足下面的稳定性条件：

$$\Delta t < \alpha \Delta_{\min}$$

式中：$0 < \alpha \leqslant 1$；$\Delta_{\min}$ 为三角单元"重心"间最小的距离。至于具体的 α 值，则已经

确定,在(在两个测量方向上是无限的)水平的散射表面情况下 $\alpha = 1/\sqrt{2}$,即它(α)与已知的柯朗稳定性条件符合。对于任意表面 S 情况,未能进行类似的研究。然而,在研究盘状物、球状物和部分球状物的非稳态散射时计算实验的结果表明,计算方案在一定时间间隔内选择 $\alpha = 0.75$ 时,能保持很好的稳定性。

在由三角平面单元部分构成的表面替换 S 表面时,必须遵循下述实际的推荐要求:单元的典型尺寸,不应超过入射场脉冲的 1/8 空间尺度。

非常遗憾,实践表明,上面罗列的标准并不能完全保证散射过程晚期阶段计算的稳定性,因此不久前文献[76]又提出了新的方法,即在计算中采用归一的拉盖尔(Laguerre)多项式作为时间变量的基准函数和权重函数。这个方法具有下面几条毋容置疑的优点:

(1)自动满足因果原理,因为拉盖尔多项式在 $0 \leqslant t < \infty$ 上是确定的。

(2)利用递推关系式,可以有效地计算高阶拉盖尔多项式。

(3)给定的权重函数的拉盖尔多项式在 $0 \leqslant t < \infty$ 半轴上具有正交性。

(4)拉盖尔多项式的展开随着时间变量值增大而具有很好的收敛性,因为在 $t \to \infty$ 时所有的多项式(与阶数无关)很快递减。

(5)在计算算法中时间和空间变量是显式分开的。因此,时间变量从计算算法中完全除去,而与时间的依赖关系在计算激励系数时可以求得它的映象,而激励系数只决定于激励脉冲的时间形状。

4.2.2 远区场的计算

在确定散射目标上感应电流表面密度之后,可以求得空间任意点的场。首先感兴趣的是对目标散射场的空间-时间结构的研究。例如,在点 r 处散射的磁场由下面表达式确定:

$$H_s(r,t) = \frac{1}{4\pi}\left[\nabla \times \int_S \frac{J(r',\tau)}{R}\mathrm{d}s'\right] \tag{4.12}$$

式中:$R = |r-r'|$;$\tau = t-R/c$。

如果观测点 r 不处在散射目标的表面 S 上,则在式(4.12)中微分算子可以移到积分号内。此时,我们只限于讨论远区场,并利用标准的向量恒等式,将得到

$$H_s(r,t) = \frac{1}{4\pi rc}\int_S\left[\frac{\partial J(r',\tau)}{\partial \tau} \times \hat{R}\right]\mathrm{d}s' \tag{4.13}$$

式中:$\hat{R} = (r-r')/|r-r'|$。

由于在远区有 $R \cong r$ 和 $R \cong r - \hat{r} \cdot r'$,则式(4.13)取下面形式:

$$H_s(r,t) = \frac{1}{4\pi rc}\int_S\left[\frac{\partial J(r',t-(r-r\cdot r')/c)}{\partial t} \times \hat{r}\right]\mathrm{d}s' \tag{4.14}$$

式中:$\hat{r}$ 为 r 方向上的单位向量。

现在利用表达式(4.14),有可能表示出远区磁场在 t_i 时刻的归一值得如下:

$$rH_s(r,t_i) = \frac{1}{4\pi c}\sum_{j=-\infty}^{\infty}\sum_{n=1}^{N}I_{n,j}\frac{\partial\,T_j(\tau_{n,i})}{\partial\,t}\int_S f_n\times\hat{r}\mathrm{d}s' \tag{4.15}$$

式中

$$\tau_{n,i} = t_i - \frac{r}{c} + \frac{\hat{r}\cdot r_n}{c} = t_i^f + \frac{\hat{r}\cdot r_n}{c}\,。$$

而 $t_i^f = t_i - \dfrac{r}{c}$ 为在远区观测点测到的时间,$t_i^f = 0$ 为对应在 $t = 0$ 时刻从坐标原点 $r = 0$ 发出的信号到达观测点的时间。

利用有限差分法来近似式(4.15)对时间的导数,得到下面表达式:

$$rH_s(r,t_i) = \frac{1}{4\pi}\sum_{j=-\infty}^{\infty}\sum_{n=1}^{N}I_{n,j}\left[\frac{T_j(\tau_{n,i+1/2}) - T_j(\tau_{n,i-1/2})}{c\Delta t}\right]\int_S f_n\times\hat{r}\mathrm{d}s'$$

上式可用于计算远区的磁场。此时电场由下面表达式给出:

$$E_s(r,t_i) = Z_0 H_s(r,t_i)\times\hat{r}$$

式中:$Z_0 = \sqrt{\mu/\varepsilon}$ 为围绕散射目标的介质的波阻抗。

4.3　有限差分法

下面研究封闭区域 D 的电磁场。该场满足麦克斯韦方程组(3.1)~(3.4),为了下一步方便,这个方程组可以重写如下式:

$$\varepsilon\frac{\partial\,E}{\partial\,t} + \sigma^e E = \mathrm{rot}H - j_i^e \tag{4.16}$$

$$-\mu\frac{\partial\,H}{\partial\,t} - \sigma^m H = \mathrm{rot}E + j_i^m \tag{4.17}$$

$$\mathrm{div}(\varepsilon E) = \rho^e \tag{4.18}$$

$$\mathrm{div}(\mu H) = \rho^m \tag{4.19}$$

式中:E 和 H 分别为电场强度向量和磁场强度向量;ε 和 μ 分别为充满区域 D 介质的绝对介电常数和磁导常数;σ^e 和 σ^m 分别为介质的电导率和磁导率;j^e 和 j^m 分别为电流和磁流的体积密度;ρ^e 和 ρ^m 分别为电荷和磁荷的体积密度。

在时域上有限差分法(FDTD)的基本思想[94-96],在于在方程(4.16)和方程(4.17)中,对空间和时间变量的偏导数用中心有限差分替换。为此,对所研究的区域应加上空间和时间的网格,而电场和磁场不同分量的值在网格节点处确定,而节点要相互移动半个步长。通常,网格具有平行六面体形式的单元,尽管近年来多采用曲线网格或不同步长的网格。

准备用最简单计算电磁场的例子,说明有限差分法的应用,这里计算是在由封闭曲线 L 限定的二维区域 D 上进行的。假设,D 区域位于笛卡儿坐标系的 xOz 平面上,并且场又不依赖坐标 $y(\partial/\partial y=0)$。此外,认为磁导率、电流密度和电荷密度都等于零,而间接电流密度 j_i^e 也假设等于零,这样只用前二个麦克斯韦方程(4.16)和方程(4.17)就够了。

在所讨论的情况下,整个场可以表示成电场和磁场的叠加。电场含有分量 E_x、E_z 和 H_y。对于这个场,方程(4.16)和方程(4.17)可以写成如下式:

$$\varepsilon \frac{\partial E_x}{\partial t}+\sigma^e E_x=-\frac{\partial H_y}{\partial z}-J_x^e \tag{4.20}$$

$$\varepsilon \frac{\partial E_z}{\partial t}+\sigma^e E_z=-\frac{\partial H_y}{\partial x}-J_z^e \tag{4.21}$$

$$\mu \frac{\partial H_y}{\partial t}=\frac{\partial E_z}{\partial x}-\frac{\partial E_x}{\partial z} \tag{4.22}$$

式中:J_x^e 和 J_z^e 为电流表面密度向量的分量。

现在只限于电场上述方程的有限差分法,而对于磁场方程将采用类似的方法。为此目的,在 D 区域上画好矩形网格,它对 x 和 z 坐标的步长分别为 h_x 和 h_z。在这种情况下,区域 D 的边界将用经过网格线的阶梯线近似。应当指出,已经制定了边界的更精确近似方法。确定节点的坐标(节点是计算场分量值的点)如下(见图 4.3):对 E_x 有 $x=(j-0.5)h_x$,$z=(i-1)h_z$;对 E_z 有 $x=(j-1)h_x$,$z=(i-0.5)h_z$;对 H_y 有 $x=(j-0.5)h_x$,$z=(i-0.5)h_z$,这里 i、j 为表征网格单元位置的标号。

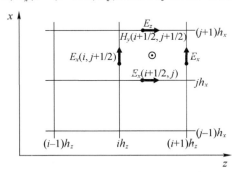

图 4.3 二维网格示意图

下面将引入步长 h_t 的时间网格,并将计算空间网格节点在 $t_k=(k-1)h_t$ 时刻的电场强度值,还在 $t_{k+1/2}=(k+0.5)h_t$ 时刻计算空间网格节点的磁场强度值。在方程(4.31)、方程(4.32)和方程(4.33)中导数,将用有限差分替换,并经过系列变换[94,95]将得到下面关系式:

$$E_x^{k+1}(i,j+1/2) = (B/A)E_x^k(i,j+1/2) - A^{-1}\tilde{J}_x^{k+1/2}(i,j+1/2)$$
$$-A^{-1}[\tilde{H}_y^{k+1/2}(i+1/2,j+1/2) - \tilde{H}_y^{k+1/2}(i-1/2,j+1/2)] \quad (4.23)$$

$$E_z^{k+1}(i+1/2,j) = (B/A)E_z^k(i+1/2,j) - (A\xi)^{-1}\tilde{J}_z^{k+1/2}(i+1/2,j)$$
$$-(A\xi)^{-1}[\tilde{H}_y^{k+1/2}(i+1/2,j+1/2) - \tilde{H}_y^{k+1/2}(i+1/2,j-1/2)]$$
$$(4.24)$$

$$\tilde{H}_y^{k+1/2} = \tilde{H}_y^{k-1/2} - \tilde{\mu}_r^{-1}[E_x^k(i+1,j+1/2) - E_x^k(i,j+1/2)]$$
$$+(\tilde{\mu}_r\xi)^{-1}[E_z^k(i+1/2,j+1) - E_z^k(i+1/2,j)] \quad (4.25)$$

式中:$\xi = h_x/h_z$, $\gamma = \xi/(\xi^2+1)^{1/2}$, $h_t = \alpha\gamma h_z n_m/c$; $A = \varepsilon_r/(\alpha\gamma n_m) + \sigma^{e①}Z_0 h_z/2$, $B = \varepsilon_r/(\alpha\gamma n_m) - \sigma^{e①}Z_0 h_z/2$, $Z_0 = (\mu/\varepsilon)^{1/2}$; $\tilde{\mu}_r = \mu_r/(\alpha\gamma n_m)$, $\tilde{H}_y = Z_0 H_y$, $\tilde{J} = J Z_0 h_z$。这里 $n_m = (\varepsilon_{rmin}\mu_{rmin})^{1/2}$, 而 ε_{rmin} 和 μ_{rmin} 分别为相对介电常数 ($\varepsilon_r = \varepsilon/\varepsilon_0$) 和磁导常数 ($\mu_r = \mu/\mu_0$) 在区域 D 上的最小值。在推导上面表达式时,考虑了坐标步长和时间步长的关系是柯朗稳定性条件:$h_t = (\alpha n_m/c)(h_z^{-2} + h_x^{-2})^{1/2}$, 并且 $\alpha \leqslant 1$。

采用类似的办法,得到了在三维区域计算场的初始关系式[95,96]。在图 4.4 上画出了三维空间网格的单元和确定电场强度和磁场强度分量的节点。对于电场,这些节点值在单元棱线中点计算,而对于磁场,这些值在单元侧面中心处计算。节点的移位(半整数标号)可以这样选定,应使它们对应区域的边界,重要的是计算点仍处在中心位置。

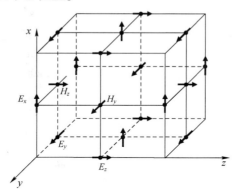

图 4.4　三维网格单元示意图

至此假设,计算的区域是充以线性均匀各向同性的介质,而且该介质没有空间和时间的色散。然而,有限差分法(FDTD)也成功地应用于更复杂介质中的电场模拟。例如,如果计算区域填充的介质是逐块-不均匀的,则方程(4.23)、方程(4.24)和方程(4.25)在材料参数不变的每块内还是成立的,而在各块边界上电场和磁场强度的切线分量应当是连续的。对于在界面节点上确

---

① 根据作者 2016.12.28 来信,更改 $\sigma \rightarrow \sigma^e$。——译者注

定的场的分量,上面条件是满足的。但是在其他节点上确定的场的切线分量,它们只是近似相等的。该方法也可以考虑介质的时间色散,这是通过采用电的极化方程和/或磁化方程实现的。应当指出,复杂介质模拟的述评,已在文献[97]给出。而在文献[98]中还制定了电路集中元(器)件参数给出的方法。

方程(4.20)~方程(4.22)的解是存在的,并且在补充要求后它们的解还是唯一的。首先,必须给定初始时刻在整个区域 D 上的电场和磁场。此时,场的初始分布应当满足方程(4.18)和方程(4.19)。此外,在边界 L 上电磁场应当满足一定的边界条件。在一般情况下,作为这样的条件,对任意形状区域在其表面 S 边界的不同段上,应当给出如下边界条件:

(1) 在理想的导电表面上电壁的边界条件 $\boldsymbol{E} \times \boldsymbol{n} = 0$。

(2) 在区域对称的平面上磁壁的边界条件 $\boldsymbol{H} \times \boldsymbol{n} = 0$。

(3) 在波导的开口端上阻抗的边界条件 $\boldsymbol{E}_t = Z_s(\boldsymbol{H} \times \boldsymbol{n})$。

(4) 在计算轴向对称区域的场时在对称轴上的条件 $E_r = 0, \partial E_r / \partial r = 0$。

在上面表达式中,$\boldsymbol{E}_t$ 为电场强度向量对表面 S 的切向分量,Z_s 为表面阻抗,$\boldsymbol{n}$ 为表面 S 内法线的单位向量。

应当指出,给出物体、表面及非均匀介质的参数,不足以构成正式的问题。例如,可以利用辅助的单元体,其中应保有金属存在的标志或/和介质种类的标号。然而,确定这样的单元体已超出时域有限差分法本身的范围了。对于更精确给出物体的边界(与梯状物体比较),部分单元有不同的修正方案,其中就包括相似(保角)时域有限差分法[99]。

在开放区域进行场的模拟时,例如,在衍射、散射和辐射问题求解时,必须将计算区域用具有这样边界条件的某个表面进行限定,就是该表面将吸收从里边出来的全部辐射,而这个边界条件称作吸收的边界条件。给出的边界条件越精确,计算区域的尺寸和计算结果的误差就越小。最简单的条件,是从下面波动方程得到的索末菲条件[95,96]:

$$v \frac{\partial A}{\partial z} \mp \frac{\partial A}{\partial t} = 0$$

式中:A 为波的电磁场与边界相切的任一分量;v 为波速;"-"和"+"符号,分别对应波在 z 轴负方向和正方向的传播。假设 z 轴垂直于边界。在对上面表达式进行离散化处理后,得到[94,95]:

$$E_x^{k+1}(i_B, j+1/2) = E_x^k(i_B-1, j+1/2) + \frac{\alpha \gamma n_m + n(i_B, j+1/2)}{\alpha \gamma n_m - n(i_B, j+1/2)}$$
$$\times [E_x^{k+1}(i_B-1, j+1/2) - E_x^k(i_B, j+1/2)]$$

式中:i_B 为在区域边界上标号 i 的值;$n(i_B, j+1/2)$ 为边界附近介质的折射指数。将这些条件推广到波倾斜入射情况,将得到表达式[95,96]:

$$v \frac{\partial A}{\partial \xi} \mp \cos\varphi \frac{\partial A}{\partial t} = 0$$

式中:φ 为边界法线与波传播方向 ξ 间的夹角。

如果在计算区域传播的是平面波,此时适合索末菲条件。在大多数情况下,辐射场或散射场具有更复杂的结构。在这些情况下,"理想匹配层"(ИCC)[100] 类型的边界条件将给出更好的结果。根据这个方法,计算区域被网格 6~10 步长厚度的吸收层从外面围起来。在这个方法最初的版本[100] 中,在吸收层中电磁场将"分解"开来。

例如,由麦克斯韦方程

$$\varepsilon \frac{\partial E_x}{\partial t} + \sigma^e E_x = \frac{\partial H_z}{\partial y} - \frac{\partial H_y}{\partial x} \tag{4.26}$$

可得,E_x 可用两项和形式表示:$E_x = E_{xz} + E_{xy}$。这样,方程(4.26)可分成两个部分:

$$\varepsilon \frac{\partial E_{xz}}{\partial t} + \sigma_z^e E_{xz} = \frac{\partial H_z}{\partial y} \tag{4.27}$$

$$\varepsilon \frac{\partial E_{xy}}{\partial t} + \sigma_y^e E_{xy} = \frac{\partial H_y}{\partial x} \tag{4.28}$$

同样地,磁场强度分量也"分解"开来:

$$H_z = H_{zy} + H_{zx}, \quad -\mu \frac{\partial H_{zy}}{\partial t} - \sigma_y^m H_{zy} = \frac{\partial E_z}{\partial y}, \quad -\varepsilon \frac{\partial H_{zx}}{\partial t} - \sigma_x^m H_{zx} = \frac{\partial E_y}{\partial x}$$

因此,方程(4.27)和方程(4.28)取下面形式:

$$\varepsilon \frac{\partial E_{xz}}{\partial t} + \sigma_z^e E_{xz} = \frac{\partial H_{zy}}{\partial y} - \frac{\partial H_{zx}}{\partial y}, \quad \varepsilon \frac{\partial E_{xy}}{\partial t} + \sigma_y^e E_{xy} = \frac{\partial H_{yx}}{\partial y} - \frac{\partial H_{yz}}{\partial y}$$

对于三维区域,总共得到 12 个方程,它们将场分量的"分解"值联系在一起,并且充满吸收层的介质具有各向异性的电导率和磁导率。要使吸收层与内部区域完全匹配,必须满足关系式 $\sigma_n^e / \varepsilon = \sigma_n^m / \mu$。正如文献[100]表明,吸收层是具有附属分布源的有源介质,正是这些分布源,也就保障了从吸收层不会发生反射。利用"理想匹配层"概念,要求通过吸收层而使计算区域扩展,这样也就增加了差分方程中未知量的数目,其结果将导致计算量大大增加。为保障电导率阶跃最小,"理想匹配层"参数的选取依赖与其相邻的介质。已知匹配层方案的具体构成,这包括引入匹配层中补充场的参数,但是不要求麦克斯韦方程的"分解"。

近来,到处在讨论另一种类型的吸收条件——无辐射的边界条件[101,102]。

在计算区域,电磁场的激发可以利用不同的源进行。如果该区域通过部分边界来激发,则在该部分边界上应给出电场或磁场切向分量的空间和时间分布。在求解散射和衍射问题时,要求利用平面波以一定方向入射计算区域来辐照待分析的目标。为了解决这个问题,建立了线上的一维有限差分算法,并且使该线在给定方向上通过计算区域,而后将得到的电磁场强度值沿着前沿平面通过一维网格节点进行外推。

在这个方法框架内,很容易对集中的电压源和电流源进行模拟。这样的源占有网格的一个单元,并在单元中建立强度 $E_x = V/h_x$ 的电场即在 x 方向上的电压源 V,或电流密度 $J_x = I/(h_y h_z)$ 即在同一个方向上的电流源 I。激发源可以是置换的,也可以是叠加的。在第一种情况下,激发区域的场不能用有限差分法计算,而是由每个源本身确定的。在第二种情况下,源的场与有限差分法计算的场叠加,这种激发方法常常是优先选用的,因为这种方法将不会出现源产生的人为反射。

对散射有效面和方向图积的计算,要求相对计算区域而计算远区的场。为此,采用在边界附近表面上计算的场和惠更斯–菲涅耳公式。然而,由于电场和磁场是在不同表面上确定的,这就使远区场的计算产生了附加的误差。为了使这个误差最小,提出了专门的算法。

对于平面波从自由空间垂直入射表面而发生的散射问题,采用了将整个场和散射场的区域分开的方法。分开这两个区域的界面,是平行六面体的表面。根据这个方法,应当知道每一时刻在整个表面上的入射场值。为了将场换算到远区,引入表面 S——散射场区域的平行六面体,要计算散射场区域上等效表面电流 $\boldsymbol{J}_S(\boldsymbol{r},t)$ 和磁流 $\boldsymbol{M}_S(\boldsymbol{r},t)$。此时,对应这个电流和磁流的远区点上电势 $\boldsymbol{W}(\boldsymbol{r},t)$ 和磁势 $\boldsymbol{U}(\boldsymbol{r},t)$,考虑时间延迟后,可根据下面公式计算[①][98]:

$$W(\boldsymbol{r},t) = \frac{1}{4\pi rc} \frac{\partial}{\partial t} \iint_S \boldsymbol{J}_S(t - (r - \boldsymbol{r}' \cdot \hat{\boldsymbol{r}})/c) \, \mathrm{d}S'$$

$$U(\boldsymbol{r},t) = \frac{1}{4\pi rc} \frac{\partial}{\partial t} \iint_S \boldsymbol{M}_S(t - (r - \boldsymbol{r}' \cdot \hat{\boldsymbol{r}})/c) \, \mathrm{d}S'$$

在计算电势和磁势后,将它们的分量换算到球坐标系统,尔后计算远区的场

$$E_\theta(\boldsymbol{r},t) = -Z_0 W_\theta(\boldsymbol{r},t) - U_\varphi(\boldsymbol{r},t)$$

电动力学计算问题可以分成三种类型:

(1) 在计算区域整个场的直接模拟。

(2) 将整个场分成子区域,只研究子区域外的散射场。

(3) 纯粹散射场的模拟。

第一问题用于模拟天线发射等,第二问题用于模拟给定波在物体或介质上散射,以及模拟接收天线,第三问题与第二问题类似,它在频域研究中得到了广泛应用,如利用矩方法进行的研究。例如,早期的文献[94]和专著[103]都是基于这种方法。还应当指出,在专著[104]中以压缩形式给出了关于基本数值方法如时域有限差分法的有益资料,并且还足够详细地讨论了这些方法在不同

---

① 根据作者 2016.12.28 来信,原书这里有 4 个计算公式,只保留了前 2 个公式。——译者注

的典型天线-馈电技术问题中的应用。

小结

　　本章简要讨论的方法，其应用范围是非常广泛的。这些方法成功地应用于天线和天线阵列基本电动力学特性、不同雷达目标的有效散射面积，以及充以均匀或非均匀介质或各向异质填充物的波导和体积振荡器的场和参数等各种计算问题中。从应用观点看，这些方法对处在介质分界面下目标的识别问题，以及在研究脉冲辐射对生物客体作用问题中都有特别重要的意义。

问题和检测试题

　　1. 说明引入黎曼函数的目的及函数性质。
　　2. 求解非稳态电动力学问题渐进方法的内容。
　　3. 在非稳态波导方程方法框架内，估计的误差有几种形式。
　　4. 散射目标的细导线模型的缺点与什么有关？
　　5. 在有限差分方法中，如何在三维空间网格单元中确定电磁场强度分量节点值的点？

参考文献

[1] Фелсен Л. , Маркувиц Н.Излучение и рассеяние волн.Т.2./ Пер.с англ.под ред.М.Л. Левина —М.：Мир, 1978.—557 с.

[2] Борисов В.В.Неустановившиеся электромагнитные поля.—Л. : , Изд-во ЛГУ, 1987.— 240 с.

[3] Борисов В.В.Неустановившиеся поля в волноводах.—Л.：Изд-во ЛГУ , 1991.—153 с.

[4] Борисов В.В.Электромагнитные поля неустановившихся токов.—Санкт-Петербург： изд-во Санкт-Петербургского ун-та, 1996.—208 с.

[5] Turner R.D.The diffraction of a cylindrical pulse by a half-plane // Quart.Appl.Math..1956. V.14.No.1.P.63-73.

[6] Butcher A.C. , Lowndes J.S.The diffraction of transient electro-magnetic waves by a wedge // Proc.Edinburgh Math.Soc.1958.V.11.No.2.P.95-103.

[7] Lowndes J.S.An application of the Kontorovich-Lebedev transform // Proc.Edinburgh Math. Soc.1959.V.11.No.3.P.135-137.

[8] Oberhettinger F.On the diffraction and reflection of waves and pulses by wedges and corners // J.Res.Nat.Bur.Standards.1958.V.61.No.5.P.343-365.

[9] Felsen L.B.Transient solutions for a class of diffraction problems // Quart.Appl.Math.1965. V.23.No.2.P.151-169.

[10] Thompson J.H.Closed solutions for wedge diffraction //SIAM J.Appl.Math.1972.V.22.No.2. P.300-306.

[11] Felsen L.B.Diffraction of the pulsed field from an arbitrarily oriented electric or magnetic dipole by a perfectly conducting wedge // SIAM J.Appl.Math.1974.V.26.No.2.P.306-312.

[12] Ianconescu R., Heyman E. Pulsed field diffraction by a perfectly conducting wedge: A spectral theory of transient analysis // IEEE Trans.Antennas Propagat.1994.V.42.No.6.P. 781-789.

[13] Ianconescu R.,Heyman E.Pulsed beam diffraction by a perfectly conducting wedge:exact solution // IEEE Trans.Antennas Propagat.V.42.No.10.P.1377-1381.

[14] Тюрин И.Е.,Лапшин В.Ю.Особенности дифракции сверхширокополосного импульса на импедансном клине // Радиотехника и электроника.1995.Т.40.№ 5.С.711-718.

[15] Meister E.,Rottbrand K.Initial Dirichlet problem for half-plane diffraction:global formulae for its generalized eigenfunctions,explicit solution by the Cagniard-de Hoop method // Zeitschrift für Analysis und ihre Anwendungen.1999.V.18.No.2.P.307-330.

[16] Галстьян Е.А.Дифракция электромагнитного импульса на идеально проводящей полуплоскости // Радиотехника и электроника.1999.Т.44.№ 10.С.1184-1189.

[17] Борисов В.В.Неустановившиеся электромагнитные поля в двугранном угле // Радиотехника и электроника.1990.Т.35.№12.С.2626-2630.

[18] Борисов В.В.Возбуждение непериодических полей в коническом рупоре // Радиотехника и электроника.1985.Т.30.№ 3.С.443-447.

[19] Борисов В.В.Непериодические электромагнитные поля в секториальном рупоре // Радиотехника и электроника.1983.Т.28.№ 3.С.450-460.

[20] Докучаев В.П.Возбуждение прямоугольного волновода импульсными электрическими и магнитными токами // Изв.ВУЗов.Радиофизика.1998.Т.41.С.456-468.

[21] Докучаев В.П. Энергетические характеристики излучения электромагнитных волн эл-ектрическими и магнитными токами в круглом волноводе // Междуведомственный сборник научных трудов "Вопросы дифракции и распространения электромагнитных и акустических волн".-М:МФТИ,1999.-С.68-80.

[22] Oberhettinger F.,Dressler R.F.Electromagnetic fields in the presence of ideally conducting conical structures // Z.Angew.Math.Phys.1971.V.22.No.5.P.937-950.

[23] Chan K.-K.,Felsen L.B.Transient and time-harmonic diffraction by a semi-infinite cone // IEEE Trans.Antennas Propagat.1977.V.25.No.6.P.802-806.

[24] Chan K.-K.,Felsen L.B.Transient and time-harmonic dyadic Green's functions for a perfectly conducting cone // IEEE Trans.Antennas Propagat.1979.V.27.No.1.P.101-103.

[25] Лерер А.М.Регуляризация в двумерных задачах дифракции коротких электромагнитных импульсов // Радиотехника и электроника.1998.Т.43.№ 8.С.915-920.

[26] Лерер А.М.Дифракция коротких электромагнитных импульсов на отверстии в экране // Радиотехника и электроника.2000.Т.45.№ 4.С.410-415.

[27] Лерер А.М.Дифракция электромагнитных импульсов на металлической полоске и

полосковой решетке // Радиотехника и электроника.2001.Т.46.№ 1.С.33−39.

[28] Лерер А.М.Двухмерная дифракция электромагнитных импульсов на металлическо-м цилиндре // Радиотехника и электроника.2001.Т.46.№ 3.С.313−319.

[29] Лерер А.М.Дифракции электромагнитных импульсов на диэлектрическом цилиндре // Радиотехника и электроника.2001.Т.46.№ 9.С.1053−1063.

[30] Дорошенко В.А.,Кравченко В.Ф.,Пустовойт В.И.Преобразования Мелера−Фока в задачах дифракции волн на незамкнутых структурах во временной области // Доклады РАН.2005.Т.405.№ 2.С.184−187.

[31] Дорошенко В.А.,Кравченко В.Ф.Дифракция электромагнитных волн на незамкну-тых конических структурах / Под ред.В.Ф.Кравченко.−М.:ФИЗМАТЛИТ,2009.− 272 с.

[32] Соболев С.Л.Уравнения математической физики.−М.:Наука,1966.−444 с.

[33] Кисунько Г.В.Электродинамика полых систем.−Л.:Издание ВКАС,1949.−426 с.

[34] Третьяков О.А.Метод модового базиса // Радиотехника и электроника.1986.Т.31.№ 6.С.1071−1082.

[35] Третьяков О.А.Эволюционные волноводные уравнения // Радиотехника и элек-троника.1989.Т.34.№ 5.С.917−926.

[36] Tretyakov O.A.Essentials of nonstationary and nonlinear electromagnetic field theory // M.Hashimoto,M.Idemen and O.A.Tretyakov(eds.).Analytical and Numerical Methods in E-lectromagnetic Wave Theory.−Tokyo:Science House Co.,Ltd.,1993.−572 p.

[37] Tretyakov O.A.,Erden F.Temporal cavity oscillations caused by a wide−band waveform // Progress In Electromagnetics Research B.2008.V.6.P.183−204.

[38] Antyufeyeva M.S.,Tretyakov O.A.Electromagnetic fields in a cavity filled with some nonsta-tionary media // Progress In Electromagnetics Research B.2010.V.19.P.177−203.

[39] Wen G.Time−domain theory of waveguide // Progress In Electromagnetics Research B.2008.V.18.P.219−253.

[40] Бутрым А.Ю.,Кочетов Б.А.Метод модового базиса во временной области для во-лновода с поперечно неоднородным многосвязным сечением. 1. Общая теория метода // Радиофизика и радиоастрономия.2009.Т.14.№ 2.С.162−173.

[41] Weyl H.The method of orthogonal projection in potential theory // Duke Math.J.1940.V.7.P.411−444.

[42] Борисов В.В.Неустановившиеся поля в волноводах.−Л.,Изд−во ЛГУ,1991.−153 с.

[43] Третьяков О.А.,Думин А.Н.Излучение нестационарных электромагнитных пол-ей плоским излучателем // Электромагнитные волны и электронные системы.1998.Т.3.№ 1.С.12−22.

[44] Думин А.Н.,Катрич В.А.,Колчигин Н.Н.,Пивненко С.Н.,Третьяков О.А.Диф-ракция нестационарной ТЕМ−волны на открытом конце коаксиального волновода // Радиофизика и радиоастрономия.2000.Т.5.№ 1.С.55−66.

[45] Миллер.У.Симметрия и разделение переменных / Пер. с англ. Г.П.Бабен-ко. Под

ред. К. И. Бабенко. – Москва : Мир , 1981. – 344 с.

[46] Dumin O. M. , Dumina O. O. , Katrich V. A. Evolution of transient electromagnetic fields in radially inhomogeneous nonstationary medium // Progress In Electromagnetics Research. 2010. V. 103. P. 403–418.

[47] Shlivinski A. , Heyman E. Time–domain near field analysis of short pulse antennas –Part I : Spherical wave (multipole) expansion // IEEE Trans. Antennas Propag. 1999. V. 47. No. 2. P. 271–279.

[48] Butrym A. Y. , Kochetov B. A. Mode expansion in time domain for conical lines with angular medium inhomogeneity // Progress In Electromagnetics Research B. 2010. V. 19. P. 151–176.

[49] Butrym A. Yu. , Kochetov B. A. , Legenkiy M. N. Numerical analysis of simply TEM conical–like antennas using mode matching in time domain. Proceedings of the 3rd European Conference on Antennas and Propagation (EuCAP 2009). Berlin , Germany. 2009. P. 3471–3475.

[50] Короза В. И. К вопросу об исследовании нестационарных и переходных процессов в нерегулярных волноводах // Письма в ЖТФ. 1996. Т. 22. № 21. С. 6–9.

[51] Короза В. И. К теории возбуждения нерегулярных волноводов // Письма в ЖТФ. 1998. Т. 24. № 15. С. 60–64.

[52] Schelkunoff S. A. Conversion of Maxwell′s equations into generalized telegraphist′s equations // Bell System Techn. J. 1955. V. 34. No. 5. P. 995–1043.

[53] Каценеленбаум Б. З. Теория нерегулярных волноводов с медленно меняющимися параметрами. – М. : Изд–во АН СССР , 1961. – 216 с.

[54] Katsenelenbaum B. Z. Theory of nonuniform waveguides the cross–section method / B. Z. Katsenelenbaum , L. Mercader del Rio , M. Pereyaslavets , M. Sorolla Ayza , M. Thumm. – London : IEE , 1998. – 257 p.

[55] Короза В. И. Нестационарные волноводные уравнения для исследования сверхширокополосных электромагнитных импульсов в нерегулярных волноводах // Радиотехника и электроника. 2007. Т. 52. № 6. С. 692–695.

[56] Короза В. И. , Голиков М. Н. Исследование метода численного решения нестационарных волноводных уравнений // Радиотехника и электроника. 2009. Т. 54 , № 3. С. 261–274.

[57] Короза В. И. К теории виртуального электромагнитного волновода // Доклады Академии наук. 2008. Т. 421. № 2. С. 181–182.

[58] Короза В. И. К теории виртуального электромагнитного волновода с направляющим металлическим проводником // Доклады Академии наук. 2011. Т. 436. № 2. С. 182–183.

[59] Короза В. И. , Голиков М. Н. , Поляков А. С. Излучение сверхширокополосного короткого электромагнитного импульса из открытого конца нерегулярного волновода // Доклады Академии наук. 2010. Т. 433. № 2. С. 182–184.

[60] Короза В. И. , Голиков М. Н. Расчет распределения поля сверхширокополосного короткого электромагнитного импульса в излучающей апертуре открытого конца

нерегулярного волновода // Радиотехника и электроника. 2010. Т. 55. № 12. С. 1457 −1464.

[61] Голиков М.Н., Короза В.И., Поляков А.С. Расчет излучения волноводно−рупорной антенны, возбуждаемой короткими электромагнитными импульсами // Радиотехника и электроника. 2011. Т. 56. № 11. С. 1315−1321.

[62] Голиков М.Н., Короза В.И., Поляков А.С. Расчет частотных характеристик электр−омагнитного излучения волноводно − рупорных антенн // Радиотехника и электроника. 2011. Т. 56. № 12. С. 1451−1456.

[63] Короза В.И., Голиков М.Н. К теории и расчету волноводно−рупорных антенн на−правленного действия // Радиотехника и электроника. 2012. Т. 57. № 1. С. 26−30.

[64] Time Domain Electromagnetics / S. M. Rao (ed.). −San Diego: Academic Press, 1999. − 372 p.

[65] Rao S.M., Wilton D.R., Glisson A.W. Electromagnetic scattering by surfaces of arbitrary shape // IEEE Trans. Antennas Propagat. 1982. V.30. No.3. P.409−418.

[66] Rao S.M., Wilton D.R. Transient scattering by conducting surfaces of arbitrary shape // IEEE Trans. Antennas Propagat. 1991. V.39. No.1. P.56−61.

[67] Rao S.M., Sarkar T.K. An alternative version of the time−domain electric field integral equation for arbitrarily shaped conductors // IEEE Trans. Antennas Propagat. 1993. V.41. No.6. P. 831−834.

[68] Vechinski D.A., Rao S.M., Sarkar T.K. Transient scattering from three−dimensional arbitrary shaped dielectric bodies // J.Opt.Soc.Amer. 1994. V.11. No.4. P.1458−1470.

[69] Sarkar T.K., Lee W., Rao S.M. Analysis of transient scattering from composite arbitrarily shaped complex structures // IEEE Trans. Antennas Propagat. 2000. V. 48. No. 10. P. 1625 −1634.

[70] Jung B.H., Sarkar T.K. Time−domain CFIE for the analysis of transient scattering from arbi−trarily shaped 3D conducting objects // Microwave Optical Technol. Letters. 2002. V. 34. No. 4. P. 289−296.

[71] Zhang G.H., Xia M., Chan C.H. Time domain integral equation approach for analysis of tran−sient responses by metallic dielectric composite bodies // Progress In Electromagnetics Re−search. 2008. V.87. P.1−14.

[72] Rao S.M., Wilton D.R. E−field, H−field, and combined field solution for arbitrarily shaped three−dimensional dielectric bodies // Electromagnetics. 1990. V.10. No.4. P.407−421.

[73] Shanker B., Ergin A.A., Aygun K., Michielssen E. Analysis of transient electromagnetic scat−tering from closed surfaces using a combined field integral equation // IEEE Trans. Antennas Propagat. 2000. V.48. No.7. P.1064−1074.

[74] Jung B.H., Sarkar T.K. Transient scattering from three dimensional conducting bodies by u−sing magnetic field integral equation // J.Electromagn. Waves and Applicat. 2002. V.16. No. 1. P.111−128.

[75] Jung B.H., Sarkar T.K. Time−domain electric−field integral equation with central finite

difference // Microwave Optical Technol.Letters.2001.V.31.No.6.P.429−435.

[76] Jung B.H.,Chung Y.−S.,Sarkar T.K.Time−domain EFIE,MFIE,and CFIE formulations u-
sing Laguerre polynomials as temporal basis functions for the analysis of transient scattering
from arbitrary shaped conducting structures // Progress In Electromagnetics Research.2003.
V.39.P.1−45.

[77] Jung B.H.,Sarkar T.K.,Salazar−Palma M.Time domain EFIE and MFIE formulations for a-
nalysis of transient electromagnetic scattering from 3−D dielectric objects // Progress In E-
lectromagnetics Research.2004.V.49.P.113−142.

[78] Vechinski D.A.,Rao S.M.A stable procedure to calculate the transient scattering by con-
ducting surfaces of arbitrary shape // IEEE Trans.Antennas Propagat.1992.V.40.No.6.P.
661−665.

[79] Sadigh A.,Arvas E.Treating the instabilities in marchingon−in−time method from a different
perspective // IEEE Trans.Antennas Propagat.1993.V.41.No.12.P.1695−1702.

[80] Manara G.,Monorchio A.,Reggiannini R.A space−time discretization criterion for a stable
time−marching solution of the electric field integral equation // IEEE Trans. Antennas
Propagat.1997.V.45.No.3.P.527−532.

[81] Chung Y.−S.,Sarkar T.K.,Jung B.H.Solution of time domain electric field integral equation
for arbitrarily shaped dielectric bodies using an unconditionally stable methodology // Radio
Sci.2003.V.38.No.3.P.1−12.

[82] Xia M.Y.,Zhang G.H.,Dai G.L.,Chan C.H.Stable solution of time domain integral equation
methods using quadratic B−spline temporal basis functions // J.Comput.Math.2007.V.25.
No.3.P.374−384.

[83] Rao S.M.,Sarkar T.K.Transient analysis of electromagnetic scattering from wire structures
utilizing an implicit time − domain integral equation technique // Microwave Optical
Technol.Letters.1998.V.17.No.1.P.66−69.

[84] Jung B.H.,Sarkar T.K.An accurate and stable implicit solution for transient scattering and
radiation from wire structures // Microwave Optical Technol.Letters.2002.V.34.No.5.P.354
−359.

[85] Zubik−Kowal B.,Davies P.J.Numerical approximation of time domain electromagnetic scat-
tering from a thin wire // Numerical Algorithms.2002.V.30.No.1.P.25−35.

[86] Zhou Z.X.,Tyo J.S.An adaptive time−domain integral equation method for transient analysis
of wire scatterer // IEEE Antennas Wireless Propagat.Lett.2005.V.4.No.1.P.147−150.

[87] Ji Zhong,Sarkar T.K.,Jung B.H.,Chung Y−S,Salazar−Palma M.,Yuan M.A stable solution
of time domain electric field integral equation for thin−wire antennas using the Laguerre
polynomials // IEEE Trans.Antennas Propagat.2004.V.52.No.10.P.2641−2649.

[88] Rynne B.P.Time domain scattering from dielectric bodies // Electromagnetics.1994.V.14.
No.1.P.181−193.

[89] Rao S.M.,Sarkar T.K.Implicit solution of time domain integral equations for arbitrarily
shaped dielectric bodies // Microwave Optical Technol. Letters. 1999. V. 21. No. 3. P. 201

-205.

[90] Gres N.T., Ergin A.A., Michielssen E., Shanker B.Volume-integral-equation based analysis of transient electromagnetic scattering from three-dimensional inhomogeneous dielectric objects // Radio Sci.2001.V.36.No.3.P.379-386.

[91] Aghajafari R., Singer H.Time-domain electric current formulation for the analysis of arbitrarily shaped dielectric bodies // IEEE Trans. Electromagn. Compat. 2012. V. 54. No. 6. P. 1260-1268.

[92] Sachdeva N., Rao S.M., Balakrishnan N.A comparison of FDTD-PML with TDIE // IEEE Trans.Antennas Propagat.2002.V.50.No.11.P.1609-1614.

[93] Jung B.H., Ji Z., Sarkar T.K., Salazar-Palma M., Yuan M.A comparison of marching-on in time method with marching-on in degree method for the TDIE solver // Progress In Electromagnetics Research.2007.V.70.P 281-296.

[94] Yee K.S.Numerical solution of initial boundary value problems involving Maxwell's equations in isotropic media// IEEE Trans.Antennas Propagat.1966.V.14.No.5.P.302-307.

[95] Григорьев А.Д.Современные методы моделирования нестационарных электромагнитных полей // Известия вузов.Проблемы нелинейной динамики.1999.Т.7.№ 4.С. 48-57.

[96] Григорьев А.Д.Методы вычислительной электродинамики.-М.: Физматлит, 2012.- 432 с.

[97] Teixeira F.L.Time-domain finite-difference and finite-element methods for Maxwell equations in complex media// IEEE Trans.Antennas Propagat.2008.V.56.No.8.P.2150-2166.

[98] Taflove A., Hagness S.C.Computational Electrodynamics:The Finite-Difference Time-Domain Method.-3nd ed.-N.Y.:Artech House,2005.-1006 p.

[99] Yu W., Mittra R., Su T., Liu Y., Young X.Parallel Finite-Difference Time-Domain Method. -Norwood, MA:Artech House,2006.-262 p.

[100] Berenger J.P.A perfectly matched layer for the absorption of electromagnetic waves // J. Comput.Phys.1994.V.114.No.2.P.185-200.

[101] Balanis C.A.(ed.).Modern Antenna Handbook.-N.Y.:Wiley,2008.-1680 p.

[102] Diaz R.E., Scherbatko I.A new multistack radiation boundary condition for FDTD based on self-teleportation of fields // J.Comput.Phys.2005.V.203.No.1.P.176-190.

[103] Kunz K.S., Luebbers R.J.The Finite Difference Time Domain Method for Electromagnetics.- Boca Raton, FL:CRC Press, 1993.-448 p.

[104] Gustrau F., Manteuffel D.EM Modeling of Antennas and RF Components for Wireless Communication Systems.-Berlin:Springer, 2006.-276 p.

第5章 超宽带脉冲辐射

引言

在研究各种类型源电磁辐射特性的过程中,很长时间以来,研究者们尤其感兴趣的是具有谐波时间关系的稳态场[1]。与此同时,还研制了足够有效的解析和数值方法。在研究非稳态过程的必要情况下,从频域向时域的转换,是通过傅里叶或拉普拉斯的积分变换实现的。然而,将类似的方法应用于极端非稳态过程的分析时(从形式上讲,这是毫无疑问的),由于该过程占有很宽的频带,发现它们有一些短处。因此,现在许多研究者努力研制新的方法,以适应分析过程的物理特点。这里首先讲的是空间和时间变量不分开的求解方法。例如,这样的求解方法包括黎曼方法、模式基准方法和小波展开方法。然而,如果对已经很成熟方法的应用特点和特殊性没有充分了解,对新方法的可能性和所占位置问题,也是不可能有清晰理解的。

本章首先描述了解析方法,通过该方法可以得到基本辐射器在非常不稳定方式下辐射问题的求解。这里给出的基本辐射器的源,包括电的和磁的赫兹偶极子以及缝隙辐射器的场。有限尺寸的球状和盘状源的场,可以利用非传统方法引入与源关联的坐标系求得。在所有这些情况下,求解都是直接在时域上进行的。

应当指出,尽管所讨论的问题表面看起来既简单又有学术性,它们仍然得到了广泛的应用。例如,就盘状辐射器的非稳态辐射问题,有几个方面值得注意。第一,由于制定了不同辐射系统(辐射器)脉冲场计算的合理方法[2-4],从而引起了人们对这个问题的兴趣。第二,类似的辐射器在制定"电磁导弹"理论和研究超宽带辐射聚焦的可能性时,具有很大的吸引力[5-10]。第三,在持续发展时域上电抗能量理论和天线的品质以及确定对天线特性的基本限制[11-13]时,最近才开始引起人们对这些辐射器的注意。

本章中占据非常重要位置的,是研究并制定小尺寸辐射器场的区域边界的评估标准:这些辐射器,包括电单极子、非对称电偶极子、双锥型天线和组合天线。此时,将把主要注意力集中在对超宽带辐射远区边界的评估上,因为在论证超宽带辐射器特性实验测量装置计量学保证的正确性时,这样的评估是必要的。在研究时采用了两种思路:一种是根据有效辐射势不变的标准确定远区的边界;另一种是确定电磁场相应分量时间依赖关系最大差别(近区)和最小差别(远区)的条件。除此之外,还给出了孔径辐射器场的区域边界的特性。

　　基于上述,本章详细地阐述了方向图实验研究的合理性问题,这里指的是对具体用途超宽带辐射器的实验研究,同时还细致地描述了辐射器的能量、峰值功率和峰值场强效率的评估程序。

5.1　超宽带脉冲辐射的基础源

5.1.1　电赫兹偶极子

　　最简单的基础辐射器是电赫兹偶极子,它是实际天线理想化的模型,而该天线是短的导体,在其终端固定有金属球[14,15]。假设,在球上集中了随时间变化的电荷$+q(t)$和$-q(t)$,这就保证了电流$I(t)$在导体上任意时刻分布的均匀性。电流和电荷具有下面关系式:

$$I = -\frac{\mathrm{d}q}{\mathrm{d}t}$$

　　如图 5.1 所示,用向量 $\boldsymbol{l}$ 表示偶极子的取向及其长度,而介质参数 ε 和 μ 的空间中的电磁场,通过向量势 $\boldsymbol{A}^\mathrm{e}$ 和标量势 φ^e 并式(3.19)和式(3.20)表示如下:

$$\boldsymbol{H} = \frac{1}{\mu}\mathrm{rot}\,\boldsymbol{A}^\mathrm{e}, \quad \boldsymbol{E} = -\frac{\partial \boldsymbol{A}^\mathrm{e}}{\partial t} - \mathrm{grad}\varphi^\mathrm{e}$$

　　假设介质是不导电的,则上面这些场势满足方程(3.23)和方程(3.24),并且 $\sigma^\mathrm{e} = 0$:

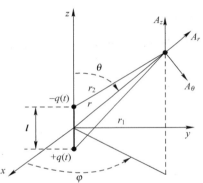

图 5.1　电赫兹偶极子场的计算

$$\nabla^2 \boldsymbol{A}^\mathrm{e} - \frac{1}{c^2}\frac{\partial^2 \boldsymbol{A}^\mathrm{e}}{\partial t^2} = -\mu \boldsymbol{j}_i^\mathrm{e}, \quad \nabla^2 \varphi^\mathrm{e} - \frac{1}{c^2}\frac{\partial^2 \varphi^\mathrm{e}}{\partial t^2} = -\frac{\rho^\mathrm{e}}{\varepsilon}$$

式中:$c = \dfrac{1}{\sqrt{\varepsilon\mu}}$为在给定介质参数空间中的光速。

　　上面方程的特解,由下面已知公式[14,15]确定:

$$\boldsymbol{A}^\mathrm{e}(\boldsymbol{r},t) = \frac{\mu}{4\pi}\int_V \frac{\boldsymbol{j}_i^\mathrm{e}\left(\boldsymbol{r}',t - \dfrac{|\boldsymbol{r} - \boldsymbol{r}'|}{c}\right)}{|\boldsymbol{r} - \boldsymbol{r}'|}\mathrm{d}^3\boldsymbol{r}' \tag{5.1}$$

$$\varphi^\mathrm{e}(\boldsymbol{r},t) = \frac{1}{4\pi\varepsilon}\int_V \frac{\rho^\mathrm{e}\left(\boldsymbol{r}',t - \dfrac{|\boldsymbol{r} - \boldsymbol{r}'|}{c}\right)}{|\boldsymbol{r} - \boldsymbol{r}'|}\mathrm{d}^3\boldsymbol{r}'$$

式中积分是对间接(外部)的电流和电荷所在体积进行的。

对式(5.1)进行导体横截面的积分,并假设偶极子尺寸与其到观测点距离之比很小,即 $l/r \ll 1$,则求得

$$A^e(\boldsymbol{r},t) = \frac{\mu}{4\pi} \int_{-\frac{l}{2}}^{\frac{l}{2}} \frac{I(t-r/c)}{r} \mathrm{d}l = \frac{\mu l}{4\pi r} I(t-r/c) \tag{5.2}$$

式中:$I(t-r/c)$ 为偶极子电流。

这样求得的标量势是 $+q(t)$ и 和 $-q(t)$ 电荷势的代数和(见图5.1):

$$\varphi^e(\boldsymbol{r},t) = \frac{1}{4\pi\varepsilon} \left[\frac{q\left(t-\dfrac{r_1}{c}\right)}{r_1} - \frac{q\left(t-\dfrac{r_2}{c}\right)}{r_2} \right] \tag{5.3}$$

将式(5.3)方括号中出现的两个函数每一个都展开成小参数 $(l\cos\theta)/2$ 的幂级数,并且只限于相对小参数线性相加项的展开式,得到

$$\varphi^e(\boldsymbol{r},t) = \frac{1}{4\pi\varepsilon} \frac{\partial}{\partial r} \left[\frac{q(t-r/c)}{r} \right] l\cos\theta = \frac{1}{4\pi\varepsilon} \left[-\frac{q'(t-r/c)}{cr} - \frac{q(t-r/c)}{r^2} \right] l\cos\theta$$

式中:$q'(t-r/c)$ 为函数 $q(t-r/c)$ 对整个自变量实际即对时间 t 的导数。

从式(5.2)可见,向量势只有一个分量 A_z^e。考虑到这一点,对于向量势在球坐标系(图5.1)中的分量,得到下面表达式:

$$A_r^e = A_z^e \cos\theta = \mu \frac{I(t-r/c)}{4\pi r} l\cos\theta$$

$$A_\theta^e = -A_z^e \sin\theta = -\mu \frac{I(t-r/c)}{4\pi r} l\sin\theta, \quad A_\varphi^e = 0$$

所以,唯一不同于零的磁场分量 H_φ 由下面表达式给出:

$$H_\varphi = \frac{1}{r} \left[\frac{\partial}{\partial r}(rA_\theta^e) - \frac{\partial}{\partial \theta}A_r^e \right]$$

$$= \frac{l}{4\pi} \left[\frac{1}{cr}I'(t-r/c) + \frac{1}{r^2}I(t-r/c) \right] \sin\theta \tag{5.4}$$

确定电场强度最简单的办法[1],就是采用麦克斯韦第一方程:

$$\mathrm{rot}\boldsymbol{H} = \varepsilon \frac{\partial \boldsymbol{E}}{\partial t}$$

$$\varepsilon \frac{\partial E_r}{\partial t} = \mathrm{rot}_r \boldsymbol{H} = \frac{1}{r^2\sin\theta} \cdot \frac{\partial}{\partial \theta}(r\sin\theta H_\varphi) = \frac{l}{2\pi} \left[\frac{1}{cr^2}I'(t-r/c) + \frac{1}{r^3}I(t-r/c) \right]\cos\theta$$

$$\varepsilon \frac{\partial E_\theta}{\partial t} = -\frac{1}{r\sin\theta} \cdot \frac{\partial}{\partial r}(r\sin\theta H_\varphi)$$

$$= \frac{l}{4\pi} \left[\frac{1}{c^2r}I''(t-r/c) + \frac{1}{cr^2}I'(t-r/c) + \frac{1}{r^3}I(t-r/c) \right]\sin\theta$$

对上面两式进行时间积分,求得

$$E_r = \frac{l}{2\pi\varepsilon}\left[\frac{1}{cr^2}I(t-r/c) +^① \frac{1}{r^3}\int I(t-r/c)\,\mathrm{d}t\right]\cos\theta \tag{5.5}$$

$$E_\theta = \frac{l}{4\pi\varepsilon}\left[\frac{1}{c^2r}I'(t-r/c) + \frac{1}{cr^2}I(t-r/c) +^① \frac{1}{r^3}\int I(t-r/c)\,\mathrm{d}t\right]\sin\theta \tag{5.6}$$

因此,对于电场和磁场分量的表达式(5.4)~式(5.6)有 3 个与 $1/r$、$1/r^2$、$1/r^3$ 成正比的相加项,这就有可能分成两个特征区:近区和远区。近区是含有 $1/r^2$ 和 $1/r^3$ 的相加项占优势的区域,而远区则是与 $1/r$ 成正比的相加项占优势的区域。近区和远区的边界不是固定的。一些相加项比另一些项占优势的标准的选取,取决于它们依赖函数 $I'(t-r/c)$、$I(t-r/c)$ 和 $\int I(t-r/c)\,\mathrm{d}t$ 随时间变化的特点。

文献[16]指出的情况是非常有意义的。由于不像初看的那样,晚期效应在某个更大距离上开始出现。实际上,应对式(5.4)进行更详细的分析。如果比值(r/c)与有效的脉冲宽度相比很小,而函数 $I(t)$ 和 $I'(t)$ 在所讨论时间间隔的任意时刻都不取太大的值,则此时容许采用下面展开式:

$$I'(t-r/c) \approx I'(t) - I''(t)(r/c) + \frac{1}{2}I'''(t)(r/c)^2$$

$$I(t-r/c) \approx I(t) - I'(t)(r/c) + \frac{1}{2}I''(t)(r/c)^2$$

因此

$$H_\varphi \approx \frac{l}{4\pi}\left[\frac{1}{r^2}I(t) - \frac{1}{2c^2}I''(t) + \frac{1}{2}I'''(t)\frac{r}{c^3}\right]\sin\theta$$

由此可见,在偶极子附近的某个区域,场随时间而无延迟的变化重复偶极子电流随时间的变化。对于这个区域的特征尺寸,文献[17,18]给出了不同的估计。更何况,文献[18]积极鼓吹的一个概念,正是这个区域而不是偶极子本身,是自由传播的场的源。

这里简要地分析一下偶极子辐射场的能量特性。坡印廷向量通过半径 r 球的通量,由下面表达式[15]确定:

$$P = \int_0^\pi\int_0^{2\pi}\frac{(\boldsymbol{S},\boldsymbol{r})}{r}r^2\sin\theta\,\mathrm{d}\theta\,\mathrm{d}\phi = \frac{l^2}{6\pi c^2}\sqrt{\frac{\mu}{\varepsilon}}$$

$$\times\left\{\left[\frac{\mathrm{d}I(t')}{\mathrm{d}t}\right]^2 + \frac{2c}{r}I(t')\frac{\mathrm{d}I(t')}{\mathrm{d}t} + \frac{c^2}{r^2}\left[I^2(t') + \frac{\mathrm{d}I(t')}{\mathrm{d}t}\int I(t')\,\mathrm{d}t'\right] + \frac{c^3}{r^3}I(t')\int I(t')\,\mathrm{d}t'\right\}$$

---

① 根据作者 2016.12.28 来信,式(5.5)和式(5.6)中方括号内"–"号改成"+"号,共 2 处。——译者注

式中:$t'=t-r/c$,上式表示在时刻 t 在空间中辐射和积累的功率。

而辐射功率由下面表达式给出:

$$P = \frac{l^2}{6\pi c^2}\sqrt{\frac{\mu}{\varepsilon}}\left[\frac{\mathrm{d}I(t')}{\mathrm{d}t}\right]^2$$

对上面辐射功率表达式的分析表明,采用如下办法可以增大辐射功率:

(1)通过急剧改变电流 $I(t)$ 达到,这也就说明具有急速转换元件的电路会产生明显的辐射问题。

(2)在给定的电流随时间变化规律的情况下,通过增大电流 $I(t)$ 幅度或者增大偶极子长度 l 实现。

5.1.2　缝隙辐射器

对于没有无关电流的自由空间,麦克斯韦方程可写成如下式:

$$\mathrm{rot}\boldsymbol{H} = \varepsilon\frac{\partial \boldsymbol{E}}{\partial t}, \quad \mathrm{rot}\boldsymbol{E} = -\mu\frac{\partial \boldsymbol{H}}{\partial t}$$

由于方程的对称性,并考虑后一个方程右边的"−"号,很明显,对应方程解 $\{\boldsymbol{E}, \boldsymbol{H}\}$ 的任一个解是二重解 $\{\boldsymbol{E}', \boldsymbol{H}'\}$,后者是根据下面规则构建的:

$$\boldsymbol{E}' = Z_0\boldsymbol{H}, \boldsymbol{H}' = -\frac{\boldsymbol{E}}{Z_0},$$

式中:$Z_0 = \sqrt{\dfrac{\mu}{\varepsilon}}$。

例如,对应电赫兹偶极子场的二重场[15]如下:

$$E'_\varphi = \frac{Z_0 l}{4\pi}\left[\frac{1}{cr}I'(t-r/c) + \frac{1}{r^2}I(t-r/c)\right]\sin\theta$$

$$H'_r = -^{①}\frac{l}{2\pi}\left[\frac{1}{r^2}I(t-r/c) +^{①} \frac{c}{r^3}\int I(t-r/c)\,\mathrm{d}t\right]\cos\theta$$

$$H'_\theta = -^{①}\frac{l}{4\pi}\left[\frac{1}{cr}I'(t-r/c) + \frac{1}{r^2}I(t-r/c) +^{①} \frac{c}{r^3}\int I(t-r/c)\,\mathrm{d}t\right]\sin\theta$$

二重场是由缝隙辐射器产生的,辐射器的形状与在导电平面中切穿[15]的偶极子形状一样。缝隙辐射器在中心处被电压源激发。不难直接检验,坡印廷向量和通过无限半径球辐射的功率,与电赫兹偶极子的相应参数值一样大小。

5.1.3　磁赫兹偶极子

利用向量和标量乘积的公式,电赫兹偶极子的场在更紧凑形式下由下面表

---

① 根据作者 2016. 12. 28 来信,H'_r 式和 H'_θ 式的方括号外"+"号改为"−"号,方括号内"−"号改为"+"号,共4处。——译者注

达式给出[15]：

$$E(r,t)=\frac{Z_0 l}{4\pi c}\left\{\frac{1}{r}\frac{[r,[r,\ddot{p}]]}{lr^2}+\frac{c}{r^2}\left[\frac{[r,[r,\dot{p}]]}{lr^2}+\frac{2(\dot{p},r)r}{lr^2}\right]+\frac{c^2}{r^3}\left[\frac{[r,[r,p]]}{lr^2}+\frac{2(p,r)r}{lr^2}\right]\right\}$$

$$H(r,t)=\frac{l}{4\pi c}\left[\frac{1}{r}\frac{[\ddot{p},r]}{lr}+\frac{c}{r^2}\frac{[p,r]}{lr}\right]$$

式中：$p=q\left(t-\dfrac{r}{c}\right)l$ 为偶极子矩，向量符号上的"点"表示对自变量的微分。

再引入下面二重场进行讨论：

$$E'=Z_0 H,H'=-\frac{E}{Z_0}$$

以及磁偶极子矩，其公式如下：

$$m=Z_0 p$$

考虑到，磁偶极子矩由下面关系式确定：

$$m=\mu I(t)s$$

式中：$I(t)$ 为流过面积 s 向量小圆环里的电流。s 方向与电流 $I(t)$ 构成了右旋系统。

在这种情况下，磁赫兹偶极子的场由下式给出：

$$E'(r,t)=\frac{Z_0 s}{4\pi c^2}\left[\frac{1}{r}\frac{d^2 I(t')}{dt^2}+\frac{c}{r^2}\frac{dI(t')}{dt}\right]\frac{[s,r]}{sr}$$

$$H'(r,t)=-\frac{s}{4\pi c^2}\left\{\frac{1}{r}\frac{d^2 I(t')}{dt^2}\frac{[r,[r,s]]}{sr^2}+\left[\frac{c}{r^2}\frac{dI(t')}{dt}+\frac{c^2}{r^3}I(t')\right]\left[\frac{[r,[r,s]]}{sr^2}+\frac{2(s,r)r}{sr^2}\right]\right\}$$

这个场的典型特点是，它在远区与圆环里电流的二次时间导数成正比。磁偶极子与电偶极子比较，是不太有效的辐射器。实际上，在远区，坡印廷向量有下面表达式：

$$S'=[E',H']=Z_0\left(\frac{s}{4\pi c}\right)^2\frac{1}{c^2 r^2}\left(\frac{d^2 I(t')}{dt^2}\right)^2\frac{r}{r}\sin^2\theta$$

而通过无限大半径的球辐射的瞬时功率，由下面表达式给出：

$$P=\frac{Z_0 s^2}{6\pi c^4}\left(\frac{d^2 I(t')}{dt^2}\right)^2$$

5.2 有限尺寸超宽带脉冲辐射器的场

5.2.1 环状源的辐射

环状源非稳态辐射问题的解析求解，对电流密度沿环对称分布的情况，在文献[19]中已经得到。该问题的几何图，如图 5.2 所示，这里在半径 a 的圆环上，均匀分布着随时间任意变化的电流。圆环中心与 ρ、φ、z 圆柱坐标系的原点重合,而坐标系本身(指 ρ、φ 坐标)处在 xOy 平面上。圆环内间接电流的密度向量具有不为零的唯一分量 j_φ:

$$j_\varphi = I(\tau)\delta(z)\delta(\rho-a)$$

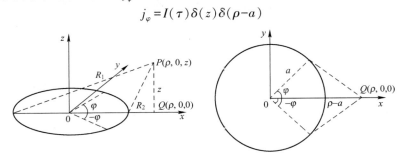

图 5.2　环状源问题的几何图

式中:$I(\tau)=\chi(\tau)u(\tau)$ 为圆环内电流,$\tau=ct$,c 为光速,而 $\chi(\tau)$ 为赫维赛德函数,$u(\tau)$ 为微分的函数。时间计算原点,取作电流开始流动的时刻 $\tau=0$。这里的问题是要确定任意观测点 P 的非稳态场的大小,由于问题本身的对称性,可认为该点处在平面 xOz 上。从该点至环状源最近和最远点的距离,分别为 $R_2=\sqrt{(\rho-a)^2+z^2}$ 和 $R_1=\sqrt{(\rho+a)^2+z^2}$。点 $Q(\rho,0,0)$ 为点 P 在环状源所在平面 xOy 上的投影。

在问题求解过程中,对场分量 E_φ 的非齐次波方程,通过傅里叶–贝赛尔积分变换,可去除径向坐标 ρ。对经过变换得到的电报方程,在零的初始条件下,它的解通过黎曼方法求得。在应用逆向傅里叶–贝赛尔积分变换后,待求的场表示为二重积分形式,而这个二重积分,当电流以赫维赛德函数形式给出时,可以通过具有特定的阶、次值的勒让德函数表示,而该函数最终归结为基本函数。这样,就得到下面 E_φ 的表达式[19]:

$$E_\varphi = \frac{Z_0}{2\pi\rho}\frac{\cos\varphi}{\sin\varphi} \tag{5.7}$$

$$\cos\varphi = \frac{\rho^2+z^2+a^2-\tau^2}{2\rho a}$$

$$\sin\varphi = \frac{1}{2\rho a}\left[(\rho+a)^2+z^2-\tau^2\right]^{1/2}\left[\tau^2-z^2-(\rho-a)^2\right]^{1/2}$$

$$z^2+(\rho-a)^2<\tau^2<z^2+(\rho+a)^2$$

对上面结果,可以给出简单的几何解释。在观测点 P 的场不等于零的那段时间,是指辐射脉冲从圆环最近点到达观测点的时刻开始,直到该脉冲到达圆环最远点后的时刻结束。在点 P 每一个固定时刻观测到的场脉冲,是由两个相对 x 轴对称的圆环单元产生的,而它们的角位置正好如图 5.2 所示的角 φ 确定。角坐标 $\varphi=0$ 和 $\varphi=\pi$ 的两个圆环单元,辐射出狄拉克 δ 函数式脉冲。相对 x 轴对称的两个圆环单元的和辐射,随着单元远离 x 轴而减弱,而坐

标 $\varphi = \pm\pi/2$ 的两个单元的脉冲,一般来说,相互削弱。这里所说的完全与物理概念符合。

对应电流与时间的任意依赖关系的解,很容易利用卷积积分[19]公式(5.7)求得

$$
E_{\varphi} = \frac{Z_0}{2\pi\rho} \int_{T_1}^{T_2} \frac{\partial I(\tau')}{\partial \tau'} \frac{\rho^2 + z^2 + a^2 - (\tau - \tau')^2}{[(\rho + a)^2 + z^2 - (\tau - \tau')^2]^{1/2}[(\tau - \tau')^2 - z^2 - (\rho - a)^2]^{1/2}} \\ d\tau'
$$

$$(5.8)$$

式(5-8)中积分限的值由下面关系式给出:

$$
T_2 = \tau - \sqrt{(\rho - a)^2 + z^2}
$$

$$
T_1 = \begin{cases} 0, & \tau - \sqrt{(\rho + a)^2 + z^2} < 0 \\ \tau - \sqrt{(\rho + a)^2 + z^2}, & \tau - \sqrt{(\rho + a)^2 + z^2} > 0 \end{cases}
$$

下面将给出另一种求解问题非常简单的基本思路。此时首先应当指出,环状源场的向量势,可以利用式(5.1)求得。因为在固定时刻电流密度在源的任意截面上都是相同的,则电流也是相同的。对应角坐标 $+\varphi'$ 和 $-\varphi'$(见图 5.3)的两个相对 x 轴对称电流单元 $I(t)a\mathrm{d}\varphi'$,在 xOz 平面的 P 点上建立电磁场,这个场完全由下面唯一分量的向量势描写:

$$
\mathrm{d}A_{\varphi}^{\mathrm{e}} = \frac{\mu a}{2\pi} \frac{I(t - s/c)}{s} \cos\varphi' \mathrm{d}\varphi'
$$

为了确定圆环整个场的向量势,利用通常办法对上式之 φ' 从 0 到 π 进行积分:

$$
A_{\varphi}^{\mathrm{e}} = \frac{\mu a}{2\pi} \int_0^{\pi} \frac{I(t - s/c)}{s} \cos\varphi' \mathrm{d}\varphi' = \frac{\mu a}{2\pi} \int_0^{\pi} \frac{I(t - \sqrt{\xi^2 + z^2}/c)}{\sqrt{\xi^2 + z^2}} \cos\varphi' \mathrm{d}\varphi'
$$

然而上面的描述表明,这里给出的是合理的:第一选择 Q 点作为坐标原点,第二选择 ξ 作为积分变量,如图 5.3 所示。

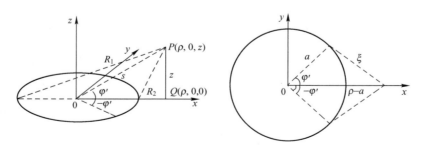

图 5.3　非稳态电流环状源场的计算

注意到

$$\cos\varphi'=\frac{\rho^2+a^2-\xi^2}{2a\rho}, \quad \mathrm{d}\varphi'=\frac{2\xi\mathrm{d}\xi}{[(\rho+a)^2-\xi^2]^{1/2}[\xi^2-(\rho-a)^2]^{1/2}}$$

得到

$$A_\varphi^e=\frac{\mu}{2\pi\rho}\int_{\rho-a}^{\rho+a}\frac{I(t-\sqrt{\xi^2+z^2}/c)}{\sqrt{\xi^2+z^2}}\frac{(\rho^2+a^2-\xi^2)}{[(\rho+a)^2-\xi^2]^{1/2}[\xi^2-(\rho-a)^2]^{1/2}}\xi\mathrm{d}\xi$$

接着,根据式 $\xi^2+z^2=(ct')^2$,引入新的积分变量 t' 进行研究。显然,这个变量的意义是表示时间,它是电磁波以光速通过从环状源的所在点到观测点距离时所用的时间。此时有

$$A_\varphi^e=\frac{Z_0}{2\pi\rho}\int_{R_2/c}^{R_1/c}I(t-t')\frac{(\rho^2+a^2+z^2-(ct')^2)}{[(\rho+a)^2+z^2-(ct')^2]^{1/2}[(ct')^2-z^2-(\rho-a)^2]^{1/2}}\mathrm{d}t'$$

最后,根据式 $t-t'=t''$ 进行积分变量的替换,得到

$$A_\varphi^e(\rho,z,t)=\frac{Z_0}{2\pi\rho}\int_{t-R_1/c}^{t-R_2/c}I(t'')$$

$$\frac{(\rho^2+a^2+z^2-c^2(t-t'')^2)}{[(\rho+a)^2+z^2-c^2(t-t'')^2]^{1/2}[c^2(t-t'')^2-z^2-(\rho-a)^2]^{1/2}}\mathrm{d}t''$$

正如从图 5.3 可见,上述表达式对应 $\rho>a$ 的情况,即观测点在平面 xOy 上的投影落在环状源所包括这个平面区域之外的情况。类似的研究表明,该表达式在 $\rho<a$ 时仍然成立。只是应当指出,当 $t-R_1/c<0$ 时,在两种情况下积分下限应当等于零。通过已知的关系式,得到场的分量表达式。例如,考虑到下面洛伦兹标定条件:

$$\mathrm{div}\boldsymbol{A}^e+\frac{1}{c^2}\frac{\partial\varphi^e}{\partial t}=0$$

上式将向量势和标量势关联起来,这样得到

$$\boldsymbol{E}(\rho,z,t)=c^2\int\mathrm{grad}\,\mathrm{div}\boldsymbol{A}^e\mathrm{d}t-\frac{\partial\boldsymbol{A}^e}{\partial t}$$

这里指的是,对于 $\boldsymbol{A}^e(0,0,A_\varphi^e)$,有 $\mathrm{div}\boldsymbol{A}^e=0$,因为 A_φ^e 与 φ 无关。因此

$$E_\varphi(\rho,z,t)=-\frac{\partial A_\varphi^e}{\partial t} \tag{5.9}$$

因此,根据式(5.9),将有

$$E_\varphi(\rho,z,t)=-\frac{Z_0}{2\pi\rho}\frac{\partial}{\partial t}\int_{t-R_1/c}^{t-R_2/c}I(t'')F(t,t'')\mathrm{d}t'' \tag{5.10}$$

式中

$$F(t,t'') = \frac{(\rho^2 + a^2 + z^2 - c^2(t-t'')^2)}{[(\rho+a)^2 + z^2 - c^2(t-t'')^2]^{1/2}[c^2(t-t'')^2 - z^2 - (\rho-a)^2]^{1/2}}$$

为了完成式(5.10)中的微分,利用可变积分变量限的定积分微分公式:

$$\frac{\partial}{\partial y}\int_{\varphi(y)}^{\psi(y)} f(x,y)\,\mathrm{d}x = \int_{\varphi(y)}^{\psi(y)} \frac{\partial f(x,y)}{\partial y}\,\mathrm{d}x + \psi'(y)f(\psi(y),y) - \varphi'(y)f(\varphi(y),y)$$

根据上述公式,得到

$$E_\varphi(\rho,z,t) = -\frac{Z_0}{2\pi\rho}\left\{\int_{t-R_1/c}^{t-R_2/c} I(t'')\frac{\partial}{\partial t}F(t,t'')\,\mathrm{d}t'' \right.$$

$$\left. + I(t-R_2/c)F(t,t-R_2/c) - I(t-R_1/c)F(t,t-R_1/c)\right\} \qquad (5.11)$$

接着考虑到

$$\frac{\partial}{\partial t}F(t,t'') = -\frac{\partial}{\partial t''}F(t,t'')$$

对式(5.11)的积分进行分部积分,利用这个积分的结果:

$$\int_{t-R_1/c}^{t-R_2/c} I(t'')\frac{\partial}{\partial t}F(t,t'')\,\mathrm{d}t'' = -\int_{t-R_1/c}^{t-R_2/c} I(t'')\frac{\partial}{\partial t''}F(t,t'')\,\mathrm{d}t''$$

$$= -\left\{ I(t-R_2/c)F(t,t-R_2/c) - I(t-R_1/c)F(t,t-R_1/c) \right.$$

$$\left. - \int_{t-R_1/c}^{t-R_2/c} \frac{\partial I(t'')}{\partial t''}F(t,t'')\,\mathrm{d}t'' \right\}$$

代入式(5.11),求得

$$E_\varphi(\rho,z,t) = -\frac{Z_0}{2\pi\rho}\int_{t-R_1/c}^{t-R_2/c} \frac{\partial I(t'')}{\partial t''}F(t,t'')\,\mathrm{d}t'' \qquad (5.12)$$

最后,假设在式(5.12)中 $t'' = \tau/c$,根据公式 $t'' = \tau'/c$ 过渡到新的积分变量 $t'' \to \tau'$,得到解的最后表达式,其结果与式(5.8)重合。

5.2.2　盘状源和圆孔源的辐射

假设有半径 a 的盘状源,其中心与 (ρ,φ,z) 圆柱坐标系原点重合。盘被沿着 x 轴通过的随时间任意变化的电流均匀地激发。此时认为电流的表面密度 J^e 已知,将确定盘状源在平面 xOz 上(图5.4)任意观测点 $P(\rho,0,z)$ 的向量势。因为电流的表面密度向量有不为零的唯一分量 $J_x^e = J$,则它的向量势只有一个分量 A_x^e。

我们基于非传统方法引入坐标系,就是坐标系原点不与盘状源中心重合,而与观测点在盘状源所在平面上的投影 Q 点重合,见图5.4。

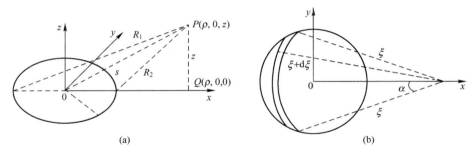

图 5.4　盘状源非稳态场的计算

当 $\rho > a$ 时,在半径 ξ 和 $\xi+\mathrm{d}\xi$ 两个圆弧间及其张角为 2α 的盘状单元(图 5.4),对下面向量势的贡献为

$$\mathrm{d}A_x^{\mathrm{e}} = \frac{\mu}{2\pi} \frac{J\left(t - \sqrt{\xi^2 + z^2}/c\right)}{\sqrt{\xi^2 + z^2}} \alpha \xi \mathrm{d}\xi \tag{5.13}$$

由于

$$\alpha = \arccos\left(\frac{\xi^2 + \rho^2 - a^2}{2\rho\xi}\right)$$

则对式(5.13)的变量 ξ 在积分限从 $\xi = \rho - a$ 到 $\xi = \rho + a$ 进行积分,得到了整个盘状源产生场的向量势:

$$A_x^{\mathrm{e}} = \frac{\mu}{2\pi} \int_{\rho-a}^{\rho+a} \frac{J\left(t - \sqrt{\xi^2 + z^2}/c\right)}{\sqrt{\xi^2 + z^2}} \arccos\left(\frac{\xi^2 + \rho^2 - a^2}{2\rho\xi}\right) \xi \mathrm{d}\xi$$

根据式 $\xi^2 + z^2 = (ct')^2$,从 ξ 转换为新的积分变量 t',此时得到下面向量势表达式:

$$A_x^{\mathrm{e}} = \frac{Z_0}{2\pi} \int_{R_2/c}^{R_1/c} J(t - t') \arccos\left(\frac{(ct')^2 - z^2 + \rho^2 - a^2}{2\rho\sqrt{(ct')^2 - z^2}}\right) \mathrm{d}t'$$

最后,再做一次积分变量替换 $t - t' = t''$,最终得到

$$A_x^{\mathrm{e}} = \frac{Z_0}{2\pi} \int_{t-R_1/c}^{t-R_2/c} J(t'') \arccos\left(\frac{c^2(t-t'')^2 - z^2 + \rho^2 - a^2}{2\rho\sqrt{c^2(t-t'')^2 - z^2}}\right) \mathrm{d}t'' \tag{5.14}$$

如果 $\rho < a$,即观测点的投影落到盘状源上,则必须分析盘的两个部分对和向量势的贡献。在中心点 $(\rho, 0, 0)$ 处半径 $a - \rho$ 的圆,给出的贡献如下:

$$A_{1x}^{\mathrm{e}} = \frac{\mu}{2} \int_0^{a-\rho} \frac{J\left(t - \sqrt{\xi^2 + z^2}/c\right)}{\sqrt{\xi^2 + z^2}} \xi \mathrm{d}\xi$$

根据式 $(ct')^2 = \xi^2 + z^2$ 和 $t'' = t - t'$,接续转为新的积分变量 t' 和 t'',这样上面表达式转为下面形式:

$$A^{e}_{1x} = \frac{Z_0}{2} \int_{t-R_2/c}^{t-z/c} J(t'') \, \mathrm{d}t''$$

盘状源表面其余部分贡献的计算,几乎可以逐字逐句地重复上面对 $\rho > a$ 情况进行的计算,这里强调的是最终计算结果与式(5.14)类似:

$$A^{e}_{2x} = \frac{Z_0}{2\pi} \int_{t-R_1/c}^{t-R_2/c} J(t'') \arccos\left(\frac{c^2(t-t'')^2 - z^2 + \rho^2 - a^2}{2\rho \sqrt{c^2(t-t'')^2 - z^2}} \right) \mathrm{d}t''$$

因此,当 $\rho < a$ 时,和的向量势 A^{e}_{x} 等于 $A^{e}_{1x} + A^{e}_{2x}$。至于说场的表达,则利用环状源非稳态辐射问题采用的类似已知关系式进行计算,可以得到这些场。圆孔源辐射问题的求解与盘状源问题的求解比较,只有不太重要的细节差别。

借助得到的关系式,可以很简单地计算环状源和盘状源的非稳态场。在图 5.5~图 5.7 上给出了对它们非稳态场计算的例子。从图 5.5(a)、(b)可见,在环状源被赫维赛德接入函数形式的电流脉冲激发时,对该场的明显贡献只有距观测点最近和最远的源的那些部分。电场的分量 E_φ 与时间依赖关系的定性行为,与 5.1 节指出的那些特点完全对应。而且,这些特点,不论源尺寸是小还是大的时候都会出现;观测点位置的改变,不会破坏场与时间依赖关系的这个特点。

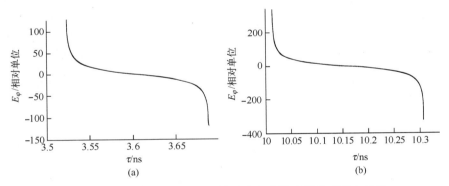

图 5.5 环状源在赫维赛德函数形式电流脉冲激发下产生的场
(a) $a=0.1, \rho=3, z=2$;(b) $a=1, \rho=1.5, z=10$。

在图 5.6 上画出了源电流对时间导数的依赖关系,这个关系由下面表达式表示:

$$\frac{\mathrm{d}I(\tau)}{\mathrm{d}\tau} = \tau^n \left[M^{n+1} e^{-M\tau} - e^{-\tau} \right] \chi(\tau), \quad M=5, n=2$$

而在图 5.7 上对应这样脉冲激发的场的分量 E_φ 与时间的依赖关系。这里可以指出,激发脉冲宽度的增大及其在辐射过程开始和结束阶段的行为特点,将使辐射的脉冲变得平滑。此外,还可以看到,该脉冲是平衡的。

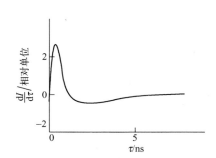

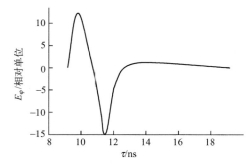

图 5.6　环状源电流脉冲对时间导数与　　图 5.7　环状源场的时间分布:$a=1,\rho=10,z=2$
　　　　　时间的依赖关系

5.3　超宽带辐射器场的结构

5.3.1　短辐射器场的区域边界

谐波振荡激发的短天线产生的场,根据距离 r 的大小,可分成几个区域[20]:近区($kr\ll1$),中区 ($kr\approx1$) 和远区($kr\gg1$),这里 $k=2\pi/\lambda$,而 λ 为辐射波长。对于近区,场的电分量和磁分量间相位差等于 $\pi/2$,而在远区,这两个分量是同相的。

看起来,哈尔穆特[21]做了第一次努力,目的是确定由超宽带电流脉冲或非谐波电流脉冲激发的基本辐射器(电赫兹偶极子)的远区边界。电场和磁场的边界,通过场与 $1/r$ 和 $1/r^2$ 依赖关系的相加项进行比较确定。电场的边界标准包括有电流对时间的积分和导数,而构成磁场边界标准的有电流及其对时间的导数,如下式:

$$r_E^2 \gg \left| c^2 \frac{\int I(t)\,\mathrm{d}t}{\dfrac{\mathrm{d}I(t)}{\mathrm{d}t}} \right|, \quad r_H \gg \left| c \frac{I(t)}{\dfrac{\mathrm{d}I(t)}{\mathrm{d}t}} \right| \tag{5.15}$$

文献[22]正确地指出,在脉冲期间电流变化时,电流的导数和积分也将变化。在某些时刻,可能出现电流对时间的导数等于零,此时远区边界移到无穷远处。而在其他时刻,可能出现电流或电流的积分等于零,此时边界直接从辐射器旁开始。边界位置与时间以及与场的形式的依赖关系,导致了在文献[21]中得到的标准,实际上并没有应用。

与此相关,还进行了制定区域边界位置及其检验的评估标准系列研究[23-26],这是通过对短辐射器的数值模拟和测量完成的。在这些工作中,辐射器包括电单极子[23]、非对称的电偶极子[24]、双锥形天线[25]和组合天线[26]。而主要的注意力,集中在超宽带辐射远区边界的估计上。现在,在实验研究中广泛利用的远区标准 $rE_p\approx$ 常数,这里 E_p 为辐射器距离 r 处的峰值电场强度,这里

量 rE_p 称为有效辐射势。除了这个标准外,在文献[23]中,为了估计超宽带辐射区域边界的标准,还提出利用电磁场分量 E_z 和 H_φ 时间依赖关系最大(近区)和最小(远区)差别的条件。为了定量估计电磁场分量间的这个差别,采用了根据下面公式计算的均方偏差:

$$\sigma_f = \sqrt{\sum_{i=1}^{N}(E_{zi} - H_{\varphi i})^2 / \sum_{i=1}^{N}H_{\varphi i}^2}$$

式中:N 为级数的长度,就是时域上待研究的函数级数的项数,并具有所选的采样步长。在计算 σ_f 时,采用了归一的无量纲场的分量。

下面将讨论电单极子特性的研究结果[23]。为了模拟辐射器,采用了基于时域上有限差分法的程序。辐射器几何图如图 5.8 所示,其参数为 $a = 1$、$b = 2.5mm$ 和 $L = 10mm$。屏具有无限尺寸。在模拟计算时,采用了高斯脉冲 $U(t) = U_0 \exp(-0.5(t/\tau_c)^2)$、微分的高斯脉冲(双极脉冲)$U(t) = -U_0(t/\tau_c)\exp(-0.5(t/\tau_c)^2 + 0.5)$ 和双指数脉冲,后者具有不变的上升时间 τ_r 和不同的下降时间 τ_d(见图 5.9),以及不变的脉冲宽度;但不同大小的 τ_r 和 τ_d(见图 5.10)。

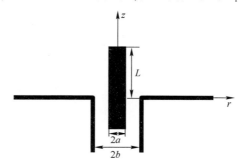

图 5.8　电单极子的几何图

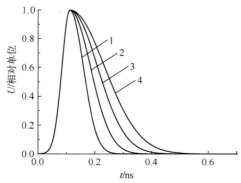

图 5.9　不同参数的电压脉冲形状

$\tau_r = 0.11ns$;1—$\tau_d = 0.3ns$;2—$\tau_d = 0.4ns$;

3—$\tau_d = 0.5ns$;4—$\tau_d = 0.6ns$。

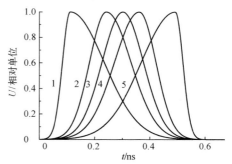

图 5.10　不同参数的电压脉冲形状

$\tau_p = 0.6ns$;1—$\tau_r = 0.11ns$;2—$\tau_r = 0.24ns$;

3—$\tau_r = 0.36ns$;4—$\tau_r = 0.49ns$。

为了比较,还采用了谐波信号 $U(t) = U_0\sin(\omega t)$,这里 U_0 为脉冲幅度,τ_c 为高斯脉冲特征宽度,ω 为圆周频率。脉冲宽度在其底部确定,而对于高斯脉冲 $\tau_p = 8\tau_c$。在这样的脉冲宽度下,该脉冲含有数学上的高斯脉冲 99.99% 的能量。网格步长的选取,要考虑满足下面柯朗(Courant)条件:

$$c\Delta t \leqslant \sqrt{\frac{\Delta r^2 \Delta z^2}{\Delta r^2 + \Delta z^2}}$$

在所有的计算中,网格步长等于 0.25mm,这将保证它们有合适的精度。

为了估计超宽带辐射器场的区域边界位置,利用了电磁场分量 E_z 和 H_φ 的时间依赖关系的最大(近区)和最小(远区)差别的条件,则为了展示,这样的时间依赖关系如图 5.11 所示。

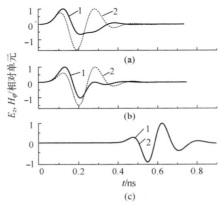

图 5.11　宽度 0.333ns 的双极脉冲激发 F 电磁场分量 $E_z(1)$ 和 $H_\varphi(2)$ 的时间依赖关系

在不同距离上:(a) $r = 2\text{mm}$;(b) $r = 6\text{mm}$;(c) $r = 120\text{mm}$。

在利用谐波振荡激发辐射器的情况下,得到的结果与已知的概念是一致的。在近区相位差 $\Delta\varphi \approx 89°$,而在远区 $\Delta\varphi \approx 1°$,这与已知的理论估计:在近区相位差 $\Delta\varphi = 90°$,而在远区 $\Delta\varphi = 0°$ 的差别很小。在同时采用标准 $rE_p \approx$ 常数和 $\Delta\varphi \approx 0$ 情况下,得到了在远区主要方向 $\theta = 90°$ 上边界位置与 L/λ 的依赖关系,如图 5.12 之(a)所示,由图可见,在 $L/\lambda = 0.22$ 时,r/λ 出现了最小值。

在利用单极脉冲和双极脉冲激发辐射器时,为了确定远区边界位置,同时采用了标准 $rE_p \approx$ 常数和 $\sigma_f \approx 0$。对用作激发的双极脉冲(1)和单极脉冲(2),这个边界值与辐射器长度对这两个脉冲空间尺寸($\tau_p c$)比值的依赖关系,如图 5.12(b)所示。应当指出,对于单极脉冲场和宽度 2 倍大的双极脉冲场,它们的远区边界大致重合。这些结果与利用谐波振荡激发辐射器得到的结果(图 5.12(a))进行比较表明,在超宽带脉冲辐射时,共振过程的作用降低了。至于近区的边界,则根据 $\sigma_f \approx \sigma_{f\max}$ 标准,这个边界处在辐射器表面附近。

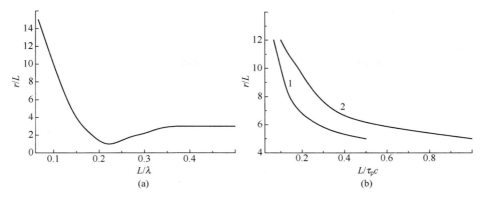

图 5.12　电单极子远区边界与谐波振荡频率(a)和与辐射器长度对双极脉冲
(1)和单极脉冲(2) 空间尺寸的比值(b)的依赖关系

　　前面给出的标准,用于估计双指数型波形单脉冲激发辐射器产生的场在远区的边界位置。在第一批计算中,采用了具有不变的上升时间 τ_r 但不同的下降时间 τ_d(见图 5.9)和相应的脉冲时间宽度等于 $\tau_p = \tau_r + \tau_d$ 的脉冲。数值研究表明,脉冲在上升时间宽度 0.11ns 时而宽度在 0.3~0.6ns 范围内变化时,估计的边界位置大小,实际上与脉冲时间宽度无关。看来,远区边界处在距辐射器约等于 100mm 的距离处,它接近宽度 0.22ns 的对称高斯脉冲时的远区边界。对于宽度 τ_p 不变的双指数型脉冲,其宽度 $\tau_p =$ 为 0.6ns,而 τ_r 和 τ_d 是变化的,做类似的计算。数值研究表明,辐射器远区边界的最大距离,对应对称的高斯脉冲($\tau_r = \tau_d$)。相对这个对称脉冲减小 τ_r 或 τ_d,都将导致到远区边界的距离从 135mm 减小到 100mm。这些距离对于图 5.10 的脉冲 1 和 5,以及脉冲 2 和 4 相应地都是一样的。所得到的结果,通过分析激发脉冲幅度谱是很容易理解。由此可得,随着 τ_r 或 τ_d 的减小,频谱的高频成分与对称高斯脉冲频谱比较,是在上升,这也将导致到远区的距离减小。从这个角度出发,可以解释远区边界位置在上升时间不变情况下与脉冲宽度没有关系,这也就决定了脉冲幅度谱中高频成分的份额。

　　现在讨论非对称电偶极子远区边界位置估计的的研究结果[24]。与无限屏的电单极子(见图 5.8)不同,非对称电偶极子具有有限尺寸 D 的圆屏。研究表明,具有无限屏和直径 $D/L = 20$ 屏的两种辐射器的特性,实际上是相互符合的。它们的差别在屏直径($D/L = 10$)减小时表现出来,并在 $D/L = 2$ 时变得非常大。在屏直径很小时,电流流到馈电部件的外表面,而形成的波沿着馈电部件传播。这个波的能量与向上半空间辐射能量的比值,在 $D/L = 1$ 时达到最大值,而在 $D/L \geq 4$ 时,在馈电部件附近传播的波能量很小($\sim 1\%$),而在 $D/L = 10$ 时波能量实际上等于零。

　　对辐射器屏直径变化时,由不同宽度的双极脉冲进行激发,利用标准 $rE_p \approx$ 常数和 $\sigma_f \approx 0$,确定了在辐射器峰值功率(E_p^2)方向图主方向上远区边界的位置

(图 5.13),同时又确定了沿着峰值功率方向图主方向上的远区边界值,如图 5.14 所示。方向图的角度 θ 从 z 轴算起(见图 5.8)。正如从图 5.13 所见,两种辐射器 $D/L=20$ 和 $D/L=\infty$ 的远区边界实际上是重合的。并且到远区边界的距离,随着 D/L 的减小而减小,并在 $D/L=2$ 且 $L/\tau_pc \geqslant 0.13$ 时,与 L/τ_pc 无关。

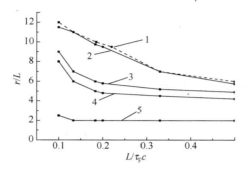

图 5.13 非对称电偶极子场的远区边界与激发的双极脉冲宽度的依赖关系
1—$D/L=\infty$;2—$D/L=20$;3—$D/L=10$;4—$D/L=4$;5—$D/L=2$。

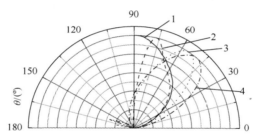

图 5.14 非对称电偶极子在双极脉冲激发时场的峰值功率方向图
L/τ_pc:0.222 及 1—$D/L=20$;2—$D/L=10$;3—$D/L=4$;4—$D/L=2$。

双锥形天线具有很宽的通频带,这可以对双极脉冲在很宽的频率和宽度范围内估计边界位置[25]。具有锥形张角 $2\theta_0=120°$ 的双锥形天线及其内部馈电部件的几何图,如图 5.15 所示,锥体母线长度 $L=60\text{mm}$。馈电部件的波阻抗,正如前面计算得出,等于 50Ω。

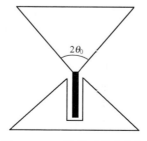

图 5.15 双锥形天线几何图

在早前选定的标准基础上,得到了在谐波振荡和双极脉冲激发天线时在主方向 $\theta = 90°$ 上远区边界位置的估计。对于谐波振荡,该标准的表现形式为场的电分量和磁分量的相位差 $\Delta\varphi \approx 0$,其有效辐射势 $rE_p \approx$ 常数,而对于双极脉冲,该标准的形式为脉冲场电分量和磁分量的形状均方差 $\sigma_f \approx 0$,而有效辐射势 $rE_p \approx$ 常数。估计的结果与振荡频率和双极脉冲宽度的依赖关系,如图 5.16 所示。对于尺寸 $L/\tau_p c < 0.5$ 的双锥形天线,到远区边界的距离随着 $\tau_p c$ 的增大而增大,这与电单极子的情况类似(见图 5.12 中 1)。对于大的双锥形天线,即 $L/\tau_p c > 2$ 情况,这个距离不变且等于 $3L$。从得到的结果看,远区边界位置的估计,对应双极脉冲和谐波振荡激发天线这两种情况,但对它们的估计结果相互符合。

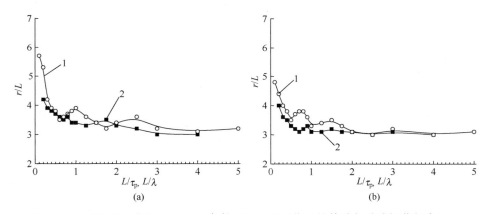

图 5.16　双锥形天线在 $2\theta_0 = 120°$ 条件下远区边界位置的估计与谐波振荡频率 L/λ

(曲线 1)和双极脉冲宽度 $L/\tau_p c$(曲线 2)的依赖关系

(a) 根据标准 $\Delta\varphi \approx 0$(1)和 $\sigma_f \approx 0$(2);(b) 根据标准 $rE_p \approx$ 常数。

上面给出的数值模拟结果表明,可以利用双极脉冲激发辐射器的远区边界位置的估计,与利用谐波振荡得到的解析估计进行对比。在文献[26]中,采用组合天线进行了这样的研究。该天线利用了 3ns 宽度的双极脉冲进行激发以达到最优化,激发脉冲频谱的中心波长为 $\lambda_0 = \tau_p c$,而天线的横向尺寸等于该波长的一半。在实验中,测量了 rE_p 值与峰值功率方向图主方向上距离的依赖关系。这个关系开始进入饱和即 $rE_p \approx$ 常数的距离,对应远区的边界。在测量中作为接收天线,采用了电阻臂的超宽带偶极子[27]。测量结果在图 5.17 上给出。实验得到从组合天线辐射中心到远区边界的距离[28]约为 1m,这里辐射中心在测量误差范围内对应它的几何中心[29]。对于在波长 λ_0 谐波振荡激发的小尺寸辐射器,在 $r \gg \lambda_0/2\pi$ 条件下进行的理论估计,对应实验得到的距离 $r \approx \lambda_0$。

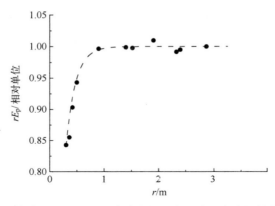

图 5.17　宽度 3ns 双极电压脉冲激发组合天线的有效辐射势 rE_p 与
无线辐射中心距离的依赖关系

5.3.2　孔径辐射器场的区域边界

在超宽带孔径辐射器中,首先应当提到的是基于直径 D 的抛物面型反射器的 IRA 天线,这种反射器是通过处在其焦点上具有公共中心的两个 V 型馈电部件产生的短上升时间 τ_r 的脉冲激发的[30,31]。文献[32−34]研究了 IRA 天线辐射区的形成。

近区边界位置可用下面公式[33]估计:

$$r = \frac{D^2}{8c\tau_r} \tag{5.16}$$

在近区,电场幅度实际上并不发生改变[33,34],即实现所谓的"探照灯效应"。而在近区边界外,场的幅度减小。在远区,应当满足条件 $\Delta r/c < \tau_r$,这里 Δr 为从反射器公共中心及其边缘到观测点距离之差,而 τ_r 为根据电压脉冲幅度 $0.1 \sim 0.9$ 水平确定的宽度。实验研究[32]表明,在 $\Delta r/c \approx \tau_r/5$ 条件下,辐射远区出现。由更细致的理论研究[34]得出,场强的典型下降规律如 $1/r$ 的区域为远区,这个远区在 $\Delta r/c \approx \tau_r/4$ 条件下已经形成。因此,为估计远区边界的位置,可以采用下面的关系式:

$$r = \frac{D^2}{2c\tau_r} \tag{5.17}$$

从文献[34]的研究可得,在中间区场强比 $1/r$ 下降得更慢,而且,由前面的关系式(5.16)和式(5.17)可得,近区和中间区与辐射器孔径的距离随着 τ_r 的减小而远离。

在孔径辐射器中,还有天线单元同步激发的天线阵列。在文献[35]中给出了矩形 4×4 组合天线阵列,其孔径为 34.5cm×34.5cm,该阵列由时间宽度 $\tau_p =$

0.5ns 的双极脉冲激发。到远区边界的距离,可以根据任意几何的孔径天线已知公式进行估计(见式(5.18)),该天线最大横向尺寸为 D,它由谐波振荡激发:

$$r = \frac{2D^2}{\lambda_0} \tag{5.18}$$

这里像以前一样,对于单个组合天线,估计 $\lambda_0 = \tau_p c$ 这个量。对于所讨论的天线阵列,估计的结果为 $r \approx 3\mathrm{m}$。在图 5.18 上给出了量 rE_p 与在峰值功率方向图主方向上天线阵列和接收天线间距离的实验依赖关系。作为接收天线,采用了与阵列单元类似的组合天线。该依赖关系向平台部分的出口,对应的是远区的边界。从研究可得,根据式(5.18)进行的理论估计,与测量结果一致。因此,所给出的结果[26, 35]证实,可以利用谐波振荡得到的公式,对于不论是短的天线,还是双极电压脉冲激发的阵列,都是可用于远区边界位置的估计,这是由于激发脉冲能量的主要份额集中在频谱中心频率附近,而后者对应的是波长 λ_0。还应当指出,对于双极脉冲 $\lambda_0 \approx 4\tau_r c$,将其代入式(5.18)时会得到式(5.17)。因此,得到的超宽带辐射远区边界的估计式(5.16)~式(5.18),都可用于不同波形(波形)脉冲激发的宽孔径天线。

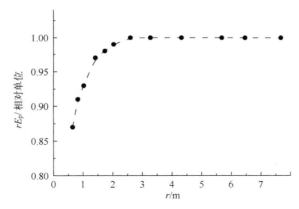

图 5.18　由宽度 0.5ns 双极脉冲激发的组合天线阵列的量 rE_p 与其距离的依赖关系

5.4　电磁脉冲辐射的效率

5.4.1　方向图

辐射器的方向图,是它的基本特性。与谐波振荡辐射器不同,在一般情况下,辐射的超宽带脉冲的形状和宽度依赖于方向。因此,迄今提出了几个方向图方案,以用于要解决的实际问题。这里把方向图分类一下:①按峰值场强 E_p;

②按峰值功率 E_p^2；③按峰值场强差 E_{pp}；④按峰值场强差的平方 E_{pp}^2；⑤按平均功率 E_m^2；⑥按能量 W。其中②和⑤类型方向图，可用于偶极子天线阵列[36]，④类型方向图曾用于分析 TEM 天线超宽带辐射的实验结果[37]，⑥类型方向图曾用于方向图不同部分能量份额的估计[38]，①和③类型方向图曾用于细致分析场的角度依赖关系，因为它们采用的是峰值场强。然而，不论在计算中还是在实验中，最常用的是峰值功率的方向图。在谐波信号区域，对应的是功率方向图，这也是研究者广泛采用的。应当指出，在 dB 尺度上构建方向图时，①和②类型方向图以及③和④类型方向图在形状上并没有差别。

通常，方向图是在球坐标系中构建，此时取相位中心（或部分相位中心）作为坐标系的中心，如果这个中心对于辐射脉冲的所有频率和角度（或对某个频率和角度范围）是存在的，而且是不变的；或取与辐射器几何中心在一起的辐射中心作为坐标系中心。在一般形式下，方向图 $F(\theta,\varphi)$ 或 $F^2(\theta,\varphi)$ 是归一到参数 $F(\theta,\varphi)$ 或 $F^2(\theta,\varphi)$ 与角度 θ 和 φ 依赖关系的最大值的。在几种情况下，利用从水平面算起的 δ 位置角度来构建这个图。在这种情况下，角度是从 $\delta=\varphi=0$ 算起的。超宽带辐射器构建的重要特点，是构建方向图的那个参数处在球面层里，而该层厚度在给定的角度范围内是由辐射脉冲的最大宽度决定的。对于正弦曲线脉冲辐射器，由于辐射器的波形和宽度与角度没有关系，其方向图是根据恒半径的球体构建的。应当指出，最常见的图是在两个平面上构建的，一个是垂直平面的图 $F(\theta,\varphi=0)$，另一个是水平平面的图 $F(\theta=0,\varphi)$。如果该图的截面平面对应的是电场极化，则该平面称作 E 平面，而如果该图的截面平面对应的是磁场极化，则该平面称作 H 平面。

作为例子，给出了双锥形天线不同类型方向图的计算结果[25]。该天线的几何见图 5.15，而它的参数与前面给出的一样。该天线由宽度 150ps 的双极脉冲激发，图 5.19 给出了用于激发的脉冲和远区辐射脉冲的形状。

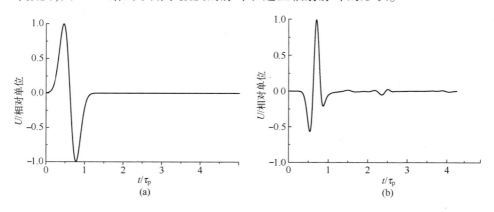

图 5.19　用于激发的宽度 150ns 双极脉冲形状（a）和在远区辐射的脉冲形状（b）

图 5.20 给出了 $E_p(1)$、$E_p^2(2)$、$E_{pp}(3)$ 和 $W(4)$ 类型的归一方向图。显然，对于该超宽带辐射器，全部 4 张方向图在形状上很接近，并且是平滑的，而它们半高水平的宽度在逐渐变小。

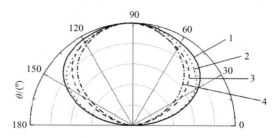

图 5.20　在宽度 $\tau_p = 150\text{ps}$ 双极脉冲激发下双锥形天线辐射的不同方向图
1—峰值场强；2—峰值功率；3—最大场强差；4—能量。

5.4.2　辐射器的能量、峰值功率和峰值场强效率

采用辐射器的能量效率 k_w、峰值功率效率 k_p 和峰值场强效率 k_E 等参数，表征超宽带辐射器的相应参数效率。根据文献[28]，将研究参数 k_w 和 k_p 的估算方法。辐射器能量效率 k_w 的定义如下：

$$k_w = W_{rad}/W_g \tag{5.19}$$

式中：W_{rad} 为天线辐射的能量；W_g 为在天线输入端的电压脉冲能量。实验上，辐射的能量是作为天线输入端电压脉冲的能量和天线反射脉冲的能量之差：$W_{rad} = W_g - W_{ref}$。此时，不考虑天线本身由于有限电导率而造成的小的能量损失。k_w 也可以根据激发天线的脉冲频谱和测得的馈电部件的驻波电压系数与频率的依赖关系 $K_V(f)$ 计算[39]的，如式（11.7）。这两种方法，实际上给出的是相同的 k_w 值。

知道天线输入端电压脉冲特性、k_w 值和天线辐射的空间–时间特性，可以求得天线峰值功率的效率如下：

$$k_p = P_{rad}/P_g \tag{5.20}$$

式中：P_{rad} 为辐射的峰值功率；P_g 为天线输入端脉冲的峰值功率。发生器脉冲的峰值功率根据 $P_g = U_{gmax}^2/\rho_f$ 求得，这里 U_{gmax} 为发生器脉冲最大电压绝对值，ρ_f 为馈电部件的波阻抗。辐射的峰值功率，是对应在方向图主方向上天线接收信号幅度最大值的时刻计算的。为了考虑辐射脉冲形状与观测角的依赖关系，将球表面分成面积 $S_i(i=1\sim12)$ 的扇形，并且在各扇形中辐射脉冲形状可认为是不变的。开始时求得第 i 扇形的效率 k_{pi}。峰值功率的整个效率值，由下面 k_{pi} 之和确定：

$$k_{p} = \sum_{i=1}^{12} k_{pi} = \frac{\sum\limits_{i=1}^{12} (U_{amaxi}^{2} S_{i}) k_{w} \int\limits_{0}^{\tau_{p}} U_{g}^{2}(t) \, dt}{U_{gmax}^{2} \sum\limits_{i=1}^{12} (S_{i} \int\limits_{0}^{\tau_{radi}} U_{ai}^{2}(t) \, dt)} \qquad (5.21)$$

式中:$U_{ai}(t)$ 为在球表面 S_i 扇形测得的接收天线输出端电压脉冲的时间依赖关系;U_{amaxi}^{2} 为电压脉冲 $U_{ai}(t)$ 最大值的平方;τ_{radi} 为相应的辐射脉冲宽度。对 k_p 估计方法更详细的叙述,可从文献[38]了解。

通过在 E 平面和 H 平面内测得的峰值功率方向图,也可以估计天线在方向 $\delta = \varphi = 0$ 上的定向作用系数 D_0:

$$D_{0} = \frac{4\pi F^{2}(0,0)}{\sum\limits_{i=1}^{12} S_{i} F_{i}^{2}(\delta,\varphi)} \qquad (5.22)$$

式中:$F_{i}^{2}(\delta,\varphi)$ 为在球表面 S_i 扇形的归一方向图的平均值;$F^{2}(0,0) = 1$ 为天线在主方向($\delta = \varphi = 0$)上归一方向图的值。知道 k_p 和 D_0,不只可计算辐射的峰值功率,也可计算在远区给定距离 r 上的峰值场强:

$$E_{p} = \frac{1}{r} \sqrt{30 P_{g} k_{p} D_{0}} \qquad (5.23)$$

峰值场强的效率,可根据远区方向图主方向上的测量结果进行估计:

$$k_{E} = r E_{p} / U_{gmax} \qquad (5.24)$$

有效辐射势 rE_p 是表征包括激发天线的电压脉冲发生器在内的超宽带辐射源的与此不同,这里 k_E 只表征辐射器(天线)本身。这个参数 k_E,广泛用于不同天线性能的估计和比较。在频域上,对应这个参数的是与它类似的放大系数,后者等于有效作用系数 k_w 与定向作用系数 D_0 之积,并且 k_E 值也随 k_w 和 D_0 值的增大而升高。

小结

本章叙述了基本辐射器非稳态辐射问题的求解方法。从方法学观点看,这里明显地展示了在时域上直接求解该问题的可能性。同时表明,引入二重性(二元性)原理在获取磁辐射器场表达式时是有益的。这些问题很早就认为是经典问题,而对它们的求解在许多文献[14-18]中可以找到。然而,在这些工作中,还远没有对得到的解进行细致的分析。

对于有限尺寸辐射器问题的求解,值得注意的是这些解在有限范围内是用积分表达的。而且,解的结构本身容许有清晰的物理阐述,而在最初激发任意时间改变的情况下积分也便于数值计算。

本章制定了实际上有重要意义的估计标准,用于确定超宽带辐射器场区域的边界位置,并且通过系列小尺寸辐射器的数值模拟和测量,对这些标准进行了验证,同时揭示出双极电压脉冲激发天线方向图的特点,提出了估计辐射器的能量、峰值功率和峰值场强效率的一套方法。

问题和检测试题

1. 对于谐波电赫兹偶极子场分量复幅度,它具有下面的表达式[14]:

$$E_r(\omega) = Z_0 \frac{p(\omega)\exp(-i\omega r/c)}{2\pi r}\left[-\frac{i\omega}{r}+\frac{c}{r^2}\right]\cos\theta$$

$$E_\theta(\omega) = Z_0 \frac{p(\omega)\exp(-i\omega r/c)}{4\pi r}\left[-\frac{(i\omega)^2}{c}+\frac{i\omega}{r}+\frac{c}{r^2}\right]\sin\theta$$

$$H_\varphi(\omega) = \frac{p(\omega)\exp(-i\omega r/c)}{4\pi r}\left[-\frac{(i\omega)^2}{c}+\frac{i\omega}{r}\right]\sin\theta$$

式中:$p(\omega)=I(\omega)L$ 为偶极子矩,这里与文献[14]不同,采用的是它的时间依赖关系 $\exp(i\omega t)$。

请对上述表达式应用逆傅里叶变换,求得偶极子场分量在时域上的表达式。

求解:已知该变换的性质,可写成下式:

$$p(t) = \frac{1}{2\pi}\int_{-\infty}^{\infty} p(\omega)\,e^{i\omega t}\,d\omega$$

$$p'(t) = i\omega\frac{1}{2\pi}\int_{-\infty}^{\infty} p(\omega)\,e^{i\omega t}\,d\omega$$

$$p''(t) = (i\omega)^2\frac{1}{2\pi}\int_{-\infty}^{\infty} p(\omega)\,e^{i\omega t}\,d\omega$$

考虑上述,将有

$$E_r(t) = \frac{Z_0}{2\pi r}\left[\frac{p'(t')}{r}+\frac{cp(t')}{r^2}\right]\cos\theta$$

$$E_\theta(t) = \frac{Z_0}{4\pi r}\left[\frac{p''(t')}{c}+\frac{p'(t')}{r}+\frac{cp(t')}{r^2}\right]\sin\theta$$

$$H_\varphi(t) = \frac{1}{4\pi r}\left[-\frac{p''(t')}{c}+\frac{p'(t')}{r}\right]\sin\theta$$

不难证实,上面得到的表达式等效于式(5.4)~式(5.6)。

2. 利用表达式(5.4)~式(5.6),可以求得远区 $r \gg c\tau_p$ 的场。请表明,在这种情况下:

$$\int_{-\infty}^{\infty} E_{\theta}(t)\,\mathrm{d}t = 0$$

并请给出所得结果的物理解释。

3. 在二重性原理（二元性原理）基础上，求解导电屏上窄环缝的辐射问题。

参考文献

［1］ Фелсен Л. , Маркувиц Н. Излучение и рассеяние волн / Пер. с англ. под ред. М. Л. Левина-М. : Мир, 1978; Т. 1-551 с. , Т. 2. -557 с.

［2］ Балакирев В. А. , Сидельников Г. Л. Формирование электромагнитного импульса апертурными антеннами // Радиотехника и электроника. 1999. Т. 44. № 8. С. 935-942.

［3］ Скулкин С. П. О некоторых особенностях импульсных полей апертурных антенн // Известия вузов. Радиофизика. 1999. Т. XLII. № 2. С. 148-157.

［4］ Dumin O. , Tretyakov O. Radiation of Arbitrary Signals by Plane Disk // Proc. VI Int. Conf. Math. Meth. Electromagn. Theory. Ukraina, Lviv: Karpenko Physico - Mechanical Institute, September 19-24 1996. P. 248-251.

［5］ Wu T. T. Electromagnetic missiles // J. Appl. Phys. 1985. V. 57. No. 7. P. 2370-2373.

［6］ Содин Л. Г. Характеристики импульсного излучения антенн (электромагнитного снаряда) // Радиотехника и электроника. 1992. Т. 37. № 5. С. 849-857.

［7］ Содин Л. Г. Импульсное излучение антенн // Радиотехника и электроника. 1998. Т. 43. № 2. С. 166-174.

［8］ Кирьяшкин В. В. , Чубинский Н. П. Исследование возможности коллимирования потоков электромагнитных волн сверхширокополосных сигналов // Радиотехника и электроника. 2002. Т. 47. №1. С. 24-32.

［9］ Гутман А. Л. Метод Кирхгофа для расчета импульсных полей // Радиотехника и электроника. 1997. Т. 42. № 3. С. 271-276.

［10］ Михайлов Е. М. , Головинский П. А. Описание дифракции и фокусировки ультракоротких импульсов на основе нестационарного метода Кирхгофа-Зоммерфельда // Журнал экспериментальной и теоретической физики. 2000. Т. 117. № 2. С. 275-285.

［11］ Heyman E. , Melamed T. Certain considerations in aperture synthesis of ultrawideband/short-pulse radiation // IEEE Trans. Antennas Propagat. 1994. V. 42. No. 4. P. 518-525.

［12］ Shlivinski A. , Heyman E. Energy consideration in space - time synthesis of collimated pulsed apertures // Ultra-Wideband Short-Pulse Electromagnetics 4. Edited by E. Heyman et al. , New York: Academic Press, 1999. P. 65-75.

[13] Shlivinski A. , Heyman E. Time-domain near-field analysis of short-pulse antennas-Part I: Spherical wave (multiple) expansion // IEEE Trans. Antennas Propagat. 1999. V. 47. No. 2. P. 271-279.

[14] Гольдштейн Л. Д. , Зернов Н. В. Электромагнитные поля и волны: - М. : Советское радио, 1971. -662 с.

[15] Harmuth H. F. Antennas and waveguides for nonsinusoidal waves. -Orlando: Academic Press, 1984. -276 p.

[16] Фейнман Р. , Лейтон Р. , Сэндс М. Фейнмановские лекции по физике, вып. 6, кн. 4 / Пер. с англ. А. В. Ефремова, Г. И. Копылова, Ю. А. Симонова; Под ред. Я. А. Смородинского. -М. : Мир, 1977. -349 с.

[17] Franceschetti G. , Papas C. H. Pulsed antennas // IEEE Trans. Antennas Propagat. 1974. V. 22. No. 5. P. 651-661.

[18] Schantz H. G. Electromagnetic energy around Hertzian dipoles // IEEE Antennas Propagat. Magazine. 2001. V. 43. No. 2. P. 50-62.

[19] Борисов В. В. Излучение электромагнитного сигнала круговым током // Волны и дифракция. Краткие тексты докладов X Всесоюзного симпозиума по дифракции и распространению волн. Винница. 1990. С. 171-174.

[20] Фрадин А. З. Антенно-фидерные устройства. -М. : Связь, 1977. -440 с.

[21] Harmuth H. F. Transmission of information by orthogonal functions. New York: Academic Press, 1970. Русский перевод. Хармут Х. Ф. Передача информации ортогональн-ымифункциями / Пер. с англ. Н. Г. Дядюнова, А. И. Сенина. -М. : Связь, 1975. -272 с.

[22] Крымский В. В. , Бухарин В. А. , Заляпин В. И. Теория несинусоидальных эл-ектромагнитных волн. -Челябинск: Изд-во ЧГТУ, 1995. -128 с.

[23] Кошелев В. И. , Лю Ш. , Петкун А. А. О критериях границ зон сверхширокопо-лосного излучателя с аксиальной симметрией // Известия вузов. Физика. 2008. Т. 51. № 9. С. 46-50.

[24] Кошелев В. И. , Лю Ш. , Петкун А. А. Влияние диаметра экрана на характерист-ики короткого электрического излучателя // Известия вузов. Физика. 2010. Т. 53. № 9/2. С. 49-53.

[25] Кошелев В. И. , Петкун А. А. , Дейчули М. П. , Лю Ш. Частотные и временные характеристики конических ТЕМ антенн // Доклады 4 Всероссийской научно -технической конференции 《 Радиолокация и радиосвязь 》. Россия, Москва: Институт радиотехники и электроники им. В. А. Котельникова РАН, 29 ноября-3 декабря 2010. С. 336-340.

[26] Koshelev V. I. , Andreev Yu. A. , Efremov A. M. , Kovalchuk B. M. , Plisko V. V. , Sukhushin K. N. , Liu S. Increasing stability and efficiency of high-power ultrawideband radiation source // Proc. 16 Inter. Symposium on High Current Electronics. Russia, Tom-sk: Institute of High Current Electronics SB RAS, September 19-24 2010. P. 415-418.

[27] Балзовский Е. В., Буянов Ю. И., Кошелев В. И. Сверхширокополосная диполь
ная антенна с резистивными плечами // Радиотехника и электроника. 2004. Т. 49.
№ 4. С. 460-465.

[28] Марков Г. Т., Сазонов Д. М. Антенны. -М.: Энергия, 1975. -528 с.

[29] Балзовский Е. В., Кошелев В. И., Шипилов С. Э. Сверхширокополосное зонди
рование объектов за радиопрозрачными препятствиями // Известия вузов.
Физика. 2010. Т. 53. № 9/2. С. 83-87.

[30] Baum C. E. Radiation of impulse-like transient fields // Sensor and Simulation Notes.
Edited by C. E. Baum. USA, New Mexico, Kirtland: Air Force Research Laboratory, Di-
rected Energy Directorate, 1989. No. 321.

[31] Baum C. E., Farr E. G. Impulse radiating antennas // Ultra-Wideband, Short-Pulse E-
lectromagnetics. Edited by H. Bertoni et all., New York: Plenum Press. 1993. P. 139
-147.

[32] Smith I. D., Morton D. W., Giri D. V., Lackner H., Baum C. E., Marek J. R.
Desing, fabrication and testing of paraboloidal reflector antenna and pulser system for im-
pulse-like waveforms // Proc. 10 Inter. Pulsed Power Conference. New Mexico, Albu-
querque: 1995. V. 1. P. 56-64.

[33] Mikheev O. V., Podosenov S. A., Sakharov K. Y., Sokolov A. A., Svekis Y. G.,
Turkin V. A. New method for calculating pulse radiation from an antenna with a reflector
// IEEE Trans. Electomagn. Compatibility. 1997. V. 39. No. 1. P. 48-54.

[34] Giri D. V., Lehr J. M., Prather W. D., Baum C. E., Torres R. J. Intermediate and far
fields of a reflector antenna energized by a hydrogen spark-gap switched pulser // IEEE
Trans. Plasma Sci. 2000. V. 28. No. 5. P. 1631-1636.

[35] Ефремов А. М., Кошелев В. И., Ковальчук Б. М., Плиско В. В., Сухушин К.
Н. Мощные источники сверхширокополосного излучения с субнаносекундной
длительностью импульса // Приборы и техника эксперимента. 2011. Т. 54. № 1.
С. 77-83.

[36] Harmuth H. F. Nonsinusoidal waves for radar and radio communications. New York: Aca-
demic Press, 1981. Русский перевод. Хармут Х. Ф. Несинусоидальные волны в
радиолокации и радиосвязи / Пер. с англ. Г. С. Колмогорова, В. Г. Лабунца
под ред. А. П. Мальцева. -М.: Радио и связь, 1985. -376 с.

[37] Theodorou E. A., Gorman M. R., Rigg P. R., Kong F. N. Broadband pulse-optimized
antenna // IEE Proc. 1981. V. 128. Pt. H. No. 3. P. 124-130.

[38] Андреев Ю. А., Буянов Ю. И., Кошелев В. И. Комбинированная антенна с
расширенной полосой пропускания // Радиотехника и электроника. 2005. Т. 50.
№ 5. С. 585-594.

[39] Кошелев В. И., Плиско В. В. Энергетические характеристики четырехэлементных
решеток комбинированных антенн // Известия вузов. Физика. 2013. Т. 56. № 8/
2. С. 134-138.

第6章　超宽带脉冲的传播

引言

麦克斯韦方程的任何解在均匀、线性、各向同性和稳态介质的所有点上都是单值和连续的,它们描写的是有限能量的迁移过程,并且是实际可能的某个电磁场。麦克斯韦方程最简单的解,是依赖时间和一个空间变量(坐标)的解,即所谓的平面波。类似的解可以描述无限大能量迁移的波动过程,而这个过程实际上不可能实现。然而决定平面波传播的因素,首先,在典型的更复杂的真实场传播时在许多方面会表现出来。其次,具有相应权重的平面波的叠加,可以使有限能量的场实现合成。

正如上面开始时指出的那样,下面将讨论不同因素对平面波本身在无限导电介质中传播的影响问题,还将讨论超宽带电磁脉冲在线性各向同性介质中传播时发生的物理现象,这里包括三种介质情况:一种是无色散介质情况,另一种是有色散介质情况,第三种是高功率脉冲与传播介质非线性相互作用的情况。

从方法学观点看,超宽带电磁脉冲在无色散介质中传播问题的解决,是基于频域和时域两种方法。这里的组合思想,提出了空间和时间变量不分开求解的建议,这是对所研究物理现象最合适的思路。另外,又展示了为求解而引用数学工具的复杂程度和可能性。

由于现在制定的地球大气折射复指数是很精确的半经验模型,这使得考虑色散是可能的。在讨论高功率电磁脉冲穿过下层大气传播时,采用的模型是基于自由电子的麦克斯韦方程和玻尔兹曼方程自洽求解的基础上的。

实际上,许许多多自然介质的特点,是它有足够清晰的明显边界,并且它在边界的两边具有不同的参数。根据穿过介质或从介质反射的电磁场的测量或计算的结果对介质参数的恢复,是无线电物理、声学和地质物理最迫切问题之一。如果不制定适合这些物理的脉冲辐射与分层介质相互作用问题的直接求解方法,而通过相应逆向问题求解来有效恢复介质参数简直是不可思议的,因此本章还给出了这个领域某些直接问题的求解。

为了求解平面脉冲波经过导电半空间边界的穿过和反射问题,曾提出几种方法。利用其中的一种方法,计算在时域上的反射系数具有重要意义,因此在开始时足够详细地描述这个系数的计算方法。对于平行两个介质界面的无限直线源产生的脉冲场的结构问题,我们分别进行了研究,此时在介质中与电导电流比较,忽略了位移电流。

接着非常详细地叙述了平面脉冲波穿过均匀但无损耗的电介质平面平行层问题的求解算法,这里也是在时域上进行的,而脉冲波具有与时间的任意依赖关系。作为这个算法的补充,又给出了另一种求解方法。

接着在空间-时间表达形式下,给出了关于平面脉冲波穿过非均匀但有损耗介质的平面平行层问题的解。这里采用了"不变浸入法",该方法的优点包括求解算法的鲜明物理性,以及甚至在明显干扰噪声水平的条件下它的逆向问题求解的可能性。

本章最后一节的叙述稍许更为详细一些,它主要涉及当水平电偶极子处在平面层电介质的上界面时,对它在短的电流脉冲激发下产生的非稳态电磁场进行了研究。此时假设,在介质中不发生色散。这样得到的解的结构,明显地展示了波导(或次生的或侧向的)系统中激发的不同类型的波,表现了各类波的典型特征,而这些特征使得在分层结构的总响应中能够鉴别出不同类型的波,以及在这个基础上确定它们的几何参数。

6.1 超宽带电磁脉冲在导电介质中的传播

6.1.1 超宽带电磁脉冲在无限介质中的传播

6.1.1.1 频域上求解

假设,传播介质是无限的,并且它不发生波的色散。在这样介质中,绝对的介电常数 ε 和导磁常数 μ,还有电导率 σ 都是不变的标量[1,2],因此材料本构方程具有下面形式:

$$D = \varepsilon E, B = \mu H, j = \sigma E$$

在无源情况下,这样介质的麦克斯韦方程具有下面形式:

$$\mathrm{rot} H = \varepsilon \frac{\partial E}{\partial t} + \sigma E \tag{6.1}$$

$$\mathrm{rot} E = -\mu \frac{\partial H}{\partial t} \tag{6.2}$$

$$\mathrm{div} E = 0 \tag{6.3}$$

$$\mathrm{div} H = 0 \tag{6.4}$$

利用麦克斯韦方程(6.1)~(6.4),并采用标准方法,求得电场 E 和磁场 H 满足同样的二阶偏微分方程[1,2]:

$$\varepsilon\mu\frac{\partial^2 \boldsymbol{F}}{\partial t^2}+\mathrm{rotrot}\boldsymbol{F}+\mu\sigma\frac{\partial \boldsymbol{F}}{\partial t}=0, \boldsymbol{F}=\boldsymbol{E} \text{ 或 } \boldsymbol{F}=\mathrm{H} \tag{6.5}$$

由于已知的向量恒等式：

$$\mathrm{rotrot}\boldsymbol{F}=\mathrm{graddiv}\boldsymbol{F}-\nabla^2\boldsymbol{F}=-\nabla^2\boldsymbol{F}$$

又假设，平面波在笛卡儿坐标系 z 轴正方向传播，用向量 $\boldsymbol{F}$ 的 F_x 或 F_y 表示分量，由方程（6.5）得到 $E_x(z,t)$、$H_y(z,t)$ 分量的更简单的方程：

$$\frac{\partial^2 F}{\partial z^2}-\varepsilon\mu\frac{\partial^2 F}{\partial t^2}-\mu\sigma\frac{\partial F}{\partial t}=0 \tag{6.6}$$

对于谐波式依赖时间的平面波，这个方程的一般解具有下面形式：

$$F=[A\exp(\mathrm{i}kz)+B\exp(-\mathrm{i}kz)]\exp(-\mathrm{i}\omega t) \tag{6.7}$$

式中：A、B 和 k 分别为对应给定频率 ω 波的幅度和波数，这里讨论的波数是复数的。在将式（6.7）代入方程（6.6）后，可以得到波数的表达式。在做了代入操作后，得到

$$A\exp(\mathrm{i}kz-\mathrm{i}\omega t)[-k^2+\omega^2\varepsilon\mu+\mathrm{i}\omega\mu\sigma]+B\exp(-\mathrm{i}kz-\mathrm{i}\omega t)[-k^2+\omega^2\varepsilon\mu+\mathrm{i}\omega\mu\sigma]=0$$

由此可得

$$k=\sqrt{\omega^2\varepsilon\mu+\mathrm{i}\omega\mu\sigma} \tag{6.8}$$

在 $\sigma=0$ 情况下，式（6.8）转为已知的不导电介质的波数表达式。

方程（6.6）在任意依赖时间关系的情况下，它的一般解利用傅里叶展开形式表达为平面波的连续谱：

$$F(z,t)=\int_{-\infty}^{\infty}[A(\omega)\exp(\mathrm{i}kz)+B(\omega)\exp(-\mathrm{i}kz)]\exp(-\mathrm{i}\omega t)\mathrm{d}\omega \tag{6.9}$$

假设，在 $z=0$ 平面上函数 F 及其对 z 的导数由下面关系式给出：

$$F(0,t)=\varphi(t),\left.\frac{\partial F(z,t)}{\partial z}\right|_{z=0}=\psi(t) \tag{6.10}$$

尔后，应该搞清楚平面波在导电介质中传播时它的特性如何变化。将解式（6.9）代入式（6.10）后，求得

$$\varphi(t)=\int_{-\infty}^{\infty}[A(\omega)+B(\omega)]\exp(-\mathrm{i}\omega t)\mathrm{d}\omega$$

$$\psi(t)=\int_{-\infty}^{\infty}\mathrm{i}k[A(\omega)-B(\omega)]\exp(-\mathrm{i}\omega t)\mathrm{d}\omega \tag{6.11}$$

上面的式（6.11）不是什么其他的，而是已知函数 $\varphi(t)$ 和 $\psi(t)$ 展开的傅里叶积分。将傅里叶直接变换应用于式（6.11），可以求得这些展开式频谱密度显式表达式。这样，由它们可以求得

$$A(\omega) = \frac{1}{4\pi} \int_{-\infty}^{\infty} \left[\varphi(\xi) - \frac{i}{k}\psi(\xi) \right] \exp(i\omega\xi)\,d\xi$$

$$B(\omega) = \frac{1}{4\pi} \int_{-\infty}^{\infty} \left[\varphi(\xi) + \frac{i}{k}\psi(\xi) \right] \exp(i\omega\xi)\,d\xi$$

将表达式 $A(\omega)$ 和 $B(\omega)$ 代入方程(6.9),给出

$$F(z,t) = F_1(z,t) + F_2(z,t)$$

式中

$$F_1(z,t) = \frac{1}{2\pi} \int_{-\infty}^{\infty} \varphi(\xi)\,d\xi \int_{-\infty}^{\infty} \cos kz \exp[i\omega(\xi - t)]\,d\omega \qquad (6.12)$$

$$F_2(z,t) = \frac{1}{2\pi} \int_{-\infty}^{\infty} \psi(\xi)\,d\xi \int_{-\infty}^{\infty} \frac{\sin kz}{k} \exp[i\omega(\xi - t)]\,d\omega \qquad (6.13)$$

式(6.12)和式(6.13)决定了问题形式上的解。然而,这个解在研究传播过程中脉冲平面波参数变化时,是不太适用的。这特别明显地表现在脉冲宽度很小,即相应的频带很大的情况。发生这种情况的主要原因,是由于在求解空间变量和时间变量是分开的(实际上,这两种变量包括在积分号下函数的不同因子中),而这与所讨论问题的物理实质是没有关系的。

下面将实现从频域的式(6.12)和式(6.13)过渡到时域的表达式。这里所要求的变换,是基于利用式(6.13)中函数 $\sin kz/k$ 的积分表达概念:

$$\frac{\sin kz}{k} = \frac{c}{2} \int_{-z/c}^{z/c} e^{i\eta(\omega + ib)} J_0\left(\frac{b}{c}\sqrt{z^2 - c^2\eta^2}\right)d\eta \qquad (6.14)$$

式中:$c = 1/\sqrt{\mu\varepsilon}$;$b = \sigma/2\varepsilon$;$J_0(\cdot)$ 为零阶贝塞尔函数。

在将式(6.14)代入式(6.13)并改变积分次序后,得到

$$F_2(z,t) = \frac{c}{2} \int_{-z/c}^{z/c} d\eta \exp(-b\eta) \left[\frac{1}{2\pi} \int_{-\infty}^{\infty} d\omega \int_{-\infty}^{\infty} \psi(\xi) J_0\left(\frac{b}{c}\sqrt{z^2 - c^2\eta^2}\right)\right.$$

$$\left. \exp[i\omega(\xi + \eta - t)]\,d\xi \right]$$

但是根据傅里叶积分定理,上面积分号下函数的方括号里的表达式等于

$$\psi(t - \eta) J_0\left(\frac{b}{c}\sqrt{z^2 - c^2\eta^2}\right)$$

因此,

$$F_2(z,t) = \frac{c}{2} \int_{-z/c}^{z/c} d\eta \exp(-b\eta)\psi(t - \eta) J_0\left(\frac{b}{c}\sqrt{z^2 - c^2\eta^2}\right)$$

在进行积分变量 $t - \eta = \zeta$ 替换后,求得

$$F_2(z,t) = \frac{c}{2} \int_{t-z/c}^{t+z/c} \psi(\varsigma) J_0\left(\frac{b}{c}\sqrt{z^2 - c^2(t-\varsigma)^2}\right) \exp[-b(t-\varsigma)] d\varsigma \quad (6.15)$$

如果考虑,从式(6.13)在用 $\varphi(\xi)$ 替换 $\psi(\xi)$ 并对 z 进行微分后,可以得到式(6.12),即 $F_1(z,t)$ 的类似表达式,因此在对式(6.15)进行这个替换,所得到的表达式作为上下限变量的积分对 z 进行微分,再将得到的 $F_1(z,t)$ 表达式与 $F_2(z,t)$ 合在一起,最后求得下面表达式:

$$F(z,t) = F_1(z,t) + F_2(z,t) = \frac{1}{2}\exp\left(\frac{b}{c}z\right)\varphi\left(t+\frac{z}{c}\right) + \frac{1}{2}\exp\left(-\frac{b}{c}z\right)\varphi\left(t-\frac{z}{c}\right) +$$

$$+ \frac{c}{2}\exp(-bt)\int_{t-z/c}^{t+z/c} \varphi(\varsigma)\frac{\partial}{\partial z}J_0\left(\frac{b}{c}\sqrt{z^2-c^2(t-\varsigma)^2}\right)\exp(b\varsigma)d\varsigma +$$

$$+ \frac{c}{2}\exp(-bt)\int_{t-z/c}^{t+z/c} \psi(\varsigma)J_0\left(\frac{b}{c}\sqrt{z^2-c^2(t-\varsigma)^2}\right)\exp(b\varsigma)d\varsigma$$

下面将研究非导电介质($\sigma = 0$)的个别情况。在这种情况下:

$$b = 0, J_0(0) = 1, \frac{\partial}{\partial z}J_0(z)\bigg|_{z=0} = 0$$

而对 $F(z,t)$,得到了著名的达兰贝尔公式:

$$F(z,t) = \frac{\varphi(t+z/c) + \varphi(t-z/c)}{2} + \frac{c}{2}\int_{t-z/c}^{t+z/c} \psi(\varsigma) d\varsigma$$

上面公式描述两个平面波,它们分别在 $z\to-\infty$ 和 $z\to\infty$ 两个方向从 $z=0$ 平面以固定速度 c 不衰减地传播。在传播过程中,这两个波的初始形状保持不变。

在 $\sigma \neq 0$ 的介质中,两个波以不依赖 σ 和 ω 的速度 c ,在 $z\to-\infty$ 和 $z\to\infty$ 两个方向上传播。然而,波的幅度随着传播呈指数衰减,其衰减系数由 $\frac{b}{c} = \frac{\sigma}{2}\sqrt{\frac{\mu}{\varepsilon}}$ 确定,这像平面单色波情况时一样。除此之外,在 $z=0$ 平面上给定的初始扰动形状,由于指数随时间衰减积分的贡献,已经不会保持不变。这将导致每个波,都出现自己特有的随时间呈指数衰减的"回线"。

6.1.1.2　在时域上求解

将方程(6.6)的求解作为一个问题[1]提出,而这个解是依赖时间 t 和一个空间坐标 z 的场。假设,开始时刻前到处都没有场,而在 $t=0$ 时刻加到 $z=0$ 平面上的源,在 $z>0$ 方向上辐射平面线性极化波,其分量为 $E_x(z,t)$ 和 $H_y(z,t)$ 。并假定,函数 $f(t)$ 描写在 $z=0$ 平面上电场 $E_x(z,t)$ 随时间变化并且是已知的。

将直接拉普拉斯变换应用于方程(6.6):

$$G(z,s) = \int_0^\infty F(z,t)\exp(-st) dt = L[F(z,t)]$$

将得到变换量 $G(z,s)$ 的常微分方程：

$$\frac{\mathrm{d}^2 G}{\mathrm{d} z^2} - h^2 G = -\frac{h^2}{s} F(z,0) + \mu \varepsilon \frac{\partial F(z,t)}{\partial t}\bigg|_{t=0} \tag{6.16}$$

式中：$h^2 = \mu \varepsilon s^2 + \mu \sigma s$。然而，由于直到 $t=0$ 时刻，场及其导数到处都等于零，此时方程（6.16）实际上是齐次方程：

$$\frac{\mathrm{d}^2 G}{\mathrm{d} z^2} - h^2 G = 0 \tag{6.17}$$

然而，方程（6.17）的一般解，可以写成下面形式：

$$G(z,s) = A \exp(-hz) + B \exp(hz)$$

式中：h 应理解为双值函数 $\sqrt{h^2}$ 取正值的结果，此时 h^2 为实数和正值。

根据 $t=0$ 时刻对电场进行拉普拉斯变换的条件，求得

$$G(0,s) = L[f(t)]$$

根据物理考虑很清楚，应当将常数 B 假设等于零，因为辐射场在 $z > 0$ 方向上传播。实际上，在非导电介质的个别情况下有 $\sigma = 0$、$h = s/c$、$c = 1/\sqrt{\varepsilon \mu}$，而根据拉普拉斯变换的位移定理有

$$G(z,s) = G(0,s) \exp\left(-\frac{s}{c} z\right) = L[f(t - z/c)]$$

上面最后关系式表示

$$E_x(z,t) = E_x(0, t - z/c) = f(t - z/c)$$

即波的传播过程在正 z 方向。

对于下面求解的程序，确定在拉普拉斯变换下函数 $\exp(-hz)$ 的原函数具有关键意义。如果从下面积分表达式出发[1]：

$$\frac{\exp(-hz)}{h} = c \int_{z/c}^{\infty} \exp(-bt) \mathrm{J}_0\left(\frac{b}{c} \sqrt{z^2 - c^2 t^2}\right) \exp(-st) \mathrm{d}t$$

可以求得这个原函数。在对上式微分后，有以下结果：

$$\exp(-hz) = \exp\left(-\frac{b}{c} z\right) \exp\left(-s \frac{z}{c}\right) - c \int_{z/c}^{\infty} \exp(-bt) \frac{\partial}{\partial z} \mathrm{J}_0\left(\frac{b}{c} \sqrt{z^2 - c^2 t^2}\right) \exp(-st) \mathrm{d}t$$

或

$$\exp(-hz) = \exp\left(-\frac{b}{c} z\right) \exp\left(-s \frac{z}{c}\right) - c L[\varphi(z,t)]$$

式中

$$\varphi(z,t) = \begin{cases} 0, & 0 < t < z/c \\ \exp(-bt) \dfrac{\partial}{\partial z} \mathrm{J}_0\left(\dfrac{b}{c} \sqrt{z^2 - c^2 t^2}\right), & t \geqslant z/c \end{cases}$$

考虑上面的计算,可以写出

$$G(z,s) = G(0,s)\exp(-hz) = L[f(t)]\exp\left(-\frac{b}{c}z\right)\exp\left(-s\frac{z}{c}\right) - cL[f(t)]L[\varphi(z,t)]$$

考虑到拉普拉斯变换的位移定理和卷积定理,求得

$$E_x(z,t) = \exp\left(-\frac{b}{c}z\right)f(t-z/c) - c\int_{z/c}^{t} f(t-\xi)\exp(-b\xi)\frac{\partial}{\partial z}J_0\left(\frac{b}{c}\sqrt{z^2-c^2\xi^2}\right)d\xi$$

或在积分变量 $t-\xi=\beta$ 替换后,有

$$E_x(z,t) = \exp\left(-\frac{b}{c}z\right)f(t-z/c) -$$

$$c\exp(-bt)\int_0^{t-z/c} f(\beta)\exp(b\beta)\frac{\partial}{\partial z}J_0\left(\frac{b}{c}\sqrt{z^2-c^2(t-\beta)^2}\right)d\beta \quad (6.18)$$

这里得到的解满足方程(6.6),该解描写在正 z 方向传播的波。在平面 $z=0$ 上,对所有的 $t>0$ 值这个解与函数 $f(t)$ 符合。从计算观点看,对于式(6.18),利用下面已知关系式[3]:

$$\frac{d}{dz}J_0(z) = -J_1(z), J_1(iz) = iI_1(z)$$

最好是通过虚自变量的贝塞尔函数来表示贝塞尔函数,此时有

$$E_x(z,t) = \exp\left(-\frac{b}{c}z\right)f(t-z/c)$$

$$+ \frac{bz}{c}\exp(-bt)\int_0^{t-z/c} f(\beta)\exp(b\beta)\frac{I_1(b\sqrt{(t-\beta)^2-z^2/c^2})}{\sqrt{(t-\beta)^2-z^2/c^2}}d\beta \quad (6.19)$$

例如,如果 $f(t)=\delta(t)$,后者是狄拉克 δ 函数,则得到导电介质的空间-时间的格林函数(脉冲响应)如下:

$$E_x(z,t) = \left[\delta(t-z/c) + \frac{bz}{c}\frac{I_1(b\sqrt{t^2-z^2/c^2})}{\sqrt{t^2-z^2/c^2}}\right]\exp(-bt), t \geqslant z/c \quad (6.20)$$

采用略有不同的另一种方法,也曾得到空间-时间的格林函数表达式(6.20),而对于窄带脉冲情况,文献[4]还进行过详细的研究。在文献[5]中,利用上面表达式也得到了解(6.19)。这个解也在文献[6]中求得,这是基于黎曼方法[7]对具有两个独立变量的二阶线性双曲线微分方程求解时得到的。

考虑到,在 $x \gg 1$ 时下面渐近公式是成立的[3]:

$$I_1(x) \approx \exp(x)/(2\pi x)^{1/2}$$

因此,当 t 很大时,将有

$$\frac{I_1(b\sqrt{t^2-z^2/c^2})}{\sqrt{t^2-z^2/c^2}} \approx \frac{\exp[(b\sqrt{t^2-z^2/c^2})]}{\sqrt{2\pi b}\sqrt{t^2-z^2/c^2}} \approx \frac{\exp(bt)}{\sqrt{2\pi b}\sqrt{t}}$$

由此可见,在坐标z点导电介质的脉冲响应,是在时刻z/c出现在z点的幅度$\exp(-bz/c)$的脉冲,并且该脉冲后面拖着一个随时间慢衰减的"尾巴"。而介质的电导率b越大或源距z点的距离越大,脉冲幅度也越小。"尾巴"随时间的衰减,如$1/\sqrt{t}$一样。

式(6.19)中积分的计算,非常依赖于脉冲波形$f(t)$。下面选取三种形状进行研究:

$$f_1(t) = E_0 \left(\frac{t}{T}\right)^n \left[M^{n+1} \exp\left(-M\frac{t}{T}\right) - \exp\left(-\frac{t}{T}\right) \right] \chi(t)$$

$$f_2(t) = E_0 \frac{t}{T} \exp\left(-\frac{t}{2T}\right) \left[\frac{1}{6}\left(\frac{t}{T}\right)^2 - \frac{3}{2}\frac{t}{T} + 2 \right] \chi(t)$$

$$f_3(t) = E_0 \frac{t-t_0}{T} \exp\left(-\left(\frac{t-t_0}{2T}\right)^2\right) \chi(t-t_0)$$

式中:参数n、T、M、t_0的值决定了脉冲的形状和有效宽度,而E_0为常数,且有

$$\chi(t) = \begin{cases} 0, & t < 0 \\ 1, & t \geq 0 \end{cases}$$

利用上面表达式进行计算机模拟时,得到了脉冲波形在距$z=0$平面的给定距离上随着介质电导率的增大发生变化的依赖关系,其结果在图6.1～图6.3上给出。由图可见,介质电导率的增大决定了脉冲更大的衰减、脉冲有效宽度的增大和初始波形的畸变。这是由于导电介质更有效地抑制其能谱的高频成分,而正是高频成分比低频成分更大地影响脉冲前沿的结果。

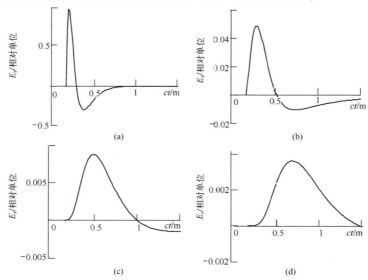

图6.1 在不同电导率介质中脉冲波形$f_1(t)$的变化

$E_0=2.2$,$n=1$,$T=0.3$,$z=0.5$;介质电导率:(a) $b=0$;(b) $b=10$;(c) $b=30$;(d) $b=50$。

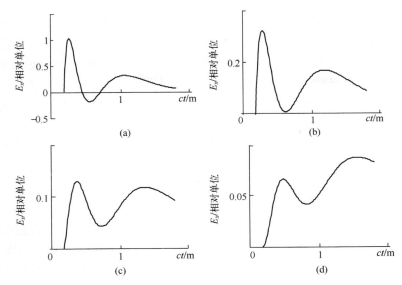

图 6.2　在不同电导率介质中脉冲波形 $f_2(t)$ 的变化

$E_0=1, T=0.3, z=0.5$;介质电导率:(a) $b=0$;(b) $b=3$;(c) $b=8$;(d) $b=15$。

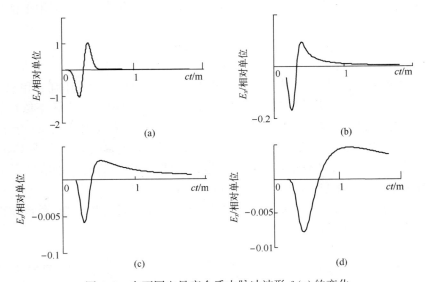

图 6.3　在不同电导率介质中脉冲波形 $f_3(t)$ 的变化

$E_0=2.4, T=0.3, t_0=0.4, z=0.5$;介质电导率:(a) $b=0$;(b) $b=5$;(c) $b=10$;(d) $b=30$。

6.1.2　超宽带脉冲在地球大气中的传播

在建立先进的超宽带定位系统、远距离探测系统和通信系统时,清晰地理解不同因素对介质中脉冲传播的定性和定量影响,具有重要意义[8, 9]。由于短

131

脉冲辐射与传播介质相互作用机制的复杂性,必须把分析的对象限制在最简单的模型问题上。然而,就是在这种情况下,分析时还必须引用介质复折射系数 n_c 的复杂半经验模型。但是由于必须考虑非常多谱线的贡献,这个模型精确的量子力学计算在很宽的频带范围内实际上是不可行的。对于地球大气制定了足够完整和精确的工程模型 $n_c^{[10,11]}$,其频带范围一直到 1000GHz。而对于土壤、海水、地球电离层的类似模型,至今还没有制定。

现在将研究平面脉冲电磁波在无限散射和吸收介质中沿着 z 轴正方向传播时发生的畸变。这个波的分量 $E_x = E(z,t)$ 可用下面傅里叶积分表示:

$$E(z,t) = \frac{1}{2\pi} \int_{-\infty}^{\infty} E(z,\omega) \exp(-i\omega t) d\omega$$

对于均匀各向同性的散射介质,辐射脉冲 $E(z,\omega)$ 的频谱密度,可以通过在 $z=0$ 平面上的频谱密度以 $E(z,\omega) = E(0,\omega) \exp[ik(\omega)z]$ 形式表示,这里波数 $k(\omega) = \omega n_c(\omega)/c$。对于复折射系数 n_c,通常将它们分成频率不依赖的实部分 n_0、频率依赖的实部分 $n(\omega)$ 和虚部分 $\kappa(\omega)$,即

$$n_c(\omega) = n_0 + n(\omega) + i\kappa(\omega)$$

在文献[11]中提出的 $n_c(\omega)$ 模型中,其不依赖频率的实部分 n_0 可用下面标准表达式给出:

$$n_0 = 1 + 10^{-6} \frac{77.6}{T}\left(p + \frac{4810}{T}e\right) + n_v$$

这里补充项 n_v 描述的是水蒸气分子旋转谱的贡献。此时,大气压强 p 和水蒸气分压强 e 是利用毫巴单位测量的,温度 T 单位为 K 氏温度。至于频率依赖的部分,它是由分立吸收线的贡献和干燥空气、水蒸气及水溶胶的透明窗口贡献之和构成。该模型的频谱数据,包括多于 450 个参数,它们描写在高度达 30km 处的大气条件下 O_2 和 H_2O 的共振谱线及连续谱线,而模型的输入数据只有 p、T、e 参数和水溶胶的浓度,这些足以证明该模型的复杂性。

因此,初始脉冲在具有吸收并散射的介质中传播时发生畸变,对该畸变的计算,可以利用逆向傅里叶变换的数值计算:

$$E(z,t) = \frac{1}{2\pi} \int_{-\infty}^{\infty} E(0,\omega) \exp\left\{\omega[in(\omega) - \kappa(\omega)]\frac{z}{c} - i\omega t'\right\} d\omega$$

这里假设给定了折射系数 $n_c(\omega)$ 的模型。式中 $t' = t - zn_0/c$ 为脉冲谱成分以相速度 c/n_0 传播到达观测点 z 时刻算起的时间,时间 t' 的这种算法的合理性,在后面的叙述中将可以看出。

采用下面关系式确定的时刻值:

$$\overline{t^k(z)} = \int_{-\infty}^{\infty} t^k w(z,t) dt, \quad k = 1,2,\cdots \tag{6.21}$$

可以得到这个畸变的定量估计[12]。在式(6.21)中,下面函数:

$$w(z,t) = \frac{E^2(z,t)}{\int_{-\infty}^{\infty} E^2(z,t)\,\mathrm{d}t}$$

相当概率密度。例如,式(6.21)中第一时刻 $\overline{t(z)}$ 描写脉冲的"重心"随着距离 z 的增大而发生的位移,而通过这个脉冲表达的量

$$v_{\text{eff}}(z) = \frac{z}{\overline{t(z)} - \overline{t(0)}}$$

为该脉冲的基本部分(即所谓的"δ"脉冲)传播的"有效"速度。下面关系式:

$$\delta t(z) = \sqrt{\overline{t^2(z)} - \overline{t(z)}^2} \tag{6.22}$$

表征在距 $z=0$ 平面的距离 z 处观测到的脉冲的均方宽度(即有效宽度)。

在解决某些问题时发现,最初的两个时刻对于超宽带辐射脉冲的"完整"表征是不够充分的[13],因此必须引进与第三和第四时刻有关的不对称系数 $\gamma_3 = \mu_3/\mu_2^{3/2}$ 和过度系数 $\gamma_4 = \mu_4/\mu_2^2$,这些参数通过所谓的中心时刻 $\mu_k = \overline{(t-t(z))^k}$ 表示。

脉冲衰减,可以利用归一到初始值的脉冲能量密度表征,而下面这个脉冲能量密度对于实际应用来说是很有意义的:

$$w(z) = \frac{\int_{-\infty}^{\infty} E^2(z,t)\,\mathrm{d}t}{\int_{-\infty}^{\infty} E^2(0,t)\,\mathrm{d}t} = \frac{\int_{-\infty}^{\infty} E^2(z,\omega)\,\mathrm{d}\omega}{\int_{-\infty}^{\infty} E^2(0,\omega)\,\mathrm{d}\omega} \tag{6.23}$$

对于超宽带脉冲在地球大气中发生的畸变和能量损失进行数值计算,这里的表达式(6.21)~式(6.23)构成了这个计算的基础。在这种情况下,作为输入的原始信息取脉冲的初始形状 $E(0,t)$(或等效于它的谱密度),并取折射系数 $n_c(\omega)$ 在给定频域上的模型。在数值计算中,作为超宽带脉冲波形[12]采用了下面的函数形式:

$$F(0,t) = F_0\left(\frac{t}{T}\right)^n \left[M^n + 1\exp(-Mt/T) - \exp(-t/T)\right]\chi(t) \tag{6.24}$$

对应式(6.24)的典型脉冲波形,如图 2.1 所示。

为了计算积分利用了快傅里叶变换程序,对于超宽带脉冲式(6.24)有限形状、均方宽度(6.22)和表征该脉冲衰减的函数(6.23)的计算结果[12-14],在图 6.4~图 6.7 上给出。而在计算复折射系数时,利用了下面参数的标准值:空气的压强 $p = 1013.25\text{MPa}$ 和温度 $T = 273\text{K}$ 及水蒸气密度 $\rho = 7.5\text{g/m}^3$。

在图 6.4 上给出了式(6.24)初始脉冲波形发生畸变的事例,该脉冲的参数

为 $M=5$、$n=2$、$T=0.8$ns，它们对应的脉冲宽度 $\delta t(0)=1$ns 和不同的距离 z 为 0（图 6.4 中曲线 1）、250（图 6.4 中曲线 2）和 500km（图 6.4 中曲线 3）。显而易见，最后的脉冲定性地保持了原始脉冲的形状。最后脉冲波形的平整是它的特点：由于参数 n、M、T 使正峰值降低，而负峰值绝对值减小，这对应频谱向更低频率方面移动。超宽带纳秒脉冲波形畸变的这个特点，是因为脉冲所占带宽（宽度约为 1GHz）的频谱成分在地球大气中的衰减随着频率而单调地增大，因此随着脉冲传播，高频谐波成分比低频成分衰减得更快。频谱低频成分在时域上比重的增大，对应的是它的加宽，这也就是在超宽带纳秒脉冲波形畸变中的决定性因素。

计算表明，纳秒超宽带脉冲基本部分的传播速度近似等于 $v_0=c/n_0$。另外，v_0 值可以看作是在超宽带脉冲频谱范围的某个频率 ω_0 上的 $(\partial k(\omega)/\partial\omega)^{-1}$ 量即在介质中传播的群速度，而该介质的色散规律与具有载波频率 ω_0 的窄带信号的色散规律 $k=k(\omega)$ 一样。

图 6.5 给出了 $\delta t(0)=50$ps 超宽带脉冲波形的畸变。在这种情况下，脉冲的频谱比纳秒脉冲的频谱更宽，而在频率 22.2GHz 处出现水蒸气的共振吸收谱线，这决定了脉冲波形在很近（$z<5$km）的距离上就已经发生了更大的改变。此时，超宽带纳秒脉冲的前沿和后沿被产生的振荡模糊了，此时振荡的幅度达到与脉冲主峰相当，这将使对这样宽度雷达信号的处理，实际上变得不太可能了。

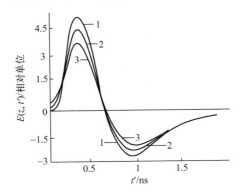

图 6.4 宽度 $\delta t(0)=1$ns 式（6.24）的脉冲典型畸变

距离：1—$z=0$km；2—$z=250$km；3—$z=500$km。

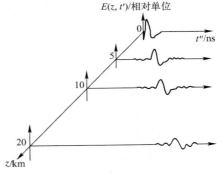

图 6.5 皮秒宽度式（6.24）脉冲在传播时发生的畸变[12]

因此，由于水在不同组合状态中是最广泛的自然介质成分之一，则宽度小于 0.1ns 的超宽带信号在这样的介质中传播时，它们的初始形状会很快就遭到破坏。

在图 6.6 上展示了超宽带脉冲在参数 $M=2$、$n=5$ 和不同 T 值时均方宽度在远离源时发生的变化，而在定性地保持曲线 $\delta t(z)$ 行为不变时，加宽的大小非

常依赖于参数 T 的值。

图 6.7 给出了不同宽度脉冲能量损失的计算结果,这里脉冲的初始参数与图 6.6 上一样。

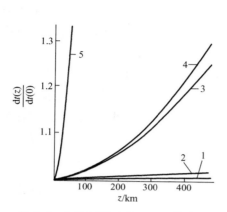

图 6.6　在远离源时式(6.24)脉冲的
均方宽度的变化[12]

脉冲参数:$M=2$,$n=5$ 及 1—$T=3\mathrm{ns}$;2—$T=1.5\mathrm{ns}$;
3—$T=0.3\mathrm{ns}$;4—$T=0.15\mathrm{ns}$;5—$T=0.03\mathrm{ns}$。

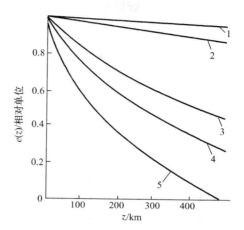

图 6.7　在远离源时式(6.24)脉冲的
能量损失的变化[12]

脉冲参数:$M=2$,$n=5$ 及 1—$T=3\mathrm{ns}$;2—$T=1.5\mathrm{ns}$;
3—$T=0.3\mathrm{ns}$;4—$T=0.15\mathrm{ns}$;5—$T=0.03\mathrm{ns}$。

因此,数值计算表明,纳秒脉冲波形在地球大气中畸变的主要后果,在它们的初始形状定性地保持不变情况下是脉冲波形的加宽以及衰减,但是衰减的大小在距离小于 500km 时不会对雷达信号的处理造成很大困难。

皮秒(上至 0.1ns)超宽带脉冲在近距离 5km 前发生非常厉害的畸变,以至于从目标反射信号的波形中获取它的雷达信息变得不可能了。这种情况可以看作是利用宽度小于 0.1ns 超宽带电磁脉冲方法上基本的限制因素,这是由于水蒸气在 22.2GHz 频率上存在很强的共振吸收谱线的结果。

6.1.3　高功率脉冲在低层地球大气中的畸变

众所周知,微秒宽度电磁脉冲在地球大气中传播时,它们的非线性效应对传播的功率密度上限水平(几 $\mathrm{MW/m^2}$)有限制。在这种情况下,对应的脉冲幅度有几百 kV/m。克服这个限制可能的办法是采用纳秒宽度的脉冲,这个宽度与空气电离所需的时间相当。因此,具有重要意义的是定量估计在大气中可以传播且没有很大损失或畸变的纳秒脉冲强度的极限水平。

在文献[15]中提出的传播过程的数学模型,是建立在等离子体中自由电子的动力学方程,以及在电磁场麦克斯韦方程和自由电子玻尔兹曼方程自洽解的基础上的。为了简化扩展的动力学方程,这里引用了三个关于电子分布函数的假设。其中一个假设,电子的平均自由程路径与电磁场特征空间尺度的比值很小。由于这个原因,研究只限于50km高度以下,因为在高度约100km以上这个比值接近1。另外,该假设使得我们应该考虑电磁脉冲电场和电子分布函数间的局部关系,并忽略电子的对流效应和在放电区域产生的电子扩散效应。

第二个假设是电子-分子的碰撞时间与空气电离所要求的特征时间的比值很小。因为电子的碰撞导致电子的分布函数趋于各向同性状态,这样可以假设,这个分布函数是弱各向异性的,此时可以采用下面的近似公式:

$$f(\boldsymbol{v},t)=f_0(\varepsilon,t)+f_1(\varepsilon,t)\cos\theta$$

式中:θ 为电场向量 $\boldsymbol{E}$ 和电子速度向量 $\boldsymbol{v}$ 间的夹角;$\varepsilon=mv^2/2$ 为电子动能。

最后的假设是,自由电子的密度与空气密度的比值很小。此时,可以忽略电子-电子碰撞,只考虑电子与处于基态的空气分子的弹性碰撞和非弹性碰撞。

在上面采用的假设基础上,函数 f_0 和 f_1 满足下面的动力学方程[15]:

$$\frac{\varepsilon}{vN}\frac{\partial f_0}{\partial t}-\frac{eE}{3N}\frac{\partial \varepsilon f_1}{\partial \varepsilon}=\tilde{J}[f_0]+S_0 \qquad (6.25)$$

$$\frac{\partial f_1}{\partial t}-eEv\frac{\partial f_0}{\partial \varepsilon}=-NvQ(\varepsilon)f_1(t) \qquad (6.26)$$

式中:N 为气体介质密度;e 为电子电荷;E 为电场强度。

在方程(6.25)中,碰撞积分 $\tilde{J}[f_0]$ 是线性的积分-微分算子,它反映了下面不同过程的影响:

(1)电子与分子的弹性散射;

(2)电子与处于激发状态的旋转能级、振动能级和电子能级的分子发生非弹相互作用;

(3)电子对氧分子和水分子的电离和附着作用。

这个算子的结构,在文献[15]中有详细的描述。在方程(6.26)中函数 $Q(\varepsilon)$ 描述了上面给出的所有过程的输运横截面。

考虑算子 $\tilde{J}[f_0]$ 的结构,由方程(6.25)可得[15]电子密度为

$$n_e=2\pi(2/m)^{3}/2\int \sqrt{\varepsilon}f_0 \mathrm{d}\varepsilon$$

这个密度由于电离和附着作用将发生如下变化:

$$\frac{\partial n_e}{\partial t}=(\nu_i-\nu_\alpha)n_e$$

式中:ν_i 和 ν_α 分别为电离率和附着率,它们自下面关系式给出:

$$\nu_b=\frac{8\pi N}{m^2 n_e}\int_0^\infty \varepsilon Q_b f_0 \mathrm{d}\varepsilon$$

式中：Q_b 为相应过程的横截面。

对动力学方程还应加上麦克斯韦方程，以使它们能自洽地描述电磁波的传播。传播的电磁波是沿 x 轴方向的极化平面波，其传播方向与 z 轴方向重合。对于场分量 E_x 和 H_y 的方程，可以通过引入延迟计算系统 $\tau = t - z/c$ 得到简化。在这个系统中，法拉第定律可用下式表示：

$$c\frac{\partial E_x}{\partial z} = -\frac{\partial}{\partial \tau}(E_x + H_y)$$

如果脉冲的空间尺寸远小于脉冲幅度发生明显改变的距离大小，即 $c\tau_p \ll L$，则上面方程左边部分很小。此时 $E_x = -H_y$，而安培定律归为下面的方程：

$$\frac{\partial E_x}{\partial z} + \frac{2\pi}{c}j_x = 0$$

上面方程对应所谓的高频近似。这个与时间无关的方程，在进行数值计算时是很方便的。此时电流密度

$$j_x(z,\tau) = -\left(\frac{8\pi e}{3m}\right)\int \varepsilon f_1 \mathrm{d}\varepsilon$$

可以从方程(6.25)和方程(6.26)出发，在延迟计算系统中进行计算。

下面将研究脉冲从地球表面垂直向上传播的情况。假设空气由氮气构成，其分布密度由下面指数规律描写：

$$N(z) = N_0 \exp(-z/L)$$

式中：参数 $N_0 = 2.7 \times 10^{19}\,\mathrm{cm}^{-3}$；$L = 7\mathrm{km}$，这些参数对应典型的大气条件。由氧气、水蒸气和其他杂质成分造成的影响，在所讨论的情况下是次要的量。

假设，在脉冲到来之前，空气中只有数量不多的自由电子，其密度约为 $n_0 = 10^3\,\mathrm{cm}^{-3}$，其能量分布是麦克斯韦分布，温度 $T_0 = 0.1\mathrm{eV}$。这些电子可能由脉冲前沿将负带电离子氧分子的电子拉出来而产生的。如果脉冲幅度小于约 10 倍的击穿阈值，就会发生这样的过程。这些电子的存在可以看作是初始条件，因为氧分子在碰撞积分表达式中并没有表现出来。至于说在计算时所需的不同横截面，有关它们的数据散布在许许多多的出版物中，而关于它们的引文在文献[15]中可以找到。

在选取初始脉冲波形 $E_0(\tau)$ 时，通常注意的是对它们的自然限制。这个限制就是，在脉冲结束后并没有电荷的迁移，即

$$\int E_0(\tau)\mathrm{d}\tau = 0$$

因此，将讨论具有窄的正向部分和宽的负向部分的双极脉冲。此时，初始脉冲由下面公式描写：

$$E_0(\tau) = E(z=0,\tau) = E_{\max}\frac{\varphi(\tau)}{\varphi_{\max}}$$

式中

$$\varphi(\tau) = \frac{\mathrm{d}}{\mathrm{d}\tau} \frac{\exp\alpha(\tau-\tau_0)}{\beta+\alpha\exp(\alpha+\beta)(\tau-\tau_0)}$$

而 φ_{max} 为函数 φ 的最大值。在计算时，假设 $\beta=0.1\alpha$ 和 $\alpha\tau_0=10$，这里只改变了脉冲的两个参数，就是决定脉冲宽度 τ_p 的参数 E_{max} 和 α。脉冲正向部分最大值半高水平处的全宽度近似等于 $3/\alpha$。

在计算过程[15]中，E_{max} 值在 $1\sim10\mathrm{MV/m}$ 范围变化，而 α 值在 $1\sim1000\mathrm{ns}^{-1}$ 范围变化。结果表明，在 $\alpha>100\mathrm{ns}^{-1}$ 时，直到高度 50km 还没有观测到脉冲的畸变，因此只研究了宽度很大的脉冲。

在图 6.8 上给出了在参数 $\alpha=10\mathrm{ns}^{-1}$ 和脉冲初始幅度 $1\mathrm{MV/m}$、$4\mathrm{MV/m}$、$7\mathrm{MV/m}$、$10\mathrm{MV/m}$ 条件下，脉冲波形与高度的依赖关系。在初始脉冲幅度 $1\mathrm{MV/m}$ 的情况下，没有发现脉冲波形和幅度随高度发生明显变化。尽管脉冲幅度大于超过 10km 高度的电离阈值，脉冲宽度(约 1ns)仍然小于出现雪崩式电离所要求的时间。所以，很少的等离子体在脉冲的负向部分出现，这样脉冲的幅度和形状没有遭到破坏。

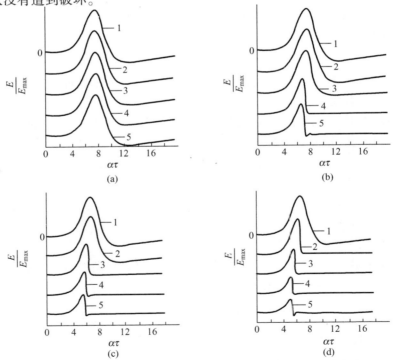

图 6.8　电场脉冲在不同高度和不同初始幅度时的波形[15]：

高度：1—$z=0$；2—$z=8$；3—$z=16$；4—$z=24$；5—$z=32$；初始幅度：(a) $E_{max}1\mathrm{MV/m}$，(b) $E_{max}=4\mathrm{MV/m}$，(c) $E_{max}=7\mathrm{MV/m}$，(d) $E_{max}=10\mathrm{MV/m}$；$\alpha=10\mathrm{ns}^{-1}$。

　　当脉冲的初始幅度为 4MV/m 时,可见脉冲发生很大变化。而在高度达到 20km 时,脉冲的负向部分完全被吸收了,吸收效应随着高度而增大,这个效应开始出现在脉冲的正向部分上。显见,这个正向部分变得很陡。对于初始幅度很大的脉冲,类似的图像也观测到了,尽管吸收过程开始得更早并且以很大的速率发生。

　　计算表明,脉冲宽度是最重要的因素,因为这个宽度也决定了脉冲能量的吸收。图 6.9 展示了脉冲幅度在不同的脉冲宽度和初始幅度时依赖于高度的关系。但是,当脉冲宽度 $\alpha>100\mathrm{ns}^{-1}$ 时,所有脉冲与高度无关。大幅度脉冲的吸收,既依赖它的宽度,也依赖它的初始幅度。例如,幅度 4MV/m 的脉冲达到大于 30km 高度时,有 $\alpha>10\ \mathrm{ns}^{-1}$。另外,如果脉冲宽度大于 10 倍,此时在接近 10km 的高度时,脉冲实际上被完全吸收。然而,如果它的初始幅度为 10MV/m,而它的宽度仍然是原来的大小($\alpha>10\mathrm{ns}^{-1}$),则脉冲幅度只是在 20km 高度上的一半。

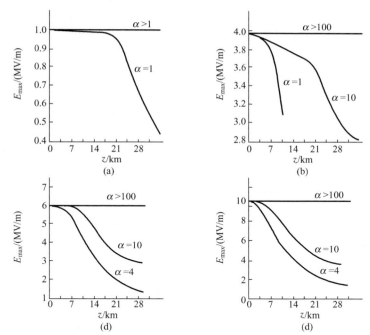

图 6.9　电场脉冲幅度在不同宽度和不同初始幅度时的高度依赖关系[15]
初始幅度:(a) $E_{\max}=1\mathrm{MV/m}$,(b) $E_{\max}=4\mathrm{MV/m}$,(c) $E_{\max}=7\mathrm{MV/m}$,
(d) $E_{\max}=10\mathrm{MV/m}$;宽度:$\alpha(\mathrm{ns}^{-1})$。

　　由 $\alpha=1\sim10\mathrm{ns}^{-1}$ 决定宽度的脉冲,在等离子体产生过程中并没有贡献出它的全部能量。分析图 6.8 和图 6.9 表明,传播的脉冲幅度和宽度不太依赖它的初始幅度,而更依赖它的初始宽度。例如,以 $\alpha = 10\mathrm{ns}^{-1}$ 传播的脉冲具有近似 $3\mathrm{MV/m}$ 的幅度和 $0.2\mathrm{ns}$ 的宽度,但是宽度几乎不依赖脉冲的初始幅度。

可以解析地估计一下脉冲完成吸收的高度,以及对应弱吸收的脉冲宽度区间。结果表明[15],脉冲最大的宽度反比于它的最大幅度:

$$\tau_{\max}(\mathrm{ns}) \approx 2.1/E_{\max}(\mathrm{MV/m})$$

在纳秒宽度脉冲的情况下,如果脉冲幅度大于击穿阈值,则只会出现非常大的吸收。

6.2 超宽带脉冲在平面层介质中的传播

6.2.1 超宽带脉冲穿过两介质界面

6.2.1.1 平面电磁波的反射

本节将研究文献[16,17]提供的方法,借助这个方法可以得到关于在时域上多层介质反射系数行为的丰富信息。这样的信息,例如,在利用超宽带辐射的探测结果确定材料参数的问题中是很重要的。

假设,单色的平面电磁波从自由空间以角 θ_0 入射到与导电介质构成的分界平面上。下面将假设,入射波的电场平行介质界面发生极化(这是 TE 极化情况),而导电介质的参数 $\varepsilon = \varepsilon_r \varepsilon_0$,并且 μ_0 和 σ^e 与频率无关。

对于反射系数,已知下面表达式[16]:

$$\Gamma(\omega) = \frac{\cos\theta_0 - \sqrt{\varepsilon_r - \sin^2\theta_0 - \mathrm{i}\dfrac{\sigma^e}{\omega\varepsilon_0}}}{\cos\theta_0 + \sqrt{\varepsilon_r - \sin^2\theta_0 - \mathrm{i}\dfrac{\sigma^e}{\omega\varepsilon_0}}}$$

为了下面计算,最好开始时如下表示上式:

$$\Gamma(s) = \frac{\sqrt{s} - \sqrt{Ds+B}}{\sqrt{s} + \sqrt{Ds+B}}$$

式中

$$s = \mathrm{i}\omega, \quad D = \frac{\varepsilon_r - \sin^2\theta_0}{\cos^2\theta_0}, \quad B = \frac{\sigma^e}{\varepsilon_0\cos^2\theta_0},$$

尔后再进行调整

$$\Gamma(s) = \Gamma_\infty(s) + \Gamma_0(s)$$

在显式形式下得出它的极限值:

$$\lim_{s\to\infty}\Gamma(s) = \Gamma_\infty(s) = \frac{1-\sqrt{D}}{1+\sqrt{D}}$$

以及补充的相加项：

$$\Gamma_0(s) = 2\,\frac{\sqrt{D}}{1+\sqrt{D}}\left[\frac{\sqrt{s}-\sqrt{s+B/D}}{\sqrt{s}+\sqrt{D}\sqrt{s+B/D}}\right] \tag{6.27}$$

对 $\Gamma_0(s)$ 的表达式(6.27)进行代数变换，将有

$$\Gamma_0(s) = -\frac{2\sqrt{D}}{D-1}\left[\frac{s}{s+B/(D-1)}\right]\left[1-\sqrt{\frac{s+B/D}{s}}\right]-\frac{2B}{(1+\sqrt{D})(D-1)}\left[\frac{1}{s+B/(D-1)}\right]$$

利用拉普拉斯积分变换的性质，可以在时域上表示反射系数如下：

$$\Gamma(t) = \frac{1-\sqrt{D}}{1+\sqrt{D}}\delta(t) + \frac{Be^{-Bt/2D}}{\sqrt{D}(D-1)}\left[I_0\left(\frac{Bt}{2D}\right)+I_1\left(\frac{Bt}{2D}\right)\right]\chi(t) - \frac{2Be^{-Bt/(D-1)}}{(1+\sqrt{D})(D-1)}\chi(t)$$

$$-\frac{B^2 e^{-Bt/(D-1)}}{\sqrt{D}(D-1)^2}\chi(t)\int_0^t e^{B(1+D)x/2D(D-1)}\left[I_0\left(\frac{Bx}{2D}\right)+I_1\left(\frac{Bx}{2D}\right)\right]\mathrm{d}x \tag{6.28}$$

式中：$\delta(t)$ 为狄拉克 δ 函数；$\chi(t)$ 为赫维赛德函数；$I_n(\,\cdot\,)$ 为修正贝塞尔函数。

　　式(6.28)的第一个相加项，是在没有发生损耗($\sigma^e = 0$)半空间的反射系数，其他的相加项之和 $R(t)$ 决定了电导率对波的反射过程的影响。

　　在计算表达式 $R(t)$ 时，在时间 t 值很大的情况下，式(6.28)的直接应用会有一定的复杂性，因为在式(6.28)的积分号内的函数，随着 x 的增大而呈指数地增大。由于这个原因，在文献[18]中提出了将式(6.28)专门变换为快收敛的无穷级数的建议，这在进行数值计算时是很方便的。这个专门的变换步骤，归为以下几步。开始时，积分写成如下式：

$$\int_0^t[\cdots]\mathrm{d}x = \int_{-\infty}^t[\cdots]\mathrm{d}x - \int_{-\infty}^0[\cdots]\mathrm{d}x$$

利用下面制表积分的值[19]：

$$\int_0^\infty e^{-\alpha x}I_n(\beta x)\,\mathrm{d}x = \frac{\beta^n}{\sqrt{\alpha^2-\beta^2}\,(\alpha+\sqrt{\alpha^2-\beta^2})^n}$$

这表明，在间隔 $(-\infty,0)$ 上的积分与式(6.28)中第三相加项抵消，由于这个原因 $R(t)$ 可以表示如下：

$$R(t) = \frac{B}{\sqrt{D}(D-1)}\left[f_0\left(\frac{Bt}{2D}\right)+f_1\left(\frac{Bt}{2D}\right)\right]\chi(t)$$

$$-\frac{B^2}{\sqrt{D}(D-1)^2}\chi(t)\int_{-\infty}^t e^{-B(t-x)/(D-1)}\left[f_0\left(\frac{Bx}{2D}\right)+f_1\left(\frac{Bx}{2D}\right)\right]\mathrm{d}x \tag{6.29}$$

式中：$f_n(x) = e^{-x}I_n(x)$。

　　如果过渡到新的积分变量 $u = B(t-x)/(D-1)$，并引入函数 $Q(x) = f_0(x) + f_1(x)$ 进行讨论，则可以将式(6.29)写为下面形式：

$$R(t) = -\frac{B}{\sqrt{D}(D-1)}\mathcal{X}(t)\int_0^\infty e^{-u}\left[Q\left(\frac{Bt}{2D} - \frac{D-1}{2D}u\right) - Q\left(\frac{Bt}{2D}\right)\right]\mathrm{d}u \quad (6.30)$$

这是因为 $\int_0^\infty e^{-u}\mathrm{d}u = 1$。

这里强调一下式(6.30)的两个鲜明特点。一是随着 u 的上升而呈指数衰减因子 e^{-u} 的存在,将使积分很快地收敛;二是很明显,在 t 值很大时,方括号内表达式是函数 $Q(x)$ 导数的很好近似,由于这个原因,系数 $R(t)$ 应当与 $Q'(Bt/2D)$ 呈正比。但是同时,在 t 值很小时,这个近似是不合适的。

变换的最后阶段与函数 $Q(x)$ 展开成台劳级数有关:

$$Q(a+bu) = Q(a) + \sum_{n=1}^\infty b^n \frac{u^n}{n!}Q^{(n)}(a)$$

将上面这个展开式代入式(6.30),并考虑下面关系式:

$$\int_0^\infty u^n e^{-u}\mathrm{d}u = n!$$

再进行逐项积分。待求的 $R(t)$ 展开为无穷级数将具有下面形式:

$$R(t) = -\frac{B}{\sqrt{D}(D-1)}\mathcal{X}(t)\sum_{n=1}^\infty \left(\frac{1-D}{2D}\right)^n Q^{(n)}\left(\frac{Bt}{2D}\right) \quad (6.31)$$

在转入式(6.31)的计算算法时,从数值计算角度看,应当指出几种重要情况[18]。首先可以实现函数 $Q(x)$ 导数的计算,此时在计算函数 $f_n(x)$ 的导数时采用下面的迭代关系式:

$$f_n'(x) = \frac{1}{2}f_{n-1}(x) - f_n(x) + \frac{1}{2}f_{n+1}(x)$$

尔后有,例如

$$Q'(x) = -\frac{1}{2}f_0(x) + \frac{1}{2}f_2(x)$$

$$Q''(x) = \frac{1}{2}f_0(x) - \frac{1}{4}f_1(x) - \frac{1}{2}f_2(x) + \frac{1}{4}f_3(x)$$

$$Q'''(x) = -\frac{5}{8}f_0(x) + \frac{1}{2}f_1(x) + \frac{1}{2}f_2(x) - \frac{1}{2}f_3(x) + \frac{1}{8}f_4(x)$$

对于一般的计算公式,可用下式表示:

$$Q^{(n)}(x) = \sum_{m=0}^{n+1} a_m^n f_m(x) \quad (6.32)$$

式中: $a_0^1 = -1/2$、$a_1^1 = 0$、$a_2^1 = 1/2$,以及 $a_0^n = -a_0^{n-1} + \frac{1}{2}a_1^{n-1}$、$a_1^n = a_0^{n-1} - a_1^{n-1} + \frac{1}{2}a_2^{n-1}$、

$a_m^n = \frac{1}{2}a_m^{n-1} - 1 - a_m^{n-1} + \frac{1}{2}a_{m+1}^{n-1}$、$a_n^n = \frac{1}{2}a_{n-1}^{n-1} - a_n^{n-1}$、$a_n^{n+1} = \frac{1}{2}a_n^{n-1}$。

如果从计算精确度角度,式(6.31)的求和上限(∞)可用合适的 N 值代替,则对于每个 t 只计算两个贝塞尔函数 I_N 和 I_{N+1},因为其余函数的值,可以利用递推关系式求得。文献[18]特别强调,$Q'(x)$ 的计算应具有稳定性。与此同时,当 n 值很大时用式(6.32)进行计算,必须格外小心,目的是不允许数值溢出和取零。

因此,由所给出的分析看出,在不同 ε 和 σ^e 值的情况下,$R(t)$ 的计算可利用下面的近似表达式:

$$R(t) \approx \widetilde{R}(t) = -\frac{B}{\sqrt{D}(D-1)}\chi(t)\sum_{n=1}^{N}\left(\frac{1-D}{2D}\right)^n Q^{(n)}\left(\frac{Bt}{2D}\right) \tag{6.33}$$

在 t 值很大的情况下,$R(t)$ 系数与 Q' 成正比,很好的计算精确度,甚至在利用级数式(6.33)第一项时就可以达到。当 t 值很小时,要求有更多的级数相加项。然而在文献[18]中,还引入了 $R(t)$ 的另一种近似表达式,就是在 t 值很小时,它也是正确的:

$$R(t) \approx R_s(t) = R(0)e^{-Bt/2D}\chi(t) = -\frac{B}{\sqrt{D}(1+\sqrt{D})^2}e^{-Bt/2D}\chi(t)$$

考虑到这种情况,为了改进式(6.31)的近似,在文献[18]中利用了在 t 值很小区域上 $R(t)$ 的已知行为,以便采用 $\widetilde{R}(t)$ 函数的归一标准:

$$R(t) \approx R_{app}(t) = \left\{\left[\frac{R_s(0)}{\widetilde{R}(0)}-1\right]e^{-Bt/2D}+1\right\}\widetilde{R}(t)$$

分析上面表达式可得,$R_{app}(t)$ 在 $t=0$ 时有所要求的值,并且当 $N\to\infty$ 时它趋于 $R(t)$,在文献[18]中,根据上面提出的算法,给出了计算 $R(t)$ 的例子。这些计算表明,在适当选取 N 值时,产生的误差约为百分之几,并且当 N 增大时误差减小。

应当指出,在文献[20]中给出了更复杂的 TM 极化情况。在时域上反射系数的表达式,在研究细导线天线上电流分布时曾被有效地采用过[21],而该天线置于有损耗的半空间附近。在文献[22,23]中,还采用了基于逆向拉普拉斯积分变换的解析转换方法,在这种方法的框架内,解是通过不完全的栗普希茨-汉科尔积分表示的,这样得到的积分,要么是很好收敛的,要么是渐近展开式的。此外,还制定了足够有效的拉普拉斯变换的数值转换方法[24,25],此方法得到的计算结果,与其他方法得到的结果很好符合。

6.2.1.2　直线源产生的脉冲场的传播

假设,导电介质占有 $z<0$ 的半空间,如图 6.10 所示。无限尺寸绝缘的直线源与 y 轴重合,它被电流脉冲 $I(t)$ 激发。

问题是,必须得到脉冲场在导电介质任意点的计算关系式。在这种情况

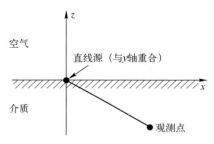

图 6.10　直线源处在导电半空间表面上的示意图

下,最好是从直线源问题的已知解出发,而它的电流 $I = I(i\omega)\exp(i\omega t)$ 是均匀的又是单色的。我们假定,介质具有不变的电导率 σ^e 和磁导率 μ_0。众所周知,导电介质是低频滤波器。这表示,在不稳定场中,在观测点只有足够低的频率将具有非常重要的意义。在这种情况下,容许忽略介质中的位移电流。

在这里表述的问题中,电场的唯一分量 E_y 将不等于零。这个分量的表达式在 $z = -h$ 时,具有下面的形式[26]:

$$E_y(i\omega) = -\frac{i\omega\mu_0 I(i\omega)}{\pi}\int_0^\infty \frac{\cos\xi x}{u + \xi}\exp(-uh)\,d\xi \qquad (6.34)$$

式中: $u = (\xi^2 + i\sigma\mu_0\omega)^{1/2}$。

现在假设,从 $t = 0$ 时刻开始,流经直线源的电流为 $I(t)$,这个电流在源的所有点上随时间的变化都是同步的。函数 $I(t)$ 的拉普拉斯变换由下面的表达式给出:

$$I(s) = \int_0^\infty I(t)\exp(-st)\,dt \qquad (6.35)$$

下面将类似地确定源在 $z = -h$ 点激发的非稳态电场 $E_y(t)$ 的变换 $E_y(s)$。如果在式(6.34)中用复参数 s 简单替换 $i\omega$,则这个变换 $E_y(s)$ 的表达式可以得到:

$$E_y(s) = -\frac{\mu_0 s I(s)}{\pi}\int_0^\infty \cos\xi x\,\frac{\exp[-(\xi^2 + \sigma\mu_0 s)^{1/2}h]}{[(\xi^2 + \sigma\mu_0 s)^{1/2} + \xi]}\,d\xi$$

$$= \frac{I(s)}{\pi\sigma}\int_0^\infty \cos\xi x\left(\frac{\partial}{\partial h} + \xi\right)\exp[-(\xi^2 + \sigma\mu_0 s)^{1/2}h]\,d\xi \qquad (6.36)$$

利用下面逆向拉普拉斯变换:

$$E_y(t) = \int_C E_y(s)\exp(st)\,ds \qquad (6.37)$$

可以求得待求的场 $E_y(t)$。

式(6.37)的积分回路线 C 是条平行通过 s 平面虚轴的直线,但是应使其积分号下的所有奇异点留在积分回路线的左边。原理上，从 $E_y(t)$ 的积分的表达式 (6.37)，可以得到它在积分号下函数在其奇异点的留数和沿着连接分路支点断面棱（路径）积分的表达式。然而，这首先要求在给定电流 $I(t)$ 的每个具体情况下求得奇异点，其次再进行大量的复杂计算。正因为如此，倾向于利用已有的逆向拉普拉斯变换计算的标准程序，并在微机上对式 (6.37) 进行直接计算。

与上面所讲的不同，对于以 $I(t)=I_0\delta(t)$ 形式给定的电流情况，可以大大地简化计算关系式。在这种情况下 $I(s)=I_0$。因此，将式 (6.36) 代入式 (6.37)，并改变积分次序，将得到

$$E_y(t)=\frac{I_0}{\pi\sigma}\int_0^{\infty}\cos\xi x\left(\frac{\partial}{\partial h}+\xi\right)\int_C\exp\left[-(\sigma\mu_0)^{1/2}h\left(s+\frac{\xi^2}{\sigma\mu_0}\right)^{1/2}\right]\mathrm{d}s\mathrm{d}\xi \quad (6.38)$$

式 (6.38) 的第二个积分，可以解析计算。这样，求得

$$E_y(t)=\frac{I_0}{\pi\sigma}\int_0^{\infty}\cos\xi x\left(\frac{\partial}{\partial h}+\xi\right)\frac{(\sigma\mu_0)^{1/2}h}{2(\pi t^3)^{1/2}}\exp\left[-\frac{\xi^2 t}{\sigma\mu_0}-\frac{\sigma\mu_0 h^2}{4t}\right]\mathrm{d}\xi \quad (6.39)$$

同样地，利用下面已知关系式，对式 (6.39) 进一步简化有

$$\int_0^{\infty}\cos\xi x\exp(-\alpha\xi^2)\mathrm{d}\xi=\frac{1}{2}\left(\frac{\pi}{\alpha}\right)^{1/2}\exp\left[-\frac{x^2}{4\alpha}\right] \quad (6.40)$$

及

$$\int_0^{\infty}\xi\cos\xi x\exp(-\alpha\xi^2)\mathrm{d}\xi=\frac{1}{2\alpha}-\frac{x}{4\alpha^{3/2}}\sum_{k=0}^{\infty}\frac{(-1)^k k!}{(2k+1)!}(x\alpha^{-1/2})^{2k+1} \quad (6.41)$$

式中：$\alpha=t/\sigma\mu_0$。

如果相应地将式 (6.40) 和式 (6.41) 代入式 (6.39) 中，再对 h 进行必要微分，则将得到下面电场表达式[27]：

$$E_y(t)=\frac{I_0}{4\pi\sigma h^2(\sigma\mu_0 h^2)}F(D,T) \quad (6.42)$$

式中

$$F(D,T)=\exp\left(-\frac{1}{4T}\right)\left\{\left(T^{-2}-\frac{1}{2}T^{-3}\right)\exp\left(-\frac{D^2}{4T}\right)+\pi^{-1/2}T^{-5/2}\right.$$
$$\left.\times\left[1-\frac{D}{2T^{1/2}}\sum_{k=0}^{\infty}\frac{(-1)^k k!}{(2k+1)!}(DT^{-1/2})^{2k+1}\right]\right\} \quad (6.43)$$

式中：$D=x/h$，$T=t/(\sigma\mu_0 h^2)$。在式 (6.43) 中 F、D、T 为无量纲量，但是 I_0 是有电荷量纲的量。

在图 6.11 上，对系列 D 值给出了函数 $F(D,T)$ 与 T 的依赖关系。

从图 6.11 可见，场脉冲波形是负极性急剧突出的峰，在峰的后边跟着的是缓慢衰减的尾巴。在观测点处于 $(x=0)$ 源的下面时，从式 (6.43) 直接可见，介质中的场随着观测点往更深处时呈 h^{-4} 的代数规律衰减。因此，正是在这种情

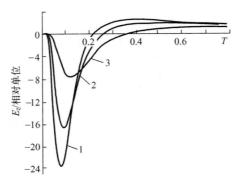

图 6.11　归一电场在不同观测点的波形图[26]

观测点：1—$D=0$；2—$D=0.5$；3—$D=1$。

况下，导电介质中非稳态场的行为，与呈指数衰减场的依赖时间行为不同。最后，应当指出，在电流与时间呈任意依赖关系的情况下，场的表达式也可以写成这个电流和函数（6.42）的卷积积分形式，此时式（6.42）的函数具有在导电半空间形式下介质的脉冲响应意义，此时该函数：

$$E_y(t) = \frac{1}{4\pi\sigma h^2(\sigma\mu_0 h^2)} \int_0^t I(\tau)F(D,(t-\tau)/\sigma\mu_0 h^2)\,\mathrm{d}\tau \qquad (6.44)$$

6.2.2　脉冲辐射穿过均匀平面平行层

6.2.2.1　问题的提出和解决

假设在笛卡儿 xyz 坐标系自由空间中，电介体的平面平行层垂直于 z 轴放置，该平行层被两个平面 $z=a>0$ 和 $z=b>a$ 限定，如图 6.12 所示。平行层在所有方向上是各向同性且是均匀的。在层中没有吸收。

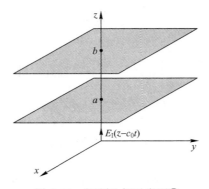

图 6.12　问题几何示意图①

---

①　原图 a、b 标反了，应该是 $b>a$。——译者注

假设,平面电磁波 $\{E_I(z-ct), H_I(z-ct)\}$ 由 $z<0$ 的半空间垂直入射平行层,它们分别有电场和磁场的 x 和 y 分量。

我们在下面形式下求解电磁场的分量[28]:

$$E_x(z,t) = \begin{cases} E_I(z-ct) + E_R(z+ct), & z \leq a \\ E_+(z-c_1t) + E_-(z+c_1t), & a \leq z \leq b \\ E_T(z-ct), & z \geq b \end{cases} \quad (6.45)$$

$$H_y(z,t) = \begin{cases} \dfrac{1}{\mu c}\left[E_I(z-ct) - E_R(z+ct)\right], & z \leq a \\ \dfrac{1}{\mu c_1}\left[E_+(z-c_1t) - E_-(z+c_1t)\right], & a \leq z \leq b \\ \dfrac{1}{\mu c_1}E_T(z-ct), & z \geq b \end{cases} \quad (6.46)$$

式中: c 和 c_1 分别为电磁波在自由空间和平行层内的传播速度,函数 E_I、E_R 分别为该函数对 z、t 的连续两次微分的导数。

根据边界条件, $E_x(z,t)$ 和 $H_y(z,t)$ 场在 $\forall t$ 条件下穿过 $z=a$ 和 $z=b$ 表面时应当是连续的。此时,在 $z=a$ 条件下应当有下面关系式:

$$\frac{1}{c}E_I(a-ct) + \frac{1}{c}E_R(a+ct) = \frac{1}{c}E_+(a-c_1t) + \frac{1}{c}E_-(a+c_1t) \quad (6.47)$$

$$\frac{1}{c}E_I(a-ct) - \frac{1}{c}E_R(a+ct) = \frac{1}{c_1}E_+(a-c_1t) - \frac{1}{c_1}E_-(a+c_1t) \quad (6.48)$$

将式(6.47)和(6.48)加起来,而后通过 E_I 和 E_- 表示 E_+,则有

$$E_+(a-c_1t) = \frac{2c_1}{c+c_1}E_I(a-ct) + \frac{c-c_1}{c+c_1}E_-(a+c_1t) \quad (6.49)$$

从式(6.47)减去等式(6.48)后,通过 E_+ 和 E_- 表示 E_R,则有

$$E_R(a+ct) = \frac{c_1-c}{2c_1}E_+(a-c_1t) + \frac{c_1+c}{2c_1}E_-(a+c_1t) \quad (6.50)$$

将 $E_+(a-c_1t)$ 的表达式(6.49)代入式(6.50),求得

$$E_R(a+ct) = \frac{c_1-c}{c_1+c}E_I(a-ct) + \frac{2c}{c_1+c}E_-(a+c_1t) \quad (6.51)$$

接着等式(6.49)和等式(6.51)应当在 $\forall t$ 条件下成立。所以,如果假设 $u=a-c_1t$,即 $t=a-u/c_1$,则重写式(6.49):

$$E_+(u) = \frac{2c_1}{c+c_1}E_I\left(a-\frac{c}{c_1}(a-u)\right) + \frac{c-c_1}{c+c_1}E_-(2a-u)$$

由于上面等式在 $\forall u$ 条件下应当成立,此时可以假设 $u=z-c_1t$,则得到

$$E_+(z-c_1t) = \frac{2c_1}{c+c_1}E_I\left(a+\frac{c}{c_1}(z-a-c_1t)\right)+\frac{c-c_1}{c+c_1}E_-(2a-z+c_1t) \tag{6.52}$$

类似地,如果假设 $v=a+ct$,即 $t=\dfrac{v-a}{c}$,则式(6.51)可重写为

$$E_R(v) = \frac{c_1-c}{c_1+c}E_I(2a-v)+\frac{2c}{c_1+c}E_-\left(a-\frac{c_1}{c}(a-v)\right)$$

现在假设 $v=z+ct$,则得到

$$E_R(z+ct) = \frac{c_1-c}{c_1+c}E_I(2a-z-ct)+\frac{2c}{c_1+c}E_-\left(a+\frac{c_1}{c}(z-a+ct)\right) \tag{6.53}$$

借助式(6.52)和式(6.53),E_+ 和 E_R 可通过 E_I 和 E_- 表示。而且,这些关系式在任何的 z 和 t 时都成立。

对 $z=b$ 时边界条件进行类似的研究,此时可以通过 E_+ 表示 E_- 和 E_T:

$$E_-(z+c_1t) = \frac{c-c_1}{c+c_1}E_+(2b-z-c_1t) \tag{6.54}$$

$$E_T(z-ct) = \frac{2c}{c+c_1}E_+\left(b+\frac{c_1}{c}(z-b-ct)\right) \tag{6.55}$$

上面两个关系式在任何 z 和 t 时也都成立。

这里 4 个独立的方程(6.52~6.55),包含 4 个未知函数:E_R、E_T、E_+、E_-。所有的 4 个方程在任何 z 和 t 时也都成立。

现在求解这个方程组。将方程(6.54)的 E_- 代入方程(6.52),得到

$$E_+(z-c_1t) = E_0(z-c_1t)+\left(\frac{c-c_1}{c+c_1}\right)^2 E_+(2b-2a+z-c_1t) \tag{6.56}$$

式中为了简化写法,假设

$$E_0(z-c_1t) = \frac{2c_1}{c+c_1}E_I\left(a+\frac{c}{c_1}(z-a-c_1t)\right)$$

利用迭代方法求解,但要考虑 $\dfrac{c-c_1}{c+c_1}<1$ 条件。在零近似下,有

$$E_+(z-c_1t) = E_0(z-c_1t)$$

在用 $2b-2a+z$ 替换 z 后,可得

$$E_+(2b-2a+z-c_1t) = E_0(2b-2a+z-c_1t)$$

根据这个关系式,立刻可以写出式(6.56)第一近似的表达式:

$$E_+(z-c_1t) = E_0(z-c_1t)+\left(\frac{c-c_1}{c+c_1}\right)^2 E_0(2b-2a+z-c_1t)$$

利用上面的第一近似,可以求得第二近似:

$$E_+(z-c_1t) = E_0(z-c_1t) + \left(\frac{c-c_1}{c+c_1}\right)^2 E_0(2b-2a+z-c_1t)$$

$$+ \left(\frac{c-c_1}{c+c_1}\right)^4 E_0(2(2b-2a)+z-c_1t)$$

继续这个过程,最后求得下面的表达式:

$$E_+(z-c_1t) = \sum_{n=0}^{\infty} \left(\frac{c-c_1}{c+c_1}\right)^{2n} E_0(2n(b-a)+z-c_1t)$$

$$= \frac{2c_1}{c+c_1} \sum_{n=0}^{\infty} \left(\frac{c-c_1}{c+c_1}\right)^{2n} E_1\left(a+2n\frac{c}{c_1}(b-a)+\frac{c}{c_1}(z-a-c_1t)\right) \quad (6.57)$$

现在由式(6.54)可得

$$E_-(z+c_1t) = \frac{c-c_1}{c+c_1} E_+(2b-z-c_1t)$$

$$= \sum_{n=0}^{\infty} \left(\frac{c-c_1}{c+c_1}\right)^{2n+1} E_0(2n(b-a)+2b-z-c_1t) \quad (6.58)$$

知道 E_+ 和 E_-,可以由式(6.54)确定 E_R 和由式(6.55)确定 E_T。至此,对提出问题完成了正式解的获取。

如果入射场 E_I 是具有相对时间延迟 $(2b-2a)/c$ 的相同脉冲系列,则函数 E_0 是周期为 $(2b-2a)/c_1$ 的函数,并且该周期与 2 倍的层的光学厚度重合。因此,E_+ 的表达式可以重写为

$$E_+(z-c_1t) = \sum_{n=0}^{\infty} \left(\frac{c-c_1}{c+c_1}\right)^{2n} E_0(z-c_1t) = \frac{(c+c_1)^2}{4cc_1} E_0(z-c_1t)$$

$$= \frac{c+c_1}{2c} E_1\left(a+\frac{c}{c_1}(z-a-c_1t)\right)$$

可用类似的方法简化 E_-、E_R、E_T 的表达式。因子

$$\frac{(c+c_1)^2}{4cc_1} = \frac{(1+c_1/c)^2}{4c_1/c}$$

表征,场的幅度由于介质层中发生共振现象而增大。这个增大依赖于比值 c_1/c,但是与入射脉冲波形无关。

当比值 $c_1/c = 0.1$ 时,上面因子的值等于 $1.21/0.4 \approx 3$。然而,当 $c_1/c = 0.01$ 时,这个因子等于 $1.0201/0.04 \approx 25$。下面我们写出 E_T 和 E_R 的表达式如下:

$$E_T(z-ct) = \frac{2c_1}{(c+c_1)} \frac{(c+c_1)^2}{4cc_1} E_0(z-c_1t) = E_1\left(a+\frac{c}{c_1}(b-a)+z-ct\right)$$

$$E_R(z-ct) = \left(\frac{c_1-c}{c_1+c}\right)\left(E_1(2a-z-ct) - \frac{4cc_1}{(c+c_1)^2}\frac{(c+c_1)^2}{4cc_1} E_1(2a-z-ct)\right) = 0$$

因此,可以看到,在共振脉冲系列的情况下,穿过的波具有入射波一样的波形

和幅度,但是时间上却延迟了与介质层光学厚度大小的同样时间,而反射波的幅度等于零。这表明,介质层对于具有持续共振周期的脉冲系列是透明的。

6.2.2.2 问题的另一种求解方法

上面讨论的问题,在文献[29]中利用另一种方法得到了解决。假设,平面单色波垂直入射无损耗的均匀电介层 $0<z<d$(在 $z<0$ 区域)。利用传统的方法,得到了被电介层散射的场的表达式。尔后,这个表达式借助逆向傅里叶变换来求平面非稳态波的散射场,而这个非稳态波可用脉冲波形 $f(t) = \exp(-\delta t)$,$(t>0)$ 的具体变化表示。由于 $\delta \rightarrow 0$ 极限过渡结果,得到了阶梯脉冲被电介层散射问题的解。最后,利用这个解对时间的微分,可求得它的脉冲响应 $h(z,t)$:

$$h(z,t) = -\frac{nd}{cR}\delta(t + z/c) + \frac{nd}{c}\frac{R^2 - 1}{R}\sum_{p=1}^{\infty}\frac{\delta(t + z/c - 2pnd/c)}{R^{2p}} \quad (6.59)$$

式中:$n = \sqrt{\varepsilon_r}$ 为电介层材料的折射指数;d 为层的厚度;c 为真空中光速;$R = (n+1)/(n-1)$;$\delta(\cdot)$ 为狄拉克 δ 函数。

从可能应用的角度考虑,有意义的是直接在与入射的非稳态平面波成反向的层表面上产生的反射场。如果入射波场的时间变化可用函数 $f(t)$ 描写,则在层表面反射波的时间变化,可用下面函数表示:

$$g(t) = \int_{-\infty}^{\infty} h(0, t - \xi)f(\xi)\mathrm{d}\xi \quad (6.60)$$

在一些情况下,卷积型积分式(6.60)容许进行解析计算。例如,如果函数 $f(t)$ 是高斯函数的导数,即

$$f(t) = \frac{\mathrm{d}}{\mathrm{d}t}[b\exp(-at^2)] = 2ab[-t\exp(-at^2)]$$

则

$$g(t) = \frac{2abT}{R}[t\exp(-at^2) - (R^2 - 1)]\sum_{p=1}^{\infty}\frac{(t - 2pT)}{R^{2p}}\exp(-a(t - 2pT)^2) \quad (6.61)$$

式中:$T = nd/c$。

在文献[29]中,利用式(6.60)和式(6.61)进行了入射脉冲和反射脉冲波形计算,此时,假定 $T=1$ 和 $R=2$。此外,在计算函数时,$f(t)$ 和 $g(t)$ 分别归一到 $2ab$ 和 $2abT/R$。

计算结果在图 6.13 上给出。在 $a=0.01$ 时,不论是入射脉冲还是反射脉冲的宽度,都大大地超过单次穿过层的时间 $T=1$。此时,反射脉冲波形,在结构上接近入射脉冲波形的导数,如图 6.13(a)(上)所示。在 $a=0.01$ 时,入射脉冲的宽度大约为 $t=4$,见图 6.13(b)(中)。对应这个宽度,将是 4 次穿过层的时间。该过程的这个特点表明,反射脉冲随时间衰减,并且是振荡的,而且振荡的周期

大约等于 $t=2T=2$，如图 6.13(b)(中)所示。在参数 a 值很大时，入射脉冲的宽度变得小于 2 次穿过层的时间(图 6.13(b)(中))。在这种情况下，层中存在的多次重复反射，将导致在反射脉冲中出现系列幅度减小的入射脉冲的"复制品"，如图 6.13(c)(下)所示。

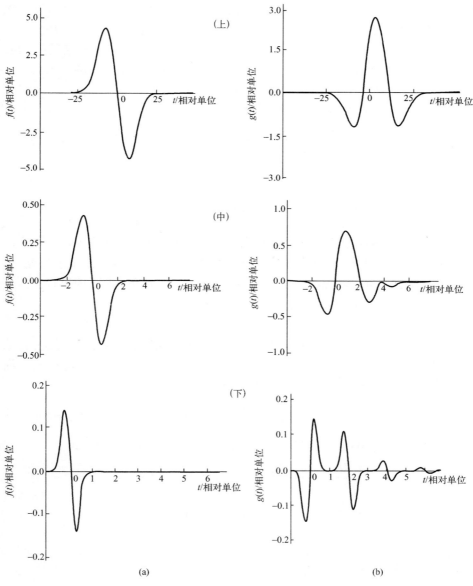

图 6.13　入射脉冲(a)和反射脉冲(b)[29]

相对参数：(上)$t=0.01$，(中)$t=1$，(下)$t=10$；$T=1$，$R=2$。

6.2.3 超宽带脉冲穿过非均匀平面平行层

6.2.3.1 问题的提出

假设非均匀介质层占有部分空间 $L_0 \leqslant z \leqslant L$，并且平面波 $\varphi(z+c_2 t)$ 从 $z>L$ 区域的右边入射到这个介质层，这里 c_2 为波在 $z>L$ 均匀半空间中的传播速度。此时，在 $z \geqslant L$ 区域，波场由等式 $U(z,t)=\varphi(z+c_2 t)+R(z-c_2 t)$ 确定，这里 $R(z-c_2 t)$ 为介质层的反射波。在 $z \leqslant L_0$ 区域，有穿过波为 $U(z,t)=T(z+c_1 t)$，这里 c_1 为波在 $z<L_0$ 均匀半空间中的传播速度。在图 6.14 上，给出了问题几何的示意图。

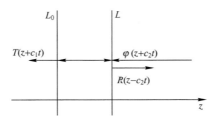

图 6.14　问题的几何示意图

这个问题的原创工作[30, 31]，曾采用绝对单位制，因此本节的所有关系式都在这个单位制下写成。这种情况大大地简化了对于解的更深入细节的研究，如果读者对此有这个需求的话。在 $L_0 \leqslant z \leqslant L$ 层中，波的方程具有下面形式：

$$\left(\frac{\partial^2}{\partial z^2} - \frac{\rho'(z)}{\rho(z)}\frac{\partial}{\partial z}\right)U(z,t) - \frac{1}{c^2(z)}\frac{\partial^2}{\partial t^2}U(z,t) = 0 \qquad (6.62)$$

式中：$\rho'(z)=\mathrm{d}\rho(z)/\mathrm{d}z$，而介电常数 $\varepsilon(z)$ 由波在介质中的传播速度确定，其结果为 $\varepsilon(z)=c_2^2/c^2(z)$，而介质磁导率假设等于 1。在 $\rho(z)=1$ 时，函数 $U(z,t)$ 描写电场，而在 $\rho(z)=\varepsilon(z)$ 时，该函数描写磁场。

波方程(6.62)的边界条件，是函数 $U(z,t)$ 和 $\frac{1}{\rho(z)}\frac{\partial U(z,t)}{\partial z}$ 在层的边界 $z=L$、L_0 上的连续性条件，经过某些变换后，这个条件可以写成下面形式：

$$\begin{aligned}
&\left(\frac{\Omega_2}{\rho(z)}\frac{\partial}{\partial z}+\frac{\partial}{\partial t}\right)U(z,t)\,\big|_{z=L} = 2\frac{\partial}{\partial t}\varphi(L+c_2 t) \\
&\left(\frac{\Omega_1}{\rho(z)}\frac{\partial}{\partial z}-\frac{\partial}{\partial t}\right)U(z,t)\,\big|_{z=L_0} = 0
\end{aligned} \qquad (6.63)$$

式中：$\Omega_1=\rho_1 c_1$，$\Omega_2=\rho_2 c_2$。

6.2.3.2 问题的求解

将波方程(6.62)重写成下面方程组形式[30, 31]：

$$\frac{\partial}{\partial t}U(z,t) = -\rho(z)c^2(z)\frac{\partial}{\partial z}w(z,t) \qquad (6.64)$$

$$\frac{\partial}{\partial t} w(z,t) = -\frac{1}{\rho(z)} \frac{\partial}{\partial z} U(z,t)$$

根据式(6.63),上面方程组的边界条件是

$$U(L,t) - \Omega_2 w(L,t) = 2\varphi(L + c_2 t)$$

$$U(L_0,t) + \Omega_1 w(L_0,t) = 0 \tag{6.65}$$

现在转向方程组(6.64)和(6.65)问题的格林函数。对于$z>L$的均匀空间,其格林函数有下面表达式[30]:

$$g(z - z_0, t - t_0) = \frac{1}{2c_2} \mathcal{X}\left(t - t_0 - \frac{|z - z_0|}{c_2} \right)$$

式中:$\mathcal{X}(x)$为赫维赛德函数。所以,入射波在$z=L$边界上产生源的分布$f(t_0)$,其结果为

$$\varphi(L + c_2 t) = \frac{1}{2c_2} \int f(t_0) \mathcal{X}(t - t_0) \, dt_0$$

$$f(t_0) = 2c_2 \frac{\partial}{\partial t_0} \varphi(L + c_2 t_0)$$

在这种情况下,介质内的波场可表示如下:

$$U(z,t) = \frac{1}{2c_2} \int f(t_0) G(z,L;t - t_0) \, dt_0$$

$$w(z,t) = \frac{1}{2c_2} \int f(t_0) W(z,L;t - t_0) \, dt_0$$

式中函数G和W由下面边界条件描写:

$$\frac{\partial}{\partial t} G(z,L;t - t_0) = -\rho(z) c^2(z) \frac{\partial}{\partial z} W(z,L;t - t_0)$$

$$\frac{\partial}{\partial t} G(z,L;t - t_0) = -\rho(z) c^2(z) \frac{\partial}{\partial z} W(z,L;t - t_0)$$

$$\frac{\partial}{\partial t} W(z,L;t - t_0) = -\frac{1}{\rho(z)}(z) \frac{\partial}{\partial z} G(z,L;t - t_0) \tag{6.66}$$

$$G(z,L;t - t_0) - \Omega_2 W(z,L;t - t_0) = 2\theta(t - t_0)$$

$$G(z,L;t - t_0) + \Omega_1 W(z,L;t - t_0) = 0$$

边界条件式(6.66)描写非均匀介质中$\varphi = \mathcal{X}(t - t_0)$的阶跃分布,而且它是直接问题的表述。至于它的逆向问题,就在于根据函数$G(L,L;t - t_0)$的已知时间关系式来确定速度$c(z)$。利用这个函数描写了边界层$z=L$上的场,即反射波的场。

对于介质参数为常数,即$\rho(z) \equiv \rho$ 和$c(z) \equiv c$ 的情况,边界问题式(6.66)的解[30]是已知的。这个解是借助傅里叶变换得到。对于边界层$z=L$上的场,将有下面表达式(下面约定$t_0 = 0$):

$$G_L(t) \equiv G(L,L;t) = -\frac{1+R_2}{2\pi i} \int \frac{d\omega}{\omega+i0} \exp(-i\omega t) \frac{1+R_1\exp(2i\omega\tau_{L_0})}{1+R_1R_2\exp(2i\omega\tau_{L_0})}$$

$$= (1+R_2)[\chi(t) + R_1(1-R_2)\chi(t-2\tau_{L_0})+\cdots] \quad (6.67)$$

式中：$\tau_{L_0} = (L-L_0)/c$ 为波穿过介质层的时间，而 R_i 分别表示平面谐波从 $z=L$ 和 $z=L_0$ 边界上反射的系数：

$$R_2 = (\Omega-\Omega_2)/(\Omega+\Omega_2), R_1 = (\Omega_1-\Omega)/(\Omega_1+\Omega), \Omega=\rho c$$

由式(6.67)可知，当 $L \to L_0$ 时，层的厚度趋于零：

$$G_{L_0}(t) = \frac{(1+R_1)(1+R_2)}{1+R_1R_2}\chi(t) = \frac{2\Omega_1}{\Omega_1+\Omega_2}\chi(t) \quad (6.68)$$

并且必须考虑从边界层发生的所有多次反射，而 $G_L(t=+0)$ 值只由边界 $z=L$ 决定：

$$G_L(+0) = 1+R_2 = \frac{2\Omega}{\Omega+\Omega_2} \quad (6.69)$$

在 $t=2\tau_{L_0}+0$，即波从边界 $z=L_0$ 反射到达 $z=L$ 边界的时刻，有

$$G_L(2\tau_{L_0}+0) = (1+R_2)[1+R_1(1-R_2)]$$

对于层内的波场，可类似地得到表达式：

$$G(z,L;t) = (1+R_2)[\chi(t-\tau_z) + R_1\chi(t-2\tau_{L_0}+\tau_z)+\cdots]$$

式中：$\tau_z = (L-z)/c$ 为波到达 z 点的时刻。由此可得

$$G(z,L;\tau_z+0) = \frac{2\Omega}{\Omega+\Omega_2}, T_L(\tau_{L_0}+0) = \frac{4\Omega\Omega_1}{(\Omega+\Omega_1)(\Omega+\Omega_2)} \quad (6.70)$$

式中：$T_L(\tau_{L_0}+0) = G(L_0,L;t)$ 为穿过介质层的波。

接着利用"浸入法"的基本思想[31]，我们根据这个思想必须将边界条件式(6.66)重新整理成具有"浸入"参数 L 作为初始条件的柯西问题，而这个 L 对应的是波入射层边界的位置。为了得到浸入方法的方程，应当把动态方程及其边界条件(6.66)对参数 L 进行微分。这样，将 $\partial G(z,L;t)/\partial L$ 和 $\partial W(z,L;t)/\partial L$ 得到的边界条件与边界条件(6.66)进行对比，以确定存在下面的线性关系式：

$$\left(\frac{\partial}{\partial L} + \frac{\rho(L)}{\Omega_2}\frac{\partial}{\partial t}\right)G(z,L;t) = \frac{\rho(L)}{2\Omega_2}\left(1-\frac{\Omega_2^2}{\Omega_2^2(L)}\right)\int d\xi \frac{\partial G(z,L;t-\xi)}{\partial t}\frac{\partial G_L(\xi)}{\partial \xi}$$

$$(6.71)$$

此关系式可以看作是微分-积分方程，其"初始"条件为 $G(z,L;t)|_{z=L} = G_z(t)$。

对于 $G_L(t)$ 有

$$\frac{\partial}{\partial L}G_L(t) = \frac{\partial}{\partial z}G(z,L;t)|_{z=L} + \frac{\partial}{\partial L}G(z,L;t)|_{z=L}$$

所以，考虑到式(6.66)和式(6.71)，得到下面封闭的非线性的微分-积分方程：

$$\left(\frac{\partial}{\partial L} + \frac{2\rho(L)}{\Omega_2}\frac{\partial}{\partial t}\right)G_L(t) = \frac{2\rho(L)}{\Omega_2}\delta(t) + \frac{\rho(L)}{2\Omega_2}\left(1 - \frac{\Omega_2^2}{\Omega_2(L)}\right)$$

$$\int d\xi \frac{\partial G_L(t-\xi)}{\partial t}\frac{\partial G_L(\xi)}{\partial \xi} \tag{6.72}$$

其"初始"条件(6.68)对应的是没有非均匀性介质的情况,即 $G_{L0}(t) = 2\Omega_1/(\Omega_1 + \Omega_2)\chi(t)$ 的情况。

假设在关系式(6.71)中 $z = L_0$,得到从层中出射波的方程:

$$\left(\frac{\partial}{\partial L} + \frac{\rho(L)}{\Omega_2}\frac{\partial}{\partial t}\right)T_L(t) = \frac{\rho(L)}{2\Omega_2}\left(1 - \frac{\Omega_2^2}{\Omega_2(L)}\right)\int d\xi \frac{\partial T_L(t-\xi)}{\partial t}\frac{\partial G_L(\xi)}{\partial \xi}$$

$$T_{L0}(t) = \frac{2\Omega_1}{\Omega_1 + \Omega_2}\chi(t)$$

方程(6.72)的解具有下面结构:

$$G_L(t) = H_L(t)\chi(t) \tag{6.73}$$

将式(6.73)代入方程(6.72)时,将产生含 $\delta(t)$ 和 $\chi(t)$ 项在内的两组成分。令 δ 函数前的系数等于零,这对应的是所谓的"奇异性"方法[31],此时将得出下面的等式:

$$H_L(+0) = 2\Omega(L)/(\Omega(L) + \Omega_2)$$

上面等式表明了式(6.69)的特点,就是在波到达 $z = L$ 边界时刻,发生反射只是由于 $\Omega(z)$ 值在边界层 $z = L$ 上的阶跃变化。在 $t > 0$ 时,函数 $H_L(t)$ 的方程取下面形式:

$$\left(\frac{\partial}{\partial L} + \frac{2}{c(L)}\frac{\partial}{\partial L}\right)H_L(t) = \frac{\rho(L)}{2\Omega_2}\left(1 - \frac{\Omega_2^2}{\Omega_2(L)}\right)\int_0^t d\xi \frac{\partial H_L(t-\xi)}{\partial t}\frac{\partial H_L(\xi)}{\partial \xi} \tag{6.74}$$

其边界条件为

$$H_L(t)\mid_{L=L_0} = 2\Omega_1/(\Omega_1 + \Omega_2)$$

$$H_L(t)\mid_{t=+0} = \frac{2\Omega(L)}{\Omega(L) + \Omega_2} \tag{6.75}$$

式中: $\Omega(L) = \rho(L)c(L)$。

因此,方程(6.74)是封闭的方程,而量 $H_L(t)$ 描写阶梯式脉冲 $\chi(t)$ 的逆向散射场。

函数 $H_L(t)$ 在 $t = +0$ 附近展开为台劳级数的系数,决定了 $\Omega(z)\mid_{z=l}$、$\Omega'(z)\mid_{z=l}$、$\Omega''(z)\mid_{z=l}$ 等的值,后面这些系数同样地决定了断面 $\Omega(z) = \rho(z)c(z)$ 在 $z = L$ 附近展开的台劳级数。因此,如果作为方程(6.74)的初始条件取

$$H_L(t)\mid_{L=L_1} = H_{L_1}(t)$$

式中: $H_{L_1}(t)$ 为层 $L_0 \leqslant z \leqslant L_1$ 造成的逆向散射场,则将 $H_{L_1}(t)$ 展开为级数,在 $z = L_1$ 附近求得 $\Omega(t)$ 并求解方程(6.74)后,可以在 $L = L_1 - \Delta$ 处求得 $H_L(t)$,即逆向

散射的场,此时非均匀波处在 $L_0 \leqslant z \leqslant L_1 - \Delta$ 区域。这个方法可以再重复,先是在步长 $H_{L1-\Delta}(t) \rightarrow H_{L1-2\Delta}(t)$,尔后在步长 $H_{L1-2\Delta}(t) \rightarrow H_{L1-3\Delta}(t)$ 等,直到 $L = L_0$ 为止,此时根据式(6.75),场 $H_L(t)\mid_{L=L_0}$ 决定表征 $z \leqslant L_0$ 半空间的量 Ω_1。在这种情况下,将求得在点 z 为 $L_0, L_0 + \Delta, \cdots, L_1 - \Delta, L_1$ 处函数 $Q(z)$ 值及其导数值,而这些值表征的是 $L_0 \leqslant z \leqslant L_1$ 区域的待求断面 $\Omega(z)$。因此,如果说到 $\Omega(z)$ 恢复的思路,则它设想在每个步长上都求解方程(6.74),以确定反向散射场。

强调这一点是合适的,即可以制定求解(6.74)方程的有效算法,使它们在实现类似算法程序时得到大大的简化。这种算法应当取 $H_L(t)$ 场仅依赖 L 的前一个值和利用该函数折线段近似断面 $\Omega(z)$ 的思想作为基础,这样该函数的折线段近似容许方程(6.74)的解析分层求解。例如,可以采用连续的抛物线线段或间断的不变线段来近似 $\Omega(z)$。最简单又最佳的算法,是采用不变线段近似的算法。

6.2.3.3 数值模拟结果

为获取必要的关系式,应过渡到新的独立变量 $x(z) = \int_{L_0}^{z} \dfrac{\mathrm{d}z'}{c(z')}$ [32,33]。此时,波方程(6.62)及其边界条件(6.63)取下面的形式:

$$\left(\frac{\partial^2}{\partial x^2} - \frac{w'(x)}{w(x)} \frac{\partial}{\partial x} - \frac{\partial^2}{\partial t^2} \right) u(x,t) = 0$$

$$\left(\frac{\Omega_2}{w(x)} \frac{\partial}{\partial x} + \frac{\partial}{\partial t} \right) u(x,t) \mid_{x=l} = 2 \frac{\partial}{\partial t} \varphi(l - c_2 t)$$

$$\left(\frac{\Omega_1}{w(x)} \frac{\partial}{\partial x} - \frac{\partial}{\partial t} \right) u(z,t) \mid_{x=0} = 0$$

式中:$u(x,t) \equiv U(z,t)$;$w(x) \equiv \Omega(z)$;$w'(x) = \mathrm{d}w(x)/\mathrm{d}x$,而非均匀层处在 $0 \leqslant x \leqslant l$ 范围内,这里 $l = x(L)$,而方程(6.74)及其边界条件式(6.75)取下面的形式:

$$\left(\frac{\partial}{\partial l} + 2 \frac{\partial}{\partial t} \right) H(l,t) = V(l) \int_{+0}^{t} \mathrm{d}\xi \frac{\partial H(l, t-\xi)}{\partial t} \frac{\partial H(l,\xi)}{\partial \partial \xi}$$

$$H(l,t) \mid_{l=0} = 2\Omega_1 / (\Omega_1 + \Omega_2)$$

$$H(l,t) \mid_{t=0} = \frac{2w(l)}{u(l) + w_2} \tag{6.76}$$

式中:$H(l,t) \equiv H_L(t)$;$V(l) = \dfrac{\omega(l)}{2\Omega_2}(1 + \Omega_2^2/\omega^z(l))$。现在利用下面逐段不变依赖关系近似替换函数 $w(x)$:

$$w(x) \cong \widetilde{w}(x) = \sum_{i=1}^{n} w_i(\theta(x - l_{i-1}) - \theta(x - l_i)) \tag{6.77}$$

此时在每个"子层"$l_{i-1} \leq l \leq l_i$ 范围内,关系式(6.76)转为常系数的方程,这样很容易求解。进行拉普拉斯变换及接续求解常微分方程,并将它们逆转到时域上,这样给出在"子层"边界 l_i 和 l_{i-1}($l_i-l_{i-1}=\Delta$,$i=1,2,\cdots,n$)上 $H(l,t)$ 值间的关系式:

$$H(l_i,t) = 1+R_{2,i}, \quad 0 \leq t \leq 2\Delta$$

$$H(l_i,t) = H(l_i,t-2\Delta) + \frac{V_i}{2}\left(r_iA_i(t) - \int_{+0}^{t-2\Delta}\mathrm{d}\xi A_i(t-\xi)\frac{\partial}{\partial\xi}H(l_{i-1},\xi)\right), t \geq 2\Delta$$

$$(6.78)$$

式中

$$R_{2,i} = \frac{w_i-\Omega_2}{w_i+\Omega_2}, V_i = \frac{2R_{2,i}}{1+R_{2,i}^2}, r_i = R_{2,i-1}-R_{2,i}$$

$$A_i(t) = H(l_i,t)-H(l_i,t-2\Delta)$$

通过分析在 $w(l)=\widetilde{w}(l)$ 下的方程(6.76)以及关系式(6.78)可得,关系式 $H(l_i,t)$ 具有如下折线结构:

$$H(l_i,t) = \sum_{j=0}^{\infty} h_{i,j}(\theta(t-2j\Delta) - \theta(t-2(j+1)\Delta)) \qquad (6.79)$$

根据关系式(6.79),积分方程(6.78)变为常代数方程,由此很容易求得

$$h_{i,0} = 1 + R_{2,i} = 2w_i/(w_i + \Omega_2)$$

$$h_{i,j} - h_{i-1,j-1} = \frac{V_i}{2}\left(r_i(h_{i,j} - h_{i,j-1}) + \sum_{k=1}^{j-1}(h_{i,j-k} - h_{i,j-1-k})(h_{i-1,k} - h_{i-1,k-1})\right)$$

$$(6.80)$$

式(6.80)给出了 $h_{i,j}$ 的迭代关系式,并且在直接求解问题时,可以求得与脉冲的逆向散射场 $\chi(t)$ 近似的量 $H(l_n,t)$。此时 i 逐次地从 1 变到 n,而 j 逐次地从 1 变到(对每个固定的 i 值)你感兴趣的值。

应当指出,算法式(6.77)~式(6.80)给出了方程(6.76)在 $w(l)=\widetilde{w}(l)$ 时的精确解析解,并且没有产生在采用有限差分法直接近似类似方程时的误差。而这样算法的误差,只与用折线关系 $\widetilde{w}(l)$ 替换 $w(l)$ 有关。

6.2.4　点源激发的脉冲在平面层介质中的传播

6.2.4.1　问题的提出及其在频域上的求解

问题几何的示意图,在图 6.15 上给出。水平电偶极子置于多层电介质边界上方 h 高度处,并且它的取向沿着 x 轴方向。每一介电层,由它自己的介电常数和厚度表征。假设,所有层的磁导率等于z>0 半空间的磁导率 μ_1,而所有层的电导率为零值,即在介质中没有色散。要求求得多层介质上方任意点的总电磁场。

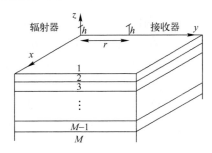

图 6.15 问题几何的示意图

应当指出,提出的问题类似于偶极子在均匀导电半空间上方产生的场的经典问题,这个问题索末菲曾解决过。相对于 z 轴,水平电偶极子置于多层介质的上方,它同时激发出横向电场和横向磁场。横向磁场,可以完全由赫兹电向量 $\boldsymbol{\varPi}_z^e$ 描写,这个电向量只有唯一的 z 分量,而横向电场完全由赫兹磁向量 $\boldsymbol{\varPi}_x^m$ 描写,而这个磁向量也只有不等于零的唯一的 x 分量。这两个向量的表达式具有下面形式[34]:

$$\boldsymbol{\varPi}_x^m = \frac{I(\omega)L}{\mathrm{i}4\pi\omega\varepsilon_1}\int_0^\infty \left[\exp(-u_1\mid z-h\mid) + E_1(\xi)\exp(-u_1(z+h))\right]\frac{\xi}{u_1}\mathrm{J}_0(\xi\sqrt{x^2+y^2})\mathrm{d}\xi$$

$$(6.81)$$

$$\boldsymbol{\varPi}_z^e = -\frac{I(\omega)Lx}{\mathrm{i}4\pi\omega\varepsilon_1\sqrt{x^2+y^2}}\int_0^\infty \left[E_1(\xi)+D_1(\xi)\right]\mathrm{J}_1(\xi\sqrt{x^2+y^2})\exp(-u_1(z+h))\mathrm{d}\xi$$

$$(6.82)$$

式中:$I(\omega)$ 为偶极子电流;L 为偶极子长度;ε_1 为 $z>0$ 半空间的介电常数;J_0、J_1 为贝塞尔函数;ξ 为水平空间波数;u_1 为垂直空间波数,而时间依赖关系具有 $\exp(\mathrm{i}\omega t)$ 形式。

式(6.81)和式(6.82),可以解释[35]为无限的连续的平面圆柱波的频谱,它沿着 z 轴方向从 $z=h$ 平面向两边传播。这个频谱,既包括传播的波也包括呈指数衰减的波。它们的幅度比较复杂地依赖于水平空间的波数 ξ。

函数 $E_1(\xi)$ 和 $D_1(\xi)$ 分别是横向平面电波和横向平面磁波从多层介质反射的系数。对于图 6.15 表示的几何情况,这两种波可以借助下面的迭代关系式[36,37]求得

$$E_1(\xi) = \frac{u_1-u_2 E_2}{u_1+u_2 E_2}, \quad D_1(\xi) = \frac{n_2^2 u_1 - n_1^2 u_2 D_2}{n_2^2 u_1 + n_1^2 u_2 D_2}$$

$$E_l(\xi) = \frac{u_l th(d_l u_l) + u_{l+1} E_{l+1}}{u_l + u_{l+1} E_{l+1} th(d_l u_l)}, \quad D_l(\xi) = \frac{n_{l+1}^2 u_l th(d_l u_l) + n_l^2 u_{l+1} D_{l+1}}{n_{l+1}^2 u_l + n_l^2 u_{l+1} D_{l+1} th(d_l u_l)} \quad (6.83)$$

$$E_M = D_M = 1$$

式中：n_l 为折射系数；$u_l = \sqrt{\xi^2 - k_l^2}$ 为垂直的空间波数，$k_l = \omega\sqrt{\varepsilon_l\mu}$ 为波数；d_l 为编号 l 的介质层的厚度。双值函数 u_l 的单值分支，要根据 $\mathrm{Re}(u_1, u_M) > 0$ 的条件选取，这将满足在无穷远处的辐射条件。

下面的主要目的，是揭示被激发的场的典型结构特点。这可以通过分析场的任何一个分量，如 E_x 的基础上达到。从应用于表面下探测问题的角度看，有意义的是，分析这个分量在上半个空间的行为与单个介质层的几何参数和介电常数的依赖关系，而这个分量的公式，可以利用赫兹向量的表达式（6.81）和式（6.82）得到如下：

$$E_x = k_1^2 \boldsymbol{\Pi}_x^{\mathrm{m}} + \frac{\partial^2 \boldsymbol{\Pi}_x^{\mathrm{m}}}{\partial x^2} + \frac{\partial^2 \boldsymbol{\Pi}_z^{\mathrm{e}}}{\partial x \partial z}$$

$$= \frac{I(\omega)L}{\mathrm{i}4\pi\omega\varepsilon_1} \times \int_0^\infty \left\{ \frac{\xi}{u_1} \left[\exp(-u_1 \mid z - h \mid) + E_1(\xi)\exp(-u_1(z+h)) \right] \right.$$

$$\times \left[(k_1^2 - \xi^2 x^2 r^{-2})J_0(\xi r) + \xi(x^2 - y^2)r^{-3}J_1(\xi r) \right]$$

$$\left. + \frac{u_1}{r^3}(y^2 - x^2)\left[E_1(\xi) + D_1(\xi) \right]\exp(-u_1(z+h))J_1(\xi r) \right\}\mathrm{d}\xi \qquad (6.84)$$

式中：$r = \sqrt{x^2 + y^2}$。

式（6.84）可以大大地简化，如果在坐标 $x=0$、$z=h$、$y=r$ 点求得场：

$$E_x \equiv E(\omega)$$

$$= \frac{I(\omega)L}{\mathrm{i}4\pi\omega\varepsilon_1} \int_0^\infty \left\{ \frac{\xi}{u_1}\left[1 + E_1(\xi)\exp(-2hu_1) \right]\left[k_1^2 J_0(\xi r) - \xi r^{-1}J_1(\xi r) \right] \right.$$

$$\left. + u_1 r^{-1}\left[E_1(\xi) + D_1(\xi) \right]\exp(-2hu_1)J_1(\xi r) \right\}\mathrm{d}\xi \qquad (6.85)$$

在时域上求解的标准方法，是利用逆向傅里叶变换。将这个变换应用于式（6.85），得到下面表达式：

$$E(t) = \frac{1}{\pi}\mathrm{Re}\left\{ \int_0^\infty E(\omega)\exp(\mathrm{i}\omega t)\mathrm{d}\omega \right\} + 2\pi\mathrm{i}\left\{ \frac{1}{2}\mathrm{Res}E(\omega)\mid_{\omega=0} \right\}$$

$$= \frac{1}{\pi}\mathrm{Re}\left\{ \int_0^\infty E(\omega)\exp(\mathrm{i}\omega t)\mathrm{d}\omega \right\} + \frac{I(0)L}{4\pi\varepsilon_1 r}\int_0^\infty D_0(\xi)\xi J_1(\xi r)\exp(-2h\xi)\mathrm{d}\xi$$

$$(6.86)$$

式中：第二相加项描写 $E(t)$ 的不变成分，它是在复 ω-平面上 $\omega=0$ 点为中心沿着非常小半径的半圆上进行积分的结果，而 $D_0(\xi)$ 的表达式，是由 $D_1(\xi)$ 用 ξ 替换 u_1 和 u_2 后得到的。

正如前面已经指出，根据式（6.85）和式（6.86）在任意参数下对场的计算，是个很复杂又很繁琐的问题。如果将偶极子高度 h 提高到介质边界上方足够高,而它到观测点的距离 r 比较小,则这个问题的求解变得略为容易。在这种情况下可直接根据式(6.85)、式(6.86)进行计算机计算,而不要对它们进行预先的变换。

作为例子,在图 6.16(a)中给出了对于 $r=h=0.5$m 情况的计算结果[34],此时激发的电流脉冲的参数由下面公式给出:

$$I(t)L=g(t)=8\pi\exp(-\sigma^2t^2)$$

$$I(\omega)L=G(\omega)=8\pi^{3/2}\sigma^{-1}\exp(-\omega^2/4\sigma^2),\sigma=10^9\mathrm{s}^{-1} \tag{6.87}$$

而介质的电参数和几何参数,在图 6.16(b)上给出。

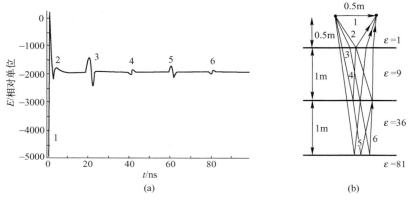

图 6.16　脉冲传播的波形(a)和轨迹(b)[34]

在图 6.16(a)上,脉冲 1 是直接波,脉冲 2 是从第一介质界面反射到达观测点的波,而这个介质是最接近偶极子的第一界面。脉冲 3 和脉冲 5 是分别从介质第 2 界面和第 3 界面反射的结果,而脉冲 4 和脉冲 6 遭到 3 个反射,即分别从第 2 介质和第 1 介质以及第 3 介质和第 2 介质界面的反射结果。脉冲运动轨迹的几何解释,表示在图 6.16(b)上。在很大时间范围上观测的非零值静电场,可以用观测点很靠近偶极子的位置加以说明。

6.2.4.2　问题在时域上的求解

下面只限于讨论具有两个界面的介质。此外,将认为 $h=0$,即偶极子和观测点都处于介质表面上。利用式(6.83)不难确定,函数 $E_1(\xi)$ 和 $D_1(\xi)$ 由下面表达式给出:

$$E_1=\frac{R_{12}+R_{23}\cdot\exp(-2du_2)}{1+R_{12}\cdot R_{23}\cdot\exp(-2du_2)},\quad D_1=\frac{T_{12}+T_{23}\cdot\exp(-2du_2)}{1+T_{12}\cdot T_{23}\cdot\exp(-2du_2)} \tag{6.88}$$

式中:d 为层的厚度,并且

$$R_{12}=\frac{u_1-u_2}{u_1+u_2},R_{12}=\frac{u_2-u_3}{u_2+u_3},T_{12}=\frac{n_2^2u_1-n_1^2u_2}{n_2^2u_1+n_1^2u_2},T_{23}=\frac{n_3^2u_2-n_2^2u_3}{n_3^2u_2+n_2^2u_3} \tag{6.89}$$

利用无穷几何级数各项之和的公式,将函数(6.88)的每个函数都展开为无穷级数,此时有

$$E_1 = R_{12} + \left(R_{12} - \frac{1}{R_{12}} \right) \sum_{m=1}^{\infty} (-R_{12}R_{23})^m \exp(-2mdu_2)$$

$$D_1 = T_{12} + \left(T_{12} - \frac{1}{T_{12}} \right) \sum_{m=1}^{\infty} (-T_{12}T_{23})^m \exp(-2mdu_2) \qquad (6.90)$$

考虑式(6.87)并将式(6.90)代入式(6.85),这样将使整个场表示成三种场相加之和的形式,它们分别描写直接波的场 $E_d(\omega)$、从分层介质上边界反射波的场 $E_h(\omega)$ 及从介质边界多次反射波的场 $E_r(\omega)$,据此公式表达如下:

$$E_d(\omega) = \frac{2G(\omega)}{i\omega\varepsilon_1} \int_0^{\infty} \frac{\xi}{u_1} [k_1^2 J_0(\xi r) - \xi r^{-1} J_1(\xi r)] d\xi$$

$$= -2 \frac{G(\omega)c\mu_1}{n_1} \frac{\exp(-ik_1 r)}{r} \left[\frac{1}{r} + ik_1 + \frac{i}{k_1 r^2} \right] \qquad (6.91)$$

$$E_h(\omega) = \frac{G(\omega)\mu_1 c}{ik_1 n_1}$$

$$\times \int_{-\infty}^{\infty} \left\{ \frac{\xi}{u_1} R_{12} [k_1^2 H_0^{(2)}(\xi r) - \xi r^{-1} H_1^{(2)}(\xi r)] + u_1 r^{-1} [T_{12} + R_{12}] H_1^{(2)}(\xi r) \right\} d\xi$$

$$(6.92)$$

$$E_r(\omega) = \frac{G(\omega)\mu_1 c}{ik_1 n_1}$$

$$\times \int_{-\infty}^{\infty} \left\{ \frac{\xi}{u_1} \left(R_{12} - \frac{1}{R_{12}} \right) \sum_{m=1}^{\infty} (R_{12}R_{23})^m [k_1^2 H_0^{(2)}(\xi r) - \xi r^{-1} H_1^{(2)}(\xi r)] \exp(-2mdu_2) \right.$$

$$\left. + \sum_{m=1}^{\infty} \left[\left(R_{12} - \frac{1}{R_{12}} \right) (-R_{12}R_{23})^m + \left(T_{12} - \frac{1}{T_{12}} \right) (-T_{12}T_{23})^m \right] \frac{u_1}{r} H_1^{(2)}(\xi r) \exp(-2mdu_2) \right\} d\xi$$

$$(6.93)$$

在表达式(6.91)~表达式(6.93)式中,c 是自由空间的光速。利用已知的关系式,式(6.92)和式(6.93)中贝塞尔函数可用汉克尔函数替换。此时,积分可扩展到整个 ξ 数轴。借助这样的替换,在 r 值足够大时,可以采用最快下降法计算式(6.92)的积分,其结果对于式(6.91)和式(6.92)之和是个很好的近似[34]:

$$E_d(\omega) + E_h(\omega) \approx \frac{2G(\omega)\mu_1 c}{ik_1 n_1} \int_0^{\infty} \frac{\xi k_1^2}{u_1} [1 + E_1] J_0(\xi r) d\xi$$

$$= \frac{4G(\omega)c\mu_1}{(n_2^2 - n_1^2) r^2} \left[\frac{n_2}{n_1} \exp(-ik_2 r) - \exp(-ik_1 r) \right] \qquad (6.94)$$

据此，根据已知的傅里叶变换性质，立刻得到式(6.94)在时域上的类似公式：

$$E_d(t) + E_h(t) \approx \frac{4c\mu_1}{(n_2^2 - n_1^2)r^2}\left[\frac{n_2}{n_1}g\left(t - \frac{n_2 r}{c}\right) - g\left(t - \frac{n_1 r}{c}\right)\right] \quad (6.95)$$

分析表达式(6.95)，可以指出它的有趣特点。看来，到达观测点的是两个直接脉冲，它们沿着介质上界面传播。而且，它们的传播速度不同，这是由邻近电介质边界的折射指数值决定的。这样的特点有一系列实际应用。例如，如果在测量过程中能够区分出沿着介质界面的反面传播的脉冲，则可以快速测量上层盐化介质的介电常数。

现在将转到在时域上寻求类似式(6.93)结果时所应用的方法[34]，以阐述此类问题的基本特点，为此写出式(6.93)的无穷级数第 m 个相加项的表达式：

$$E_m(\omega) = \frac{G(\omega)\mu_1 c}{ik_1 n_1}$$
$$\times \int_{-\infty}^{\infty}\left[\frac{\xi k_1^2 R_m}{u_1}H_0^{(2)}(\xi r) + \left(T_m u_1 - \frac{k_1^2 R_m}{u_1}\right)\frac{1}{r}H_1^{(2)}(\xi r)\right]e^{-2mdu_2}d\xi$$

$$(6.96)$$

函数 $E_m(\omega)$ 是傅里叶函数 $E_m(t)$ 的映象。此时，将用 ω 纯虚值实现这个函数的解析延续。此时，变量 ω 转为拉普拉斯变换的参数 $s = i\omega$，下面认为这个参数是正值。在式(6.96)中做积分变量 $\xi = -is\chi$ 替换后，得到下面表达式：

$$E_m(s) = -\frac{4\mu}{\pi}G(s)\left\{s^2 \text{Im}\left[\int_0^{i\infty}\frac{\chi R_m}{v_1}K_0(s\chi r)\exp(-2mdsv_2)d\chi\right]\right.$$
$$\left. + s\text{Im}\left[\int_0^{i\infty}\left(\frac{R_m}{v_1} + \frac{c^2}{n_1^2}T_m v_1\right)\frac{K_1(s\chi r)}{r}\exp(-2mdsv_2)d\chi\right]\right\} \quad (6.97)$$

式中：K_0、K_1 分别为零阶和一阶麦克唐纳函数。式(6.96)中的系数 R_m 和 T_m 由下面表达式给出：

$$R_m = \left(R_{12} - \frac{1}{R_{12}}\right)(-R_{12}R_{23})^m$$
$$T_m = \left(T_{12} - \frac{1}{T_{12}}\right)(-T_{12}T_{23})^m$$

$$(6.98)$$

式中：

$$R_{12} = \frac{v_1 - v_2}{v_1 + v_2}, \quad R_{23} = \frac{v_2 - v_3}{v_2 + v_3}, \quad T_{12} = \frac{n_2^2 v_1 - n_1^2 v_2}{n_2^2 v_1 + n_1^2 v_2}, \quad T_{23} = \frac{n_3^2 v_2 - n_2^2 v_3}{n_3^2 v_2 + n_2^2 v_3} \quad (6.99)$$

而函数 $v_l = \sqrt{(n_l/c)^2 - \chi^2}$ 的单值分支的选取，应满足 $\text{Re}(v_l) > 0$ 条件。

这里所进行的变换，使得可直接从式(6.97)得到 $E_m(t)$ 的表达式，这样，也就不必利用对 ω 的逆向傅里叶变换实现式(6.96)的转换。实际上，这里指的是下面的积分表达式：

$$K_0(\mathcal{X}rs) = \int_0^\infty e(-\mathcal{X}rch\theta)\,d\theta = \int_{\mathcal{X}r}^\infty \frac{\exp(-st)}{\sqrt{t^2-(\mathcal{X}r)^2}}\,dt \qquad (6.100)$$

从而我们得出结论，函数 $K_0(\mathcal{X}rs)$ 是函数 $U(t-\mathcal{X}r)/\sqrt{t^2-(\mathcal{X}r)^2}$ 的直接拉普拉斯积分变换，如原创的工作[34]一样，这里利用 $U(t)$ 表示赫维赛德函数。现在基于拉普拉斯变换的已知性质，求得式(6.97)中下面积分的原函数是不太困难的：

$$I_1(t) = \mathrm{Im}\left\{\int_{\mathcal{X}(\tau)} \frac{\mathcal{X}R_m}{v_1}\frac{U(t-\mathcal{X}r-2mdv_2)}{\sqrt{(t-2mdv_2)^2-(\mathcal{X}r)^2}}\,d\mathcal{X}\right\},$$

$$I_2(t) = \mathrm{Im}\left\{\int_{\mathcal{X}(\tau)}\left(\frac{R_m}{v_1}+\frac{c^2}{n_1^2}T_m v_1\right)\frac{(t-2mdv_2)}{\mathcal{X}r^2}\frac{U(t-\mathcal{X}r-2mdv_2)}{\sqrt{(t-2mdv_2)^2-(\mathcal{X}r)^2}}\,d\mathcal{X}\right\}$$

$$(6.101)$$

最后阶段是利用函数 $g(t)$ 的拉普拉斯映象和该函数一阶和二阶导数映像间的关系式，并利用映象积和原函数卷积间的已知关系式，这样将得到具有下面形式的结果：

$$E_m(t) = -\frac{4\mu_1}{\pi}\left[\frac{d^2 g(t)}{dt^2}\otimes I_1(t)+\frac{dg(t)}{dt}\otimes I_2(t)\right] \qquad (6.102)$$

式中：用 $\otimes$ 符号表示卷积运算。

假设在表达式(6.101)中在复 $\mathcal{X}$ 平面上对 $\mathcal{X}(\tau)$ 进行积分，就是要使关系式 $\tau=\mathcal{X}r+2mdv_2$ 确定的 τ 值取实值和正值。这个要求可以等效地重写成下面表达式：

$$\mathcal{X} = (r\tau+2mdi\sqrt{\tau^2-t_0^2})/R^2 \qquad (6.103)$$

式中：$R=\sqrt{r^2+4(md)^2}$；$t_0=n_2 R/c$。所要求的积分路径，在图 6.17 上标出。

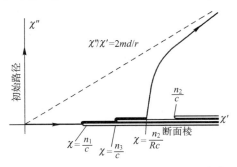

图 6.17　复 $\mathcal{X}$ 平面上积分路径和断面[34]

从图 6.17 可见，积分路径 $\mathcal{X}(\tau)$，包括一段正轴和处在 $\mathcal{X}$ 平面第一方块内部分双曲线。该积分路径可以通过虚轴正部分的初始积分路径经过变形得到。这样的变形，不会导致积分值的改变，因为首先连接初始和变形回路终端的无限半径圆弧上的积分等于零,其次积分号下函数在回路间区域上没有奇异点。

在 χ 平面分支点位置和脉冲场传播的典型时间间的关系是非常清晰的。例如,对应分支点位置 $\chi = n_1/c$ 的时间 $\tau = t_1 = (rn_1 + 2md\sqrt{n_2^2 - n_1^2})/c$,是侧面波从偶极子沿着上界面传播到观测点的时间。对应分支点位置 $\chi = n_3/c$ 的时间 $\tau = t_3 = (rn_3 + 2md\sqrt{n_2^2 - n_3^2})/c$,是侧面波从偶极子沿着下界面传播到观测点的时间。对应分支点位置 $\chi = n_2r/Rc$ 的时间,是反射波传播的时间 $\tau = t_0 = n_2r/Rc$。图 6.18 上给出了这里所说的 $m = 1$ 情况的几何解释。应当指出,沿部分路径从实轴 $\chi = 0$ 点到 $\chi = n_1/c$ 点的积分,对整个积分的贡献等于零,因为在这些部分路径上,积分号下的函数取的是实数值。在实轴从点 $\chi = n_1/c$ 到 $\chi = n_3/c$ 线段的积分,给出了沿着上界面传播的侧面波对场的贡献,而在点 $\chi = n_3/c$ 和点 $\chi = n_2r/Rc$ 间的类似积分,给出了侧面波沿着下界面传播的贡献。沿着积分路径双曲线型分支的积分,给出了反射波在边界不同次数反射的贡献。

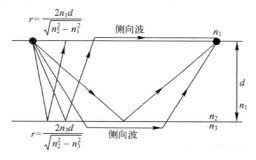

图 6.18　不同波的传播轨迹[34]

图 6.17 和图 6.18 给出的情况,对应 $n_1 < n_3 < n_2$ 时的情况。如果 $n_3 > n_2$ 和 $n_1 > n_2$,则分支点 $\chi = n_1/c$ 和 $\chi = n_3/c$ 位于点 $\chi = n_2r/Rc$ 的右边,因此积分路径 $\chi(\tau)$ 不包括通过连接这些点的断面棱的路段,其结果这里就没有侧面波。

如果点 $\chi = n_2r/Rc$ 处在分支点 $\chi = n_1/c$ 的左侧,这里假设 $n_2 > n_1$ 和 $n_3 > n_1$,即实现的是 r 小于极限距离 $2n_1md/\sqrt{n_2^2 - n_1^2}$ 的情况,则积分路径一般来说不包括通过断面棱的路段,因此侧面波将不被激发。当 $r < 2n_1md/\sqrt{n_2^2 - n_1^2}$ 时,反射波是次生波,后者应从 v_1 值的研究中得到。当 $\chi = n_2r/Rc$ 位于函数分支点 v_1 和 v_3 的右边,这对应 $r > 2n_3md/\sqrt{n_2^2 - n_3^2}$ 的情况,而反射波是定向波,这从 v_1 和 v_3 值的讨论中也可以看出。

6.2.4.3　数据计算结果

在进行计算前,重要的是预先要有关于直接波、反射波和侧面波脉冲波形足够清晰的概念。在对获取的解进行渐近研究后,可以得到所需的信息。例如,表达式(6.95)表明,两种直接波的波形类似于激发电流脉冲的波形(6.87)。

因此,在利用形状(6.87)的电流脉冲激发偶极子时,观测到直接波的场的脉冲是单极性的。在很大 r 值条件下对积分(6.93)的渐近估计表明,反射波的波形由激发电流对时间的导数形状决定。这表明,在脉冲(6.87)的情况下,反射场的脉冲将是双极的。更复杂繁琐的渐近分析表明,侧面波的场的脉冲将是单极性的,并且它类似于电流脉冲(6.87)。

在图 6.19 上展示出对于几个 r 值和给定的介质几何和电气结构条件下得到的计算结果。

图 6.19(a)上给出的数字表示不同的波,其传播的轨迹由图 6.19(b)说明。正如图 6.19(a)可见,直接波(1、2)和侧面波(3、5、7、9)具有或正或负的单极性脉冲波形。反射波(4、6、8)是双极脉冲。从图上清晰可见,在 $r=2\mathrm{m}$ 时反射波,比 $r=0.5\mathrm{m}$ 时反射波具有更大的幅度,这是有介质时偶极子辐射图出现方向性的直接结果。在 $r=0.5\mathrm{m}$ 距离上没有侧面波,因为 r 比最小的临界距离还小,因为此时最小的临界距离为 $0.71\mathrm{m}$。邻近下界面介质的介电常数,排除了侧面波沿着这个界面传播的可能性。在观测的整个时间段过程中,在很短的路径($r=0.5\mathrm{m}$)上产生场的非零值表明,这是由于 r 距离很小而存在静态场的结果。对于其他路径,静态场可以忽略。

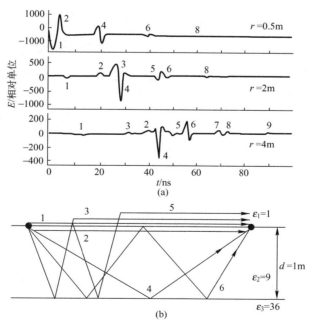

图 6.19　偶极子在不同距离上产生的非稳态场行为[34]

在图 6.20 上给出了在邻近介质界面的其他介电常数关系式下的计算结果,见文献[34]。

正如前面的情况,侧面波和直接波的波形与反射波的波形不同。现在将研究侧面波沿着介质下界面的传播情况,这个界面在图 6.20 上用数字 11 标出。从物理观点看,如果注意到介质区域介电常数的关系,侧面波的存在完全可以解释。如果比较在第一和第二路径上反射波的幅度,明显看到了偶极子辐射方向性的增强。最后,在对图 6.19 和图 6.20 比较时,可以见到反射脉冲时间瓣极性的不同的次序,这可以用介质相邻区域介电常数关系的差别来解释。

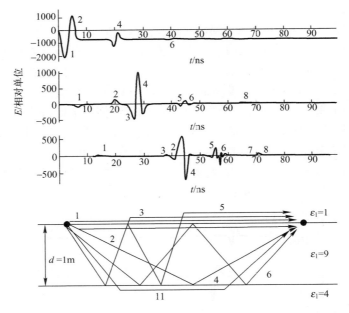

图 6.20 偶极子在两个侧面波激发下不同距离上产生的非稳态场行为[34]

小结

本章研究了不同因素对非稳态平面波在无限导电介质中传播的影响,这些因素包括介质的色散和高功率脉冲与介质的非线性相互作用。这里还描述了地球大气对纳秒和皮秒宽度电磁脉冲影响的特点。同时又指出了皮秒宽度超宽带脉冲在雷达应用中的基本限制,并且又给出了微秒宽度脉冲在地球大气中的强度阈值,以及亚纳秒序列脉冲的宽度和幅度的最佳比例关系,正是这个关系保证了这些脉冲在下层大气中传播时有最小的吸收。

本章研究了超宽带电磁脉冲在介质界面反射和穿过时的几个问题,还给出了在时域上反射系数的计算关系式,这对应用来说是很重要的。同时还研究了在忽略介质中位移电流时,无限的直线源脉冲场在导电半空间中传播的特点。

本章叙述了直接在时域上得到平面脉冲波穿过均匀而无损耗的电介质层问题的求解程序,并指出了共振序列脉冲无反射地穿过这个介质层的条件。

接着又给出了电磁脉冲在非均匀介质层上散射问题的一维空间–时间解的表达式,这里采用的是不变浸入方法,这个方法比起频谱区域的分析方法具有某些非常重要的优点,从方法学角度看,它制定了有效且统一的脉冲散射正向和逆向问题求解的算法。

在坎雅尔–戴宏帕(Cañara de Hoopa)方法基础上,研究了点源在平面层介质中激发的脉冲的传播。这个方法的优点,是有可能对结构中整个激发波谱进行仔细分析。此时,能够确定这些波不仅定性地,而且也定量地在介质不同点处参与形成合成场。

问题和检测试题

1. 假设有电报方程

$$\frac{\partial^2 u}{\partial t^2} = a^2 \frac{\partial^2 u}{\partial z^2} + b^2 u$$

式中:$u = u(z,t)$;a 和 b 为常数,这个方程在研究非稳态源激发有损耗的传输线时会出现。

求这个方程满足下面初始条件的解:

$$u(z,0) = f(z),\ \left.\frac{\partial u(z,t)}{\partial t}\right|_{t=0} = g(z)$$

式中:$f(z)$ 和 $g(z)$ 为给定的函数。

答案:

$$u(z,t) = \frac{1}{2}[f(z+at) + f(z-at)] + \frac{1}{2a}\int_{-at}^{at} f(z+\beta)\frac{\partial}{\partial t}I_0(b\sqrt{t^2 - (\beta/a)^2})\,\mathrm{d}\beta$$

$$+ \frac{1}{2a}\int_{-at}^{at} g(z+\beta)\frac{\partial}{\partial t}I_0(b\sqrt{t^2 - (\beta/a)^2})\,\mathrm{d}\beta$$

式中:$I_0(x)$ 为修正贝赛尔函数,其的积分表达式如下:

$$I_0(x) = \frac{1}{\pi}\int_{-\pi/2}^{\pi/2} \cos(x\cos\xi)\,\mathrm{d}\xi$$

2. 求超宽带脉冲式(6.24)的频谱函数

$$E(t) = E_0\left(\frac{t}{T}\right)^n [M^{n+1}\exp(-Mt/T) - \exp(-t/T)]\chi(t)$$

提示:利用下面伽玛函数的积分表达式:

$$\Gamma(x) = \int_0^\infty e^{-s} s^{x-1} \mathrm{d}s, \quad x > 0$$

3. 计算超宽带脉冲式(6.24)的初始时刻。

提示：利用伽玛函数的积分表达式。

4. 利用在圆柱坐标系中电流和磁流任意组合产生的场的一般表达式[35]，请得出电赫兹向量和磁赫兹向量的式(6.81)和式(6.82)。

5. 请证实，系数式(6.88)确实可以表达为无穷级数式(6.90)。

参考文献

［1］ Стрэттон Дж. А. Теория электромагнетизма. /Пер. с англ. под ред. С. М. Рытова. -М. -Л. : ГИТТЛ,1948. -539 с.

［2］ ИльинскийА. С. , КравцовВ. В. , СвешниковА. Г. Математические модели электродинамики. -М. : Высшая школа,1991. -224 с.

［3］ Никифоров А. Ф. , Уваров В. Б. Основы теории специальных функций. -М. : Наука,1974-304 с.

［4］ Вайнштейн Л. А. Распространение импульсов//Успехи физических наук. 1976. Т. 118. № 2. С. 339-367.

［5］ Gutman A. L. Space-time Green-function and short pulse propagation in different media/ Edited by E Heyman, B. Mandelbaum, J. Shiloh//Ultra-Wideband, Short-Pulse Electro-magnetics 4. -New York: Plenum Press,1999. -P. 301-311.

［6］ Борисов В. В. Неустановившиеся электромагнитные волны. - Л. : Изд - во Ленинградского ун-та,1987. -240 с.

［7］ Соболев С. Л. Уравнения математической физики. -М. : Наука,1966. -444 с.

［8］ Вакман Д. Е. Эволюция параметров импульса при распространении с дисперсией и затуханием//Радиотехника и электроника. 1986. Т. 31. № 3. С. 531-536.

［9］ Шварцбург А. Б. Видеоимпульсы и непериодические волны в дисперг-ирующих средах (точно решаемые модели)//Успехи физических наук. 1998. Т. 168. № 1. С. 85-103.

［10］ Gibbins C. J. Propagation of very short pulses through the absorptive and dispersive atmos-phere//IEE Proc. 1990. V. 137. Pt. H. No. 5. P. 304-310.

［11］ Liebe H. J. An updated model for millimeter wave propagation in moist air//Radio Sci. 1985. V. 20. No. 6. P. 1069-1089.

［12］ Стадник А. М. , Ермаков Г. В. Искажения сверхширокополосных электромагнитных импульсов в атмосфере Земли//Радиотехника и электроника. 1995. Т. 40. № 7. С. 1009-1016.

[13] Стадник А. М. , Ермаков Г. В. Атмосферные искажения сверхширо-кополосных импульсов ультракороткой длительности//Радиофизика и радиоастрономия. 2000. Т. 5. № 2. С. 125-130.

[14] Stadnik A. M. , Ermakov G. V. Atmospheric distortions of ultra-wideband pulses: method of temporal moments//Proc. VIII-th Int. Conf. on Mathematical Methods in Electrom. Theory. Kharkov. Ukraine. 2000. P. 143-145.

[15] Golubev A. I. , Sysoeva T. G. , Terekhin V. A. , Tikhonchuk V. T. , Altgilbers L. L. Kinetic model of the propagation of intense subnanosecond electromagnetic pulse through the lower atmosphere//IEEE Trans. Plasma Sci. 2000. V. 28. No. 1. P. 303-311.

[16] Suk J. , Rothwell E. J. Transient analysis of TE plane-wave reflection from a layered medium//J. Electromagnetic Waves Applications. 2002. V. 16. No. 2. P. 281-297.

[17] Suk J. , Rothwell E. J. Transient Analysis of TM-Plane Wave Reflection from a Layered Medium//J. Electromagnetic Waves Applications. 2002. V. 16. No. 9. P. 1195-1208.

[18] Rothwell E. J. , Suk J. Efficient computation of the time-domain TE plane-wave reflection coefficient. IEEETrans. AntennasPropagat. 2003. V. 51. No. 12. P. 3283-3285.

[19] Справочник по специальным функциям/Под ред. М. Абрамовица и И. Стиган. - М. : Наука, 1979. -832 с.

[20] Rothwell E. J. Efficient computation of the time-domain TM plane-wave reflection coefficient//IEEE Trans. Antennas and Propagat. 2005. V. 53. No. 10. P. 3417-3419.

[21] Pantoja M. Fernández, Yarovoy A. G. , Bretones A. Rubio, García S. González. Time domain analysis of thin-wire antennas over lossy ground using the reflection-coefficient approximation//Radio Science. 2009. V. 44. No. 6. P. 1-14.

[22] Pao H. -Y. , Dvorak S. L. , Dudley D. G. An accurate and efficient analysis for transient plane waves obliquely incident on a conducting half space (TE case) . //IEEE Trans. Antennas Propagat. 1996. V. 44. No. 7. P. 918-924.

[23] Pao H. -Y. , Dvorak S. L. , Dudley D. G. An accurate and efficient analysis for transient plane waves obliquely incident on a conductive half space (TM case)//IEEE Trans. Antennas Propagat. 1996. V. 44. No. 7. P. 925-932.

[24] Zeng Q. , Delisle G. Y. Time domain analysis for electromagnetic pulses reflected from a conductive half space//Canadian Conference on Electrical and Computer Engineering. Ottawa, Ont. May 2006. P. 102-105.

[25] Zeng Q. , Delisle G. Y. Transient analysis of electromagnetic wave reflection from a stratified medium //Asia-Pacific Symp. onElectromagn. Compat. 12-16 April 2010. Beijing. P. 881-884.

[26] Hill D. A. , Wait J. R. Diffusion of electromagnetic pulses into the earth from a line source//IEEE Trans. Antennas Propagat. 1974. V. 22. No. 1. P. 145-146.

[27] Wait J. R. Transient excitation of the earth by a line source of current//Proc. IEEE. 1971. V. 59. No 8. P. 1287-1288. (ТИИЭР. 1971. Т. 59. № 8. С. 172-173)

[28] Moses H. E. , Prosser R. T. Propagation of an electromagnetic field through a planar

slab//SIAM Review. 1993. V. 35. No. 4. P. 610−620.

[29] Scharstein R. W. Transient electromagnetic plane wave reflection from a dielectric slab//
IEEE Trans. Education. 1992. V. 35. No. 2. P. 170−175.

[30] Кляцкин В. И. Метод погружения в теории распространения волн. −М. : Наука,
1986. −256 с.

[31] Бугров А. Г. , Кляцкин В. И. Метод погружения и решение обратных волноводных
задач в слоистых средах//Известия вузов. Радиофизика. 1989. Т. 32. № 3. С. 321
−330.

[32] Темченко В. В. Аналитико−численное восстановление профиля неоднородностей
слоистых сред по обратно рассеянному полю импульса//Радиотехника и электроника.
1998. Т. 43. № 6. С. 710−714.

[33] Гулин О. Э. , Темченко В. В. Аналитико−численный метод моделирования
нестационарных волновых полей в слоистых средах//Журнал вычислительной
математики и математической физики. 1997. Т. 37. № 4. С. 499−504.

[34] Dai R. , Young C. T. Transient fields of a horizontal electric dipole on a multilayered medi-
um//IEEE Trans. Antennas Propagat. 1997. V. 45. No. 6. P. 1023−1031.

[35] Марков Г. Т. , Чаплин А. Ф. Возбуждение электромагнитных волн. −М. : Радио и
связь,1983. −296 с.

[36] Wait J. R. Wave propagation theory. −New York: Pergamon Press,1981. −349 p.

[37] Бреховских Л. М. Волны в слоистых средах. −М. : Наука,1973. −266 с.

第7章 超宽带电磁脉冲在导电和介电目标上的散射

引言

在超宽带电磁辐射应用于介质和目标结构的研究实践中,有不少的情况是目标个别部分或介质非均匀部分的特征尺寸,与辐射频谱中强的分量的波长比较,或者远为更小,或者差不多,或者更大。这种情况表示,不排除同时出现低频散射、共振散射和准光学散射几种散射机制。在许多情况下取决于问题的具体特点,该机制是组合式的或其中之一占主要地位的情况。解决类似的问题,利用直接的计算机模拟,还不总是有效的。作为另一种解决方法,要么采用近似方法[1-3],要么采用解析–数值方法[4,5]。这里解决问题的近似方法是否完全适用,首先决定于问题本身具有近似的可能性。对于有效的解析–数值方法,其基本特征是能够有高品质的解析处理方法,在极限情况下可以得到问题的近似解及其误差,而在一般情况下能够制定数学上完全可行的数值方法。

为了展示与直接数值方法不同的另一种方法应用的可能性和特点,本章中研究了两个关键问题。第一个问题,是研究平面脉冲电磁波在任意几何三维理想导电物体上的散射。对于非常一般的问题,散射的典型定性特点,可以通过近似方法揭示出来。这里给出的是时域上的基尔霍夫近似。然而,这个近似,并未涵盖所谓的"爬行"波有关的特定散射过程。而这个过程的实质,作为例子,可以利用定性分析平面电磁波在理想导电无限圆柱体上的散射问题加以说明。

第二个问题,是揭示和解释在电介质物体上发生散射的基本机制。作为研究的目标,选取了电介球。这个球的表面曲率半径不变,并且电介球具有均匀性和非常好的几何对称性,这些特性可以有效地应用数学工具,如在频域上和时域上可以采用小波变换。这样得到的解的结构,能够给出散射基本机制的清晰几何说明,并揭示出这些机制的特征标准志。

这里涉及的问题,由于超宽带信号在雷达中以及在天然和人造介质探测中的广泛应用,获得了越来越强的急迫性和重要性。

7.1　脉冲电磁波在导电目标上的散射

7.1.1　问题的提出,计算关系式的推导

假设平面的非谐电磁波,入射到任意形状足够光滑的理想导电目标上,如图 7.1 所示。这个波在目标上感应出电流,并在周围空间中感生出次级散射场。如果预先解得目标表面上的电流分布,次级场没有太大的困难就可以求得。然而,对这个问题严格的求解,将伴有很大的困难。因此,这个问题的求解,我们拟采用基尔霍夫近似方法[1]。

根据这个方法,将在目标 S 表面上分出被辐照的 S_0 部分。如果假设在图 7.1 上每一点 r_s 的电流表面密度已知,并且它与目标在这一点相切的理想导电平面上电流密度 J 重合,则可以求得在 S_0 部分上的电流表面密度。此时,将有下面关系式:

$$J(r_s,t) = 2n \times H_i(r_s,t)$$

式中: $H_i(r_s,t)$ 为描写入射波磁场的函数; n 为部分表面 S_0 在所讨论点 r_s 外法线方向上的单位向量; t 为时间。在 S 表面黑影部分上的电流密度假设为零。

在波从单位向量 r_0 给定方向辐照目标(见图 7.1)的情况下,上面关系式可写成如下面形式:

$$J(r_s,t) = 2n \times H_i\left(r_s,t - \frac{r_0 \cdot r_s}{c}\right) \tag{7.1}$$

式中: c 为波在目标周围空间中传播的速度,而时间 t 从波"到达"坐标原点 O 的时刻算起。

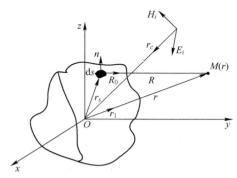

图 7.1　问题几何的示意图

正如已讲过的那样,下面将讨论足够光滑的任意形状目标。换句话说,从讨论中,并未完全排除表面光滑遭到破坏,如形成角、棱、尖峰等情况。然而,按通常逻辑应当假设,采用的近似的"质量",决定于目标表面周围由于边界效应而使场

发生非常大规律性破坏的表面部分尺寸在目标整个表面积所占的比例。场的规律性在表面部分边界附近发生破坏，并且该部分与在轮廓投影上的宽度 $c\,|H_i|\cdot|\partial H_i/\partial t|^{-1}$ 的大小相当，因此所采用假设的适用性条件，可以写成下面形式[1]：

$$\frac{1}{c}\,\Big|\frac{\partial H_i}{\partial t}\Big|\gg\frac{|H_i|}{l_c}$$

式中：l_c 为目标轮廓投影的最小直线尺寸。

假设在表面部分 S_0 上电流表面密度分布已知，并且该分布由式(7.1)给出，这样可以得到平面非谐散射场的表达式。为此，先将 S_0 划分成基本面积元 ds，并使它们具有相互垂直的曲线边，而且在物体每个点中相应的面积元以它的长边 l 在向量 J 方向取向，而其短边 a 的取向垂直于向量 J 方向。每一个这样的面积元，可以看作是长 l 的基本偶极子，环绕它的电流 I 大小为 Jda。

对于这样的偶极子辐射场，在远离它的距离 R 点（图7.1）处，可以利用前面得到的表达式（5.4）~式(5.6)给出。这些表达式，可以等效地重写如下：

$$H=\frac{l}{4\pi c}\Big[\frac{1}{r}\frac{\mathrm{d}I}{\mathrm{d}t}+\frac{c}{r^2}I\Big]\frac{l\times r}{lr}\tag{7.2}$$

$$E=\frac{Z_0 l}{4\pi c}\Big\{\frac{1}{r}\frac{\mathrm{d}I}{\mathrm{d}t}\frac{r\times(r\times l)}{lr^2}+\frac{cI}{r^2}\Big[\frac{3(l\cdot r)\cdot r}{lr^2}-\frac{l}{l}\Big]+\frac{c^2}{r^3}\int I\mathrm{d}t\Big[\frac{3(l\cdot r)\cdot r}{lr^2}-\frac{l}{l}\Big]\Big\}\tag{7.3}$$

式中：I 为决定偶极子矩取向及其长度的向量，并且 $I=I(t-r/c)$。

将量 $J\mathrm{d}s$ 代替电流 I 与向量 l 乘积代入式(7.2)和式(7.3)，并且考虑 J 的近似表达式(7.1)，在这些表达式中用 R 和 R_0 分别替换 r 和 r/r 后，对所得表达式在目标表面辐射的 S_0 部分上进行积分，可以形式上得到目标外空间任意点的散射场。然而，这样得到的繁琐的计算表达式在辐照的中间区的适用性，由于在这些区域中采用的电流分布近似和真实散射场的非规律行为，都可能引起怀疑，更不要说在近区的适用性了。

此时在辐照的远区，散射场行为的特点变得更为有规律了，在这种情况下，相应的计算公式可以大大地简化。如果在它们的一般关系式中忽略量级为 $O\Big(\dfrac{1}{R^2}\Big)$ 和 $O\Big(\dfrac{1}{R^3}\Big)$ 的相加项，将得到

$$E(r,t)=\frac{Z_0}{2\pi c}\int_{S_0}R_0\times\Big(R_0\times\Big(n\times\frac{\partial H_i(t^*)}{\partial t}\Big)\Big)\frac{\mathrm{d}s}{R}\tag{7.4}$$

$$H(r,t)=-\frac{1}{2\pi c}\int_{S_0}\Big(R_0\times\Big(n\times\frac{\partial H_i(t^*)}{\partial t}\Big)\Big)\frac{\mathrm{d}s}{R}\tag{7.5}$$

式中：$t^*=t-\dfrac{r_0\cdot r_s}{c}-\dfrac{R}{c}$ 为反映从积分开始点到观测点的辐射延迟时间。

在与物体很大距离 $R \gg D$ 处,这里 D 为物体的最大直线尺寸,由于 $r_s < D$,则可将距离 R 按 r_s / r 比值的方次展开为级数,下面只限于展开级数的前两项进行研究。实际上

$$R^2 = (\boldsymbol{r} - \boldsymbol{r}_s)(\boldsymbol{r} - \boldsymbol{r}_s) = r^2 - 2\boldsymbol{r} \cdot \boldsymbol{r}_s + r_s^2$$

因此

$$R = (r^2 - 2\boldsymbol{r} \cdot \boldsymbol{r}_s + r_s^2)^{1/2} = r\left(1 - \frac{2\boldsymbol{r} \cdot \boldsymbol{r}_s}{r^2} + \frac{r_s^2}{r^2}\right)^{1/2} \approx r\left(1 - \frac{2\boldsymbol{r} \cdot \boldsymbol{r}_s}{r^2}\right)^{1/2} \approx r\left(1 - \frac{\boldsymbol{r} \cdot \boldsymbol{r}_s}{r^2}\right)$$

所以

$$R = r - (\boldsymbol{r}_1, \boldsymbol{r}_s)$$

式中:$\boldsymbol{r}_1$ 为沿着 $\boldsymbol{r}$ 方向的单位向量。

在前面的 t^* 表达式中并考虑上面最后的关系式,可以分出不依赖坐标的参数 $\hat{t} = t - r/c$,对坐标进行积分可得

$$t^* = t - \frac{\boldsymbol{r}_0 \cdot \boldsymbol{r}_s}{c} - \frac{R}{c} = t - \frac{\boldsymbol{r}_0 \cdot \boldsymbol{r}_s}{c} - \frac{r}{c} + \frac{\boldsymbol{r}_1 \cdot \boldsymbol{r}_s}{c} = \hat{t} + \frac{(\boldsymbol{r}_1 - \boldsymbol{r}_0) \cdot \boldsymbol{r}_s}{c}$$

现在,在式(7.4)和式(7.5)中,可以假设量 $1/R$ 等于常量 $1/r$,忽略单位向量 $\boldsymbol{R}_0$ 和 $\boldsymbol{r}_1$ 夹角的改变,并假设 $\boldsymbol{R}_0 = \boldsymbol{r}_1$。考虑这些简化,式(7.4)和式(7.5)取下面形式:

$$\boldsymbol{H}(\boldsymbol{r}, t) = -\frac{1}{2\pi c r} \boldsymbol{r}_1 \times \int_{s_0} \left(\boldsymbol{n} \times \frac{\partial}{\partial t} \boldsymbol{H}_i \left(\hat{t} + \frac{(\boldsymbol{r}_1 - \boldsymbol{r}_0) \cdot \boldsymbol{r}_s}{c} \right) \right) \mathrm{d}s \tag{7.6}$$

$$\boldsymbol{E}(\boldsymbol{r}, t) = -Z_0 (\boldsymbol{r}_1 \times \boldsymbol{H}(\boldsymbol{r}, t)) \tag{7.7}$$

对于反散射方向 $\boldsymbol{r}_1 = -\boldsymbol{r}_0$,式(7.6)取下面形式[1]:

$$\boldsymbol{H}(\boldsymbol{r}, t) = \frac{1}{2\pi c r} \int_{s_0} \frac{\partial}{\partial t} \boldsymbol{H}_i \left(\hat{t} + \frac{2(\boldsymbol{r}_1 \cdot \boldsymbol{r}_s)}{c} \right) \cos(\boldsymbol{n} \cdot \boldsymbol{r}_1) \mathrm{d}s \tag{7.8}$$

至于电场,它可以在求得磁场 $\boldsymbol{H}(\boldsymbol{r}, t)$ 后,根据式(7.7)确定。

7.1.2 波在理想导电矩形板上的散射

假设边长 a 和 b 的矩形理想导电板置于 xOy 平面上,这个板被平面非谐波从处在 xOz 平面内与 z 轴成 θ 角的方向上进行辐照,如图 7.2 所示。

矩形板散射造成的场,由下面表达式确定[1]:

$$\boldsymbol{H}(\boldsymbol{r}, t) = \boldsymbol{H}_{i0} \frac{abc\cos\theta}{2\pi c r} \frac{1}{2\tau_a} \{ H_i(\hat{t} + \tau_a) - H_i(\hat{t} - \tau_a) \} \tag{7.9①}$$

---

① 根据作者 2016.12.28 来信,7.1.2 节的 $\boldsymbol{H}_i(\boldsymbol{r}, \hat{t} + \tau_a)$,$H_i(\boldsymbol{r}, \hat{t} - \tau_a)$,$H_i(\boldsymbol{r}, t)$,$H_i(\boldsymbol{r}, \hat{t} + \tau_a + \tau)$,$H_i(\boldsymbol{r}, \hat{t} - \tau_a + \tau)$,$F(\boldsymbol{r}, \hat{t} + \tau_a + \tau_b)$,$F(\boldsymbol{r}, \hat{t} - \tau_a + \tau_b)$,$F(\boldsymbol{r}, \hat{t} + \tau_a - \tau_b)$,$F(\boldsymbol{r}, \hat{t} - \tau_a - \tau_b)$ 式中均去掉 $\boldsymbol{r}$,共 11 处,不另注。——译者注

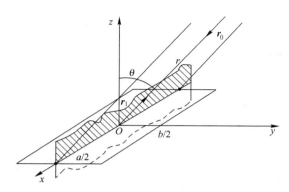

图 7.2　平面波入射理想导电矩形板的示意图

$$E(r,t) = -Z_0(r_1 \times H(r,t))$$

式中：H_{i0} 为沿着入射波磁场向量 H_i 方向的单位向量；$\tau_a = a\sin\theta/c$ 为表征从平板边缘反射且垂直 xOz 平面的波相对平板中心的时间延迟参数。τ_a 数值上等于平板电气尺寸在辐照方向上的投影 a/c。

　　从式(7.9)可见，所讨论空间点的散射场，可以表示成从平板边缘产生的两个波的叠加。这两个波可与两个独立的且位于平板的边界上的次级"点源"（"发光点"）比较，如图 7.2 所示的粗点。次级点源产生的球面波，形状上与入射波符合，但时间延迟不同。由于这两个点源场的叠加，在空间中形成了合成的相干场，它不仅依赖于辐照方向，也依赖于时间。

　　场在空间每点与时间的依赖关系，决定反射信号的时间形状，该形状在很大程度上决定于脉冲宽度和时间延迟参数 τ_a 的比值。对于固定时刻，合成散射波与角度 θ 的依赖关系，表征了在不同方向上板的散射性质。所讨论情况与谐波衍射情况具有典型的差别，这个差别表现在反散射图随时间变化，而且在任何辐照角度下也不趋于零。

　　例如，由式(7.9)可见，当 $\theta \to 0$ 即垂直入射时，τ_a 也趋于零，此时有

$$\frac{1}{2\tau_a}\{H_i(\hat{t}+\tau_a) - H_i(\hat{t}-\tau_a)\} \to \frac{\partial H_i(\hat{t})}{\partial t}$$

　　因此，在平面非谐波垂直入射板时，远区的散射场正比于入射场函数对时间的导数。在一般情况下，当平面非谐波的入射方向由任意的 θ 和 φ 角度表征，而 φ 为 xOy 平面上从 x 轴正方向算起的方位角，则式(7.8) 归结为下面形式：

$$H(r,t) = H_{i0}\frac{abcos\theta}{2\pi cr}\frac{1}{4\tau_a\tau_b}\int_{-\tau_b}^{\tau_b}\{H_i(\hat{t}+\tau_a+\tau) - H_i(\hat{t}-\tau_a+\tau)\}d\tau \qquad (7.10)$$

175

式中：$\tau_a = a\sin\theta\cos\varphi/c$ 和 $\tau_b = b\sin\theta\sin\varphi/c$ 分别为板的尺寸在辐照方向上的投影。

如果对 $H_i(\boldsymbol{r},t)(\int H_i(\boldsymbol{r},t)\mathrm{d}t = F(\boldsymbol{r},t) + C))$ 函数的原函数 $F(\boldsymbol{r},t)$ 进行讨论，则式（7.10）可以写成

$$H(\boldsymbol{r},t) = H_{i0}\frac{ab\cos\theta}{2\pi cr}\frac{1}{4\tau_a\tau_b}\{F(\hat{t}+\tau_a+\tau_b) - F(\hat{t}-\tau_a+\tau_b)^{①}$$
$$-F(\hat{t}+\tau_a-\tau_b) + F(\hat{t}-\tau_a-\tau_b)\}$$

对上面表达式的分析表明，与板的角点（$x = \pm a/2$，$y = \pm b/2$）重合的"发光点"是散射场的源。此时，反射信号可能有很大发散，而在辐照脉冲宽度小于 τ_a 和 $\tau_b - \tau_a$ 时，反射信号会分成 4 个部分。

7.1.3 波在理想导电椭圆体和球体上的散射

三轴椭圆体（见图 7.3）被沿负 z 方向传播的波辐照时，产生的散射场的一般表达式（7.8）取下面的形式[1]：

$$H(\boldsymbol{r},t) = \frac{ab}{2dr}\left\{H_i(\hat{t}+\tau_0) - \frac{1}{\tau_0}\int_0^{\tau_0}H_i(\hat{t}+\tau)\mathrm{d}\tau\right\} \qquad (7.11)^{①}$$

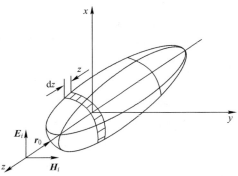

图 7.3 理想导电旋转椭圆体处在平面非谐波的场中的示意图

式中：a、b 和 d 为椭圆体在相应 x、y 和 z 坐标轴方向上半轴处的坐标，如图 7.3 所示，而 $\tau_0 = 2d/c$ 为在 z 轴方向上椭圆体的电气长度。

通过 $\boldsymbol{F}(t)$ 表示 $\boldsymbol{H}_i(t)$ 函数的原函数，这样重写式（7.11）如下：

$$H(\boldsymbol{r},t) = \frac{ab}{2dr}\left\{H_i(\hat{t}+\tau_0) - \frac{1}{\tau_0}[\boldsymbol{F}(\hat{t}+\tau_0) - \boldsymbol{F}(\hat{t})]\right\} \qquad (7.12)^{①}$$

在 $a = b = d$ 的具体情况下，利用式（7.11）和式（7.12）描述了在理想导电球体上产生的散射场。此时看到，散射场好像由两个次级点源（"发光点"）

---

① 根据作者 2016.12.28 来信，7.1.3 节中的 $H_i(\boldsymbol{r},\hat{t}+\tau_0)$，$H_i(\boldsymbol{r},\hat{t}+\tau)$，$H_i(\boldsymbol{r},\hat{t}+\tau_0)$，$F(\boldsymbol{r},\hat{t}+\tau_0)$，$F(\boldsymbol{r},\hat{t})$ 式中均去掉 $\boldsymbol{r}$，共 5 处，不另注。——译者注

176

产生。第一个源置于椭圆体的顶端,并在观测点产生两个波,一个是反射波,其形状与入射波一样,只是相差的在幅度和延迟时间,另一个是衍射波,其形状与入射波不一样。第二个源置于椭圆体的几何阴影区域,并产生与第一个源衍射波类似的波。

7.1.4　波在理想导电有限圆锥体上的散射

假设,圆锥体被沿着它的对称轴线传播的波从其顶端辐照,如图 7.4 所示。

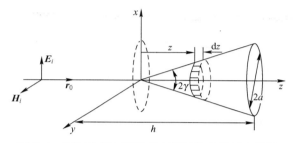

图 7.4　平面非谐电磁波对有限圆锥体的轴向辐照

此时,它的散射场具有下面表达式[1]:

$$H(r,t) = -\frac{a}{2r}\tan\gamma\left\{H_i(\hat{t} - \tau_0) - \frac{1}{\tau_0}\int_0^{\tau_0}H_i(\hat{t} - \tau)\,\mathrm{d}\tau\right\} \qquad (7.13)[1]$$

其中:a 为圆锥体底面半径;h 为圆锥体的高度;2γ 为圆锥体的顶端角度;$\tau_0 = 2h/c$。如前节所述,式(7.13)可以变换为下面形式:

$$H(r,t) = -\frac{a}{2r}\tan\gamma\left\{H_i(\hat{t}-\tau_0) - \frac{1}{\tau_0}[F(\hat{t}-\tau_0) - F(\hat{t})]\right\} \qquad (7.14)[1]$$

比较式(7.14)与式(7.12),发现它们类似。它们的差别,只是在幅度因子和时间延迟参数上。此时的散射场,认为是由两个次级源产生的场:第一个源处在圆锥体的顶端,第二个源处在它的底部,同时产生两个波,其中一个类似于从椭圆体反射的波,而第二波像第一个源产生的波,它与椭圆体的衍射波类似。在 $h/\tau_0 \gg 1$ 条件下,衍射波的贡献相对不大。

应当指出,当母线的长度是固定的,而 $h \to 0(\gamma \to \pi/2)$ 时,圆锥体变为圆盘。此时,由式(7.13)可见,圆盘产生的散射场由下面表达式给出:

$$H(r,t) = -\frac{a^2}{rc}\frac{\partial H_i(\hat{t})}{\partial t}$$

因此,在平面非谐电磁波垂直入射圆盘辐照时,所产生的散射场正比于入射场对时间的导数。

7.1.5 爬行波

超宽带电磁脉冲在有限光滑突出的目标上发生的散射,具有与从足够长平面目标上普通镜面反射而产生的散射不同的特点。在这种情况下,除了镜面反射脉冲外,到达观测点的还有按不同构成轨迹传播的脉冲。例如,在以平面电磁波形式的脉冲垂直入射到无限理想导电圆柱体时,脉冲传播可能的路径如图 7.5 所示。

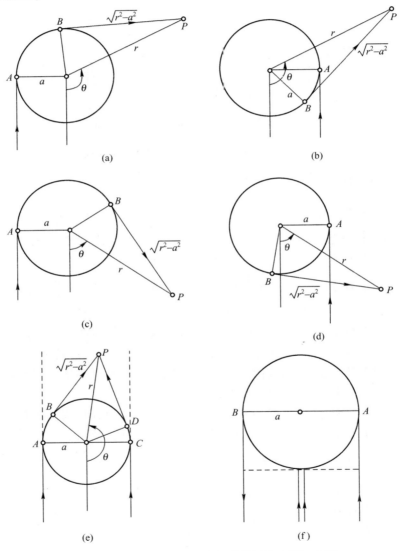

图 7.5 爬行波沿着圆柱体外缘传播的不同轨迹[6]

从图 7.5(a)可见,脉冲传播的构成轨迹由两个部分组成。第一部分是半径 a 圆柱体的弧,这个弧是从入射波前沿与圆柱体相切点 A 到点 B 的弧。从这个 A 点开始圆柱体的半切线,再经过观测点 P。第二部分轨迹是半切线 BP 线段。减小厚度线的轨迹图像表明,脉冲沿着圆柱体影子部分传播时,它发生衰减。

图 7.5(b)表示另一种轨迹方案,此时脉冲在落到观测点前,几乎完全绕过圆柱体。从物理角度考虑,很自然地期待,脉冲的衰减会是很大的。

图 7.5(c)、(d)表示,观测点处在另一位置 P 时脉冲的传播轨迹。

图 7.5(e)、(f)对应观测点或处在圆柱体后面阴影区,或观测点方向与入射脉冲的反方向重合情况。

从图 7.5(f)可见,在圆柱体散射的场中形成两个脉冲,其中之一是由于入射脉冲从圆柱体镜面反射得到的,而第二个脉冲是入射脉冲环绕圆柱体产生的结果脉冲。在这种情况下,这两个脉冲行程的几何之差等于 $a(2+\pi)$。

不过,定量地估计脉冲沿着圆柱体阴影部分传播时发生的衰减,是很困难的。然而,在频域上分析下面入射的平面波 $E_0(r,\theta) = \exp(-ikr\cos\theta)$ 是可能的,可见这个波按谐波规律依赖于时间,它的衰减特点在文献[6]中曾分析过。

对于在半径 $ka \gg 1$ 圆柱体上散射在其反方向形成的场,得到了下面的渐近表达式:

$$E_s(r,0) = \sqrt{\frac{a}{2r}} \exp[ik(r-2a)]\left\{1 \mp 2(ka)^{-1/6}\sum_s C_s \frac{\exp[i(2ka-\pi\nu_s+\pi/12)]}{1-\exp(2\pi\nu_s)}\right\}$$

(7.15)

在式(7.15)中,上面符号对应入射波在圆柱体轴方向的极化,而下面符号对应入射波垂直圆柱体轴方向的极化。式中系数 C_s 是正实数,系数 C_s 的前 5 个系数在文献[6]中给出了它们的值。与极化形式相适应的 ν_s 量,由下面关系式确定:

$$\nu_s = ka + \frac{1+i\sqrt{3}}{2}\left(\frac{ka}{6}\right)^{1/3}\binom{q_s}{q_s'}$$

(7.16)

式中: q_s 为艾里(Airy)函数的第 s 零值; q_s' 为该函数导数的第 s 零值。

考虑式(7.16),式(7.15)中指数函数的自变量可以写成下式:

$$-\frac{\sqrt{3}}{2}\pi\left(\frac{ka}{6}\right)^{1/3}q_s + i\left[ka(\pi+2)+\frac{\pi}{2}\left(\frac{ka}{6}\right)^{1/3}q_s+\pi/12\right]$$

(7.17)

级数式(7.15)的每一项,都在描写所谓的"爬行"波。求和标号 s 值,给出"爬行"波环绕圆柱体的次数。由于式(7.17)中第一相加项是负的,而 q_s 的零值随着 s 的升高而增大,这样可以得出结论,每个波沿着圆柱体传播时都发生衰减,并且 s 标号越大,衰减发生得也越快。在式(7.17)中方括号里第二和第三相加项之和,决定了相对根据几何确定的相移的补充相移。这表明,"爬行"波沿着圆柱体表面在传播,但是传播的相速度缓慢。

7.2 平面脉冲电磁波在介电目标上的散射

7.2.1 对介电球体上散射的小波分析

在研究超宽带电磁脉冲在有限尺寸介电物体上的散射时,可以有几种散射机制,它们对整个散射场都有一定贡献。对这些机制的研究,通常在频域上或时域上进行。在分开进行的类似研究中,不论是具体散射机制本身,还是各种散射部分的贡献,远不是通过复杂散射场结构的数据分析就能解决的。更为有效又更有成果的分析,是基于对散射场的时域特性和频域特性一起进行研究的方法。在这个方法的框架内,从得到的数据中,应提取关于散射场在时域上和频域上局部变化的信息。因此,对砌机制在物理内容上将有更深入的认识。

现在,在文献中,甚至采用了对应这种方法的专门术语"时域和频域分析"。众所周知,具体实施"时频和频域分析有很好的例子,包括有短时间傅里叶变换、维格纳韦尔分布、小波变换等[7-14]。现在认为,对散射场不同规模研究的最有力手段,是小波变换[15-18]。

下面把散射机制的研究作为一项任务,在形状上采用的最简单电介体正是球体。在研究过程中,在阐释时域上或频域上得到的数据时,最好是采用小波变换。

对于某个信号 $s(t)$,连续的小波变换可由下式给出[15,16]:

$$W_t(a,b) = \frac{1}{\sqrt{a}} \int_{-\infty}^{\infty} s(t)\psi^*\left(\frac{t-b}{a}\right) \mathrm{d}t \qquad (7.18)$$

式中:$\psi(t) \in L^2(\boldsymbol{R})$ 为小波原型,它通常称作"母小波",它满足了小波理论用于类似数学对象时提出的所有要求。式(7.18)表明,$W_t(a,b)$ 是以 $\psi((t-b)/a)$ 为核的积分变换,而这个核是进行了时间转换和频率换算的"母小波"。从物理观点看,比例参数 a 和位移参数 b 分别对应的是频率倒数 $1/\omega$ 和时间 t。

下面的高斯型函数[11]作为"母小波",我们将进行研究:

$$\psi(t) = \frac{1}{\sqrt{2\pi}\,\sigma_t} \exp\left(-\frac{t^2}{2\sigma_t^2}\right) \exp(-\mathrm{i}\omega_0 t) \qquad (7.19)$$

式中:σ_t 和 ω_0 分别为确定小波宽度和中心频率的常数。将函数(7.19)代入小波变换(7.18),利用直接傅里叶变换后,求得

$$W_t(T,\Omega) = \frac{\Omega}{\sqrt{2\pi\sigma_t^2}} \int_{-\infty}^{\infty} s(t)\exp\left(-\frac{\Omega^2}{2\sigma_t^2\omega_0^2}(t-T)^2\right)\exp[\mathrm{i}\Omega(t-T)]\mathrm{d}t$$

$$= \frac{1}{2\pi}\sqrt{\frac{\omega_0}{\Omega}} \int_{-\infty}^{\infty} S(\omega)\exp\left(-\frac{\omega_0^2\sigma_t^2}{2}\left(\frac{\omega}{\Omega}+1\right)^2\right)\exp(i\omega t)\,\mathrm{d}\omega \quad (7.20)$$

式中：$S(\omega)$ 为信号 $s(t)$ 的傅里叶变换，同时是该信号在频域上的数据。在式(7.20)中，参数 a 和 b 分别用 $\omega_0/a = \Omega$ 和 $t = T$ 替换。正如前面提到的，这两个参数 a 和 b 分别对应的是频率的倒数和时间。由式(7.20)可以清楚地看出，W_t 通过频域数据 $S(\omega)$ 的窗口傅里叶变换的各项结果表示，而 $S(\omega)$ 是频域上宽度可变的高斯型窗口函数。这个窗口沿 ω 轴"滑动"，并能够从频域数据中取出定位信息。由于窗口宽度随着 Ω 频率的改变而改变，此时 W_t 在高频区域有很好的时间分辨率，而在低频区域则有很好的频率分辨率。这些特性在确定信号分量随时间的快速变化时是非常有用的。

对 $S(\omega)$ 信号频谱，即它在频域上数据的连续小波变换，可由下式给出[15,16]：

$$W_f(a,b) = \frac{1}{\sqrt{a}} \int_{-\infty}^{\infty} S(\omega)\xi^*\left(\frac{\omega-b}{a}\right)\mathrm{d}\omega \quad (7.21)$$

式中：$\xi(\omega) \in L^2(\boldsymbol{R})$ 为"母小波"。

作为"母小波"，还将研究下面高斯型函数[11]：

$$\xi(\omega) = \frac{1}{\sqrt{2\pi}\,\sigma_f}\exp\left(-\frac{\omega^2}{2\sigma_f^2}\right)\exp(-i\omega t_0) \quad (7.22)$$

式中：σ_f、t_0 分别为决定时间和频率分辨率、小波中心的常数。将式(7.22)代入式(7.21)，并利用逆向傅里叶变换后，得到

$$W_f(T,\Omega) = \sqrt{\frac{T}{2\pi\sigma_f^2 t_0}} \int_{-\infty}^{\infty} S(\omega)\exp\left(-\frac{T^2}{2\sigma_f^2 t_0^2}(\omega-\Omega)^2\right)\exp\left[-iT(\omega-\Omega)\right]\mathrm{d}\omega$$

$$= \frac{1}{\sqrt{T}} \int_{-\infty}^{\infty} s(t)\exp\left(-\frac{t_0^2\sigma_f^2}{2}\left(\frac{t}{T}-1\right)^2\right)\exp(-i\Omega t)\,\mathrm{d}t \quad (7.23)$$

式中：参数 a 和 b 分别用 t_0/T 和 Ω 替换了。式(7.23)表明，W_f 通过时域上 $s(t)$ 数据的窗口傅里叶变换得到，而数据 $s(t)$ 是宽度可变的高斯型窗口函数。由于窗口宽度随着时间 T 的改变而变化，W_f 在信号变化的早期阶段具有好的时间分辨率，而在它的晚期阶段具有很好的频率分辨率。这种特性对于将频率轴上多频率信号分量分开是很有用的。

7.2.2　数值结果及其讨论

在文献[11]中，借助式(7.20)和式(7.23)的小波变换，分析了在半径 a 的介电球上散射的脉冲电磁场的结构，研究了散射的不同机制，这样的问题文献[12,13]中也研究过。入射的脉冲电磁场是平面波，它依赖时间的关系为高斯

函数对时间的导数。为了便于解释计算结果,其时间变量归一到脉冲通过球半径距离所用的时间,即 $\tau=t/(a/c)$,这里 c 为在自由空间中的光速。

散射场的数据是通过频域上严格求解平面波在介电球上衍射问题得到的。介电球材料的折射指数选作 3。通过计算结果的分析,可以清晰地分出几种散射机制,在图 7.6 上用图展示出波传播的射线轨迹。首先分出的是镜面散射,如图 7.6(a) 所示,其次穿到球内又从球的表面反射的各种轨迹方案,如图 7.6(c)、(d)、(e) 所示。而"爬行"波对应的是图 7.6(b)。显然,内部反射机制与"爬行"波机制的组合,如图 7.6(f)、(g)、(h) 所示。

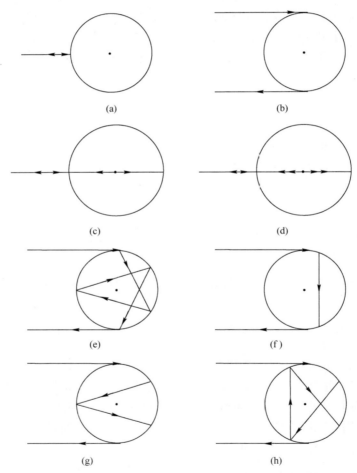

图 7.6 辐射在介电球上不同散射机制的几何展示[11]

在文献[11]中,根据几何光学公式并基于严格考虑的公式,计算了辐射在沿着不同轨迹传播时的时间延迟,并进行了比较。发现计算结果相互符合很好,这间接地证实了计算结果的可靠性。更何况,由于所进行的分析而求得的本征频率实部分的比较,表明了它们与某些本征共振频率实部分精确值也很好符合。这里应当特别强调一下,介电球还具有几个虚部分值很小的共振频率。这种状况,使它们的探测和精确分辨变得非常困难。

小结

关于平面脉冲电磁波在导电目标上反射问题的提出和解决,从前面的叙述可得出下面几个结论:

（1）从散射表面反射的脉冲电磁波的特性,非常复杂地既依赖于辐照脉冲的参数,也依赖于表面的形状和尺寸。

（2）对散射波形成的主要贡献,不是散射表面所有连续分布的单元,而只是它的个别区域或个别点,即所谓的局部散射中心或"发光"点贡献的结果。

（3）散射中心对应的是散射目标几何均匀性遭到破坏处,散射中心的性质和特点,决定于目标表面非均匀性的特点。依赖于非均匀性的形状,一些散射中心,如矩形板镜面边界的"发光"点、有限圆锥体的阴影母线"发光"点,产生与辐照脉冲时间形状一样的反射脉冲,其他中心,如椭圆体、球体、圆锥体的衍射"发光"点,决定了反射脉冲时间形状的变化,并且使其具有这样或那样的不同特点。

（4）反射脉冲的特性,非常依赖于辐照脉冲的时间宽度与个别"发光"点产生脉冲的延迟时间差的比值。当脉冲时间宽度大于延迟时间差时,将导致"发光"点脉冲相互叠加。因此发生了总的反射脉冲的混合和散开,造成它们的模糊。如果反射脉冲延迟时间差大于辐照脉冲宽度,则反射脉冲构成了不同强度的单个脉冲序列,在一般情况下,这些脉冲将具有不同形状和宽度。此时,脉冲数决定于"发光"点(散射中心)的数目。

还要指出,很长时间直到现在,还在采用的近似方法,不只具有纯学术意义[2,3],例如,在文献[3]中,关于平面脉冲波通过无限屏中矩形孔或圆形孔的问题已经得到解决,这里作者是采用了基尔霍夫方法和脉冲场小波函数展开相结合的非稳态方案解决的。最近对类似问题的兴趣又引起了关注,这是由于在飞秒光学和超宽带雷达领域取得了有意义实验结果的缘故。

对介电球体上散射结果的分析表明,这个球体产生的辐射脉冲的反射具有不同的机制,在进行小波分析时,这些机制能够清晰地鉴别并区分开来。同时,还发现了介电球体的某些本征共振频率。

问题和检测试题[①]

1. 从表达式(7.8)出发,请得到散射磁场式(7.9)。

求解:根据一般表达式(7.8)有

$$H(r,t) = \frac{1}{2\pi cr} \int_{S_0} \frac{\partial}{\partial t} H_i\left(\hat{t} + \frac{2(r_1 \cdot r_s)}{c}\right) \cos(n \cdot r_1) ds$$

如果散射目标是平板,则注意到问题的几何如图7.2所示,则有

$$ds = dxdy, \cos(n \cdot r_1) = \cos\theta$$
$$r_1 \cdot r_s = x\cos(\pi/2-\theta) = x\sin\theta$$

从而

$$H(r,t) = \frac{\cos\theta}{2\pi cr} \int_{S_0} \frac{\partial}{\partial t} H_i\left(\hat{t} + \frac{2\sin\theta}{c}x\right) dxdy$$

$$= H_{i0} \frac{\cos\theta}{2\pi cr} \int_{-a/2}^{a/2} \int_{-b/2}^{b/2} \frac{\partial}{\partial t} H_i\left(\hat{t} + \frac{2\sin\theta}{c}x\right) dxdy$$

$$= H_{i0} \frac{b\cos\theta}{2\pi cr} \int_{-a/2}^{a/2} \frac{\partial}{\partial t} H_i\left(\hat{t} + \frac{2\sin\theta}{c}x\right) dx$$

做下面积分变量替换:

$$\tau = \frac{2\sin\theta}{c}x, \quad dx = \frac{c}{2\sin\theta}d\tau$$

当 $x=a/2$ 和 $x=-a/2$ 时,新的积分变量分别取 $\tau_a = \frac{a\sin\theta}{c}$, $-\tau_a = -\frac{a\sin\theta}{c}$。

由此

$$H(r,t) = H_{i0} \frac{b\cos\theta}{2\pi cr} \frac{c}{2\sin\theta} \int_{-\tau_a}^{\tau_a} \frac{\partial}{\partial t} H_i(\hat{t} + \tau) d\tau$$

$$= H_{i0} \frac{ab\cos\theta}{2\pi cr} \frac{1}{2\tau_a} \int_{-\tau_a}^{\tau_a} \frac{\partial}{\partial \tau} H_i(\hat{t} + \tau) d\tau$$

$$= H_{i0} \frac{ab\cos\theta}{2\pi cr} \frac{1}{2\tau_a} \{H_i(\hat{t} + \tau_a) - H_i(\hat{t} - \tau_a)\}$$

[①] 根据作者 2016.12.28 来信,对本检测试题中的 $H_i(r,\hat{t}-\tau_0)$,$H_i(r,\hat{t}+\tau_a)$,$H_i(r,t)$,$H_i(r,\hat{t}+\tau_a+\tau)$, $H_i(r,\hat{t}-\tau_a+\tau)$,$F(r,\hat{t}+\tau_a+\tau_b)$,$F(r,\hat{t}-\tau_a+\tau_b)$,$F(r,\hat{t}+\tau_a-\tau_b)$,$F(r,\hat{t}-\tau_a-\tau_b)$ 中均去掉 r,共23处,不另注。——译者注

因此,最后的结果将有下面形式:

$$\boldsymbol{H}(\boldsymbol{r},t) = \boldsymbol{H}_{i0}\frac{ab\cos\theta}{2\pi cr}\frac{1}{2\tau_a}\{H_i(\boldsymbol{r}_s,\hat{t}+\tau_a) - H_i(\boldsymbol{r}_s,\hat{t}-\tau_a)\}$$

应当指出,在这样的结果情况下,可以更清晰地跟踪波垂直入射平板时的转换过程。

2. 请推导出在椭球体上散射场的表达式(7.11)。

3. 请得出在有限锥体上散射场的表达式(7.13)和式(7.14)。

求解:问题的几何在图 7.3 上给出,一般式(7.8)中的积分计算,更方便地利用球坐标系进行。在所讨论的情况下,将有

$$ds = r_s\sin\gamma dr_s d\varphi, \cos(\boldsymbol{n}\cdot\boldsymbol{r}_1) = \sin\gamma, \boldsymbol{r}_1\cdot\boldsymbol{r}_s = -r_s\cos\gamma$$

此时

$$\boldsymbol{H}(\boldsymbol{r},t) = \frac{1}{2\pi cr}\int_0^{h/\cos\gamma}\int_0^{2\pi}\frac{\partial}{\partial t}\boldsymbol{H}_i\left(\hat{t} - \frac{2r_s\cos\gamma}{c}\right)\sin\gamma r_s\sin\gamma dr_s d\varphi$$

$$= \frac{\sin^2\gamma}{cr}\int_0^{h/\cos\gamma}\frac{\partial}{\partial t}\boldsymbol{H}_i\left(\hat{t} - \frac{2r_s\cos\gamma}{c}\right)r_s dr_s$$

进行积分变量替换,将有

$$\tau = \frac{2r_s\cos\gamma}{c}, r_s = \frac{c}{2\cos\gamma}\tau, dr_s = \frac{c}{2\cos\gamma}d\tau$$

在 $r_s = h/\cos\gamma$ 时,经过新的积分替换将取值 $\tau_0 = \frac{2h}{c}$,而在 $r_s = 0$ 时,τ_0 值为 0。

从而

$$\boldsymbol{H}(\boldsymbol{r},t) = \frac{c}{4r}\tan^2\gamma\int_0^{\tau_0}\frac{\partial}{\partial t}\boldsymbol{H}_i(\hat{t}-\tau)\tau d\tau = -\frac{c}{4r}\tan^2\gamma\int_0^{\tau_0}\frac{\partial}{\partial\tau}\boldsymbol{H}_i(\hat{t}-\tau)\tau d\tau$$

$$= -\frac{c}{4r}\tan^2\gamma\left[\tau_0\boldsymbol{H}_i(\hat{t}-\tau_0) - \int_0^{\tau_0}\boldsymbol{H}_i(\hat{t}-\tau)d\tau\right]$$

$$= -\frac{a}{2r}\tan\gamma\left[\boldsymbol{H}_i(\hat{t}-\tau_0) - \frac{1}{\tau_0}\int_0^{\tau_0}\boldsymbol{H}_i(\hat{t}-\tau)d\tau\right]$$

因此,最后的结果将有下面形式:

$$\boldsymbol{H}(\boldsymbol{r},t) = -\frac{a}{2r}\tan\gamma\left[\boldsymbol{H}_i(\hat{t}-\tau_0) - \frac{1}{\tau_0}\int_0^{\tau_0}\boldsymbol{H}_i(\hat{t}-\tau)d\tau\right]$$

如果已确定最初形式 $\boldsymbol{F}(\boldsymbol{r}_s,\hat{t}-\tau)$,则上述结果可以重写为

$$\boldsymbol{H}(\boldsymbol{r},t) = -\frac{a}{2r}\tan\gamma\left[\boldsymbol{H}_i(\hat{t}-\tau_0) - \frac{1}{\tau_0}[\boldsymbol{F}_i(\hat{t}-\tau_0) - \boldsymbol{F}_i(\hat{t})]\right]$$

参考文献

[1] Черноусов В. С. Рассеяние негармонических электромагнитных волн идеально проводящими телами конечных размеров//Радиотехника и электроника. 1965. Т. 10. № 1. С. 31–39.

[2] Гутман А. Л. Метод Кирхгофа для расчета импульсных полей//Радиотехника и электроника. 1997. Т. 42. № 3. С. 271–276.

[3] Михайлов Е. М. , Головинский П. А. Описание дифракции и фокусировки ультракоротких импульсов на основе нестационарного метода Кирхгофа – Зоммерфельда//Журнал экспериментальной и теоретической физики. 2000. Т. 117. № 2. С. 275–285.

[4] Дорошенко В. А. , Кравченко В. Ф. , Пустовойт В. И. Преобразования Мелера – Фока в задачах дифракции волн на незамкнутых структурах во временной области// Доклады РАН. 2005. Т. 405. № 2. С. 184–187.

[5] Дорошенко В. А. , Кравченко В. Ф. Дифракция электромагнитных волн на незамкнутых конических структурах. /Под ред. В. Ф. Кравченко. —М. : ФИЗМАТЛИТ, 2009. –272 с.

[6] Хёнл Х. , Мауэ А. , Вестпфаль К. Теория дифракции/Перев. с нем. под ред. Г. Д. Малюжинца. —М. : Мир, 1964. –428 с.

[7] Moghaddar A. , Walton E. K. Time – frequency distribution analysis of scattering from waveguide cavities//IEEE Trans. Antennas Propagat. 1993. V. 41. No 5. P. 677–680.

[8] Trintinalia L. C. , Ling H. Interpretation of scattering phenomenology in slotted waveguide structures via time–frequency processing. //IEEE Trans. Antennas Propagat. 1995. V. 43. No 11. P. 1253–1261.

[9] Kim H. , Ling H. Wavelet analysis of radar echo from finite–size targets. //IEEE Trans. Antennas Propagat. 1993. V. 41. No 2. P. 200–207.

[10] Nishimoto M. , Ikuno H. Time – frequency analysis of scattering data using wavelet transform//IEICE Trans. Electron. 1997. V. E80–C. No 11. P. 1440–1447.

[11] Nishimoto M. , Ikuno H. Time–frequency analysis of scattering responses from a dielectric sphere//Proc. 2000 Int. Symp. on Antennas and Propagation. V. 1. Fukuoka, Japan. 2000. P. 417–420.

[12] Nishimoto M. , Ikuno H. Time–frequency processing of scattering responses from a dielectric sphere//IEICE Trans. Electron. 2001. V. 84. No. 9. P. 1256–1259.

[13] Chen D. , Jin Y. – Q. Time – frequency analysis of electromagnetic pulse response from a spherical target//Chinese Phys. Letters. 2003. V. 20. No. 5. P. 660–663.

[14] Ling H. , Moore J. , Bouche D. , Saavedra V. Time–frequency analysis of backscattering data from a coated strip with a gap//IEEE Trans. Antennas Propagat. 1993. V. 41. No 8. P. 1147–1150.

[15] Добеши И. Десять лекций по вейвлетам/Пер. с англ. Е. В. Мищенко. Под ред. А. П. Петухова. -Ижевск: НИЦ "Регулярная и хаотическая динамика", 2001. - 464 с.

[16] Астафьева Н. М. Вейвлет-анализ: основы теории и примеры применения. Успехи физических наук. 1996. Т. 166. № 11. С. 1145-1170.

[17] Воробьёв В. И., Грибунин В. Г. Теория и практика вейвлет-преобразования. - СПб: ВУС, 1999. -204 с.

[18] Штарк Г. -Г. Применение вейвлетов для ЦОС/Пер. с англ. Н. И. Смирновой. Под ред. А. Г. Кюркчана. -М. : Техносфера, 2007. -192 с.

第8章　目标和传播通道的脉冲响应

引言

在各种不同的仪器和系统中发生着线性过程和现象,此时仪器或系统对某个作用 $x(t)$ 的响应可由函数 $y(t)$ 描写。从数学观点看,这个事件可以借助关系式 $y(t)=Ax(t)$ 表述,这里 A 称为算符,其结构由仪器或系统的性质决定。很清楚,根据物理考虑,对于这种算符,可以确定容许作用 $x(t)$ 的范围和对作用响应的形状 $y(t)$。况且,在许多情况下,对算符 A 的线性性质,可以补充位移随时间不变的性质。换句话说,这表明仪器或系统的性质随时间不变,而它们对作用 $x(t)$ 和 $x(t-t_0)$ 的响应差别只是位移在时间上相差 t_0 而已。

在应用中,必须要解决两个重要问题。第一个问题是确定系统对某些容许作用的响应 $y(t)$;第二个问题更复杂些,是根据响应 $y(t)$ 的形状,尽可能地并且最可靠地给出作用 $x(t)$ 随时间的行为。值得指出的是,为了解决第一个问题,知道系统对狄拉克 δ 函数形式的作用试验结果并得到响应 $h(t)$ 就够了,这里 $x(t)=\delta(t)$。在这种情况下,问题的解可以通过下面卷积积分给出:

$$y(t) = \int_{-\infty}^{\infty} x(\tau)h(t-\tau)\mathrm{d}\tau \tag{8.1}$$

式中:函数 $h(t)$ 在不同领域有不同的称呼,如在光学领域称作仪器函数,在电工领域称作脉冲渡越函数,而在雷达领域则称作脉冲响应。

至于说到第二个问题,则它的解决归结为第一类积分方程(8.1)的求解。正如大家知道的,这第二个问题是不正确提出的,因此这样就造成了这个问题解决的难度。

8.1　脉冲响应:信号的模型及其频谱特性曲线

8.1.1　脉冲响应的概念:它们的形式和性质

对于超宽带雷达系统,关于目标最完整的信息,只能从目标反射的信号进行相应处理后才能得到。这个处理包括对接收信号进行一定的操作,尔后是计算机处理。在目标的探测和反射信号的许多参数间,存在完全确定的关系。如果探测信号的时间依赖关系由函数 $s(t)$ 描写,则目标反射信号可用函数 $s(t)$ 与函数 $h(t)$ 的卷积形式表达。从物理观点看,后者不是别的,而正是利用狄拉克 δ 函数 $\delta(t)$ 形式的探测脉冲辐照目标时产生的反射信号。

函数 $h(t)$ 通常称作目标的脉冲响应(ИХ),这个特性属于目标基本定位(雷达)的特性。这种情况可以理解,因为如果考虑到实践中广泛采用的目标的过渡特性、幅频特性和相频特性,这些特性可由脉冲响应利用已知方法得到。原理上,任何目标完全由这里罗列的特性描写,而这些特性可以在辐照方向和接收方向以及极化类型不同的组合条件下求得。

函数 $h(t)$ 又称作传播通道的脉冲响应,该函数表示通道输出端的信号,其形状是它与通道输入端信号 $s(t)$ 卷积的结果。此时,这个函数的物理意义与前面给出的类似:在传播通道输出端的这个信号,是在输入端以函数 $\delta(t)$ 形式信号激发下产生的。

在实践中可能得到的只是近似的脉冲响应,该响应对应所选的 $\delta(t)$ 的渐近结果。$\delta(t)$ 可能的几种近似方案如下:

$$\delta(t) = \frac{\alpha}{\sqrt{\pi}}\exp(-\alpha^2 t^2), \quad \delta(t) = \frac{\alpha}{\pi(1+\alpha^2 t^2)}, \quad \delta(t) = \frac{\sin\alpha t}{\pi t}$$

这里参数 α 越大,δ 函数对应得越好。α 值应当这样选择,使得渐近信号 $\delta(t)$ 的频谱分布,位于雷达(定位)问题求解建议的频域上。直接计算脉冲响应是一个很复杂的问题,因此直到不久前这方面的研究仍具有紧迫性,而研究的目的,就是制定目标和传播通道脉冲响应的有效估计方法。

8.1.2　信号的包络线、瞬时相位和瞬时频率:解析信号

在很多情况下,信号 $s(t)$ 可用下面归纳的关系式描写:

$$s(t) = A(t)\cos\psi(t) = A(t)\cos[\omega_0 t + \varphi(t) + \varphi_0] \tag{8.2}$$

初看起来,在上面表达式中,很自然地将 $A(t)$ 看作是信号的包络线,而 $\psi(t)$ 是信号的瞬时相位。然而,这些量并不是独立的。实际上,如果任意给出其中的一个量,则第二个量的选取,应当使得式(8.2)描写的正是这个信号 $s(t)$。从数学观点看,这里立刻在确定信号包络线和瞬时相位中出现非单值性,而从物理角度看,将会碰到与幅度和相位概念不一致的情况。为了消除非单值性,除了函数 $s(t)$ 外,还应当研究与这个函数共轭的函数 $s_1(t)$。在这种情况下,信号的包络线 $A(t)$、瞬时相位 $\psi(t)$ 和瞬时频率 $\omega(t)$,可以通过下面关系式确定:

$$A(t) = \sqrt{s^2(t) + s_1^2(t)}, \quad \psi(t) = \arctan\frac{s_1(t)}{s(t)}, \quad \omega(t) = \frac{d\psi(t)}{dt}$$

这表明,达到不矛盾地确定这些量的唯一的方法是,如果函数 $s(t)$ 和 $s_1(t)$ 相互关系是通过下面希尔伯特变换建立的:

$$s_1(t) = -\frac{1}{\pi} \int_{-\infty}^{\infty} \frac{s(\tau)}{t-\tau} \mathrm{d}\tau, \quad s(t) = \frac{1}{\pi} \int_{-\infty}^{\infty} \frac{s_1(\tau)}{t-\tau} \mathrm{d}\tau$$

共轭函数 $s_1(t)$ 的益处还反映在,借助这个函数对于非谐波信号也可以引入复幅度概念。为此目的,将实信号 $s(t)$ 置于与复解析信号 $z(t)=s(t)+\mathrm{i}s_1(t)$ 相对应。这样在转为指数形式时,这个复解析信号具有下面的表达形式:

$$z(t) = A(t)\exp[\mathrm{i}\psi(t)] = A(t)\exp[\mathrm{i}(\omega_0 t + \varphi(t) + \varphi_0)] = \dot{A}(t)\exp(\mathrm{i}\omega_0 t)$$

式中: $\dot{A}(t) = A(t)\exp[\mathrm{i}(\varphi(t)+\varphi_0)]$ 为信号的复包络线。

8.1.3 克拉默斯-克罗尼格(Kramers-Kronig)型关系式

从数学观点看,作为复变函数基本性质的研究结果,可以得到克拉默斯-克罗尼格型关系式。这些结果中最重要的,可以用简单的形式列在下面。假设,函数

$$W(p) = U(\sigma,\omega) + \mathrm{i}V(\sigma,\omega)$$

是复变量 $p=\sigma+\mathrm{i}\omega$ 的函数,它具有如下性质:

(1)在 $\mathrm{Re}\,p \geqslant 0$ 半平面上,没有奇异点;

(2)在 $\mathrm{Re}\,p \geqslant 0$ 半平面上当 $|p| \to \infty$ 时,趋于零。

对于这个函数的实部分和虚部分,引入专门符号以对应复变量 p 取纯虚值:

$$U(0,\omega) = A(\omega), \quad V(0,\omega) = B(\omega)$$

这表明,在满足前述条件时,函数 $A(\omega)$ 和 $B(\omega)$ 不是独立的,而是通过希尔伯特变换关联的:

$$A(\omega) = -\frac{1}{\pi} \int_{-\infty}^{\infty} \frac{B(\omega')}{\omega'-\omega} \mathrm{d}\omega', \quad B(\omega) = \frac{1}{\pi} \int_{-\infty}^{\infty} \frac{A(\omega')}{\omega'-\omega} \mathrm{d}\omega' \qquad (8.3)$$

式中积分应理解为柯西意义下的主值。在应用中,常常采用另一个等效形式:

$$A(\omega) = -\frac{2}{\pi} \int_{0}^{\infty} \frac{\omega' B(\omega')}{\omega'^2 - \omega^2} \mathrm{d}\omega', \quad B(\omega) = \frac{2\omega}{\pi} \int_{0}^{\infty} \frac{A(\omega')}{\omega'^2 - \omega^2} \mathrm{d}\omega' \qquad (8.4)$$

克拉默斯-克罗尼格关系式,是将复介电常数实部分 $\varepsilon'(\omega)$ 和虚部分 $\varepsilon''(\omega)$ 联系起来的积分关系式:

$$\varepsilon''(\omega) = -\frac{1}{\pi} \int_{-\infty}^{\infty} \frac{\varepsilon'(\omega')-1}{\omega'-\omega} \mathrm{d}\omega', \quad \varepsilon'(\omega)-1 = \frac{1}{\pi} \int_{-\infty}^{\infty} \frac{\varepsilon''(\omega')}{\omega'-\omega} \mathrm{d}\omega'$$

从物理观点看,这些关系式是因果原理的结果,这个原理就在于,系统对外界作用的响应在时间上不可能比作用本身超前。另外,克拉默斯-克罗尼格关

系式与式(8.3)对比表明,这是用希尔伯特变换关联起来函数的个别例子。

式(8.3)和式(8.4)的应用范围,由上面的条件(2)限定。然而又可能,在对这些公式进行相应的改变后,条件(2)可以大大地弱化。例如,下面公式:

$$A(\omega) - A(0) = -\frac{2\omega^2}{\pi}\int_0^\infty \frac{B(\omega')}{\omega'(\omega'^2 - \omega^2)}\mathrm{d}\omega', B(\omega) = \frac{2\omega}{\pi}\int_0^\infty \frac{A(\omega') - A(0)}{\omega'^2 - \omega^2}\mathrm{d}\omega'$$

是正确的,但要假设函数 $A(\omega)$ 和 $B(\omega)$ 分别是偶函数和奇函数,而 $|W(p)|$ 在 $|p| \to \infty$ 时受限或者甚至上升,但是这个上升比 $|p|$ 的上升要慢得多。

此外,还得到了公式,这样可以通过函数 $W(p)$ 的绝对值表示该函数的自变量(相位),或者相反。

由式(8.4)可见,根据函数 $A(\omega)$ 或 $B(\omega)$ 的一个分量来确定另一个分量,这要求知道在整个从零到无穷的频段上这后一个分量。为了根据有限的数据组合进行这项运算,要求将这些数据既向更低的 ω 值,也向更高的 ω 值范围进行外推,尔后利用一定类型的函数来近似所得的数据关系式。在这种情况下,对近似函数应加上几个限制条件,例如,函数 $A(\omega)$ 和 $B(\omega)$ 应当在 $\omega \in [0, \infty)$ 半轴区域上绝对是可积的。

8.1.4　指数衰减信号的极点模型

对于随着时间 t 呈指数衰减的信号:

$$\begin{aligned}s(t) &= A\exp(\gamma t)\cos(\omega_0 t + \varphi)\\
&= \frac{A}{2}\exp(\gamma t)\left[\exp(\mathrm{i}(\omega_0 t + \varphi)) + \exp(-\mathrm{i}(\omega_0 t + \varphi))\right]\\
&= \frac{A}{2}\exp(\mathrm{i}\varphi)\exp(\mathrm{i}(\omega_0 - \mathrm{i}\gamma)t) + \frac{A}{2}\exp(-\mathrm{i}\varphi)\exp(-\mathrm{i}(\omega_0 + \mathrm{i}\gamma)t)\\
&= B\exp(-\mathrm{i}qt) + B^*\exp(\mathrm{i}q^* t),\end{aligned}$$

式中: $t \in (0, \infty)$; $\gamma < 0$; $q = \omega_0 + \mathrm{i}\gamma$; $B = \frac{A}{2}\exp(-\mathrm{i}\varphi)$,式中符号"$*$"表示复共轭,并且存在直接的指数傅里叶变换,该变换具有 $s(t)$ 信号的频谱特性(频谱密度)的意义:

$$\begin{aligned}Q(\omega, C, q) &= \int_{-\infty}^\infty s(t)\exp(\mathrm{i}\omega t)\mathrm{d}t = B\int_0^\infty \exp[\mathrm{i}(\omega - q)t]\mathrm{d}t + B^*\int_0^\infty \exp[\mathrm{i}(\omega + q^*)t]\mathrm{d}t\\
&= \frac{C}{\omega - q} - \frac{C^*}{\omega + q^*}, \quad C = \mathrm{i}B\end{aligned}$$

而其频谱特性:

$$Q(\omega,C,q) = \frac{C}{\omega-q} - \frac{C^*}{\omega+q^*} \tag{8.5}$$

借助逆傅里叶变换,可以单值地重建信号 $s(t)$:

$$s(t) = \frac{1}{2\pi} \int_{-\infty}^{\infty} Q(\omega,C,q) \exp[-i\omega t] d\omega$$

如果抛开 ω 作为频率实量的物理意义,则直接傅里叶变换(即函数 $Q(\omega, C, q)$),不只在 ω 实值的情况下,也在属于复 ω 平面的 $\mathrm{Im}\omega > \gamma$ 半平面上 ω 复值的情况下存在。并且在所指这个半平面范围内,函数 $Q(\omega, C, q)$ 是解析的,而它的解析特性延续到整个 ω 平面上,实际上这个解析特性的延续是具有两个简单极点 $\omega = q$ 和 $\omega = -q^*$ 的亚纯函数。

正如在科技文献中通常采用的那样,上面的考虑使我们可以将函数 $Q(\omega, C, q)$,除了它的传统名称复频谱(KC)外,称作信号 $s(t)$ 的极点模型。这个名称的丰富内容完全可以理解,如果考虑到在复 ω 平面上总共有两个复极点 $\omega = q$ 和 $\omega = -q^*$ 位置的信息,同时还知道信号的幅度和初始相位,这样在原理上可以在任意的 $0 < t < \infty$ 范围 t 值的情况下恢复信号值。

对于更一般形式的信号:

$$s(t) = (a_0 + a_1 t + a_2 t^2 + \cdots + a_m t^m) e^{\gamma t} \cos(\omega_0 t + \varphi)$$

信号极点模型的结构变得非常复杂。除了 1 阶极点外,它还出现了 2 阶、3 阶、…、m 阶的极点。

信号 $s(t)$ 的极点模型在结构形式上略有变化,如果信号出现不是在 $t=0$ 时刻,而是更晚的 $t=\tau$ 时刻。实际上,在这种情况下,有

$$Q(\omega,C,q,\tau) = \int_{-\infty}^{\infty} s(t-\tau) \exp(i\omega t) dt = B \int_{\tau}^{\infty} \exp[-iq(t-\tau)] \exp(i\omega t) dt$$

$$+ B^* \int_{\tau}^{\infty} \exp[iq^*(t-\tau)] \exp(i\omega t) dt = B \int_{0}^{\infty} \exp(-iqt') \exp(i\omega(t'+\tau)) dt'$$

$$+ B^* \int_{0}^{\infty} \exp(iq^* t') \exp[i\omega(t'+\tau)] dt' = \exp(i\omega\tau) \left[\frac{C}{\omega-q} - \frac{C^*}{\omega+q^*} \right]$$

$$\tag{8.6}$$

还可以指出下面几点:

(1)伴有振荡的信号指数衰减可以预示,在计算信号的复频谱时,在 $t_k < t < \infty$ 时间段上的贡献很小,这里 t_k 为近似的信号结束时刻。

(2)另一方面,在通过选取 ω_0 和 q 值构建信号的极点模型时,应当解决下面两个问题:

① 在 $0 < t < t_k$ 时,近似应当是足够好的。

② 在 $t_k < t < \infty$ 时间段上,积分对复频谱的贡献应当很小,这样可使信号结构尽可能更精确地与近似信号的真实频谱一致。

8.1.5　在脉冲响应估计和重建中采用的奇异展开方法

假设,将未知信号 $x(t)$ 加到某个线性系统的输入端。在该系统的输出端观测到信号 $y(t)$,而且在测量过程中固定这个信号 y 向量的 n 个分量(这些分量表示为 $y_1, \cdots, y_n$),这些分量都由于噪声发生畸变。提出了求解输入信号 x 向量的 m 个分量(其分量表示为 $x_1, \cdots, x_m$)问题,这个问题归结为下面的矩阵方程:

$$y = Ax$$

式中:A 为表征系统性质的 $n \times m$ 大小矩阵。文献[2]表明,这样提出的问题是不正确的,但是为了求解它必须采用奇异算法。对于矩阵 A 的反转,可以采用所谓的奇异展开方法[3,4]。如果没有对这个方法哪怕是简要地说明它的基本思想,搞清楚方法的实质是很困难的,因此,研究矩阵理论领域[5]的系列重要定义和论点是很有必要的,从下面开始这个研究。

对于 $m \times n$ 大小的任意矩形矩阵,总是存在展开式 $A = U \Lambda V$,这里 U、V 为单式矩阵,Λ 为 $m \times n$ 大小的矩形对角矩阵,其特点是在对角线上具有非负的不增大元素。这样的展开式,称作矩阵 A 的奇异展开式。

矩阵 A 的元素 a_{ij}(这里 $i = j$)的总合称作主对角线,相应的元素 a_{ij} 称作对角线元素,所有其他元素,称作对角线外元素。矩阵 A 称作是对角线矩阵,如果它的所有对角线外元素等于零。具有 a_{11}、a_{22}、$\cdots$、a_{mm} 元素的对角线矩阵,用 diag $(a_{11}, a_{22}, \cdots, a_{mm})$ 表示。

共轭矩阵-这是转置矩阵,它的所有元素都是复共轭的,并用 A^* 表示。

如果存在 $Ax = \lambda x$ 这样的非零向量 x,数 λ 称作矩阵 A 的本征数。矩阵 $A^* A$ 和 AA^* 的非零本征值总是重合的。

由矩阵 $A^* A$ 和 AA^* 的一般本征值得出的平方根的算术值,称作矩阵 A 的奇异(主要)数。用任何单式矩阵从左边和右边乘某个矩阵,该矩阵的奇异数也不改变。

复矩阵 U 称作单式矩阵,如果它的共轭矩阵 U^* 与它的逆矩阵 U^{-1} 重合,即 $UU^* = U^* U = E$。

可以看出,如果 $Ax = y$ 的系统是联立的,即它哪怕只有 1 个解,则这个系统等效于 $A^* Ax = A^* y$ 系统。同样地,后面的系统在任何矩阵 A 和 y 的任何右边部分的条件下也是联立的,则它的解是伪解或综合解。

由此得出重要结论:如果 $Ax = y$ 系统的可解性不能保证,则总是可以用 A^*

$Ax = A^*y$ 系统的解替换 $Ax = y$ 系统的解。此时，可以保证 $Ax-y$ 的偏差大小达到最小。

用 A^+ 符号表示的矩阵也有重要意义。这样的 $m \times n$ 大小矩阵称作 $m \times n$ 大小的矩阵 A 的伪逆矩阵，或综合逆矩阵，如果满足下面的条件：

$$AA^+A = A, \quad A^+ = UA^* = A^*V$$

式中：U、V 为某些矩阵。

上面的伪逆矩阵，由下面所谓的彭罗斯方程唯一地确定：

$$AA^+A = A, \quad A^+AA^+ = A^+, \quad (A^+A)^* = A^+A, \quad (AA^+)^* = AA^+$$

8.2 采用调整法和克拉默斯–克罗尼格型关系式，以估计传输函数和脉冲响应

8.2.1 一般关系式

信号在线性系统中传播时的变化特点，完全决定于这个系统的脉冲响应性质。因此，系统的脉冲响应估计是个迫切要解决的问题。大家知道，有两个传统的估计方法。第一方法是基于线性方程组的直接求解，而这些方程对应的是脉冲响应 $h(t)$ 与输入信号 $x(t)$ 的卷积运算：

$$y(t) = \int_0^\infty h(\tau)x(t-\tau)\mathrm{d}\tau \tag{8.7}$$

第二方法是利用对应下面卷积运算的已知频谱关系式：

$$Y(\omega) = H(\omega)X(\omega) \tag{8.8}$$

式中：$H(\omega)$ 为传输函数。

考虑式（8.8），有

$$h(t) = \frac{1}{2\pi}\int_{-\infty}^\infty \frac{Y(\omega)}{X(\omega)}\exp(-\mathrm{i}\omega t)\mathrm{d}\omega$$

在利用上面任一方法估计脉冲响应时所产生的困难，都是由同样的原因造成的，这是由于在输出信号 $y(t)$ 中有噪声，并且输入和输出信号的信息还不够完整产生的。实际上，对式（8.7）或式（8.8）的卷积运算，是假设连续信号值及其频谱在整个时间变量和频率变量变化范围上都是已知的。然而，在任何一个真实的物理实验中，这个条件都不太可能满足。

利用频谱方法估计脉冲响应的分析表明，输出信号伴有噪声，这将导致在传输函数 $H(\omega)$ 估计中出现误差，而这些误差，在输入信号复频谱零值附近变得特别的大。为了降低这些误差，应用不同类型的调整法[6,7]。

除此之外，原始信息容量的有限性，也是函数 $Y(\omega)$ 和 $X(\omega)$ 复频谱估计中

误差产生的原因。根据有限的数据组来估计连续复频谱的问题,也是不正确的。通过采用补充标准,可以消除这个不正确性,而这个补充标准可以从许多容许的复频谱估计中选出唯一的估计标准。

信号采样频率频率的有限性,导致估计信号频谱的频带范围的有限性。同样地,频带的有限性导致因果性原理遭到破坏,这个破坏表现在脉冲响应估计中产生的先导部分上,而后者是在有限带宽范围根据传输函数重建脉冲响应时产生的。本节的主要目的是描述一种方法,使其在脉冲响应估计中减小由于信号采样有限频率决定的误差。

为了使脉冲响应估计中不含有先导部分,对应它的传输函数 $H(\omega)$ 的复频谱应当由解析函数近似,这就要求后者的实部分和虚部分由克拉默斯-克罗尼格型色散关系式关联起来[1,8,9],并将应用类似的关系式估计传输函数 $H(\omega)$[10]。为此,首先应当将这个函数写成下面的指数形式:

$$H(\omega) = \exp[-(\beta(\omega) + i\varphi(\omega))] \tag{8.9}$$

根据克拉默斯-克罗尼格型关系式,在这个表达式中相位可由下面积分确定:

$$\varphi(\omega) = \omega\tau + \frac{2\omega}{\pi}\int_0^\infty \frac{\beta(\omega')}{\omega'^2 - \omega^2}d\omega' \tag{8.10}$$

式中:$\beta(\omega)$ 为减弱系数,它根据传输函数的模数确定,$\beta(\omega) = -\ln(|Y(\omega)|/|X(\omega)|)$;$\tau$ 为输出脉冲 $y(t)$ 相对 $x(t)$ 的延迟。

因此,为了完整地估计复传输函数 $H(\omega)$,必须预先估计在频率值整个实轴上的减弱系数。根据柯切勒尼科夫定理(采样定理),实信号的频谱可以在一定的频带上估计,只是其频带宽度应等于信号采样频率的一半。此外,必须考虑,在输入脉冲频谱中存在零值,在通过复频谱 $Y(\omega)$ 直接除以频谱 $X(\omega)$ 时估计传输函数 $H(\omega)$ 值会产生很大的误差。通过调整法,相除时可以降低这样的误差。此时,$H(\omega)$ 的表达式取下面形式[6]:

$$H(\omega) = \frac{Y(\omega)X^*(\omega)}{X(\omega)X^*(\omega) + \alpha} \tag{8.11}$$

式中:$X^*(\omega)$ 为复共轭频谱;α 为调整参数。调整参数的选取,应当从 $X(\omega)$ 和 $Y(\omega)$ 脉冲频谱噪声水平的先验信息出发,或在没有这种信息时通过迭代方法实现。这种方法在满足不等式 $|Y(\omega)|/|X(\omega)| < 1$ 的频域上,能给出 $H(\omega)$ 频谱很好的估计结果。在其他频域上,$X(\omega)$ 和 $Y(\omega)$ 脉冲的频谱值与测量噪声水平相当,通过调整法将给出接近零值的 $H(\omega)$ 值。因此,如果输入脉冲 $X(\omega)$ 的频带不覆盖所研究的无源系统的频带,应用调整法将给出以时间起伏形式的富含多余细节的脉冲响应,其形状与系统真正的脉冲响应的形状可能有非常大的不同。

还有另一种方法是基于频域上幅度频谱$|H(\omega)|$的外推,而该幅度频谱没有被输入脉冲的频谱覆盖。外推函数的形式,根据所研究系统的先验信息进行了选择。在选择这个函数形式时,应当考虑,卷积(8.7)的运算允许有唯一解,如果传输函数的模数$|H(\omega)|$像ω^{-2}一样衰减到无穷远处,或者衰减得更快[7]一些。外推函数参数的选取,应当使输出信号的测量数据y_j和由传输函数逆傅里叶变换得到的模型数据$<y_j>$间均方误差最小化,即

$$\Phi = \sum_{j=1}^{N} |y_j - <y_j>| \tag{8.12}$$

8.2.2 采用调整法和克拉默斯−克罗尼格型关系式,以重建传输函数和脉冲响应

为了鉴定脉冲响应的估计方法,进行了专门的实验[10]。这些实验是这样进行的:通过超宽带脉冲发生器,分别产生了宽度 1ns 和 2ns 的单极和双极电压脉冲$x(t)$,见图 8.1。脉冲加到由一段电缆构成的研究系统,这里采用的是波阻抗 50Ω 的两种不同电缆:1 为 Pk50−4−11 电缆,8m 长;2 为 Pk50−2−11 电缆,20m 长。在电缆的输出端,测量了输出脉冲$y(t)$。

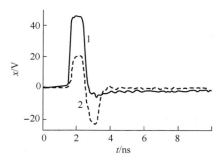

图 8.1　在发生器输出端的不同极性脉冲
1—单极脉冲;2—双极脉冲。

$x(t)$和$y(t)$脉冲的频谱,利用两种独立方法计算:第一方法是利用快傅里叶变换步骤的标准方法,第二方法是基于熵最大值方法,并具有很高的分辨能力。这两种方法在集中了输入脉冲主要能量的频域,给出了接近的结果。从而表明,虽然这些信号没有细致的频谱结构,但为了估计这些信号的频谱,利用快傅里叶变换标准步骤就已足够。在图 8.2 上,分别给出了电缆输入端的$|X(\omega)|$频谱模数和电缆 No.1 和 No.2 输出端的$|Y1(\omega)|$和$|Y2(\omega)|$频谱模数的图像。对于双极形状的脉冲,它的频谱函数只是在这个函数取接近零值的低频区域上有非常大的差别。

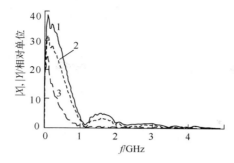

图 8.2　在发生器不同处的单极脉冲频谱
1—在输出端;2—通过电缆段 1 后;3—通过电缆段 2 后。

如果不采用调整法,可能导致脉冲响应幅度频谱超过单位水平,但这些只是发生在 $|X(\omega)|$ 和 $|Y(\omega)|$ 的水平与测量的噪声水平相当的那些位置上。此时,重建的脉冲响应具有强截断的主瓣和与其相当水平的寄生起伏。在图 8.3 上,给出了利用调整法($\alpha = 0.1$)得到的脉冲响应幅度频谱的计算结果。

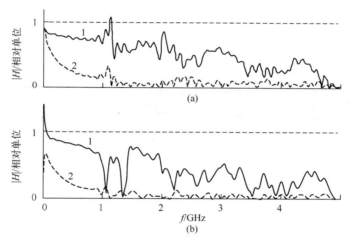

图 8.3　利用调整法对单极脉冲(a)和双极脉冲(b)经过电缆 1
(曲线 1)和电缆 2(曲线 2)的脉冲响应频谱

由图 8.3 可见,引入调整法在大多数情况下消除了脉冲响应幅度频谱的"非物理"行为,即超过单位水平的那些情况。

同时,调整法导致 $|H(\omega)|$ 出现强衰减窗口。此时,利用单极脉冲对两种电缆重建的脉冲响应的形状,在图 8.4 上给出,而对于双极脉冲,在低频区域即脉冲响应幅度频谱水平与测量噪声水平相当的区域,对脉冲响应幅度频谱的估计会产生复杂性,这里产生的误差,对重建的脉冲响应形状有非常大的影响。

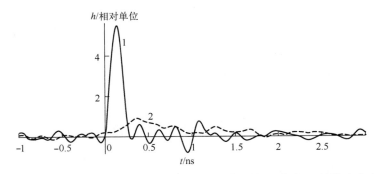

图 8.4　利用调整法得到的电缆 1（曲线 1）和电缆 2（曲线 2）的脉冲响应

在上面介绍的实验中,没有任何理由认为,脉冲响应幅度频谱有很大的变化是客观现实,这些变化的出现在输入脉冲幅度频谱水平很低的频域,这是噪声显著影响的结果。为了消除在这样低频区域发生变化的影响,对脉冲响应幅度频谱的估计,可用模型函数进行,而该函数由下面的表达式[10]给出:

$$|H(\omega)| = \frac{|Y(\omega)|}{|X(\omega)|} = \frac{d}{\omega^2 + g} \tag{8.13}$$

这个模型的系数 d 和 g,是在幅度频谱水平超过测量噪声水平的那个频域上,通过 $|Y(\omega)|/|X(\omega)|$ 比值的估计值与实验值的均方误差的最小化得到。对于实验中采用的电缆,该模型与电缆产品证书上衰减值很好符合[11]。

在借助式(8.10)计算相位 $H(\omega)$ 时,采用了在频带从 0 到 5GHz 上脉冲响应幅度频谱数据,这些数据是应用调整法($\alpha = 0.1$)并根据模型(8.13)计算得到的。在后一种情况下,模型的利用限于 $|X(\omega)|$ 和 $|Y(\omega)|$ 幅度频谱水平与测量噪声水平相当的频域范围上,而在其他频域上,$|H(\omega)|$ 值是根据实验数据计算的。对于电缆 1 并利用单极形状的脉冲,得到的重建脉冲响应的结果,如图 8.5 所示。

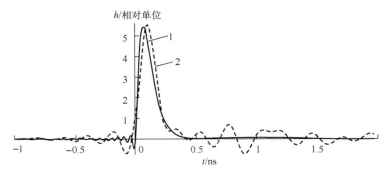

图 8.5　采用幅度频谱外推(1)和调整法(2),并根据克拉默斯–克罗尼格型关系式
计算相位而重建的脉冲响应形状

上面得到的结果表明,利用调整法,估计的脉冲响应富含许多寄生起伏形式的多余细节。这些细节的出现有几个原因,其中的决定性原因,是输入的脉冲频谱宽度与脉冲响应的频谱带宽比较不够大,此外,调整参数不能校正由测量噪声引起的相位畸变。利用模型函数(8.13)$|H(\omega)|$的外推,除了根据克拉默斯-克罗尼格型关系式计算相位外,可以人为地扩展探测脉冲和接收脉冲的频域。例如,对于单极脉冲(见图 8.2),主要能量集中在 1GHz 前的频带范围上,而这个频域受到噪声的影响最小。对于双极脉冲,例外的是 $f<0.1GHz$ 的低频域,这里 $|X(\omega)|$ 和 $|Y(\omega)|$ 的幅度频谱水平与噪声水平相当。利用外推法,可以估计单极脉冲在频域 $f>1GHz$ 上的衰减,而对于双极脉冲可以估计在低频域上的衰减。此时,对于脉冲响应,大大地降低了它的先导部分水平,其前沿变得更陡,而寄生起伏逐渐消失。

由图 8.5 可见,在这种情况下,利用克拉默斯-克罗尼格型关系式,还是没法避免其先导部分,其原因在于,这个关系式假设 $|H(\omega)|$ 的幅度频谱是解析的。而在这种情况下,函数 $|H(\omega)|$ 不是解析的,因为假设从频率 5GHz 起这个函数恒等于零。幅度频谱的解析性,可以通过测量的或计算的 $|H(\omega)|$ 值向更高频域的连续延续来重建。

对分别利用单极脉冲和双极脉冲时得到的 h_1 和 h_2 脉冲响应进行比较,表明它们接近相似。在图 8.6 上给出了电缆 2 的数据。这里主要的差别:一是在 h_2 幅度频谱外推时由低频附近衰减确定的误差引起;二是在第一侧瓣附近确定 $|H(\omega)|$ 衰减时测量噪声的影响引起的。在这种情况下,利用 h_1 和 h_2,并根据 $x(t)$ 估计单极脉冲和双极脉冲 $y(t)$ 的误差不超过 1%。

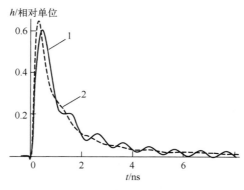

图 8.6　在利用单极脉冲和双极脉冲时得到的脉冲响应形状

1—单极脉冲;2—双极脉冲。

这里得到的数据表明,在利用形状和频谱构成不同的超宽带脉冲对系统探测时,可以得到形状接近的脉冲响应。此外,得到的脉冲响应,还可以估计比用于获取脉冲响应时脉冲频带更宽的信号 $y(t)$。

8.2.3 采用两个相位频谱模型对脉冲响应估计的比较

将上面给出的脉冲响应估计与文献[11]给出的结果进行了比较,而该文献[11]足够完整地描写了同轴电缆根据其电动力学特性获取脉冲响应的计算算法。频谱 $H(\omega)$ 根据式(8.9)确定,其中 $\beta(\omega)$ 为

$$\beta(\omega) = b\omega^{1/2} + a\omega^{3/2}/(1+m\omega) \tag{8.14}$$

在文献[11]中,相位根据下面表达式计算:

$$\varphi(\omega) = \omega\tau + b\omega^{1/2} + (b\omega^{1/2} - a\omega^{3/2}/(1+m\omega))/a\omega k \tag{8.15}$$

式中系数 a、b 值根据电缆的电动力学参数确定。在文献[10]的实验中,信号传播通道除了电缆外,还有衰减器和转接件。对于这样的通道,手册中缺几 GHz 频带范围的电动力学参数,因此,系数 a、b 数值上是通过实验测量的衰减和理论模型(式(8.8)和式(8.9))结果间均方误差的最小值方法获取。而 $m = 2 \times 10^{-11}$ s/rad 这个量,还与电缆的介电损耗有关,其系数 $k = 1/3 \times 10^9$。

在图 8.7 上给出了电缆 2 根据表达式(8.14)和式(8.15)得到的衰减(1)和相位(2)在频域上的依赖关系。图上又给出了利用关系式(8.10)得到的相位频谱(3),在这里两种情况下计算 $\varphi(\omega)$ 时均取 $\tau = 0$。在图 8.8 上又给出对应得到的复频谱的脉冲响应。根据图 8.8,又根据式(8.15)的相位计算导致因果性原理的破坏,这个破坏表现在脉冲响应上出现前导部分。

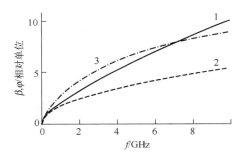

图 8.7 根据式(8.14)和式(8.15)计算的衰减(1)、相位(2)以及模型 (8.10)计算的相位频谱(3)与频率的依赖关系

归纳上面给出的结果,可以确定以下几点:为了获取线性系统的脉冲响应,推荐采用实验测量,但只用于估计脉冲响应的幅度频谱,而它的相位频谱应根据利用克拉默斯-克罗尼格型关系式得到的幅度频谱计算。类似的步骤可以避免脉冲响应出现的前导部分,以及在相位频谱估计中误差引起的寄生起伏。

如果探测脉冲的频带比待研究通道的频带更窄,则脉冲响应形式将包含前导部分,并有更陡的前沿部分。在待研究系统的先验信息基础上,应用脉冲响应幅度频谱外推,可以降低寄生时间瓣的水平。

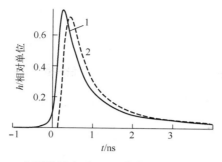

图 8.8　在同样的衰减 $\beta(\omega)$ 条件下计算的脉冲响应

1—根据模型(8.15)的相位频谱;2—根据模型(8.10)的相位频谱。

8.3　在传播通道脉冲响应估计问题中信号的极点模型

8.3.1　利用极点函数的信号表达和对脉冲响应的估计

假设信号在不同时刻开始,为了近似信号的复频谱,最好采用下面两个表达式[12]:

$$S(\omega) = \sum_{m=1}^{M} \int_{-\infty}^{\infty} P_m(\tau) Q_m(\omega) \exp(\mathrm{i}\omega\tau) \mathrm{d}\tau$$

$$Q_m(\omega) = \frac{C_m^*}{\omega + q_m^*} - \frac{C_m}{\omega - q_m}, \qquad q_m = \omega_m + \mathrm{i}\gamma_m \qquad (8.16)$$

式中 $P_m(\tau)$ 为极点函数 $Q_m(\omega)$ 延迟分布密度函数。每一个极点函数除了复幅度 C_m 外,含有相应频率 ω_m 和衰减 γ_m 量的极点 q_m。" * "符号表示复共轭。这样的表达,可以减少描写信号的参数数,并提高脉冲响应估计的稳定性。在这种情况下,在复平面上脉冲响应极点的位置和 $P_m(\tau)$ 的形式是所研究目标的鉴别标志,并可用于目标的识别。

下面将采用信号 s 的三种表达形式:时间表达形式 $s(t)$,频谱表达形式 $S(\omega)$ 和极点表达形式 $S(q)$。在极点表达形式下,假设给定分布密度 $\{P_m(\tau)\}$ 实函数的集合和 $\{q_m, C_m\}$ 复值的集合,这里 $m = 1 \cdots M$。这个极点形式容许单值地变换为时间形式和频率形式。

在文献中已知所谓的普罗尼综合方法[3]。对应这个方法的是极点模型,而对于该模型,所有的 $P_m(\tau) = \delta(\tau)$,这里 $\delta(\tau)$ 为狄拉克 δ 函数。现在估计一下,在不同时加上衰减振荡时的函数 $P_m(\tau)$。$P_m(\tau)$ 估计的可能方法之一,是利用三角多项式近似这个函数。然而,这个方法要求制定复杂的算法,就是要求论证极点数和三角多项式大小的选取。在一些情况下,三角多项式可以选取足够

简单的形式,例如,可以采用衰减振荡开始时刻等概率分布 $P_m(\tau)$,但它们只限于在某个有限的时间间隔内,即

$$P_m(\tau) = 1/T_m, \quad \tau \in [\tau_m, T_m + \tau_m]$$
$$P_m(\tau) = 0, \qquad \tau \notin [\tau_m, T_m + \tau_m] \tag{8.17}$$

根据式(8.16),信号对应类似分布的复频谱将有下面形式:

$$S(\omega) = \sum_{m=1}^{M} Q_m(\omega) \exp(i\omega\tau_m)(\exp(i\omega T_m) - 1)/i\omega T_m \tag{8.18}$$

在估计超宽带系统的脉冲响应时将假设,探测脉冲 $x(t)$ 可以用类似于式(8.18)的 $X(\omega)$ 复频谱表达式表征。而脉冲响应 $\widetilde{H}(\omega)$ 的复频谱,可在类似形式下求得。

脉冲响应估计的整个步骤,由下面几个阶段组成:

(1) 对于已知的探测脉冲($x(t_i),i=1,\cdots,N$)时间计数步骤,按满足下面均方误差最小值要求而寻求极点模型 $\widetilde{X}(q)$:

$$\Phi_x = \sum_{i=1}^{N} |x(t_i) - \widetilde{x}(t_i)|^2 / \sum_{i=1}^{N} |x(t_i)|^2 \tag{8.19}$$

式中:$\widetilde{x}(t_i)$ 为极点模型 $\widetilde{X}(q)$ 的时间表达式。极点模型 $\widetilde{X}(q)$ 的参数值 $\{q_m, T_m, \tau_m\}$ 应满足误差 Φ_x 的最小值要求,这些参数值可利用坐标下降法寻找。对应极点的复幅度值 C_m,可通过线性代数方程组进行计算,该方程组可由 $\delta\Phi_x/\delta C_m$ 条件得出。

(2) 对于已知的输出信号($y(t_i),i=1,\cdots,M$)的时间计数顺序,寻求极点模型 $\widetilde{H}(q)$,使之满足下面均方误差最小值的要求:

$$\Phi_y = \sum_{i=1}^{M} |y(t_i) - \widetilde{y}(t_i)|^2 / \sum_{i=1}^{M} |y(t_i)|^2 \tag{8.20}$$

式中:$\widetilde{y}(t_i)$ 为输出信号的时间表达式,该表达式是基于 $\widetilde{Y}(\omega) = \widetilde{H}(\omega)\widetilde{X}(\omega)$ 复频谱的留数定理的傅里叶积分计算得到的。

$\widetilde{H}(q)$ 模型参数的寻求,类似于 $\widetilde{X}(q)$ 模型参数的寻求,但有非常大的差别:在复频谱的表达式 $\widetilde{Y}(\omega)$ 中,$\widetilde{X}(\omega)$ 复频谱的参数是固定的,而应当估计的 $\widetilde{H}(\omega)$ 频谱的参数。

正如前面指出的那样,式(8.16)从频域转到时域,是利用基于留数定理的傅里叶积分变换。此时,模型的 $\widetilde{x}(t)$ 和 $\widetilde{h}(t)$ 的表达式具有下面形式:

$$s(t) = \sum_{m=1}^{M} \int_0^t P_m(t-\tau)[C_m\exp(-iq_m\tau) - C_m^*\exp(iq_m^*\tau)]d\tau \tag{8.21}$$

相应的模型函数 $\widetilde{y}(t)$,在进行了下面的卷积:

$$\widetilde{y}(t) = \widetilde{h}(t) \otimes \widetilde{x}(t) \tag{8.22}$$

后,由解析表达式得到。

作为脉冲响应估计的精确度标准,采用了泛函(8.20)的误差最小值条件。在这种情况下,为了描述模型应寻求最少的极点数,以保证由信号的噪声水平决定的误差阈值。在噪声水平预先不知道的情况下,极点数 N_p 由条件 $[\Phi_y(N_p)-\Phi_y(N_p+1)]\ll[\Phi_y(N_p-1)-\Phi_y(N_p)]$ 确定。这个条件表示,继续增大极点数,将导致误差值减小得不是很大。

获取的脉冲响应估计的质量,可用极点估计中存在位移和信用间隔的值来表征,而这些量可以通过统计模拟进行估计。

根据获得的脉冲响应和输出信号寻求探测脉冲重建的逆向问题的解,是作为脉冲响应估计质量的补充标准。

8.3.2　同轴电缆传输线脉冲响应的估计

利用超宽带脉冲通过同轴电缆实验得到的数据,检验了前述方法的有效性[12,13],在该实验中采用了电缆 1:PK50-4-11 和电缆 2:PK50-2-11,其长度分别为 8m 和 20m。

在图 8.9 上给出了三种单极脉冲:发生器输出的脉冲 $x(t)(1)$,通过电缆 1 的脉冲 $y_1(t)(2)$ 和通过电缆 2 的脉冲 $y_2(t)(3)$。此外,实验中也采用了双极脉冲,这个脉冲是由宽度 1ns 的两个相反级性的单极脉冲相互位移 1ns 得到的。实验中选用了两个形状不同的探测脉冲,这样可以检验前述方法重建脉冲响应对探测脉冲形状的稳定性。

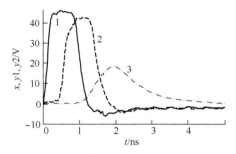

图 8.9　单极脉冲在不同点的示波图
1—在发生器输出端;2—在电缆 1 输出端;3—在电缆 2 输出端。

寻找 $\tilde{h}(t)$ 脉冲响应的极点,是利用式(8.20)和式(8.22)按坐标下降法进行的。高精确度发生器产生的脉冲,利用 5 个极点函数组近似,寻找它们的函数参数,也是按坐标下降法实现的。在这种情况下,极点函数加入时刻的分布密度函数 $P_m^x(\tau)$,可用下面参数值表征:

$\tau_m^x=0(m=1\cdots5)$,$T_1^x=0.91\text{ns}$,T_2^x、T_3^x、T_4^x、$T_5^x=\Delta t=0.016\text{ns}$,这里 Δt 为信号 $x(t)$ 采样步长。

在图 8.10 上给出了根据 3 个极点函数对电缆 1 计算的脉冲响应,图上曲线 1 对应单极脉冲通过电缆 1 计算的脉冲响应,曲线 2 对应双极脉冲通过电缆 1 计算的脉冲响应。根据 2 个极点函数对电缆 2 类似地计算的脉冲响应。在这两种电缆情况下,$P_k^h(\tau)$ 的参数值为 $\tau_k^h = 0$,$T_k^h = \Delta t$。

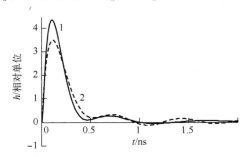

图 8.10 利用不同极性脉冲对电缆 1 重建的脉冲响应
1—单极脉冲;2—双极脉冲。

在对计算的脉冲响应比较时应当指出,在两种情况下利用单极脉冲探测时,$\tilde{h}(t)$ 有更高的幅度和更快的衰减。它们之所以有这种差别,可用双极脉冲的频谱比单极脉冲的频谱更窄来解释。

为了检验外界噪声对算法运行稳定性的影响,进行了数值实验[12],即计算了电缆 2 在 50 种 $y(t)$ 实施的情况下脉冲响应。在 $y(t)$ 每一种实施情况下,将噪声信号最大值的 5% 离散度叠加到实验信号上。对于每一种实施情况,计算了具有固定 $P_k^h(\tau)$ 的极点。

数值实验的结果表明,极点的平均位置 $\bar{q}_1^h = 0.025 - 1.003i$ 和 $\bar{q}_2^h = 0.586 - 2.59i$,与没有噪声时极点位置 $q_1^h = 0.015 - 0.781i$ 和 $q_2^h = 0.34 - 3.06i$ 进行比较,发生了移位,并且移位大小超过平均移位估计误差的 2 倍。尽管这样,脉冲响应的时间形状对于外部噪声的作用来说,还是稳定的。

正如前面指出,利用所提出的极点模型,并根据已知的输出信号和脉冲响应的极点模型,可以解决探测脉冲的重建问题,这里采用的是脉冲响应重建方法。这个操作,也是脉冲响应重建正确性的补充检验,而当系统的脉冲响应已知时,这对于系统输入端脉冲形状的估计具有独立的意义。在图 8.11 上给出了根据电缆 1 和 2 的输出信号和先前对它们计算的脉冲响应得到的单极脉冲重建的结果。图上曲线 1 对应发生器输出的脉冲 $x(t)$,曲线 2 对应电缆 1 重建的信号 $\tilde{x}_1(t)$,而曲线 3 对应电缆 2 重建的信号 $\tilde{x}_2(t)$。在脉冲 $\tilde{x}_1(t)$ 重建时,曾得到 5 个极点函数组和 $P_m^x(\tau)$,它们的参数接近近似 $x(t)$ 的极点函数和 $P_m^x(\tau)$ 的参数。此时,根据式(8.19)计算的误差为 0.2%。在重建脉冲 $\tilde{x}_2(t)$ 时,发现有 4 个极点函数及对应它们的 $P_m^x(\tau)$ 就已足够。第 5 个极点函数,在近似原始脉冲

$x(t)$ 时出现,它对应高频极点,而在近似 $\tilde{x}_2(t)$ 时没有出现。这与复频谱脉冲在通过电缆时高频幅度减小有关。这样做的物理后果,是重建的脉冲 $\tilde{x}_2(t)$ 的前沿得到平滑。这里,根据式(8.19)计算的误差为 0.8%。

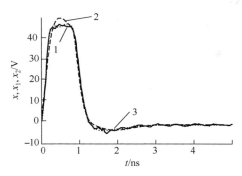

图 8.11　发生器输出脉冲(曲线 1)示波图和重建的通过电缆 1
(曲线 2)和电缆 2(曲线 3)的脉冲

对于超宽带脉冲传输的电缆系统所进行实验的结果,应当指出几个主要特点:为了重建脉冲响应,更倾向利用在自己频谱中具有低频频谱的单极脉冲;此外,必须保证有最大可能的脉冲观测窗口,以便在脉冲响应极点模型中正确估计得到低频极点。

这样得到的脉冲响应,可以用于确定所研究电缆在探测脉冲频带中的衰减量大小。

8.3.3　脉冲响应重建对探测脉冲形状和测量噪声的稳定性

非常有兴趣的是研究脉冲响应模型参数值的估计对探测脉冲形状和测量噪声的稳定性问题。为此目的,进行了数值模拟,以检验式(8.17)模型参数值对叠加在输出信号 $y(t)$ 上白噪声的稳定性。为了模拟电缆 1 和电缆 2 的脉冲响应,选取了单极信号 $y_1(t)$ 和 $y_2(t)$,它们的差别在于时间形状不同,并且在其幅度归一后不超过 7%。这里白噪声是在信号 $y(t)$ 最大值的 5% 水平上给出的。

看来,对于模型(8.17),在考虑脉冲响应总共一个极点的情况下,可以得到对电缆脉冲响应的稳定估计。对电缆 1 和电缆 2,根据模型(8.17)求得的极点位置变化,表示在图 8.12 上,并且具有椭圆形的相应可信区间。模型其他参数 T 和 τ 的分散情况,在噪声发散 5% 时表示在图 8.13 上。显然,对模型所有参数都没有发生覆盖。由于信号近似的参数较少,并且没有发生参数值覆盖,这样使得模型(8.17)在解决识别问题中很具有前景。

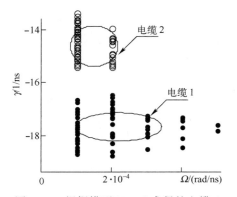
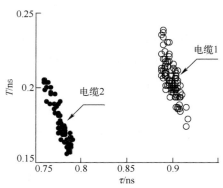

图 8.12　根据模型(8.17)求得的电缆 1 和电缆 2 脉冲响应极点位置的变化　　图 8.13　根据模型(8.17)电缆 1 和电缆 2 参数 T 和 τ 的分布

8.4　在导电球体和圆柱体脉冲响应估计中信号的极点模型

极点模型的另一个应用,就是在利用超宽带脉冲探测目标时计算目标的脉冲响应[12,13]。这里利用在半径 $R=10\text{cm}$ 导电球体上散射脉冲的时间形状的实验测量结果[14]。此外,还利用极点模型在文献[15]数据基础上计算了球体的脉冲响应。这样得到的数据,足能够重建探测脉冲的形状 $\tilde{x}(t)$,如图 8.14 中 1 所示。还应当特别强调,这里已经考虑了接收通道产生的畸变,见图 8.14 中 2,而在计算时利用了总共 5 个极点函数及它们的 $P_m^x(\tau)$,并后者的参数 $\tau_m^x=0$ 和 $T_m^x=0.09\text{ns}$ $(m=1,\cdots,5)$。

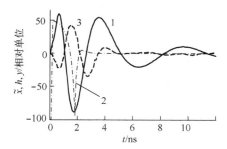

图 8.14　对于 $R=10\text{cm}$ 球体:重建的探测脉冲形状(曲线 1)、计算的脉冲响应(曲线 2)和测得的球体散射的脉冲(曲线 3)

尔后,利用重建的探测脉冲,根据 5 个极点函数及它们的 $P_k^h(\tau)$ 并且 $\tau_k^h=0$ 和 $T_k^h=0.09\text{ns}$ $(k=1,\cdots,5)$ 计算了 $R=4\text{cm}$ 导电球体的脉冲响应,如图 8.15 中 1 所示。作为比较,还利用文献[15]计算的这个球体的脉冲响应。重建的精确度标准是根据式(8.20)计算的误差,该误差是测量的球体散射信号 $y(t)$ (图 8.16 中 1)和由探测脉冲 $\widetilde{x}(t)$ 与重建的球体脉冲响应(图 8.16 中 2)的卷积得到的信号间的误差。在这种情况下,这个误差为 2.8%。

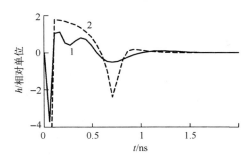

图 8.15　对于 $R=4\mathrm{cm}$ 球体重建的(曲线 1)和根据
文献[15]计算数据(曲线 2)的脉冲响应图

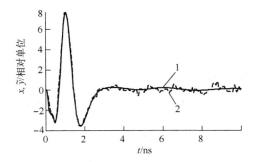

图 8.16　对 $R=4\mathrm{cm}$ 球体根据重建的脉冲响应计算散射的(曲线 1)
和测量散射的信号(曲线 2)之比较

重建的脉冲响应形状发生的畸变(图 8.15),与探测脉冲和球体脉冲响应在逐级计算中积累的误差,以及探测脉冲复频谱中没有高频部分有关。

应当指出,球体脉冲响应的第二最小值的位置既与球体半径,也与球体被所谓的"爬行"慢波环绕效应有关。此外,随着球体半径相对探测脉冲空间长度的增大,"爬行"慢波所占的能量份额将减小。曾补充进行了实体模拟,用以揭示根据球体不同尺寸和探测脉冲空间长度不变 $\tau_{\mathrm{p}}c$ 的情况下,确定球体半径 R 的误差 η 与重建脉冲响应第二最小值位置的依赖关系,这里 c 为光速,τ_{p} 为脉冲宽度。脉冲响应可用 5 个极点函数及固定的 $P_k^h(\tau)$ 近似,而后者的参数为 $\tau_k^h=0$ 和 $T_k^h=0.09\mathrm{ns}(k=1,\cdots,5)$。

在图 8.17 上表示在反射信号中没有噪声(1)、噪声发散 5%(2)和 10%(3)三种情况下的模拟结果,这里的发散是相对接收系统中信号最大值确定的。球体半径确定的误差,在其直径与脉冲空间长度比值为 1.5 情况下,在没有噪声时达到最小值为 11.5%,并且随着噪声水平的升高而增大。该误差随着空间长度 $2R/\tau_p c$ 相对接收系统信号极大值的升高而增大,这与反射信号中爬行波贡献的减小有关。误差随着 $2R/\tau_p c$ 相对极值的减小而增大,这是由探测脉冲分辨能力的降低决定的。

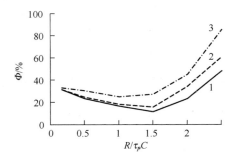

图 8.17　球半径确定的误差与球直径对探测脉冲空间长度比值的依赖关系
反射信号中:没有噪声(曲线 1)、噪声发散 5 %(曲线 2)和噪声发散 10%(曲线 3)。

　　探测脉冲(见图 8.14 中 1)也曾用于长 62cm、直径 25cm 金属圆柱体的脉冲响应重建。此时,入射波沿着圆柱体轴线传播。该圆柱体看作是复杂的目标,它有 $P_k^h(\tau)$ 并包括两个极点函数接入时刻 τ_k^h 和 $T_k^h = 0.09ns$。第 1 接入时刻与圆柱体第 1 端部位置重合,第 2 时刻是由测量和模型的散射信号偏差的最小值选取。每一接入时刻对应 3 个极点函数,它们的极点参数利用坐标下降法寻找。偏差与极点函数的第 2 接入时刻位置的依赖关系,有一个非常明显的最小值,后者对应距离为 63cm,这很接近圆柱体的长度。因此,利用极点模型,可以根据探测的和散射的超宽带脉冲的测量数据来确定圆柱体长度。在图 8.18 上给出了计算的圆柱体脉冲响应及求得的 $P_k^h(\tau)$,后者包含两个极点函数接入时刻。对于所得的脉冲响应,根据式(8.20)计算的误差为 2.6 %。

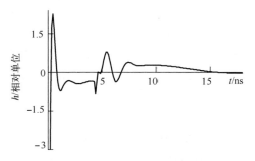

图 8.18　重建的圆柱体脉冲响应

　　因此,利用上面描述的方法,可以得到超宽带电磁脉冲作用于目标和传播通道的脉冲响应稳定的估计结果。利用矩形的极点模型函数的时间延迟分布

密度 $P(\tau)$ 来近似信号和脉冲响应,这比起传统的方法大大地压缩了它们所需的参数数目。利用金属球体和圆柱体脉冲响应计算作为例子,展示了确定这些物体尺寸的可能性。

8.5　超宽带脉冲通过线性畸变通道后的重建

前面已经强调,由超宽带脉冲传播的通道和目标构成的线性系统对信号的变换,完全由脉冲响应决定。不论为识别的探测目标,还是为获取由连接电压脉冲发生器和辐射器、接收天线和记录器构成的系统给出的畸变信息,都必须知道脉冲响应。所以,超宽带定位(雷达)的基本问题之一,是探寻信号处理方法,以使其能够在测量噪声条件下根据超宽带脉冲离散序列的数据估计探测目标的脉冲响应。

在 8.3 节和 8.4 节中,描述了估计超宽带系统脉冲响应和重建脉冲形状的方法,这是基于利用指数衰减振荡−极点函数来近似时域信号的方法。在普罗尼综合方法[3]中,所有的极点函数要同时接上,而与此不同,这里振荡接上的时刻可以是不同的。因此,脉冲响应的形状,总共可用几个极点函数描写。这个方法的缺点是在测量噪声条件下求得极点比较复杂,因为该运算在采用的极点函数数目增大时变得很不稳定。

由于输入信号和脉冲响应等值地加入卷积方程中,则根据系统输入端和输出端的已知信号来估计脉冲响应的方法,也可用于根据系统输出端的已知信号和系统脉冲响应估计输入信号的问题。这样的问题,常常在利用高功率超宽带辐射进行实验时产生。本节的目的,就是在已知系统脉冲响应情况下重建探测脉冲形状。

8.5.1　脉冲重建问题的求解

正如在 8.1.5 节中讲过,根据观测信号的样本向量 $\boldsymbol{y} = (y_1, \cdots, y_N)$ 并考虑测量噪声,估计样本向量 $\boldsymbol{x} = (x_1, \cdots, x_M)$ 的问题归结为下面矩阵方程:

$$\boldsymbol{y} = \boldsymbol{W}\boldsymbol{x}$$

式中:$\boldsymbol{W}$ 为 $N \times M$ 矩阵,它是表征测量系统的。这个问题是算不出结果的,因此对它的求解必须利用调整算法。

对于矩阵 $\boldsymbol{W}$ 的反转,可以采用奇异展开方法[3]。根据奇异数展开定理认为,存在满足条件 $\sigma_1 \geqslant \sigma_2, \cdots, \geqslant \sigma_k > 0$ 的正实数(这就是所谓的矩阵 $\boldsymbol{W}$ 的奇异数),单式 $(m \times m)$ 矩阵 $\boldsymbol{U} = (\boldsymbol{u}_1, \cdots, \boldsymbol{u}_m)$ 和单式 $(n \times n)$ 矩阵 $\boldsymbol{V} = (\boldsymbol{v}_1, \cdots, \boldsymbol{v}_n)$,是满足下面条件的矩阵:

$$\boldsymbol{W} = \boldsymbol{U}\boldsymbol{D}\boldsymbol{V}^{\mathrm{H}}, \quad \boldsymbol{D} = \mathrm{diag}(\sigma_1, \cdots, \sigma_k)$$

符号"H"表示埃米特共轭运算。伪逆穆拉-偏劳兹(Moore-Penrose)矩阵 $\boldsymbol{W}^+$,对应 k 阶的($m \times n$)矩阵 $\boldsymbol{W}$,前者单值地通过按奇异数展开的分量确定,如下面形式:

$$\boldsymbol{W}^+ = \boldsymbol{V}\boldsymbol{D}^{-1}\boldsymbol{U}^H$$

按奇异数的展开,根据有意义奇异数的数目,可以帮助确定矩阵 $\boldsymbol{W}$ 的阶。在文献[16]中表明,通过减少非零奇异数的数目有可能改进脉冲响应的估计。然而,减少奇异数的数目等效于降低矩阵的阶,这同样可以导致解本身细致结构的丢失。该方法与前面讨论的调整法类似。同时,预先并不知道应当归零的奇异数数目,所以不可能实现上面方法的完全自动化。为了消除这个现象,文献[17]提出奇异数的调整法,这个方法可以这样实现:

$$\boldsymbol{D}_{\alpha}^{-1} = (\widetilde{\sigma}_1^{-1}, \cdots, \widetilde{\sigma}_k^{-1}), \quad \widetilde{\sigma}_k^{-1} = \frac{\sigma_k}{\sigma_k^2 + \alpha}$$

式中:α 为调整参数。在这种情况下,在系统输入端的信号,可由下面表达式求得:

$$\boldsymbol{x}_{\alpha} = \boldsymbol{V}\boldsymbol{D}_{\alpha}^{-1}\boldsymbol{U}^H\boldsymbol{y}$$

为获取调整参数最佳值,最好采用剩余信号熵的最大值标准[18]。该参数可由下面条件求得:

$$\boldsymbol{\Phi}(\alpha = \alpha_{\text{opt}}) = \sum_i \Delta Y_i \ln(\Delta Y_i) = \max, \quad \Delta \boldsymbol{Y} = F(\boldsymbol{y} - \boldsymbol{y}_{\alpha}), \quad \boldsymbol{y}_{\alpha} = \boldsymbol{W}\boldsymbol{x}_{\alpha}$$

式中:符号 F 表示傅里叶变换。达到泛函最大值表示,在剩余信号中有益的信息最小,而只有噪声成份。为寻找泛函的最大值,采用了坐标下降法。

在数值实验过程中[19]揭示出,采用上面的调整法,导致重建信号的幅度与原始信号的幅度有某些减小。这样进行的模拟表明,原始信号和重建信号在它们最大值处的比值,依赖于调整参数和输入信号本身的形状。这个依赖关系可以在数值实验中得到,并具有下面形式:

$$\frac{\max(\boldsymbol{x})}{\max(\boldsymbol{x}_{\alpha})} = 1 + \beta(\alpha)$$

式中:对三瓣形状的脉冲,$\beta(\alpha) = 3.4\alpha^{0.9}$;对双极形状的脉冲,$\beta(\alpha) = 1.8\alpha^{0.9}$;对单极形状的脉冲,$\beta(\alpha) = 0.7\alpha^{0.7}$。

上面提出的方法,与基于维纳滤波的标准方法进行了比较。为此,在频域上得到的输入信号估计,可由下面表达式[6]确定:

$$X_{\alpha}(\omega) = \frac{W^*(\omega)Y(\omega)}{W(\omega)W^*(\omega) + \alpha}$$

式中:$W(\omega)$ 和 $Y(\omega)$ 借助离散傅里叶变换分别由向量 $\boldsymbol{W}$ 和 $\boldsymbol{y}$ 计算得到。在向量 $\boldsymbol{X}_{\alpha}$ 估计确定后,$\boldsymbol{x}_{\alpha}$ 的估计通过逆傅里叶变换得到。为了获取调整参数最佳值,该算法也采用了熵的最大值标准。

8.5.2 数值模拟

在进行模拟[19]时,噪声加到信号上,其幅度分布是正态分布。在数值实验过程中,进行了在不同 γ 依赖于信噪比 q_p(1. 10)的条件下探测的单极脉冲形状重建的计算,这里 γ 为传输特性和探测脉冲频带的比值,而频带是根据频谱最大值 0. 1 水平上的幅度确定。重建形状的误差 Δ 作为真实信号和重建信号的误差计算,如下式:

$$\Delta = \frac{\sqrt{\sum_i (x_i - x_i^{\alpha})^2}}{\sqrt{\sum_i x_i^2}} 100\%$$

图 8. 19(a)给出了数值模拟结果,它给出了重建形状的误差与信噪比 q_p 在不同的 $\gamma = 1. 5$(曲线 1)和 $\gamma = 2$ (曲线 2)条件下的依赖关系,而计算方法是基于奇异展开方法。利用频域上重建的标准算法也进行了类似的计算(对应曲线 3和 4)。在一些情况下,研究者感兴趣的不是重建信号形状本身,而是它的最大值。幅度重建的误差 Δ_a 与信噪比 q_p 的依赖关系,在图 8. 19(b)上给出。幅度重建的误差 Δ_a 由下面公式计算:

$$\Delta_a = \left| \frac{\max(x_{\alpha})}{\max(x)} - 1 \right| \times 100\%$$

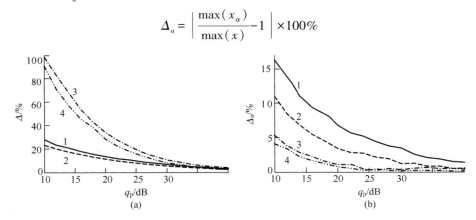

图 8. 19 脉冲形状(a)和脉冲幅度(b)重建的误差与信噪比的依赖关系

在图 8. 19(b)上曲线的编号,对应图 8. 19(a)上给出的编号。由这些图可知,基于奇异展开方法给出形状重建的误差比频谱算法结果给出更小的误差。同时,Δ_a 估计误差低于利用频谱算法时的误差。从图上曲线可知,在 $q_p > 35$dB时,两种算法给出相近的结果。误差的比较表明,γ 增大导致形状重建和幅度估计的误差减小。应当指出,在 $\gamma < 1$ 的情况下,发生了输入信号信息丢失而误差急剧增大的情况。

在图 8. 20(a)上给出了单极脉冲(1)、双极脉冲(2)和三瓣脉冲(3)形状的

重建误差与信噪比 q_p 的依赖关系。在图 8.20(b)上,对于脉冲幅度重建误差给出了类似的结果。由图可见,脉冲形状和幅度重建的误差,在采用单极脉冲探测时将是最小的。

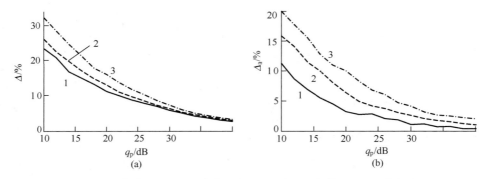

图 8.20 脉冲形状(a)和脉冲幅度(b)重建误差与信噪比对不同形状探测信号的依赖关系

1—单极脉冲;2—双极脉冲;3—三瓣脉冲。

因此,在所进行的模拟基础上,为了成功解决脉冲重建问题拟推荐下面的实验步骤:

(1)保证信噪比不小于 30dB;

(2)脉冲响应频带应当超过输入脉冲频带的 1.5 倍以上;

(3)作为探测脉冲,必须采用单极形状的脉冲。

完成上面各项推荐,将大大地降低在采用上面推荐的重建算法时脉冲形状重建的误差。

8.5.3 超宽带脉冲重建方法的实验检验

在一些情况下,例如在高电磁场强度环境下测量超宽带辐射时,示波器应当置于屏蔽的工作场所,以防止辐射对示波器的直接作用。在这种情况下,接收天线和示波器的连接电缆长度可能达到 10～15m。超宽带脉冲,通过这样长度的电缆会衰减并发生畸变。

利用前面描述的方法,可以重建通过长电缆的脉冲,并估计在接收天线输出端上的信号特性[19]。

开始时,需要估计电缆的脉冲响应。为此,采用低压发生器。直接测量发生器的脉冲(在电缆输入端的脉冲)和通过电缆的脉冲,如图 8.21 所示。在得到的脉冲基础上,利用 8.2 节给出的方法计算电缆的脉冲响应(见图 8.22)。在估计电缆脉冲响应时,必须利用带宽大于测量信号频带的脉冲。

为了检验脉冲重建步骤,应当利用已知的低压脉冲,使其通过电缆并被测量。然后利用先前得到的脉冲响应,进行脉冲重建,重建的信号与原始信号进行比较。在图 8.23 上给出了输入脉冲、通过长电缆的脉冲和重建脉冲的示波图。重建脉冲形状与原始脉冲形状的均方偏差,不超过 13%,而它们幅度的差别不超过 6%。

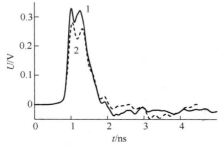

图 8.21　电缆输入端(曲线 1)和输出端
　　　　　(曲线 2)的脉冲示波图

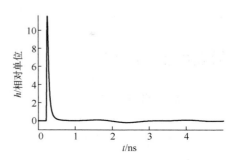

图 8.22　计算得到的电缆脉冲响应

前面描述的方法已在测量高功率超宽带辐射时[20,21],用于脉冲通过长电缆后的重建。在图 8.24 上给出了 TEM 接收天线输出端上测量和重建的电压脉冲示波图,可见重建的脉冲幅度大于测量的脉冲幅度,约为 1.3 倍。

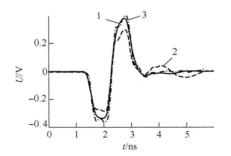

图 8.23　在电缆输入端(曲线 1)和输出端
　　　　　(曲线 2)上脉冲和重建脉冲(曲线 3)示波图

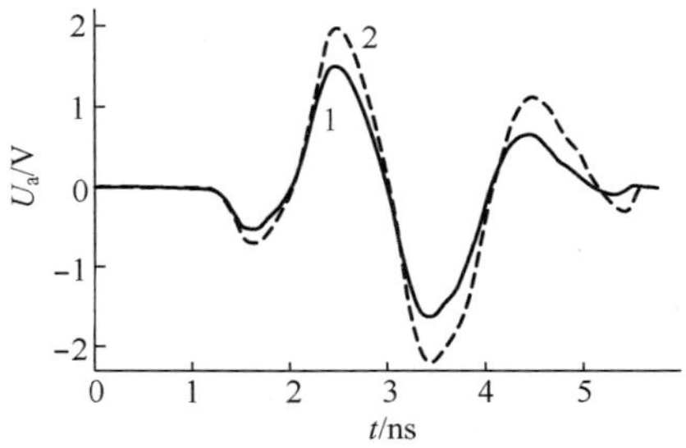

图 8.24　TEM 天线测量(曲线 1)和重建
　　　　　(曲线 2)的辐射(电压)脉冲示波图

因此,利用本节描述的方法,可以重建通过传播通道发生线性畸变的脉冲形状,并估计它的幅度。

小结

在本章中讨论了超宽带系统传输函数和脉冲响应的估计方法,而这些方法具有非常广泛的应用领域。属于这一研究领域的问题,包括天线和天线阵列、散射目标、专用的传输线和传播通道的基本电动力学特性等方面的问题。从应用观点看,这些方法对处在自由空间中或在两种介质分界面下面目标的探测问题具有特殊的重要性。这些问题的解决,在实际情况下,通常由于存在很高水平的噪声而变得非常困难。因此,制定相对噪声稳定的估计方法,是迫切需要的。满足这个标准的几个方法例子,在前面已经给出。在后面,这些方法对制定更完善方法还可以起到基石作用。

问题和检测试题

1. 请表明,在式(8.2)中因子 $A(t)$ 具有包络线性质,即:

(1) $A(t) \geq s(t)$,即信号与包络线不相交;

(2) 在包络线图和信号波形接触点有 $A(t) = s(t)$,即共轭信号趋向零;

(3) 在包络线和信号波形图接触点不只有 $A(t) = s(t)$,而且有

$$\frac{\mathrm{d}A(t)}{\mathrm{d}t} = \frac{\mathrm{d}s(t)}{\mathrm{d}t}$$

即信号及其包络线以相同速率变化。

2. 请求得下面信号的希尔伯特变换:

(1) $s(t) = 1, |t| \leq T; s(t) = 0, |t| > T$;

(2) $s(t) = \dfrac{1}{1+t^2}, -\infty < t < \infty$;

(3) $s(t) = \cos 2\pi f_0 t, -\infty < t < \infty, f_0 = $ 常量;

(4) $s(t) = \dfrac{\sin 2\pi wt}{2\pi wt}, -\infty < t < \infty, w = $ 常量。

3. 假设沿同轴电缆传输脉冲无线电信号 $s(t)$,在电缆的输出端将观测到由下面积分关系式确定的信号 $y(t)$:

$$\int_0^t s(\tau) h(t-\tau) \mathrm{d}\tau = y(t)$$

式中 $h(t)$ 为同轴电缆的脉冲响应,由下式给出:

$$h(t) = \chi(t) \frac{\beta}{\sqrt{4\pi t}} \exp\left(\frac{-\beta^2}{4t}\right)$$

式中: β 为表征电缆类型和长度的常量。

假设输出信号 $y(t)$ 是已知的,请写出输入信号 $s(t)$ 估计算法的主要阶段。为了保障估计对噪声的稳定性,必须事先采取哪些步骤?

4. 如何理解信号的极点模型?

5. 采用极点函数但接入时刻不同时,具有哪些优越性?

参考文献

［1］ Конторович М. И. Операционное исчисление и процессы в электричес-
ких цепях. Изд. 4-е, перераб. и дополн. -М. : Советское радио, 1975. -320 с.

［2］ Тихонов А. Н. , Арсентьев В. Я. Методы решения некорректных задач. - М. :
Наука, 1986. -288 с.

［3］ Марпл-мл. С. Л. Цифровой спектральный анализ и его приложения/Пер. с англ.
О. И. Хабарова, Г. А. Сидоровой ; под ред. И. С. Рыжака. -М. : Мир, 1990. -
584 с.

［4］ Машинные методы математических вычислений/Дж. Форсайт, М. Малькольм, К.
Моулер. Пер. с англ. Х. Д. Икрамова. -М. : Мир, 1980. -279 с.

［5］ Воеводин В. В. , Кузнецов Ю. А. Матрицы и вычисления. - М. : Наука, 1984. -
320 с.

［6］ Тихонов А. Н. , Гончарский А. В. , Степанов В. В. , Ягола А. Г. Численные методы
решения некорректных задач. -М. : Наука, 1990. -232 с.

［7］ Верлань А. Ф. , Сизиков В. С. Интегральные уравнения : методы, алгори-
тмы и программы. Справочное пособие. -Киев : Наукова Думка, 1986. -544 с.

［8］ Нуссенцвейг Х. М. Причинность и дисперсионные соотношения/Пер. с англ. В.
В. Малярова. -М. : Мир, 1976. -462 с.

［9］ Ландау Л. Д. и Лифшиц Е. М. Электродинамика сплошных сред. - М. : Наука,
1982. -620 с.

［10］ Кошелев В. И. , Сарычев В. Т. , Шипилов С. Э. Использование соот-
ошения Крамерса - Кронига для оценки импульсных характеристик
сверхширокополосных систем//Известия вузов. Радиофизика. 2000. Т. 43. №5. С.
433-439.

［11］ Глебович Г. В. , Ковалев И. П. Широкополосные линии передачи импульсных
сигналов. -М. : Советское радио, 1973. -224 с.

［12］ Кошелев В. И. , Сарычев В. Т. , Шипилов С. Э. Использование полюсных моделей
сигналов для оценки импульсных характеристик сверхширокополосных систем//
Известия вузов. Радиофизика. 2002. Т. 45. №1. С. 47-54.

［13］ Koshelev V. I. , Sarychev V. T. , Shipilov S. E. Object impulse response evaluation for ul-
trawideband application//Ultra - Wideband, Short - Pulse Electromagnetics 6/Edited by
Mokole E. L. , Kragalott M. , Gerlach K. R. -New York : Kluwer Academic/Plenum Pub-
lishers, 2003. -P. 63-73.

［14］ Le Goff M. , Pouliguen P. , Chevalier Y. , Imbs Y. , Beillard B. , Andrieu J. , Jecko B. , Bouillon
G. , Juhel B. UWB short pulse sensor for target electromagnetic backscattering characterization/
Edited by E Heyman, B. Mandelbaum, J. Shiloh//Ultra - Wideband, Short - Pulse
Electromagnetics 4. -New York : Kluwer Academic/Plenum Publishers, 1999. -P. 195-202.

[15] Kennaugh E. M. , Moffatt D. L. Transient and impulse response approximations// Proc. IEEE. 1965. V. 53. No 8. P. 893-901. (ТИИЭР. 1965. Т. 53. № 8. С. 1025-1034).

[16] Rahman J. ,Sarkar T. K. Deconvolution and total least squares in finding the impulse response of an electromagnetic system from measured data//IEEE Trans. Antennas Propagat. 1995. V. 43. No. 4. P. 416-421.

[17] Якубов В. П. Доплеровская сверхбольшебазовая интерферометрия. -Томск: Изд-во Томского ун-та,1997. -246 с.

[18] Сарычев В. Т. Некоторые проблемы спектрального оценивания//Известия вузов. Радиофизика. 1997. Т. 40. № 7. С. 925-930.

[19] Шипилов С. Э. , Плиско В. В. , Кошелев В. И. , Сарычев В. Т. Восстановление сверхширокополосных импульсов после прохождения в каналах с линейными искажениями//Известия вузов. Физика. 2010. Т. 53. № 9/2. С. 78-82.

[20] Губанов В. П. , Ефремов А. М. , Кошелев В. И. , Ковальчук Б. М. , Коровин С. Д. , Плиско В. В. , Степченко А. С. , Сухушин К. Н. Источники мощных импульсов сверхширокополосного излучения с одиночной антенной и многоэлементной решеткой//Приборы и техника эксперимента. 2005. Т. 48. №3. С. 46-54.

[21] Ефремов А. М. ,Кошелев В. И. , Ковальчук Б. М. ,Плиско В. В. ,Сухушин К. Н. Генерация и излучение мощных сверхширокополосных импульсов наносекундной длительности//Радиотехника и электроника. 2007. Т. 52. №7. С. 813-821.

第9章 接收天线

引言

雷达和无线通信系统向数字技术的转换,使得研制能够接收超宽带信号且畸变最小的有效天线的相关问题变得非常迫切。接收天线,实际上是将自由电磁波转换为天线负载上电流能量的一种装置,因此接收的信号在接收过程中发生畸变的程度,非常依赖接收天线的性能。

接收天线的效率,由下面几个参数确定:

(1)方向幅度图 $f(\theta,\varphi)$,它是天线负载上电压或电流的幅度与平面电磁波到达方向的依赖关系。方向图(ДН)的形状,由最大值方向、主瓣宽度和侧瓣大小表征。

(2)相位图 $\psi(\theta,\varphi)$,它表示信号相位与平面电磁波到达方向的依赖关系。相位图,由相位中心和它相对天线的位置表征。

(3)极化图 $\boldsymbol{p}_a(\theta,\varphi)$,它是单位的复向量,其分量依赖于平面电磁波到达的方向。极化图,由椭圆形系数和极化平面的取向表征。

(4)天线的有效长度 l_a,它是从方向图最大值方向到达的电磁波在天线中感应出的电动势(ЭДС)与接收处电场强度的比值。

(5)接收天线的阻抗 Z_a,它是天线端子上电动势与短路电流的比值。

(6)场的灵敏度 $E_{\min}$,它是该天线可能接收信号的最小场强。

(7)动态范围 D_a,它是被接收的超宽带信号在其畸变不超过容许范围的最大和最小幅度的比值。

在一些情况下,还应当补充下面几种重要参数:

(1)再辐射系数 K_Σ,它是接收天线再辐射的场强对入射波场强的比值。

(2)天线整个尺寸。

不同参数对天线效率的影响程度,取决于天线的用途,因为测量超宽带电磁波的接收天线可以有以下用途:

(1)用作接收超宽带电磁脉冲或超宽带信号的天线。

(2)在采用超宽带信号的无线电系统中用作接收天线阵列的单元。

(3)在研究超宽带电磁脉冲空间–时间特性时用作测量场结构的传感器。

（4）用作探测超宽带辐射存在的探测器。

接收超宽带信号的天线,应当有很高的灵敏度,同时又要保证接收的信号畸变最小,满足无畸变传输条件,就是说在接收的信号所占的频带内,具有不变的幅频响应和线性的相频响应。

如果接收天线用作天线阵列单元,则它应当保证接收的信号畸变最小,并具有很高的灵敏度,同时与邻近单元的相互作用也很弱。此外,在大多数情况下,要求接收天线阵列单元的尺寸尽可能的小,并具有给定形状的方向图。

对天线-传感器提出了更苛刻的要求,因为它应当无畸变地既可以测量接收脉冲的形状,又可以测量电磁场的空间特性。在一些情况下,如两种介质界面附近或在超宽带电磁辐射源附近,测量场的结构时,天线-传感器应当是"看不见的",就是说被天线散射的场应当远小于测量的场。

天线-探测器应当具有最大可能的通频带和很高的场灵敏度,因为超宽带电磁辐射功率的频谱密度应当远小于窄带辐射功率的频谱密度。这样的天线,也可以接收任意极化的电磁场。此时,通常测量的脉冲形状也不一定保持不变。

为了确定接收天线每个现有参数的极限值和容许值,必须研究对接收脉冲频谱和它的形状畸变有影响的因素。

9.1　接收天线的传输函数

在最简单的情况下,可以将接收天线看作是辐射接收通道的一部分,它的输入端被电磁脉冲 $E(t)$ 作用,而它的响应是天线负载阻抗上的电压脉冲 $U_a(t)$。当信号在时域上表达时,它的响应和作用由下面表达式关联:

$$U_a(t) = \int_0^t E(\tau) h_a(t-\tau) \mathrm{d}\tau$$

式中:$h_a(t)$ 为接收天线的脉冲响应。如果已知 $U_a(t)$,则通过逆卷积运算,可以确定 $E(t)$。然而,上面罗列的接收天线参数,只是在频域上单值地确定,因此在研究这个或那个参数对接收天线的脉冲响应影响时会感到困难。由于这个原因,研究接收的超宽带信号发生畸变的影响因素时,最好采用信号的频谱表达形式。

9.1.1　接收天线传输函数的确定

如果电磁脉冲场强的每个分量可用下式表达:

$$E(t) = \frac{1}{2\pi} \int_{-\infty}^{\infty} E(\omega) \exp(\mathrm{i}\omega t) \mathrm{d}\omega$$

式中：$E(\omega)=\int_{-\infty}^{\infty}E(t)\exp(-\mathrm{i}\omega t)\mathrm{d}t$ 为脉冲的频谱,则接收天线负载上的电压为

$$U_a(t)=\frac{1}{2\pi}\int_{-\infty}^{\infty}E(\omega)H_a(\mathrm{i}\omega)\exp(\mathrm{i}\omega t)\mathrm{d}\omega \tag{9.1}$$

式中：$H_a(\mathrm{i}\omega)$ 为天线的传输函数,其表达式是 $H_a(\mathrm{i}\omega)=\mid H_a(\omega)\mid\exp[\mathrm{i}\varPhi_a(\omega)]$,这里 $\mid H_a(\omega)\mid$ 是天线的幅频响应(АЧХ),而 $\varPhi_a(\omega)$ 是天线的相频响应(ФЧХ)。在这种情况下,天线负载上电压脉冲每一种频谱分量,将满足下面条件：

$$U_a(\omega)=E(\omega)\mid H_a(\omega)\mid\exp[\mathrm{i}\varPhi_a(\omega)] \tag{9.2}$$

根据式(9.2),如果信号水平改变和随时间移位不认为是畸变的[1],则得出不畸变接收信号的条件：在信号频谱所占的频率区间内,幅频响应保持不变,而相频响应是频率的线性函数,即

$$\mid H_a(\omega)\mid=\text{常数},\quad\varPhi_a(\omega)=t_0\omega\quad(\omega_{\min}<\omega<\omega_{\max}) \tag{9.3}$$

式中：t_0 为某个常数,它具有时间量纲;$\omega_{\min}$ 和 $\omega_{\max}$ 分别为信号频谱所占频带的下限和上限。

在下面的叙述中,我们认为,所有的量都是频率的复函数,但为了简化写法,省去了"ω"符号。

入射波的场强 U_a 是向量,因此,它由下面的标量积确定：

$$U_a=(E,H_a)\exp(\mathrm{i}\varPhi_a) \tag{9.4}$$

由此可得,在一般情况下,接收天线的传输函数是向量,它的分量比值决定了天线的极化图。为了考虑电磁场向量特点和天线的极化图对传输函数的影响,可以引入场的极化传输系数 χ[2],它具有下面形式：

$$\chi=(p_e,p_a)$$

上式表明,极化系数是入射波单位极化向量 p_e 与天线单位极化向量 p_a 的标量积。

为了计算 χ,极化向量应当在一个公共基准上表达,如在单位向量 x_0、y_0、z_0 的坐标系作为接收天线的公共基准上表达：

$$p_e=x_0p_{ex}\exp(\mathrm{i}\alpha_x)+y_0p_{ey}\exp(\mathrm{i}\alpha_y)+z_0p_{ez}\exp(\mathrm{i}\alpha_z),\quad\mid p_e\mid=1$$

$$p_a=x_0p_{ax}\exp(\mathrm{i}\beta_x)+y_0p_{ay}\exp(\mathrm{i}\beta_y)+z_0p_{az}\exp(\mathrm{i}\beta_z),\quad\mid p_a\mid=1$$

考虑到这一点,式(9.4)可以写成下面形式：

$$U_a=\mid\chi\mid E_0\mid H_a\mid\exp[\mathrm{i}(\varPhi_a+\delta)] \tag{9.5}$$

式中：E_0 为入射波场的幅度;δ 为 χ 的自变量。

接收天线可表示成具有内阻抗 Z_a 的电动势源 ε_a,它通常通过馈电线路段与接收(测量)装置连接在一起,而馈电线路段的输入阻抗是天线的负载 Z_L。接收天线的等效电路,如图 9.1 所示。场在天线中感应的电动势,正

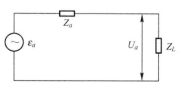

图 9.1　接收天线的等效电路图

比于天线所在处电场强度的幅度。当波从最大接收的方向到达，而天线与入射波的场在极化上是匹配的，此时比例系数的最大值，称作天线的有效长度或实际长度 $l_a = \varepsilon_{a\max}/E_0$。由于在微波范围，电动势的测量实际上是不可能的，则在实践上天线的有效长度可以理解为馈电线路段输入端电压和电场强度幅度间的比例系数 $l_e = U_{a\max}/E_0$，这对应接收天线传输函数的最大值。如果天线与馈电线路段是匹配的，则 $l_e = l_a/2$。

在一般情况下，根据等效电路，天线负载上电压为

$$U_a = \frac{\varepsilon_a Z_L}{Z_a + Z_L} = I_a Z_L \qquad (9.6)$$

式中：I_a 为天线负载上的电流。由上面关系式可见，在 $Z_L \to \infty$ 时，有 $I_a = 0$，$U_a = \varepsilon_a = U_0$，这里 U_0 为空载时电压，而在 $Z_L \to 0$ 时，有 $U_a = 0$ 和 $I_a = \varepsilon_a/Z_a = I_s$，这里 I_s 为短路电流。由此可得，接收天线阻抗为

$$Z_a = \frac{U_0}{I_s}$$

这与戴维宁-亥姆霍兹(Thevenin-Helmholtz)定理[3, 4]符合。

在一般情况下，ε_a 依赖于波的到达方向和天线的极化图。在给定的入射波到达方向和极化情况下，为了确定接收天线传输函数的频率依赖关系，应当知道天线负载上电流的频率依赖关系。

如果已知接收天线的传输函数，则接收信号的形状 $U_a(t)$ 可利用逆向傅里叶变换求得：

$$U_a(t) = \frac{1}{2\pi} \int_{-\infty}^{\infty} |\chi| E_0(\omega) |H_a(\omega)| \exp[\mathrm{i}(\omega t + \Phi_a + \delta)] \mathrm{d}\omega$$

下面将研究接收天线传输函数与其特性的依赖关系，我们利用直线天线作为例子进行讨论，如果已知入射波在天线中感应的电流分布，则直线天线的参数很容易确定。

9.1.2 天线接收导线中的电流分布

计算直线天线在接收方式下参数的有效方法，是行波叠加方法，这种方法在文献[5]中给出了描述。该方法的实质如下：假设波阻抗 ρ_a、长度 L 的直线导线，沿着 z 轴布放，在 $z = 0$ 开始处接到负载阻抗 Z_L 上，而后者又是接收导线的负载阻抗，尔后在 $z = L$ 终端处又接到负载 Z_2 上，如图 9.2 所示。平面直线极化谐波以角度 θ 入射到导线上，该谐波的电场强度幅度为 E_0。根据电磁感应定律，导线电场切向分量 E_z，在导线的基本段 $\mathrm{d}z'$ 上感应出电动势 $\mathrm{d}\varepsilon_z = E_z(z')\mathrm{d}z'$，后者产生了两个电流波，其幅度为 $E_z/2\rho_a$：一个波从所讨论导线段传播到导线始端，而另一个波传播到导线的终端。两个波的电流方向，在被激发单元附近

与 $E_z(z')$ 的投影方向重合。

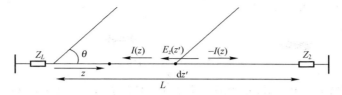

图 9.2　接收导线示意图

从导线终端反射的系数,分别用 Γ_1 和 Γ_2 表示,而电流波的传播常数由 γ 表示。电流波传播到导线始端,并在 z 点得到增强因子 $\exp[-i\gamma(z'-z)]$,在负载 Z_L 上发生反射后又得到增强因子 $\Gamma_1\exp[-i\gamma(z'+z)]$,而在负载 Z_2 上反射后再得到增强因子 $\Gamma_1\Gamma_2\exp(-i2\gamma L)\exp[-i\gamma(z'-z)]$,以此类推。类似地,波的行为与上面的一样,开始时传播到导线终端,又从 Z_2 反射后在 z 点得到增强因子 $\Gamma_2\exp(-i2\gamma L)\exp[i\gamma(z'+z)]$,再从 Z_L 反射后在 z 点得到增强因子 $\Gamma_2\Gamma_1\exp(-i2\gamma L)\exp[-i\gamma(z'-z)]$,等等。

由于从导线始端和终端多次反射,在 $z<z'$ 条件下,电流波在 z 点产生下面电流:

$$dI = \frac{E_z}{2\rho_a}dz'\{[\exp[-i\gamma(z'-z)]+\Gamma_1\exp[-i\gamma(z'+z)]+\Gamma_1\Gamma_2\exp(-i2\gamma L)\exp[-i\gamma(z'-z)]$$
$$+\Gamma_1^2\Gamma_2\exp(-i2\gamma L)\exp[-i\gamma(z'+z)]+\cdots]+[\Gamma_2\exp(-i2\gamma L)\exp[i\gamma(z'+z)]$$
$$+\Gamma_2\Gamma_1\exp(-i2\gamma L)\exp[-i\gamma(z'-z)]+\Gamma_1\Gamma_2^2\exp(-i4\gamma L)\exp[i\gamma(z'+z)]$$
$$+\Gamma_1^2\Gamma_2^2\exp(-i4\gamma L)\exp[i\gamma(z'-z)]+\cdots]\}$$

括号里的相加项,可以组合成 4 个几何级数,这样将有

$$dI = \frac{E_z}{2\rho_a}$$
$$\times\frac{\exp[-i\gamma(z'-z)]+\Gamma_1\exp[-i\gamma(z'+z)]+\Gamma_2\exp(-i2\gamma L)\{\exp[i\gamma(z'+z)]+\Gamma_1\exp[i\gamma(z'-z)]\}}{1-\Gamma_1\Gamma_2\exp(-i2\gamma L)}dz'$$

$$(9.7a)$$

进行类似的讨论,当 $z>z'$ 时,在 z 点将得到电流表达式:

$$dI' = \frac{E_z}{2\rho_a}$$
$$\times\frac{\exp[i\gamma(z'-z)]+\Gamma_1\exp[-i\gamma(z'+z)]+\Gamma_2\exp(-i2\gamma L)\{\exp[i\gamma(z'+z)]+\Gamma_1\exp[-i\gamma(z'-z)]\}}{1-\Gamma_1\Gamma_2\exp(-i2\gamma L)}dz'$$

$$(9.7b)$$

在上面这些表达式中,$\Gamma_1=(\rho_a-Z_L)/(\rho_a+Z_L)$ 和 $\Gamma_2=(\rho_a-Z_2)/(\rho_a+Z_2)$ 分别为从负载 Z_L 和 Z_2 上的反射系数。

在 z 点的总电流,等于电动势产生的分布在 $z<z'<L$ 导线段上基本电流(式(9.7a))和电动势产生的分布在 $0<z'<z$ 导线段上基本电流(式(9.7b))之和,其结果如下式:

$$I(z) = \int_0^z \mathrm{d}I' + \int_z^L \mathrm{d}I \tag{9.8}$$

如果导线处在穿过的平面波的极化平面上,则有 $E_z = E_0 \sin\theta \exp(\mathrm{i}kz'\cos\theta)$,而在计算积分(9.8)后,电流沿接收导线的分布函数可以有下面形式:

$$
\begin{aligned}
I(z) = &\frac{E_0 \sin\theta}{2\mathrm{i}\rho_a [\exp(\mathrm{i}\gamma L) - \Gamma_1\Gamma_2\exp(-\mathrm{i}\gamma L)]} \\
&\times\left\{ [\exp(\mathrm{i}\gamma z) + \Gamma_1\exp(-\mathrm{i}\gamma z)] \left[\frac{\exp(\mathrm{i}\gamma L)\{\exp[\mathrm{i}(\xi-\gamma)L] - \exp[\mathrm{i}(\xi-\gamma)z]\}}{\xi-\gamma} \right.\right. \\
&\left.+ \Gamma_2 \frac{\exp(-\mathrm{i}\gamma L)\{\exp[\mathrm{i}(\xi+\gamma)L] - \exp[\mathrm{i}(\xi+\gamma)z]\}}{\xi+\gamma} \right] + \{\exp[\mathrm{i}\gamma(L-z)] \\
&\left.+ \Gamma_2\exp[-\mathrm{i}\gamma(L-z)]\} \left[\frac{\{\exp[\mathrm{i}(\xi+\gamma)z]-1\}}{\xi+\gamma} + \Gamma_1 \frac{\{\exp[\mathrm{i}(\xi-\gamma)z]-1\}}{\xi-\gamma} \right] \right\}
\end{aligned}
\tag{9.9}
$$

式中: $\xi = k\cos\theta$, $k = 2\pi/\lambda$, λ 为波长。根据式(9.9),可以计算直线接收天线(单极子)非平衡方案的电流分布。

对于终端匹配的导线,有反射系数 $\Gamma_2 \Rightarrow 0$ 。在这种情况下,电流分布函数具有下面的形式:

$$
\begin{aligned}
I(z) = &\frac{E_0 \sin\theta}{2\mathrm{i}\rho_a}\left\{ [\exp(\mathrm{i}\gamma z) + \Gamma_1\exp(-\mathrm{i}\gamma z)] \frac{\exp[\mathrm{i}(\xi-\gamma)L] - \exp[\mathrm{i}(\xi-\gamma)z]}{\xi-\gamma} \right. \\
&\left.+ \exp(-\mathrm{i}\gamma z)\left[\frac{\exp[\mathrm{i}(\xi+\gamma)z]-1}{\xi+\gamma} + \Gamma_1 \frac{\exp[\mathrm{i}(\xi-\gamma)z]-1}{\xi-\gamma} \right] \right\}
\end{aligned}
\tag{9.10}
$$

对于终端开路的导线,反射系数 $\Gamma_2 = -1$,而其电流分布函数可以表示如下式:

$$
\begin{aligned}
I(z) = &\frac{E_0 \gamma \sin\theta}{(Z_L + Z_a)(\gamma^2 - \xi^2)\sin\gamma L}\left\{ \left[\exp(\mathrm{i}\xi L)\cos\gamma z - \exp(\mathrm{i}\xi z)\cos\gamma L - \mathrm{i}\frac{\xi}{\gamma}\sin\gamma(L-z) \right] \right. \\
&\left.+ \mathrm{i}\frac{Z_L}{\rho_a}[\exp(\mathrm{i}\xi L)\sin\gamma z - \exp(\mathrm{i}\xi z)\sin\gamma L + \sin\gamma(L-z)] \right\}
\end{aligned}
\tag{9.11}
$$

式中: $Z_a = \mathrm{i}\rho_a\cot(\gamma L)$ 为天线阻抗。在这种情况下 $I(L) = 0$,而对于短的导线即 $L \leqslant 0.5\lambda$ 时,电流分布将有驻波的特点。然而,增大接收导线的长度,由于反向辐射造成的损失,将导致产生衰减的行波。在 $L > \lambda$ 时,电流分布将是驻波和行波的叠加。这两种波幅度的比值,依赖于波到达方向和负载阻抗 Z_L 。

接收天线(偶极子)的平衡方案,通过引入沿 z 的负值方向放置的第二导线构成,如图9.3所示。为了计算偶极子第二导线(臂)上的电流分布,采用了同样的方法。例如,在平衡的偶极子情况下,应当在式(9.7a)、式(9.7b)中用$-z'$代替z',但要考虑$\cos(\theta+\pi)=-\cos(\theta)$,并且应从$-L$到 0 进行积分。此时,偶极子第二导线上电流的分布函数具有下面形式:

$$I(-z)=\int_{-L}^{-z}\mathrm{d}I+\int_{-z}^{0}\mathrm{d}I'=\frac{E_0\sin\theta}{2i\rho_a\left[\exp(i\gamma L)-\Gamma_1\Gamma_2\exp(-i\gamma L)\right]}$$

$$\times\left\{\left[\exp(i\gamma z)+\Gamma_1\exp(-i\gamma z)\right]\left[\frac{\exp(i\gamma L)\left\{\exp\left[-i(\xi-\gamma)L\right]-\exp\left[-i(\xi-\gamma)z\right]\right\}}{\xi+\gamma}\right.\right.$$

$$\left.+\Gamma_2\frac{\exp(-i\gamma L)\left\{\exp\left[-i(\xi+\gamma)L\right]-\exp\left[-i(\xi+\gamma)z\right]\right\}}{\xi-\gamma}\right]+\left\{\exp\left[i\gamma(L-z)\right]\right.$$

$$\left.\left.+\Gamma_2\exp\left[-i\gamma(L-z)\right]\right\}\left[\frac{\left\{\exp\left[-i(\xi+\gamma)z\right]-1\right\}}{\xi-\gamma}+\Gamma_1\frac{\left\{\exp\left[-i(\xi-\gamma)z\right]-1\right\}}{\xi+\gamma}\right]\right\}$$

$$(9.12)$$

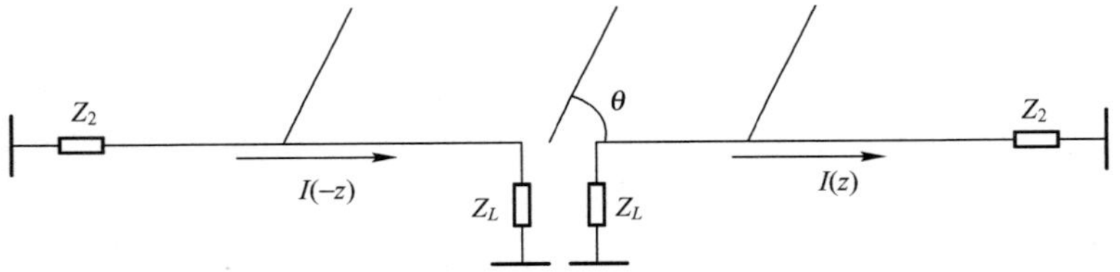

图 9.3　接收天线的平衡方案

一般情况下,如果偶极子的臂不是同轴的或其长度不同,在第一和第二导线始端的电流 $I_1(0)=I(z)\big|_{z=0}$ 和 $I_2(0)=I(-z)\big|_{-z=0}$ 不相等,而在偶极子负载上可能出现反相电流 I_0 或同相电流 I_e,即

$$I_0=0.5\left[I_1(0)+I_2(0)\right],\quad I_e=0.5\left[I_1(0)-I_2(0)\right]\qquad(9.13)$$

而对应上面电流的电压分别为

$$U_0=2Z_LI_0=Z_L\left[I_1(0)+I_2(0)\right],\quad U_e=0.5Z_LI_e=0.25Z_L\left[I_1(0)-I_2(0)\right]$$

为分出反相电流或同相电流,图 9.4 上给出了负载阻抗接到接收偶极子的方案。

图 9.4　接收偶极子和负载接入方法示意图

(a) 产生的反相电流;(b) 产生的同相电流。

上面叙述的方法,不难扩展到曲线的接收导线情况,因为在式(9.7)中级数之和与导线形状没有关系。为此,在式(9.7a)和式(9.7b)中,必须将到达波电场强度向量的导线正切分量 E_t 的相应值替代沿曲线导线的坐标 z 的 E_z。在位于 xOy 平面上半径 b 的圆环(见图9.5)情况下,将有:$L \to 2\pi b$、$z \to b\delta$、$\mathrm{d}z' \to b\mathrm{d}\varphi'$。此时,对于 $\delta < \varphi'$ 情况,有

$$\mathrm{d}I = \frac{bE_t}{2\rho_a} \frac{\mathrm{d}\varphi'}{1-\Gamma_1\Gamma_2\exp(-\mathrm{i}2\gamma L)} \times (\exp[-\mathrm{i}\gamma b(\varphi'-\delta)]$$
$$+\Gamma_1\exp[-\mathrm{i}\gamma b(\varphi'+\delta)]+\Gamma_2\exp(-\mathrm{i}2\gamma L)\{\exp[\mathrm{i}\gamma b(\varphi'+\delta)]$$
$$+\Gamma_1\exp[\mathrm{i}\gamma b(\varphi'-\delta)]\}\})$$

如果 $\delta > \varphi'$,则有

$$\mathrm{d}I' = \frac{bE_t}{2\rho_a} \frac{\mathrm{d}\varphi'}{1-\Gamma_1\Gamma_2\exp(-\mathrm{i}2\gamma L)} \times (\exp[\mathrm{i}\gamma b(\varphi'-\delta)]$$
$$+\Gamma_1\exp[-\mathrm{i}\gamma b(\varphi'+\delta)]+\Gamma_2\exp(-\mathrm{i}2\gamma L)\{\exp[\mathrm{i}\gamma b(\varphi'+\delta)]$$
$$+\Gamma_1\exp[-\mathrm{i}\gamma b(\varphi'-\delta)]\}\})$$

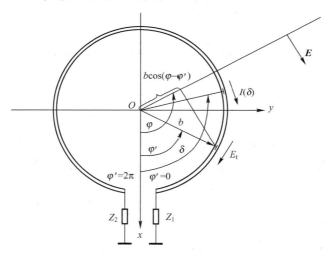

图 9.5 圆环形状曲线接收导线图

假设,波沿着子午角 θ 和天顶角 φ 方向入射,而电场强度向量平行于圆环平面。在这种情况下

$$E_t = E_\varphi = E_0\cos(\varphi-\varphi')\exp\{\mathrm{i}kb\sin\theta[\cos(\varphi-\varphi')-\cos\varphi]\}$$

而在 δ 点的电流等于

$$I(\delta) = \int_0^\delta \mathrm{d}I' + \int_\delta^{2\pi} \mathrm{d}I = \frac{bE_o\exp(-\mathrm{i}kb\cos\varphi\sin\theta)}{2\rho_a[\exp(\mathrm{i}\gamma L)-\Gamma_1\Gamma_2\exp(-\mathrm{i}\gamma L)]}[\{\exp[\mathrm{i}\gamma(L-b\delta)]$$
$$+\Gamma_2\exp[-\mathrm{i}\gamma(L-b\delta)]\}\times\int_0^\delta\exp[\mathrm{i}kb\sin\theta\cos(\varphi-\varphi')][\exp(\mathrm{i}\gamma b\varphi')$$
$$+\Gamma_1\exp(-\mathrm{i}\gamma b\varphi')]\cos(\varphi-\varphi')\mathrm{d}\varphi'+[\exp(\mathrm{i}\gamma b\delta)+\Gamma_1\exp(-\mathrm{i}\gamma b\delta)]$$

$$\times \int_{\delta}^{2\pi} \exp\left[\,\mathrm{i}kb\sin\theta\cos(\varphi-\varphi')\,\right]\left\{\exp\left[\,\mathrm{i}\gamma(L-b\varphi')\,\right]\right.$$

$$\left.+\Gamma_2\exp\left[\,-\mathrm{i}\gamma(L-b\varphi')\,\right]\right\}\cos(\varphi-\varphi')\mathrm{d}\varphi' \tag{9.14}$$

在一般情况下,接收圆环接线柱上的电流值 $I(0)$ 和 $I(2\pi)$ 并不相等,两者的比值依赖于圆环与负载的接入方法,其接入方法如图 9.6 所示。如果信号电压从圆环的负载阻抗 Z_1 的一端取得,这是它的不平衡接入方式,如图 9.6(a) 所示。此时,在接收圆环与承载阻抗 Z_2 相接的方式下,除了 $Z_2=\rho_a$ 和 $Z_2\to\infty$ 两种情况,还可以实现 $Z_2=0$ 的情况,但是后一种情况在直线导线天线下很难实现。

由于圆环端部位置相互很靠近,而它的接线柱上的电流并不相等,但是却可以分出同相电流 $I_e=0.5[I(0)+I(2\pi)]$ 和与其对应的同相电压 $U_e=I_eZ_e$,这里 $Z_e=Z_1Z_2/(Z_1+Z_2)$ 是同相方式下的负载阻抗,同相接入方式如图 9.6(b) 所示。图 9.6(c) 表示的是圆环的反相接入方式,在这种情况下,反相电流 $I_0=0.5[I(0)-I(2\pi)]$,与其对应的反相电压等于 $U_0=I_0Z_0$,这里 $Z_0=(Z_1+Z_2)$ 为反相方式下的负载阻抗。

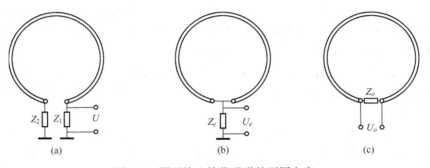

图 9.6　圆环接入接收通道的不同方案

(a) 不平衡接入方式;(b) 同相接入方式;(c) 反相接入方式。

为了利用行波叠加方法计算直线接收天线中的电流分布,要求知道天线的电动力学参数:波阻抗 ρ_a 和传播常数 γ,而计算的精确度非常依赖于参数确定的精确度。

9.1.3　直线接收天线的电动力学参数

对于入射波场感应产生的电流波,直线接收导线是个导向结构,该结构可用波阻抗 ρ_a 和传播常数 γ 表征。在这个电流行波的导向结构中,在单位长度上磁能 w^m 和电能 w^e 的储能相互相等。假设,这些能量 $w^m=0.5|I|^2L'$ 和 $w^e=0.5|U|^2C'$,这里 L' 和 C' 分别是单位长度的电感和电容,而 $|I|$ 和 $|U|$ 分别是 $\mathrm{d}z$ 长度段上的电流幅度和电势幅度。在无损耗情况下,由等式 $w^m=w^e$,可得直线导线波阻抗的关系式:

$$\rho = \frac{U}{I} = \sqrt{\frac{L'}{C'}}$$

电流行波传播常数,可以这样确定:能量密度 w 等于沿着导线迁移一个周期的平均功率 P 除以波的传播速度,即 $w = P/v$。考虑到 $w = w^m + w^e = 2w^e = 2w^m$ 及 $\gamma = \omega/v$,对于无损耗的导向结构将有

$$\gamma = \omega \frac{2w^m}{P} = \omega \frac{|I|^2 L'}{|I|^2 \rho} = \omega \frac{L'}{\rho} = \omega \sqrt{L'C'} = \beta_0$$

式中:β_0 为无损耗导向结构的波数。如果导线是理想导电的,则电流波的速度等于导线周围介质中的光速,并且有 $\beta_0 = k = \omega \sqrt{\varepsilon\mu}$。

由于准确确定单位长度导线的参数伴有一定困难,但是有几个估计长 $2L$ 偶极子或长 L、半径 a 的单个直线导线的波阻抗公式:

(1) $\rho = 120\ln(2L/a)$,这是在求解细的平衡偶极子中电流分布的哈伦 (Hallen) 方程[6]时得到的表达式,而在单极子情况下这个表达式为 $\rho = 60\ln(2L/a)$。

(2) $\rho = 120[\ln(L/a) - 1]$,这个表达式是在准静态情况下并假设平衡偶极子总电容均匀地分布在它的长度上时得到的(称作霍夫方法,Hough method)[7],而对于单极子 $\rho = 60[\ln(L/a) - 1]$。

(3) $\rho = 120\ln[\cot(\psi/2)]$,这个表达式是对于 TEM 波的双锥线条件下由谢昆诺夫(Schelkunoff)得到[8],这里 ψ 为锥顶角,而对于导电平面上的锥体 $\rho = 60\ln[\cot(\psi/2)]$。

(4) $\rho = 120\ln(L/a) = 120[\ln(2L/a) - 0.69]$,这个公式是由 J. 斯特拉顿(Stratton)和 L. 楚(Chu)对于薄球状偶极子[9]得到的,而在单极子情况下 $\rho = 60[\ln(2L/a) - 0.69]$。

(5) $\rho = 60[\ln(2/ka) - 0.577]$,这个公式是由科仙尼赫(Kessenikh)在研究电流行波在单个长导线中能量关系[10]时得到的,而金(King)[11]对于细导线得到了略有差别的表达式:$\rho = 60[\ln(1/ka) - 0.577]$,对于偶极子,科仙尼赫公式为 $\rho = 120[\ln(2/ka) - 0.577]$。

科仙尼赫公式和金公式与其他公式有很大的差别,这是因为波阻抗依赖于 a/λ 的比值,即它们是频率函数的缘故。关于求解电流行波入射无限圆柱导线输入端阻抗的电动力学问题,文献[12]给出了它的精确解,即

$$\rho = \frac{60}{\int_0^\infty \frac{kdu}{(u^2 + 2ku)[K_0^2(a\sqrt{u^2 + 2ku}) + \pi^2 I_0^2(a\sqrt{u^2 + 2ku})]}} \tag{9.15}$$

式中:$K_0^2(x)$ 和 $I_0^2(x)$ 为修正贝塞尔函数。上面表达式对于计算不很方便,然而在 $ka < 1.5$ 情况下,它可以以 3% 的精确度用下面公式近似:

$$\rho = 60\left[\ln(1/ka) - 0.577 - 0.8ka + (12ka)^{0.5}\right] \tag{9.16}$$

在图 9.7 上给出了单极子的依赖关系 $\rho(a/L)$，这是根据前面 a、b、d 各点列出的公式计算得到的。显然，对于粗导线 $a/L \sim 0.1$ 情况，计算结果的差别可达到 100%。而在 $a/L \sim 1$ 条件下，除了式(9.15)和与精确公式的近似式(9.16)外，其他所有公式都失去物理意义，因为它们给出的波阻抗值都变成负值了。

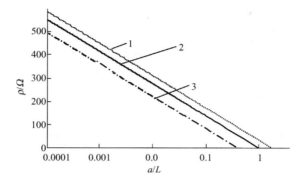

图 9.7　根据不同公式计算的单个导线波阻抗[1]

公式:1—$\rho = 60\ln(2L/a)$;2—$\rho = 60\left[\ln(2L/a) - 0.69\right]$;3—$\rho = 60\left[\ln(L/a) - 1\right]$

在图 9.8 上给出了根据科仙尼赫公式(1)、金公式(2)和近似公式(3)计算的 $\rho(ka)$ 依赖关系。图上还用黑点标出了文献[10]的实验测量结果。

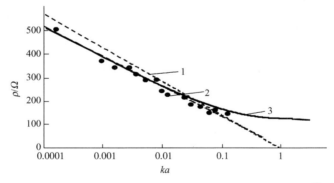

图 9.8　根据不同公式计算的电流行波入射导线的波阻抗[1]

公式:1—$\rho = 60\left[\ln(2/ka) - 0.577\right]$;2—$\rho = 60\left[\ln(1/ka) - 0.577\right]$;

3—$\rho = 60\left[\ln(1/ka) - 0.577 - 0.8ka + (12ka)^{0.5}\right]$

显然,对于细导线 $ka < 0.01$ 情况,精确计算的结果与根据金公式计算的结果符合得更好,而在 $0.01 < ka < 0.1$ 情况下科仙尼赫公式给出了更精确的结果。后面在计算直线辐射器时,将采用式(9.16)。

---

① 根据作者 2016.12.28 来信,图 9.7 和图 9.8 的纵坐标由原来的 γ 改为 ρ,其单位为 Ω——译者注。

对于任意形状的曲线导线，还不知道它们的波阻抗表达式，但是已发表了计算半径 b 圆环电感的关系式[13]：

$$L_l = \mu_0 b \left(\ln \frac{8b}{a} - 2 \right)$$

式中：a 为圆导线的半径。

假设，单位长度的电感 $L' = L_l / 2\pi b$ 沿着圆环均匀分布，并考虑关系式 $\rho = L'v$，这里 v 为电流波沿着导线的传播速度，对于自由空间中的圆环有

$$\rho_l = 60 \left(\ln \frac{8b}{a} - 2 \right) \tag{9.17}$$

应当指出，上面给出的计算波阻抗的公式，是假设辐射器中无损耗时得到的。在确定 γ 和 ρ_a 参数时，应当考虑，入射波感应电流波的部分能量消耗在次级场的反向辐射和导线的欧姆损耗上。在这种情况下，波的传播常数 γ 成为复数量：$\gamma = \beta - i\alpha$，这里 $\beta = \omega / v$ 为导向结构的波数，α 为衰减系数。如果电流波在 z 点一个周期携带的平均功率等于

$$P(z) = 0.5 |I|^2 \rho \exp(-2\alpha z)$$

则在 z 点和 $z + \Delta z$ 点的功率间差值等于在长 Δz 段上的损耗功率：

$$\Delta P = P(z) - P(z + \Delta z)$$

上面等式两边除以 Δz，并使 Δz 趋于零，将求得单位长度上的损耗功率：

$$P' = \lim_{\Delta z \to 0} \frac{P(z) - P(z + \Delta z)}{\Delta z} = -\frac{\partial P(z)}{\partial z} = \alpha |I|^2 \rho \exp(-2\alpha z)$$

另一方面，还有 $P' = |I|^2 R' \exp(-2\alpha z)$，这里 $R' = R'_\Omega + R'_\Sigma$ 为单位长度的损耗阻抗，它包括导线中欧姆损耗阻抗 R'_Ω 和单位长度上反向辐射的损耗阻抗 R'_Σ。因此，有

$$\alpha = \frac{R'}{2\rho} \tag{9.18}$$

考虑趋肤效应，单位长度的欧姆损耗阻抗等于导线表面阻抗 R_s 与导线横截面的周长 p 之比，即

$$R'_\Omega = \frac{R'_s}{p} = \frac{1}{p} \sqrt{\frac{\omega \mu_0}{2\sigma}} \tag{9.19}$$

式中：σ 为导线材料的单位电导率。

在计算 R'_Σ 时，从辐射的功率等于电流波在接收导线中以反向辐射形式损耗的功率出发，有下式：

$$P_\Sigma = \frac{1}{2} \int_s \frac{|\boldsymbol{E}|^2}{120\pi} \mathrm{d}s = \frac{1}{2} \int_0^L |I(z)|^2 R'_\Sigma \mathrm{d}z$$

假设 R'_Σ 沿着导线均匀分布,则有

$$R'_\Sigma = \frac{\int_S |\boldsymbol{E}|^2 \mathrm{d}s}{\int_0^L |I(z)|^2 \mathrm{d}z} = \frac{k^2 120\pi \int_0^\pi \left|\int_0^L I(z)\exp(\mathrm{i}\xi z)\mathrm{d}z\right|^2 \sin^3\theta \mathrm{d}\theta}{8\pi \int_0^L |I(z)|^2 \mathrm{d}z} \tag{9.20}$$

由式(9.20)可见,R'_Σ 依赖于电流分布定律,而后者本身也依赖于 R'_Σ。因此,在计算 R'_Σ 时,必须采用迭代方法,但是在开始近似中取 $\alpha = (R'_\Sigma + R'_\Omega)/2\rho$,这里 $R'_\Sigma = R_\Sigma/L$ 为辐射的单位长度阻抗。对于电流行波的辐射器,根据文献[14]有

$$R_\Sigma = 60\left[\ln(2kL) - Ci(2kL) + \frac{\sin(2kL)}{2kL} - 0.423\right]$$

迭代过程很快就将收敛,而计算 R'_Σ 时只要 2~3 步长就够了。

根据能量密度 w 等于电流波在一个周期携带的平均功率 P 除以波的传播速度,即 $w = P/v$,由此可以确定电流行波的传播常数。考虑到 $w^m + w^e = 2w^e = 2w^m$ 及 $\gamma = \omega/v$,对于无损耗的导向结构,这个常数为

$$\gamma = \omega \frac{2w^m}{P} = \omega \frac{|I|^2 L'}{|I|^2 \rho} = \omega \frac{L'}{\rho} = \omega \sqrt{L'C'} = \beta_0$$

式中:$\beta_0 = k$ 为无损耗导向结构的波数。如果考虑存在损伤,并假设 L' 和 C' 是复变量:

$$\widetilde{L}' = L'\left(1 - \mathrm{i}\frac{R'}{\omega L'}\right), \quad \widetilde{C}' = C'\left(1 - \mathrm{i}\frac{G'}{\omega C'}\right)$$

式中:G' 为导向结构所在介质的单位长度电导率。如果介质中没有损耗,则 $G' = 0$,而在考虑导线中欧姆损耗和反向辐射损耗的情况下,将有

$$\gamma = \omega \sqrt{L'C'\left(1 - \mathrm{i}\frac{R'_\Omega + R'_\Sigma}{\omega L'}\right)} = \beta_0 \sqrt{1 - \mathrm{i}\frac{R'_\Omega + R'_\Sigma}{\rho\beta_0}} = k\sqrt{1 - \mathrm{i}\frac{2\alpha}{k}}$$

$$\rho_a = \sqrt{\frac{L'\left(1 - \mathrm{i}\frac{R'_\Omega + R'_\Sigma}{\omega L'}\right)}{C'}} = \rho\sqrt{1 - \mathrm{i}\frac{R'_\Omega + R'_\Sigma}{\rho\beta_0}} = \rho\sqrt{1 - \mathrm{i}\frac{2\alpha}{k}} \tag{9.21}$$

因此,甚至在没有欧姆损耗时,部分能量损耗在反向辐射上,在这种情况下,接收导线的波阻抗和电流波的传播常数成为复量的,并且依赖于频率。

9.1.4　直线接收导线的传输函数

为了确定接收导线的传输函数,需要知道天线负载上电压 $U_a = I(0)Z_L$,这里 $I(0)$ 为导线开始时电流。为了确定导线开始时的电流值,假设式(9.9)中 $z = 0$ 就够了,此时负载 Z_L 上电压等于

$$U_a = \frac{E_0 Z_L \sin\theta(1+\Gamma_1)}{2\rho_a[\exp(\mathrm{i}\gamma L)-\Gamma_1\Gamma_2\exp(-\mathrm{i}\gamma L)]}$$

$$\times \int_0^L \{\exp(\mathrm{i}\gamma L)\exp[\mathrm{i}(\xi-\gamma)z']+\Gamma_2\exp(-\mathrm{i}\gamma L)\exp[\mathrm{i}(\xi+\gamma)z']\}\,\mathrm{d}z' \quad (9.22)$$

如果直线导线位于入射波的极化平面上,而它的取向是沿着 z 轴,这样将得到传输函数表达式:

$$H_a = \frac{Z_L\sin\theta(1+\Gamma_1)}{2\rho_a[\exp(\mathrm{i}\gamma L)-\Gamma_1\Gamma_2\exp(-\mathrm{i}\gamma L)]}$$

$$\times \int_0^L [\exp(\mathrm{i}\gamma L)\exp(-\mathrm{i}\gamma z')+\Gamma_2\exp(-\mathrm{i}\gamma L)\exp(\mathrm{i}\gamma z')]\exp(\mathrm{i}\xi z')\,\mathrm{d}z' \quad (9.23)$$

式(9.23)中的积分很容易计算,如果考虑电流的行波

$$\Gamma_1 = (\rho_a - Z_L)/(\rho_a + Z_L), \quad \Gamma_2 = (\rho_a - Z_2)/(\rho_a + Z_2)$$

最后有

$$H_a = \frac{Z_L\sin\theta[(\rho_a\xi+Z_2\gamma)[\exp(\mathrm{i}\xi L)-\cos\gamma L]-\mathrm{i}(\rho_a\gamma+Z_2\xi)\sin\gamma L]}{\mathrm{i}(\xi^2-\gamma^2)(\rho_a\cos\gamma L+\mathrm{i}Z_2\sin\gamma L)(Z_L+Z_a)} \quad (9.24)$$

式中: $Z_a = \rho_a\dfrac{Z_2\cos\gamma L+\mathrm{i}\rho_a\sin\gamma L}{\rho_a\cos\gamma L+\mathrm{i}Z_2\sin\gamma L}$ 为接收天线的本身阻抗。由得到的式(9.24)可见,直线接收导线的传输函数依赖于波的到达方向、导线长度 L、阻抗 Z_L 和 Z_2 值、波传播常数 γ 和波阻抗 ρ_a。

接收导线终端匹配的的传输函数,可以用下面的形式表示:

$$H_a = \frac{-\mathrm{i}Z_L}{Z_L+\rho_a}\frac{\sin[0.5L(k\cos\theta-\gamma)]}{k\cos\theta-\gamma}\sin\theta\exp[\mathrm{i}0.5L(k\cos\theta-\gamma)] \quad (9.25)$$

在图9.9上表示了终端匹配的直线接收导线($Z_L=Z_2=\rho_a$, $a=0.05L$)的方向图形状与它的电气长度的依赖关系。

长度0.5m的接收导线传输函数的绝对值与波到达方向的依赖关系,表示在图9.10上。而其方向图形状的频率依赖关系,将导致传输函数依赖于波的到达方向。这个依赖关系,对于 $L=0.5\mathrm{m}$ 在 $Z_L=\rho_a$ 和 $a=0.05L$ 情况下,表示在图9.10上。显然,在波从导线轴线算起倾斜入射时,传输函数的频率依赖关系当波小角度到达时会减弱,但是 H_a 在频带覆盖程度6:1和更大时仍保持不变。

终端开路的导线即 $Z_2\to\infty$ 时的传输函数,由式(9.23)得到,它可表示成如下形式:

$$H_a = \frac{Z_L\sin\theta}{(Z_L+Z_a)\sin\gamma L}\frac{\gamma[\cos(kL\cos\theta)-\cos\gamma L]+\mathrm{i}[\gamma\sin(kL\cos\theta)-k\cos\theta\sin\gamma L]}{\gamma^2-k^2\cos^2\theta}$$

$$(9.26)$$

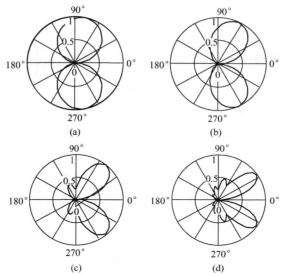

图 9.9　不同长度接收导线的归一方向图

（a）$L=0.25\lambda$；（b）$L=0.5\lambda$；（c）$L=1\lambda$；（d）$L=2\lambda$。

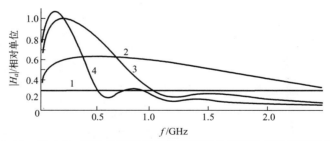

图 9.10　长 0.5m 接收导线传输函数绝对值与波到达方向的依赖关系

$Z_L=Z_2=\rho_a$，$\theta=$：1—$10°$；2—$30°$；3—$50°$；4—$90°$。

在这种情况下，天线的阻抗 $Z_a=-\mathrm{i}\rho_a\cot\gamma L$ 非常依赖于频率，而其方向图的形状为

$$f(\theta)=\frac{\gamma\sin\theta\left[\cos(kL\cos\theta)-\cos\gamma L\right]+\mathrm{i}\left[\gamma\sin(kL\cos\theta)-k\cos\theta\sin\gamma L\right]}{\gamma^2-k^2\cos^2\theta}$$

在图 9.11 上表示终端开路的接收导线在不同长度和 $Z_L=\rho_a$、$a=0.02L$ 条件下的方向图。

在图 9.12 上给出了长 0.5m 导线归一的传输函数绝对值与波到达方向的依赖关系。

在图 9.13 上表示出短单极子（$L=0.05$m、$a=0.1L$）归一的传输函数绝对值与 $\theta=90°$ 时负载阻抗的依赖关系，而对于长度 2L 的短偶极子，这些依赖关系具有相同的形式。

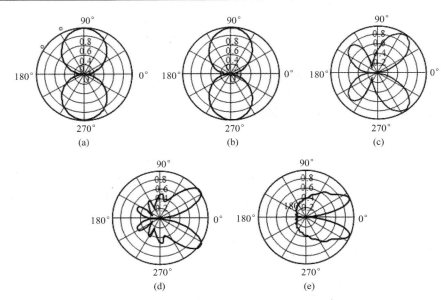

图 9.11　终端开路的接收导线方向图与其长度的依赖关系

（a）$L=0.25\lambda$；（b）$L=0.5\lambda$；（c）$L=1\lambda$；（d）$L=2\lambda$；（e）$L=4\lambda$。

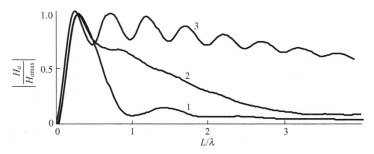

图 9.12　导线归一传输函数绝对值与波到达方向的依赖关系

$L=0.5\text{m}$、$Z_L=\rho_a$：$a=0.02L$；1—$\theta=90°$；2—$\theta=45°$；3—$\theta=22°$。

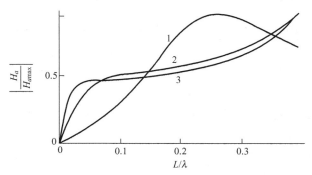

图 9.13　短导线（$L=0.05\text{m}$）归一传输函数绝对值与负载阻抗的依赖关系

负载阻抗：1—$Z_L=0.5\rho_a$；2—$Z_L=5\rho_a$；3—$Z_L=20\rho_a$。

上面的结果表明,在导线长度与波长相当或超过波长的情况下,导线负载阻抗对传输函数形式的影响很小,但是此时波的到达方向对传输函数形式却有明显的影响。如果导线长度远小于波长,则其传输函数不太依赖波的到达方向,而非常依赖导线负载阻抗。

9.1.5 曲线接收导线的传输函数

接收圆环的传输函数,依赖于它接入接收通道的方法。接收圆环接入方法可能有几种,如前面图 9.6 所示。接收圆环接线柱上的电流值,可由下面表达式给出:

$$I(0) = \frac{bE_0 \exp(-ikb\cos\varphi\sin\theta)(1+\Gamma_1)}{2\rho_l[\exp(i\gamma L)-\Gamma_1\Gamma_2\exp(-i\gamma L)]} \int_0^{2\pi} \exp[ikb\sin\theta\cos(\varphi-\varphi')]$$
$$\times\{\exp[i\gamma(L-b\varphi')]+\Gamma_2\exp[-i\gamma(L-b\varphi')]\}\cos(\varphi-\varphi')d\varphi' \quad (9.27)$$

$$I(2\pi) = \frac{bE_0\exp(-ikb\cos\varphi\sin\theta)(1+\Gamma_2)}{2\rho_l[\exp(i\gamma L)-\Gamma_1\Gamma_2\exp(-i\gamma L)]} \int_0^{2\pi}\exp[ikb\sin\theta\cos(\varphi-\varphi')]$$
$$\times[\exp(i\gamma b\varphi')+\Gamma_1\exp(-i\gamma b\varphi')]\cos(\varphi-\varphi')d\varphi'$$

对式(9.27)积分的计算,有一定困难,因此这里只限于讨论满足 $kb \ll 1$ 条件的小圆环特性。在这种情况下,小圆环接线柱上的电流值等于:

$$I(0) = \frac{bE_0\exp(-ikb\cos\varphi\sin\theta)\left[i\gamma b\left(\rho_l+iZ_2\tan\dfrac{\gamma L}{2}\right)S_1(\varphi,\theta)+\left(Z_2+i\rho_l\tan\dfrac{\gamma L}{2}\right)S_2(\varphi,\theta)\right]}{(\rho_l^2+Z_1Z_2)\left[1-i\dfrac{\rho_l(Z_1+Z_2)}{\rho_l^2+Z_1Z_2}\cot\gamma L\right]}$$

$$I(2\pi) = \frac{bE_0\exp(-ikb\cos\varphi\sin\theta)\left[i\gamma b\left(\rho_l+iZ_2\tan\dfrac{\gamma L}{2}\right)S_1(\varphi,\theta)-\left(Z_2+i\rho_l\tan\dfrac{\gamma L}{2}\right)S_2(\varphi,\theta)\right]}{(\rho_l^2+Z_1Z_2)\left[1-i\dfrac{\rho_L(Z_1+Z_2)}{\rho_l^2+Z_1Z_2}\cot\gamma L\right]}$$

式中:$S_1(\varphi,\theta) \approx \dfrac{-i(\sin\theta+2\gamma b\cos\varphi)}{2\gamma b}$ 和 $S_2(\varphi,\theta) \approx \sin\varphi(1+0.5ikb\cos\varphi\sin\theta)$ 两者为确定接收圆环方向特性的函数。

现在把 $H_L = I_L Z_L/E_0$ 理解成接收圆环的传输函数,这里 I_L 为天线负载电流,Z_L 为负载阻抗。根据接收圆环接入接收通道的不同方法,会有下面几种传输函数:

(1)在同相方式接入时(见图 9.6(b)),对于 $Z_1=Z_2=Z$ 情况,负载阻抗等于 $Z_e=0.5Z$,此时

$$H_{Le} = \frac{bZ_e\exp(-ikb\cos\varphi\sin\theta)}{Z_e-i\rho_l\cot\dfrac{\gamma L}{2}}\sin\varphi\left(1+i\frac{kb}{2}\cos\varphi\sin\theta\right) \quad (9.28)$$

（2）在反相方式接入时（见图9.6（c）），对于$Z_1=Z_2=Z$情况，负载阻抗等于$Z_0=2Z$，此时

$$H_{Lo}=\frac{bZ_0\tan\dfrac{\gamma L}{2}\exp(-\mathrm{i}kb\cos\varphi\sin\theta)}{Z_0+\mathrm{i}\rho_l\tan\dfrac{\gamma L}{2}}(\sin\theta+\mathrm{i}2\gamma b\cos\varphi) \qquad (9.29)$$

（3）在不平衡方式接入时（见图9.6（a）），对于任意Z_2值情况，可认为$Z_L=Z_1$为负载阻抗。在这种情况下

$$H_L=\frac{bZ_1\exp(-\mathrm{i}kb\cos\varphi\sin\theta)}{(\rho_l^2+Z_1Z_2)\left[1-\mathrm{i}\dfrac{\rho_l(Z_1+Z_2)}{\rho_L^2+Z_1Z_2}\cot\gamma L\right]}\left[0.5\left(\rho_l+\mathrm{i}Z_2\tan\dfrac{\gamma L}{2}\right)(\sin\theta+\mathrm{i}2\gamma b\cos\varphi)\right.$$
$$\left.+\left(Z_2+\mathrm{i}\rho_l\tan\dfrac{\gamma L}{2}\right)\left(1+\mathrm{i}\dfrac{kb}{2}\cos\varphi\sin\theta\right)\sin\varphi\right] \qquad (9.30)$$

因此，在同相接入时，小的接收圆环（$kb\ll1$）按它的特性接近有效长度b和本征阻抗$Z_{Le}=-\mathrm{i}\rho_l\cot(\gamma L/2)$的单极子，而后者承接着阻抗$Z_{le}=0.5Z$。

在反相接入时，小圆环的有效长度等于$b\tan(\gamma\pi b)\approx k\pi b^2$，其本征阻抗为$Z_{L0}=-\mathrm{i}\rho_l\tan(\gamma L/2)$，而负载阻抗$Z_{L0}=2Z$，即接收圆环的特性与电流基本环的特性符合。

在不平衡接入时，信号从阻抗Z_1上取得，而圆环的方向性能和阻抗非常依赖于Z_2。在圆环的平面（$\theta=90°$）上，其方向图可由下面表达式给出：

$$f(\varphi)\approx1+\frac{2}{A}\sin\varphi+\mathrm{i}2\gamma b\cos\varphi\left(1+\frac{1}{A}\sin\varphi\right)$$

而它在垂直平面（$\varphi=90°$）上的方向图为$f(\theta)\approx1+\dfrac{A}{2}\sin\theta$，这里$A=\left(\rho_l+\mathrm{i}Z_2\tan\dfrac{\gamma L}{2}\right)\bigg/\left(Z_2+\mathrm{i}\rho_l\tan\dfrac{\gamma L}{2}\right)$。

由上面得到的表达式可见，在A发生变化时，方向图的形状在很宽的范围也变化。在$A\ll1$条件下，方向图的角度依赖关系具有如下形式：$f(\varphi)\approx\sin\varphi$和$f(\theta)\approx1$，即圆环的方向图与单极子的方向图符合。在$A\gg1$条件下，方向图的角度依赖关系具有$f(\varphi)\approx1$和$f(\theta)\approx\sin\theta$的形式，即其方向图与电流圆环方向图符合。在满足$A\approx2$条件下，小圆环方向图形状接近心形线图。在不平衡接入情况下，对不同的ka值，利用式（9.30）计算的圆环在其平面上的方向图形状，如图9.14（A）、（B）所示。

在图9.15上展示了在$Z_2=\rho_l$时环形天线的方向图，而方向图形状在$kb=0.125$时与阻抗Z_2的依赖关系，如图9.16所示。

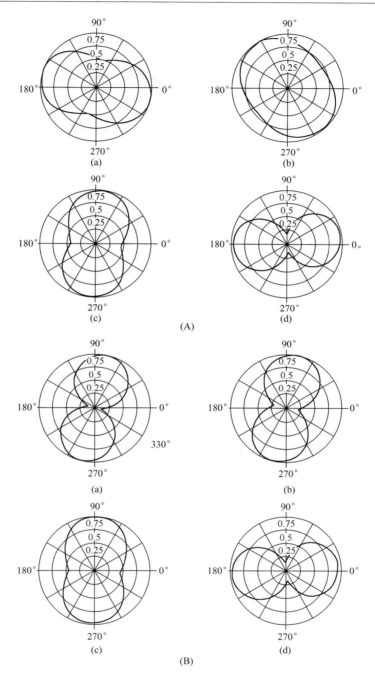

图 9.14 环形接收天线方向图形状与其电气尺寸的依赖关系

（A）$Z_2 = 0$，$Z_1 = \rho_l$，$a = 0.1b$；（B）$Z_2 \to \infty$，$Z_1 = \rho_l$，$a = 0.1b$；

（a）$kb = 0.063$，（b）$kb = 0.125$，（c）$kb = 0.25$，（d）$kb = 0.5$。

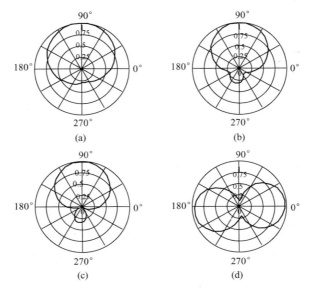

图 9.15　环形接收天线方向图形状与其电气尺寸的依赖关系

$Z_2 = Z_1 = \rho_l$，$a = 0.1b$：(a) $kb = 0.063$，(b) $kb = 0.125$，(c) $kb = 0.25$，(d) $kb = 0.5$。

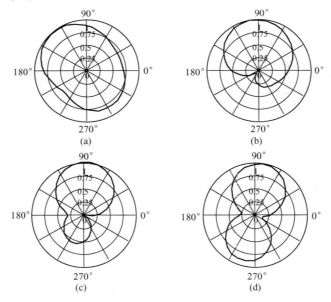

图 9.16　环形接收天线方向图形状与阻抗 Z_2 的依赖关系

$Z_1 = \rho_l$，$kb = 0.125$，$a = 0.1b$：(a) $Z_2 = 0.1\rho_l$，(b) $Z_2 = 0.5\rho_l$，(c) $Z_2 = 2\rho_l$，(d) $Z_2 = 10\rho_l$。

　　这里得到的结果表明，采用圆环天线不平衡接入，将在很宽的频带范围上提高辐射通道的抗干扰能力，这是由于天线定向作用系数增强的结果。

　　环形接收天线在同相和反相接入时的传输函数，具有不同的频率依赖关系。在图 9.17 上,给出了直径为 36mm 环形接收天线的传输函数绝对值,在 $a=0.1b$ 条件并反相方式下与负载阻抗的依赖关系。对于在同相方式下工作的环形天线,也有类似的依赖关系,如图 9.17(b)所示。

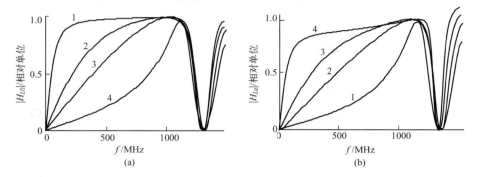

图 9.17　直径为 36mm 圆环接收天线传输函数绝对值在其
不同接入方式下与负载阻抗的依赖关系
(a)在反相方式下;(b)在同相方式下
$1—Z_L=0.1\rho_l,2—Z_L=0.5\rho_l,3—Z_L=1.0\rho_l,4—Z_L=10\rho_l$。

　　计算结果表明,在负载阻抗接近环形天线导线波阻抗的情况下,将增强方向性,但是此时环形天线的传输函数具有足够强的频率依赖关系。环形天线弱的频率依赖关系,只是在反相方式下 $Z\ll\rho_l$ 时或同相方式下 $Z\gg\rho_l$ 时才会出现,但在这些情况下,圆环接收天线的方向性将被削弱。

9.2　接收天线引起超宽带电磁脉冲的畸变

　　在研究影响接收天线特性对测量的电磁脉冲形状的因素时,应当考虑电磁脉冲在空间中以自由波形式传播时满足的平衡条件。此时,决定脉冲形状的函数 $E(t)$,应当具有一次和二次导数,但这些导数不能同时趋于零。

　　如果理想的发射天线被具有下面高斯形状的电流单极脉冲 $I_a(t)$ 激发:

$$I_a(t)=I_0\exp\left[-\frac{(t-t_0)^2}{\tau_p^2}\right]$$

式中:t_0 为固定时刻;τ_p 为脉冲宽度。则电磁脉冲形状由电流脉冲对时间的导数给出:

$$E_1(t)=\frac{dI(t)}{dt}=-\frac{(t-t_0)}{\tau_p^2}\exp\left[-\frac{(t-t_0)^2}{\tau_p^2}\right]$$

为了对满足平衡条件的双极脉冲进行数学描述,还可以采用其他的公式:

$$E_1(t)=\left[\exp\left(-\frac{(t-t_0+0.5\tau_p)^2}{\tau_p^2}\right)-\exp\left(-\frac{(t-t_0-0.5\tau_p)^2}{\tau_p^2}\right)\right]$$

或

$$E_1(t) = -\sin\left(\frac{t-t_0}{2\tau_p}\right)\exp\left[\frac{-(t-t_0)^2}{\tau_p^2}\right]$$

如果向发射天线输入端加上双极脉冲,则辐射的电磁脉冲形状在数学上可用下面公式描写:

$$E_2(t) = \frac{\mathrm{d}}{\mathrm{d}t}\left[\frac{t-t_0}{\tau_p^2}\exp\left[-\frac{(t-t_0)^2}{\tau_p^2}\right]\right]$$

或

$$E_2(t) = \left[C-\cos\left(\frac{t-t_0}{\tau_p^2}\right)\right]\exp\left[-\frac{(t-t_0)^2}{\tau_p^2}\right]$$

式中:C 为保证满足平衡条件的常数。

双极脉冲频谱占有更宽的频带,因此,在研究影响接收的电磁脉冲形状畸变的因素时,作为试验脉冲采用的是双极脉冲。

信号发生畸变,最好根据天线负载上接收的电压脉冲形状 $U_a(t)$ 与电磁脉冲形状 $E(t)$ 的均方偏差 σ 估计。如果脉冲占有的时间间隔可以分成 N 个间断,则有

$$\sigma = \sqrt{\frac{\sum\limits_n \left[E(t_n) - MU_a(t - \Delta t)\right]^2}{\sum\limits_n E^2(t_n)}}$$

式中:n 为对应间断编号的整数;$M = \dfrac{\max E(t) - \min E(t)}{\max U_a(t) - \min U_a(t)}$ 为尺度因子;$\Delta t = t - t_n$ 为接收信号的时间延迟。引进 M 和 Δt 量,是因为信号水平改变和时间位移不是脉冲形状的畸变。下面假设,如果 $\sigma \leqslant 0.2$,则接收信号的畸变很小。

9.2.1 偶极子对超宽带电磁脉冲的接收

单个接收导线(单极子)的传输函数与其尺寸、负载阻抗和波到达方向的依赖关系,在 9.1 节已进行过很详细的讨论。对所得结果的分析表明,长导线即 $L \geqslant c\tau_p$ 的传输函数,不太依赖负载阻抗,但是却非常依赖波的到达方向,这里 τ_p 为脉冲宽度。在短导线即 $L \ll c\tau_p$ 情况下,它的传输函数形式不太依赖波的到达方向,而非常依赖负载阻抗。

接收导线负载上的电压脉冲形状,利用逆向傅里叶变换可以求得。如果导线的极化方式与入射波场匹配,则有

$$U_a(t) = \frac{1}{2\pi}\int_{-\infty}^{\infty} E_0(\omega)|H_a(\omega)|\exp[\mathrm{i}(\omega t + \Phi_a)]\mathrm{d}\omega$$

在图 9.18 上给出了长接收导线负载上的电压脉冲形状与电磁脉冲到达方向的依赖关系,在图上电磁脉冲形状利用"点状线"表示。在负载阻抗改变时,

每个方向的分散度 σ 不超过 0.1。

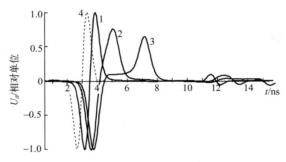

图 9.18　长导线($L=2c\tau_\mathrm{p}$)负载上脉冲形状与波到达方向的依赖关系

1—$\theta=20°$;2—$\theta=50°$;3—$\theta=80°$;4—接收的脉冲形状。

脉冲形状与短导线负载阻抗的依赖关系,如图 9.19 所示。为了区别对应接收脉冲形状的曲线,在图上画出了不同时间位移的这些曲线。在方向图宽度范围内,对每一个 Z_L 值 σ 的差别不超过 0.1。

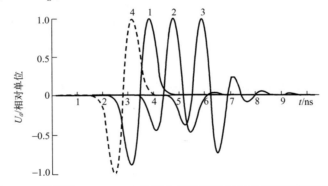

图 9.19　短导体($L=0.1c\tau_\mathrm{p}$)负载上脉冲形状与负载电阻的依赖关系

1—$Z_L=100\rho_a$;2—$Z_L=\rho_a$;3—$Z_L=0.1\rho_a$;4—接收的脉冲形状。

在偶极子接收超宽带脉冲时,除了脉冲形状与偶极子长度、波的到达方向和负载阻抗的依赖关系外,还产生了影响脉冲形状的附加因素,这是由于偶极子臂上可能有不同的电流分布函数。如 9.2 节表示那样,因此天线负载上可能出现反相电流 I_0 和同相电流 I_e,它们具有与频率和波到达方向不同的依赖关系,这将对接收的脉冲形状造成附加畸变。

为了从偶极子向接收器传送信号,通常采用馈电线路,而在研究偶极子方向性能时,应当考虑馈电线路的影响,因为场的垂直分量在馈电线路中感应电流在流向偶极子臂时,也影响电流的分布。为了考虑馈电线路的这个影响,可以采用接收天线的三导线模型,如图 9.20 所示,这个模型比二导线线模型更符合真实的情况。

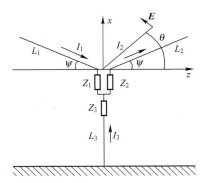

图 9.20　包括馈电线路的偶极子等效电路图

　　一般情况下,可以认为,偶极子臂不是同轴的,它偏离轴线成 ψ 角。此时,偶极子右臂的电流幅度为 $I_1 \sim E_0 \sin(\theta-\psi)$,而其左臂的电流为 $I_2 \sim E_0 \sin(\theta+\psi)$,因此平衡偶极子的电流 $I_1(0)$ 和 $I_2(0)$ 相等只是在波的垂直入射($\theta=\pi/2$)情况下发生。如果馈电线路垂直于偶极子轴线,则当波垂直入射时,在馈电线路外皮中不产生感应电流,即 $I_3=0$。而在入射角 $\theta \neq \pi/2$ 情况下,在馈电线路中产生电流,因此 $|I_1(0)-I_2(0)| \neq 0$,因此在偶极子负载中产生同相电流 I_e,其幅度可以远超过反相电流 I_0,这将导致接收的电磁脉冲形状发生畸变。作为例子,在图 9.21 上给出了 I_e/I_0 比值与场的脉冲到达方向的依赖关系,这是对不同长度 V 形偶极子在 $\psi=60°$ 情况下但没考虑馈电线路的影响($I_3=0$)时的计算结果。

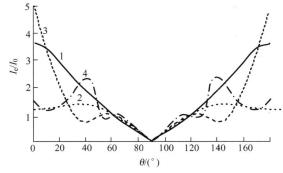

图 9.21　V 形偶极子的 I_e/I_0 在 $\psi=60°$ 条件下与场脉冲到达方向的依赖关系[1]
偶极子长度:1—$L=0.25\lambda$;2—$L=0.5\lambda$;3—$L=1.0\lambda$;4—$L=1.5\lambda$。

　　可见,同相电流的影响只在 $\theta=90°$ 附近可以忽略,但是在方向图宽度范围内,同相和反相电流的幅度已经变得大致相当了。在考虑馈电线路影响时,I_e 可以远大于 I_0 值。

---

　　① 根据作者 2016.12.28 来信,图 9.21 横坐标从原书的 $0,2,4,\cdots,16$ 改为 $0,20,40,\cdots,160$,其他不变。——译者注

在图 9.22 上给出了接收脉冲形状与 I_e/I_0 比值的依赖关系。图上电磁脉冲形状用虚线表示。接收脉冲形状与电磁脉冲形状的均方偏差,在 $I_e=0$ 时为 0.17,而在 $I_e=0.3I_0$ 时超过 0.3。如果 $I_e=3I_0$ 或更大些时,接收脉冲形状的畸变变得非常的大($\sigma>1$)。

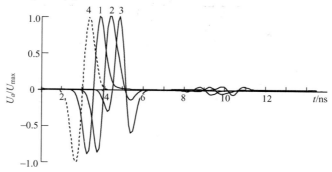

图 9.22　接收脉冲形状与 I_e/I_0 比值的依赖关系

1—$I_e/I_0=0$;2—$I_e/I_0=0.3$;3—$I_e/I_0=3$;4—电磁脉冲的形状。

因此,在采用偶极子天线时,从天线得到的信号沿着不平衡馈电线路传输到接收器,必须在天线和馈电线路间接上超宽带的平衡装置,使之衰减同相电流不小于 20dB。

对所得结果分析表明,若想偶极子接收的超宽带电磁脉冲具有很小畸变,这只有以下两种情况可能:

(1)采用不同轴臂的长偶极子 $L>1.5c\tau_p$,且偶极子臂间的角度不超过 60°;

(2)采用短偶极子 $L<0.2c\tau_p$,且负载阻抗 $R_L\gg\rho_a$ 处在失匹方式下。

在方向图宽度范围不同的情况下,如果能使偶极子与馈电线路做到很好平衡,脉冲形状实际上不会改变。

9.2.2　环形天线对超宽带电磁脉冲的接收

在 9.1.5 节中曾得到在负载不同的接入方法下,环形天线传输函数的表达式。环形接收天线的传输函数在同相接入(式(9.28))和反相接入(式(9.29))方法时,具有不同的频率依赖关系,因此接收的脉冲形状与负载阻抗有不同的依赖关系。小环形天线的方向特性和阻抗,在同相方式下与短单极子是一样的。所以,为了减小脉冲畸变,必须增大同相电流的负载阻抗。相反,在反相接入方式下必须减小反相电流的负载阻抗,以减小接收脉冲的畸变。在图 9.23 和图 9.24 上,给出了直径 36mm 环形天线在 $b=0.1a$ 情况下接收的脉冲形状与反相和同相接入方式下负载阻抗的依赖关系。

上面所列的计算结果表明,在负载阻抗接近环形天线导线波阻抗情况下,测量的电压脉冲形状明显地不同于接收的电磁脉冲形状。只是在反相接入方

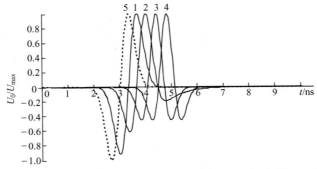

图 9.23　在反相接入方式下环形天线接收的脉冲形状与负载阻抗的依赖关系

$1—Z_0 = 0.01\rho_l$；$2—Z_0 = 0.1\rho_l$；$3—Z_0 = 1\rho_l$；$4—Z_0 = 10\rho_l$；5—电磁脉冲形状。

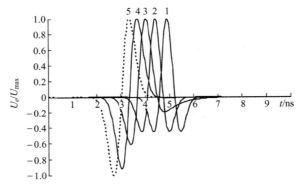

图 9.24　在同相接入方式下环形天线接收的脉冲形状与负载阻抗的依赖关系

$1—Z_0 = 0.1\rho_l$；$2—Z_0 = 1\rho_l$；$3—Z_0 = 10\rho_l$；$4—Z_0 = 100\rho_l$；5—电磁脉冲形状。

式下 $Z_0 \ll \rho_l$ 时或在同相接入方式下 $Z_e \gg \rho_l$ 时，脉冲才发生小的畸变。环形天线在不平衡接入接收的馈电线路时，如图 9.6(a)所示，如果 $Z_2 \approx \rho_l$，可能出现环形天线方向性的增强。在这种情况下，方向图形状与阻抗 Z_1 无关，而接收脉冲的形状如图 9.25 所示。

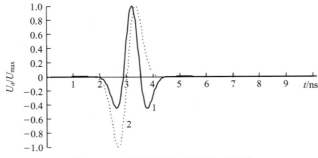

图 9.25　环形天线接收的脉冲形状

1—不平衡接入方式；2—电磁场脉冲形状。

由图可见,负载上电压脉冲形状接近电磁场脉冲形状的导数。这表示,如果环形天线的负载采用积分的 RC 电路,则畸变可以减小。

9.2.3 接收功率和散射功率的比值

在采用接收天线作为接收天线阵列的单元时,接收天线再辐射的部分功率,对测量信号形状的畸变可能起非常重要作用。为了使接收信号形状畸变最小,必须使再辐射场的水平远低于入射波的场。根据接收天线的等效电路(见图 9.1),天线负载吸收的功率等于 $P_L = |I_a|^2 R_L = \left| \dfrac{E_0 l_e \chi}{Z_a + Z_L} \right|^2 R_L$,而接收天线再辐射的功率由下面关系式确定:

$$P_\Sigma = |I_a|^2 R_a = \left| \frac{E_0 l_e \chi}{Z_a + Z_L} \right|^2 R_a$$

式中:E_0 为入射波场的幅度;χ 为场的极化传输系数;l_e 为天线的有效长度;$R_L = \mathrm{Re}(Z_L)$;$R_a = \mathrm{Re}(Z_a)$。

在图 9.26 上给出了半波偶极子的 P_L 和 P_Σ 与 R_L/R_a 比值的依赖关系。可见,短路偶极子从入射波场获取最大功率,但这整个功率都会再辐射出来。在 $R_L = R_a$ 匹配方式下,负载上只吸收这个功率的 1/4,并且它这么多也全部再辐射出去。在 $R_L > R_a$ 时,负载上吸收的功率减少,但它明显地超过再辐射的功率。

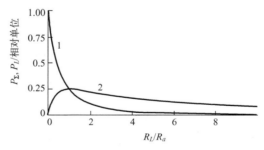

图 9.26 接收天线再辐射功率(1)和天线负载上吸收功率(2)间比值与 R_L/R_a 的关系[①]

在文献[15]中给出了对积分方程解的分析,由此可见,接收偶极子产生的再辐射场,可以通过选取负载阻抗最佳值最小化达到。这是因为根据式(9.11),电流沿着接收导线的分布函数,非常依赖于阻抗 $Z_L = R_L + \mathrm{i} X_L$。对于波垂直入射波即 $\theta = 90°$ 情况,这个表达式可以重写成下面形式:

$$I(z) = I_0 \left(I_1(z) + \mathrm{i} \frac{Z_L}{\rho_a} I_2(z) \right) = I_0 \left(I_1(z) - \frac{X_L}{\rho_a} I_2(z) + \mathrm{i} \frac{R_L}{\rho_a} I_2(z) \right)$$

---

① 图 9.26 原横坐标 P_L/P_a,似应为 R_L/R_a。——译者注

式中：$I_0 = \dfrac{E_0}{(Z_L + Z_a)\gamma\sin\gamma L}$；$I_1(z) = \cos\gamma z - \cos\gamma L$；$I_2(z) = \sin\gamma z - \sin\gamma L + \sin\gamma(L-z)$。

由此可见，在电感负载情况下，当 $X_L > R_L$ 和 $R_L < \rho_a$ 时，函数 $I_1(z)$ 和 $I_2(z)$ 有不同的符号，所以在 X_L/ρ_a 某个值情况下，入射波的场在导线中感生的电流矩，可以做到接近零值，此时对入射场，天线是"看不见的"。

在图 9.27 上给出了偶极子再辐射场最小时负载阻抗的计算结果，同时图上还用虚线表示文献[15]得到的结果。对于负载 $Z_L = 70 + \mathrm{i}1300\Omega$ 和 $Z_L = R_L(R_L \gg \rho_a)$ 情况，再辐射系数 $K_\Sigma = P_\Sigma/P_L$ 的频率依赖关系表示在图 9.28 上。由此可见，在 $L < 0.33\lambda$ 时 $P_\Sigma < P_L$。如果 $L > 0.5\lambda$，则在任意 Z_L 值的条件下，再辐射的功率相当或超过负载上吸收的功率。应当指出，在负载阻抗为复值的情况下，接收脉冲的形状会遭到很大畸变。如果天线负载是纯实值并且 $R_L \gg \rho_a$，则脉冲形状畸变很小，此时它的均方偏差不超过 0.2，而 $P_\Sigma < P_L$ 条件只有在 $L < 0.2\lambda$ 时才得到满足。

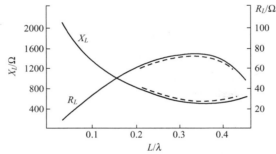

图 9.27　接收偶极子再辐射场只有最小值的 $\rho_a = 250\Omega$ 负载阻抗与其长度的依赖关系

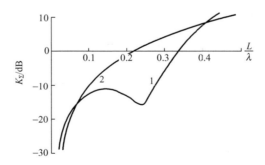

图 9.28　在不同负载条件下再辐射系数的频率依赖关系

不同负载：1—$Z_L = 70 + \mathrm{i}1300\Omega$；2—$Z_L = 2500\Omega$。

9.3　减小接收信号畸变的方法

通过上面得到结果的分析，可以阐述构建接收天线的某些原则，原则是使天线接收的电磁脉冲形状畸变最小。在一般情况下,直线接收天线传输函数的频率依赖关系,是由天线阻抗及其方向特性的频率依赖关系决定的。如果接收偶极子尺寸不超过电磁脉冲的空间尺度,则它的方向特性与频率的依赖关系很弱,而其阻抗却有着很强的频率依赖关系。在偶极子长度明显地超过电磁脉冲的空间尺度时,方向图的形状变得强烈地依赖频率,而偶极子阻抗随着频率的变化却很小。由于这样,接收脉冲发生畸变的减小方法,对于短偶极子和长偶极子是不同的。

9.3.1　具有不同轴臂的长偶极子

在 9.1.3 节中已表明,长接收导线传输函数的频率依赖关系,在接近导线轴波的某个到达方向 θ_0 上会减弱。这表示,如果有两个长导线相互处在 2φ 角度上,则它们的方向图最大值处在这个角度等分角线方向上。这个系统是不同轴臂的偶极子,而这个偶极子通常称作 V 形天线,如图 9.29 所示。如文献[16,17]表明,与同轴臂的偶极子不同,这种 V 形天线在外场作用下,除了由场的切向分量 E_t 在天线臂中感应的电流 I_τ 外,还可以由场对导线法线分量 E_n 激发而产生的电流 I_n。这是由于在小角度 φ 情况下,V 形天线的臂相互距离很近,此时可以把它们看作是非均匀传输线,其波阻抗为依赖坐标的 $\rho_L(x)$。如果 V 形天线和外场向量 $\boldsymbol{E}$ 处在同一平面上,则它们的臂终端间产生电势差,后者在传输线中激发向负载方面的行波。因此,场的切向分量在天线臂的每一点都会激发电流波(实际为分散激发),而其法线分量在对应天线开口的一点处激发又一波(这里是集中激发)。考虑到这种情况,接收的 V 形天线的等效电路,可用两个电动势源表达,它们接到一个公共负载 Z_L 上,如图 9.30 所示。

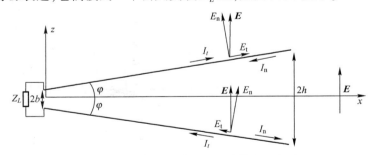

图 9.29　V 形天线传输函数计算的示意图

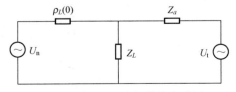

图 9.30　V 形天线的等效电路图

这些电动势源之一的 U_n 表征 V 形天线，即它是非均匀的转换传输线，其导线间距离从天线开口处的 $2h$ 可以变到负载接入处的 $2b$。根据文献[18]，这种线的电压变换系数为

$$K_U = \sqrt{\rho_L(0)/\rho_L(L)}$$

式中：$\rho_f(0) = 120\ln\left(\dfrac{2b-a}{a}\right)$ 为 V 形天线负载接入处的波阻抗；$\rho_f(L) = 120\ln\left(\dfrac{2h-a}{a}\right)$ 为 V 形天线开口处的波阻抗；a 为导线的半径。场的天线臂法线分量 E_n，在臂终端间产生电势差 $U_n(L) \approx 2hE_n$。如果 $2h$ 不超过波长的一半，则在天线中传播 TEM 行波，其中的电压和电流的关系为 $U_n \approx I_n\rho_L(x)$，这里 x 为沿着线的坐标。在波线的终端发生多次反射后，电流 I_n 的分布可以由下面关系式给出：

$$I(x) = \{U_n(L)/\rho_L(L)\}\{\exp[-ik(L-x)] + \Gamma_n\exp[-ik(2L+L-x)]$$
$$+ \Gamma_n\Gamma_2\exp[-ik(2L-L+x)] + \Gamma_n^2\Gamma_2\exp[-ik(4L+L-x)]$$
$$+ \Gamma_n^2\Gamma_2^2\exp[-ik(4L-L+x)] + \cdots\}$$

式中：Γ_n 为从 V 形天线负载反射的系数；$\Gamma_2 \approx -1$ 为从 V 形天线臂终端反射的系数。

而 V 形天线负载上的电流（$x = 0$ 时）等于

$$I_n(0) \approx \frac{2hK_U E_n\exp(-ikL)}{\rho_L(0) + Z_n}[1 - \Gamma_n\exp(-i2kL) + \Gamma_n^2\exp(-i4kL) + \cdots]$$

式中：Z_n 为场的天线臂法线分量激发波时天线负载的阻抗；$\Gamma_n = \dfrac{\rho_L - Z_n}{\rho_L + Z_n}$ 为这个波从负载阻抗反射的系数。因此，场分量 E_n 的传输函数具有下面形式：

$$H_a^n \approx \frac{2hK_U\exp(-ikL)}{\rho_L(0) + Z_n}[1 - \Gamma_n\exp(-i2kL) + \Gamma_n^2\exp(-i4kL) + \cdots] \quad (9.31)$$

在图 9.31(a) 上表示出在 V 形天线负载上不同宽度脉冲的形状，天线臂的长度 $L = 0.9\text{m}$，臂的半径 $a = 0.01L$，而臂终端的距离 $2h = 0.1\text{m}$，而天线接到阻抗 $Z_L = \rho_L(0)$ 上。

另一个源 U_t，对应场的天线臂切向分量 E_t 在 V 形天线接线柱上产生的电动势，这个电动势源的内阻等于不同轴臂偶极子的阻抗 $Z_a = i\rho_a\cot\gamma L$。在计算场分量 E_t 的传输函数时，采用了式(9.26)，其中对 V 形天线一个臂进行了替换 $\theta \Rightarrow \theta + \theta_0$，而对另一个臂则采用了替换 $\theta \Rightarrow \theta - \theta_0$，这里 $\theta_0 = \dfrac{\pi}{2} - \varphi$。在这种情况下，将有

$$H_{1a}^{t} = \frac{Z_L \sin(\theta + \theta_0)}{(Z_L + Z_a)\sin\gamma L}$$

$$\frac{\gamma\{\cos[kL\cos(\theta+\theta_0)] - \cos\gamma L\} + i\{\gamma\sin[kL\cos(\theta+\theta_0)] - k\cos(\theta+\theta_0)\sin\gamma L\}}{\gamma^2 - k^2\cos^2(\theta+\theta_0)}$$

$$H_{2a}^{t} = \frac{Z_L \sin(\theta - \theta_0)}{(Z_L + Z_a)\sin\gamma L}$$

$$\frac{\gamma\{\cos[kL\cos(\theta-\theta_0)] - \cos\gamma L\} + i\{\gamma\sin[kL\cos(\theta-\theta_0)] - k\cos(\theta-\theta_0)\sin\gamma L\}}{\gamma^2 - k^2\cos^2(\theta-\theta_0)}$$

对于反相信号有 $H_a^t = (H_{1a}^t - H_{2a}^t)/2$。

在 $Z_L = \rho_a$ 条件下,由场的切向分量在 V 形天线负载上产生的电压脉冲形状,如图 9.31(b)所示。

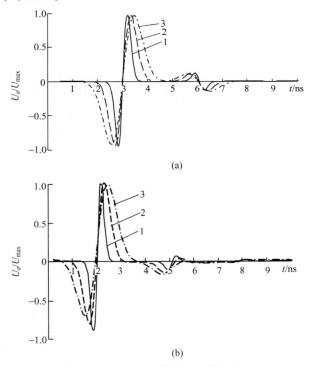

图 9.31　在 V 形天线负载上由场的垂直(a)和切向(b)分量产生的不同宽度脉冲形状

天线:$L = 0.9$m,$2h = 0.1$m;脉冲宽度:1——$\tau_p = 1$ns;2——$\tau_p = 2$ns;3——$\tau_p = 3$ns。

分析所得结果表明,在 V 形天线长度 $L > c\tau_p$ 时,接收脉冲形状的均方偏差不超过 0.2,但不论在哪种情况下,经过时间间隔 $\Delta t = 2L/c$ 就出现了寄生响应,其幅度可达接收脉冲幅度的 -15dB。如果 V 形天线用在超宽带通信系统中,这个效应不起很重要的作用,但是将天线用在超宽带雷达定位系统中,并且目标尺寸超过天线尺寸,这个效应就变成很严重的缺欠。

分析所得结果还表明,场的垂直分量产生的电压脉冲 U_n 形状会发生畸变,但不超过百分之几($\sigma < 0.1$),并且不太依赖负载阻抗,而脉冲幅度和寄生响应的比值实际上不依赖脉冲宽度,而依赖负载阻抗。场的切向分量产生的电压脉冲 U_t 形状畸变得更厉害,但是如果满足 $L > c\tau_p$ 条件,接收脉冲形状的均方偏差不超过 0.2。寄生响应的幅度依赖于负载阻抗,而在 τ_p 增大时这个幅度也增大,此时它的形状也可能发生改变。

在 V 形天线负载上的总电流 $I(0) = I_n(0) + I_t(0)$。根据等效电路,阻抗 Z_L 上的电压可认为是实值的,即 $Z_L = R_L$,因为接收天线的负载通常是馈电线路的波阻抗,此时有

$$I(0) = \frac{U_n(L)K_U(R_L+Z_a)}{\rho_L(0)(R_L+Z_a)+R_LZ_a} + \frac{U_t(R_L+\rho_L(0))}{Z_a(R_L+\rho_L(0))+R_t\rho_L(0)}$$

考虑到负载上电压 $U_L = I(0)R_L$,并假设 $U_n = E_0 H_a^n$、$U_t = E_0 H_a^t$,这里 E_0 为入射波场的幅度,则 V 形天线的传输函数可用下式表达:

$$H_V = \frac{H_a^n(R_L+Z_a)R_L}{\rho_L(0)(R_L+Z_a)+R_LZ_a} + \frac{H_a^t(R_L+\rho_L(0))R_L}{Z_a(R_L+\rho_L(0))+R_t\rho_L(0)}$$

分析上面关系式表明,如果电流 I_n 和 I_t 产生的寄生响应可以得到补偿的话,则寄生响应的幅度会减小。为此,必须保证 R_L 和 $\rho_L(0)$ 间有最佳的比值,同时还应当满足 $\rho_L(0) < R_L < 2\rho_a$ 条件。V 形天线接收的脉冲形状,在 R_L 接近最佳值时,如图 9.32 所示。

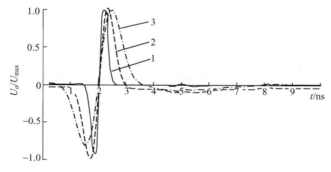

图 9.32　V 形天线在最佳负载阻抗下接收的不同宽度脉冲形状

$\rho_L(0) < R_L < 2\rho_a$,$L = 0.9\text{m}$,$2h = 0.1\text{m}$;不同宽度脉冲:$1\text{—}\tau_p = 1\text{ns}$;$2\text{—}\tau_p = 2\text{ns}$;$3\text{—}\tau_p = 3\text{ns}$。

在这种情况下,如果 $L > 2c\tau_p$,寄生响应的幅度可以减小到 U_{max} 的 $6 \sim 12\text{dB}$,同时又不超过 U_{max} 的 -30dB。考虑寄生响应,脉冲形状的均方偏差在 $L = c\tau_p$ 时不超过 0.2,并且在 $L > 2c\tau$ 时这个均方偏差变得小于 0.1。在这种天线中完全排除寄生响应是不可能的,因为电流 I_n 和 I_t 产生的响应具有不同的时间依赖关系。

传输函数 H_a^n 正比变换系数 K_U，而后者对于具有固定横截面臂的 V 形天线小于 1。通过增大变换系数 K_U 而增大 V 形天线的有效长度，臂应满足可变的横截面条件，以使 ρ_L 保持不变或者变化范围也不大。实际上，已经半个世纪多采用的是 V 形伞状天线[19]，它的臂制成一组圆导线构成的发散形状，如图 9.33 (a) 所示。而在超高频（微波）范围，天线臂制成三角板形式，如图 9.33 (b) 所示。这样的天线称作 TEM 喇叭天线[20, 21]。根据文献[22]，在小张角形式下，TEM 喇叭天线的波阻抗，可根据带状线波阻抗公式计算。

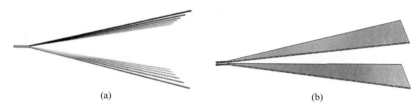

(a)　　　　　　　　　　　　　　(b)

图 9.33　具有变横截面臂的 V 形天线不同方案
（a）V 形伞状天线；（b）TEM 喇叭天线。

应当采用平衡线或通过平衡装置，将平衡 V 形天线接到接收器上。但平衡装置在超高频范围可能限制通道的通频带，即对它接收的超宽带脉冲形状带来附加的畸变。因此，对于超宽带电磁脉冲的接收，通常采用不平衡的 TEM 喇叭天线[23]，并且它通过同轴电缆接到接收器上（图 9.34）。这样的 TEM 喇叭天线可以看作是不平衡的带状线段，其带宽为 w，而带和屏间的距离为 h。此时应当考虑，屏宽应当不小于带宽的 2 倍，并且带宽和从带到屏的距离应当小于接收脉冲的频谱中最短波长的 $1/2$[24]。如果不满足这些条件，则可能产生高阶类型的波，这将导致脉冲形状的附加畸变。

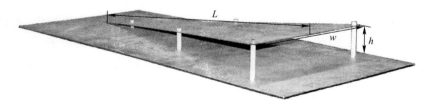

图 9.34　不平衡的 TEM 喇叭天线

在文献[25]中，给出了不同几何尺寸的 TEM 喇叭天线特性的研究结果。天线尺寸借助适用 TEM 波已知的不平衡带状线波阻抗关系式[26]进行了计算，该关系式为

$$\rho_L = \frac{119.904\pi}{\dfrac{w}{h}+2.42-0.44\,\dfrac{h}{w}+\left(1-\dfrac{h}{w}\right)^6}$$

式中:w 和 h 分别为地面板上方带的宽度和高度。这种线的波阻抗,等于馈电线路输出波阻抗 50Ω。为了简化结构,天线"瓣"的宽度可用线性定律近似。

所研究天线的尺寸,在表 9.1 上给出。天线开口的高度(h)和宽度(w)相差 4 倍,而长度(L)相差 3 倍。研究结果表明,TEM 喇叭天线的有效长度 $l_e \approx h/2$,并且只要 $h < 0.5\lambda_{\min}$,这个长度实际上不变。TEM 喇叭天线归一的有效长度与频率的依赖关系,在图 9.35 上给出。

表 9.1　TEM 天线的几何尺寸

TEM 喇叭天线	L/mm	w/mm	h/mm
TEM 1	503	220	45
TEM 2	905	400	80
TEM 3	903	100	20
TEM 4	1505	100	20

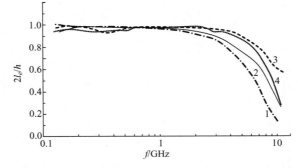

图 9.35　TEM 喇叭天线归一的有效长度与频率的依赖关系
1—TEM1;2—TEM2;3—TEM3;4—TEM4。

接收脉冲形状与电磁脉冲形状的均方偏差,如果不考虑寄生响应,不超过 0.1,而如果 $L > c\tau_p$,可能增大到 0.2,并且在 $L < 0.5c\tau_p$ 时,增大得更多。

因此,TEM 喇叭天线能接收超宽带电磁脉冲,并且天线对电磁脉冲形状引起的畸变最小,因此可以利用该天线作为对再研制天线特性研究时的标准天线。

9.3.2　失配方式下的短偶极子

对于短单极子,即 $kL \ll 1$ 时,可以认为 $\gamma = k$,此时可将式(9.26)写成下面形式:

$$H_a = \frac{1}{2} \frac{L}{\left(1 + \dfrac{Z_a}{Z_L}\right)} \sin\theta$$

式中:Z_a 为短单极子的本征阻抗;Z_L 为负载阻抗。

在长度 $2L$ 短偶极子情况下,将有

$$H_d = \frac{L}{\left(1 + \dfrac{Z_d}{Z_L}\right)} \sin\theta$$

式中: Z_d 为短偶极子的本征阻抗; $Z_L = 2Z_1$ 为偶极子的负载阻抗。由这些表达式可见,如果满足下面条件:

$$|Z_L| \gg |Z_a| \text{ 或 } \frac{Z_a}{Z_L} \approx \text{常数} \tag{9.32}$$

短直线天线传输函数的频率依赖关系,可能是非常弱的。由于接收天线的负载最经常采用的是馈电线路,其阻抗是实值的,而对于短单极子或偶极子有 $\mathrm{Re}(Z_a) \ll \mathrm{Im}(Z_a)$,则首先必须减小 $\mathrm{Im}(Z_a)$。如果减小 ρ_a,即增大天线的横向尺寸,可以做到这一点。然而,要减弱电抗的影响,即应使得 $\mathrm{Re}(Z_a) \geqslant \mathrm{Im}(Z_a)$,即可以实现频带宽度一个倍频大小,但是这样做在接收频谱占有宽度大于两个倍频的超宽带电磁脉冲时还是不够的。

在图 9.36 上给出了对于波阻抗 160Ω 的短偶极子($L < c\tau_{\mathrm{p}}$, τ_{p} 为双极脉冲宽度),接收的电磁脉冲形状 $U_a/U_{\max}$ 与负载阻抗的依赖关系。显然,如果 $Z_L > 20000\Omega$,负载上电压脉冲形状实际上与电磁脉冲形状符合。然而,在很宽的频带内实现这个条件,实际上是不可能的,尤其在分米和厘米波长范围。问题在于天线与接收器的连接,是采用平衡的或不平衡的馈电线路,其波阻抗对于不平衡的馈电线路为几十欧,而对于平衡的馈电线路为几百欧。在天线和馈电线路间加上阻抗变换器,好像能解决这个问题,但是在高于 $0.5\mathrm{GHz}$ 的频率范围,由于寄生参数(匝间电容和散射电感)的影响,具有很大变换系数的阻抗变换器的通频带不够宽,而损耗将更大。如果变换器的阻抗变换系数不超过 4,真实变换器通频带可以实现大于两倍频。因此,甚至在采用波阻抗 $200 \sim 300\Omega$ 的平衡馈电线路时,也很难实现偶极子的负载阻抗高于 1200Ω。

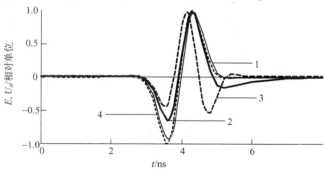

图 9.36　短偶极子($L < 0.1c\tau_{\mathrm{p}}$)接收的脉冲形状与负载阻抗的依赖关系

1—$Z_L = 20000\Omega$; 2—$Z_L = 2000\Omega$; 3—$Z_L = 200\Omega$; 4—$Z_L =$ 标准电磁脉冲形状。

　　另一种减小接收脉冲发生畸变的方法,是在文献[27,28]中提出的。这个方法的实质,在于偶极子臂是由低电导率的阻抗材料制作的,这将导致大大地增强电流波的衰减系数,因此在偶极子中形成不了驻波。在图 9.37 上给出了在 $Z_L = 600\Omega$ 时,短偶极子接收脉冲形状与单位长度损耗阻抗的依赖关系。这个方法实际上可以在全部辐射频率范围上实现,但是它有非常大的缺点:阻抗型偶极子接收的信号水平与金属型偶极子比较要减小几倍。例如,在 $R'_\Omega = 50000\Omega/m$ 时,脉冲形状畸变很小,但是信号的水平减小 20dB。在文献[29]中,提出了阻抗型偶极子的实际结构方案,并给出了实验研究结果,后者与计算结果符合得很好。

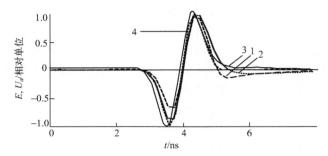

图 9.37　短偶极子($L = 0.2c\tau_p$)接收的脉冲形状与单位长度损耗阻抗的依赖关系
$1—R'_\Omega = 5k\Omega/m$;$2—R'_\Omega = 15k\Omega/m$;$3—R'_\Omega = 50k\Omega/m$;4—标准电磁脉冲形状。

　　小环形喇叭天线的周长不超过 $0.2c\tau_p$,它增强方向性,但是它接收超宽带脉冲不通过畸变的条件,与保证最大方向性条件并不一致。然而,利用这个环形天线与校正电容不平衡地接入线路(见图 9.38),在保持足够高的防护作用系数的条件下,可以大大地减小接收脉冲发生的畸变,这里防护作用系数是指

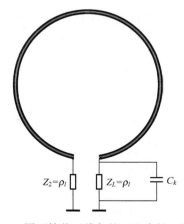

图 9.38　圆环接收天线与校正电容接入线路图

从方向图最大值方向接收的信号对从方向图最大值相反的方向上接收的信号之比值。

在图 9.39 上表示出环形天线在校正电容器不同电容值条件下接收脉冲的形状。在没有电容的情况下，接收脉冲的形状接近被接收脉冲形状的导数。与负载平行接入的电容 C_k 和环形天线阻抗一起构成了积分回路，后者将校正接收脉冲的形状。随着电容 C_k 的增大，脉冲的畸变会减小，但同时也减小了接收脉冲形状的水平。例如，在电容 C_k 从 20pF 增大到 80pF 时，信号减小 12dB，而防护作用系数减小也不太大，从 14dB 到 12dB。对环形天线附加的损耗，将使其方向性变坏，但并不使脉冲畸变减小。

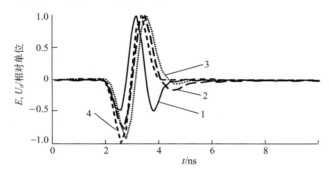

图 9.39　环形天线接收的脉冲形状与校正电容的依赖关系

环形天线：$L=0.18c\tau_p$，$\rho_l=140\Omega$；校正电容：1—$C_k=0nF$，2—$C_k=20nF$，

3—$C_k=80nF$；4—标准电磁脉冲形状。

因此，短天线完全可以用于接收畸变小的超宽带脉冲。然而，为减小畸变付出的"代价"，导致被接收信号水平的明显减小。

9.3.3　有源天线

TEM 喇叭天线，能保证接收超宽带脉冲并具有小的畸变，但是它的尺寸通常超过测量电磁脉冲的空间尺度，这就限制了这种天线在天线阵列中的应用，使它不能用作向量接收天线的单元。我们更倾向于采用短的偶极子天线，其长度不超过测量脉冲频谱中的最小波长。这样的天线方向图和极化图与频率的依赖关系很弱，但是金属型偶极子的阻抗具有很强的频率依赖关系，这将导致接收信号发生畸变。如果偶极子的臂由单位长度阻抗很高的材料制作，采用这样的偶极子将扩展天线的通频带，可以接收短的超宽带脉冲，实际上它的脉冲形状不发生畸变，只是此时输出信号的幅度将大大地降低[29]。

在文献[30]中，研究了扩展接收天线的通频带而不显著减小接收信号水平的可能性，这是通过将可控的能源即有源单元(AЭ)加到天线上实现的，作为有源单元通常采用的是电压放大器。这样的天线[31-33]称作有源天线(AA)。

在最简单情况下,有源天线是长 $2L$ 的短偶极子,它通过有源单元与负载连接,这里有源单元的参数有电压放大系数 K_u、输入阻抗 Z_{in} 和输出阻抗 Z_{out}。在图 9.40 的等效线路上,偶极子用电动势源 ε 表示,后者的内阻为 Z_a,并承载着阻抗 Z_{in}。对于短偶极子即 $L<0.1\lambda$ 情况,可以假设 $\varepsilon \cong E_tL$,此时有源天线负载上电压为

$$U_a = \frac{E_tLK_uZ_{in}}{Z_a+Z_{in}}$$

式中:E_t 为场对偶极子的切向分量。

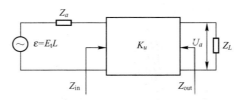

图 9.40　有源天线的等效电路图

通常,天线的负载是馈电线路,其输入阻抗可认为是实值的,而作为有源单元采用的是有源的不可逆四端网络或三端网络。由于有源单元是不可逆的且是单向的,它的输出阻抗依赖 Z_a 很弱,并且该阻抗可与连接天线与接收器的馈电线路的波阻抗在很宽的频带范围内匹配。后面假设,与 Z_L 的匹配在有源天线的通频带上实现,而将这个通频带理解为满足下面条件的频率区间:

$$|U_a|/|E_t| = |H_{AA}| = 常数, \quad \arg(H_{AA}) = t_0\omega \qquad (9.33)$$

式中:t_0 为常量;$H_{AA} = LK_u/(1+Z_a/Z_{in})$ 为有源天线在波垂直入射时的传输函数,而波的向量 E 与偶极子是共轴的。

对条件(9.33)[①]进行分析,可以给出满足这个条件的三种方案:

(1) $K_u = 常数$,$|Z_{in}| \gg |Z_a|$。这个条件不可能在超高频范围内实现,因为在大于 0.5GHz 频率上,输入阻抗绝对值等于几十千欧的有源单元,实际上是不可能实现的;

(2) $K_u = 常数$,$|Z_a|/|Z_{in}| \cong 常数$,$\arg(Z_{in}) - \arg(Z_a) \Rightarrow 0$。这个条件可在更宽的频带上实现,因为 $|Z_a|/|Z_{in}|$ 之比甚至可能大于 1,只是必须要求 Z_a 和 Z_{in} 有相同的频率依赖关系。因为短偶极子的 Z_a 具有电容特点,则有源单元的 Z_{in} 也应当有电容特点,并且满足 $ReZ_{in} \ll ImZ_{in}$ 条件。但是,此时偶极子与有源单元处在失匹状态,而失匹造成的损耗可以通过外加放大得到补偿。利用失匹方式,也可以使天线中感应的电流场再辐射,这样造成场空间结构的畸变减小。在接收偶极子中感生的电流矩与匹配方式下[34]进行比较,减小得比 ($|Z_a|^2+$

---

① 原文为式(9.32),似有误——译者注。

$|Z_{in}|^2)/2Re(Z_a)$ 倍数还大。同样,再辐射场的强度也将减小这么多倍;

（3）$K_u/(1+Z_a/Z_{in})=$ 常数。当偶极子在所要求的频率范围上不是短偶极子,并且它的长度在上边频率处能达到波长的一半,这个条件可以保证 H_{AA} 为常量。此时,将会出现偶极子有效长度的频率依赖关系,而由 Z_a 和 Z_{in} 构成的分压器的传输系数也会增大。在这种情况下,接收偶极子有效长度的增大,可以通过选取 K_u 的相应频率依赖关系而得到补偿。随着频率上升,K_u 应当与偶极子有效长度和由 Z_a 和 Z_{in} 构成的分压器的传输系数的增大而呈比例地减小。

利用前面的方法,实现了测量宽度 $0.5\sim3$ns 超宽带脉冲的有源天线(AA)。这个有源天线的外形,在图 9.41 上给出。天线是在印刷电路板 1 上制作的,该板为单面镀膜玻璃胶合板,厚度 1mm,板的尺寸为 4.5cm×4cm。偶极子臂 2 的长度 $2L=4.5$cm,宽度 0.3cm,该臂接到由两个相同通道(槽)构成的有源单元 3 上,而通道的输出端接到构成对称屏蔽线 4 的同轴电缆上,而信号 U_a 从有源单元的输出端通过屏蔽线 4 加到接收器的输入端。并且电源电压 U_p 经过单独导线 5 加到有源单元上。有源单元一个通道的电气原理图,表示在图 9.42 上。场晶体管 ATF-38143(Agilent Technologies 公司生产)按照共源极线路接入,阻抗 R_2 在电压 3V 时给出漏极电流 20mA。电容器 C_1 和 C_4 限制了通频带低于 200MHz,以抑制高功率转发信号。为了扩展通频带,在偶极子每个臂中心处安置了 200Ω 的阻抗 R_4。

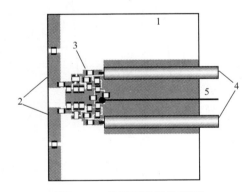

图 9.41　有源天线的外形图

1—箔化的电介质板;2—偶极子臂;3—有源单元;
4—平衡的屏蔽线;5—电压供电导线。

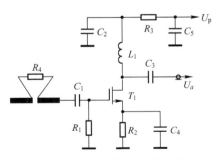

图 9.42　有源单元一个通道
的电气原理图

有源单元一个通道的频率依赖关系 K_u 及其相频响应与直线关系的偏差(ΔФЧХ),表示在图 9.43 上。利用测试仪对 Agilent Technologies 公司的 8719ET 器件的传输和反射系数,进行了测量。由图 9.43 可见,得到的系数 K_u 随频率下降,而 ΔФЧХ 在频率 $0.05\sim5$GHz 范围内没有急剧跃变。在频率 $0.5\sim4.6$GHz

范围内,ΔФЧХ 不超过 $\pi/8$。H_{AA} 为归一到最大值的有源天线传输函数,如图 9.43 中 3。

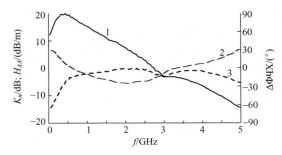

图 9.43　有源天线一个通道放大系数(1)和 ΔФЧХ(2)及它的归一传输函数(3)

该函数 H_{AA} 在工作频带 0.6~4.6GHz 范围内,变化不超过 3dB。

在文献[35]中在测量接收的电磁脉冲形状时,采用了组合天线(KA)作为发射天线。而在测量超宽带脉冲形状时,作为标准采用了 TEM 喇叭天线,其长度 90cm,开口高度 8cm。

脉冲场的测量结果,在图 9.44 上给出。由有源天线和 TEM 喇叭天线测量的脉冲形状的均方偏差,不超过 0.1。

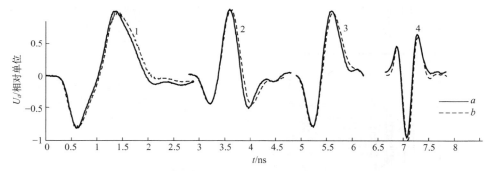

图 9.44　有源天线(a)和 TEM 喇叭天线(b)测量的脉冲形状
注:曲线 1 和 3 分别为宽度 1ns 和 0.5ns 单极电压脉冲激发发射天线时得到的,
曲线 2 和 4 分别为宽度 1ns 和 0.5ns 双极电压脉冲激发发射天线时得到的。

因此,将具有所需参数的有源四端网络接到短单极子上,可以大大地扩展天线的通频带。然而,含有电子器件或半导体器件的任何有源四端网络,将产生附加的线性和非线性噪声,这样它们会明显地使接收通道的实际灵敏度变差。

在分析有源天线的噪声性质时,只限于研究辐射通道的直线部分,包括辐射路径、有源接收天线(AA)、馈电线路(F)和接收器输入线路(R)。辐射通道的结构图见图 9.45,它说明噪声的积累过程。

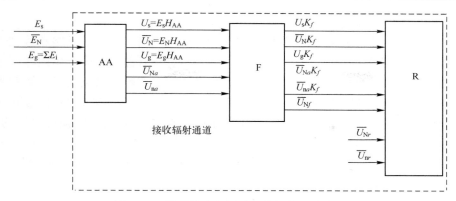

图 9.45　说明噪声积累过程的辐射通道框图

　　向具有传输函数 H_{AA} 的有源天线(AA)输入端,加上场强 E_s 的信号和外部噪声 E_N 以及 $\overline{E}_N$,如图 9.45 所示,这里用 $\overline{E}_N$ 表示外部噪声按时间平均的场强。在天线方向性弱的情况下,信噪比为

$$q = |E_s|^2 / |\overline{E}_N|^2$$

决定了接收的辐射通道的极限灵敏度。在有源天线输出端,信号的有效电压为 $U_s = E_s H_{AA}$ 和外部噪声时间平均的有效电压为 $\overline{U}_N = \overline{E}_N H_{AA}$,后者被有源单元增强。除了接收的信号和外部噪声,对超宽带天线作用的还有在有源天线频域范围上其他辐射站辐射的信号(电台干扰)。对有源天线作用的电台干扰总合,可以表示成下面的综合信号形式[36]:

$$E_g = \sum_{i=0}^{N} E_i \cos(\omega_i t + \varphi_i)$$

后面我们将称这个信号为群信号。在有源天线输出端,群信号的电压为 $U_g = E_g H_{AA}$。

　　在有源天线的有源单元中,产生具有相加特点的起伏噪声,包括热噪声、电流分布噪声、零散噪声等,这些噪声在有源天线输出端按时间平均的电压用 $\overline{U}_{Na}$ 表示。由于真实的有源单元并不是理想的线性四端网络,在电台干扰作用它的输入端时,这些干扰可能超过外部噪声水平的 80~100dB,因此会在有源单元中产生非线性结果,其水平可以与起伏的线性噪声水平相当,甚至超过它。在有大量($N>5$)辐射电台干扰的情况下,二阶和三阶非线性结果超过($N^2 + N^3$)的数量,而它们的频谱几乎成为连续的频谱,因此非线性结果可以看作是非线性来源的噪声(非线性噪声),它们在有源天线输出端的水平,用 $\overline{U}_{na}$ 表示。考虑以上这些,在有源天线输出端的信噪比为

$$q_A = \frac{|U_s|^2}{|\overline{U}_N|^2 + \overline{U}_{Na}^2 + \overline{U}_{na}^2} = \frac{q}{1 + \dfrac{\overline{U}_{Na}^2 + \overline{U}_{na}^2}{|U_N|^2}}$$

式中 : $q = |\overline{U_s}|^2 / |\overline{U_N}|^2$ 为在有源单元输入端的信噪比。

在研究包括有源天线的辐射通道灵敏度时，还应当考虑馈电线路和接收器的噪声，因为接收通道的干扰防护能力决定的不是在有源天线中产生的噪声绝对值，而是它们对辐射通道中积累的噪声水平的相对贡献。馈电线路的影响表现在，由于损耗，馈电线路的传输系数 $K_f < 1$，而入射它输入端的所有信号和噪声，要衰减 K_f 倍。此外，在馈电线路中产生的热噪声 $\overline{U}_{Nf}$ 是由欧姆损耗决定的。包括第一放大级的接收器输入电路的影响表现在，在这些输入级中产生线性和非线性来源的噪声，将这些线性和非线性来源噪声归到接收器输入端，可分别用 $\overline{U}_{Nr}$ 和 $\overline{U}_{nr}$ 表示。

在接收器的输入端，信噪比 q_R 决定接收通道的实际灵敏度，它等于

$$q_R = \frac{q}{1 + \dfrac{\overline{U}_{Na}^2 K_f + \overline{U}_{na}^2 K_f + \overline{U}_{Nf}^2 + \overline{U}_{Nr}^2 + \overline{U}_{nr}^2}{|U_N|^2 K_f}}$$

准确计算非线性噪声水平实际上是不可能的，因此为了估计这种噪声的影响，将采用在超宽带信号频带上一组均匀分布的谐波等幅度信号表达这个群信号。假设，有源单元传输系数的非线性是很小的，因此将这个系数展开为麦克劳林级数时，只限于取它的前三项就够了，就是只考虑它的二阶和三阶非线性。在这样的假设条件下，在有源天线输出端的非线性噪声水平等于

$$\overline{U}_{nna}^2 = g^2 Y_{(2)}^2(b, \omega) \frac{|U_g|^4}{|K_u|^2} + \nu^2 Y_{(3)}^2(b, \omega) \frac{|U_g|^6}{4|K_u|^4}$$

式中 : $g = \dfrac{1}{K_u} \dfrac{\partial K_u}{\partial U_{in}}$; $\nu = \dfrac{1}{K_u} \dfrac{\partial^2 K_u}{\partial U_{in}^2}$ 为有源单元的线性系数 ; $Y_{(2)}(b, \omega)$ 和 $Y_{(3)}(b, \omega)$ 为

某些函数，它们分别描写二阶和三阶非线性结果依赖频率的分布定律 ; $b = \dfrac{f_{max}}{f_{min}}$; U_{in} 为有源单元输入端的电压。

在分析有源天线线性噪声对接收通道干扰防护能力的影响时，将不考虑非线性噪声，并将接收通道的实际灵敏度 q_R 写成下式 :

$$q_R' = q \frac{\overline{E}_n^2 H_{AA}^2}{\overline{E}_n^2 H_{AA}^2 + \overline{U}_{na}^2 + \overline{U}_{nr}^2}$$

从上面表达式可见，q_R' 总是小于 q，而在给定的外部噪声水平 $\overline{E}_n^2$ 下，接收器的噪声水平越高和有源天线的传输函数（见下式）越大，则有源天线噪声的影响越小，而有源天线的传输函数为

$$H_{AA} = \frac{LK_u}{2\left(1 + \dfrac{Z_a}{Z_{in}}\right)}$$

在偶极子长度、有源单元输入阻抗和它的电压传输系数增大的情况下,上式的传输函数也将增大。如果偶极子长度给定,则选取有源单元时,应选取它们具有很大的输入阻抗和足够大的放大系数。这表示,应当倾向于选取场效应晶体管,因为它们的噪声系数很小。

为了估计有源天线的效率和噪声性能,可以将它们与无源天线比较,此时作为标准应利用含有有源天线的辐射通道的信噪比与含有无源天线的辐射通道的信噪比相除的商,即

$$q = \frac{H_{AA}}{H_a} \; \frac{\overline{E_N^2} H_a^2 + \overline{U_{Nr}^2}}{\overline{E_N^2} H_{AA}^2 + \overline{U_{Na}^2} + \overline{U_{Nr}^2}}$$

式中: $H_a = L\rho_f / 2(Z_a + \rho_f)$ 为长 $2L$ 无源偶极子的传输函数,而该偶极子接到馈电线路的波阻抗 ρ_f 上。

文献[37]表明,当尺寸 0.1λ 偶极子的有源天线运行在高于 100MHz 频率范围时,它的信噪比的增益为 15～25dB。如果无源偶极子是匹配的,则信噪比的增益降到 2～5dB,然而在这种情况下,天线-馈电线路通道的通频带可以降低几十倍。

对非线性噪声水平的计算,只是在精确知道辐射电台干扰水平及其按频率的分布时才有可能。然而,估计它们对接收辐射通道干扰防护能力的影响,在考虑非线性结果产生特点的基础上才可以进行。如果有源天线传输函数用三次方的多项式近似:

$$H_{AA}(E_g) \approx H_{AA} + gY_{(2)}(b,\omega)\left(\frac{E_g H_{AA}}{K_u}\right)^2 + vY_{(3)}(b,\omega)\left(\frac{E_g H_{AA}}{K_u}\right)^3$$

则由于二阶的非线性,每一对频率 ω_i 和 ω_k 的辐射电台干扰在频率 $2\omega_i$ 和 $2\omega_k$ 上产生谐波,以及在频率 $\omega_i \pm \omega_k$ 上产生组合干扰。三阶的非线性将导致在频率 ω_i、ω_k 和 ω_l 三个信号作用下,除了谐波 $3\omega_i$、$3\omega_k$ 和 $3\omega_l$ 外,还产生了 $\omega_i \pm \omega_k \pm \omega_l$、$2\omega_i \pm \omega_k$、$\omega_i \pm 2\omega_k$、$2\omega_k \pm \omega_l$、$\omega_k \pm 2\omega_l$、$2\omega_l \pm \omega_l$ 和 $\omega_l \pm 2\omega_l$ 的组合干扰。因此,只有在三个信号作用下,非线性的存在导致在有源单元中产生了 46 个非线性结果。如果辐射电台干扰数很大,组合干扰和谐波的频谱会变成几乎是连续的,因此可以将它们看作是噪声。此时,群信号水平减小 1dB,将导致二阶非线性噪声水平减小 2dB,而三阶非线性噪声水平减小 3dB。二阶和三阶非线性噪声水平的频率分布有很大的不同。如果辐射电台干扰所占的频率区间小于一个倍频程,则二阶所有非线性结果都处在这个频率区间之外。三阶非线性结果频谱的包络线在辐射电台干扰所占的频率区间几乎是均匀分布的,而与这个区间的宽度无关。特别危险的是频率 $2\omega_i - \omega_k$ 的组合干扰,因为它们可以在只有一个信号时产生。如果 $\omega_i \approx \omega_k$,则非线性结果的频率与信号频率重合,而它的相位与信号的相位相差为 π。这将导致有源单元放大系数的减小。在晶体管数据手册

中,通常给出决定输入信号水平且此时放大系数减小 1dB 的参数 P_{1dB}。

根据上面所述,可以提出下述减小非线性噪声水平的方法:

(1)为了降低二阶非线性噪声水平,必须采用均衡放大器线路(如果 $b \geqslant 2$),这样可以减小偶次阶非线性结果达 $20 \sim 40dB$;

(2)为了降低有源单元中产生三阶非线性噪声水平,必须通过减小偶极子长度或降低 $|Z_{in}|$,以降低有源单元输入端的信号水平,并利用具有高 P_{1dB} 值的晶体管,这样它应当提高有源单元输入端辐射电台干扰的最大水平达 $10 \sim 15dB$。

因此,对有源单元要求具有 q'_R 最大值并且信号/非线性噪声之比也要有最大值,看来这些要求是相互矛盾的。为了提高 q'_R,希望增大单极子长度 L、有源单元输入阻抗 Z_{in} 及其放大系数 K_u,而为了提高 q_R,上面这些量需要减小,因为增大接收器输入端的信号水平,将导致增大它的非线性噪声水平。在研制有源天线时,为了达到最佳的信噪比,必须考虑接收器参数和辐射环境。在辐射电台干扰造成的辐射频段高承载状态下采用超宽带的有源天线,将导致辐射通道干扰防护能力与有源天线参数的依赖关系,并且可以达到极端的性能。有源天线的参数与其最佳参数的偏离,不论是向这一边还是向另一边,都可以使辐射接收通道的灵敏度变差几倍。

有源天线的重要特性是它的动态范围,后者这个范围指的是信号发生畸变的最大水平(A_M)对接收通道本征噪声水平决定的灵敏度之比。通常对于谐波信号,将 A_M 理解成由于有源单元饱和而使信号幅度降低达 1dB 时的水平。在测量接收的脉冲时,提出根据脉冲形状相对在场强小时脉冲形状的畸变水平 $\sigma = 0.1$ 估计 A_M。

在文献[38]中,给出了偶极子有源天线动态范围的测量结果,这里作为有源天线单元采用了基于低噪声场晶体管 ATF-38143(Agilent Technologies 公司产品)的放大器,后者是按共源极线路制作的。在供电电压 3V 时,漏极电流为 25mA。有源天线所在位置的场强,在 $30 \sim 250V/m$ 范围变化。脉冲幅度降低 1dB 时最大场强 E 为 $100V/m$,而根据脉冲形状畸变标准($\sigma = 0.1$),对应的最大场强为 $130V/m$。因此,有源天线的动态范围不小于 90dB。为了测量接收天线的电场强度,采用了宽度 1ns 的高压双极脉冲发生器和发射组合天线。试验表明,在场强高达 $6kV/m$ 和重复频率 1kHz 脉冲作用下,采用待研究的天线测量脉冲形状,由于有源单元发生饱和而遭到很大畸变,然而在取消脉冲作用后,研究的天线的工作能力得到恢复,并保存了所有的参数不变。

9.4 测量超宽带电磁脉冲空间-时间结构的向量天线

为了研究超宽带电磁脉冲的极化结构,必须有测量向量 E 的三个垂直分量的仪器。因此,有意义的是要研究精确地测量超宽带脉冲电磁场极化结构的可能性,这要通过所谓的向量接收天线进行,因为该天线可同时又独立地测量电磁场向量的坐标分量[39]。极化结构的特性之一是电场向量 **E** 的曲线,后者该曲线是向量 **E** 终端描写的空间曲线在波阵面表面上的投影。如果向量曲线蜕变为直线,则电磁脉冲的极化自然称作是直线的。在一般情况下,超宽带电磁脉冲的向量曲线是平面曲线,并且不是椭圆线或圆周线。如果是后面,我们将这样的极化称作是不同于直线的极化。应当指出,在向量接收天线这样极化的情况下,可以确定测量信号的到达方向[40],因为向量曲线的法线与波到达方向重合。短的超宽带电磁脉冲在雷达定位中的应用,使得探测目标不仅能被发现,而且也能被识别,此时很大一部分关于目标的信息,都包含在被目标散射的电磁脉冲极化结构中。

9.4.1　向量接收天线的构建原理

超宽带向量接收天线的结构方案,由文献[41]提出。该天线包含两个平衡的金属偶极子,其中的一个沿着 x 轴取向,而另一个沿着 y 轴取向,这里 x 轴和 y 轴是与天线连在一起的直角坐标系的坐标轴,而向量接收天线的第三个单元沿着 z 轴取向,该单元是不平衡的金属偶极子(单极子),而作为该偶极子一个臂采用了是由按同相电流相互连接的平衡偶极子构成的平衡物。然而,短的金属偶极子阻抗具有很强的频率依赖关系,这将导致测量脉冲形状的畸变。在文献[29]表明,平衡偶极子的臂是由单位长度阻抗大于 $20\mathrm{k}\Omega/\mathrm{m}$ 的材料制作的,这样的偶极子可以接收短的超宽带脉冲,实际上它的脉冲形状不会发生畸变。采用阻抗偶极子作为向量接收天线的单元,将减小测量脉冲形状的畸变,并提高对 E_x 和 E_y 测量的精确度,然而此时却降低了测量 E_z 的精确度。这是由于平衡的阻抗偶极子不再作为平衡物工作,而连接向量接收天线与接收器的馈电线路防护套(外皮)就成为不平衡偶极子的第二臂。在这种情况下,不平衡偶极子方向图的形状发生明显畸变,而以合适的精确度测量信号的区域将限于 $0<\theta<60°$ 扇形角度区域,这里角度 θ 是从单偶极子轴算起的。为了减弱馈电线路对不平衡偶极子特性的影响,在文献[42, 43]曾提出采用阻塞筒办法,同时阻塞筒又用作偶极子的一个臂。

在向量天线中,偶极子位置相互很靠近,因此在计算向量接收天线特性时,应当考虑偶极子间的相互作用,因为偶极子再辐射的次级场,会使邻近偶极子附近的测量场的结构发生畸变,这可能导致接收脉冲形状发生畸变和向量接收天线通道间极化去耦而变差。例如,平面入射波在 x 轴上长 $2L$ 平衡偶极子臂中感应的电流 $I(x)$,产生次级的再辐射场 $\boldsymbol{E}^{\Sigma}$,后者对处在 y 轴上偶极子的正切分量为

$$E_y^\Sigma = -i\frac{Z_0}{k}\left(\frac{\partial^2 A_x}{\partial x \partial y} + \frac{\partial^2 A_y}{\partial y^2} + k^2 A_y\right)$$

式中:Z_0 和 k 分别为自由空间的波阻抗和波数;A 为电流 $I(x)$ 产生的向量势。由上面表达式可见,如果偶极子是平衡的,相互严格垂直,而它们的相位中心又重合,则 $E_y^\Sigma = 0$,即偶极子间没有相互作用。然而,实际上满足上面这些条件会有一定困难,因此在计算相互作用时,将采用图 9.46 的模型,这里有两个平衡又交叉的长 $2L$ 的偶极子,它被处在 xOy 平面上向量 E 的平面波激发。偶极子 1 位于直线 η 上,而该直线对 x 轴成 α 角通过原点,而偶极子 2 位于 y 轴上,其中心在坐标原点。每个偶极子的接线柱间的距离等于 2δ。偶极子 1 的中心相对偶极子 2 的中心移动了 m 大小的距离。在这种情况下,向量势平行于直线 η,并有两个分量:$A_x = A_\eta \cos\alpha$ 和 $A_y = A_\eta \sin\alpha$,因此偶极子 2 的次级场的切向分量不等于零,而等于

$$E_y^\Sigma = -i\frac{Z_0}{k}\left(\frac{\partial^2 A_\eta}{\partial x \partial y}\cos\alpha + \frac{\partial^2 A_\eta}{\partial y^2}\sin\alpha + k^2 A_\eta \sin\alpha\right) \tag{9.34}$$

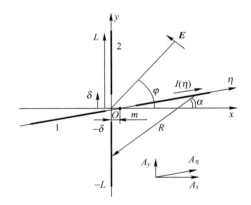

图 9.46 计算偶极子相互作用问题的几何图

为了计算偶极子臂上的电流分布,采用了前面叙述的行波叠加方法,这个方法不同于由阻抗材料制作臂时的偶极子计算方法。

在将偶极子通过平衡装置接到同轴电缆上时,在馈电线路输入端上的信号电压 U_a,在一般情况下具有反相分量 U_o 和同相分量 U_e:$U_a = U_o + U_e$,这里

$$U_o = 0.5[I_\eta(+\eta_1) + I_\eta(-\eta_1)]K_o\rho_f, \quad U_e = 0.5[I_\eta(+\eta_1) - I_\eta(-\eta_1)]K_e\rho_f$$

式中:K_o 和 K_e 分别为平衡装置对反相电流和同相电流的传输系数;ρ_f 为馈电线路的波阻抗;$\eta_1 = \delta + m$,$\eta_2 = L + m$。该装置对反相电流和同相电流的传输函数,具有不同的频率依赖关系,因此由于相互作用可能影响的不只是测量脉冲的水平,而且还有测量脉冲的形状。

如果偶极子 1 处在以 φ 角入射的平面波场中,这里向量 $\boldsymbol{E}$ 位于 xOy 平面上,则场相对该偶极子的切向分量等于 $E_\eta(\eta') = E_0\sin(\varphi-\alpha)\exp[ik\eta'\cos(\varphi-\alpha)]$。在这种情况下,对于 $\eta>0$ 情况有

$$
\begin{aligned}
I_\eta(+\eta) = &\frac{E_0\sin(\varphi-\alpha)}{\rho[\exp(i\gamma l)+\Gamma_1\exp(-i\gamma l)]} \\
&\times\left\{\sin[\gamma(\eta_2-\eta)]\left[\frac{\exp[i(\xi+\gamma)\eta]-\exp[i(\xi+\gamma)\eta_1]}{\xi+\gamma}\right.\right. \\
&\left.+\Gamma_1\frac{\exp[i(\xi-\gamma)\eta]-\exp[i(\xi-\gamma)\eta_1]}{\xi-\gamma}\right] \\
&+\frac{1}{2i}\{\exp[i\gamma(\eta-\eta_1)]+\Gamma_1\exp[-i\gamma(\eta-\eta_1)]\} \\
&\times\left[\exp(i\gamma l)\frac{\exp[i(\xi-\gamma)\eta_2]-\exp[i(\xi-\gamma)\eta]}{\xi-\gamma}\right. \\
&\left.\left.-\exp(-i\gamma l)\frac{\exp[i(\xi+\gamma)\eta_2]-\exp[i(\xi+\gamma)\eta]}{\xi+\gamma}\right]\right\}
\end{aligned}
\tag{9.35}
$$

式中:$\xi=k\cos(\varphi-\alpha)$。在 $\eta<0$ 时,不平衡偶极子第二臂上的电流分布,可类似地求得

$$
\begin{aligned}
I_\eta(-\eta)^{①} = &\frac{E_0\sin(\varphi-\alpha)}{\rho[\exp(i\gamma l)+G_1\exp(-i\gamma l)]} \\
&\times\left\{\sin[\gamma(\eta_2-\eta)]\left[\frac{\exp[-i(\xi-\gamma)\eta]-\exp[-i(\xi-\gamma)\eta_1]}{\xi-\gamma}\right.\right. \\
&\left.+G_1\frac{\exp[-i(\xi+\gamma)\eta]-\exp[-i(\xi+\gamma)\eta_1]}{\xi+\gamma}\right] \\
&+\frac{1}{2i}\{\exp[i\gamma(\eta-\eta_1)]+G_1\exp[-i\gamma(\eta-\eta_1)]\} \\
&\times\left[\exp(i\gamma l)\frac{\exp[-i(\xi+\gamma)\eta_2]-\exp[-i(\xi+\gamma)\eta]}{\xi+\gamma}\right. \\
&\left.\left.-\exp(-i\gamma l)\frac{\exp[-i(\xi-\gamma)\eta_2]-\exp[-i(\xi-\gamma)\eta]}{\xi-\gamma}\right]\right\}
\end{aligned}
\tag{9.36}
$$

在偶极子 2 附近电场的切向分量,为入射平面波场和偶极子 1 再辐射场两者的切向分量之和:

$$
E_y(y) = E_0\cos\varphi\exp(iky\sin\varphi)+E_y^\Sigma(y)
$$

---

① 式(9.36)始端原文 $I_\eta(+\eta)$,应为 $I_\eta(-\eta)$,似有误。——译者注。

$E_y^{\Sigma}(y)$ 的计算,根据式(9.34))[1]并考虑 $\eta_1 = \delta + m$ 和 $\eta_2 = L + m$ 进行,在式(9.34)中:

$$A_\eta = \int_{\delta+m}^{L+m} I_\eta(+\eta)\frac{\exp(ikR_+)}{4\pi R_+}\mathrm{d}\eta + \int_{-L+m}^{-\delta+m} I_\eta(-\eta)\frac{\exp(ikR_-)}{4\pi R_-}\mathrm{d}\eta$$

$$R_+ = \sqrt{\eta^2 + y^2 - 2\eta y\sin\alpha}, \quad R_- = \sqrt{\eta^2 + y^2 + 2\eta y\sin\alpha}$$

为了计算偶极子 2 接线柱上电流 $I_y(+\delta)$ 和 $I_y(-\delta)$,利用下面表达式:

$$I_y(\pm\delta) = \frac{(1+q_1)\mathrm{i}}{\rho[\exp(\mathrm{i}\gamma L)+q_1\exp(-\mathrm{i}\gamma L)]}\int_{\pm\delta}^{\pm L} E_y(y')\sin\gamma(L-y'\pm\delta)\mathrm{d}y'$$

式中:上面标号对应接线柱 $y=+\delta$ 上的电流,而下面标号对应接线柱 $y=-\delta$ 上的电流。

上面得到的表达式,考虑了在任意角度 φ 情况下再辐射场的影响。在波以角度 $\varphi=90°$ 入射时,出现最大相互作用的情况。此时,偶极子 2 臂上的电流,只是由偶极子 1 电流产生的次级场 $E_y^{\Sigma}(y)$ 的激发结果,在这种情况下,偶极子 1 的电流有最大值。此时,由于 $I_y^{\Sigma}(\pm\delta)$ 相互作用而在偶极子 2 产生的电流,也将有最大值,因此,作为偶极子间相互作用的量度 M_{21},我们选取偶极子 2 的馈电线路输入端电压对偶极子 1 馈电线路输入端电压的比值。如果两个偶极子的平衡装置是相同的,则有

$$M_{21} = \frac{[I_y^{\Sigma}(+\delta)+I_y^{\Sigma}(-\delta)]+\dfrac{K_{ye}}{K_{yo}}[I_y^{\Sigma}(+\delta)-I_y^{\Sigma}(-\delta)]}{[I_\eta(+\eta_1)+I_\eta(-\eta_1)]+\dfrac{K_{\eta e}}{K_{\eta o}}[I_\eta(+\eta_1)-I_\eta(-\eta_1)]}$$

在 $\alpha=0$ 和 $m\neq0$ 时有 $E_y^{\Sigma}=-\mathrm{i}Z_0\partial^2 A_\eta/k\partial x\partial y$,即偶极子 2 的反相电流等于零,而其同相电流可以超过偶极子 1 的反相电流。在 $\alpha\neq0$ 和 $m=0$ 时,有 $E_y^{\Sigma}=-\mathrm{i}\dfrac{Z_0}{k}\left(\dfrac{\partial^2 A_\eta}{\partial y^2}\sin\alpha+k^2 A_\eta\sin\alpha\right)$,而在偶极子 2 中没有同相电流产生。

计算的 M_{21} 在 $m=0$ 时与角 α 的依赖关系,如图 9.47(a)所示,而 M_{21} 与偶极子中心位移 m/L(百分比)的依赖关系,在 $\alpha=0$ 时,如图 9.47(b)所示,图中 1 表示对金属偶极子的结果,而 2 表示对阻抗偶极子在它的单位长度阻抗 $R'=2\times10^4\Omega/m$ 时的结果。偶极子的长度均为 $2L=20\mathrm{cm}$,每个偶极子接线柱间距离 $2\delta=10\mathrm{mm}$,负载阻抗 $Z_H=600\Omega$。

上面得到的结果表明,在相互作用允许水平 $M_{21}=-30\mathrm{dB}$ 下,对于金属偶极子,与垂直位置的偏离不应超过 2°,而对于阻抗偶极子,这个偏离不应超过 4°。

---

① 原文为式(9.33),似有误。——译者注

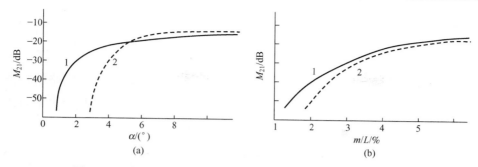

图 9.47 不同类型偶极子相互作用尺度 M_{21} 与角度 $\alpha(m=0)$（a）

和位移 $m(\alpha=0)$（b）的依赖关系

1—金属偶极子；2—单位长度阻抗 $R'=2\times10^4\,\Omega/\mathrm{m}$ 的阻抗偶极子。

不论对金属偶极子还是对阻抗偶极子，中心的位移都不应超过偶极子臂长的 3%。向量接收天线这样的制造精确度，实际上完全可以实现。

图 9.48(a) 上给出了向量接收天线不平衡偶极子特性计算框图，而它的等效电路如图 9.48(b) 所示。阻抗臂 1 具有长度 L_1、波阻抗 ρ_1 和传播常数 γ_1，它通过负载阻抗 Z_L 与长度 L_2 的金属臂 2 连接，而臂 2 的波阻抗 ρ_2 和传播常数 γ_2。第二臂的终端负载为阻塞筒的阻抗 Z_s，后者与长导线的波阻抗 ρ_k 串接，而该导线的直径等于电缆防护层(外皮)的直径。

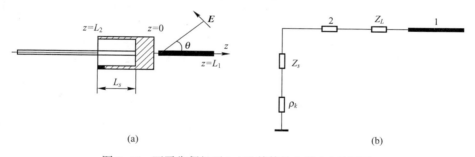

图 9.48 不平衡偶极子(a)及其等效电路(b)的图示

在 $z>0$ 时，阻抗臂上的电流分布，根据式(9.34)进行了计算，同时在公式中做了 $\eta\rightarrow z$、$\eta_1\rightarrow0$、$\eta_2\rightarrow L_1$、$\varphi-\alpha\rightarrow\theta$、$\gamma=\gamma_1$、$Z_1=Z_L+Z_{2\mathrm{in}}$ 的变量替换，这里 $Z_{2\mathrm{in}}$ 为第二臂（金属臂）的输入阻抗，即

$$Z_{2\mathrm{in}}=\rho_2\frac{Z_s+\rho_k+\mathrm{i}\rho_2\tan\gamma_2 L_2}{\rho_2+\mathrm{i}(Z_s+\rho_k)\tan\gamma_2 L_2}$$

为了计算第二臂的电流分布，采用了式(9.35)并进行了变量替换：$\eta\rightarrow z$、$\eta_1\rightarrow0$、$\eta_2\rightarrow L_2$、$\varphi-\alpha\rightarrow\theta$、$\gamma\rightarrow\gamma_2$、$Z_1\rightarrow Z_L+Z_{1\mathrm{in}}$，这里 $Z_{1\mathrm{in}}$ 为第一臂（阻抗臂）的输入阻抗：$Z_{1\mathrm{in}}=-\mathrm{i}\rho\cot\gamma L_2$。此外，从这个臂终端的反射系数不等于 -1，它根据下式

计算：

$$\Gamma_2 = \frac{\rho_2 - (\rho_k + Z_s)}{\rho_2 + \rho_k + Z_s}$$

阻塞筒是同轴线短的闭合线段，同轴线内导线是直径 d 馈电线路的防护层，而外导线是直径 D 的金属圆柱体的壁，此时阻塞筒的阻抗 Z_s 可由下面表达式确定：

$$Z_s = i60\ln\frac{D}{d}\tan kL_s$$

为了减小馈电线路的影响，并使不平衡偶极子的特性接近平衡偶极子的特性，必须使 $\Gamma_2 \to -1$ 和 $Z_s \gg \rho_k$，因此阻塞筒深度 L_s 和直径 D 的选取，可由测量脉冲频谱的中频处 Z_s 的最大值条件确定。计算表明，偶极子金属臂的长度 L_2，应当略等于信号频谱中频的 1/4 波长。

在图 9.49 上给出了不平衡偶极子负载 $Z_L = 600\Omega$ 上的脉冲形状，它的阻抗臂长度为 $L_1 = 10\mathrm{cm}$，其单位长度阻抗 $R' = 2\times10^4\Omega/\mathrm{m}$，另一个臂是 $D = 10\mathrm{cm}$ 和 $L_2 = 8\mathrm{cm}$ 的金属臂，并有长 $L_s = 4\mathrm{cm}$ 的阻塞筒，这里脉冲场是以 $\theta = 75°$ 角入射的（1）。在入射角度 $\theta > 75°$ 时，测量脉冲形状的畸变将会减小，而在入射角度 $0 < \theta < 60°$ 时，测量脉冲形状与入射场脉冲形状的均方偏差不超过 0.15。以宽度 3ns 脉冲并有三个时间瓣形式的入射场，以曲线 2 表示在图 9.49 上。图上还给出了不平衡偶极子负载上的电压脉冲形状，这里偶极子的参数同前面的一样，只是脉冲场以角度 $\theta = 75°$（3）入射时但没有阻塞筒。

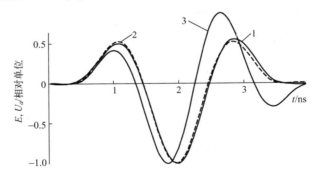

图 9.49 不平衡阻抗偶极子负载上的脉冲形状（脉冲入射角 $\theta = 75°$）

1—带阻塞筒的不平衡阻抗偶极子；2—入射场脉冲；3—不带阻塞筒的不平衡阻抗偶极子。

计算表明，天线结构中引入阻塞筒并利用它作为偶极子的第二臂，将使得在 $z > 0$ 时不平衡偶极子的方向特性接近平衡偶极子的方向特性，同时减小接收脉冲形状的畸变。

这里得到的结果，已用于制定具有阻抗偶极子的向量接收天线的结构，该结构形式如图 9.50（a）所示。长度 $2L = 28\mathrm{cm}$ 水平偶极子 X 和 Y 的臂和长度

10cm 垂直单极子 Z ,都是由碳基材料制成的,它们的单位长度阻抗为 $2\times10^4\,\Omega/\mathrm{m}$ 。半球状金属盖 1 与直径 10cm、长 4cm 的空心圆筒一起,构成了单极子附加臂。阻塞筒是一段短路的同轴线,后者是由馈电线路防护层 3 和空心圆筒 2 构成。金属盖 1 屏蔽了输入电路。向量接收天线的所有通道都包括相同的平衡装置,后者是按图 9.50(b) 的线路制作的。

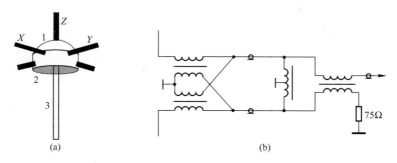

图 9.50　向量接收天线的结构(a)和平衡装置的等效电路(b)

图 9.51 给出了测得的垂直通道(a)和水平通道(b)的方向图。在测量方向图时,在与辐射源距离不变的情况下,测量了在脉冲某些固定时刻电压与角度的依赖关系,此外,还给出了短偶极子的理论方向图(2)。Y 通道方向图若转换 $90°$,将与 X 通道的方向图重合。

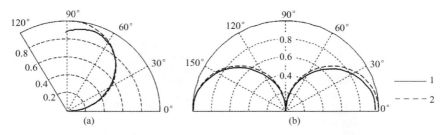

图 9.51　在宽度 2ns 双极脉冲作用下测得的垂直通道(a)和
水平通道(b)的方向图(1)及计算的方向图(2)

在处理电磁脉冲极化结构的测量结果时,垂直通道 Z 方向图与理论计算的差别,可以通过引入修正因子 $p_z(\theta)$ 消除,而 X 和 Y 通道方向图与理论计算的差别也可通过引入修正因子 $p_x(\varphi)$ 和 $p_y(\varphi)$ 消除。在后面,将把向量接收天线每个通道的信号理解为 $U_{ai}(t)=p_i U'_{ai}(t)$,这里 $U'_{ai}(t)$ 为测得的电压,并且 $i=x$ 、y 、z 。

X 通道在不同的入射角 φ 下和 Z 通道在不同的入射角 θ 下测得的脉冲示波图,在图 9.52 上给出。

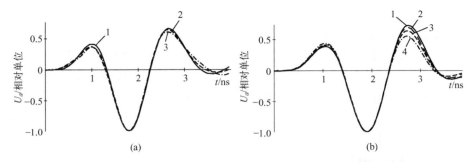

图 9.52　对 X 通道(a)和 Z 通道(b)分别在不同入射角 φ 和 θ 下测得的脉冲示波图

（a）X 通道:1—$\varphi=0°$;2—$\varphi=60°$;3—$\varphi=75°$;（b）Z 通道:1—$\theta=45°$;2—$\theta=60°$;3—$\theta=75°$;4—$\theta=90°$。

　　实验研究表明,采用阻抗偶极子的向量接收天线,测量了在 $0<\theta<90°$ 上半空间范围脉冲辐射的极化结构。此时,测得的电磁脉冲形状的均方偏差不超过 0.15。

　　通过有源天线,可实现接收信号水平增大、向量接收天线的灵敏度提高、通频带扩展及尺寸减小。在文献[44]中,描述了有源向量接收天线结构并给出了研究结果。像阻抗臂的向量接收天线一样,有源向量接收天线,由两个交叉的平衡偶极子和与它们垂直的不平衡偶极子构成,这些偶极子在天线中央部分具有公共外壳,而有源单元本身置于外壳里。这种天线外形和外壳里各单元的布局,如图 9.53 所示。

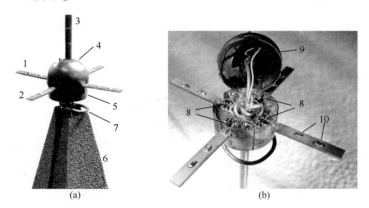

图 9.53　有源向量接收天线外形图和外壳里单元布局(图上标注见正文)

（a）天线外形图;（b）外壳里单元布局。

　　上述天线是由两个水平平衡的偶极子 1 和 2(长度均为 7.6cm)和一个垂直的不平衡偶极子构成,而不平衡偶极子的上臂 3 是长 3cm 的销棒,下臂是直径 2.5cm 金属半球外壳 4 和高 0.7cm 的空心圆筒 5。馈电线路和有源单元供电导线置于金属管内,后者同时又是天线支撑架。金属管利用体积吸收材料 6 封

住。接到圆筒 5 和金属管 6 的是电感元件 7。水平通道的有源单元 8 置于向量
接收天线外壳里的板上。垂直通道的有源单元安装在板 9 上,该板固定到天线
外壳的半球盖上。对偶极子的臂做了剖面,由此可见焊接的阻抗 10。

　　图 9.54(a)上给出了水平通道有源单元的电路图,该有源单元是由两个相
同的放大器构成的,它们是基于场效应晶体管 $T1$ 和 $T2$ 并且按共源极线路完成
的。线路的元器件 $C11(C12)$、$L1(L2)$、$R41(R42)$、$C41(C42)$ 将给出所要求的
有源单元输入阻抗和传输系数的频率依赖关系。有源单元的输出端是由两个
同轴电缆构成的平衡结构。两个水平通道的有源单元是相同的。垂直不平衡
偶极子的臂承载接到有源单元,而后者只占水平通道有源单元的 $1/2$,并且有不
平衡的输出端。向量接收天线的框图,在图 9.54(b)上给出。为了将水平通道
平衡输出端 $X-X'$ 和 $Y-Y'$ 与不平衡输出端的测量装置连接,采用了两通道的超
宽带平衡器。垂直通道不平衡输出端 Z 直接与测量装置连接。

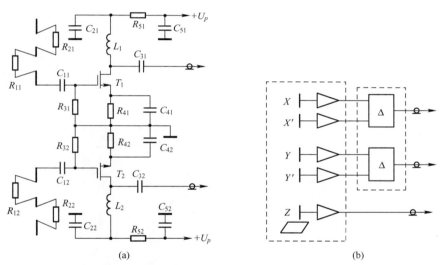

(a)　　　　　　　　　　　　　　　　(b)

图 9.54　水平通道有源单元的电路原理图(a)和有源
向量接收天线的框图(b)(说明见正文)

　　电子元器件在单面镀膜的酚醛玻离印刷电路板上布放,电路板厚 1mm
(图 9.55(a))。在这个板上也制作了偶极子 1 的臂。在接近有源单元输入端
的点 2 处,保证了与向量接收天线外壳有良好的电接触。馈电线路由 0.8mm 的
同轴电缆 3 制作,而该线路和供电导线置入天线的管状支撑架里。为了减少细
电缆中损耗,在距天线 25cm 距离处,在单个电路板上布放从 0.8mm 同轴电缆
转接到 2mm 电缆上。印刷板元器件拓扑和垂直通道有源单元元器件布局图,
在图 9.55(b)上给出。向量接收天线供电电压为 3V,而所要求的总电流不超
过 90mA。

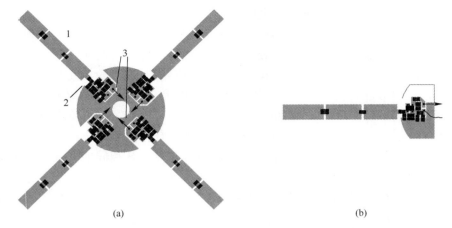

图 9.55　水平通道(a)和垂直通道(b)元器件拓扑和布局图

为了减少天线金属管支撑架外表面上感应并可能影响垂直偶极子的电流,采用了空心圆筒状的阻塞筒 5(图 9.53(a))和螺旋感应单元(见图 9.56)。该单元的尺寸通过实验选取。研究表明,利用直径 2mm 铜丝制作的螺旋天线(图 9.56(a))测得的脉冲示波图,比采用由铜箔带制作的螺旋单元天线的测量结果更精确(图 9.56(b))。

图 9.56　减小馈电电缆影响的电感单元实物图(说明见正文)

作为超宽带辐射源,采用了组合天线,后者是被宽度 0.5ns 双极电压脉冲激发而辐射的[45]。利用水平通道之一和垂直通道,测量了脉冲示波图,如图 9.57 1 和 2 所示。作为标准天线,采用的是 TEM 喇叭天线,其有效长度 $l_e = 4$cm。图 9.57 中 3 给出了 TEM 喇叭天线输出端信号示波图。对于水平通道,向量接收天线的有效长度等于 1.2cm,而对于垂直通道,它的向量接收天线的有效长度等于 1cm。

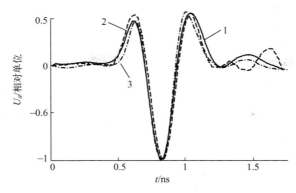

图 9.57　测得的脉冲示波图

1—水平通道之一；2—垂直通道；3—TEM 喇叭天线。

在方向图按半功率水平的宽度范围内，宽度 0.5ns 脉冲形状的均方偏差不超过 0.2。而对于更大宽度(1~3ns)的脉冲，这个量(脉冲形状的均方偏差)还要小。

为了估计有源向量接收天线的动态范围，确定了天线输出端电压发生畸变的最大水平 U_{amax}。接收天线的灵敏度由它的本征噪声水平决定，这个水平等于 50μV。U_{amax} 根据脉冲形状相对于场强小时脉冲形状的畸变水平 $\sigma = 0.1$ 进行估计。有源向量接收天线所在位置的场强，在 50~250V/m 范围内变化。脉冲形状畸变 $\sigma = 0.1$ 时的最大场强，对于向量接收天线水平通道等于 145V/m，而对于相应的垂直通道等于 60V/m。因此，有源向量接收天线的动态范围，对于水平通道不小于 88dB，而对于垂直通道不小于 80dB。

9.4.2　对脉冲电磁场极化结构的研究

利用向量接收天线，研究了组合天线超宽带辐射的极化结构[46]。采用的是组合天线方案，该方案对于利用宽度 1ns 单极电压脉冲和宽度 2ns 双极电压脉冲用作激发，这是最佳的方案。因此，向量接收天线的取向，应当使 X 和 Y 偶极子处在入射波阵面的平面上。

在方向图主最大值的方向上，组合天线超宽带辐射是呈直线极化了的。在偏离方向图最大值时，在组合天线辐射场上出现了交叉极化分量，这将导致向量 E 转一个角度。在图 9.58(a)~(d)上表示出 E 向量在 xOy 平面上的轨迹图，这里(a)~(d)分别对应与组合天线方向图最大值的角度为 15°、30°、45°、60°。图上"S"点对应脉冲的起始点，为展示时间范围各点都注明经过 0.5ns。在组合天线方向图按半功率(≤45°)水平宽度范围内，辐射的极化不是直线的，并且相对组合天线方向图最大值，对于正角度 E 向量投影顺时针旋转，而对于

负角度 E 向量投影逆时针旋转。在组合天线方向图按半功率宽度范围以外,辐射的极化结构变得更为复杂。

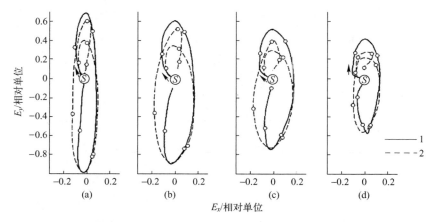

图 9.58　在偏离天线方向图最大值不同角度下组合天线辐射的极化结构图
天线被激发:1—宽度 1ns 单极电压脉冲;2—宽度 2ns 双极电压脉冲
偏离天线方向图最大值的角度:(a)15°,(b)30°,(c)45°,(d)60°。

在研究散射的超宽带脉冲极化结构的实验中,采用的目标是 1.5mm 薄金属带,其尺寸为 680cm×20cm,该金属带朝向辐射器和朝向向量接收天线的两个方向,并且相对金属带平面的法线是对称的。在这个平面上,金属带可相对自己的中心转任意角度: $-90° < \beta \leqslant 90°$。对应 β 的正角度,从接收点看,这个带从垂直位置向右倾斜,而对应 β 的负角度,则从接收点看这个带从垂直位置是向左倾斜。

目标(金属带)利用直线极化电磁场(宽度 $\tau_p = 2ns$)双极脉冲进行辐照,此时带的最大尺寸与辐照脉冲的空间尺度 $c\tau_p$ 相当,这里 c 为光速。发射天线和接收天线应当这样取向,使得在入射场中 E 向量和向量接收天线的轴处于垂直状态,而向量接收天线的 xy 平面同时垂直于朝向目标的方向。向量接收天线 X 和 Y 通道的信号,同时利用数字示波器 Tektronix TDS 7404 进行了测量。

在金属带处于垂直($\beta = 0°$)位置时,反射的脉冲场保持直线极化不变(见图 9.59(a))。在该带转 $\beta = 15°$ 角度时,出现交叉极化的分量(图 9.59(b)),它将改变 E (2)向量的轨迹图。 E 向量旋转方向和轨迹图倾斜,在带倾斜 $\beta = -15°$ 角度(1)时,它向相反方面改变。对于角度 $\beta = \pm 30°$、$\beta = \pm 45°$、$\beta = \pm 60°$、$\beta = \pm 75°$ (分别为图 9.59(c)~(f))时,对应带的每一个位置都有反射脉冲场自己的极化结构。带在水平位置($\beta = 90°$)时,反射脉冲场的极化是直线的,然而 E 向量轨迹图不同于带处在垂直位置时的情况,就是它不论向 E_y 的正值方面还是向 E_y 的负值方面都有大小同样的偏离。

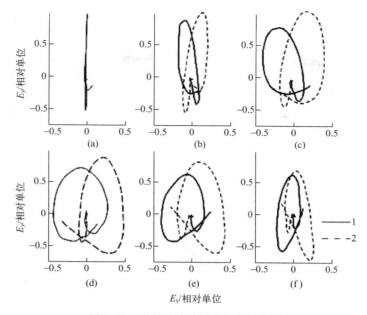

图 9.59　反射的脉冲场的极化结构图

反射角：(a) $\beta=0°$；(b) $\beta=\pm15°$；(c) $\beta=\pm30°$；(d) $\beta=\pm45°$；(e) $\beta=\pm60°$；(f) $\beta=\pm75°$。
图上：实线 1 对应负 β，虚线 2 对应正 β。

实验研究表明，反射脉冲极化结构与延伸目标取向有关系，并且有可能将向量接收天线用于反射脉冲极化结构的研究。可以假设，利用直线极化辐射来探测复杂形状的延伸目标时，反射脉冲的极化将不是直线的。

9.4.3　超宽带电磁脉冲到达方向的确定

如果电磁脉冲场是直线极化的，则利用向量接收天线可以确定 E 向量的取向，但是不能单值地确定波的到达方向。在入射脉冲辐射不是直线极化时，向量 E 轨迹图是由三个参数函数 $U_{ax}(t)$、$U_{ay}(t)$、$U_{az}(t)$ 给出的空间曲线。恢复的轨迹图平面的法线，与朝向辐射源的方向重合。

由于向量接收天线通道的方向图，不同于理论的方向图，则为了确定波的到达方向，采用了两个算法[42,44]。第一算法是快速算法，不够精确，但可以用作波到达方向预先估计并根据测量的电压 $U'_{ai}(t)$ 寻求向量接收天线通道的修正因子 p_i。这个算法是根据三个点确定波阵面平面：坐标系中心、E 向量轨迹图最大值点和 E 向量轨迹图点来确定，最后的点根据这些点与坐标系中心连接线段的垂直性条件求得。

第二算法采用 $U_{ai}(t)=p_iU'_{ai}(t)$ 值。这个算法是在脉冲或它的部分时间过程中向量 E 轨迹图所有点与待求平面的均方偏差最小值基础上计算的。待求平面的垂线与朝向辐射源的方向重合。这个算法更精确,但是要求更多的计算机资源。

为了获取不同于直线的极化辐射,曾采用组合发射天线[46],并且使它在 H 平面上转离主方向 45°。交叉极化分量的峰值,为主极化分量峰值的 0.25 大小。在向量接收天线三个输出端上电压与向量 E 的坐标分量成正比,对它们借助示波器 TDS6604 同时进行了测量。在图 9.60 上给出了向量 E 的轨迹图,它是根据向量 E 的三个投影数据构建的。

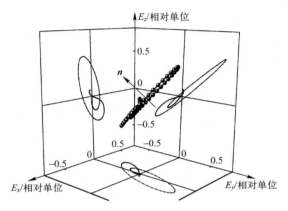

图 9.60   电压向量 E 轨迹图及其投影

辐射到达方向的测量结果,是借助上面叙述的方法得到的,它表示在图 9.61 上。按圆弧截取了水平角 φ,而角 φ 是从与向量接收天线联系在一起的坐标系 x 轴算起的,而按半径截取的垂直角 θ,是从 z 轴算起的。在实验中给定的辐射入射方向用"+"符号表示,而测得的辐射入射方向用"○"符号表示。辐射是宽度 2ns 的双极脉冲,这里辐射是指主极化并且交叉极化分量对主极化的幅度比值为 0.25。

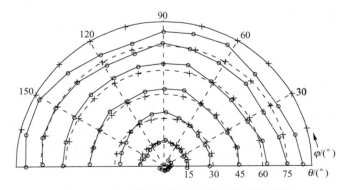

图 9.61   脉冲电磁辐射到达方向的测量结果

"+"表示给定的到达方向,"○"表示测量的到达方向。

脉冲电磁辐射到达方向确定的精确度,在角度 θ 接近 90°时,由于电缆的影响而降低了。对所有测量点的均方误差,对 θ 角不超过 4°,而对于 φ 角不超过 1°。

小结

本章阐述了对接收超宽带电磁脉冲的天线在畸变很小时的基本要求,采用行波叠加方法揭示并研究了直线接收天线在接收脉冲时影响脉冲形状畸变的因素,引入了接收天线传输函数的概念,并得到了计算偶极子接收天线和喇叭接收天线传输函数的关系式。

已经表明,接收天线在接收超宽带电磁脉冲且畸变很小,即在天线负载上电压脉冲形状与电磁脉冲形状的均方偏差不超过 0.2 时,在下面几种情况下是可能的:

(1) 采用长臂的短偶极子,其臂长不超过脉冲空间尺度的一半,并且这样的偶极子同时要接到超过它本身阻抗绝对值几倍的阻抗上;

(2) 采用偶极子,其臂由单位长度阻抗不小于 $10^3\Omega/\mathrm{m}$ 的阻抗材料制成;

(3) 采用不同轴臂的偶极子(V 形天线),其臂长超过脉冲空间尺度,同时臂间的夹角小于 20°;

(4) 采用 TEM 喇叭天线,其长度超过脉冲空间尺度的 1/2,开口不超过脉冲空间尺度的 1/4;

(5) 采用有源天线,它们是短的偶极子或单极子,并且给它们加上可控的能源(有源单元),而作为有源单元通常采用的是电压放大器。

我们研讨了向量接收天线的构建原理,阐述了这种天线的计算方法,可以利用这种天线,同时并且独立地测量电磁脉冲 $\boldsymbol{E}$ 向量的三个投影。已经表明,借助向量天线可以研究超宽带脉冲的极化结构,同时该脉冲既可以是辐射产生的,也可以是被延伸目标散射产生的,而且也可以确定这个脉冲的到达方向。

问题和检测试题

1. 什么是接收天线的传输函数?

2. 喇叭接收天线方向图形状如何依赖负载接入方法?

3. 为什么短偶极子负载电阻增大时,偶极子传输函数的频率依赖关系会减弱?

4. TEM 喇叭天线与 V 形天线有什么差别?

5. 接收功率和再辐射功率的比值如何依赖负载电阻?

6. 有直径为 0.001λ 和长度为 0.25λ 的接收导线,如果它的直径增大 30 倍,导线中的电流波衰减系数改变多少倍?

7. 利用式(9.11)证明,存在一个再辐射功率最小的负载阻抗值。

参考文献

[1] Ильюшенко В. Н. , Авдоченко Б. И. , Баранов В. Ю. , Липин В. С. , Чуреков В. П. Пикосекундная импульсная техника. /Под ред. Ильюшенко В. Н. – М. : Энергоатомиздат, 1993. –368 c.

[2] Марков Г. Т. , Сазонов Д. М. Антенны. –М. : Энергия, 1975. –528 c.

[3] Helmholtz H. Über einige gesetze der vertheilung elektrischer ströme in körperlichen leitern mit anwendung auf die thierisch–elektrischen versuche // Ann. der Physik und Chemie. 1853. Bd. 89. No. 6. S. 211–233.

[4] Thévenin L. Extension de la loi d'Ohm aux circuits électromoteurs complexes // Annales Télégraphiques (3eme série). 1883. V. 10. No. 5. P. 222–224.

[5] Лавров Г. А. , Князев А. С. Приземные и подземные антенны. –М. : Сов. Радио, 1965. –472 c.

[6] Драбкин А. Л. , Зузенко И. Л. Антенно–фидерные устройства. –М. : Сов. Радио, 1961. –816 c.

[7] Надененко С. И. Антенны. –М. : Связьиздат, 1959. –552 c.

[8] Щелкунов С. , Фриис Г. Антенны (теория и практика) / Пер. с англ. под ред. Л. Д. Бахраха. –М. : Сов. Радио, 1955. –604 c.

[9] Stratton J. A. , Chu L. J. Steady–state solutions of electromagnetic field problems. // J. Appl. Phys. 1941. V. 12. No. 3. P. 230–248.

[10] Кессених В. Н. О волновом сопротивлении длинной однопроводной линии // ДАН. 1940. Т. 27. № 4. C. 558–562.

[11] Кинг Р. , Смит Г. Антенны в материальных средах: В 2–х книгах. / Пер. с англ. В. Б. Штейншлейгера –М. : Мир, 1984. –824 c.

[12] Кессених В. Н. Распространение радиоволн. –М. : ГИТТЛ, 1953. –488 c.

[13] Калантаров П. Л. , Цейтлин Л. А. Расчет индуктивностей: Справочная книга. 3–е изд. –Л. : Энергоатомиздат, 1986. –488 c.

[14] Рамо С. , Уиннери Дж. Поля и волны в современной радиотехнике / Пер. с англ. Л. П. Лисовского, И. А. Полетаева, А. И. Шестакова под ред. Ю. Б. Кобзарева –М. : Гостехиздат, 1948. –632 c.

[15] Chen K. –M. , Liepa V. V. Minimisation of the back–scattering of a cylinder by control loading. // IEEE Trans. Antennas Propogat. 1964. V. 12. No. 5. P. 576–582.

[16] Podosenov S. A. , Sokolov A. A. , Al'betkov S. V. Excitation of a V–antenna by a pulse electromagnetic field // IEEE Trans. Electromagn. Compat. 1996. V. 38. No. 1. P. 31–42.

[17] Подосенов С. А. , Потапов А. А. , Соколов А. А. Импульсная электродинамика широкополосных радиосистем и поля связанных структур. /Под ред. А. А. Потапова. –М. : Радиотехника, 2003. –720 c.

［18］ Литвиненко О. Н. , Сошников В. И. Теория неоднородных линий и их применение в радиотехнике. −М. : Сов. Радио, 1964. −536 с.

［19］ Ротхаммель К. , Кришке А. Антенны. Том 2. : Пер. с нем. − М. : ЛАЙТ Лтд, 2000. −411 с.

［20］ Farr E. G. , Baum C. E. A simple model of small−angle TEM horns // Sensor and Simulation Notes. Edited by C. E. Baum. USA, New Mexico, Kirtland: Air Force Research Laboratory, Directed Energy Directorate, 1992. No. 340.

［21］ Lee R. T. , Smith G. S. A design study for the basic TEM horn antenna // IEEE Antennas and Propagation Magazine. 2004. V. 46. No. 1. P. 86−92.

［22］ Lee R. T. , Smith G. S. On the characteristic impedance of the TEM horn antenna // IEEE Trans. Antennas Propogat. 2004. V. 52. No. 1. P. 315−318.

［23］ Farr E. G. , Baum C. E. , Prather W. D. , Bowen L. H. Multifunction impulse radiating antennas: Theory and experiment // Ultra−Wideband, Short−Pulse Electromagnetics 4. Edited by E. Heyman et al. , New York: Plenum Press, 1999. P. 131−144.

［24］ Изюмова Т. И. , Свиридов В. Т. Волноводы, коаксиальные и полосковые линии. − М. : Энергия, 1975. − 112 с.

［25］ Андреев Ю. А. , Кошелев В. И. , Плиско В. В. Характеристики ТЕМ антенн в режимах приема и излучения // Доклады 5 Всероссийской научно − технической конференции《Радиолокация и радиосвязь》. Россия, Москва: Институт радиотехники и электроники им. В. А. Котельникова РАН, 21 −25 ноября 2011. С. 77−82.

［26］ Ганстон М. А. Р. Справочник по волновым сопротивлениям фидерных линий СВЧ / Пер. с англ. под ред. А. З. Фрадкина. −М. : Связь, 1976. −152 с.

［27］ Wu T. T. , R. King W. P. The cylindrical antenna with nonreflecting resistive loading // IEEE Trans. Antennas Propogat. 1965. V. 13, No. 5. P. 369−373.

［28］ Esselle K. P. , Stuchly S. S. Pulse−receiving characteristics of resistively loaded dipole antennas// IEEE Trans. Antennas Propogat. 1990. V. 38, No. 10. P. 1677−1683.

［29］ Балзовский Е. В. , Буянов Ю. И. , Кошелев В. И. Сверхширокополосная дипольная антенна с резистивными плечами // Радиотехника и электроника. 2004. Т. 49, №4. С. 460−465.

［30］ Балзовский Е. В. , Буянов Ю. И. , Кошелев В. И. Активная антенна для измерения импульсных электрических полей // Известия вузов. Физика. 2007. Т. 50,№5. С. 82−86.

［31］ Meinke H. Aktive antennen //Nachrichten Technische Zeitschrift. 1966. Bd. 19, №12. S. 697−704.

［32］ Meinke H. , Flachenecker G. Active antennas with transistors // Broadcast and communications. 1967. V. 3. No. 3. P. 18−24.

［33］ Meinke H. Zur definition einer aktiven antenne // Nachrichten Technische Zeitschrift. 1973. Bd. 26. No. 4. S. 179−180.

［34］ Андреев Ю. А. , Буянов Ю. И. , Кошелев В. И. , Плиско В. В. Приемная антенна для исследования пространственно - временной структуры сверхширокополосных электромагнитных импульсов // Электромагнитные волны и электронные системы, 2001. Т. 6, № 2-3. С. 69-75.

[35] Андреев Ю. А. , Буянов Ю. И. , Кошелев В. И. Комбинированная антенна с расширенной полосой пропускания // Радиотехника и электроника. 2005. Т. 50. №5. С. 585-594.

[36] Челышев В. Д. Приемные радиоцентры. -М. : Связь, 1975. -264 с.

[37] Yoon I. -J. , Balzovsky E. , Buyanov Yu. , Park S. -H. , Kim Y. , Koshelev V. Active integrated antenna for mobile TV signal reception // Microwave and Optical Technology Letters. 2007. V. 49. No. 12. P. 2998-3001.

[38] Балзовский Е. В. , Буянов Ю. И. , Кошелев В. И. Двухполяризационная приемная антенная решетка для регистрации сверхширокополосных импульсов // Радиотехника и электроника. 2010. Т. 55. № 2. С. 184-192.

[39] Князь А. И. , Каторгин В. А. Векторные приемные антенны // Зарубежная радиоэлектроника. 1984. №8. С. 36-42.

[40] Булахов М. Г. , Буянов Ю. И. . Якубов В. П. Поляризация поля интерференции при отражении электромагнитной волны от границы раздела сред. // Известия вузов. Физика. 1996. Т. 39. №10. С. 65-70.

[41] Koshelev V. I. , Balzovsky E. V. , Buyanov Yu. I. Investigation of polarization structure of ultrawideband radiation pulses // Proc. IEEE Pulsed Power Plasma Science Conf. 2001. V. 2. P. 1657-1660.

[42] Балзовский Е. В. , Буянов Ю. И. , Кошелев В. И. Векторная приемная антенна для измерения поляризационной структуры сверхширокополосных электромагнитных импульсов // Радиотехника и электроника. 2005. Т. 50. № 8. С. 938-947.

[43] Koshelev V. I. , Balzovsky E. V. , Buyanov Yu. I. , Konkov P. A. , Sarychev V. T. , Shipilov S. E. Radar signal polarization structure investigation for object recognition // Ultra-Wideband, Short-Pulse Electromagnetics 7. Edited by F. Sabat et al. , New York: Springer, 2007. P. 707-714.

[44] Balzovsky E. V. , Buyanov Yu. I. , Koshelev V. I. Characterization of active vector receiving antenna // Proc. 16 Inter. Symp. on High Current Electronics. Russia, Tomsk: Institute of High Current Electronics SB RAS, 2010. P. 451-454.

[45] Ефремов А. М. , Кошелев В. И. , Ковальчук Б. М. , Плиско В. В. . Сухушин К. Н. Мощные источники сверхширокополосного излучения с субнаносекундной длительностью импульса // Приборы и техника эксперимента. 2011. Т. 54. № 1. С. 77-83.

[46] Губанов В. П. , Ефремов А. М. , Кошелев В. И. , Ковальчук Б. М. , Коровин С. Д. , Плиско В. В. , Степченко А. С. , Сухушин К. Н. Источники мощных импульсов сверхширокополосного излучения с одиночной антенной и многоэлементной решеткой // Приборы и техника эксперимента. 2005. Т. 48. №. 3. С. 46-54.

第 10 章　发 射 天 线

引言

在超宽带脉冲辐射时,它的频谱所占的频带宽度大于两个倍频,而它的脉冲形状发生畸变可能有下面几个原因:

(1) 正如前面第 5 章表明的,远区的电场是由短偶极子辐射的,它的强度 $E(t)$ 与电流 $I(t)$ 对时间的导数成正比。由于任何辐射器都可用一组基本电偶极子表示,而辐射的电磁脉冲形状与激发辐射器的电流脉冲形状有很大的不同。

(2) 电磁脉冲形状应当满足均衡性条件 $\int_{-\infty}^{\infty} E(t)\,dt = 0$,由此还可以得出,能够在空间作为电磁脉冲存在的最短辐射脉冲,是双极脉冲,即宽度为一个振荡周期的辐射脉冲。

(3) 任何天线的通频带都是有限的,在一般情况下,可以把天线看作是滤波器。如果天线的通频带比脉冲频谱所占的频带窄,则激发辐射器的电流脉冲的形状不可避免地会发生畸变。

上面所列的第 1 原因,是由电磁场辐射时的物理过程决定的,并且也不可能消除掉。至于说第 2 和第 3 原因,则由它们产生的脉冲形状畸变可以大大地减小,如果激发天线采用的电流脉冲满足均衡条件,并且该电流脉冲具有的频谱形状应使其主要能量部分集中在有限的频带之内。电磁脉冲辐射的效率为它辐射的能量与加到辐射器输入端的脉冲能量之比。这个效率不仅决定于辐射器的性质,也决定于它的脉冲形状。本来应当是,实际的天线与馈电线路在有限的频带内是匹配的。如果匹配频带小于电流脉冲频谱所占的频带,则部分脉冲能量将从天线的输入端反射回来。

因此,为了使辐射的脉冲具有最大的效率,而脉冲形状的畸变又最小,天线应当具有电流脉冲频谱所占频带相当的通谱带,例如,此时频带内应当集中不小于90%的天线输入端的电磁脉冲能量。

对辐射器的通频带,我们理解为决定天线工作能力基本特性的频率区间,同时在该区间上其基本特性是不变的或在允许范围内变化。

如果只是要求天线辐射时具有最大效率,则无线的基本特性如下:

(1) 天线方向图形状和它的。

(2) 输入阻抗以及与馈电线路的匹配程度。

如果对天线还要求脉冲形状畸变最小,则对它的基本特性还必须补充下面参数:

(1) 极化特性和。

(2) 存在相位中心及其位置。

如果准备采用辐射器作为扫描天线阵列的单元,此时应对辐射器的尺寸及其方向图形状加上足够苛刻的限制条件。

对超宽带脉冲辐射器可以提出研制要求,如果已知下述参数:

(1) 激发脉冲的宽度和形状,

(2) 所要求的辐射效率,

(3) 辐射脉冲形状畸变的允许程度。

在这种情况下,应当考虑上面给出的关于脉冲形状、辐射效率和辐射脉冲形状畸变程度间相互的关系。除了最大的带宽要求之外,在一些情况下,对超宽带脉冲辐射器也应当要求具有很高的电气强度,因为现代的形成器可以产生幅度达几百千伏的电压脉冲。

在制定超宽带脉冲辐射器构建原理时,首先必须揭示并研究影响天线带宽的因素。

10.1 发射天线的传输函数

任何辐射系统在用于产生超宽带辐射脉冲时,至少应当含有电压或电流脉冲发生器、馈电线路和在所需方向上辐射脉冲的天线。电磁波辐射的过程,也是变电流和电荷的能量转换为电磁波能量,并在周围介质中自由传播的过程。这个过程具有惯性的特点,因此电磁场分量的时间依赖关系,与用于激发电磁场的电流和电荷的时间依赖关系是不一致的。由于馈电线路中能量损失和过程的惯性,可能发生脉冲形状的附加畸变。

10.1.1 辐射源的传输函数

为了揭示影响电磁辐射脉冲形状畸变的因素,下面将研究超宽带辐射源的简化结构图,如图 10.1 所示。

脉冲发生器在其输出端(接线柱 1-1′),形成具有频谱函数 $U(\omega)$ 的电压脉冲 $U(t)$,这个脉冲通过波阻抗 ρ_f 的馈电线路加到天线的输入端(接线柱 2-2′),而天线将电压或电流脉冲变换为电磁场脉冲,后者以具有频谱函数 $E(r,\omega)$ 的自由波形式传播。在下面讨论中假设,发生器与馈电线路是匹配的,而连接发生器与天线的馈电线路,没有对电压脉冲形状造成畸变,即馈电线路的传输系数等于 1,并且与频率无关。在这种情况下可以认为,天线由内阻 ρ_f 的电动势源 $U(t)$ 激发。由于天线是馈电线路的负载,因此可以将它表达成具有复阻抗的二端网络形式,而这个复阻抗等于天线的输入阻抗:$Z_\mathrm{a}(\omega) = R_\mathrm{a}(\omega) + \mathrm{i}X_\mathrm{a}(\omega)$。

在这种情况下 $U_\mathrm{a}(\omega) = U(\omega) \dfrac{Z_\mathrm{a}(\omega)}{Z_\mathrm{a}(\omega) + \rho_\mathrm{f}}$,而天线输入端的电流等于 $I_0(\omega) = U_\mathrm{a}(\omega)/Z_\mathrm{a}(\omega)$。

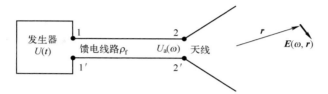

图 10.1 超宽带辐射脉冲源的结构图

发射天线的等效电路,如图 10.2 所示。

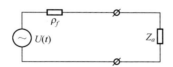

图 10.2 发射天线的等效电路图

辐射器在远区建立的电场强度,由下面表达式确定[1]:

$$E(r,\omega) = -\mathrm{i}\omega\mu_0 I_0(\omega) \frac{\exp\left(-\mathrm{i}\omega\dfrac{r}{c}\right)}{4\pi r} \int_{V_\mathrm{a}} j(\omega,r') \exp\left(\mathrm{i}\omega\frac{r'}{c}\cos\alpha\right) \mathrm{d}^3 r'$$

$$(10.1)$$

式中:$j(\omega,r')$ 为归一到 $I_0(\omega)$ 的电流分布函数;r 为观测点的半径向量;r' 为辐射器点的半径向量;α 为 r 和 r' 间的空间角度。因子 $\mathrm{i}\omega$ 表征,对于每一个频谱分量,辐射的场强都与 $\dfrac{\mathrm{d}}{\mathrm{d}t}\exp(\mathrm{i}\omega t)$ 成正比。

此时,辐射源的传输函数由下面关系式确定:

$$H_\mathrm{t}(r,\omega) = \frac{E(r,\omega)}{U(\omega)} = -\frac{\mathrm{i}\omega\mu_0}{Z_\mathrm{a}(\omega) + \rho_\mathrm{f}} \frac{\exp\left(-\mathrm{i}\omega\dfrac{r}{c}\right)}{4\pi r} \int_{V_\mathrm{a}} j(\omega,r') \exp\left(\mathrm{i}\omega\frac{r'}{c}\cos\alpha\right) \mathrm{d}^3 r'$$

$$(10.2)$$

式中:因子 $\dfrac{\exp\left(-\mathrm{i}\omega\,\dfrac{r}{c}\right)^{①}}{4\pi r}=R(\omega,r)$ 可以看作是自由空间的传输函数,它与辐射源的特性无关,也不对脉冲形状造成畸变。在这种情况下:

$$\boldsymbol{H}_\mathrm{t}(\boldsymbol{r},\boldsymbol{\omega})=R(r,\boldsymbol{\omega})\boldsymbol{H}_\mathrm{a}(\alpha,\boldsymbol{\omega})$$

式中: $\boldsymbol{H}_\mathrm{a}(\alpha,\boldsymbol{\omega})$ 的意义是天线的空间-频率向量的传输函数,它可以表示如下式:

$$\boldsymbol{H}_\mathrm{a}(\alpha,\boldsymbol{\omega})=\frac{-\mathrm{i}\omega\mu_0}{Z_\mathrm{a}(\boldsymbol{\omega})+\rho_f}\int_{V_\mathrm{a}}\boldsymbol{j}(\boldsymbol{\omega},\boldsymbol{r}')\exp\left(\mathrm{i}\omega\,\frac{r'}{c}\cos\alpha\right)\mathrm{d}^3\boldsymbol{r}' \qquad (10.3)$$

如果已知天线的传输函数 $\boldsymbol{H}_\mathrm{a}(\alpha,\boldsymbol{\omega})$,则在 α 方向上辐射的电磁脉冲形状 $\boldsymbol{E}(t)$,可以由 $\boldsymbol{H}_\mathrm{a}(\alpha,\boldsymbol{\omega})$ 与激发脉冲的频谱函数 $U(\boldsymbol{\omega})$ 之积的逆傅里叶变换确定。对于形状无畸变的脉冲辐射,应当满足无畸变传输的条件:

$$\left|\boldsymbol{H}_\mathrm{a}(\boldsymbol{\omega})\right|=\cos nt,\quad \arg(\boldsymbol{H}_\mathrm{a}(\boldsymbol{\omega}))=-t_0\omega \quad (\omega_{\min}<\omega<\omega_{\max}) \qquad (10.4)$$

式中: t_0 为某个常数,它具有时间量纲; $\omega_{\min}$ 和 $\omega_{\max}$ 分别为信号频谱所占频带的下边界和上边界。

在一般情况下,传输函数可以通过下面天线参数表示:

$$\boldsymbol{H}_\mathrm{a}(\alpha,\boldsymbol{\omega})=-\mathrm{i}kA(\boldsymbol{\omega})\left|f(\alpha,\boldsymbol{\omega})\right|\exp\left[\mathrm{i}\psi(\alpha,\boldsymbol{\omega})\right]\boldsymbol{p}(\alpha,\boldsymbol{\omega}) \qquad (10.5)$$

式中: $k=\omega/c$ 为自由空间波数; $A(\boldsymbol{\omega})=\dfrac{Z_0}{\rho_f+Z_\mathrm{a}(\boldsymbol{\omega})}$ 为幅度因子,它与空间坐标无关, Z_0 为自由空间的波阻抗; $\left|f(\alpha,\boldsymbol{\omega})\right|$ 为方向图的幅度; $\psi(\alpha,\boldsymbol{\omega})$ 为方向图相位特性; $\boldsymbol{p}(\alpha,\boldsymbol{\omega})$ 为极化特性。

参数 $A(\boldsymbol{\omega})$ 的频率依赖关系,基本上决定于天线输入阻抗 $Z_\mathrm{a}(\boldsymbol{\omega})$ 的频率依赖关系,它在天线与馈电线路失匹时导致信号频谱函数的畸变。有限尺寸辐射器方向图的形状依赖于频率,并且对于大部分天线,随着频率上升方向图主瓣宽度减小,而它的主最大值方向可能改变,这将导致辐射信号的频谱函数变为空间依赖的函数,即在不同方向上辐射的信号形状不同。辐射信号频谱由于天线极化特性的频率依赖关系,可能产生附加的空间-频率畸变。辐射方向的相位特性具有频率依赖关系,这主要由天线输入阻抗的频率依赖关系决定,而方向图的空间依赖关系则由天线尺寸和结构决定。在一般情况下 $\psi(\alpha,\boldsymbol{\omega})\neq t_0\omega$,这也就导致不能满足无畸变传输条件。

现在为了辐射超宽带信号,可采用几种类型天线和几十种结构的实施方案。几乎对每种类型的天线,已经制定或正在制定各自的计算方法,这将使对

---

① 根据作者2016.12.28来信,原书中因子 $\dfrac{\exp\left(\mathrm{i}\omega\,\dfrac{r}{c}\right)}{4\pi r}=R(\omega,r)$ 改为因子 $\dfrac{\exp\left(-\mathrm{i}\omega\,\dfrac{r}{c}\right)}{4\pi r}=R(\omega,r)$ ——译者注。

不同类型天线特性的时间或频率依赖关系的定量分析,变得更加复杂。然而,为了揭示影响辐射脉冲形状发生畸变的因素,必须对天线特性进行充分的定性分析。在这种情况下,对现有的所有天线最好分成三组:

(1) 直线辐射器,其天线的横向尺寸远小于其纵向尺寸,而其辐射场由线性电流建立,这个电流只沿着辐射器改变;

(2) 孔径辐射器,其天线的辐射场是由在某个表面上分布的电流建立的;

(3) 组合辐射器,其天线由两个和更多个不一样的辐射器构成。

根据叠加原理,组合辐射器的场由构成它的直线辐射器或孔径辐射器的场之和给出。孔径辐射器的场,如果辐射表面由一组直线辐射器构成,可由直线辐射器的场之和确定。因此,为了揭示影响天线传输函数频率依赖关系的因素,应当充分研究直线辐射器方向特性及其输入阻抗的频率依赖关系,而这些参数都取决于辐射器的电流分布函数。

10.1.2　直线辐射器中的电流分布

假设长 L 的直线导体沿着 z 轴布放,其波阻抗为 ρ_a。给处在坐标原点的导体加上电动势源 U,其内阻为 Z_1,而在导体终端接上电阻 Z_2,如图 10.3 所示。在电动势作用下,导体中产生幅度 $I_0 = U/(\rho_a + Z_1)$ 的电流波,该波以速度 v 沿着导体传播。在 z 的正方向传播的电流波,到达导体终端,从负载 Z_2 发生反射,其反射系数为 Γ_2,同时它的幅度为 $\Gamma_2 \exp[-i\omega(L-z)/v]$,该波又在反方向传播。而后,该波以反射系数 Γ_1 又从电阻 Z_1 反射,同时产生了附加的相移 $\beta L = \omega(L-z)/v$,该波又在正 z 方向传播,以此类推。因此,在 z 点的电流值等于到过这个点的所有再反射波的电流之和。

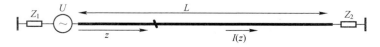

图 10.3　直线辐射器示意图

在 $U(\omega) = U_0 \exp(i\omega t)$ 的谐波作用下,有

$$I(z) = I_0 \big[\exp(-i\gamma z) + \Gamma_2 \exp(-i2\gamma L)\exp(i\gamma z) + \Gamma_1\Gamma_2\exp(-i2\gamma L)\exp(-i\gamma z)$$
$$+ \Gamma_1\Gamma_2^2\exp(-i4\gamma L)\exp(i\gamma z) + \Gamma_1^2\Gamma_2^2\exp(-i4\gamma L)\exp(-i\gamma z) + \cdots \big] \quad (10.6)$$

式中:$\gamma = \omega/v$ 为电流波沿着导体传播的常数。式(10.6)方括号内的相加项,可以分成两组无限几何级数,它们的和具有下面表达式:

$$I(z) = \frac{U}{Z_1 + \rho_a} \frac{\exp(-i\gamma z) + \Gamma_2 \exp(-i2\gamma L)\exp(i\gamma z)}{1 - \Gamma_1\Gamma_2\exp(-i2\gamma L)} \quad (10.7)$$

假设,电流波沿着导体的场具有 TEM 波的特点,则它的反射系数为

$$\Gamma_1 = (\rho_a - Z_1)/(\rho_a + Z_1), \quad \Gamma_2 = (\rho_a - Z_2)/(\rho_a + Z_2)$$

在这种情况下,式(10.7)可以表达如下:

$$I(z) = \frac{U}{Z_1 + Z_a}\left(\cos(\gamma z) - \mathrm{i}\frac{Z_a}{\rho_a}\sin(\gamma z)\right) \tag{10.8}$$

式中:Z_a 为辐射器的输入阻抗,即

$$Z_a = \rho_a \frac{Z_2 + \mathrm{i}\rho_a \tan(\gamma L)}{\rho_a + \mathrm{i}Z_2 \tan(\gamma L)} \tag{10.9}$$

上面得到的表达式,描述了电流在不平衡直线辐射器–单极子中的分布,后者是从一端被激发的。利用式(10.8),可以研究辐射器阻抗和辐射特性在不同的工作方式下的频率依赖关系,而工作方式由辐射器终端的条件、波阻抗 ρ_a 以及电流波传播常数 γ 值决定。假设发生器与馈电线路是匹配的,此时有 $Z_1 = \rho_f$。还必须考虑,由于消耗在辐射上的损失,ρ_a 和 γ 成为复量,对这种情况的计算方法已在9.1.3节中介绍。

如果 $Z_2 = \rho_a$,直线辐射器的电流分布由下面关系式确定:

$$I(z) = \frac{U}{\rho_f + Z_a}\exp(-\mathrm{i}\gamma z) \tag{10.10}$$

式中:$Z_a \cong \rho_a$,即在辐射器中形成电流行波。这种辐射器称作行波天线(АБВ)。

如果终端负载没有,即 $Z_2 \to \infty$,则 $Z_a = -\mathrm{i}\rho_a \cot\gamma L$,而式(10.8)转换为下式:

$$I(z) = \frac{U}{Z_1 + Z_a}\frac{\sin[\gamma(L-z)]}{\sin\gamma L} \tag{10.11}$$

即沿着导体形成了电流驻波。这种辐射器将称作驻波天线(АСВ)。

驻波天线(偶极子天线)的平衡方案,如图10.4所示。这个方案由附加在负 z 方向上长 L 的直线辐射器构成,在负 z 方向上的电流分布由下面公式描述:

$$I(-z) = \frac{0.5U}{\rho_a + 0.5Z_1}\frac{\exp[\mathrm{i}\gamma(L+z)] - \exp[-\mathrm{i}\gamma(L+z)]}{\exp[\mathrm{i}\gamma L] + \Gamma_1\exp[-\mathrm{i}\gamma L]} = \frac{0.5U}{0.5Z_1 - \mathrm{i}\rho_a\cot\gamma L}\frac{\sin[\gamma(L+z)]}{\sin\gamma L}$$

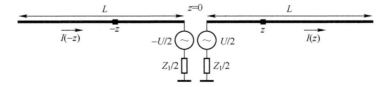

图 10.4　偶极子辐射器示意图

在这种情况下,得到平衡偶极子的正弦电流分布表达式如下:

$$I(z) = \frac{U}{Z_1 - \mathrm{i}\rho_d\cot\gamma l}\frac{\sin[\gamma(L-|z|)]}{\sin\gamma L} \tag{10.12}$$

式中:$\rho_d = 2\rho_a$ 为偶极子的波阻抗。在计算 γ 和 ρ_d 时,也采用了迭代方法(见9.1.3 节),但是为了在初始近似时快速收敛,辐射阻抗是根据具有正弦电流分布的偶极子,但不考虑辐射的能量损失(在 $\gamma = k$ 时)的公式计算的:

$$R_\Sigma = 120 \int_0^\pi \frac{\left[\cos(kL\cos\theta) - \cos(kL)\right]^2}{\sin\theta} \mathrm{d}\theta$$

前述方法不难推广到曲线辐射器的情况,因为在式(10.6)中几何级数之和与辐射器的形状无关,所以,必须在电流分布中代替 z 代入沿着曲线导体的坐标 ζ,并在计算辐射场时考虑导体的曲率以确定从辐射器点处到观测点处的相移。在半径 b 的环形辐射器且不平衡激发的情况下,源点的坐标 $\zeta = b\delta$,辐射器长度 $L = 2\pi b$,如图 10.5 所示。

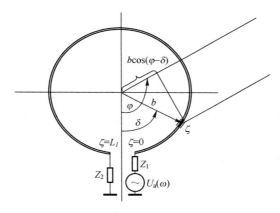

图 10.5　环形辐射器示意图

在这种情况下,电流分布可由下式描写:

$$I_l(\zeta) = \frac{U}{Z_1 + Z_l}\left(\cos(\gamma\zeta) - \mathrm{i}\frac{Z_l}{\rho_l}\sin(\gamma\zeta)\right) \tag{10.13}$$

式中:$Z_l = \rho_l \dfrac{Z_2 + \mathrm{i}\rho_l\tan(2\gamma\pi b)}{\rho_l + \mathrm{i}Z_2\tan(2\gamma\pi b)}$ 为环形辐射器的输入阻抗;$\rho_l = 60\left(\ln\dfrac{8b}{a} - 2\right)$ 为环形辐射器导体的波阻抗,a 为导体半径。

上面得到的表达式,描写了直线辐射器的电流分布,并利用它研究了不同工作方式下的特性,而工作方式本身是由辐射器终端条件和它的波阻抗 ρ_a 以及电流波传播常数 γ 值决定的。

10.1.3　直线辐射器的传输函数

沿着 z 轴布放的直线辐射器辐射的场,具有不依赖频率的线性极化,这个场利用式(10.8)可以表达成下式:

$$E_\theta = -\frac{i\omega\mu_0\exp(-ikr)\sin\theta}{4\pi r}\int_0^L I(z)\exp(ikz\cos\theta)\,\mathrm{d}z$$

$$= -\frac{ikUZ_0\sin\theta\exp(-ikr)}{4\pi r(\rho_f + Z_a)}\int_0^L\left(\cos(\gamma z) - i\frac{Z_a}{\rho_a}\sin(\gamma z)\right)\exp(ikz\cos\theta)\,\mathrm{d}z$$

$$(10.14)$$

在这种情况下,传输函数式(10.5)具有下面形式:

$$\boldsymbol{H}_a(\theta,\omega) = A(\omega)\,|f(\theta,\omega)|\,\exp[i\boldsymbol{\Psi}(\theta,\omega)]\boldsymbol{p}(\theta,\omega) \qquad (10.15)$$

式中:$A(\omega) = \dfrac{-ikZ_0}{\rho_f + Z_a(\omega)}$,$Z_a(\omega) = \rho_a\dfrac{Z_2 + i\rho_a\tan(\gamma L)}{\rho_a + iZ_2\tan(\gamma L)}$ 为天线阻抗;$\boldsymbol{p}(\theta,\omega) = \theta_0$ 为极化特性,这里 θ_0 为极化特性(球坐标系的单位向量),$|f(\theta,\omega)| = \left|\sin\theta\int_0^L\left(\cos(\gamma z) - i\dfrac{Z_a}{\rho_a}\sin(\gamma z)\right)\exp(ikz\cos\theta)\,\mathrm{d}z\right|$ 为幅度方向图,$\boldsymbol{\Psi}(\theta,\omega) = \arg[f(\theta,\omega)]$ 为方向的相位特性,对于直线辐射器,后一个特性满足不畸变传输条件。

因此,直线辐射器传输函数的频率依赖关系,由因子 $i\omega$ 以及输入阻抗和幅度方向图的频率依赖关系决定,而它们又依赖于辐射器终端条件。假设直线性极化的理想辐射器与馈电线路匹配,同时具有不依赖频率的方向图,这种辐射器的传输函数具有下面形式:

$$H_{a\theta} = -i\omega B_a$$

式中:$B_a =$ 常数。

图10.6表示出理想天线输入端的电压或电流脉冲形状(曲线1)以及辐射的脉冲形状(曲线2),而该天线具有无限的通频带。

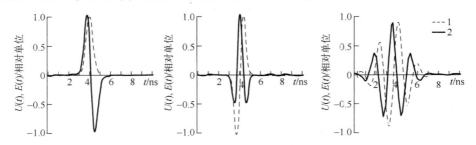

图10.6 理想天线辐射的脉冲形状变化

脉冲形状:1—在天线输入端;2—辐射的脉冲形状。

在实际的天线中,由于天线特性存在频率依赖关系,辐射的脉冲会遭到附加的畸变。

在 $\Gamma_2 = 0$($Z_2 = \rho_a$)时,在辐射器上建立起来的电流行波 $I(z) = I_0\exp(-i\gamma z)$,

即辐射器是行波天线。在这种情况下,输入阻抗 $Z_a \approx \rho_a$,并且实际上与频率无关。此时,行波天线的方向图具有下面形式:

$$f(\theta) = \sin\theta \frac{\sin[0.5L(k\cos\theta - \gamma)]}{0.5L(k\cos\theta - \gamma)}$$

归一方向图的形状与行波天线电气长度的依赖关系,如图 10.7 所示。

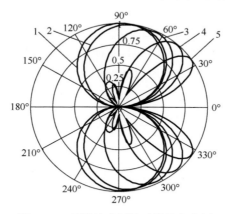

图 10.7　不同长度行波天线的方向图

$1—L = 0.125\lambda$; $2—L = 0.25\lambda$; $3—L = 0.5\lambda$; $4—L = 1.0\lambda$; $5—L = 2.0\lambda$。

行波天线传输函数 H_T 由下面关系式确定:

$$H_T = \frac{Z_0 L\sin\theta}{2(\rho_f + \rho_a)} \frac{\sin[0.5L(k\cos\theta - \gamma)]}{[0.5L(k\cos\theta - \gamma)]}$$

行波天线传输函数的频率依赖关系,由方向图形状的频率依赖关系决定,而与源阻抗的依赖关系很弱。在图 10.8 上给出在 $\rho_f = \rho_a$ 情况下,长 0.6m 行波天线传输函数 $|H_T|$ 在不同方向上与频率的依赖关系。

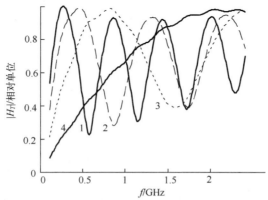

图 10.8　在不同方向 θ 上行波天线传输函数的绝对值 $|H_T|$

$1—\theta = 90°$; $2—\theta = 70°$; $3—\theta = 50°$; $4—\theta = 30°$。

如果 $Z_2 \to \infty$，则 $\Gamma_2 \to -1$，而在辐射器长度不超过 1~2 个波长时，辐射器中形成的主要是驻波，所以辐射器成为驻波天线（ACB）。在这种情况下，它的传输函数 H_S 具有下面形式：

$$H_S = \frac{Z_0}{Z_a + \rho_f} \frac{[\cos(kL\cos\theta) - \cos\gamma L]}{\sin\theta}$$

驻波天线的输入阻抗，由表达式 $Z_a = -\mathrm{i}\rho_a \cot\gamma L$ 确定，它的频率依赖关系很强。在图 10.9 上，作为例子还给出了 Z_a 与直径 0.1L 的圆柱导体电气长度的依赖关系。在辐射器长度小于半波长时，在波阻抗 $\rho_f = 140\Omega$ 的馈电线路中波的反射系数，可以在 $-1 < \Gamma_f < 0.6$ 范围内改变。如果 $L > \lambda$，则 $|\Gamma_f| < 0.3$。

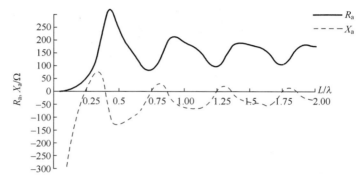

图 10.9　电流驻波的直线辐射器输入阻抗的频率依赖关系

对于不同长度的驻波天线，图 10.10 给出了归一的方向图。

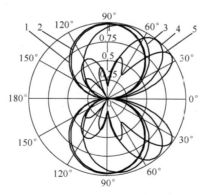

图 10.10　不同长度驻波天线的方向图形状
1—$L = 0.125\lambda$；2—$L = 0.25\lambda$；3—$L = 0.5\lambda$；4—$L = 1.0\lambda$；5—$L = 2.0\lambda$。

长 0.6m 的驻波天线在不同方向上的传输函数，如图 10.11 所示。

驻波天线（偶极子）平衡方案输入阻抗在 $Z_d = 2Z_a$ 时，具有与单极子时一样

的频率依赖关系。偶极子方向图的形状由下面关系式确定:

$$f(\theta,\omega) = \frac{\left[\cos(kL\cos\theta)-\cos\gamma L\right]}{\sin\theta}$$

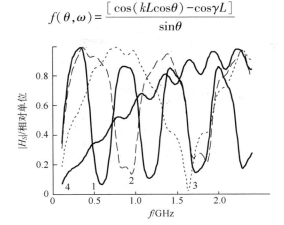

图 10.11　驻波天线在不同方向上传输函数的绝对值

1—$\theta=90°$;2—$\theta=70°$;3—$\theta=50°$;4—$\theta=30°$。

而它与偶极子电气长度的依赖关系,表示在图 10.12 上。

上述结果表明,在偶极子长度小于波长时,偶极子方向图的形状与频率依赖关系很弱,但是其输入阻抗改变得很厉害。在偶极子长度大于波长时,相反,输入阻抗改变得不太明显,但是它的方向图的最大值位置和宽度与频率开始有依赖关系。

在位于 $\theta=\pi/2$ 平面上环形辐射器(图 10.5)在远区的场和传输函数,在不对称激发时由下面表达式给出:

$$E_\varphi = \frac{-\mathrm{i}kbZ_0U}{Z_1+Z_1}\frac{\exp(-\mathrm{i}kr)}{4\pi r}\int_0^{2\pi}\left[\cos(\gamma b\delta)-\mathrm{i}\frac{Z_1}{\rho_1}\sin(\gamma b\delta)\right]$$
$$\exp\left[\mathrm{i}kb\sin\theta\cos(\varphi-\delta)\right]\cos(\varphi-\delta)d\delta$$

$$H_l = \frac{-\mathrm{i}kbZ_0}{Z_1+Z_1}\int_0^{2\pi}\left[\cos(\gamma b\delta)-\mathrm{i}\frac{Z_1}{\rho_1}\sin(\gamma b\delta)\right]\exp\left[\mathrm{i}kb\sin\theta\cos(\varphi-\delta)\right]\cos(\varphi-\delta)d\delta$$

$$(10.16)$$

式中:φ 和 δ 分别为观测点和源点的坐标;Z_1 为环形天线的输入阻抗;ρ_1 为环形天线的波阻抗。与直线辐射器不同,在这种情况下,可以实施两种驻波方式:在 $Z_2=0$ 时的短路方式,和在 $Z_2\Rightarrow\infty$ 时的空载方式。

在这些方式下环形天线的输入阻抗,由下面表达式给出:

$$Z_{\mathrm{lo}}=-\mathrm{i}\rho_1\cot(\gamma 2\pi b)\ ,\ Z_{\mathrm{ls}}=\mathrm{i}\rho_1\tan(\gamma 2\pi b) \qquad (10.17)$$

不同 kb 值的方向图形状,在图 10.13(a)($Z_2=0$)和图 10.13(b)($Z_2\Rightarrow\infty$)上给出。

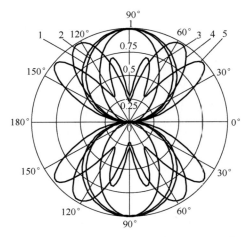

图 10.12　驻波天线方向图形状与偶极子长度的依赖关系

1—$L=0.125\lambda$；2—$L=0.25\lambda$；3—$L=0.5\lambda$；4—$L=1.0\lambda$；5—$L=2.0\lambda$。

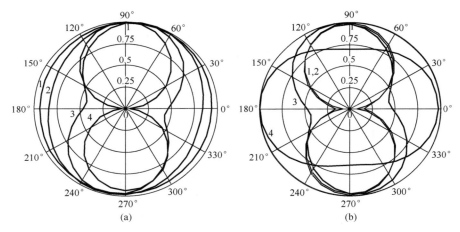

图 10.13　环形天线在驻波方式下 $Z_1=\rho_1$ 时平面内方向图形状的频率依赖关系

（a）短路方式 $Z_2=0$；（b）空载方式 $Z_2\Rightarrow\infty$

1—$kb=0.05$；2—$kb=0.1$；3—$kb=0.25$；4—$kb=0.5$。

　　所给出的结果表明,环形辐射器方向图的形状,在 $L_1<0.25\lambda$ 时不太依赖频率。与直线辐射器不同,当 $L_1>0.5\lambda$ 时,在很宽的频带内不存在方向图主瓣位置保持不变的方向。

　　在图 10.14 上表示出,在电流行波($Z_2=\rho_1$)方式下环形辐射器的方向图。

　　环形辐射器在行波方式下的突出特点,是可以形成心形的方向图,然而,此时降低了辐射器的效率,因为部分功率在电阻 Z_2 中被吸收了。

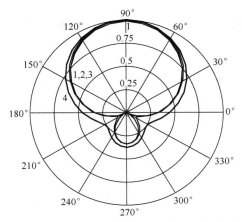

图 10.14　环形天线在行波方式下平面内方向图形状的频率依赖关系
1—$kb = 0.05$；2—$kb = 0.1$；3—$kb = 0.25$；4—$kb = 0.5$。

10.2　超宽带电磁脉冲在辐射时的畸变

前面已经表明，辐射过程的特点是脉冲形状的改变，甚至作为辐射器采用了具有无限通频带的理想天线情况下也是如此。因此，在研究实际天线不同参数对脉冲畸变影响时，最好是将天线辐射的脉冲，与由激发天线的电压脉冲 $U(t)$ 对时间的导数 $\dfrac{\mathrm{d}U(t)}{\mathrm{d}t}$ 产生的脉冲进行比较。如果认为天线辐射的脉冲形状与 $\dfrac{\mathrm{d}U(t)}{\mathrm{d}t}$ 的均方偏差不大于 0.2 是容许的，则在大多数情况下满足下面两个条件：一是在脉冲频谱占有的频率区间上幅频特性（АЧХ）传输函数绝对值的改变不应超过 3dB；二是传输函数自变量与线性关系的偏离（ΔФЧХ）不超过 ±π/16。

10.2.1　单极子和同轴偶极子辐射的脉冲形状

脉冲的畸变应理解为某个天线辐射的脉冲形状与理想天线辐射的脉冲即标准脉冲形状偏差。而作为标准脉冲，认为是具有无限通频带的理想天线辐射的脉冲，同时这个标准脉冲具有与频率无关的方向图形状，和不变的实数值输入阻抗。假设，对该天线输入端加上宽度 2ns 的双极脉冲（高斯型单循环脉冲）进行激发。

电流驻波单极子在其轴的法线方向辐射的脉冲形状与单极子长度的依赖关系，在图 10.15 上给出。计算时假定，单极子直径为其 0.1 长度。单极子长度，利用脉冲空间尺度 $c\tau_p$ 测量，这里 c 为光速，τ_p 为脉冲宽度。

长 $1.5c\tau_p$ 的单极子辐射的脉冲形状与方向的依赖关系，表示在图 10.16 上。这个脉冲形状与标准脉冲形状的均方偏差，不超过角度 $15° < \theta < 30°$ 扇形的 0.2，然而经过时间间隔 $t = 2L/c$，出现了由电流波从单极子开路终端反射的寄生响应。

291

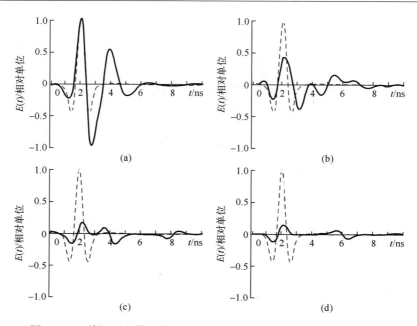

图 10.15　单极子在其法线方向上的脉冲形状与它的长度的依赖关系

单极子长度:(a) $L=0.25c\tau_p$,(b) $L=0.5c\tau_p$,(c) $L=1.0c\tau_p$,(d) $L=2.0c\tau_p$;

实线—单极子脉冲形状,虚线—标准脉冲形状。

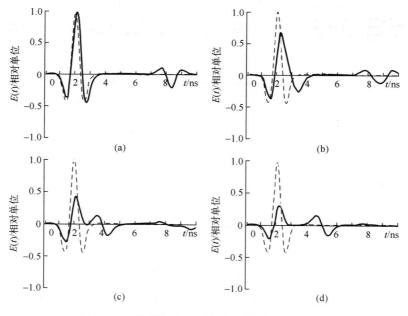

图 10.16　单极子在不同方向上辐射的脉冲形状

不同方向:(a) $\theta=30°$;(b) $\theta=50°$,(c) $\theta=70°$,(d) $\theta=90°$;

实线—单极子脉冲形状,虚线—标准脉冲形状。

计算结果表明,在直线辐射器法线方向上,辐射场是由空间相距辐射器长度的两个脉冲产生的,而这两个脉冲形状与辐射器两个终端上电荷密度依赖时间的关系重合,而后者又与激发电流脉冲的形状一致。在辐射最大值方向上,电磁脉冲形状接近电流脉冲对时间的导数。这样得到的计算结果,已被实验研究结果证实[2]。

电流行波直线辐射器产生的脉冲畸变,与驻波天线方式下产生的脉冲畸变类似,如果辐射器长度超过 $c\tau_p$。脉冲形状的最小畸变,可在角度 $15° < \theta < 40°$ 扇形区内观测到,此时没有寄生响应,因为在辐射器终端没有发生反射。电流行波辐射器的特点是,脉冲形状在辐射器长度小时畸变也很小,然而在辐射器长度小于 0.75λ 时,它的效率急剧减小,因为此时终端负载吸收的功率 P_2 比辐射功率 P_Σ 还大。

作为例子,对于长 $L = 1.5c\tau_p$ 的行波天线,在图 10.17 上给出了它在 $\theta = 30°$

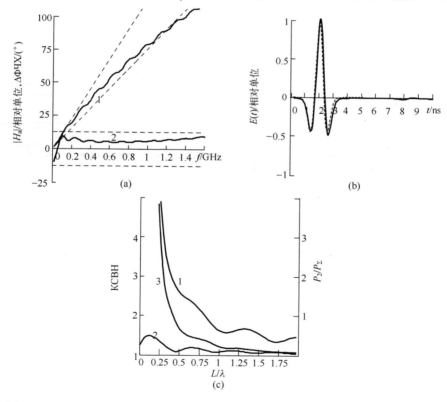

图 10.17　长 $L = 1.5c\tau_p$ 行波天线在 $\theta = 30°$ 方向上幅频特性(1)和相频特性均方偏差(2)的频率依赖关系(a),辐射脉冲与标准脉冲形状的比较(b)以及电压驻波系数(KCBH)与驻波天线(ACB)(1)、行波天线(AБB)(2)和 P_2/P_Σ(3)的频率依赖关系(c)

(a)虚线表示脉冲形状均方偏差不超过 0.2 时允许的边界值,(b)虚线表示标准脉冲形状。

方向上的幅频特性（AЧX）和相频特性的均方偏差（ΔФЧX），以及辐射的脉冲形状与标准脉冲形状的比较。在该图上还给出了在电流驻波和电流行波（对应 1 和 2）方式下以及 P_2/P_Σ（3）情况下辐射器的电压驻波系数（KCBH）以及 P_2/P_Σ 与辐射器长度的依赖关系。

臂长 $L>c\tau_p$ 长偶极子辐射的脉冲形状，在 $\theta=15°\sim40°$ 和 $\theta=140°\sim165°$ 方向上畸变最小，并且这个畸变与电压脉冲源内阻的依赖关系也很弱。如果偶极子是短的，即 $L<0.2c\tau_p$，则辐射脉冲形状依赖方向很弱，而与脉冲源内阻 R_{in} 的依赖却很强。在图 10.18 上表示出臂长 $L=0.1c\tau_p$ 偶极子，在 $\theta=90°$ 方向上不同内阻 R_{in} 值条件下辐射的脉冲形状。

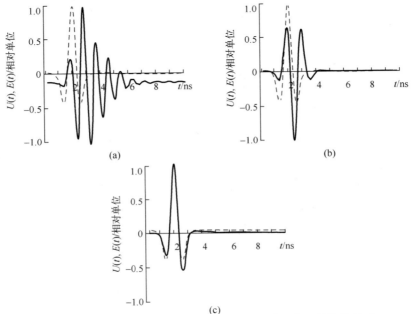

图 10.18　短偶极子辐射脉冲形状与电压脉冲源内阻的依赖关系

实线—短偶极子辐射脉冲形状；虚线—标准辐射脉冲形状；

源内阻：（a）$R_{in}=0.1\rho_a$；（b）$R_{in}=1.0\rho_a$；（c）$R_{in}=10\rho_a$。

由于短偶极子输入阻抗强烈依赖于频率，这些方式的实施只有在信号源直接接到偶极子时才有可能。这是因为在 TEM 馈电线路并几千欧波阻抗一起实施（连接）时，实际上是不可能的。

10.2.2　V 形辐射器辐射的脉冲形状

同轴臂偶极子的传输函数在 $2L<c\tau_p$ 条件下依赖频率，主要是由于偶极子的输入阻抗有很强的频率依赖关系，而在 $2L>c\tau_p$ 条件下是由于它的方向图形状的频率依赖关系，这将导致在偶极子法线方向上辐射的脉冲形状发生很大的畸变。然而,对于长偶极子在有的 θ_0 方向上脉冲的畸变并不太大。因此,如果偶极子臂相互间角度为 20°,即构成 V 形辐射器,如图 10.19 所示,则在 $L>c\tau_{\mathrm{p}}$ 条件下在这个角的等分角线方向上辐射的脉冲形状发生畸变将是最小的。

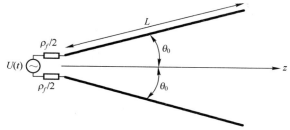

图 10.19　V 形辐射器示意图

对于长 $L=0.9\mathrm{m}$ 的 V 形辐射器,在 $\rho_a=\rho_f$ 和臂间不同角度下方向图形状的频率依赖关系,如图 10.20 所示。

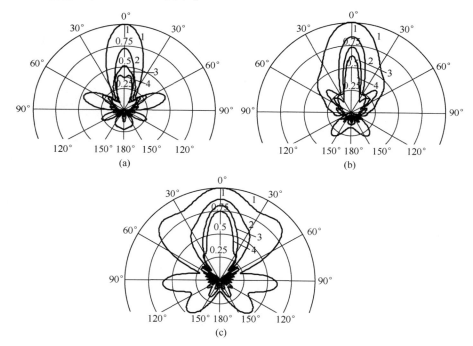

图 10.20　不同长度的 V 形辐射器在臂间不同角度下方向图的形状
臂间角度:(a) $\theta_0=30°$;(b) $\theta_0=20°$;(c) $\theta_0=10°$;
不同长度:1—$L=1.5\lambda$;2—$L=3\lambda$;3—$L=4.5\lambda$;4—$L=6\lambda$。

显然,随着臂间角度的减小,偶极子幅频特性的频率依赖关系趋向均衡。而在电流驻波方式下 V 形辐射器相频特性的频率依赖关系,由于它的复数输入阻抗而具有周期的特点,然而在 $L>\lambda$ 时,这个频率依赖关系与线性依赖关系的

偏差不超过 $\pi/8$。在图 10.21 上表示出长 0.9m 的 V 形辐射器在 $\theta_0 = 10°$ 时幅频特性和相频特性均方偏差。

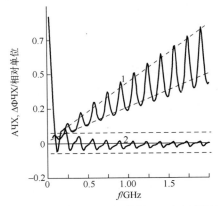

图 10.21　长 0.9m V 形辐射器的幅频特性(1)和相频特性均方偏差(2)
虚线:脉冲形状与标准脉冲形状的均方偏差不超过 0.2 时特性改变的容许范围

V 形辐射器辐射的脉冲形状与其臂间角度的依赖关系,在图 10.22 上给出。

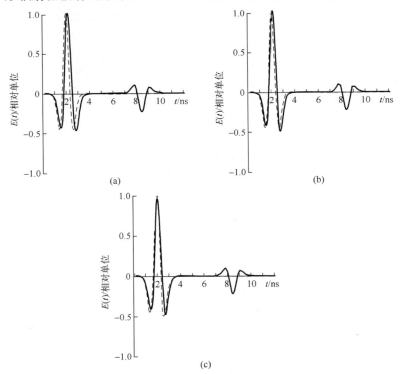

图 10.22　V 形辐射器在臂间不同角度下辐射的脉冲形状(实线)
臂间角度:(a) $\theta_0 = 30°$;(b) $\theta_0 = 20°$;(c) $\theta_0 = 10°$;虚线:标准脉冲形状。

V 形辐射器辐射脉冲形状与标准脉冲形状的均方偏差,在臂间角度小于 50°时不超过 0.2,然而由于电流波从臂的终端反射又经过 $t=2L/c$ 时间间隔后出现寄生脉冲,其幅度可达主脉冲幅度的 1/4 。要减小这个寄生脉冲,可通过涂吸收材料到臂的终端上,然而这将导致辐射器效率的降低,因为部分能量在吸收层里损失了。

在 V 形天线臂间角度很小时,在一般情况下,可以将天线看作终端开路的一段非均匀线。在这种情况下,每个臂中电流都包含两个分量:由式(10.8)确定的电流 I_a,和由天线臂间相互作用决定的线中电流 I_L。如果 V 形天线的臂制成板状,则在波阻抗不变时,这种天线是正规的 TEM 喇叭天线。如果波阻抗沿着线发生变化,则这样的 TEM 喇叭天线在文献[3]中称作非正规的喇叭天线。与此类似,将臂宽度 d 不变的 V 形天线称作正规天线,如果臂间夹角是固定的(图 10.23(a)),而如果臂间夹角 α 沿着天线变化(图 10.23(b)),则这种天线称作是不正规天线。

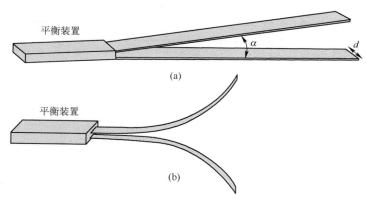

图 10.23　两种 V 形天线示意图
(a) 正规天线;(b) 不正规天线。

在上面两种情况下,V 形天线是终端开路的线段,具有平缓改变的波阻抗。为了在这种线中不产生高级类型的波,线终端间距离不应超过 $0.5c\tau_p$。在线开始处臂间距离应这样选取,应使线开始截面处的 ρ_L 等于脉冲源的电阻(通常为 50Ω)。作为平衡对称装置,利用从同轴段向平衡带状线进行平缓阻挠转换,这在文献[4]中已有描述。

在波阻抗平缓变化的非均匀线中,如果选取沿着线波阻抗 $\rho_L(z)$ 的变化规律,可以使脉冲形状不畸变的传输。文献[5]已经表明,如果线的波阻抗按下面规律改变,这样的线是不发生畸变的:

$$\rho_L(z)=\rho_L(0)\left(1+\frac{\tau}{v}\right)^{-2k}$$

式中：$\tau = \int_0^z \dfrac{\mathrm{d}\zeta}{\nu(\zeta)}$ 为波阵面从线的始端到 z 点坐标的传播时间，$\nu(\zeta)$ 为波速；υ 为表征波阻抗改变速率的常数；k 为整数。在 $k>0$ 时，双曲线的波阻抗 $\rho_L(z)$ 下降，而在 $k<0$ 时，抛物线的波阻抗 $\rho_L(z)$ 上升。

如果 V 形天线臂的宽度远超过天线在输入端臂间的距离，则它的电流 I_L 变为主要的，而从臂的终端反射的脉冲，将不从 V 形天线匹配输入端再反射，因此寄生脉冲可以衰减 20~30dB。为了使其辐射的脉冲形状与标准脉冲形状的均方偏差不超过 0.2，正规 V 形天线的长度应当超过 $3c\tau_p$，而非正规 V 形天线的长度可能不大于 $c\tau_p$。

在图 10.24 上表示出宽度 0.5ns 的脉冲形状，它们分别是由正规 V 形天线在 $L=450\mathrm{mm}$、$d=20\mathrm{mm}$ 时和非正规 V 形天线在纵向长度 150mm 时辐射的。

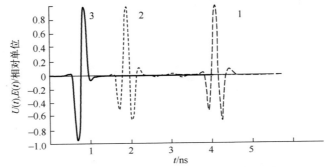

图 10.24　不同天线辐射脉冲与天线输入端脉冲形状的比较
1—正规 V 形天线；2—非正规 V 形天线；3—天线输入端的电压脉冲。

两种类型 V 形天线电压驻波系数（KCBH）的频率依赖关系，如图 10.25 所示。

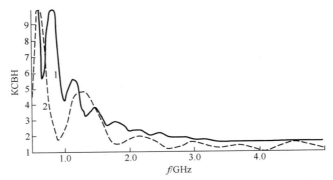

图 10.25　两种 V 形天线电压驻波系数的频率依赖关系
1—正规天线；2—非正规天线。

上述这些结果表明，作为 V 形天线采用非正规非均匀不畸变的线，将大大地使低频区域通频带的下边界移动，这将减小天线的尺寸。文献[3]表明，对于

TEM 喇叭天线也观测到了类似的效应。

10.2.3 环形辐射器辐射的脉冲形状

与直线辐射器不同,环形辐射器输入阻抗和方向图形状有更强的频率依赖关系。在环形天线尺寸小时,只要它的外缘尺寸不超过 $\lambda/4$,它的方向图形状仍是足够稳定的,但是辐射的阻抗正比于 ω^4,这将导致它的相频特性非线性增大。小环形天线的真实长度也是依赖频率的,这将使其幅频特性的频率依赖关系得到附加增强。图 10.26 给出了直径 50mm 环形天线在宽度 2ns 双极脉冲不平衡激发下的幅频特性和相频特性均方偏差,以及该天线在 $Z_1 = \rho_1$ 时辐射的脉冲形状。

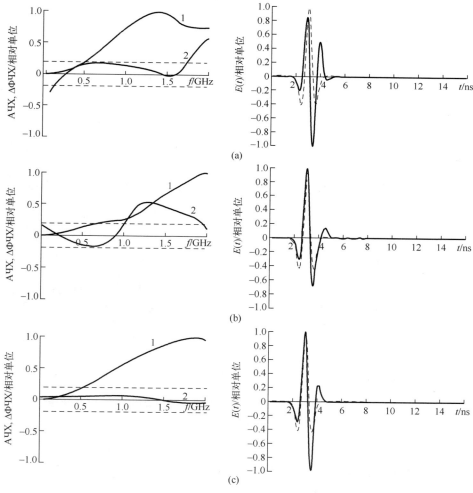

图 10.26 在不平衡接入时直径 50mm 环形天线的传输函数和辐射的脉冲形状
工作方式:(a) 短路方式,$Z_2 = 0$;(b) 空载方式,$Z_2 \Rightarrow \infty$;(c) 行波方式 $Z_2 = \rho_1$。
实线:$Z_1 = \rho_1$:1—АЧХ 特性;2—ΔФЧХ 特性;虚线:标准脉冲形状。

在行波方式下环形天线的相频特性实际上是线性特性,但是它的幅频特性具有与频率平方的依赖关系,这样辐射的脉冲形状与激发脉冲对时间的二次导数符合,这表示,如果预先对激发脉冲积分,即平行信号源接入电容器时,可使辐射的脉冲形状接近标准脉冲形状。在图 10.27 上表示出,在平行电阻 $Z_1 = 240\Omega$ 接入 15pF 的电容器时,将得到校正的脉冲形状。

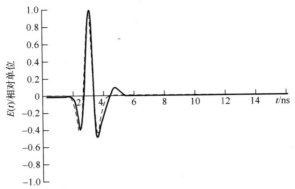

图 10.27　在行波方式下并接入校正电容时环形天线辐射的脉冲形状

这样的校正情况下,得到的脉冲形状与标准脉冲形状的均方偏差不超过 0.2,但是辐射的脉冲幅度会降低 8~10 倍之多。

在驻波方式下,电压脉冲源的电阻 $Z_1 = \rho_l$,可以向增大或减小方面改变,这将引起辐射脉冲形状发生严重的畸变,如图 10.28 所示。

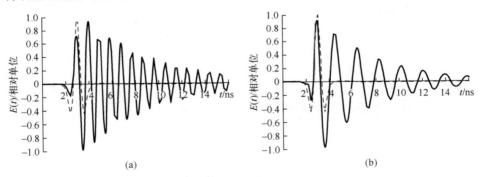

图 10.28　在短路方式下辐射的脉冲形状与电压脉冲源内电阻的依赖关系
(a) $Z_1 = 0.1\rho_1$;(b) $Z_1 = 10\rho_1$。

10.3　发射天线通频带扩展方法

前面已经表明,短偶极子辐射特性在 $2L < \lambda$ 时不太依赖频率,但是它的输入阻抗有很强的频率依赖关系,因此短偶极子的通频带基本上决定于它的匹配频

带。如果偶极子的臂长超过波长,则它的输入阻抗依赖频率关系是弱的,而它的方向图依赖频率关系是强的。因此,为了扩展通频带达到二倍频到三倍频(这是超宽带脉冲有效的辐射能力所要求的),因此必须向低频方面扩展匹配的频带。为了解决这个辐射器低频域扩展匹配的频带问题,研究了单色信号激发的偶极子在近区发生的过程和决定它的阻抗特性的过程。

10.3.1　决定辐射器匹配频带的能量关系式

大家知道,研究任何系统的最一般方法,通常是基于能量思路的方法,在文献[6,7]中研究了直线辐射器附近能量密度的空间–时间分布。这样,可以利用电偶极子作为例子揭示出某些普遍的规律性,以确定能量运动的特点和分布,以及对短天线匹配频带的限制原因。

在偶极子紧邻的近区,它的场的分量 E_r、E_z、H_φ 可以通过解析表达式描写[8],这些表达式是利用电流的正弦曲线分布近似得到的,它们可用于定性地描写距偶极子轴约 0.01 波长距离处算起的场的行为,并对 $r \geqslant 0.1$ 波长距离上给出相互符合的定量结果。

利用这些表达式,得到下面一个周期平均的电能量密度 $\overline{w}^e$ 和磁能量密度 $\overline{w}^m$:

$$\overline{w}^e = \frac{\mu I_0^2}{64\pi^2 r^2}\left\{R_0^2\left(\frac{1}{R_1^2}+\frac{1}{R_2^2}\right)+\frac{L(L-2z)}{R_1^2}+\frac{L(L+2z)}{R_2^2}+2\frac{R_0^2-L^2}{R_1 R_2}\cos k(R_1-R_2)\right.$$

$$\left.-4\frac{R_0^2-zL}{R_0 R_1}\cos kL\cos k(R_1-R_0)-4\frac{R_0^2+zL}{R_0 R_2}\cos kL\cos k(R_2-R_0)+4\cos^2 kL\right\}$$

$$\overline{w}^m = \frac{\mu I_0^2}{32\pi^2 r^2}$$

$$\times\left\{1+\cos k(R_1-R_2)-2\cos kL\cos k(R_1-R_0)-2\cos kL\cos k(R_2-R_0)+2\cos^2 kL\right\}$$

还得到了下面的电能量密度 w^e 和磁能量密度 w^m 的瞬态值:

$$w^e = \frac{\mu I_0^2}{32\pi^2 r^2}\left\{\left[\left(2\frac{r}{R_0}\cos kL\sin kR_0-\frac{r}{R_1}\sin kR_1-\frac{r}{R_2}\sin kR_2\right)\cos\omega t\right.\right.$$

$$\left.-\left(2\frac{r}{R_0}\cos kL\cos kR_0-\frac{r}{R_1}\cos kR_1-\frac{r}{R_2}\cos kR_2\right)\sin\omega t\right]^2$$

$$+\left[\left(\frac{z-L}{R_1}\sin kR_1+\frac{z+L}{R_2}\sin kR_2-2\frac{z}{R_0}\cos kL\sin kR_0\right)\cos\omega t\right.$$

$$\left.\left.-\left(\frac{z-L}{R_1}\cos kR_1+\frac{z+L}{R_2}\cos kR_2-2\frac{z}{R_0}\cos kL\cos kR_0\right)\sin\omega t\right]^2\right\}$$

$$w^m = \frac{\mu I_0^2}{8\pi^2 r^2}\left[\left(\sin k\frac{R_1+R_2}{2}\cos k\frac{R_1-R_2}{2}-\cos kL\sin kR_0\right)\cos\omega t\right.$$

$$-\left(\cos k\,\frac{R_1+R_2}{2}\cos k\,\frac{R_1-R_2}{2}-\cos kL\cos kR_0\right)\sin\omega t\Bigg]^2$$

式中：μ 为介质的绝对磁导率；I_0 为波腹处电流；k 为波数；$\omega=2\pi/T$ 为圆频率；T 为振荡周期；R_0、R_1、R_2 分别为从偶极子的中心、上端、下端至观测点的距离。

由于能量密度分布相对 $z=0$ 平面的平衡性（对称性），限于最近在 $z\geqslant0$ 时的研究就已足够。此时，最有意义的问题是在辐射器尺寸远小于波长的情况下，能量运动的特点对辐射器宽带性能的影响问题。对于臂尺寸从 $\lambda/30\sim\lambda/2$ 范围的辐射器，计算了 $\overline{w}^e$ 和 $\overline{w}^m$ 沿着与偶极子同轴的圆柱表面上的分布，这里圆柱半径 r 的变化范围从 $0.05\lambda\sim1.0\lambda$，还计算了 w^e 和 w^m 在不同时刻的分布。作为例子，在图 10.29 上给出了某些计算结果，它们表示了辐射器在近区的能量密度分布的空间–时间依赖关系：能量密度沿着 z 轴不同距离上一个周期平均的分布，以及在固定距离上不同时刻的相应分布。

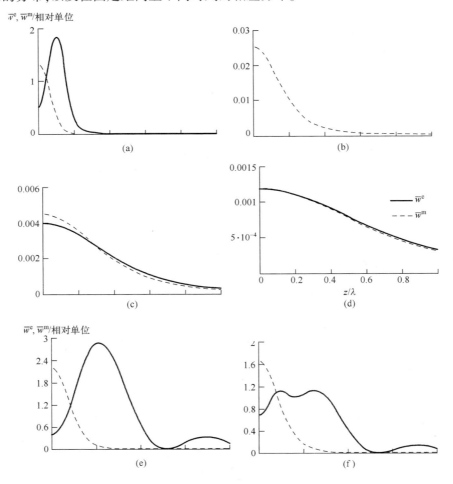

302

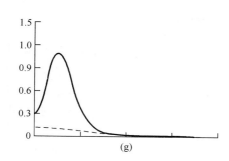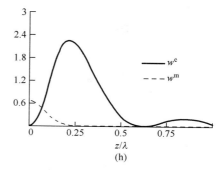

图 10.29　偶极子($L=0.15\lambda$)在近区能量密度分布的空间-时间依赖关系:沿着 z 轴不同
距离 r 上平均能量密度的分布和在固定距离 $r=0.1\lambda$ 上不同时刻的能量密度分布
不同距离:(a) $r=0.1\lambda$;(b) $r=0.25\lambda$;(c) $r=0.5\lambda$;(d) $r=1.0\lambda$;
不同时刻:(e) $t=0$;(f) $t=T/8$;(g) $t=T/4$;(h) $t=3T/8$。

对计算结果进行了分析,可归纳得出下面几点结论:

(1) 在辐射器的邻近区域($kr\ll kL$),一个周期平均的电能和磁能位于部分
覆盖的不同区域。它们最清晰的位置突出地表现在,当在 $z=0$ 条件下 $\overline{w^m}\gg\overline{w^e}$
时偶极子具有共振长度($kL=\pi/2$)的情况,而在 $z=\pm L$ 条件下 $\overline{w^m}\ll\overline{w^e}$ 的情况,并
且在任何与偶极子同轴的介质层中都会发生平均的电能和磁能的储存相等。
偶极子长度的减小,将伴有上述指出的位置局域化遭到破坏,而在 $kL\leqslant1$ 时偶
极子的电能储存远超过磁能储存。

(2) 随着共振长度远离偶极子,在横截面方向上 $\overline{w^e}$ 和 $\overline{w^m}$ 的位置局域化变
得越来越不突出了,而在 $kr\geqslant3$ 情况下 $\overline{w^e}$ 和 $\overline{w^m}$ 的分布实际上是重合了。如果
偶极子尺寸远小于共振尺寸,则在远离偶极子时开始观测到 $\overline{w^e}$ 和 $\overline{w^m}$ 优势局域
化区域的出现,这是由于 $\overline{w^e}$ 最大值在 $|z|$ 增大的方向上位移和 $\overline{w^e}$ 的最小值在
$z=0$ 附近"下沉"的结果,而只是在此后 $\overline{w^e}$ 和 $\overline{w^m}$ 的分布沿着 z 轴才开始均
衡化过程。在 $3\leqslant kr\leqslant5$ 区间上,这个过程结束,并且 $\overline{w^e}$ 的分布变得像 $\overline{w^m}$ 的分布一样。

(3) [1]辐射器的长度,对 w^e 和 w^m 的能量瞬态密度随时间的改变影响很弱。
这两个参数随时间的改变遵从两倍频率的谐波规律。在辐射器的邻近区域,w^e
的振荡在相位上落后 w^m 的振荡为 $\pi/4$,即当 w^e 达到最大值时,w^m 达到的却是
最小值,或者相反。随着远离偶极子,相位差变小,而在 $kr>3$ 时可以认为,w^e
和 w^m 同步地发生改变,此时场具有行波的特点。

(4) [1]在偶极子的邻近区域,在电场和磁场间发生能量的相互交换。在共
振长度偶极子的情况下,这种交换伴随能量在空间中转移,这将导致随着 kr 的

---

① 根据作者 2016.12.28 来信,在(3)和(4)两段文字中,原书 $\overline{w^e}$、$\overline{w^m}$ 均改为 w^e、w^m,在(3)中有 8
处,在(4)中有 4 处。——译者注

增大引起 w^e 和 w^m 振荡间相位差的减小。从而,越来越大份额的电能和磁场开始同相的振荡,即坡印廷向量通量的实部分经过半径 kr 圆柱表面开始占优势了。如果是短偶极子,则在与它邻近的圆柱层中电能储存超过磁能储存,此时不是全部能量都参加它们相互间交换,所以会有一部分能量形成辐射波。此外,在短辐射器附近,电能和磁能的位置局域化表现得更弱,因此随着 kr 的增大, w^e 和 w^m 振荡间相位差减小得比共振长度偶极子的情况更慢,即辐射的波会在更广阔的空间区域产生。

(5)电能和磁能间的差,如果它们不参加相互间交换,将周期地从周围空间转到发生器中并且相反,这是短辐射器通频带减小的主要原因。

类似的结论,对于磁能储存占优势的磁辐射器,也是正确的。在这种情况下,磁能量密度分布的空间–时间依赖关系,将与电辐射器电能量密度分布的时间–空间依赖关系是一致的,而在相反的情况下也是一样的。

10.3.2 直线辐射器的品质因子

辐射器在近区可以能量储存,这样可以将它看作是具有品质因子 Q_a 的电抗性二端网络。通常将品质因子理解为总储存能量 W 对一个振荡周期 T 内损失能量 W_s 的比值乘以 2π,即

$$Q_a = 2\pi \frac{W}{W_s} = \frac{2\pi W}{T P_s} = \frac{\omega W}{P_s}$$

式中: ω 为频率; P_s 为平均损失功率。

天线的"品质因子"概念通常赋予它这样的物理意义,就像具有损失的振荡回路的品质因子一样。文献[9]得到了在串联共振($L = \lambda/4$)附近电流驻波方式下直线辐射器品质因子的计算表达式:

$$Q_a = \frac{\omega \frac{\partial X_a}{\partial \omega} + |X_a|}{R_a}$$

式中: R_a 和 X_a 分别为天线输入阻抗的实部分和虚部分。利用上面关系式,还可以计算频率低于串联共振频率的品质因子 Q_a ,但是在并行共振($L = \lambda/2$)附近会给出不正确的结果。此外,这个表达式不能用于电流行波在 $X_a \to 0$ 条件下辐射器品质因子的计算,因为对二端网络(偶极子)形式表达的辐射器,没有考虑它的辐射过程,即变电流能量转换为自由电磁波能量的过程是惯性的这一特点,就是说这个辐射过程具有某些能量储存的特点,而在天线理论中这个能量储存是作为在一个周期中向虚角度区域"辐射的"功率[1]。

在一般情况下,可以把天线看作是馈电线路和自由空间之间转换区域[10],而辐射源可用三个部分相交区域形式表示,如图10.30所示。

在坡印廷定理基础上,不考虑辐射器中的损失,可写成下面表达式:

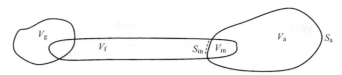

图 10.30　辐射器作为馈电线路和自由空间之间转换区域的模拟表示

注:V_g—含有电压或电流脉冲发生器的区域;V_f—对应馈电线路所占体积的区域;V_a—被表面 S_a 限制的区域,它包括辐射器和形成辐射场的部分空间(注入区或是近区);S_{in}—对应辐射器输入端的表面;V_{in}—馈电线路和辐射器间转换区域。

$$\frac{1}{2}\int_{S_{in}}\left[\boldsymbol{EH}^{*}\right]\mathrm{d}s = \frac{1}{2}\int_{S_{a}}\left[\boldsymbol{EH}^{*}\right]\mathrm{d}s + \mathrm{i}2\omega\int_{V_a}\left(\frac{\mu}{4}\mid\boldsymbol{H}\mid^{2}-\frac{\varepsilon}{4}\mid\boldsymbol{E}\mid^{2}\right)\mathrm{d}v$$

$$(10.18)^{①}$$

在式(10.18)左边部分的积分,是天线输入端的复功率 P_{in},而这个功率也可表示成 $P_{in}=\mid I_0\mid^2 Z_a$ 的乘积形式,这里 I_0 为辐射器输入端的电流幅度。如果将表面 S_a 远离辐射器移开,使其在所在距离上的场具有自由波特点,则有

$$Im\int_{S_a}\left[\boldsymbol{EH}^{*}\right]\mathrm{d}s\Rightarrow0$$

分析辐射器近区的能量关系式,可以提出对任意天线的辐射物理过程的说明,据此天线场的全部能量将包括下面几个部分:

(1) 在天线近区产生的自由空间波的能量 W_Σ,即处在辐射状态的能量,它由一个周期 T 辐射的功率或通过天线输入端截面 S_{in} 的功率通量实部分决定:

$$W_\Sigma = T\mathrm{Re}\int_{S_{in}}\left[\boldsymbol{EH}^{*}\right]\mathrm{d}s = R_a\mid I_0\mid^2 T \qquad (10.19)$$

式中:$\boldsymbol{E}$ 和 $\boldsymbol{H}$ 分别为电场强度和磁场强度向量;R_a 为天线输入阻抗的实部分;I_0 为天线输入端的电流,在与天线距离大的地方这部分能量占绝对优势。

(2) 储存在天线近区体积 V_a 内的电抗能量 W_r,它等于磁能和电能的差值:

$$W_r = \int_{V_a}\left(\frac{\mu}{2}\boldsymbol{H}^2-\frac{\varepsilon}{2}\boldsymbol{E}^2\right)\mathrm{d}v$$

这个能量不参与产生辐射的波,而是周期地从天线近区转到发生器中并相反转换,它决定了通过截面 S_{in} 的坡印廷向量 $\boldsymbol{S}$ 通量的虚部:

$$2\pi W_r = \frac{1}{2}Im\int_{S_{in}}\boldsymbol{S}\mathrm{d}s = X_a\mid I_o\mid^2 T \qquad (10.20)$$

---

① 根据作者 2016.12.28 来信,将原书式(10.18)更改为这里的式(10.18)。——译者注

这个能量通过截面 S_{in} 的通量，在一个周期上平均等于零，而它的幅度决定了天线的电抗功率及其输入阻抗的电抗成分。电抗能量的密度在天线附近最大，而在远离天线时衰减很快。

（3）耦合能量 W_c，它是参与在天线近区的电能和磁能间相互交换的能量。这个能量对通过截面 S_{in} 的能通量没有贡献，而只是从电能的局域位置转移到磁能的局域位置并相反。在距天线很的大距离上，耦合能量密度趋于零。

根据上面给出的讨论，辐射器近区的储能等于电抗能量 W_r 和耦合能量 W_c 之和。在直线辐射器情况下，耦合能量是由储存在电流波中及其沿着辐射器传播的能量 $W_{c\tau}$ 和"辐射到"虚角区域的能量 $W_{c\Sigma}$ 之和三部分构成。

考虑以上这些，对于天线有下面等式：

$$Q_a = 2\pi(W_r + W_{c\Sigma} + W_{c\tau})/(P_\Sigma + P_\sigma)T$$

式中：P_Σ 为平均辐射的功率；P_σ 为在辐射器导体和电介体中损失的平均功率。如果不考虑在辐射器本身及周围介质中的损失，即 $P_\sigma \to 0$，则 $P_\Sigma = W_\Sigma/T$，而天线的品质因子可表达为各部分品质因子之和[11,12]：

$$Q_a = 2\pi\frac{W_r}{W_\Sigma} + 2\pi\frac{W_{c\tau}}{W_\Sigma} + 2\pi\frac{W_{c\Sigma}}{W_\Sigma} = Q_r + Q_{c\tau} + Q_{c\Sigma} \tag{10.21}$$

式中：Q_r 为电抗能量的储存，可以通过天线的电抗 $W_r = X_a|I_0|^2T/2\pi$ 表示，此时有

$$Q_r = X_a/R_a$$

而量 $W_{c\tau}$ 由下面这些考虑确定：功率 P_τ 由电流波以 v_τ 速率通过垂直于直线辐射器的平面实现转移，所以单位长度上的储能 $W' = P_\tau/v_\tau$。同时，单位长度上的损失功率 P' 为 $\mathrm{d}P_\tau/\mathrm{d}z = 2\mathrm{Im}(\gamma)P_\tau$，这里 γ 为电流波的传播常数。如果辐射器长度为 L，则 $W_{c\tau} = W'L$，而能量在辐射上的损失为 $P_\Sigma T = 2\mathrm{Im}(\gamma)P_\tau LT$。考虑到 $v_\tau = \omega/\mathrm{Re}(\gamma)$，有 $W_{c\tau} = \mathrm{Re}(\gamma)R_a|I_0|^2 \cdot T/4\pi \cdot \mathrm{Im}(\gamma)$，由此可得

$$Q_{c\tau} = \mathrm{Re}(\gamma)/2\mathrm{Im}(\gamma)$$

定量估计 $W_{c\Sigma}$ 通常采用品质因子系数 $Q_{c\Sigma}$，这个系数是向虚角区域"辐射的"功率对实角区域（可见光区域）辐射功率的比值[1]：

$$Q_{c\Sigma} = \frac{\int_{-\infty}^{-k}F^2(\xi)\mathrm{d}\xi + \int_{k}^{\infty}F^2(\xi)\mathrm{d}\xi}{\int_{-k}^{k}F^2(\xi)\mathrm{d}\xi} = \frac{\int_{-\infty}^{\infty}F^2(\xi)\mathrm{d}\xi}{\int_{-k}^{k}F^2(\xi)\mathrm{d}\xi} - 1$$

式中：$F(\xi)$ 为天线归一的方向图，并且 $\xi = k\cos\theta$。这个品质因子通常称作辐射的品质因子[13-15]。

因此，直线辐射器的品质因子，可通过它的特性，即输入阻抗、波的传播常数和方向图如下表示：

$$Q_a = \frac{|X_a|}{R_a} + \frac{\mathrm{Re}(\gamma)}{2\mathrm{Im}(\gamma)} + \left(\frac{\displaystyle\int_{-\infty}^{\infty} |F(\xi)|^2 \mathrm{d}\xi}{\displaystyle\int_{-k}^{k} |F(\xi)|^2 \mathrm{d}\xi} - 1 \right) \tag{10.22}$$

上面得到的关系式表明,天线的品质因子可用部分品质因子之和表示,但是后者依赖辐射器参数的规律是不同的,同时又揭示出,辐射器那些参数对它的匹配频带影响是最重要的。对于电流行波方式下的辐射器,式(10.22)第一相加项的数值小,因为 $R_a \approx$ 常数,而 $X_a \Rightarrow 0$;第二相加项非常依赖辐射器的波阻抗 ρ_a,即辐射器纵向尺寸和横向尺寸的比值,同时这个相加项随它的电气长度增大而单调地减小;第三相加项依赖于电流沿着辐射器分布的规律,而且也随它的电气长度增大而单调地减小。

对于均匀同相电流分布的假设天线,它的电流行波相速度趋向无穷大,即 $\mathrm{Re}(\gamma)=0$,此时对该天线品质因子的主要贡献是由 $Q_{c\Sigma}$ 给出的。这样的天线,可以看作是最小品质因子的天线。对于电流驻波方式下的辐射器,只有在共振尺寸情况下它的相加项 Q_r 才会趋于零,并且它的纵向尺寸或横向尺寸减小时 Q_r 才会急剧地增大,因为 $X_a = \mathrm{Im}[-\mathrm{i}\rho_a \cot(\gamma L)]$;而第二和第三相加项即 $Q_{c\tau}$ 和 $Q_{c\Sigma}$,具有像同相均匀分布电流的辐射器一样的定性依赖关系,但是前者的值明显大得多。在电流驻波方式下,在天线长度 $2L$ 小于 $\lambda/2$ 时,对天线品质因子的主要贡献来自 Q_r。在图 10.31 上表示出长度 $2L$ 偶极子,在波阻抗 $\rho_a = 500\Omega(1)$ 和 $\rho_a = 200\Omega(2)$ 条件下部分品质因子 $Q_{c\Sigma}$、$Q_{c\tau}$ 和 Q_r 的频率依赖关系。

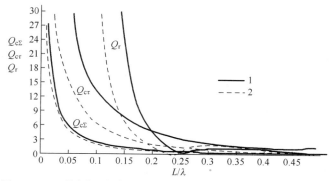

图 10.31　不同波阻抗偶极子部分品质因子与其长度的依赖关系

偶极子波阻抗:1—$\rho_a = 500\Omega$(实线);2—$\rho_a = 200\Omega$(虚线)。

对于假设的天线具有最小的电抗,它储存的电抗能量等于零,其品质因子只决定于储存的耦合能量中可以看作(采用天线合成理论)是在一个振荡周期内向虚角区域"辐射"的那部分能量。此时,应当将天线品质因子理解为

$Q_{a\min} = Q_{c\Sigma}$，而 $Q_{a\min}$ 与天线长度有依赖关系，对不同的电流分布在图 10.32 上给出。图 10.32 虚线表示的是根据下面公式[13]计算的辐射品质因子：

$$Q_{\Sigma} = \frac{1}{k^3 L^3} + \frac{1}{kL} \tag{10.23}$$

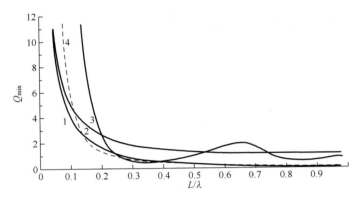

图 10.32　不同电流分布直线辐射器最小品质因子与天线长度的依赖关系

不同电流分布：1—均匀同相分布；2—轴向辐射模式下的行波天线；

3—电流正弦分布的偶极子；4—根据式（10.23）计算的品质因子。

为了估计天线（理论上）可达到的极限匹配频带，利用了法诺（Фано）定理[16]。根据这个定理，借助无损耗的匹配装置达到天线复阻抗 $Z_a = R_a + iX_a$ 与馈电线路输入电阻纯实值的匹配，在给定的频带上得到波的反射系数 Γ 在给定的频带内不可能小于一定的值，相反，给定的匹配水平可以在不超过某个最大值 $2\Delta\omega_{\max}$ 的频带范围内实现。文献[17]将这个定理应用于天线，并且进行了研究。波的反射系数、匹配频带和品质因子间的关系，由下面表达式给出：

$$|\Gamma_0| = \exp(-2\pi Q_a \Delta\omega/\omega_0)$$

式中：$2\Delta\omega = |\omega_1 - \omega_2|$；$\omega_0 = (\omega_1\omega_2)^{1/2}$，其中 ω_1 和 ω_2 为匹配频带的边界频率。

由上面关系式得出，具有相对匹配频带 $2\Delta\omega/\omega_0 \geq 1$ 天线的品质因子 Q_a，在最大可允许的反射系数 $|\Gamma_{\max}|$ 的情况下不应当超过 $Q_a = \dfrac{\pi}{\ln(1/|\Gamma_{\max}|)}$。

在负载品质因子 Q、相对匹配频带和最大允许的电压驻波系数 $K_{V\max} = \dfrac{1 + |\Gamma_{\max}|}{1 - |\Gamma_{\max}|}$ 之间的关系，可由下面公式确定：

$$Q = \frac{\pi\sqrt{\omega_1\omega_2}}{(\omega_2 - \omega_1)[\ln(K_{V\max}+1) - \ln(K_{V\max}-1)]}$$

图 10.33 给出了几个 $K_{V\max}$ 值的品质因子与覆盖系数 $b = \omega_2/\omega_1$ 的依赖关系。例如，为了使天线在 $K_{V\max} \leq 2$ 时匹配频带超过 $b > 2$ 倍频，天线的品质因子应当

小于 4.3。

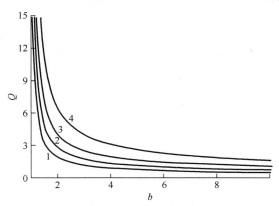

图 10.33　天线品质因子 Q 与匹配频带覆盖系数 b 的依赖关系

不同电压驻波系数允许值：1—$K_{V\text{max}}=1.2$；2—$K_{V\text{max}}=1.5$；3—$K_{V\text{max}}=2.0$；4—$K_{V\text{max}}=3.0$。

　　从图 10.32 所见，具有最小电抗的平衡天线方案（即电流同相均匀分布的辐射器），如果天线的尺寸 $2L$ 不小于最大工作波长的 1/8，理论上可以在很宽频带上达到匹配。

　　随着天线尺寸的增大，不只减小了耦合能量的储存，而也使电抗能量最小化的条件变得容易实现，因此具有最小电抗的天线可以与馈电线路达到匹配，其频率范围从上限原则上是没有限制的。通频带上限的限制，通常是由方向图形状改变决定，如果辐射器尺寸超过波长，这个方向图形状在同轴臂的驻波天线情况下开始"崩塌"。因此，具有最小电抗的辐射器理论上可达到的极限通频带为三倍频，这样的频带足以使双极脉冲辐射不小于 90% 的能量。

10.3.3　组合辐射器的通频带

　　众所周知，短天线是球面波源，即它有清晰突出的相位中心，而波的方向特性与频率依赖关系很弱。然而，在大多数情况下，在天线尺寸小于波长时，天线输入阻抗有足够强的频率依赖关系，此时，在天线尺寸减小时，这个依赖关系增强，这就使得在很宽的频带内天线的匹配变得更加困难。因此，短天线通频带的下边界单值地由匹配频带的下边界决定。通频带从上边，既受限于匹配变差也受限于方向特性的畸变。例如，当电偶极子的尺寸大于波长时，它的方向图的畸变开始变得很大。

　　利用能量关系式，可以将天线与馈电线路的匹配条件写成下式：

$$\left| 2\mathrm{Re}\int_{S_{\text{in}}} \boldsymbol{S}\mathrm{d}\boldsymbol{s} - \rho_{\text{f}} \mid I_{01} \mid^{2} \right| \leqslant \upsilon \tag{10.24}$$

$$\left| \mathrm{Im}\int_{S_{\text{in}}} \boldsymbol{S}\mathrm{d}\boldsymbol{s} \right| = \left| 2\omega\int_{V_{\text{a}}} (\overline{w}^{\text{m}} - \overline{w}^{\text{e}})\mathrm{d}V \right| \leqslant \delta \tag{10.25}$$

式中：I_{01} 为天线输入端（S_{in} 截面）的电流复幅度；ρ 为馈电线路的波阻抗；υ 和 δ 为馈电线路中电压驻波系数允许值决定的小的正值量。

由上面的关系式可见，为了扩展匹配频带，首先必须使电抗能量储存最小化。

减小 V_a 区域的电抗能量已知的最简单方法，是增大辐射器的横向尺寸，即从 V_a 区域去掉其中电抗能量密度最大的那部分体积。这是实际上广泛采用的方法，它可以明显地减少辐射器近区电抗能量的储存，但是采用这种方法完全排除这部分能量是不可能的。此外，天线阻抗的实部分此时仍然是依赖频率的，因为随着频率的降低，耦合能量密度也会降低，正是由于这部分能量转为辐射的能通量的结果。

扩展天线匹配频带更有效的方法，是将具有公共输入端但不同名称电抗能量的两个辐射器的近区（V_a 体积）重合在一起（如果一个辐射器的近区电能是主要的，则在另一个辐射器的近区磁能是主要的）。如果这个和另一个辐射器的电抗能量储存相等，并有相同的频率依赖关系，在这种情况下，条件（10.25）在任何频率上都满足。所讨论方法的另一个优势在于，在辐射器相互间具有一定的取向时，电抗能量的储存可以转换为耦合能量。此时，随着频率的减小，耦合能量密度及辐射强度增大，即会发生辐射阻抗相对的增大和天线阻抗实部分的频率依赖关系减弱，这就保证了在更广泛的频带范围内满足式（10.24）条件。

文献[6]表明，电和磁辐射器的组合，不仅使电抗能量最小化，也能保证辐射的功率在更广泛的频带范围内有足够的稳定性。

假设，在笛卡儿坐标系中布放一个长 $2L$ 的平衡电偶极子和两个磁辐射器，后者轴的取向平行 x 轴，而它们的中心处在 $x=0$ 平面内，距 y 轴和 z 轴分别为 d 和 h 距离上，如图 10.34 所示。

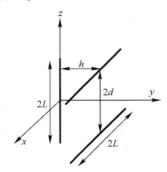

图 10.34　组合天线模型图

假设辐射器的电流和磁流分布为正弦分布，其复幅度为 I_0^e、I_{01}^m、I_{02}^m，并且有

$$\frac{I_{01}^m}{Z_0 I_0^e} = m_1 \left(\frac{L}{\lambda}\right)^{-1} \mathrm{expi}(\varphi_1 + \Delta\varphi_1), \qquad \frac{I_{02}^m}{Z_0 I_0^e} = m_2 \left(\frac{L}{\lambda}\right)^{-1} \mathrm{expi}(\varphi_2 + \Delta\varphi_2)$$

$$(10.26)$$

式中：m_1 和 m_2 为常数；φ_1 和 φ_2 分别为磁辐射器中电流相对电偶极子中电流的初始相移；$\Delta\varphi_1 = \Delta\varphi_2 = \beta\sqrt{(kh)^2 + (kd)^2}$，这里 β 的意义是延迟系数。

式（10.26）的因子 $(L/\lambda)^{-1}$，反映了在电辐射器和磁辐射器并联接入到一个馈电线路时产生的电流比值的频率依赖关系，而系数 β 值决定了电流波在这个馈电线路中的延迟。采用向量势方法[1]，在球坐标系坐标 R、θ、φ 中将得到在远区（$R \rightarrow \infty$）电磁场分量的下面表达式：

$$E_\theta = \frac{\mathrm{i}I_0^e Z_0}{2\pi \sin kL} \frac{\mathrm{e}^{-ikR}}{R} \left\{ \frac{\cos(kL\cos\theta) - \cos kL}{\sin\theta} + \sin\varphi \frac{\cos(kL\sin\theta\cos\varphi) - \cos kL}{1 - \sin^2\theta\cos^2\varphi} \exp(ikh\sin\theta\sin\varphi) \right.$$

$$\left. \times \left[\frac{I_{01}^m}{I_0^e Z_0} \exp(ikd\cos\theta) + \frac{I_{02}^m}{I_0^e Z_0} \exp(-ikd\cos\theta) \right] \right\}$$

$$E_\varphi = \frac{\mathrm{i}I_0^e Z_0}{2\pi \sin kL} \frac{\mathrm{e}^{-ikR}}{R} \cos\theta\cos\varphi \frac{\cos(kL\sin\theta\cos\varphi) - \cos kL}{1 - \sin^2\theta\cos^2\varphi} \exp(ikh\sin\theta\sin\varphi)$$

$$\times \left[\frac{I_{01}^m}{I_0^e Z_0} \exp(ikd\cos\theta) + \frac{I_{02}^m}{I_0^e Z_0} \exp(-ikd\cos\theta) \right], H_\varphi = \frac{E_\theta}{Z_0}, H_\theta = -\frac{E_\varphi}{Z_0}$$

辐射器系统（即组合天线）辐射的功率，可以利用坡印廷向量方法[1]求得。此时，归一到 $|I_0^e|^2 Z_0/\sin^2 kL$ 的辐射功率 P_Σ，由下面表达式给出：

$$P_\Sigma = P_\Sigma^e + P_\Sigma^m + P_\Sigma^{e,m}$$

式中：$P_\Sigma^e = \dfrac{Z_0}{2\pi} \displaystyle\int_0^\pi \dfrac{[\cos(kL\cos\theta) - \cos kL]^2}{\sin\theta} \mathrm{d}\theta$ 为电偶极子的辐射功率，而

$$P_\Sigma^m = \frac{Z_0}{4\pi^2} \int_0^\pi \int_0^{2\pi} \frac{[\cos(kL\sin\theta\cos\varphi) - \cos kL]^2}{1 - \sin^2\theta\cos^2\varphi} \sin\theta$$

$$\left| \frac{I_{01}^m}{I_0^e Z_0} \exp(ikd\cos\theta) + \frac{I_{02}^m}{I_0^e Z_0} \exp(-ikd\cos\theta) \right|^2 \mathrm{d}\theta\mathrm{d}\varphi$$

为由于磁辐射器对上面 P_Σ^e 功率的补充部分，又

$$P_\Sigma^{e,m} = \frac{Z_0}{2\pi^2} \int_0^\pi \int_0^{2\pi} [\cos(kL\cos\theta) - \cos kL] \frac{\cos(kL\sin\theta\cos\varphi) - \cos kL}{1 - \sin^2\theta\cos^2\varphi}$$

$$\times \mathrm{Re}\left\{ \exp(-ikh\sin\theta\sin\varphi) \left[\frac{I_{01}^{m*}}{I_0^e Z_0} \exp(-ikd\cos\theta) + \frac{I_{02}^{m*}}{I_0^e Z_0} \exp(ikd\cos\theta) \right] \right\} \sin\varphi\mathrm{d}\theta\mathrm{d}\varphi$$

为辐射的功率叠加时由于"组合"效应又一补充部分。

在图 10.35 上表示在 $h/L = 0.5$、$d/L = 0.8$、$m_1 = m_2 = 0.3$、$\varphi_1 = \varphi_2 = 0$、$\beta = -1.5$ 参数条件下，不同的 P_Σ^e、P_Σ^m、$P_\Sigma^{e,m}$、P_Σ 辐射功率与辐射器长度 L/λ 比值的依赖关系。

显见，在辐射器接到纯有源波电阻（约 140Ω）的公共馈电线路时，电偶极子在边界频率比值为 8:1 的频率范围在 $K_V = 2$ 水平上达到匹配，同时 P_Σ 与频率

的依赖关系与 P_{Σ}^{e} 的频率关系比较将会减小。应当指出,这个效应只有在辐射器电流的一定幅-相关系下才观测到。选取非最佳的 m_1 和 m_2 值,以及 φ_1 和 φ_2 值,可能导致 P_{Σ} 与频率的依赖关系比 P_{Σ}^{e} 的相应关系更强。

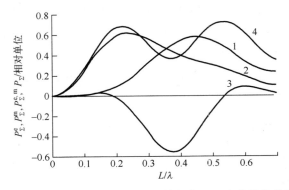

图 10.35 辐射器不同辐射功率与其长度 L/λ 比值的依赖关系

辐射功率:1—P_{Σ}^{e};2—P_{Σ}^{m};3—$P_{\Sigma}^{e,m}$;4—P_{Σ}。

因此,在耦合能量密度增大时,改进匹配可以通过电抗能量的最小化达到,而这可以借助辐射器近区电能和磁能的均衡储存来实现。这里提出的方法通过组合天线结构实现,而这个组合天线是电和磁辐射器的组合,它们有确定的相互位置布局,而其中流动电流的幅度和相位也有确定的比值关系。

10.4　平面组合天线

根据前面的讨论,对宽匹配频带天线的一般构建原理可做如下表述:

(1)天线应当是电和磁辐射器的组合,同时通过选取电流矩和磁流矩间适当的比例,实现电抗能量的最小化。作为电辐射器可采用单极子或偶极子,而作为磁辐射器采用的是环形天线或缝隙辐射器。电和磁辐射器供电电流间的相位移,应当接近 $\pi/2$;

(2)电和磁辐射器应当置于相互直接靠近,这样使得它们的相位中心间距不为零,同时不超过脉冲空间尺度的 1/4,而它们的相互取向应当使每个辐射器辐射场的极化特性符合;

(3)由于实际辐射器电能和磁能的储存,具有不同的频率依赖关系,而在它们的横向尺寸增大时这个能量储存会减小,因此最好采用横向尺寸增大的电和磁辐射器。

电和磁辐射器的组合,不仅应当保证它们在宽频带范围内达到匹配,而且也应当形成单向的方向图,其形状接近心形线,这样将增大天线的放大系数。

10.4.1　不平衡组合天线

在超高频(微波)范围,对天线的激发通常利用同轴馈电线路实现。在这种情况下,组合天线应当有不平衡输入端,如单极子的一样。构建平面不平衡组合天线可能方案之一,如图 10.36 所示。不平衡辐射器包括单极子和金属板制作的平衡物,见图 10.36(a),这里辐射器输入端用黑圆点表示。同轴电缆屏蔽层与这个平衡物连接,而电缆内导体连接到单极子上,这样辐射器方向图在单极子轴线方向上有零点,并且均匀地处在垂直单极子的平面上。如果将单极子折成如图 10.36(b)所示之弯状,则通过单极子终端和平衡物间电容,单极子部分电流会分流到平衡物上,并构成电流 I^m 的闭合环,即构成磁辐射器。此时,在平衡物下面部分和单极子开始段的电流 I^e 并未闭合,这样就构成了电辐射器。对于这样结构的辐射器,可以扩展匹配频带,但是它的方向图形状非常依赖频率。为了稳定方向图形状和减小辐射器尺寸,平衡物应当制成如图 10.36(c)的形状。

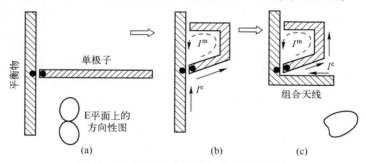

图 10.36　平面组合天线构建的不同方案

(a) 板状单极子和金属板平衡物;(b) 板状平衡物和弯状单极子;(c) 弯状平衡物和弯状单极子。

利用上述方法构建组合天线时,扩展匹配频带的可能性,通过利用 4NEC2 软件[18]对天线导线模型的数值模拟计算得到证实。在图 10.37 上表示了具有相同尺寸的单极子和组合天线的导线模型,以及经过计算得到它们的电压驻波系数的频率依赖关系。

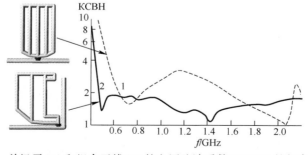

图 10.37　单极子(1)和组合天线(2)的电压驻波系数(KCBH)的频率依赖关系

由文献[19]提出了这种类型的平面组合天线及其实施方案。该天线在箔化的玻璃纤维印刷电路板上制作,其尺寸为 50mm×45mm×1mm。该板的拓扑图像,如图 10.38(a)所示。天线包括弯状的单极子 1 和平衡物 2。电路板 3 的无金属区块制成磁辐射器,它接到由单极子终端和平衡物之间隙 4 构成的电容上。天线与同轴接线柱 5 连接,后者又经过共面线段 6 与单极子输入端连接。电辐射器 7 是由平衡物下面部分和单极子外环构成。这样的结构,可以采用单面箔化的介电体,但是它有一个缺点:在利用 50Ω 的馈电线路激发天线时,激发电辐射器的的缝隙线宽度总共只有 0.2~0.3mm,由于怕电气击穿而限制了辐射器的功率。采用双面箔化的介电体,可以克服这个缺点,如果将平衡物移到板的背面,而同轴接线柱经过微带线段 6 与单极子输入端连接,如图 10.38(b)所示。在这种情况下,平均的辐射功率可以达到几十瓦。

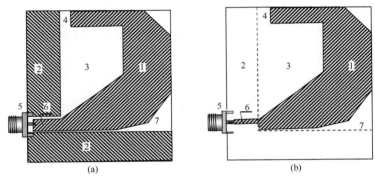

图 10.38　平面组合天线实际实施方案事例

箔化的介电体:(a) 单面介电体;(b) 双面介电体。

这里提出的平面组合天线结构方案,是作为超宽带天线阵列的天线单元的,可用于辐射断层照相,其实物外形见图 10.39(a),而平面组合天线的电压驻波系数与频率的依赖关系,在图 10.39(b)给出。

在图 10.40 上给出了上面提出的平面组合天线结构方案的方向图形状与频率的依赖关系。

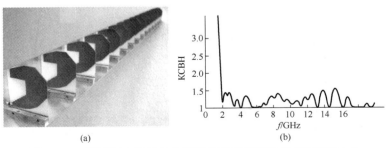

图 10.39　平面组合天线作为超宽带天线阵列单元的实物图(a)

及其电压驻波系数与频率的依赖关系(b)

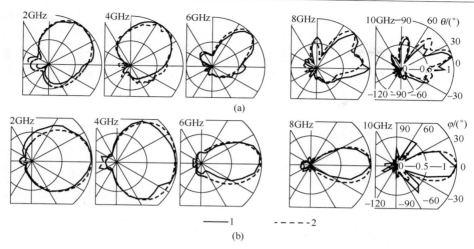

图 10.40　平面组合天线方向图

（a）在 E 平面上；（b）在 H 平面上；实验和模拟：1—测量结果，2—模拟结果。

在利用宽度 0.2ns 的双极电压脉冲（2）激发天线时，辐射脉冲峰值幅度的方向图形状（1）表示在图 10.41 上。

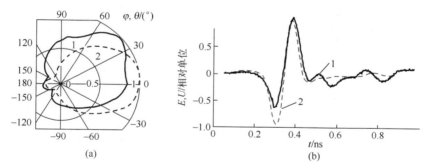

图 10.41　不平衡平面组合天线在脉冲方式下的辐射特性

（a）在 E 平面（1）、H 平面（2）上脉冲峰值幅度方向图形状；

（b）在方向图最大值方向上（1）辐射脉冲形状和电压脉冲形状（2）。

在文献［20］中，利用类似结构的平面不平衡组合天线作为多射线超宽带天线阵列的单元，这个阵列用于宽度约 0.5ns 超宽带脉冲的辐射和接收。在尺寸 80mm×80mm×1mm 单面箔化的玻璃纤维板上制作了该天线，其外形如图 10.42（a）所示，而在图 10.42（b）上给出了 50Ω 馈电线路反射系数的频率依赖关系。

天线在水平平面和垂直平面的峰值功率方向图，分别表示在图 10.43（a）和（b）上。天线是由宽度 0.5ns 的双极电压脉冲激发的，并且采用 TEM 接收天线进行了测量。

结构上接近的平面组合天线,利用印刷方法在箔化玻璃纤维板上制作,板的尺寸为 120mm×170mm,厚度 2mm,它是钻井雷达[21]超宽带天线的中心部分。该天线在宽度 2ns 的双极脉冲激发下工作,对于它在相对介电常数 $\varepsilon_r = 4$ 介质中工作也进行了计算,同时对充以 $\varepsilon_r = 3.9$ 潮湿沙子模型进行了测量,其结果与模拟计算结果符合。

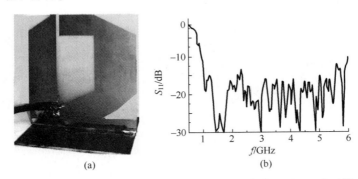

(a)   (b)

图 10.42 用于辐射和接收宽度 0.5ns 超宽带脉冲的平面组合天线
(a) 天线外形图;(b) 天线输入端反射系数的频率依赖关系。

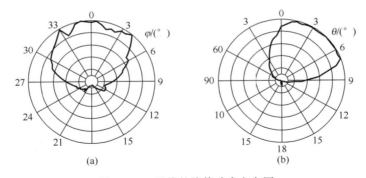

(a)   (b)

图 10.43 天线的峰值功率方向图
(a) 在 H 平面即水平平面上;(b) 在 E 平面即垂直平面上。

构建平面组合天线的另一种方法,在文献[22-24]中提出,并对它进行了研究。该天线用于近区的超宽带通信,其频带范围为 3.1~10.6GHz。它在矩形箔化介电板(Rogers RO3210)上利用印刷方法制作,它有 SMA 型的供电接头(插座),后者置于介电板的宽边上。印刷板平面组合天线的基本几何图像,在图 10.44 上给出。电辐射器制成平面偶极子形状,它的两个臂 1 和 2 的内边框构成一定断面的缝隙。电辐射器的输入端 3 与介电板后(宽的)边框通过缝隙线 4 连接。磁辐射器 5 制成孔状,它是在电辐射器臂 1 中截开的孔。磁辐射器的输入端 6 与介电板后边框通过缝隙线 7 连接。在板的后边框附近,缝隙线 4 和 7 构成了不平衡共面线 8,与共面线连接的是同轴的接头 9,后者成了天线的输入端。在臂 2 上截出孔 10,后者利用缝隙与板的侧边框连接,其所在距离为板的后边框的 1/3 侧边框长度处。缝隙线 7 的波阻抗超过缝隙线 4 波阻抗的 3~4 倍。缝隙线 4 的电气长度比缝隙线 7 的长度更大,它们的差值约为 0.15~0.2 最大工作波长。

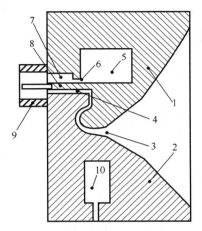

图 10.44　印刷板式超宽带组合天线的基本几何图像

1—偶极子上臂;2—偶极子下臂;3—电辐射器输入端;4—变截面的缝隙线;5—磁辐射器;
6—磁辐射器输入端;7—缝隙线;8—不平衡共面线;9—输入接头;10—金属中的孔。

这里提出的天线结构,可以看作是电和磁辐射器的组合。电辐射器是平面偶极子,它由制成一定断面的缝隙分开的两个臂 1 和 2 构成,这个偶极子由缝隙线 4 激发。这个辐射器的特点,在频率低于第一共振时,其阻抗具有电容性质,即它在近区电能的储存占主要份额。磁辐射器是由臂 1 的孔 5 构成,而该孔被缝隙线 7 激发。此时,这个辐射器的特点,在频率低于第一共振时,其阻抗具有电感性质,而其磁能储存超过它的电能储存。在给天线输入端加上信号时,信号的一部分经过缝隙线激发电辐射器,而信号的另一部分经过缝隙线激发磁辐射器。通过天线(辐射器)最佳尺寸的选取,应该保证天线中电矩和磁矩间具有这样的比值,此时应使在近区储存的电能和磁能的差值在频率高于通频带下边界频率时接近零。这将保证天线阻抗的电抗成分最小,并降低它的实际成分的频率依赖关系,因为随着频率的减小,天线近区的能量密度增大,因此辐射的功率份额会提高。天线臂 2 的孔 10 作为阻塞滤波器工作,并且防止电流流到介电板背面的边框上,从而使方向图最大值位置趋于稳定,并改进天线与馈电线路在低频区域的匹配。

图 10.45 给出了两种天线方案优化的几何图像,它们的印刷板几何尺寸分别是 25mm×20mm(A1)和 30mm×20mm(A2)。图 10.45 上用箭头表示的是辐射的主最大值方向。

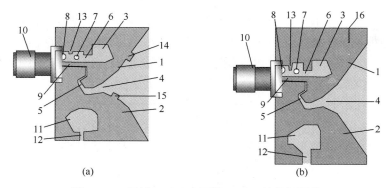

图 10.45　天线 A1(a)和天线 A2(b)的几何图像

1—偶极子上臂；2—偶极子下臂；3—磁辐射器；4—偶极子激发区域；5—变截面的缝隙线；
6—缝隙线；7—直径 1mm 的贯通孔；8—直径 1.6mm 的贯通孔；9—非平衡共面线；10—输入接头；
11—制成一定断面的孔；12—缝隙；13~15—匹配单元；16—缝隙线的短路线段。

　　图 10.45(a)给出了天线 A1 电极的几何图像。天线 A1 是电辐射器和磁辐射器的组合，而电辐射器为臂 1 和臂 2 的平面偶极子，磁辐射器 3 制成为臂 1 金属中孔径形状。电辐射器的输入端 4 通过变截面缝隙线 5 与板的后边框连接。磁辐射器 3 的输入端经过缝隙线 6 与介电板后边框连接。为了增大缝隙线 6 的波阻抗，借助贯通孔 7 和 8 将一部分电介质去掉。在板的后边框附近，缝隙线 6 和 5 构成了不平衡共面线 9，后者与同轴接头 10 的中心电极连接，从而构成天线的输入端。在臂 2 金属中制作了一定断面的孔 11，该孔经过缝隙 12 与天线的下边框连接。凸部 13 用于天线在中心部分频率的匹配，而凸部 14 和 15 用以保证上面频率所要求的匹配水平。对电辐射器和磁辐射器，供电所必须的幅度和相位关系，是通过选取缝隙线 5 和 6 相应的波阻抗以及它们长度的比值达到的。因为中心电极和接头脚间距离有限，则为了增大缝隙线 6 的波阻抗，在介电板中冲出孔 7 和 8。

　　天线 A2 电极的几何图像，表示在图 10.45(b)上，天线 A2 电极 1~13 的用途，与天线 A1 类似电极的用途相似。缝隙线 16 的短路线段，用于改善频率范围的上面部分。

　　对天线提出的结构和选取的尺寸关系，除了向低频方面扩展匹配频带外，还能提高天线的方向并保持其方向图最大值在频带中的位置不变。图 10.46 给出了对天线 A1 在不同频率上测量的方向图，实线对应 E 平面上的方向图，而虚线对应的是 H 平面上的方向图。天线 A2 方向图形状，与图 10.46 上给出的天线 A1 的方向图形状相差很小。

　　对天线的电压驻波系数(KCBH)和放大系数 G，采用了复传输系数测量仪(Agilent Technologies 8719ET)按标准方法进行了测量，其结果天线 A1 和天线 A2 的 KCBH 系数与频率的依赖关系，在图 10.47 上给出。

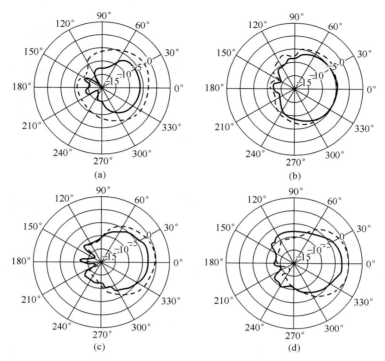

图 10.46　天线 A1 在不同频率上在 E 平面和 H 平面上方向图形状

实线—在 E 平面上,虚线—在 H 平面上

频率:(a) f=3.1;(b) f=5.1;(c) f=7.1;(c) f=9.1GHz。

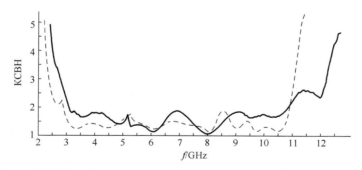

图 10.47　对天线 A1(实线)和天线 A2(虚线)测得的 KCBH 系数的频率依赖关系

对天线放大系数,利用双同天线法(两个同样天线方法)测量了天线 A1 和天线 A2 的放大系数与频率的依赖关系,其结果在图 10.48 上给出。在测量时,两个天线布放的相互距离为 0.5m。

在图 10.49(a)上给出了测得的传输系数 S_{21} 的绝对值和自变量值。每个天线的相频特性与线性依赖关系的偏差,如图 10.49(b)所示。

319

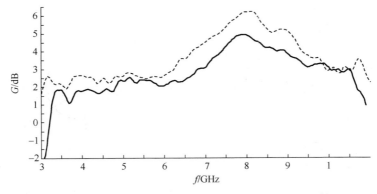

图 10.48　对天线 A1(实线)和天线 A2(虚线)测得的放大系数与频率的依赖关系

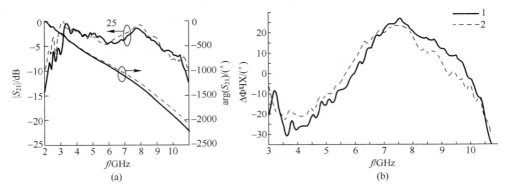

图 10.49　两种天线参数:

天线的 $|S_{21}|$ 和 $\arg(S_{21})$(a)及天线相频特性与线性关系的偏差 $\Delta\Phi\text{ЧХ}$(b)的频率依赖关系

天线:实线—A1 天线,虚线—A2 天线。

10.4.2　平衡组合天线

在不平衡组合天线中,当方向图哪怕在一个平面上是各向同性的,实现它的不定向方式是非常复杂的。这是由于电辐射器和磁辐射器在辐射场同样极化时,具有不同的方向图形状,并且相反,就是它们的方向图形状相近,它们的极化却也是不同的。在要求不定向工作方式时,可采用平衡组合天线。在文献[25]中,提出了由平面偶极子建立组合天线的一种方案。偶极子的臂,是布置在一个平面上薄的平面金属板。在振荡器臂中冲出孔和缝隙,如图 10.50 所示,这样制作了组合辐射器。这种结构,可以看作是电辐射器和磁辐射器的组合,因为经过辐射器流过的既有沿着导电部分的电流,也有经过孔和缝隙中的磁流。

利用程序 4NEC2 进行的数值模拟,展示了匹配频带向低频方面扩展的可能性,这个模拟结果表示在图 10.51 上,在图的左边部分画出了模拟时采用的金属丝模型。

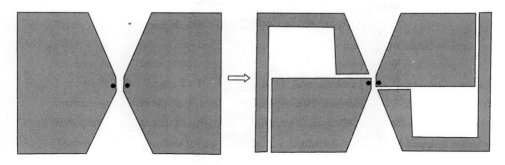

图 10.50　从平面偶极子向平衡组合天线转换图

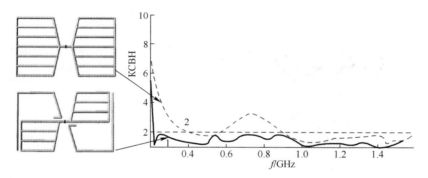

图 10.51　平衡组合天线(1)和平面偶极子(2)的 KCBH 系数与频率的依赖关系,
它们的尺寸如源电阻 180Ω 时一样。

在文献[26]中提出了具有最大匹配带平面辐射器的合成问题,并得到了在短形板上电流和磁流分布的特解。在上面提出的原理和数值模拟结果的基础上,制定了扩展匹配带的平面组合辐射器的结构方案。该结构,表示在图 10.52(a)上。在方形箔化电介体板 1 上,利用印刷方法制作了平衡组合辐射器,后者由一个平板 2 形成的平面偶极子和两个磁辐射器 3(环形天线)构成,并通过缝隙间隙 4 和 5 与偶极子臂建立了电容耦合关系。再通过选取缝隙长度和宽度以及环形天线面积,达到电流和磁流时刻间的最佳比值。而最佳匹配带,采用 100Ω 波阻抗的平衡线来激发辐射器时达到。在利用 50Ω 同轴电缆激发辐射器时,采用了超宽带带状平衡阻抗变换器,如图 10.52(b)所示。

图 10.53(a)表示了平衡组合天线模型和(b)表示了 50Ω 通道中测得的 KCBH 系数的频率依赖关系,后者是利用反射系数全景测量仪 P2M—04 得到

的。测量结果表明,在组合天线尺寸不大于 0.3 最大工作波长条件下,匹配频带超过二倍频。

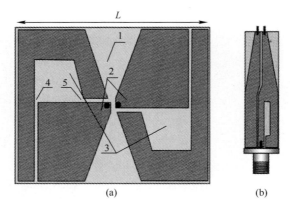

图 10.52　平面组合天线(a)和超宽带平衡阻抗变换器(b)的拓扑布局图

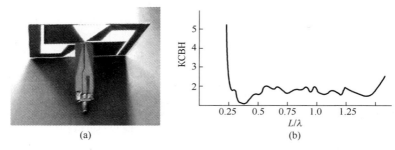

图 10.53　具有平衡阻抗变换器的平面平衡组合天线模型
(a)和对它测得的 KCBH 系数与频率的依赖关系(b)

平面平衡组合天线在 E 平面上的方向图形状与频率的依赖关系,在图 10.54 上给出,而在 H 平面上相应的方向图形状与圆形相差在匹配频带所有频率上都不大于 3dB。

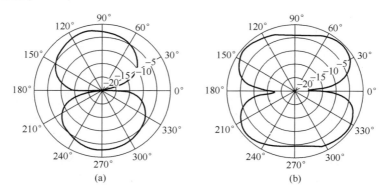

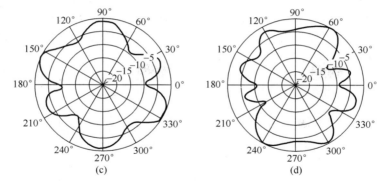

图 10.54　平面平衡组合天线方向图形状与频率的依赖关系

（a）$L/\lambda = 0.3$；（b）$L/\lambda = 0.5$；（c）$L/\lambda = 0.75$；（d）$L/\lambda = 1.0$。

10.5　体积组合天线

对三维(体积)组合天线的研究和研制,首先是为了构建紧凑型的辐射器,以用于高功率超宽带辐射源的二维多单元阵列。在最初的组合天线方案[6,27-29]中,采用了电单极子和磁偶极子的组合,这就可以扩展通频带,实现心形的方向图。然而,这些方案具有一些缺欠,阻碍了它们的进一步发展。例如,天线通频带上边界由于方向图遭到破环受到限制。

在晚些时候提出的组合天线中[30,31],通频带向高频方面的扩展,是通过采用 TEM 喇叭天线作为电辐射器实现的。此时,控制辐射特性的可能性,由于有源和无源的磁偶极子参数比值的改变以及 TEM 喇叭天线几何尺寸的改变而大大增强。在文献[12]中,给出了组合天线不同方案特性的细节比较。后面将给出对 TEM 喇叭组合天线的综合研究结果,以期说明通频带的限制条件。

10.5.1　低功率脉冲的辐射

文献[32]给出的组合天线,用于辐射宽度 $\tau_p = 200ns$、低压约 10V 的双极脉冲,这种脉冲对实现公共领域的[33]近距离作用雷达和低功率定向超宽带通讯系统是很有意义的。为了估计天线的几何尺寸,利用了相似定理。根据先前为辐射纳秒双极脉冲而研制的[34,35]组合天线的尺寸,选取了天线的高度(等于它的宽度)和长度分别选取为 $h \approx 0.5\tau_p c$ 和 $L \geqslant h$。

利用程序 4NEC2 制作了天线,这个天线导线模型的外形,如图 10.55(a)所示。该天线模型由直径 0.4mm 的 734 条导线(构成 1923 个扇区)构成。模型的电动势源,布放在天线后壁和 TEM 喇叭上瓣始端间的导线上。电动势源导线与模型前壁的 8 个径向发散导线连接,而在每个导线上都有标称 400Ω 的集中负载。该结构形成了天线导线模型的公共负载,其值等于 50Ω。导线模型长度 $L=34\text{mm}$,它的高度和宽度 $h=32\text{mm}$。

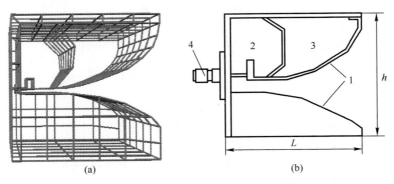

图 10.55 组合天线的导线模型(a)和结构(b)

1—TEM 喇叭天线;2—有源磁偶极子;3—无源磁偶极子;4—SMA 型输入接头。

为了确定天线模型的工作频带,研究了它的电压驻波系数(KCBH)、幅频特性(AЧX)和方向图(ДH)参数。图 10.56(a)给出了导线模型电压驻波系数与频率的依赖关系。由图可见,在频带 1.63~10GHz 范围上该模型 $K_V \le 2$,但是除去 6.5~7.3GHz 频带区间,这里的 K_V 超过 2 值不太多。

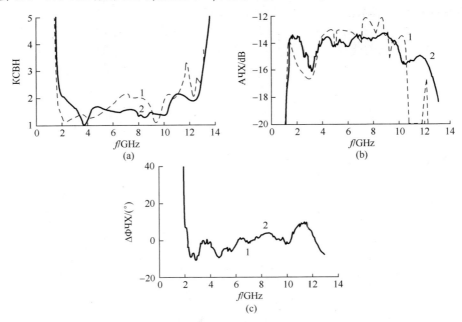

图 10.56 组合天线不同参数的频率依赖关系

(a) KCBH;(b) AЧX;(c) ΔФЧX。1—计算结果;2—实验结果。

　　为了确定模型的幅频特性,计算了在某些固定频率上远区电场强度垂直极化分量大小。此时,在模型负载(8 个负载,各 400Ω)上功率损失依赖于频率。为了得到计算结果与电磁波辐射物理更好的符合,对输入功率进行了校正,用以补偿负载上的损失。还根据电压驻波系数模型,补充调整了输入功率水平。这里输入功率水平的降低,相当于在实际天线情况下反射到馈电线路里那么多功率。例如,对于对应 $K_V = 3$ 值的频率,从天线输入端反射的功率份额为 0.25,而对于该模型选取的输入功率水平等于初始功率的 0.75 大小。模型的幅频特性的频率依赖关系,在图 10.56(b) 中 1 给出。幅频特性与其主最大值方向上(指 φ、$\delta = 0$,这里 φ 为方位角,δ 为位置角)平均值的偏差,在 1.3~10.6GHz 频带范围上不超过±2dB,但是除去低频域 2.7~3.5GHz 的凹陷部分,这里最大偏差对应−2.56dB。

　　图 10.57 中 1 给出了导线模型在 H 平面和 E 平面上的功率方向图 $F^2(\varphi)$ 和 $F^2(\delta)$,它们分别对应 2GHz、5GHz、8GHz 和 10GHz 的结果。由图可见,导线模型辐射的主最大值,对于 2~8GHz 频率具有固定方向,而在 10GHz 频率上向正 δ 值方面稍微偏离这个固定方向。这个频率上,在 H 平面还出现了侧瓣,其功率水平高于方向图主瓣的功率水平。

　　为了确定天线导线模型的通频带,它的相频特性数据不够,还不能利用程序 4NEC2 进行计算。然而,得到的电压驻波系数、幅频特性和方向图的数据表明,在 2~10GHz 频率范围内有可能对该天线进行相应的计算,并得到满意的特性。

　　根据导线模型几何制作的组合天线,其结构图在图 10.55(b) 上给出。该天线,可以看作是 TEM 喇叭(1)形式的电辐射器和有源(2)及无源(3)磁偶极子形式的磁辐射器的组合。这个天线,通过射频接头 SMA 与波阻抗 50Ω 馈电线路相接。该组合天线与先前研制的辐射纳秒双极脉冲的天线有差别,就在于后者没有下面的无源磁偶极子。TEM 喇叭的下面部分是连续金属电极,这样做是为了提高天线的机械强度,以及有可能批量生产高重复率的几何尺寸制品。

　　为了测量组合天线的 KCBH、AЧX 及其相频特性与直线性天线相频特性的均方偏差(ΔФЧX),采用了复传输系数测量仪 Agilent 8719ET,其工作频带为 0.05~13.5GHz。为了研究天线时域特性,采用了 TEM 接收天线[36]和频闪观测示波器 TMR 8112,采用的频带为 12GHz。

　　组合天线的电压驻波系数与频率的依赖关系,在图 10.56(a) 中 2 上给出。天线在 $K_V \leqslant 2$ 水平上的匹配频带为 2.23~12.5GHz,但应去掉 10.5~11.6GHz 频率区间,因为这里 K_V 只稍微超过 2。

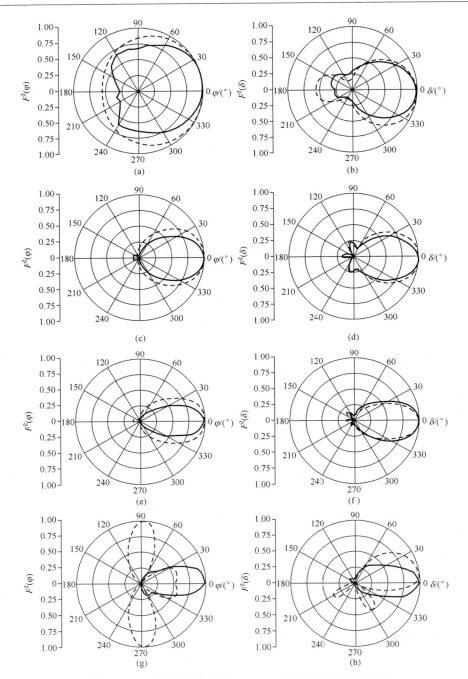

图 10.57　不同频率的天线在 H 和 E 平面上的功率方向图
H 平面:(a)、(c)、(e)、(g) 和 E 平面:(b)、(d)、(f)、(h),对应频率:
$f = 2\text{GHz}(a)$,(b),$f = 5\text{GHz}(c)$,(d),$f = 8\text{GHz}(e)$,(f),$f = 10\text{GHz}(g)$
1—计算数据(虚线),2—实验结果(实线)。

组合天线的幅频特性相对它的平均值的变化,在 1.4 ~ 12.4GHz 频率范围对于辐射的主最大值方向不超出±1.5dB 的界限,见图 10.56(b)中 2。对于这同一观测方向,组合天线的相频特性与线性天线的相频特性的均方偏差,对于从 2.1GHz 至少到 13GHz 频率范围,小于±π/16(见图 10.56(c)中 2)。

在图 10.57 上给出了组合天线在主平面上功率方向图,其中 1 为计算结果,2 为实验结果,它们对应的频率为 2GHz、5GHz、8GHz 和 10GHz。实验的方向图,是根据脉冲测量中得到的数据构建的:在两个主平面上,其变步长从 5°~15°,对于选取的频率求得天线辐射的脉冲幅度谱的平方。在宽度 200ps 双极脉冲激发天线的情况下,在高于 10GHz 频率上辐射脉冲频谱幅度小,在这个频率范围内不可能构建可靠的方向图。这里在 TEM 接收天线输出端的电压,假设是正比于辐射的电场强度的。

从上面天线方向图的比较可以得出,在 2~8GHz 频带范围上计算和实验测量结果都很好符合。同时,实验测量的方向图又表明,方向图主最大值位置一直稳定地保持着,直到 10GHz 频率。在更高的频率范围,计算和实验测量结果是不一致的,可能与不满足细导线近似条件,首先是与不满足细导线段相对波长 λ 应该是个小量这个条件有关。

因此,由实验得到的 KCBH、AЧX 和 ΔФЧX 参数的测量结果表明,所研制的组合天线在方向图主最大值方向上的通频带是处在 2.23 ~ 12.4GHz 频率范围,即频率重叠达到 5.6:1。通频带的下边界由匹配频带的下边界决定,而其上边界由天线幅频特性匹配频带的上边界决定。此时,天线长度与匹配频带下边界波长的比值 $L/\lambda_L = 0.25$。

在时域上的天线测量,是利用宽度 200ps 和幅度 13V 的双极电压脉冲发生器完成的。电压脉冲的示波图在图 10.58(a)上给出。TEM 接收天线位于在主最大值方向距发射天线 $r = 0.9$m 距离处,这对应通频带所有频率的辐射远区。在图 10.58(b)上给出了组合天线在主最大值方向辐射脉冲的示波图。组合天线峰值场强的效率为 $k_E = 0.9$,而能量效率为 $k_w = 0.92$。

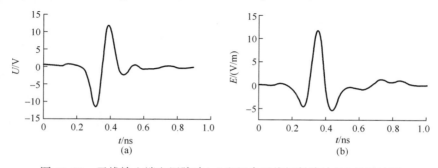

图 10.58 天线输入端电压脉冲(a)和组合天线辐射脉冲(b)的示波图

天线在 H 平面和 E 平面上峰值功率 $F^2(\varphi)$ 和 $F^2(\delta)$ 的方向图,分别在图 10.59 上给出。在 H 平面上方向图的半高宽度等于 $87°$,而在 E 平面上方向图的半高宽度等于 $103°$。在方向图最大值处天线定向作用系数 $D_0 = 4$。天线辐射在垂直平面上是线性极化的。应当指出,确定 k_E、k_w 和 D_0 参数的方法,在文献 [31] 中给出(见本书 5.4.2 节)。

为了比较,将简要地研究一下双锥天线的数值模拟结果[37],而这种天线对于宽度 $\tau_p = 150ps$ 的低压双极脉冲辐射是优化了的。该天线的几何如图 5.15 所示,其锥顶角 $2\theta_0 = 120°$,锥端面是平的,锥体的母线长度 $L = 60$ mm。为了进行模拟,采用了时域的有限差分法。在有限差分法基础上,文献 [38] 描述了在轴平衡圆柱坐标系中二维麦克斯韦方程的程序。

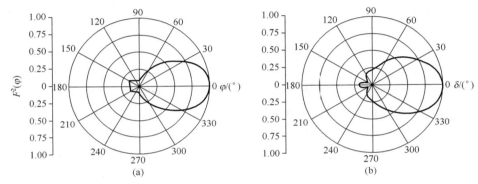

图 10.59　天线在 H 和 E 平面上峰值功率方向图
(a) 在 H 平面上;(b) 在 E 平面上。

对 КСВН、АЧХ 和 ΔФЧХ 参数的计算表明,在方向图最大值方向上通频带的下边界,由天线的 АЧХ 的下边界决定,而它的上边界则由天线的 ΔФЧХ 的上边界决定。此时,频率重叠为 5.6∶1,而双锥体母线长度对通频带的下、上边界波长的比值,分别等于 $L/\lambda_L = 0.7$ 和 $L/\lambda_H = 3.9$。应当指出,КСВН 系数将不限制双锥天线的通频带。双锥天线匹配带的下边界按 $K_V = 2$ 的水平对应 $L/\lambda_L = 0.35$,这样它高于组合天线匹配带的下边界 $L/\lambda_L = 0.25$,而它相应的上边界按频率考虑还很远,并且由于计算的有限精确度不可能确定下来。因此天线匹配带可以大大超过它的通频带。

由所给的研究结果得出,在通频带上频率重叠值接近时,对于辐射宽度 150~200ps 的双极脉冲,组合天线比双锥天线具有非常小的尺寸和更高的方向图。在文献 [39] 中,为了增强图的方向,双锥天线利用短路回线进行了改进。此时,匹配带的下边界为 $L/\lambda_L = 0.39$,这对应双锥天线的计算结果 $L/\lambda_L = 0.35$,并且它比组合天线的 $L/\lambda_L = 0.25$ 高 1.5 倍。这种天线也可以认为是由电辐射器(双锥天线)和磁辐射器(环形天线)组合成的。这里还应当指出,文献 [40] 中的不平衡 TEM 环形喇叭,后者具有宽的匹配频带并达到了 100∶1 的水平,这个环形喇叭用于宽频带范围但低功率的发射接收系统。

10.5.2　辐射高功率脉冲的天线

在本节中将研究具有扩展通频带的组合天线及其特性,它们用于辐射高功率脉冲。这些天线突出的特点,在于它的引入结构能保证在双极脉冲幅度达 200kV 时电气绝缘强度。在最初的一些实验中[30,31,12],采用的组合天线不具有最佳几何(见图 11.10)。天线的优化过程,就是根据数值模拟结果来改变天线的几何[41-43]。下面只研究两种组合天线,它们的差别在于用于激发的双极电压脉冲的宽度相差约一个量级。对天线特性的测量,采用低压双极脉冲进行。

最开始我们将研究如何利用宽度 τ_p=3ns 双极脉冲激发组合天线。这里采用的是在超宽带辐射源中使用的天线,它是基于单个天线[44]和四个单元的天线阵列[45],而它们的差别只是高压引入端的结构不一样。天线的横向尺寸 h=$0.5\tau_p c$=45 cm,而纵向尺寸 L=47cm。为了优化天线,利用了 4NEC2 程序进行模拟。作为阵列单元而采用的天线的外形,表示在图 10.60 上。下面给出该组合天线的测量结果。

图 10.60　利用宽度 3ns 双极脉冲激发的天线外形
1—TEM 喇叭;2—有源磁偶子;3—无源磁偶子。

在图 10.61 上给出了在波阻抗 50Ω 的馈电线路中,天线的 KCBH 与频率的依赖关系,此时在 0.13～1.1GHz 频带中系数 $K_V \leqslant 2$。对于由两个天线构成的系统,进行了它的 АЧХ 和 ФЧХ 的测量,这个系统的一个天线是发射天线,而另一天线是接收天线。在测量结果中,幅频特性的数据相对它的平均值的改变,在 0.14～0.85GHz 频段上没有超出它的主方向(φ、δ=0°)上的界限±1.5dB,如图 10.62 中 1 所示,而它的相频特性与线性关系在这个观测方向上的偏离

ΔΦЧX,对于 0.14~0.9GHz 频段,未超出±π/16,见图 10.62 中 2。同时满足三个标准:KCBH≤2,ΔАЧX≤±1.5dB,ΔΦЧX≤±π/16 的相对通频带,在 0.14~0.85GHz 频段的主辐射方向为 6.1:1。由此可得,该组合天线通频带的下边界,由 АЧX 和 ФЧX 决定,而它的上边界则只由 АЧX 决定。此时,匹配频带的下边界为 $L/\lambda_{\mathrm{L}} = 0.2$。

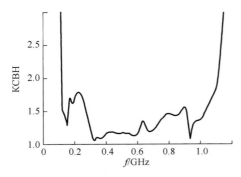

图 10.61 天线的 KCBH 系数
与频率的依赖关系

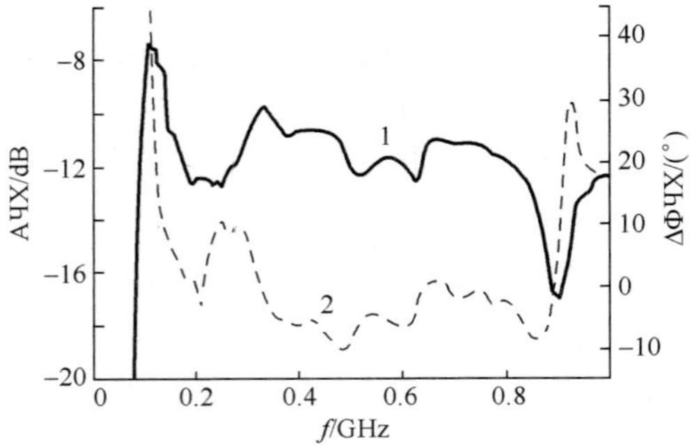

图 10.62 对天线 АЧX 和 ΔΦЧX 特性的测量结果
1—АЧX 特性;2—ФЧX 与线性关系的偏离差。

在图 10.63 上给出了在 H 和 E 平面上天线峰值功率的方向图。它们在峰值功率方向图半高水平的宽度,大致相等并且等于 80°。根据低压测量的结果,天线方向图最大值处的定向作用系数 $D_0 = 5$。组合天线峰值电场强度的效率为 $k_{\mathrm{E}} = 2$,而它的能量效率 $k_{\mathrm{w}} = 0.93$。

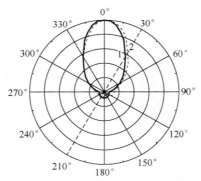

图 10.63 天线在 H 平面(1)和 E 平面(2)上峰值功率方向图

在文献[46]中,利用宽度 $\tau_{\mathrm{p}} \approx 200\mathrm{ps}$ 的双极脉冲进行激发,对高功率超宽带辐射源中采用的组合天线进行了研究,并给出了结果。组合天线的外形,如图 10.64(a)所示。该天线长度 $L = 4.3\mathrm{cm}$,横向尺寸 $h = 4\mathrm{cm}$。

同时借助 4NEC2 程序,对天线进行了优化。它的导线模型的外形,表示在图 10.64(b)上。模拟的目的是使天线的 KCBH 最小化,其计算结果表示在图 10.65 中 1 上。

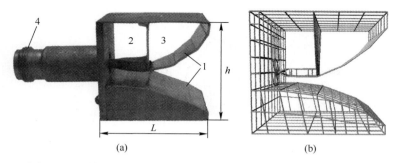

图 10.64 利用宽度 200ps 双极脉冲激发的天线外形及其导线模型

（a）天线外形；（b）天线的导线模型。

1—TEM 喇叭；2—有源磁偶极子；3—无源磁偶极子；4—N 型输入接头。

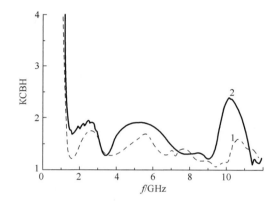

图 10.65 对天线 KCBH 特性的计算（1）和测量（2）结果

对此测得的匹配频带，在 $K_V \leqslant 2$ 时为 1.4～9.8GHz 频段，如图 10.65 中 2 所示，而测得的 AЧX 相对它的平均值的变化，在 1.1～8.1GHz 频段未超出主方向（$\varphi, \delta = 0°$）的 ±1.5dB 界限之外（见图 10.66 中 1）。相频特性 ФЧX 与线性关系的偏离（ΔФЧX），在 1.7～9.2GHz 频段上对这同一观测方向未超出 ±π/16，见图 10.66 中 2。

同时满足上面三个标准而决定的相对通频带，对于 1.7～8.1GHz 频段，在辐射的主最大值方向上为 4.8:1。由此可得，对于该组合天线，通频带的下限由 ФЧX 决定，而其上限由 AЧX 决定。此时，匹配频带的下限 $L/\lambda_L = 0.2$。

在 H 平面和 E 平面上天线的峰值功率方向图，在图 10.67 上给出。在 H 平面上这个方向图半高宽度等于 90°，而在 E 平面上方向图的相应宽度等于 100°。在这两个平面上峰值功率方向图的最大值，也像上面给出的天线一样，对应 $\varphi = \delta = 0°$。根据测量结果，天线在方向图最大值处定向作用系数 $D_0 = 4$，而组合天线峰值场强的效率 $k_E = 0.9$，它的能量效率 $k_w = 0.92$。

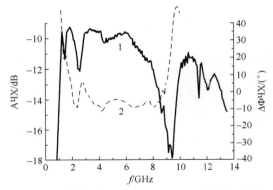

图 10.66　测得的天线特性:АЧХ(1)和 ФЧХ 与线性关系的偏差(2)

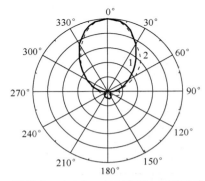

图 10.67　天线在 $H(1)$ 和 $E(2)$ 平面上峰值功率的方向图

小结

本章阐述了对超宽带电磁脉冲辐射天线的基本要求,引入了天线在发射方式下传输函数的概念,并且表明,辐射的脉冲形状总是与激发天线的电压脉冲形状不同。对于直线辐射器,得到了电流分布函数的表达式,并揭示了影响辐射脉冲形状发生畸变的因素,还得到了工作在发射方式下单极子、同轴和不同轴偶极子、喇叭天线的传输函数的计算关系式。

这里又揭示出辐射脉冲形状发生畸变的基本原因,有以下两点:

(1)在辐射器尺寸小于脉冲空间尺度一半时,辐射器的输入阻抗有很强的频率依赖关系;

(2)如果偶极子长度和喇叭天线周长超过脉冲空间尺度,它们的方向图形状与频率有依赖关系。

已经表明,短辐射器的通频带由于匹配频带向低频方面扩展有可能展宽,这种情况通过电和磁辐射器构成的组合天线可以实现,同时阐述了组合天线输入阻抗的频率依赖关系大大减弱的条件。

最后给出了平面组合天线的结构方案,其特点是廉价、制造简单,该方案适用于辐射几十瓦峰值功率的脉冲。同时又研制和研究了体积组合天线,后者适用于辐射几百兆瓦峰值功率的超宽带脉冲。实验证明,由三个特性参数:KCBH 和 AЧX 参数以及 ФЧX 与线性关系的偏离即 ΔФЧX 特性一起决定了组合天线的通频带,并且后者比组合天线驻波电压系数(KCBH)频率依赖关系决定的匹配频带更窄。

问题和检测试题

1. 什么是发射天线的传输函数?

2. 发射天线的哪些参数决定了它的的通频带?

3. 罗列一下,造成辐射脉冲波形与激发天线的电压脉冲波形不同的原因?

4. 是什么决定了天线通频带的下边界?

5. 为什么电类和磁辐射器构成的组合天线的匹配频带,比单独的电或磁辐射器的匹配频带更宽?

6. 下面两种组合天线的通频带相同时,为什么体积组合天线的尺寸比平面组合天线的尺寸更小些?

参考文献

[1]　Марков Г. Т. ,Сазонов Д. М. Антенны. −М. :Энергия,1975. −528 с.

[2]　Buyanov Yu. I. ,Koshelev V. I. ,Plisko V. V. Radiation of a long conductor excited by a short pulse//Proc. VII Inter. Conf. on Mathematical Methods in Electromagnetic Theory. Ukraine,Kharkov:Institute of Radiophysics and Electronics NAS,2−5 June 1998. V. 1. P. 312−314.

[3]　Ефимова Н. А. ,Калошин В. А. О согласовании симметричных ТЕМ−рупоров // Радиотехника и электроника. 2014. Т. 59. № 1. С. 60−66.

[4]　Cadilhon B. ,Cassany B. ,Modin P. ,Diot J−Ch. ,Bertrand V. ,Pécastaing L. (2011). Ultra Wideband Antennas for High Pulsed Power Applications,Ultra Wideband Communications: Novel Trends−Antennas and Propagation,Dr. Mohammad Matin (Ed.) ,ISBN:978 − 953 − 307−452−8,InTech,DOI:10. 5772/20305. Available from:http://www. intechopen. com/books/ultra−wideband−communications−novel−trends−antennas−and−propagation/ultra−wideband−antennas−for−high−pulsed−power−applications.

[5]　Литвиненко О. Н. ,Сошников В. И. Теория неоднородных линий и их применение в радиотехнике. −М. :Сов. Радио,1964. −536 с.

[6]　Koshelev V. I. ,Buyanov Yu. I. ,Kovalchuk B. M. ,Andreev Yu. A. ,Belichenko V. P. ,Efremov A. M. ,Plisko V. V. ,Sukhushin K. N. ,Vizir V. A. ,Zorin V. B. High−power ultrawideband

electromagnetic pulse radiation//Proc. SPIE. 1997. V. 3158. P. 209-219.

[7] Беличенко В. П. , Буянов Ю. И. , Кошелев В. И. , Плиско В. В. О возможности расширения полосы пропускания малогабаритных излучателей//Радиотехника и электроника. 1999. Т. 44, № 2. С. 178-184.

[8] Уэйт Д. Р. , Электромагнитное излучение из цилиндрических систем / Пер. с англ. Л. Н. Брюхатова, под ред. Г. В. Кисунько. −М. ; Сов. радио, 1963. −240 с.

[9] Кессених В. Н. Распространение радиоволн. −М. ; ГИТТЛ, 1953. −488 с.

[10] Уолтер К. . Антенны бегущей волны. Пер. с англ. А. Д. Иванова, А. Н. Щербицкого, В. М. Собакина, под ред. А. Ф. Чаплина, М. ; Энергия, 1970. −448 с.

[11] Буянов Ю. И. Добротность и полоса пропускания линейных излучателей//Труды Всероссийской научной конференции 《 Физика радиоволн 》. Россия, Томск: Томский государственный университет, 2002. С. VII20-23.

[12] Андреев Ю. А. , Буянов Ю. И. , Кошелев В. И. Малогабаритные сверхширокополосные антенны для излучения мощных электромагнитных импульсов//Журнал радиоэлектроники. 2006. № 4. Электронный ресурс: http://jre.cplire. ru/mac/ apr06/1/text. html.

[13] McLean J. S. A re−examination of the fundamental limits on the radiation Q of small antennas//IEEE Trans. Antennas Propogat. 1996. V. 44. No. 5. P. 672-676.

[14] Geyi W. , Jarmuszewski P. , Qi Y. The foster reactance theorem for antennas and radiation Q//IEEE Trans. Antennas Propogat. 2000 V. 48. No. 3. P. 401-408.

[15] Kwon D. −H. On the radiation Q and gain of crossed electric and magnetic dipole moments// IEEE Trans. Antennas Propogat. 2005. V. 53. No. 5. P. 1681-1687.

[16] Фано Р. Теоретические ограничения полосы согласования произвольных импедансов/ Пер. с англ. Ю. Л. Хотунцева, под ред. Г. И. Слободенкова. − М. ; Сов. Радио, 1965. − 71 с.

[17] Вершков М. В. , Миротворский О. Б. Судовые антенны. −3−е изд. , перераб. и доп. − Л. ; Судостроение, 1990. −304 с.

[18] NEC based antenna modeler and optimizer. Электронный ресурс: http://www. qsl. net/4nec2.

[19] Балзовский Е. В. , Буянов Ю. И. Сверхширокополосный антенный элемент для синтезированной апертуры//Известия вузов. Физика. 2012. Т. 55. № 8/2. С. 60-61.

[20] Буянов Ю. И. , Кошелев В. И. , Швадленко П. Ф. Исследование характеристик элементов сверхширокополосной многолучевой антенной решетки//Известия вузов. Физика. 2012. Т. 55. № 9/2. С. 22-26.

[21] Балзовский Е. В. , Буянов Ю. И. , Кошелев В. И. , Некрасов Э. С. Сверхширокополосная комбинированная антенна с направленными характеристиками для скважинного радара//Доклады 1 Всероссийской Микроволновой конференции. Россия, Москва: Институт радиотехники и электроники им. В. А. Котельникова РАН, 27-29 ноября 2013. С. 312-316.

[22] Kwon D. -H. , Balzovsky E. V. , Buyanov Y. I. , Kim Y. -J. , Koshelev V. I. Small printed combined electric-magnetic type ultrawideband antenna with directive radiation characteristics//IEEE Trans. Antennas Propagat. 2008. V. 56. No. 1. P. 237–241.

[23] Kwon D. -H. , Balzovsky E. V. , Buyanov Y. I. , Kim Y. -J. , Koshelev V. I. Small printed ultra - wideband antennas combining electric - and magnetic - type radiators//Ultra - Wideband,Short-Pulse Electromagnetics 9. Edited by F. Sabath et al. ,New York:Springer, 2010. P. 425–431.

[24] Балзовский Е. В. , Буянов Ю. И. , Кошелев В. И. Малогабаритная плоская антенна как элемент сверхширокополосной двухполяризационной решетки//Доклады 3 Всероссийской научно-технической конференции 《Радиолокация и радиосвязь》. Россия, Москва: Институт радиотехники и электроники им. В. А. Котельникова РАН,26–30 октября 2009. С. 77–82.

[25] Беличенко В. П. , Буянов Ю. И. , Литвинов С. Н. Комбинированные излучатели с расширенной полосой согласования//Известия вузов. Физика. 2006. Т. 49. № 9. Приложение. С. 23–27.

[26] Беличенко В. П. ,Буянов Ю. И. ,Кошелев В. И. ,Шипилов С. Э. Синтез сверхширокополосных малогабаритных излучателей на основе минимизации реактивной энергии// Доклады 2 Международной конференции 《Акустооптические и радиолокационные методы измерения и обработки информации》. Россия, Суздаль: Институт радиотехники и электроники им. В. А. Котельникова РАН, 25 - 27 сентября 2007. С. 32–35.

[27] Андреев Ю. А. , Буянов Ю. И. , Визирь В. А. , Ефремов А. М. , Зорин В. Б. , Ковальчук Б. М. ,Кошелев В. И. ,Сухушин К. Н. Генератор мощных импульсов сверхширокополосного излучения//Приборы и техника эксперимента. 1997. Т. 40. № 5. С. 72–76.

[28] Андреев Ю. А. ,Буянов Ю. И. , Кошелев В. И. , Сухушин К. Н. Элемент сканирующей антенной решетки для излучения мощных сверхширокополосных электромагнитных импульсов//Радиотехника и электроника. 1999. Т. 44. № 5. С. 531–537.

[29] Andreev Yu. A. , Buyanov Yu. I. , Koshelev V. I. , Plisko V. V. , Sukhushin K. N. Multichannel antenna system for radiation of high - power ultrawideband pulses//Ultra - Wideband, Short - Pulse Electromagnetics 4. Edited by E. Heyman et al. ,New York:Plenum Press, 1999. P. 181– 186.

[30] Koshelev V. I. ,Buyanov Yu. I. ,Andreev Yu. A. ,Plisko V. V. ,Sukhushin K. N. Ultrawideband radiators of high-power pulses//IEEE Pulsed Power Plasma Science Conf. 2001. V. 2. P. 1661– 1664.

[31] Андреев Ю. А. ,Буянов Ю. И. ,Кошелев В. И. Комбинированная антенна с расширенной полосой пропускания//Радиотехника и электроника. 2005. Т. 50. № 5. С. 585–594.

[32] Андреев Ю. А. ,Кошелев В. И. ,Плиско В. В. Комбинированная антенна и линейные решетки для излучения маломощных пикосекундных импульсов//Радиотехника и электроника. 2011. Т. 56. № 7. С. 796–807.

［33］ Federal Communication Commission USA（FCC）02－48，ET Docket 98－153，First Report and Order，April 2002.

［34］ Губанов В. П. , Ефремов А. М. , Кошелев В. И. , Ковальчук Б. М. , Коровин С. Д. , Плиско В. В. , Степченко А. С. , Сухушин К. Н. Источники мощных импульсов сверхширокополосного излучения с одиночной антенной и многоэлементной решеткой//Приборы и техника эксперимента. 2005. Т. 48. № 3. С. 46–54.

［35］ Ефремов А. М. , Кошелев В. И. , Ковальчук Б. М. , Плиско В. В. , Сухушин К. Н. Генерация и излучение мощных сверхширокополосных импульсов наносекундной длительности//Радиотехника и электроника. 2007. Т. 52. № 7. С. 813–821.

［36］ Андреев Ю. А. , Кошелев В. И. , Плиско В. В. Характеристики ТЕМ антенн в режимах приема и излучения//Доклады 5 Всероссийской научно－технической конференции 《Радиолокация и радиосвязь》. Россия , Москва：Институт радиотехники и электроники им. В. А. Котельникова РАН , 21–25 ноября 2011. С. 77–82.

［37］ Кошелев В. И. , Петкун А. А. , Дейчули М. П. , Лю Ш. Частотные и временные характеристики конических ТЕМ антенн//Доклады 4 Всероссийской научно－технической конференции 《Радиолокация и радиосвязь》. Россия , Москва：Институт радиотехники и электроники им. В. А. Котельникова РАН , 29 ноября－3 декабря 2010. С. 336–340.

［38］ Кошелев В. И. , Петкун А. А. , Лю Ш. Численное моделирование сверхширокополосных излучателей с аксиальной симметрией//Известия вузов. Физика. 2006. Т. 49. № 9. С. 63–67.

［39］ Desrumaux L. , Godard A. , Lalande M. , Bertrand V. , Andrieu J. , Jecko B. On original antenna for transient high power UWB arrays：The Shark antenna//IEEE Trans. Antennas Propogat. 2010. V. 58. No. 8. P. 2515–2522.

［40］ Бирюков В. Л. , Ефимова Н. А. , Калиничев В. И. , Калошин В. А. , Пангонис Л. И. Исследование сверхширокополосной кольцевой антенной решетки//Журнал радиоэлектроники. 2013. № 1. Электронный ресурс：http：//jre. cplire. ru/jre/jan13/20/text. pdf.

［41］ Андреев Ю. А. , Кошелев В. И. , Плиско В. В. Расширение полосы пропускания комбинированной антенны//Доклады 4 Всероссийской научно－технической конференции 《Радиолокация и радиосвязь》. Россия , Москва：Институт радиотехники и электроники им. В. А. Котельникова РАН , 29 ноября－3 декабря 2010. С. 331–335.

［42］ Андреев Ю. А. , Кошелев В. И. , Романченко И. В. , Ростов В. В. , Сухушин К. Н. Генерация и излучение мощных сверхширокополосных импульсов с управляемым спектром//Радиотехника и электроника. 2013. Т. 58. № 4. С. 337–347.

［43］ Mehrdadian A. , Forooraghi K. Design of a UWB combined antenna and an array of miniaturized elements with and without lens//Progress in Electromagnetic Research C. 2013. V. 39. P. 37–48.

［44］ Koshelev V. I. , Andreev Yu. A. , Efremov A. M. , Kovalchuk B. M. , Plisko V. V. , Sukhushin

K. N. ,Liu S. Increasing stability and efficiency of high – power radiation source//Proc. 16 Inter. Symp. on High Current Electronics. Russia,Tomsk:Institute of High Current Electronics SB RAS,2010. P. 415-418.

[45] Андреев Ю. А. , Ефремов А. М. , Кошелев В. И. , Ковальчук Б. М. , Плиско В. В. . Сухушин К. Н. Высокоэффективный источник мощных импульсов сверхширокополосного излучения наносекундной длительности//Приборы и техника эксперимента. 2011. Т. 54. № 6. С. 51-60.

[46] Андреев Ю. А. , Ефремов А. М. , Кошелев В. И. , Ковальчук Б. М. , Плиско В. В. . Сухушин К. Н. Генерация и излучение мощных сверхширокополосных импульсов пикосекундной длительности//Радиотехника и электроника. 2011. Т. 56. № 12. С. 1457-1467.

第11章　天线阵列

引言

不同用途无线电系统功能的扩展,是通过天线阵列的应用[1-5]实现的。采用多单元的阵列,可以减小方向图的宽度,并相应地增大它在主方向上的辐射功率密度,同时提高了对探测目标的空间分辨率。除此之外,之所以采用阵列,这是为了实现波束的电子扫描和建立多射线的、适配的天线。天线阵列,可分为发射天线阵列、接收天线阵列、发射-接收天线阵列,以及无源和有源的天线阵列。在有源天线阵列中,有源装置(放大器)是包含在天线阵列的单元中,它对阵列的特性有很大的影响。阵列的结构主要包含三个部分:辐射(发射)系统或接收系统,控制装置和分配系统。

对阵列的基本研究,是针对它在窄带无线电系统中应用的。在研究时,假设辐射脉冲时间宽度远大于阵列孔径充满的时间 $L\sin\theta/c$,这里 L 为阵列直线尺寸,θ 为从阵列法线算起的脉冲入射角,c 为自由空间中的光速。此时,辐射频谱的宽度为 $\Delta f/f \ll \lambda_0/(L\sin\theta)$,这里 λ_0 为辐射频谱的中心波长。在这种情况下,从阵列各单元来的信号叠加后,输出脉冲波形对方向图的所有角度都是一样的,并且除了脉冲的始端和终端,这些波形都是准谐波振荡。看来,最早在文献[6]中采用直线赫兹偶极子的阵列例子表明,当采用短超宽带脉冲时,辐射的脉冲波形依赖方向。

在高功率大于等于 100MW 的超宽带脉冲源的阵列中,TEM 天线[7,8]和组合天线[9,10],得到了广泛的应用。而在峰值功率小的无线电系统中,作为双极阵列的单元,平面带状缝隙天线(TSA)[11,12]也得到了广泛的应用。应当指出,在这种类型的发射-接收天线阵列中,主要采用了中心频率 f_0 可调式(阶梯式调频)的长无线电脉冲,其调频的频带范围很宽, 达到 12:1。在反射信号处理过程[13]中,实现了对探测目标很高的空间分辨率。

在高功率无线电系统和近距离作用的雷达中,发射天线阵列和接收天线阵列是分开的。在发射天线阵列的情况下,这是根据保证发射器和接收器电气绝缘的需要决定的,而在接收天线阵列的情况下,这是由于与探测目标距离近约 1m 决定的。在这些系统中,可以采用不同类型的天线,作为发射天线和接收天线阵列的单元。在测量短超宽带辐射脉冲的接收天线阵列中,应当采用的是基于电偶极子[14]和磁环形天线[15]的阵列。

在本章中,将注意力主要集中在与超宽带辐射短脉冲工作的发射天线和接收天线阵列。为了比较,在某些情况下,还将引入天线阵列与长无线电脉冲工作的数据,并且后者的中心频率在广泛的频段上可调。

11.1　天线阵列的方向性能

11.1.1　数值计算

下面将研究短电磁脉冲的空间–时间特性,这些脉冲是根据数值计算结果[16],由辐射器平面阵列产生的。假设在 yOz 平面上布放辐射器阵列,它像组合天线情况一样[17, 18],具有心形的方向图。阵列的单个单元在远区辐射的电磁场强度,在不考虑单元间的相互作用时,在 xOy 平面上由下面表达式确定:

$$E_{mn}(t,r_{mn}) = \frac{A}{r_{mn}} \frac{\mathrm{d}I_{mn}}{\mathrm{d}t}(1+\cos\varphi) \tag{11.1}$$

式中:A 为量纲常数;r_{mn} 为阵列单元到观测点的距离;$I_{mn} = I(t-r_{mn}/c)$ 为 mn 辐射器在延迟 r_{mn}/c 时间后时刻 t 的电流值;φ 为在球坐标系中 $\theta = 90°$ 时观测点的方向(角)。总电磁场是阵列所有单元辐射的场的叠加结果。

在一般情况下,为了提供电磁脉冲空间–时间的局部性能,每一个阵列单元被电流脉冲激发,但它们相应的时间位移为

$$\Delta t_{mn} = (y_n\sin\theta_0\sin\varphi_0 + z_m\cos\theta_0)/c \tag{11.2}$$

式中:y_n、z_m 为阵列单元坐标;θ_0、φ_0 为在球坐标系中决定场的局部特性的方向角。

采用单极和双极电流脉冲以及含有大量振荡周期电流的脉冲,对 8×8 方形阵列单元进行激发产生了电磁脉冲,并对它们的空间–时间特性进行了研究。辐射器的脉冲波形,以高斯曲线组合形式给出:单极和双极电流脉冲波形分别用 $I(t) = \exp[-(10t/3\tau_p-2)^2]$ 和 $I(t) = \exp[-(5t/\tau_p-2)^2]-\exp[-(5t/\tau_p-4)^2]$ 表示,τ_p 为在脉冲幅度 0.1 水平上的脉冲宽度,还有振荡周期数为 2 和更多的电流脉冲波形用 $I(t) = \sum_{i=1}^{n}(-1)^i\exp[-(4t/T-2i)^2]$ 表示,这里 T 为振荡周期,n 为脉冲的半周期数。

因为在短电流脉冲激发天线阵列时,正如图 11.1 所示,辐射的电磁脉冲波形依赖于方向,则方向图概念成为不是单值的。传统上,将方向图理解为在远区固定距离上脉冲幅度依赖角度的关系或辐射场强与角度的依赖关系。然而,

在辐射短脉冲时需要考虑,当信号到达观测点的时间及其信号形状在不同方向上是不同的。在这种情况下,在天线阵列不同距离上和测量在固定时刻的场,将得到不同的方向图,见图 11.1。

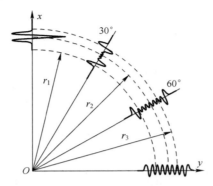

图 11.1　天线阵列在双极电流脉冲同步激发各单元时在不同角度下辐射的电磁脉冲

天线单元间距:$0.5\tau_p c$

与此有关,曾提出构建超宽带辐射脉冲峰值场强 E_p 或峰值功率(功率密度)E_p^2 的的方向图。E_p 值选取为在某个球面层某个方向(θ,φ)上辐射场强的最大值,而球面层厚度等于天线阵列辐射脉冲的最大宽度(见 5.4 节)。实际上,这样的方向图是这样测量的:在远区选取的距离 r 上,测量不同方向(θ,φ)辐射脉冲的示波图,并且确定 E_p 值及其对应的不同时刻。

为了说明经典的方向图和峰值场强方向图间的不同,图 11.2 给出了方形天线阵列在双极电流脉冲激发下,在单元辐射中心间垂直方向和水平方向的距离分别为 $d_v = d_h = d = 0.5\tau_p c$ 时得到的相应曲线。图 11.2 上曲线 1 为对应图 11.1 上 r_2 距离的经典方向图,曲线 2 对应的是峰值场强方向图,而曲线 3 是给定方向上脉冲携带的能量方向图。应当指出,在采用 dB 标尺时,峰值场强和

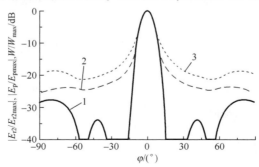

图 11.2　天线阵列在双极电流脉冲同步激发单元时得到的不同方向图

1—窄带信号方向图;2—峰值场强方向图;3—能量方向图。

峰值功率的方向图是相互符合的。因为从得到的结果可知,对于短超宽带脉冲,峰值场强及峰值功率方向图都没有零值,在这种情况下应当说的不是"侧瓣"图像,而是"侧辐射"或"背景"图像。

天线阵列被单极和双极电流脉冲激发时辐射的模拟结果表明,从减少侧辐射角度看,对于这样的脉冲,最佳的阵列应该是具有均匀幅度分布的阵列。因此,这种阵列与长辐射脉冲激发的阵列有很大的不同,而在后一种情况下,最佳阵列是电流幅度分布向阵列边缘衰减的[3]阵列。

在图 11.3 上,给出了双极电流脉冲激发天线阵列时获取的方向图,并且方向图的宽度随着阵列孔径的增大而减小,而孔径又随着阵列单元间距离的增大而增大(图 11.3(a)、(b))。此时,侧辐射的水平也将增大。在这种情况下,当阵列单元中心间距增大到 $d = \tau_p c$,而波束扫描的角度为 $\varphi_0 = 45°$ 时,不存在凸显的衍射瓣(图 11.3(b)),尽管此时侧辐射水平和方向图宽度都将增大,这将使超宽带天线阵列与窄带阵列有根本的不同,而在窄带阵列情况下衍射瓣会在下面条件下出现:

$$d/\lambda_0 \geqslant 1/(1 + \sin\varphi_0) \tag{11.3}$$

应当指出,对于双极脉冲 $\lambda_0 = \tau_p c$。

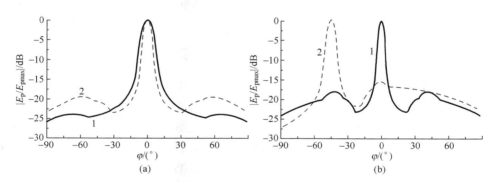

图 11.3　天线阵列在双极电流脉冲同步激发单元时获取的峰值场强的方向图
(a) 单元间距:$d = 0.5\tau_p c$(1),$d = 0.75\tau_p c$(2);(b) 单元间距 $d = \tau_p c$;波束同步激发单元时(1)和扫描 45°时(2)。

在激发脉冲的空间长度不超过阵列尺寸时,方向图侧面最大值数,由一个电流脉冲的振荡周期数决定。在图 11.4(a)上表示阵列在单元间距 $d = 0.5Tc$ 情况下,在三周期(1)和四周期(2)的电流脉冲激发时得到的方向图。在图 11.4(b)上给出了这同一个阵列的方向图,但是是在十周期电流脉冲(1)和谐波电流(2)激发时得到的方向图。由图可见,在有限宽度的脉冲方向图中不存在零值,而方向图宽度和侧辐射水平比在同样单元间距情况下的双极脉冲的结果更高。

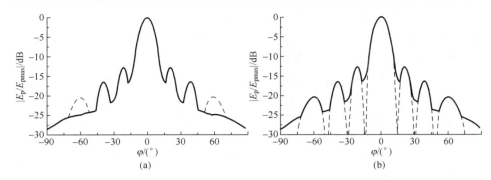

图 11.4 天线阵列在电流脉冲同步激发单元($d=0.5Tc$) 时获取的峰值场强方向图
（a）3 个周期（实线）、4 个周期（虚线）；（b）10 个周期（实线）、谐波电流（虚线）。

11.1.2 实验研究

对于由 2×2、4×4、8×8 单元构成[18]的矩形组合天线阵列,在宽度 $\tau_p=0.2\sim$ 3ns 双极脉冲激发下完成了细致的实验研究[10,19-24]。下面,将简要地介绍一下所研究阵列的辐射系统。组合天线横向尺寸为 $h=0.5\tau_p c$,但不包括文献［23］的情况。阵列单元中心间距等于 $d_{v,h}/\tau_p c=0.5\sim0.6$,或 $d_{v,h}/h=1\sim1.2$。辐射系统单元置于介电板或金属板上,通过分配系统进行同步激发。

开始时,将研究由 4×4 单元辐射系统的天线阵列,该系统由宽度 0.5ns 的双极脉冲激发[21],尔后将数据推广到其他阵列上去。在图 11.5 上,给出了阵列的外形。方形辐射系统的单元,相互间既在水平方向上也在垂直方向上置于 $d/\tau_p c=0.6$ 距离上。从波阻抗 50Ω 发生器产生的电压脉冲,如图 11.6 所示,将该脉冲加到 50Ω/3.125Ω 波阻抗变换器的输入端,而后经过 16 通道功率分配器

图 11.5 宽度 0.5ns 双极电压脉冲激发 16 单元阵列的外形图
1—波阻抗变换器;2—功率分配器;3—聚乙烯绝缘同轴电缆;4—阵列单元。

沿着波阻抗 50Ω 同轴电缆传输,它们同步地激发阵列单元。阵列辐射的脉冲示波图,在图 11.7 上给出。

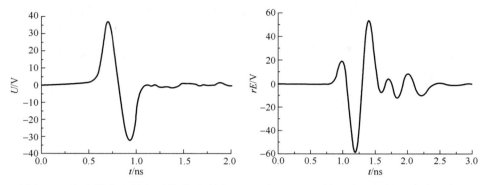

图 11.6　发生器产生的电压脉冲示波图　　　图 11.7　16 单元阵列辐射的脉冲示波图

　　为了比较,将研究单个天线和阵列的方向特性。在图 11.8 上,给出了单个天线在 H 平面和 E 平面上峰值功率方向图。应当指出,在 E 平面上,位置角度从 $\delta=90°-\theta$ 算起。在这种情况下,与辐射器平面($\theta=90°$)垂直的方向,对应的角度 $\varphi=0$ 和 $\delta=0$。这简化了方向图在图上的表示。对于该单个天线,在方向 $\varphi=\delta=0$ 上峰值功率的定向作用系数 $D_0=4$。D_0 的测量方法,文献[18]已介绍(见 5.4 节)。

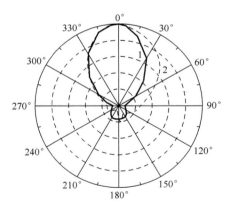

图 11.8　单个天线在宽度 0.5ns 双极脉冲激发下峰值功率方向图
1—在 H 平面上;2—在 E 平面上。

　　大家知道,阵列的方向图决定于单元方向图乘以阵列因子,该因子是不定向辐射器阵列的方向图。此时,单元方向图由于阵列单元的相互作用,可能不同于单个天线的方向图。在图 11.9 上,给出了两个平面上阵列峰值功率方向图。应当指出,阵列的方向图是对称的,这与单个天线在 E 平面上方向图(见

图 11.8）不同。在两个平面上的阵列方向图在峰值功率半高水平上的宽度，约等于单个天线方向图宽度或小于它的 1/4。

在主方向（$\varphi=\delta=0°$）上测得的阵列峰值功率定向作用系数等于 $D_0 \approx 54$，这个值接近最大的估计值，在不考虑阵列单元间相互作用时，它对应单个天线定向作用系数乘以阵列单元数 $D_0 = 64$。对 16 单元阵列，在宽度 200ps 双极电压脉冲激发下也得到了类似结果[23]。

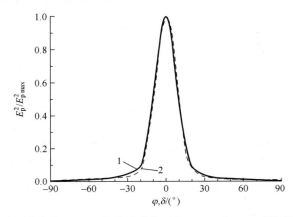

图 11.9　16 单元阵列在宽度 0.5ns 双极脉冲激发下在 H（1）和 E（2）平面上峰值功率方向图

在文献[24]中，研究了组合天线在 E 平面上直线阵列的方向图，与其单个天线在该平面上不对称方向图实现平衡的方法。在实验中，我们采用了对于宽度 1ns 双极脉冲辐射来说最佳的组合天线，如图 11.10 所示。这是组合天线扩展通频带的第一方案[18,25]。天线的 KCBH 在 350～2000MHz 频段上不超过 3，其天线方向图在图 11.11 上给出。方向图在峰值功率半高水平的宽度，在 H 平面（图 11.11 中 1）上为 90°，在 E 平面（图 11.11 中 2）上为 100°。在 E 平面上方向图的最大值，对应高度角 $\delta = 15°$，这是由于天线结构在这个平面上非常不对称造成的。

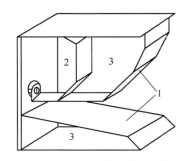

图 11.10　宽度 1ns 双极电压脉冲激发组合天线的外形图
1—TEM 喇叭;2—有源磁偶极子;3—无源磁偶极子。

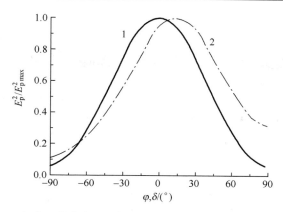

图 11.11　组合天线在宽度 1ns 双极电压脉冲激发下峰值功率方向图

1—在 H 平面上；2— 在 E 平面上。

　　此外,还进行了阵列辐射峰值功率方向图形成的模拟。这里采用了两种方法:一是单个天线辐射脉冲直接叠加,同时要考虑脉冲波形和延迟与角度的变化关系;二是单个天线方向图乘以阵列因子,而该因子是对应方向图主方向上辐射脉冲频谱中心频率的波长经过计算得到的。

　　图 11.12 表示出利用脉冲直接叠加法(1)和阵列因子法(2)计算的 2×1 垂直阵列 ($d_v = h$) 在 E 平面上峰值功率的方向图,以及测得的阵列方向图(3)及单个天线方向图(4)(作为比较)。由此可见,在 E 平面上阵列方向图(3)最大值处在 0°~2.5°范围内,这对应测量的角度步长。由计算可得,阵列方向图(3)最大值处在 0°~1°范围内。应当指出,单个天线方向图最大值对应的角度 $\delta = 15°$ 。

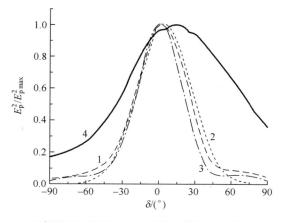

图 11.12　2×1 垂直阵列在宽度 1ns 双极脉冲激发下计算(1,2)和测量(3)

及单个天线(4)在 E 平面上峰值功率方向图

图 11.13 给出了 4×1 垂直阵列 $(d_v=h)$ 在 E 平面上的峰值功率方向图,这是根据脉冲直接叠加法(1)和阵列因子法(2)的计算结果及测量结果(3),这里计算和测量的方向图符合得很好。此时,方向图最大值对应的角度为 $\delta=0°$。由此可见,随着直线阵列单元数增大,方向图的对称性也增大。由两种方法计算得到的方向图的相近性,可以作出结论,影响方向图对称性的主要因素,是阵列因子。应当指出,由于在 E 平面上单个天线方向图的不对称性,单元数为 N_t 阵列的方向图最大值处峰值场强 E_{pN},小于单个天线方向图最大值处峰值场强 E_{p1} 与阵列单元数的乘积,即 $E_{pN}<N_t E_{p1}$。

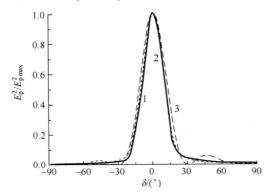

图 11.13　4×1 垂直阵列在宽度 1ns 双极脉冲激发下计算(1, 2)和测量(3)的在 E 平面上峰值功率方向性图

对于辐射超宽带脉冲的单个天线和阵列,重要的参数是脉冲波形与观测角的依赖关系。脉冲波形的变化,可以根据在任意辐射角度下接收天线输出端脉冲 $U_a(t)$ 与方向图最大值方向上接收天线输出端脉冲 $V_a(t)$ 的均方差进行估计,其估计表达式如下:

$$\sigma = \sqrt{\int_T [u(t)-v(t)]^2 \mathrm{d}t / \int_T v^2(t)\, \mathrm{d}t} \qquad (11.4)$$

式中:$u(t)=U_a(t)/|U_{amax}|$ 和 $v(t)=V_a(t)/|V_{amax}|$ 为归一函数;T 为积分的时间窗口。

下面利用方形 16 单元阵列(见图 11.5)作为例子,研究一下辐射脉冲波形的测量结果,该阵列是利用宽度 0.5ns 双极脉冲激发的[21]。为了比较,在图 11.14 上还给出了单个天线在 H 平面(1)和 E 平面(2)上辐射脉冲波形均方差与角度的依赖关系。在 $\sigma>0.1$ 情况下,脉冲波形有明显差别。图 11.14 给出了 4×4 阵列在 H 平面(3)和 E 平面(4)上辐射的脉冲波形均方差与角度的依赖关系,它表明,与单个天线比较,这个阵列的脉冲波形从更小角度开始发生变化。

这里给出的情况，与单个天线的 $k_p^{[18]}$ 比较，是阵列峰值功率效率 k_p 降低的原因。例如，在文献[21]中，给出的单个天线和 4×4 阵列天线的峰值功率效率 k_p 值分别等于 0.8 和 0.36。由此可得，在双极电压脉冲同样参数的情况下，阵列辐射的峰值功率比单个天线的更小些，同时阵列源的有效辐射势，要比单个天线源的有效辐射势 rE_p 更大些。这是超宽带辐射源的一个突出特点。

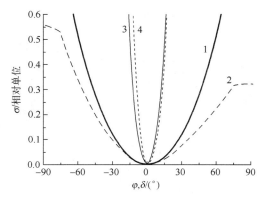

图 11.14　单个天线（1,2）和 4×4 阵列（3,4）在宽度 0.5ns 双极脉冲激发下在
H 平面（1,3）和 E 平面（2,4）上辐射脉冲波形的均方差

对于所有阵列，共同结论是它们的峰值功率方向图半高水平的参数 $\sigma \approx$ 0.2。这表明，在超宽带脉冲辐照的目标界限内，可以假设辐射脉冲波形相同，这一点在对探测目标的识别问题中是很重要的。

11.2　天线阵列的能量特性

11.2.1　分配系统

在一个电压脉冲发生器和一个天线构成的超宽带辐射源中，为了激发各单元采用了分配系统。这与发生器数 N_g 等于辐射单元数 N_t 的超宽带辐射源不同，这个分配系统将导致附加的能量损失。在相同的发生器和阵列单元的情况下，在没有辐射器的相互作用时，阵列峰值电场强度等于 $E_{pN}=N_t E_{p1}$，这里 E_{p1} 为单个天线对应 $\varphi=0$ 和 $\delta=0$ 角度的方向图最大值处峰值电场强度。在采用一个发生器波阻抗 ρ_g 等于单元馈电线路波阻抗 ρ_f 的情况下，分配系统没有能量损失并且在不考虑辐射器相互作用时，阵列的峰值电场强度 $E_{pN}=\sqrt{N_t}\,E_{p1}$。

下面将研究矩形的 4×4 和 8×8 阵列的分配系统，其中 4×4 阵列由宽度 0.2~2ns 双极脉冲激发[10, 19, 21, 23]，而 8×8 阵列由宽度 1ns 双极脉冲激发[20]。对 4×4 阵列的分配系统都是按同一线路制作的。在图 11.15 上,给出了宽度 0.5ns 双极脉冲激发的阵列分配系统简化结构。双极电压脉冲沿着同轴波导 1,经过过渡绝缘子 2,加到变换器 3 的输入端,后者的输出端 4 与 16-通道功率分配器 5 连接。通过波阻抗 50Ω 的同轴电缆 6,双极电压脉冲加到阵列单元上。指数类型的波阻抗变换器,用作双极脉冲发生器输出阻抗 50Ω 和天线阵列馈电线路总波阻 3.125Ω 之间的匹配。

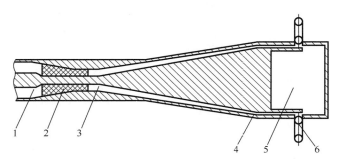

图 11.15　在宽度 0.5ns 双极脉冲激发下 16 单元阵列的分配系统的结构图
1—双极脉冲发生器输出端;2—过渡绝缘子;3—阻抗变换器输入端;
4—变换器输出端;5—16-通道功率分配器;6—同轴电缆。

在宽度 0.5~2ns 双极脉冲的分配系统中,采用变压器油,并将其抽入到聚乙烯绝缘子和内芯线间以及与同轴电缆外屏蔽层间的间隙中[10, 19, 21],以提高相关部位的电气强度。此时,峰值功率(能量)在分配系统中的损失,占到输入脉冲峰值功率的 20%[21]。在分配系统输入端和输出端上脉冲波形相近时,峰值功率损失对应的是能量损失。应当指出,在双极脉冲宽度 2ns[10] 和重复频率 100Hz 时,工作一小时后,在聚乙烯绝缘的电缆中可以观察到击穿的痕迹,这样就限制了辐射源的可能应用。但在双极脉冲宽度减小到 1ns[19] 和 0.5ns[21] 时,电缆中并未发生击穿。

在继续减小双极脉冲宽度到 200ps 时,在阵列的分配系统(图 11.16)中采用了扭绳绝缘电缆,在这种电缆中充以 4 个大气压的 SF_6 气体,这样就保证了电压脉冲波形畸变减小、电气绝缘强度更高和能量损失更小,此时能量损失约为输入脉冲能量的 30%[23]。这里的能量损失,首先是由分配系统通频带的宽度,不论在低频域还是高频域下都不够造成的。这将导致分配系统输出端电压脉冲的宽度增大到 260ps,并出现附加的时间瓣。在图 11.17 上,给出了分配系统输入端(1)和输出端(2)电压脉冲的归一示波图。

波阻抗变换器长度的选取,考虑了两个相互矛盾的要求。一方面,这个长度应当是短的,这样不会增大辐射源的尺寸,另一方面必须增大波阻抗变换器的长度,这样使得它的通频带下边界向低频方面移动从而提高它的效率。作为

图 11.16 宽度 200ps 双极脉冲激发 16 单元天线阵列的实物图

1—波阻抗变换器；2—16 通道功率分配器；3—扭绳绝缘电缆；4—阵列单元。

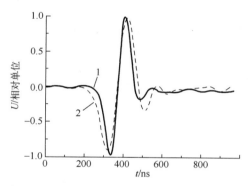

图 11.17 16 单元天线阵列在宽度 200ps 双极脉冲激发下分配系统的脉冲

1—在分配系统输入端上；2—在分配系统输出端上。

最佳的长度，选取了波阻抗变换器电气长度等于电压脉冲宽度的一倍半左右[10,21,23]。在波阻抗变换器电气长度比最佳长度增大 2 倍时，在采用 1ns 双极脉冲时，分配系统中能量损失占输入脉冲能量的 40%，这主要是由于变压器油中的能量损失。

总的趋势是从油和固体的绝缘向气体绝缘过渡，因为气体绝缘将保证在双极电压脉冲宽度增大到 3ns 并在脉冲重复频率 100Hz 时，具有很高的电气强度[22]。这是由于利用扭绳绝缘电缆替换连续聚乙烯绝缘同轴电缆的结果，因为扭绳绝缘结构可使高压的 SF_6 气体注入到电缆中去。

前面讨论的分配系统，对天线阵列的单元数有限制，这是因为对功率分配器(见图 11.15)的直径有限制，从而可预防导致脉冲波形畸变和各通道幅度不均匀分配造成的高阶模式激发。对于双极脉冲频谱的中心波长 $\lambda_0 = \tau_p c$，它的频

域集中了其主要能量部分,并且在内电极直径接近外电极直径 D 的条件下,不产生高阶模式的标准[26]可写成下式:

$$D/\tau_p c < 1/(\pi\sqrt{\varepsilon_r}) \tag{11.5}$$

式中: ε_r 为绝缘的相对介电常数。

上述标准只对采用宽度 $\tau_p = 2ns$ 双极脉冲的功率分配器[10]成立。对于宽度 $1ns$[19] 和 $0.5ns$[21] 的双极脉冲的功率分配器, $D/\tau_p c$ 值是标准水平 $1/(\pi\sqrt{\varepsilon_r})$ 的 2 倍,而对于脉冲宽度 $\tau_p = 0.2ns$[23] 情况,则 $D/\tau_p c$ 值高于标准水平的 3.5 倍。此时,在功率分配器输出端上脉冲幅度的差别,不超过 6%[23],这对于实际应用是合适的。应当指出,上面所给的标准,对于无限长同轴线严格成立。功率分配器的纵向尺寸与脉冲的空间尺度比较是小的,看来,它在高阶模式激发标准遭到破环条件下仍然可以工作。

限制这种类似分配系统发展的附加因素,是由双极脉冲发生器波阻抗减小和阻抗变换系数增大产生的有关困难。

为了增加阵列的单元数,研制了新的功率分配系统,与前述分配系统不同,它的变换器和功率分配器性能组合在一个装置里。该分配系统利用 8×8 天线阵列进行了验证[20]。64 通道的功率分配器,结构上由 3 个四通道功率分配器串联级构成,如图 11.18 所示。在第 1 级输入端的波阻抗,等于双极脉冲发生器波阻抗的 12.5Ω。在功率分配器第 1 级臂的始端,波阻抗等于 $12.5×4=50Ω$。16 单元阵列的馈电线路总阻抗接到第 1 级的每个臂上,这样总阻抗等于 $50/16 = 3.125Ω$,而 64 单元馈电线路的总阻抗 $50/64 ≈ 0.78Ω$。为了在阻抗转换时反射最小,采用了补偿的指数过渡段,其阻抗根据下面公式计算[27]:

$$\rho(x) = \rho(0)\exp\left\{\ln\frac{\rho(l)}{\rho(0)}\left[\frac{x}{l} - 0.133\sin 2\pi\frac{x}{l}\right]\right\} \tag{11.6}$$

式中: $\rho(0)$ 和 $\rho(l)$ 为过渡段始端和终端的阻抗值。

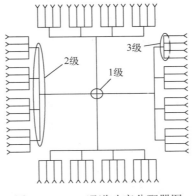

图 11.18　64 通道功率分配器图

64 通道功率分配器的外形,如图 11.19 所示。传输线充以变压器油,功率分配器一个臂的总长度为 120cm。为了使该分配器输入阻抗与宽度 1ns 双极脉冲的低电压试验发生器波阻抗匹配,采用了长度 31.5cm 的波阻抗变换器如图 11.19 中 4 ,它的阻抗从 50Ω 变换到 12.5Ω。

图 11.19　64 通道功率分配器

1、2、3—四通道功率分配器;4—试验测量用的波阻抗变换器。

图 11.20 给出了功率分配器其中一个通道的归一电压脉冲示波图,两个示波图一个在它的输入端(1)另一个在它的输出端(2)得到的。由图可见,脉冲波形畸变不大。在功率分配器输出端,幅度不均匀性约为 4%。估计表明,64 通道功率分配器的峰值功率损失,达到 50% 输入峰值功率,并且主要是在变压器油中能量损失造成的。

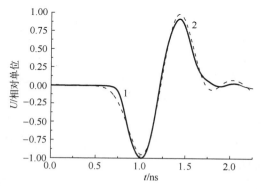

图 11.20　64 通道功率分配器在充变压器油时得到的归一电压脉冲示波图

1—在分配器输入端;2—在分配器输出端。

351

文献[28]在0.6~2GHz频段完成的研究表明,在BM-1型真空油中功率损失远小于变压器油中功率损失。因此,在64通道功率分配器中,变压器油换成了真空油。从测量结果[29]可得,此时各通道的输出脉冲幅度增大了1.3倍,而在分配器中峰值功率损失减小,约为输入脉冲峰值功率的30%。图11.21给出了64单元阵列馈电线路输出端电压脉冲的示波图,图中1是对应的是采用变压器油的情况,而对应的是真空油的情况。为了比较,图中还给出了,假设没有能量损失(3)时电压脉冲示波图。该分配系统可使阵列的单元数成4倍增大,而源的有效辐射势成2倍增大。

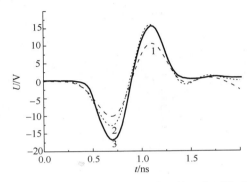

图11.21　64通道功率分配器一个输出端上电压脉冲示波图
1—在变压器油情况下;2—在真空油情况下;3—在无能量损失情况下。

11.2.2　辐射系统的结构

研究组合天线构成的辐射系统是本节的主要任务,但是在进行这项研究之前,先简要地阐述一下基于锥形槽相控阵列(Tapered-slot Phased Arrays,TSA)的阵列理论和实验研究[11, 12, 30-32]。所研究的特性是阵列单元输入端的电压反射系数或KCBH,它们一起决定了辐射系统的能量效率。研究了直线极化和场的两个垂直极化的平面阵列和直线阵列。在E平面上,天线直接连接在一起并构成了序列。在直线极化的平面阵列中,在H平面上序列的间距可以改变。两个极化的平面阵列具有网格式结构,其网格尺寸等于天线的高度。

从阵列的数值模拟和实验研究的重要结果得出结论:根据$K_V = 2$水平估计的匹配频带的下边界,随着直线阵列单元数增大而向低频方面移动,而从直线阵列向平面阵列过渡时,这个移动更大。在无限尺寸阵列情况下,下边界频率的最大移动可以实现。由计算得出,50×50单元数的平面阵列,根据其自身特性接近无限尺寸的阵列。从得到的理论和实验数据看出,单元数30的直线阵列和30×30平面阵列按着它们自身的特性非常接近无限尺寸阵列。阵列单元的下限频率相对单个天线的移动,可以用孔径尺寸的增大来解释。最接近所研究单元的单元辐射,在该单元中激发出电流,并将抑制在低频上发生的反射。

为了减小可作用于接收-发射器电子学部分的反方向上辐射,阵列置于接地板上。这个接地金属板的存在,造成了场的反射,并减小了匹配频带。为了消除这些效应,曾提出采用铁淦氧材料制作的吸收板[33, 34],用以代替金属板。

组合天线的平面阵列,可以有两种类型结构。在第一类型阵列中,横向尺寸 h 的单元在垂直方向和水平方向上相互都处在相同距离 $d_v = d_h = 1.2h$ 上,这些单元都固定在介电板[19, 21](见图 11.5)和金属板[20]上(见图 11.22)。第二类型阵列的单元在垂直方向($d_v = h$)上直接连接在一起,而在水平方向上单元按距离 $d_h = 1.2h$ 分开(见图 11.16)[10, 23],并且固定在介电板上。

图 11.22 64 单元天线阵列的外形图

下面将研究单个组合天线和 16 单元阵列单元的 K_V 系数比较测量的结果,这些结果都是利用宽度 2ns 双极脉冲激发达到最佳状态时测量的[10]。在图 11.23 上给出了 KCBH 与频率的依赖关系,即 $K_V(f)$,其中 1 是单个组合天线结果,而 2 是阵列内部单元结果。由测量结果可得,单元的 K_V 系数在 200 ~ 650MHz 频段和 $f > 1000$MHz 频域上减小,而它的 $K_V = 2$ 水平的下边界频率向低频域移动。观察到了阵列的边缘单元和内部单元的 KCBH 系数的差别,这个差别在 $f < 400$MHz 低频域不太大,而在 $f > 1300$MHz 高频域则非常大。16 单元阵列在宽度 1ns[19] 和 200 ps[23] 双极脉冲激发时,在低频域得到了类似的结果。由上述结果可以得出,在置于介电板上的平面阵列中,单元的系数 K_V 与结构类型无关,在低频域会减小,而其下边界频率相对单个天线而言,向低频方面移动。

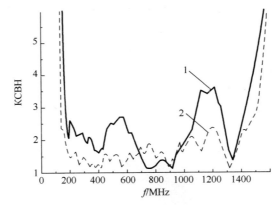

图 11.23　单个天线(1)和阵列内部单元(2)的 KCBH 系数与频率的依赖关系
最佳的比较测量是在宽度 2ns 双极脉冲激发下进行的。

对置于金属板上 2×2 阵列,在间距 $d_v = d_h = 1.2h$ 时的研究表明,垂直单元输出孔径的直接连接,导致峰值场强增大 3%[20],这是由于单元缝隙中共振场强受到抑制的结果。该阵列是 64 单元阵列 1/16 部分(见图 11.22),其结构是由功率分配器第 3 级结构(见图 11.19)和不是阵列而是单元必须翻转 90°而改变辐射极化决定的,这是为了测量该结构在 E 平面上方向图而采取的措施。

阵列单元的 K_V 相对单个天线的减小,导致辐射系统效率增高,这部分地平衡了分配系统的能量损失。例如,在宽度 2ns 双极脉冲激发下,单个天线和 16 单元阵列成为辐射源,这样它们得到的有效辐射势值,分别为 $rE_p = 440kV$ 和 1670kV[10]。这两个有效势的比值等于 3.8,并在 5 % 误差范围内接近 $\sqrt{N_t} = 4$,这相当于没有能量损失的理想阵列。

下面将讨论组合天线在 4 单元的直线阵列和矩形阵列中布局结构的优化问题[24]。图 11.24 给出了水平(a)和垂直(b)的直线阵列框图。图上用箭头表示辐射脉冲 E 向量的极化平面。图 11.25 给出了 2×2 矩形阵列的不同方案。单元固定在介电板上,而在 $d_{v,h} = h$ 情况下阵列单元相互间直接连接。

采用图 11.10 所示的天线,作为所研究的阵列单元。该阵列的天线,由宽度 1ns 双极脉冲同步激发,这个双极脉冲是由低电压发生器产生,再经过 4 通道的功率分配器提供。在实验中,选取的优化参数,有阵列的直线尺寸、反射能量、方向图最大值处峰值场强。前二个参数应当选取最小的,而第三个参数应当选取最大的。

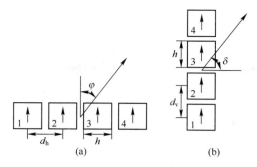

图 11.24 水平(a)和垂直(b)直线阵列的结构框图

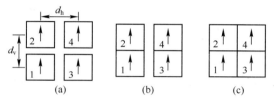

图 11.25 矩形阵列的结构框图

(a) $d_v = d_h = 1.2h$;(b) $d_v = h$, $d_h = 1.2h$;(c) $d_v = d_h = h$。

为了直接测量反射能量,双极电压脉冲通过匹配分路器,加到所研究单元的输入端。此时其余单元都接到匹配的负载上。此外,反射能量通过单元的 $K_V(f)$ 系数和激发的电压脉冲频谱计算,下面是计算关系式:

$$\frac{W_{ref}}{W_g} = \frac{\int U_g^2(f) \left(\frac{K_V(f) - 1}{K_V(f) + 1} \right)^2 \mathrm{d}f}{\int U_g^2(f) \mathrm{d}f} \quad (11.7)$$

式中:W_{ref} 为反射能量;W_g 为发生器脉冲能量;$U_g^2(f)$ 为发生器电压脉冲频谱。这样估计的单个天线的反射能量 W_{ref1},为发生器脉冲能量的 13%,这个数据接近直接测量的 11% 结果。应当指出,天线的能量效率 $k_w = 1 - W_{ref}/W_g$。

对于不同结构阵列,计算并测量了从单元反射的能量大小。图 11.26 给出了垂直阵列单元(图 11.24 (b))的反射能量,图上曲线 1 和 2 分别是在开路($d_v = 1.2h$)和闭路($d_v = h$)阵列的实验中得到的,而曲线 3 和曲线 4 分别是对开路和闭路阵列计算得到的。反射能量的差别,不论是在时域上测量的,还是通过系数 $K_V(f)$ 和频域上脉冲频谱计算的,看来都与对反射脉冲测量时间短($\Delta t = 8ns$)有关。

在垂直阵列中测得的总反射能量,在方案 $d_v = h$ 时比方案 $d_v = 1.2h$ 时要小 17%。而在计算中,对于开路和闭路阵列的总反射能量大致相同。根据测量还可以得出,对于开路和闭路阵列,方向图最大值处峰值场强也大致相同。

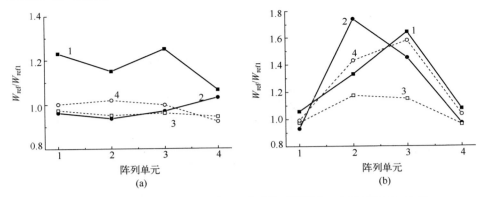

图 11.26 对于垂直(a)和水平(b)阵列单元测量(1、2)和计算(3、4)的
反射能量与单个天线反射能量之比

1、3—开路阵列；2、4—闭路阵列。

由此可得,对于垂直阵列,结构 $d_v = h$ 是最佳的,这个结构对应的是最小的直线尺寸。

水平阵列(见图 11.24(a))单元的反射能量,在图 11.26(a)中给出。曲线 1 和曲线 2 分别是在 ($d_h = 1.2h$) 开路和 ($d_h = h$) 闭路阵列的实验中得到的,而曲线 3 和 4 分别是对开路和闭路阵列计算的。由图可得,对于两种阵列方案,内部单元反射能量得到很大增强,表明它们在 H 平面上的相互作用。

对于水平阵列的开路方案和闭路方案,测得的总反射能量非常接近。计算得到的反射能量,开路阵列的比闭路阵列的小 3%。此外,开路阵列方向图最大值处峰值场强,比闭路阵列的要大 7 %。由此可得,对于水平阵列的结构 $d_h = 1.2h$ 最佳,在直线尺寸增大不多时,这个结构对应最大的峰值场强。

2×2 矩形阵列(见图 11.25)单元的反射能量,在图 11.27 上给出。图上曲线 1、2、3 分别是在阵列图 11.25(a)、(b)、(c)的实验中得到。曲线 4、5、6 分别是对图 11.25 阵列(a)、(b)、(c)计算得到。对于图 11.25(b) ($d_v = h$, $d_h = 1.2h$)的阵列方案,测得的总反射能量比图 11.25(a) ($d_v = d_h = 1.2h$)和图 11.25(c) ($d_v = d_h = h$)阵列方案分别小 4.5% 和 10%。计算的总反射能量,图 11.25(b)的阵列方案比图 11.25(a)和图 11.25(c)的阵列方案分别小 2% 和 10%。对于图 11.25(b)阵列,其方向图最大值处峰值场强比图 11.25(a)和图 11.25(c)阵列的相应峰值场强分别大 2% 和 5%。因此,对于组合天线矩形阵列来说,能量最佳效率和峰值场强最佳效率的阵列结构,是它在 E 平面上单元直接连接 ($d_v = h$),而在 H 平面上单元分散布放($d_h = 1.2h$)的结构。

由半导体发生器构成的高功率超宽带辐射源,根据 $N_g = N_t$ 的线路图制作,这里最常采用的是喇叭 TEM 天线[8, 35]。为了提高矩形阵列在低频域的效率,推荐将 TEM 天线的输出孔径在 E 和 H 平面上直接连接[36]。

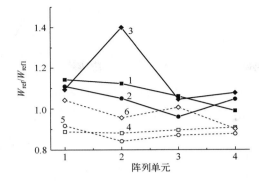

图 11.27　对矩形阵列单元测量(曲线 1~3)和计算(曲线 4~6) 的反射能量与
单个天线反射能量之比

这里矩形阵列如图 11.25:a(1、4),b(2、5),c(3、6)。

11.3　辐射垂直极化脉冲的天线阵列

　　天线阵列[19]是由 16 个固定在介电板上互不直接连接的单元构成,它们相互间距离相同:$d_v = d_h = 1.2h = 18\text{cm}$。每个辐射单元,都是被宽度 1ns 双极脉冲激发的组合天线。阵列单元结构与图 11.10 所示的组合天线结构不同。由于阵列单元所采取的固定方式,它们在同步激发时可以辐射垂直极化脉冲 (图 11.28(a)),而在采用时间位移 2ns 的脉冲激发垂直取向单元时可以辐射相互正交极化向量的脉冲(图 11.28(b)、(c))。电场极化平面的方向,在图上用箭头表示。我们分别用 AP1~AP3 表示图 11.28(a)~(c)的天线阵列。激发脉冲间的位移,通过电缆馈电线路不同长度实现。将阵列分成两个子阵列时,其中一个子阵列单元相对另一个子阵列单元转 90°角,此时将辐射接续的两个垂直极化脉冲。这里给出了直线极化阵列的数据,以方便与垂直极化阵列数据进行比较。

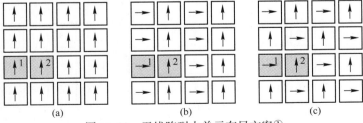

(a)　　　　　　　　(b)　　　　　　　　(c)

图 11.28　天线阵列中单元布局方案①

---

① 根据作者 2016.12.28 来信,现天线阵列中单元布局与原书的单元布局有更改——译者注。

在图 11.29 上给出了所研究的两个阵列单元的 KCBH 数据,这两个阵列单元如图 11.28 中 1 和 2 所示。为了比较,这里还给出了这些单元(4)作为阵列外单个辐射天线的 KCBH 数据。由此可见,这些 KCBH 数据间存在某些差别,这与天线制造的精确度有关。应当指出,在低频边界附近,AP1 型阵列单元的 K_V 值小于单个天线的 K_V 值。单元的 KCBH 既依赖于单元在阵列中的位置(图 11.29(a)、(b)),也依赖于阵列的结构(图 11.29 1~3)。阵列内部单元在 0.3~1.5GHz 频段上 K_V 的平均值,略大于阵列外部单元的 K_V 值。从单元输入端反射能量的测量结果,也证实了这一点。在图 11.30(a)、(b)、(c)给出了用宽度 1ns 入射的双极脉冲能量的百分数表示的反射能量的值,它们分别对应 AP1、AP2、AP3 型阵列的结果(见图 11.28)。此时,单个单元将加到它的双极脉冲能量平均反射了 9%。而反射能量的平均值,对于 AP1 型阵列(图 11.28(a))为 17%,对于 AP2 型阵列(图 11.28(b))为 16%,而对于 AP3 型阵列(图 11.28(c))为 21%。AP1 和 AP2 型阵列反射能量的差别,处在测量误差范围之内。阵列反射能量的增大和 KCBH 的改变,是阵列里单元相互影响造成的。

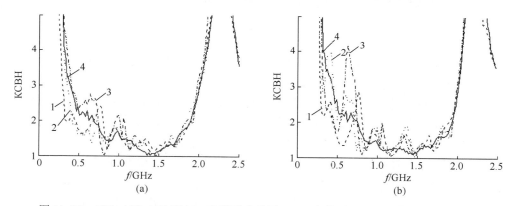

图 11.29　AP1、AP2、AP3 型(1~3)阵列中单元 1 (a)和单元 2 (b)的电压驻波系数值
阵列中单元布局:如图 11.28(a)、(b)、(c)和阵列外(4)四种情况。

8	17	17	10
16	20	27	17
16	22	24	15
11	15	15	15

(a)

14	11	14	9
14	22	19	20
16	21	18	18
13	10	16	13

(b)

14	18	18	15
21	31	37	15
16	34	30	20
11	16	18	14

(c)

图 11.30　从阵列单元输入端反射的能量框图
框内数字表示入射能量的百分数

在图 11.31 上,给出了有效辐射势 rE_p 与接收天线和不同结构阵列间距离的依赖关系。图上数据归一到 AP3 型阵列垂直极化子阵列的最大 rE_p 值。在 r >7m 距离上,对于所有阵列曲线依赖 r 很弱即场正比 $1/r$ 发生变化,这是场在远区的情况,与按式(5.18)估计的远区边界 $r=6.3$m 符合。此外,由图 11.31 可见,AP3 型阵列(3)方案的 rE_p 值,小于 AP2 型阵列(2)方案的 rE_p 值,尽管在每一子阵列中辐射的单元数一样,这说明在 AP3 型阵列方案中单元间相互影响更大。应当指出,对于 AP2 型和 AP3 型阵列方案,它们的水平极化和垂直极化的 $rE_p(r)$ 关系,在测量误差范围内相互符合。

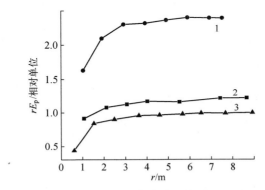

图 11.31　阵列的 rE_p 值与接收天线和 AP1～AP3 型
(1～3)阵列间距 r 的依赖关系
阵列对应图 11.28(a)、(b)、(c)。

图 11.32 给出了 阵列在 E 和 H 平面上峰值功率 E_p^2/E_{pmax}^2 的方向图,(a)、(b)、(d)是对应垂直极化的电场强度,而(c)对应水平极化的电场强度。在 E 和 H 平面上方向图是对称的,如图 11.32(a)、(c)、(d)所示,它们的宽度按峰值功率半高水平估计,对所有研究的阵列约为 20°。对于 AP2 型阵列,垂直极化子阵列方向图最大值在 H 平面上的位移 $\Delta\varphi\approx2.5°$,如图 11.32(b)所示,这个位移也是由于阵列单元的相互作用造成的。在图 11.33 上给出了 AP2 型阵列的结构方案,如图 11.28(b)所示。而对于垂直极化子阵列,它的方向图最大值在 H 平面上的相应位移等于 2.5°,这是对图 11.33(a)、(b)的结构和图 11.33(c)的结构而言。

应当指出,对于两种极化的 AP2 型阵列,侧辐射水平大大地增强,如图 11.32(b)、(c)所示,这将使它的应用变得更加困难。AP3 型阵列的特点是它的侧辐射水平很低(见图 11.32(d)),但是它的两种极化使得在两个平面上方向图最大值重合,这就使这种阵列更适合于产生时间上分开的正交极化波束,而这种阵列存在缺点,就是它的能量效率更低。

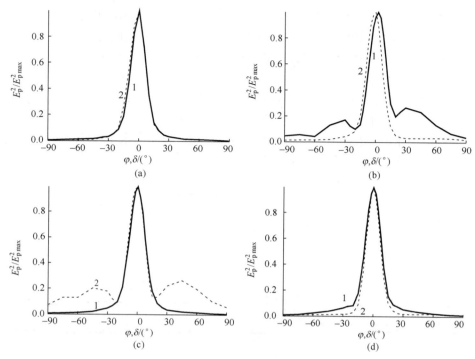

图 11.32　阵列在 *H* 平面（1）和 *E* 平面（2）上峰值功率方向图

阵列:(a) 垂直极化 AP1 型阵列;(b) 垂直极化 AP2 型阵列;(c) 水平极化 AP2 型阵列;
(d) 垂直极化 AP3 型阵列。

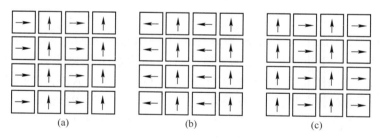

图 11.33　AP2 型阵列的结构方案(如图 11.28(b)所示)

11.4　在波束扫描方式下直线天线阵列的特性

11.4.1　纳秒脉冲对阵列的激发

　　首先将研究组合天线直线阵列的波束扫描问题,这是用于辐射 1ns 宽度高功率双极脉冲的[37]。作为阵列单元,采用了如图 11.10 所示的两种类型天线,它们有两点差别:一是在有源磁偶极子的边长,如图 11.10 中 2;二是在 H 平面上峰值功率一半水平处方向图的宽度 $\Delta\varphi^{[18]}$。这两种天线在 H 平面上的方向图,如图 11.34 所示,这里和后面的 $F^2(\varphi,\delta)$ 对应 $E_p^2(\varphi,\delta)$。对于第一种天线 A1 $\Delta\varphi=90°$(1),而第二种天线 A2 $\Delta\varphi=140°$(2)。A2 天线曾用于实验,得到了 H 平面上的最大扫描角。

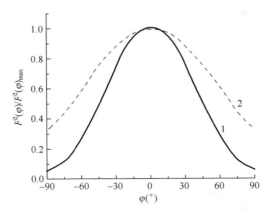

图 11.34　A1(1)和 A2(2)天线在 H 平面上峰值功率方向图

　　直线阵列结构图,在前面图 11.24 上给出。研究了四单元的水平(a)和垂直(b)阵列,其单元间距分别为 $d_h=1.2h$ 和 $d_v=h$。电压脉冲加到四通道功率分配器输入端,而后沿着电缆再加到天线上。扫描方式通过选取电缆长度,以实现阵列单元的激发,这样就能保证它们所需的脉冲延迟。

　　阵列工作在扫描方式时,研究了它的峰值功率方向图最大值位置的改变情况。为了计算阵列工作在扫描方式下的方向图,曾研制了辐射脉冲叠加的模拟程序,这里考虑了单个天线方向图和阵列单元激发的延迟。最开始时,作为阵列单元采用了 A1 天线。在图 11.35 上给出了水平阵列在 H 平面上计算(a)和

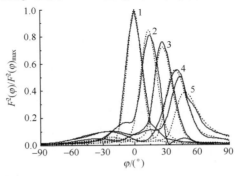

图 11.35　A1 天线水平阵列在 H 平面上计算(虚线)和实验(实线)得到的峰值功率方向图
对应给定的扫描角:1—0°;2—5°;3—30°;4—45°;5—60°。

实验(b)得到的方向图,这是在给定扫描角 φ_0 为 0°、15°、30°、45°、60° 情况下得到的结果,这里所有的方向图都归一到没有扫描时方向图的最大值 $F^2(\varphi=0)$。

由上面得到的结果可知,随着扫描角增大,方向图最大值处电场强度减小,而它的宽度增大。此外,方向图主方向给定的角度和测得的角度间出现了差别,但在给定的扫描角 45° 前,这个差别不超过 5°。但是在给定的角度 $\varphi_0=60°$ 时,阵列方向图最大值方向实验得到的角度为 43.5°。由图 11.35 可见,计算(a)和实验(b)得到的方向图,除了给定的扫描角 60° 的方向图外,都符合得很好。

在图 11.36 上给出了垂直阵列在 E 平面上计算(a)和实验(b)的峰值功率方向图,它们对应正角度范围扫描角 δ 的结果。所有方向图,都归一到没有扫描时阵列方向图最大值 $F^2(\delta=0)$。在垂直阵列研究中,采用了水平阵列同样的一组馈电线路。垂直阵列的步长比水平阵列步长小,这导致了给定扫描角 δ_0 的增大。这样代替角度 0°、15°、30°、45°、60°,得到给定的角度 0°、17°、34.5°、53°、79°,它们对应图 11.36 上相应的曲线。在方向图主方向上给定的角度和测量角度间的差别,在给定扫描角 53° 前不超过 5°。

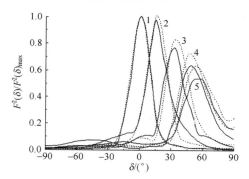

图 11.36 A1 天线垂直阵列在 E 平面上计算(虚线)和实验(实线)的峰值功率方向图
给定的扫描角:1—0°;2—17°;3—34.5°;4—53°;5—79°。

应当指出,在波束扫描时辐射的脉冲波形,相对同步激发阵列单元($\varphi=\delta=0°$)时的脉冲波形有改变。辐射脉冲波形的均方差,对于两个 A1 天线阵列[38]在 ±45° 范围内波束扫描时达到 0.4。

为了研究增大 H 平面扫描角的可能性,作为水平阵列单元选用了 A2 天线。图 11.37 给出了在 H 平面上给定扫描角 60° 情况下实验(1)和计算(2)的方向图,在图上为了比较,还给出了 A1 天线(3)阵列实验测得的方向图。由图可见,虽然方向图最大值更接近移向给定的 60° 角情况,但是辐射的幅度大大地降低了,这是由于阵列里单元的方向图,与邻近单元的相互作用而发生变化的结果。

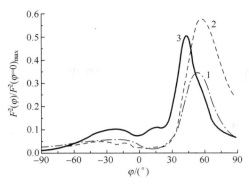

图 11.37　A2 天线水平阵列在给定扫描角 60°下在 H 平面上实验(1)和计算(2)的峰值功率方向图,A1 天线水平阵列也在同样扫描角下和 H 平面上得到的实验(3)峰值功率方向图

在图 11.38 上给出了 A2 单个天线(5)和用作阵列(1~4)单元的 A2 天线在 H 平面的方向图。曲线的编号,对应图 11.24(a)上阵列单元编号。在测量所研究单元的方向图时,其余单元都加到匹配负载上。可见,在阵列中方向图对称地收窄,在它的内部单元几乎达到 2 倍,而在边缘的单元达到 1.5 倍并变为不对称的。在计算中利用了阵列单元(图 11.38 中 1~4)的方向图,得到计算的方向图如图 11.39 中 2,这个结果与实验(图 11.39 中 1)符合得远为更好。

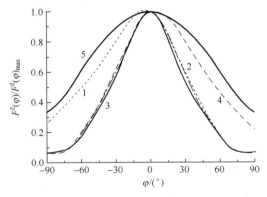

图 11.38　水平阵列(1~4)A2 单元和 A2 单个天线(5)在 H 平面上实验的峰值功率方向图

阵列单元方向图的改变,是由于相邻单元的相互作用产生的。图 11.40 给出了单元间距不同的二单元水平阵列,在给定的扫描角 60°时得到的方向图。由图可见,在单元间距减小时,方向图最大值减小并移向更小角度方面。在单元间距 54cm 时,扫描最大角度为 55°。

基于 A1 组合天线的阵列,可以实现超宽带辐射波束的扫描,对于水平阵列是在±43°角度范围内,而对于垂直阵列是在+56°/−48°角度范围内。在 H 平面上,A2 天线方向图宽度与 A1 天线方向图宽度相比增大 1.5 倍,但在 $d_h = 18\text{cm}$

363

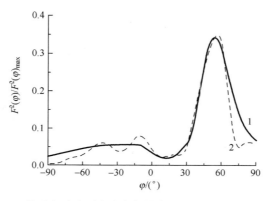

图 11.39　A2 单元水平阵列在给定扫描角 60°下在 H 平面上实验(1)和
计算(2)的峰值功率方向图

$(d_h = 1.2h)$ 条件下,这并没有太增大水平四单元阵列的扫描角。在阵列 A2 单元间很大距离即 $d_h \gg h$ 时,可能增大扫描角到 $50° \sim 60°$。

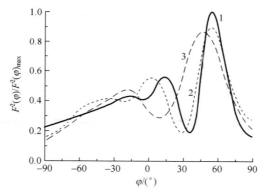

图 11.40　二单元水平阵列在不同单元中心间距和给定扫描角 60°下峰值功率方向图
单元中心间距:1—54cm;2—36cm;3—18cm。

11.4.2　皮秒脉冲对阵列的激发

研制了组合天线,一方面它被宽度 $\tau_p = 200ps$ 低压(约为 10V)双极脉冲激发,另一方面它也用作直线阵列单元(见图 11.24)并在超宽带辐射的波束扫描方式下[39]工作。在水平阵列中 $d_h = 35mm$(约为 1.1h)。而在垂直阵列中 $d = h = 32mm$,天线直接连接在一起。天线长度 $L = 34mm$。

在实验时,TEM 接收天线处在场的远区,距阵列 1.6m 处。发生器脉冲,加到四通道电压分压器上。将输入脉冲以一定的时间延迟加到阵列单元上,这样实现波束扫描。脉冲的时间延迟,通过电缆馈电线路即从电压分压器到天线输入端的长度确定。

图 11.41 给出了水平阵列在 H 平面上计算(a,虚线)和实验(b,实线)的峰值功率方向图,而其扫描角 φ_0 处于负 φ 值区域。所有方向图,都归一到无扫描时列 $F^2(\varphi=0)$ 的最大值。表 11.1 给出了水平阵列的数据,这里给出的扫描角 φ_0 对应在选定的馈电线路组合条件下的水平阵列方向图最大值,此时阵列单元是 H 平面上的全方位辐射器。

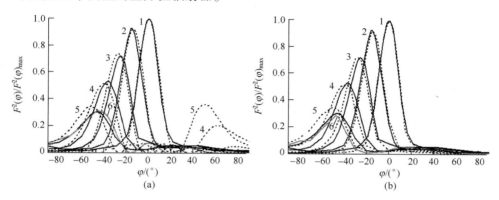

图 11.41 对水平阵列在 H 平面上计算(虚线)和实验(实线)得到的不同扫描角的峰值功率方向图
方法:在频率 $f_0=5\text{GHz}$(a)上计算(虚线),单个天线辐射脉冲叠加法(b);
曲线 1~5:分别对应不同扫描角,即 $0°$、$-15°$、$-30°$、$-45°$、$-60°$
曲线 6:对平均方向图和 $f_0=3.6\text{GHz}$ 的计算(a),阵列单元辐射脉冲叠加法的计算(b)。

表 11.1 水平阵列在 H 平面上方向图特性

给定的扫描角 $\varphi_0/(°)$	计算的方向图最大值的扫描角 $\varphi_0/(°)$		实验的方向图最大值的扫描角 $\varphi_0/(°)$	归一到无扫描方向图最大值的方向图最大值			方向图主瓣半高水平的宽度/(°)		
	$f_0=5\text{GHz}$	Σ		计算 f_0	计算 Σ	实验	计算 f_0	计算 Σ	实验
0	0	0	0	1	1	1	22	22	21
±15	±14	±15	±15.5	0.92	0.92	0.93	22.5	22.5	23
±30	±28	±28	±26	0.74	0.72	0.79	24	25	23
±45	±40	±40	±37	0.52	0.52	0.53	28	30	27
±60	±53 (±46)	±50 (±47.5)	±47	0.38 (0.31)	0.35 (0.29)	0.31	33.5 (37)	36 (30)	35

图 11.41(a)构建了计算的方向图,它是对于直线、等距离、等幅度和线性相位的阵列产生的谐波辐射,根据下面的标准公式计算结果给出的:

$$F_N^2(\varphi) = F_A^2(\varphi) \left(\left| \frac{\sin \Psi}{N \sin \dfrac{\Psi}{N}} \right| \right)^2 \qquad (11.8)$$

式中:$F_A^2(\varphi)$ 为单个组合天线在 H 平面上峰值功率方向图。式(11.8)中第二因

子是 N 个单元阵列因子的平方项,这里 Ψ 为归纳的角度变量,它是对倾斜辐射方式确定的量,如下式:

$$\Psi = \frac{Nkd}{2}(\sin\varphi - \xi) \qquad (11.9)$$

式中:φ 为阵列法线对其轴线的倾斜角(见图 11.24(a))。

在确定波数值 $k = 2\pi/\lambda_0$ 时,选取波长 λ_0 等于 $\tau_p c = 6\text{cm}$,这对应组合天线在主方向上辐射脉冲幅度频谱最大值的频率 $f_0 = 5\text{GHz}$。

窄带阵列的波慢化因子,由下式给出:

$$\xi = \frac{\Delta\Phi}{kd}$$

式中:$\Delta\Phi$ 为两个任意相邻辐射器间的相位差,在这种情况下波慢化因子可由下式计算:

$$\xi = \frac{\Delta\tau c}{d}$$

式中:$\Delta\tau$ 为相邻馈电线路间脉冲行程时间差;c 为自由空间中的光速。计算的方向图按变化步长 $1° \sim 5°$ 构建,而实验的方向图根据测量结果构建,后者变化步长为 $1° \sim 15°$。

从图 11.41(a)和表 11.1 可知,水平阵列的方向图,不论是计算($f_0 = 5\text{GHz}$)的还是实验的,在其主瓣区域相互很好符合,直到计算的扫描角最大值 $\pm 40°$,而对应的实验扫描角 $\pm 37°$。在实验中继续增大扫描角时,将大大地降低方向图的最大幅度,而测量的最大值方向与计算的最大值方向有非常大的不同。此外,在计算的扫描角 $\varphi_0 = \pm 40°$ 及更大时,在实际的角度范围内,在与其主瓣相反的方向上出现第一个衍射最大值,如图 11.41(a)所示。

为了提高在大扫描角范围计算的精确度,必须考虑与给定的 φ 角对应辐射的超宽带脉冲波形的改变。对于扫描角 $\varphi_0 = \pm 47°$,组合天线在水平平面上辐射脉冲幅度频谱最大值,对应的频率为 3.6GHz。为了求得波数 k,我们选取了对应该频率的波长 λ_0。此外,在计算中还要考虑置于阵列的组合天线方向图的改变。对几种天线,进行了峰值功率方向图的比较测量:一种是被功率分配器通道之一激发的单个组合天线,此时分配器其余通道都接到匹配负载上;另一种是同样的天线,但是置于直线水平阵列的边侧位置上(见图 11.24(a)1、4)和阵列的内部位置上(见图 11.24(a)2、3)。在对阵列单元方向图测量时,阵列其余天线的输入端都接到匹配的负载上。

测量结果表示在图 11.42 上,图上曲线 1 对应的是经过四通道电压分配器激发的单个组合天线的方向图,该方向图与双极脉冲发生器直接激发的单个天线方向图符合,而曲线 2 对应的是天线置于阵列边侧(见图 11.24(a)4)的方向图。阵列旋转轴通过所研究单元的部分相位中心(辐射中心),而正的翻转角

度 φ 对应顺时针旋转。曲线 3 对应阵列内部单元的方向图。曲线 4 表示阵列单元所有四个方向图的平均结果。这个方向图代入式(11.8),用于在给定 $\varphi_0 =$ $-60°$ 角下波束扫描时,计算直线阵列的峰值功率方向图。这些计算的结果,都表示在图 11.41(a)的曲线 6 和表 11.1 中,后者是指表上圆括号内的数据。由此可见,实验和计算的方向图最大值的位置和幅度,实际上是符合的,而计算的方向图半高宽度与实验测量的半高宽度相差 2°。

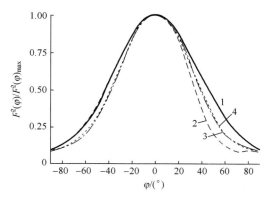

图 11.42　单个天线 (1)、水平阵列边侧单元(2)和内部单元(3)
及阵列所有四个单元平均(4)的峰值功率方向图

超宽带天线阵列的方向图可以计算,也可以采用更繁琐的方法即脉冲直接叠加法画出来。为此,曾采用计算机程序,该程序将任意时间离散化脉冲在考虑给定的时间延迟 $\Delta\tau$ 后进行叠加。研究单个天线辐射时角度 φ 的步长为 5°～10°,如必须在中间观测角度上得到辐射脉冲时,应根据两个相邻脉冲数据进行内插。单个天线在固定角度 φ 方向上辐射的四个相同脉冲,在考虑阵列任意相邻单元的时间延迟 $\Delta\tau$ 和空间程差 $d_h\sin\varphi$ 后进行叠加。这样在叠加的脉冲中,对于所选 φ 角度,求得了对应水平阵列辐射的峰值场强 E_p 与 x 轴的最大偏离。脉冲叠加的计算数据结果,如图 11.41(b)和表 11.1 所示,这些数据在表上用 Σ 符号表示。

由图 11.41(b)和表 11.1 可见,对于脉冲叠加情况,水平阵列计算和实验的方向图很好符合,而它们的数据是在数值求得的扫描角 0°～±40°的测量范围得到的,这是指对应的实验扫描角 $\varphi_0 = \pm37°$。而在计算方案中,与在固定频率 $f_0 = 5\mathrm{GHz}$ 上的计算不同,在很大的扫描角情况下,实际角度范围内的阵列方向图上没有出现衍射的最大值 (见图 11.41(b))。

正如前面表明,天线的方向图在它置于阵列后变化很小,作为阵列单元,通道方向图依赖于单元在阵列中的位置。所以,单个天线和阵列天线单元辐射的脉冲波形应当是不同的。这是由于天线置于阵列后,它的 KCBH 系数发生改变所致。图 11.43 展示了这个事实,图中展示了水平阵列内部单元(2)和外部单元(3)在主方向($\varphi,\delta=0$)上辐射的脉冲,这里也给出了单个组合天线在同样的那个观测方向上辐射的脉冲(1)。在这里,组合天线是被双极电压脉冲经过四通道电压分配器激发的。

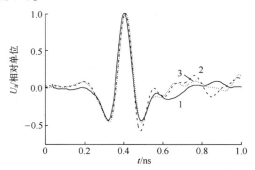

图 11.43　单个天线(1)、水平阵列内部单元(2)和外部单元(3)
在主方向上辐射脉冲示波图

因此,为了增大在大的扫描角上阵列方向图的计算精确度,必须将每个单元在固定方向 φ 上辐射的脉冲叠加。对于给定的扫描角 $\varphi_0=-60°$,这样构建的方向图在图 11.41(b)中曲线 6 上给出。这个方向图的性能,也在表 11.1 上用圆括号里的数据表示。由此可见,实验和计算得到的方向图的最大值位置,实际上相互符合,而它们的方向图最大值相近,计算值为 0.29,而实验值为 0.31。方向图在半高水平上的宽度,计算与测量的相差 5°。

在图 11.44(a)上,表示出水平阵列在方向图最大值方向辐射的脉冲示波图。由图可见,辐射脉冲前两个时间瓣形状上很接近,只是在第三时间瓣上见到差别。在不同方向上辐射脉冲波形相对主方向上脉冲波形有定量的差别,这可由式(11.4)确定的均方差 σ 表示,如图 11.44(b)所示。

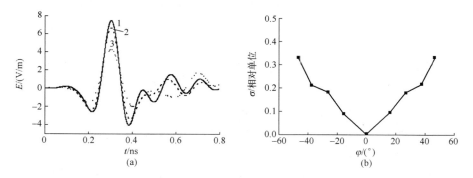

图 11.44　水平阵列在不同扫描角下方向图最大值处辐射脉冲的
示波图(a)及脉冲波形的均方差(b)
不同扫描角:1—0°, 2—26°, 3—47°。

图 11.45(a)给出了垂直阵列在 E 平面上计算(虚线)和实验(实线)的峰值功率方向图,而在图 11.45(a)上表示的方向图,是对应负 δ 角度区域的扫描角(计算是对 $f_0 = 5\text{GHz}$ 进行的),但在图 11.45(b)上的方向图,对应的是正 δ 角度区域的扫描角,而计算是利用单个天线辐射脉冲叠加法进行的。所有方向图,都归一到在无扫描方式下阵列 $F^2(\delta = 0°)$ 最大值的。图 11.45(b)中的方向图,虚线是计算数据实线是实验结果。垂直阵列的数据,表示在表 11.2 上。

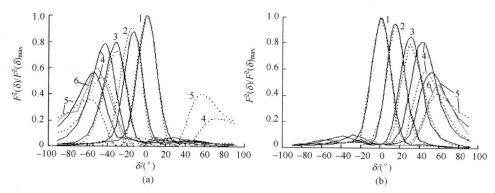

图 11.45　垂直阵列在 E 平面上在频率 $f_0 = 5\text{GHz}$(a)和在单个天线(b)辐射脉冲

直接叠加得到计算(虚线)和实验(实线)的峰值功率方向图

对应 1~5 曲线的扫描角:0°、±16.4°、±33°、±50.6°、±71.3°;

曲线 6(a):对平均方向图和 $f_0 = 3\text{GHz}$ 计算结果;曲线 6(b):对阵列单元辐射脉冲的叠加结果。

在研究垂直天线阵列时,采用了与水平阵列同样的一组馈电线路,但是,垂直天线的步长小于水平天线的步长,这将导致给定的扫描角 δ_0 增大 (见表 11.2)。

表 11.2　垂直阵列在 E 平面上方向图特性

给定的扫描角 $\varphi_0/(°)$	计算的方向图最大值扫描角 $\varphi_0/(°)$		实验的方向图最大值扫描角 $\varphi_0/(°)$	归一到无扫描方向图最大值时的方向图最大值			方向图主瓣半高水平的宽度/(°)		
	$f_0 = 5\text{GHz}$	Σ		计算 f_0	计算Σ	实验	计算 f_0	计算Σ	实验
0	0	0	0	1	1	1	24	22	23
−16.4	−15	−15	−14	0.91	0.87	0.88	25	23.5	23
+16.4	+15.5	+15.5	+15	0.93	0.96	0.95	24.5	23.5	23
−33	−31	−31	−31	0.73	0.67	0.8	28	27	28
+33	+31	+31	+31	0.74	0.8	0.86	28	27.5	26
−50.6	−45 (−48)	−45 −(47)	−43	0.53 (0.71)	0.48 (0.7)	0.79	34.5 (41)	34 (28)	29
+50.6	+46 (50)	+45 (48)	+43	0.56 (0.62)	0.59 (0.62)	0.81	34 (49)	35 (31)	31
−71.3	−57 (−51)	−58 (−55)	−54	0.36 (0.6)	0.33 (0.47)	0.56	>47 (35)	>48 (41)	36
+71.3	+57 (56)	+58 (60)	+52	0.38 (0.55)	0.42 (0.48)	0.58	>47 (43)	>48 (32)	38

由图 11.45(a)和表 11.2 可见,垂直阵列计算(对 $f_0 = 5\text{GHz}$)和实验得到的主瓣区域方向图与在无扫描方式下运行并在其方向图最大值方向与阵列法线的最小偏离(实验扫描角:$-14°$ 和 $+15°$)阵列情况符合。对于给定的扫描角 $\delta_0 = \pm 33°$(对应实验角 $\delta_0 = \pm 31°$),计算和测量的方向图最大值的差别,对于负 δ 值时为 9%,而对于正 δ 值时为 14%。然而,对于这些扫描角,方向图最大值位置和主瓣半高宽度都符合得很好。

在继续增大扫描角时,计算的方向图最大值与阵列法线的偏离将超过实验的偏离,像水平阵列情况一样,但是对于垂直阵列,计算的方向图最大值远小于实验方向图的最大值。例如,对于给定的扫描角 $\delta_0 = \pm 50.6°$(实验扫描角 $\delta_0 = \pm 43°$),计算的方向图最大值约为实验值的 68%,而对于给定的扫描角 $\delta_0 = 71.3°$,计算的方向图最大值约为实验值的 65%。

上面这些,可能与组合天线在置于垂直阵列后方向图发生畸变有关。为了检验这个假设,进行了补充研究。垂直阵列单元的峰值功率方向图,在图 11.46上给出。图 11.46 中曲线 1~4,对应图 11.24(b)上编号的阵列单元,曲线 5 对应单个天线的方向图,而曲线 6 对应阵列 4 个单元的平均方向图,最后的方向图,曾在垂直阵列方向图的修正计算中采用过。

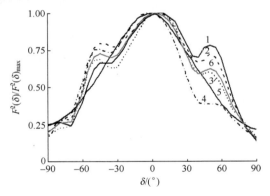

图 11.46　垂直阵列单元(1~4)、单个天线(5)和所有单元平均(6)的峰值功率方向图
阵列单元(1~4)对应图 11.24(b)上编号的单元

对于给定的扫描角 $0°$、$\pm 16.5°$ 和 $\pm 33°$ 并将平均的方向图代入式(11.8)中,计算的阵列方向图与图 11.45(a)和表 11.2 上给出的结果差别不大,这是与在 $-35° \sim +40°$ 角度范围得到的平均方向图接近单个组合天线的方向图,而在这些方向上辐射脉冲幅度频谱最大值对应于频率 $f_0 = 5\text{GHz}$ 有关。

图 11.45(a)给出了对于计算的扫描角 $-71.3°$(曲线 6)修正的阵列方向图。在这个计算中频率 f_0 与测量一致,等于 3GHz。在固定频率 f_0 上根据修正的计算数据,在表 11.2 括号内给出,表上计算的扫描角为 $\delta_0 = 50.6°$ 和 $\delta_0 = \pm 71.3°$。正如从图 11.45(a)和表 11.2 看出,甚至采用阵列单元平均的方向图和修正的

f_0 值,计算的垂直阵列方向图与实验的方向图相差还是很大。

对于垂直阵列,采用脉冲直接叠加法进行了方向图的计算,如图 11.45(b)所示。采用单个组合天线辐射脉冲的叠加得到的垂直阵列方向图特性,在表 11.2 上用 Σ 符号标明。这里,也像对 $f_0 = 5\mathrm{GHz}$ 时的计算情况一样,对于给定的扫描角 $\delta_0 = \pm 50.6°$ 和 $\delta_0 = \pm 71.3°$,发现计算的方向图与实验的结果有很大的差别。

垂直阵列每个单元主方向 $(\varphi, \delta = 0)$ 上辐射的脉冲示波图,在图 11.47 上给出。由此可见,与图 11.43 上水平阵列比较,垂直阵列单元辐射脉冲波形相差不大。在图 11.45(b)上,给出了在计算的扫描角 71.3°方向上阵列的方向图(曲线 6),它是通过对阵列单元辐射脉冲叠加得到的。在计算的扫描角 $\delta_0 = 50.6°$ 和 $\delta_0 = \pm 71.3°$ 方向上得到的这些数据,在表 11.2 上在括号内给出。从图 11.45(b)和表 11.2 可见,计算的垂直阵列方向图是通过阵列单元脉冲直接叠加得到的,它们与实验结果非常不同。应当指出,对于垂直阵列向上和向下方向图最大值计算的扫描角(见表 11.2)具有不同的值,这是由于单个天线在 E 平面上峰值功率的不对称性造成的,而这个不对称性在利用式(11.8)的计算中也采用过。

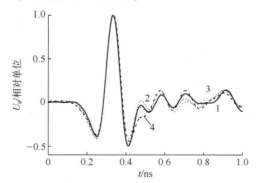

图 11.47　垂直阵列从下边的 (1)、(2)、(3)和上边的(4)单元在主方向上辐射脉冲示波图

图 11.48(a)给出了垂直阵列在方向图最大值方向辐射脉冲示波图,此时扫描在负 δ 区域。由图可见,辐射脉冲按形状前二时间瓣很接近,只是在第 3 时间瓣上看出它们的差别。在不同方向上辐射脉冲波形和主方向上脉冲波形的定量差别,都可用均方差 σ 表示,如 图 11.48(b)所示。

组合天线直线阵列在宽度 200ps 双极脉冲激发下,可以实现在 E 平面上峰值半高水平的扫描角 $\pm 50°$ 和在 H 平面上相应的扫描角 $\pm 40°$。在两个平面上波束在 $\pm 40°$ 范围扫描时,脉冲波形相对无扫描时方向图主方向上脉冲波形的均方差,不超过 25%,这样就可以将这样的阵列用于超宽带雷达中,实现脉冲波形用于识别被探测的目标。

应当指出,基于 TEM 发射天线的超宽带阵列,将保证波束扫描角更小些,它们等于 $\pm 15°[40]$ 和 $\pm 20°[41]$,这是由于更窄的方向图要求决定的。文献[42]给

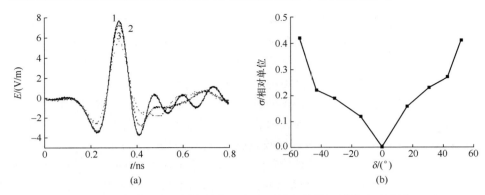

图 11.48 垂直阵列在不同扫描角下方向图最大值处辐射脉冲示波图(a)和
脉冲波形的均方差(b)

不同扫描角:1—0°;2—-31°;3— -54°。

出了基于 TSA 阵列在扫描角±45°范围内阵列特性的研究结果。这些研究是在
500～1000MHz 频域范围进行的,并且受限于相移系统特性,而波束的扫描只是
在 H 平面内实现[40-42]。

11.5 有源接收天线阵列

11.5.1 平面双极阵列

11.5.1.1 2×2 天线组件

为了构建 $2n×2m$ 单元数构成的双极接收天线阵列,这里 n 和 m 为自然数,
曾提出采用一种组件结构,就是将 4 个交叉偶极子置于方形四角的阵列,这个
阵列为 2×2 单元结构的天线组件[14]。天线阵列单元是交叉的有源偶极子,它
用来测量超宽带脉冲电场向量的垂直分量,而脉冲宽度为亚纳秒和纳秒范围。
天线阵列单元电线的外形和拓扑布局,如图 11.49 所示。天线采用印刷工艺在
两块双面箔化的纤维板上制作,板的尺寸为 48mm×48mm,厚度为 1mm。偶极子
每个臂(1)都接到四个同样有源单元(2)的一个输入端上,而有源单元的输出
端是同轴电缆(3)。在每个臂中间金属部分上刻成横向内槽,以置入电阻器
(4)。有源单元的电源,由单独导线提供。

为了研究超宽带阵列的定向性能、被测的脉冲波形和有效长度与单元间距离
的依赖关系,制作了单元间距相同又可改变的天线组件。所制成的天线组件,由
四个交叉的有源偶极子(1)、尺寸 160mm×160mm 的介电基底(2)和被体积吸收材
料(3)覆盖的馈电通道构成,如图 11.50 所示。从偶极子臂到介电基底的距离等
于 140mm,而偶极子中心间距离 $d_v = d_h = d$,可在 48～100 mm 范围改变。

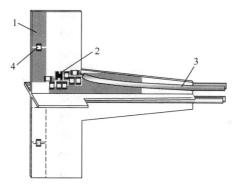

图 11.49 天线阵列单元框图

1—偶极子臂;2—有源单元;3—同轴电缆;4—电阻器。

天线组件框图,表示在图 11.51 上。开始时,将有源偶极子同名臂同相信号叠加,而后分出反相分量。偶极子有条件地分出垂直偶极子和水平偶极子。垂直通道的总共偶极子有四个上臂和四个下臂。偶极子的四个上臂信号在加法装置(1)上同相叠加,而四个下臂信号在加法装置(2)上同相叠加。为了将对应垂直极化的反相分量分出来,采用了平衡装置(3)。对于水平通道,类似地也采用了加法装置(4)和(5),以及平衡装置(6)。

图 11.50 天线组件外形图

1—交叉偶极子;2—介电基底;3—吸收材料。

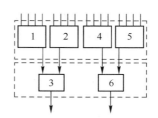

图 11.51 天线组件框图

1、2—加法装置;3—垂直通道平衡装置;

4、5—加法装置;6—水平通道平衡装置。

如图 11.52 所示,每个加法装置都有四个输入端和一个输出端,并且它们是二级二进制叠加。在箔化介电板(ФЛАН,为俄文术语字头)上采用印刷方法制作了三个相同三节环状的加法器,其单元是根据文献[43]计算的,而介电板的 $\varepsilon_r = 5$,尺寸为 60mm×100mm,厚度为 1mm。半环线的波阻抗分别为 $\rho_1^c = 57\Omega$、$\rho_2^c = 71\Omega$、$\rho_3^c = 87\Omega$,而该线的长度为对应频率 2GHz 的 1/4 波长,连接线的波阻抗 $\rho_0 = 50\Omega$。采用了表面嵌入的电阻器,它们的标称分别为 $r_1^c = 390\Omega$、$r_2^c = 200\Omega$ 和 $r_3^c = 100\Omega$。加法装置的匹配频带,在四个输入端任一个上在 KCBH ≤

1.5 时为 0.3~5GHz。从任一输入端到输出端的传输系数,在前述频带上不小于−7dB。四个加法装置结构上连成为一个加法器部件。

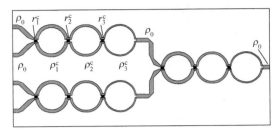

图 11.52　加法装置示意图

组合天线在宽度 0.5ns 双极脉冲低压发生器激发下作为超宽带辐射脉冲源,对它作为天线组件进行了特性研究[21],其研究结果在下面给出。入射电磁场的脉冲波形 $E(t)$,无论与天线阵列单元还是天线组件和多单元阵列输出端上的电压脉冲波形 $U_a(t)$ 都有差别,这个差别可由下面均方标准公式估计:

$$\sigma = \sqrt{\int_T [E(t) - MU_a(t-\tau)]^2 dt / \int_T E^2(t) dt}　\quad (11.10)$$

式中:T 为进行比较的时间区间;M 为尺度因子;τ 为 $U_a(t)$ 相对 $E(t)$ 在 σ 取最小值时的位移。作为标准天线,选用了 TEM 天线[44](见 9.3.1 节),并假设该天线输出端的电压形状正比入射场的脉冲波形。采用的 TEM 天线长度为 90cm,而它的有效长度 $l_e^{TEM} = 4cm$。所研究天线的有效长度,由该天线匹配输出端上峰值电压 U_{ap} 与 TEM 天线匹配输出端电压 U_{ap}^{TEM} 的比值确定,在它们与辐射源相同距离情况下由下面公式给出:

$$l_e = l_e^{TEM}(U_{ap}/U_{ap}^{TEM})　\quad (11.11)$$

在这个估计中,假设 l_e 是常量,并且与辐射频谱的频率无关。

由天线组件通道之一在单元间距 $d = 48$、$d = 64$、$d = 80mm$ 条件下测量的脉冲波形,在图 11.53 上给出,图上用标号 1~3 分别表示对应的三种条件。作为

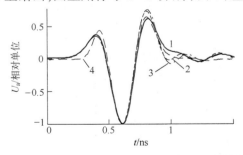

图 11.53　对天线组件(1、2、3)和 TEM 天线(4)测量的脉冲波形
单元间距:1—d=48;2—d=64;3—d=80mm;4—TEM 天线。

比较,也给出了 TEM 天线(4)测量的脉冲波形。当 d 在 $60 \sim 100\text{mm}$ 范围改变时,测量的脉冲波形和天线组件的有效长度 l_e 变化不大。而在 $48 \leqslant d < 60\text{mm}$ 范围时,观测到了脉冲波形的变化和有效长度 l_e 随着 d 的减小而增大(见图 11.54),这可以用相邻偶极子的相互影响解释。在最小值 $d = 48\text{mm}$ 时,相邻偶极子的臂相互接触,但是它们间还没有直接接触。对 TEM 天线和天线组件测量的脉冲波形均方差,在 $d = 48$、$d = 64$、$d = 80\text{mm}$ 时分别为 $\sigma = 0.25$、$\sigma = 0.34$、$\sigma = 0.36$。天线组件通道间的极化解耦不小于 25dB。对于天线组件,在两个 H 和 E 平面上测得的峰值功率方向图,如图 11.55 所示。

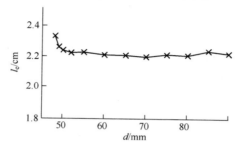

图 11.54　天线组件有效长度与单元间距的依赖关系

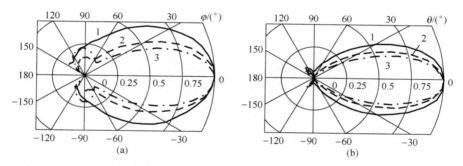

图 11.55　对天线组件在 H 平面上(a)和在 E 平面上(b)测得的峰值功率方向图
(a)和(b)单元间距:$d = :1—48, 2—64, 3—80\text{mm}$。

　　阵列单元间距离增大,将导致天线组件方向性增强,然而,此时测量的脉冲波形保持不变的角度范围减小。图 11.56 给出了在不同方向测量的脉冲波形与主方向上脉冲波形的均方差与辐射入射角的依赖关系。在功率方向图半高宽范围内,天线组件在不同 d 值条件下测量的脉冲波形畸变不超过 $\sigma = 0.2$。这些畸变将附加到图 11.53 的脉冲波形畸变上。

　　在最小的 d 值条件下,测量的脉冲波形保持不变的角度范围是最大的,但是邻近偶极子间出现了相互影响,则为了使天线组件作为多单元阵列的基本单元,选取了 $d = 52\ \text{mm}$,此时偶极子间的相互影响小到可以忽略。

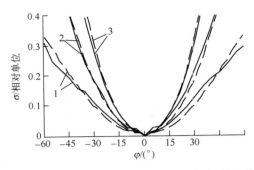

图 11.56　在 H 平面上测量和计算的脉冲波形畸变与辐射入射角的依赖关系

（a）测量—实线，（b）计算—虚线；单元间距 d 值：1—$d=48\text{mm}$，2—$d=64\text{mm}$，3—$d=80\text{mm}$。

11.5.1.2　4×4 天线阵列

图 11.57 给出了双极的 4×4 天线阵列[14]外形图，该阵列由四个相同的天线组件（1）、四个第一级叠加的加法器部件（2）、加法器终端部件（3）和两通道的平衡装置（4）构成，而平衡装置输出端的电压对应超宽带脉冲电场强度向量的两个垂直分量。该阵列单元中心间距离 $d=52\text{mm}$。天线阵列的供电电压等于 3 V，所需要的电流为 1.6 A，而尺寸和质量分别等于 $56\text{cm}\times21\text{cm}\times21\text{cm}$ 和 2.6kg。

图 11.57　天线阵列结构图

1—天线组件；2—第一级叠加装置；3—终端叠加装置；4—平衡装置。

组合天线被宽度 0.5ns 低压双极脉冲发生器激发而辐射的超宽带脉冲场垂直入射[21]时，天线阵列通道之一测量的脉冲示波图，在图 11.58 上给出。4×4 阵列（1）和 TEM 天线（2）在主方向上测量的脉冲波形有差别，但不超过 $\sigma=$ 0.2。阵列每一个通道的有效长度，由式（11.11）确定，并且在阵列单元有效长度 $l_e=1.2\text{cm}$ 时，等于 $l_e=4.5\text{cm}$。通道间极化解耦不小于 25dB。这样在 H 平面上测得的阵列方向图，在图 11.59 中 1 上给出，它与计算（2）的方向图的差别,可能由覆盖馈电线路上体积吸收材料的影响产生,因为在计算中对这一点并没有考虑。E 平面上方向图与 H 平面上方向图的差别,是由于存在 $\cos\theta$ 因子引起的,这里 θ 角从阵列平面法线算起,而这个因子对应的是偶极子天线的方向图。

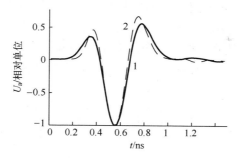

图 11.58　对不同天线测量的脉冲波形
1—4×4 天线阵列;2—TEM 天线。

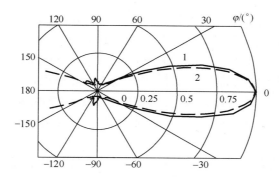

图 11.59　4×4 天线阵列在 H 平面上峰值功率方向图
1—测量结果;2—计算结果。

在图 11.60 上,给出了在不同方向上测量的脉冲波形与主方向脉冲波形的均方差与辐射入射角的依赖关系。这里的畸变是附加到 TEM 天线探测的脉冲

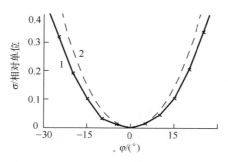

图 11.60　在 H 平面上测量的脉冲波形畸变与辐射入射角的依赖关系
1—测量结果;2—计算结果。

波形畸变上。在两个平面上阵列功率方向图半高水平的宽度约为40°。在±20°角度扇面上,附加的脉冲波形畸变不超过 $\sigma = 0.2$。

除了上面给出的数据,有意义的还有有源天线阵列的频率特性和动态范围。频率特性不仅决定阵列测量畸变很小的超宽带脉冲的可能性,而且在采用阵列在很宽的中心频率调整范围内接收窄带脉冲时也具有独立的意义。阵列的动态范围,对到探测目标的极限距离有重要影响。

在确定有源接收天线有效长度的频率依赖关系时,采用了下面的方法。对于所研究的天线测量的电压脉冲 $U_a(t)$,计算了它的频谱 $\dot{U}_a(f)$。作为标准天线,采用的是 TEM 天线,其有效长度的频率依赖关系 $l_e^{TEM}(f)$ 已在文献[45]中给出(见9.3.1节)。考虑到这一点,所研究天线有效长度的频率依赖关系,可以根据下式进行计算:

$$l_e(f) = l_e^{TEM}(f) \dot{U}_a(f) / \dot{U}_a^{TEM}(f) \tag{11.12}$$

式中:$\dot{U}_a^{TEM}(f)$ 为 TEM 天线在到发射天线的同样距离上测量的电压脉冲频谱。为了确定 0.2~6GHz 频域的 $l_e(f)$,作为电磁场源采用了由三个组合天线构成的低电压发生器,并且这些组合天线对于辐射不同宽度的脉冲进行了优化:在 0.2~2GHz 频域采用了发射组合天线[19]和宽度 1ns 双极电压脉冲发生器,在 1~4GHz 频域采用了发射组合天线[21]和宽度 0.5ns 双极电压脉冲发生器,而从 2.5GHz 及以上频域采用了发射组合天线[23]与宽度 0.2ns 双极电压脉冲发生器。

在图 11.61 上给出了阵列单元的 $|l_e(f)|$ 频率依赖关系,这里单元包括阵列外(1)单元、天线组件(2)和 4×4 阵列(3)的单元。图 11.61 上不同格式的线对应上面指出的频域范围。对于 4×4 阵列的相频特性与线性关系的偏离($\Delta\Phi$ЧХ),在图 11.62 上给出。当 $|l_e(f)|$ 具有足够强的频率依赖关系时,由于阵列相位特性的线性,它可以以很小的畸变测量超宽带电磁脉冲。

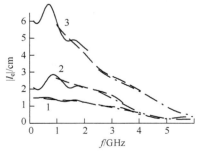

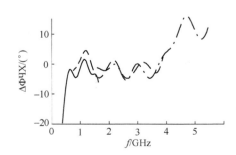

图 11.61　不同阵列单元有效长度的频率依赖关系　　图 11.62　4×4 阵列通道相频特性与
1—阵列外;2—天线组件;3—4×4 天线阵列。　　　　　　　　　线性关系的偏离

采用两种标准,对 4×4 天线阵列的动态范围进行了实验估计:一是由于有源单元的饱和而降低信号幅度达 1dB;二是信号形状畸变可达 $\sigma = 0.1$(见 9.3.3 节)。

在测量中,采用了宽度 0.5ns、输出电压约 200V 的单极脉冲发生器和由发射组合天线构成的[20] 2×2 四单元阵列。借助 TEM 天线,对电场强度依赖距离的关系进行了测量,它的变化范围在 30～250V/m。在同样的条件下,对脉冲波形利用所研究的 4×4 有源天线阵列也进行了测量。脉冲幅度减小 1dB 时,最大电场强度 $E = 100V/m$,而根据标准,脉冲波形畸变在 $\sigma = 0.1$ 时为 130V/m。在这种情况下,阵列的动态范围不小于 100dB,此时阵列比单个有源天线大 10dB。这个结果表明,随着单元数增大,有源接收天线的动态范围有可能继续增大。

11.5.2　分立扫描的直线双极阵列

11.5.2.1　天线阵列的结构

双极超宽带接收天线阵列的结构[46, 47],在图 11.63 上给出,这个阵列是在可控延迟线基础上实现分立扫描的。为了清晰起见,图 11.63 上只展示了方向图形成线路的一个通道,该通道用于测量阵列一个单极的场并控制方向图,而第二通道用于测量垂直极化的场,这个通道除了控制延迟线的延迟时间外,其他的都与第一通道一样。

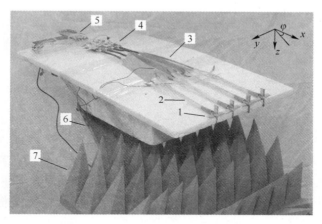

图 11.63　双极接收天线阵列外形图
1—阵列单元;2—传输线;3—平衡器;4—可控的延迟线;
5—加法器;6—介电基底;7—超宽带吸收体。

直线阵列的天线单元,是由四个交叉的超宽带有源偶极子 1 构成的。沿着 z 轴取向的偶极子,测量脉冲辐射电磁场强度向量的垂直分量,而沿着 y 轴取向的偶极子则测量脉冲辐射电磁场强度向量的水平分量。偶极子长度等于

48mm，而它们中心的距离为52mm。偶极子天线的结构，在文献［14］中给出了详细的描述（见11.5.1.1节）。

每个交叉偶极子的输出端，是两个对称的屏蔽线，如图11.63中2所示，它们被体积吸收材料（图上没标出）覆盖。为了分出每个极化的反相分量，应用了基于180°相旋转器和加法器[14]的超宽带的平衡器（3）。在各平衡器后，信号从每个偶极子加到四通道的可控的延迟线（4）上，而后加到加法器（5）上，接着再加到示波器上。天线阵列和方向图形成线路都固定在旋转的介电基底（6）上，而测量装置和有源天线单元的供电源均被吸收材料（7）覆盖。

可控延迟线的一个通道图，在图11.64上给出，该延迟线是由两个对头接入的微波集成转换开关DA1和DA2 HMC321LP4（Hittite）构成的，在它们转换输出端间用不同长度PK50-1-22同轴电缆段$L1 \sim L7$连接起来。沿着控制母线（A、B、C）向可控延迟线加上二进制码，后者对应所选的转换开关输出端的编号。对于DA2转换开关，编码利用DD1.1～DD1.3器件倒相。对于含有四个可控延迟线的线路板，提供的电压为+5V，消耗的电流不大于100mA。

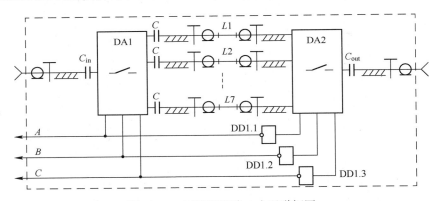

图11.64　可控延迟线一个通道框图

在每个尺寸98mm×76mm×1mm的四层印制电路板（1）上，布置四个可控延迟线，如图11.65所示。同轴电缆（2）的终端固定在黄铜电缆夹座（3）上，并用螺钉穿过板孔拉紧。电缆长度可以在2mm范围内改变，同时校准延迟线时间值±5ps。七对微波转换开关（4）输出端开始动作，其余输出端接到匹配负载上，在高强度脉冲作用下测量装置输入端与天线断开。选取延迟线$L1 \sim L7$的长度，使得在双极水平平面上能保证天线阵列方向图最大值方向在给定的位置上：$\varphi_0 = 0°$，$\varphi_0 = \pm 13°$，$\varphi_0 = \pm 26°$，$\varphi_0 = \pm 40°$。对于水平偶极子必须考虑天线单元的方向图，因为这个单元方向图与阵列因子的乘积决定了阵列的方向图，这里采用的阵列因子最大值的角位置为0°，±14.5°，±30.5°，±52.5°。

图 11.65 可控延迟线印制(电路)板外形图

1—印刷版;2—同轴电缆;3—电缆夹座;4—微波转换开关。

11.5.2.2 天线阵列的特性

对于天线阵列,衰减是由可控延迟线一个通道造成的,对这个衰减进行了测量,得到的结果从 0.2GHz 频率时的 -3.3dB 变到 4GHz 频率时的 -6.3dB,而天线阵列的相频特性在 0.1~8GHz 频段是线性的,电压驻波系数在 0.1~7.8GHz 频段不超过 2.2。

天线阵列峰值电场强度 E_p 方向图是对垂直极化辐射在不同 φ_0 值下测量的,其结果如图 11.66(a)所示。这个方向图归一到 $\varphi_0 = 0°$ 时最大值处的 E_p 值。作为电磁脉冲源,采用了由宽度 0.5ns 双极电压脉冲激发的组合天线[21]。当 φ 在 $\pm40°$ 界限内改变时,方向图的最大值改变不大,这是由于相邻偶极子相互作用很弱的结果。

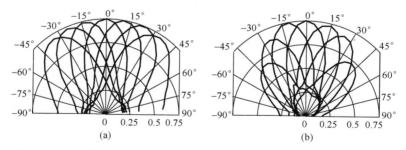

图 11.66 天线阵列在所有时间延迟条件下在水平平面上测得的垂直和
水平极化辐射的峰值场强方向图

(a)垂直极化;(b)水平极化。

图 11.66(b)上给出了天线阵列类似的方向图,这是对水平极化辐射测量时得到的,而方向图最大值处的 E_p 值,在扫描时与单个天线的方向图一起改变。

图 11.67 给出了对于垂直极化(1)和水平极化(2)天线阵列方向图最大值

测量的和给定的角位置之差与给定扫描角的依赖关系。而图 11.68 给出了对垂直极化(1)和水平极化(2)的 TEM 天线(尺寸 60cm×25cm×5cm)输出端上和天线阵列输出端上电压脉冲波形均方差 σ 与不同 φ_0 值的依赖关系。图 11.68 还给出了天线阵列在不同的 φ_0 条件下输出端电压脉冲波形相对 $\varphi_0 = 0°$ 时脉冲波形均方差的依赖关系,这都是在垂直极化(图 11.68 中 3)和水平极化(图 11.68 中 4)时得到的结果。

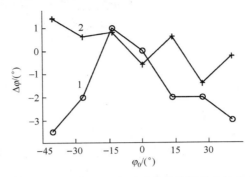

图 11.67　垂直和水平极化阵列方向图最大值的测量和给定的扫描角差值

1—垂直极化;2—水平极化。

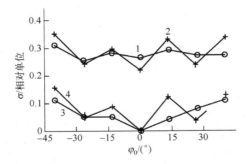

图 11.68　垂直(1)和水平(2)极化的阵列和 TEM 天线输出端上脉冲波形的均方差及不同(3,4)极化天线阵列输出端脉冲波形相对 $\varphi_0 = 0°$ 时脉冲波形的均方差

1、3—垂直极化;2、4—水平极化。

研制了直线双极天线阵列,它是由四个交叉的偶极子构成,该阵列用于测量纳秒和亚纳秒宽度的超宽带辐射脉冲的极化结构,它能够在七个分立方向上实现对方向图最大值的电子控制,其方向图误差不大于 4°。利用这个天线测量的脉冲波形畸变 σ,与 TEM 天线测量的比较,不超过 0.35,而与 $\varphi_0 = 0$ 时方向图最大值位置比较不超过 0.15,上述这些结果都是在垂直和水平极化条件下扫描角范围为 ±40° 下得到的。

小结

本章制定了多单元天线阵列以构建脉冲超宽带接收–发射系统的基础,而该系统的峰值功率既可以是很大的,也可以是很小的。作为发射阵列单元采用的是组合天线,而作为接收阵列的单元,采用的是交叉的有源偶极子天线。

发射阵列的最佳结构,表现在 E 平面上单元的直接连接,而在 H 平面上单元布局的间距要很小。与方向图最大值处的峰值场强比较,侧辐射的最低水平是在阵列单元等幅度激发时才能达到。阵列峰值功率方向图半高水平的辐射脉冲波形,在 $\sigma = 0.2$ 范围内保持不变。

研制并研究了阵列单元等幅度激发的分配系统。在多通道功率分配器输出端上的幅度,不均匀性为±4%。在优化的分配系统中,能量损失达到20% ~ 30%。为了减小这个损失,建议采用气体绝缘。

将天线阵列分成两个子阵列,这样就可以建立发射系统,以实现接续地辐射两个垂直极化的脉冲。已经表明,在这样的系统中,将垂直极化子阵列单元进行对角布局,这是优化的选择方案。

采用组合天线宽的方向图,可以实现在峰值功率半高水平上的波束,在 E 平面和 H 平面上可分别进行±50°和±40°范围的扫描。在扫描角±40°内,对应方向图最大值辐射的脉冲波形,与阵列单元同步激发时辐射脉冲波形的偏差,不超过 $\sigma = 0.35$。

在模块(组件)思路的基础上,研制了双极有源接收天线阵列,其动态范围不小于100dB。在接收时超宽带脉冲波形的畸变,在峰值功率方向图半高水平的宽度±20°的范围内不超过 $\sigma = 0.4$,这样就实现了双极直线阵列方向图的电子扫描。已经表明,接收的任意极化超宽带脉冲波形发生的畸变,在扫描角±40°范围内不超过 $\sigma = 0.35$。

问题和检测试题

1. 阐述一下超宽带和窄带的发射天线阵列间的基本区别。

2. 为了降低侧辐射的水平,在超宽带阵列中采用等幅度电压脉冲束激发单元,而在窄带阵列中采用向阵列边缘下降幅度电压脉冲束激发单元,请说明这样做的原因。

3. 为什么由一个电压脉冲发生器激发的超宽带阵列中,随着单元数的增大它的有效辐射势也增大,而它的辐射峰值功率却减小?

4. 比较一下 4 ×4 阵列和 8 ×8 阵列的分配系统,指出它们的优点和缺点。

5. 阐述一下天线阵列结构优化的规范,给出对直线阵列和矩形阵列的比较分析。

6. 那些因素决定了 H 平面上最大的扫描角,如何实现它?

参考文献

[1] Вендик О. Г. , Парнес М. Д. Антенны с электрическим сканированием (Введение в теорию). / Под ред. Л. Д. Бахраха. – М. : САЙНС–ПРЕСС, 2002. – 232 с.

[2] Активные фазированные антенные решетки. / Под ред. Д. И. Воскресенского и А. И. Канащенкова. – М. : Радиотехника, 2004. – 488 с.

[3] Mailloux R. J. Phased array antenna handbook. Second edition. – Boston: Artech House, 2005. – 496 p.

[4] Fenn A. J. Adaptive antennas and phased arrays for radar and communications. – Boston: Artech House, 2008. – 394 p.

[5] Скобелев С. П. Фазированные антенные решетки с секторными парциальными диаграммами направленности. – М. : ФИЗМАТЛИТ, 2010. – 320 с.

[6] Harmuth H. F. Nonsinusoidal waves for radar and radio communications. New York: Academic Press, 1981. Русский перевод. Хармут Х. Ф. Несинусоидальные волны в радиолокации и радиосвязи. / Пер. с англ. Г. С. Колмогорова, В. Г. Лабунца под ред. А. П. Мальцева. – М. : Радио и связь, 1985. – 376 с.

[7] Шпак В. Г. , Яландин М. И. , Шунайлов С. А. , Ульмаскулов М. Р. Генерирование мощных сверхширокополосных электромагнитных импульсов субнаносекундной длительности // Известия вузов. Физика. 1996. Т. 39. № 12. С. 119–127.

[8] Efanov V. M. , Fedorov V. M. , Grekhov I. V. , Lebedev E. F. , Milyaev A. P. , Ostashev V. E. , Ul'yanov A. V. Multiunit UWB radiator of electro–magnetic waves with controlled directional pattern // Proc. 13 Inter. Symposium on High Current Electronics. Russia, Tomsk: Institute of High Current Electronics SB RAS, July 25–29 2004. P. 262–266.

[9] Андреев Ю. А. , Буянов Ю. И. , Визирь В. А. , Ефремов А. М. , Зорин В. Б. , Ковальчук Б. М. , Кошелев В. И. , Плиско В. В. , Сухушин К. Н. Генератор гигаваттных импульсов сверхширокополосного излучения // Приборы и техника эксперимента. 2000. № 2. С. 82–88.

[10] Губанов В. П. , Ефремов А. М. , Кошелев В. И. , Ковальчук Б. М. , Коровин С. Д. , Плиско В. В. , Степченко А. С. , Сухушин К. Н. Источники мощных импульсов сверхширокополосного излучения с одиночной антенной и многоэлементной решеткой // Приборы и техника эксперимента. 2005. Т. 48. № 3. С. 46–54.

［11］ Holter H. , Chio T. -H. , Schaubert D. H. Experimental results of 144-element dual-polarized endfire tapered-slot phased arrays // IEEE Trans. Antennas Propogat. 2000. V. 48. No. 11. P. 1707-1718.

［12］ Kindt R. W. , Pickles W. R. Ultrawideband all-metal flared-notch array radiator // IEEE Trans. Antennas Propogat. 2010. V. 58. No. 11. P. 3568-3575.

［13］ Chen V. C. , Ling H. Time-frequency transforms for radar imaging and signal analysis. - London: Artech House, 2002. - 214 p.

［14］ Балзовский Е. В. , Буянов Ю. И. , Кошелев В. И. Двухполяризационная приемная антенная решетка для регистрации сверхширокополосных импульсов // Радиотехника и электроника. 2010. Т. 55. № 2. С. 184-192.

［15］ Yarovoy A. Lys P. , Aubry P. , Savelyev T. , Ligthart L. Near-field focusing within a UWB antenna array // Proc. European Conference on Antennas and Propagation. France, Nice, November 6-10 2006 (ESA SP-626, October 2006).

［16］ Беличенко В. П. , Буянов Ю. И. , Кошелев В. И. , Плиско В. В. Формирование коротких электромагнитных импульсов плоской антенной решеткой // Proc. of seminar/workshop on Direct and inverse problems of electromagnetic and acoustic wave theory. Ukraine, Lviv: Pidstryhach Institute of Applied Problems of Mechanics and Mathematics of the Ukrainian National Academy of Sciences, September 15 - 17 1997. P. 43-46.

［17］ Андреев Ю. А. , Буянов Ю. И. , Кошелев В. И. , Сухушин К. Н. Элемент сканирующей антенной решетки для излучения мощных сверхширокополосных электромагнитных импульсов // Радиотехника и электроника. 1999. Т. 44. № 5. С. 531-537.

［18］ Андреев Ю. А. , Буянов Ю. И. , Кошелев В. И. Комбинированная антенна с расширенной полосой пропускания // Радиотехника и электроника. 2005. Т. 50. № 5. С. 585-594.

［19］ Ефремов А. М. , Кошелев В. И. , Ковальчук Б. М. , Плиско В. В. , Сухушин К. Н. Генерация и излучение мощных сверхширокополосных импульсов наносекундной длительности // Радиотехника и электроника. 2007. Т. 52. № 7. С. 813-821.

［20］ Koshelev V. I. , Plisko V. V. , Sukhushin K. N. Array antenna for directed radiation of high-power ultra-wideband pulses // Ultra-Wideband, Short-Pulse Electromagnetics 9. Edited by F. Sabath et al. , New York: Springer, 2010. P. 259-267.

［21］ Ефремов А. М. , Кошелев В. И. , Ковальчук Б. М. , Плиско В. В. , Сухушин К. Н. Мощные источники сверхширокополосного излучения с субнаносекундной длительностью импульса // Приборы и техника эксперимента. 2011. Т. 54. № 1. С. 77-83.

［22］ Андреев Ю. А. , Ефремов А. М. , Кошелев В. И. , Ковальчук Б. М. , Плиско В. В. , Сухушин К. Н. Высокоэффективный источник мощных импульсов сверхширокополосного излучения наносекундной длительности // Приборы и техника эксперимента. 2011. Т. 54. № 6. С. 51—60.

［23］ Андреев Ю. А. , Ефремов А. М. , Кошелев В. И. , Ковальчук Б. М. , Плиско В. В. , Сухушин К. Н. Генерация и излучение мощных сверхширокополосных импульсов пикосекундной длительности // Радиотехника и электроника. 2011. Т. 56. № 12. С. 1457—1467.

［24］ Кошелев В. И. , Плиско В. В. Энергетические характеристики четырехэлементных решеток комбинированных антенн // Известия вузов. Физика. 2013. Т. 56. № 8/ 2. С. 134—138.

［25］ Koshelev V. I. , Buyanov Yu. I. , Andreev Yu. A. , Plisko V. V. , Sukhushin K. N. Ultrawideband radiators of high—power pulses // IEEE Pulsed Power Plasma Science Conf. 2001. V. 2. P. 1661—1664.

［26］ Лебедев И. В. Техника и приборы СВЧ. Т. 1. / Под ред. Н. Д. Девяткова. — М. : Высшая школа, 1970. — 440 с.

［27］ Фельдштейн А. Л. , Явич Л. П. , Смирнов В. П. Справочник по элементам волноводной техники. — М. : Советское радио, 1967. — 651 с.

［28］ Romanchenko I. V. , Rostov V. V. , Gubanov V. P. , Stepchenko A. S. , Gunin A. V. , Kurkan I. K. Repetitive sub—gigawatt rf source based on gyromagnetic nonlinear transmission line // Rev. Sci. Instrum. 2012. V. 83. No. 7. 074705.

［29］ Ефремов А. М. , Кошелев В. И. , Ковальчук Б. М. , Плиско В. В. . Сухушин К. Н. Мощный источник сверхширокополосного излучения с мультимегавольтным эффективным потенциалом // Доклады 1 Всероссийской Микроволновой конференции. Россия, Москва: Институт радиотехники и электроники им. В. А. Котельникова РАН, 27 — 29 ноября 2013. С. 197—201.

［30］ Kragalott M. , Pickles W. R. , Kluskens M. S. Design of 5:1 bandwidth stripline notch array from FDTD analysis // IEEE Trans. Antennas Propagat. 2000. V. 48. No. 11. P. 1733—1741.

［31］ Holter H. , Steyskal H. On the size requirement for finite phased—array models // IEEE Trans. Antennas Propagat. 2002. V. 50. No. 6. P. 836—840.

［32］ Holter H. , Steyskal H. Some experiences from FDTD analysis of infinite and finite multi-octave phased arrays // IEEE Trans. Antennas Propagat. 2002. V. 50. No. 12. P. 1725—1731.

［33］ Lee J. J. , Livingston S. , Neto A. recent development of wide band arrays // Proc. European Conference on Antennas and Propagation. France, Nice, November 6—10 2006 (ESA SP—626, October 2006).

[34] Bell J. M., Iskander M. F., Lee J. J. Ultrawideband hybrid EBG / ferrite ground plane for low-profile array antennas // IEEE Trans. Antennas Propagat. 2007. V. 55. No. 1. P. 4-12.

[35] Mikheev O. V., Podosenov S. A., Sakharov K. Yu., Sokolov A. A., Turkin V. A. Approximate calculation methods for pulse radiation of a TEM-horn array // IEEE Trans. Electromagn. Compat. 2001. V. 43. No. 1. P. 67-74.

[36] McGrath D. T., Baum C. E. Scanning and impedance properties of TEM horn arrays for transient radiation // IEEE Trans. Antennas Propagat. 1999. V. 47. No. 3. P. 469-473.

[37] Кошелев В. И., Плиско В. В. Исследование диаграммы направленности линейных решеток при сканировании волновым пучком // Известия вузов. Физика. 2012. Т. 55. № 9/2. С. 33-36.

[38] Koshelev V. I., Plisko V. V. Interaction of ultrawideband radiation in linear array with wave beam steering // Proc. 14 Inter. Symp. on High Current Electronics. Russia, Tomsk: Institute of High Current Electronics SB RAS, 2006. P. 413-416.

[39] Андреев Ю. А., Кошелев В. И., Плиско В. В. Комбинированная антенна и линейные решетки для излучения маломощных пикосекундных импульсов // Радиотехника и электроника. 2011. Т. 56. № 7. С. 796-807.

[40] Efanov V. M., Fedorov V. M., Grekhov I. V., Lebedev E. F., Milyaev A. P., Ostashev V. E., Ulyanov A. V. Multiunit UWB radiator of electro-magnetic waves with controlled directional pattern // Proc. 13 Inter. Symp. on High Current Electronics. Russia, Tomsk: Institute of High Current Electronics SB RAS, 2004. P. 262-266.

[41] Kardo-Sysoev A. F., Zazulin S. V., Smirnova I. A., Frantsuzov A. D., Flerov A. N. Ultra wide band solid state pulsed antenna array // Ultra-Wideband, Short-Pulse Electromagnetics 5. Edited by P. D. Smith and S. R. Cloude, New York: Plenum Press, 2002. P. 343-349.

[42] Schmitz J., Jung M., Bonney J., Caspary R., Schuur J., Schobel J. Ultra-wideband 4× 4 phased array containing exponentially tapered slot antennas and a true-time delay phase shifter at UHF // Ultra-Wideband, Short-Pulse Electromagnetics 9. Edited by F. Sabath et al., New York: Springer, 2010. P. 241-248.

[43] Малорацкий Л. Г., Явич Л. Р. Проектирование и расчет СВЧ элементов на полосковых линиях. – М.: Советское радио, 1972. – 232 с.

[44] Андреев Ю. А., Кошелев В. И., Плиско В. В. Характеристики TEM антенн в режимах приема и излучения // Доклады 5 Всероссийской научно-технической конференции 《 Радиолокация и радиосвязь 》. Россия, Москва: Институт радиотехники и электроники им. В. А. Котельникова РАН, 21 – 25 ноября 2011. С. 77-82.

[45] Andreev Yu. A. , Efremov A. M. , Koshelev V. I. , Kovalchuk B. M. , Plisko V. V. , Sukhushin K. N. High-power sources of ultrawideband radiation pulses // Proc. 15 Inter. Symp. on High Current Electronics. Russia, Tomsk: Institute of High Current Electronics SB RAS, 2008. P. 447-450.

[46] Балзовский Е. В. , Буянов Ю. И. . Кошелев В. И. Сверхширокополосная приемная антенная решетка с дискретным сканированием // Доклады 6 Всероссийской научно-технической конференции 《 Радиолокация и радиосвязь 》. Россия, Москва: Институт радиотехники и электроники им. В. А. Котельникова РАН, 19 – 22 ноября 2012. Т. 1. С. 39-44.

[47] Балзовский Е. В. , Буянов Ю. И. , Кошелев В. И. , Некрасов Э. С. Двухполяризационная сканирующая антенная решетка для регистрации сверхширокополосных электромагнитных импульсов // Известия вузов. Физика. 2013. Т. 56. № 8/2. С. 71-75.

第 12 章 高功率超宽带辐射源

引言

高功率超宽带辐射源的研制,主要是为了解决高分辨的无线定位(雷达)问题,以及研究电子系统对强电磁场作用的敏感度问题。不同实验室关于高功率超宽带辐射源研究方向的分类和述评,已经在本书第 1 章中给出,而对这些问题研究结果更详细的描述,都可以在专著[1-3]和述评[4-6]中找到。

在本章中给出的高功率超宽带辐射源的研究结果,主要是基于俄罗斯强流电子学研究研制的高功率超宽带辐射源上所做的工作,而这些源都是单个组合天线和天线阵列在双极高压脉冲激发下研制的。该研究所进行的研究可分成两个阶段,这两个阶段的差别在于超宽带辐射源中采用的组合天线和双极脉冲形成器的结构和性能不同。

在研究的第一阶段即 1993—2000 年,实际上采用的是电单极子和环形磁偶极子的组合天线,而双极脉冲形成器是与具有一个或两个气体火花开关的组合构成,而这些开关利用的是早前提出的线路制作的[7-9]。由于所完成的研究,建造了高功率超宽带辐射源,这些源是单个组合天线(1994 年)和双单元阵列(1995 年)在宽度 τ_p=4ns 双极电压脉冲激发下工作,其重复频率为 50Hz。晚些时候又建造了基于宽度 τ_p=3ns 双极电压脉冲激发单个组合天线[10-12]和 4 单元阵列[13, 14]的高功率超宽带辐射源,它们的重复频率为 100Hz,并且分别得到了有效辐射势 100kV 和 500kV 的辐射脉冲。

组合天线的第一方案有缺点,就是存在交叉极化辐射、峰值功率和峰值场强的效率[15]偏低,以及在双极电压脉冲宽度减小时由于电极间隙小而使电气绝缘强度变低。在最初的超宽带辐射源中,采用的双极脉冲形成器有一个或两个开关,此时在开关中电流在两个方向流过[16],这是个缺点,因为它导致了双极脉冲形状发生畸变,并限制了脉冲宽度的减小,不能小于 3ns。

在超宽带辐射源发展的第二阶段,采用具有扩展通频带的组合天线和新线路的双极脉冲形成器,这两个思想分别是文献[17]和文献[18]中提出的。新的组合天线方案,是由 TEM 喇叭天线和有源或无源的磁偶极子的组成,这样的组合天线和双极脉冲形成器在很大程度上消除了上面指出的缺点,因此可以推进双极电压脉冲宽度到短宽度区域,一直到 200ps,此时得到了有效辐射势可达几兆伏水平的超宽带辐射脉冲。下面我们将给出的,正是这些研究结果。

研究的主要努力方向,是研制直线极化的高功率超宽带辐射源。为了扩展高功率超宽带辐射源的可能应用范围,还研制了场的垂直极化脉冲辐射源。除此之外,也研究了源的某些特性如方向图和高水平峰值功率上辐射频谱控制的可能性。

12.1　超宽带源的极限有效辐射势

正如前面指出,为估计超宽带辐射源而采用的基本参数是有效辐射势,这个参数由远区峰值电场强度与距离的乘积 rE_p 确定。根据文献[19,20],将研究任意天线在远区给定的观测点和给定时刻场的幅度最大化问题,再与不同类型天线已知的超宽带辐射源的结果进行比较。

假设,将具有最大直线尺寸天线整个地置于半径 a 的球体内。在这种情况下,利用有限频带的脉冲对天线进行激发,此时又假设引入的能量 W 完全地被天线辐射出来。众所周知[21],在单色辐射方式下,天线在这个球体外产生的场可以利用多极展开形式表示,而展开式的系数由电流和磁流在球体积内密度分布的特点决定。为此,适宜采用电向量势 $A_r^e(r,\theta,\varphi)$ 和磁向量势 $A_r^m(r,\theta,\varphi)$ 唯一、不为零的径向分量的下面表达式:

$$A_r^e(r,\theta,\varphi) = \sum_{n=0}^{\infty} \sum_{m=0}^{n} a_{mn} h_n(kr) P_n^m(\cos\theta) \cos(m\varphi + \alpha_{mn})$$

$$A_r^m(r,\theta,\varphi) = \sum_{n=0}^{\infty} \sum_{m=0}^{n} b_{mn} h_n(kr) P_n^m(\cos\theta) \cos(m\varphi + \beta_{mn})$$

式中:r、θ、φ 为观测点的球坐标;$h_n(kr)$ 为根据德拜定义的第二类汉克尔(Hankel)球函数;k 为波数,$P_n^m(\cos\theta)$ 为勒让德函数;系数 a_{mn}、b_{mn} 为频率函数,但与观测点位置无关;α_{mn}、β_{mn} 为决定辐射极化的常数,这里场的时间依赖关系具有 $\exp(i\omega t)$ 形式。

在后面分析中,相对径向方向的电磁场横向分量表达式,可以通过电向量势 $A_r^e(r,\theta,\varphi)$ 和磁向量势 $A_r^m(r,\theta,\varphi)$ 表示如下:

$$E_\theta = \frac{1}{r} \sum_{n=0}^{\infty} \sum_{m=0}^{n} \left\{ - a_{mn} iZ_0 h_n'(kr) \frac{dP_n^m(\cos\theta)}{d\theta} \cos(m\varphi + \alpha_{mn}) \right.$$
$$\left. + b_{mn} \frac{m}{\sin\theta} h_n(kr) P_n^m(\cos\theta) \sin(m\varphi + \beta_{mn}) \right\}$$

$$E_\varphi = \frac{1}{r} \sum_{n=0}^{\infty} \sum_{m=0}^{n} \left\{ a_{mn} i Z_0 \frac{m}{\sin\theta} h_n'(kr) P_n^m(\cos\theta) \sin(m\varphi + \alpha_{mn}) \right.$$
$$\left. + b_{mn} h_n(kr) \frac{\mathrm{d}P_n^m(\cos\theta)}{\mathrm{d}\theta} \cos(m\varphi + \beta_{mn}) \right\}$$

$$H_\theta = \frac{1}{r} \sum_{n=0}^{\infty} \sum_{m=0}^{n} \left\{ - b_{mn} \frac{i}{Z_0} h_n'(kr) \frac{\mathrm{d}P_n^m(\cos\theta)}{\mathrm{d}\theta} \cos(m\varphi + \beta_{mn}) \right.$$
$$\left. - a_{mn} \frac{m}{\sin\theta} h_n(kr) P_n^m(\cos\theta) \sin(m\varphi + \alpha_{mn}) \right\}$$

$$H_\varphi = \frac{1}{r} \sum_{n=0}^{\infty} \sum_{m=0}^{n} \left\{ b_{mn} \frac{i}{Z_0 \sin\theta} \frac{m}{} h_n'(kr) P_n^m(\cos\theta) \sin(m\varphi + \beta_{mn}) \right.$$
$$\left. - a_{mn} h_n(kr) \frac{\mathrm{d}P_n^m(\cos\theta)}{\mathrm{d}\theta} \cos(m\varphi + \alpha_{mn}) \right\}$$

式中：Z_0 为天线周围自由空间的波阻抗；$h_n'(kr)$ 为汉克尔球函数对整个自变量即 kr 的导数。

选择球坐标系，使得 $\theta = 0$ 方向与辐射最佳方向重合，并考虑下面关系式：

$$\left. \frac{\mathrm{d}P_n^m(\cos\theta)}{\mathrm{d}\theta} \right|_{\theta=0} = \left. \frac{mP_n^m(\cos\theta)}{\sin\theta} \right|_{\theta=0} = \begin{cases} 0 & , m \neq 1 \\ -\dfrac{n(n+1)}{2} & , m = 1 \end{cases}$$

得到下面结论：只有场的分量 E_θ、E_φ、H_θ、H_φ 的系数 a_{1n} 和 b_{1n} 才决定场在 $\theta = 0$ 方向上的最大值。所以，由系数 a_{mn} 和 b_{mn} 在 $m \neq 1$ 时，决定了 $\theta \neq 0$ 方向上传送的能量。因此，下面在电场幅度最大化时，在天线输入端固定能量时，我们假定，在场的分量 E_θ、E_φ、H_θ、H_φ 的表达式中，在 $m \neq 1$ 时系数 $a_{mn} = b_{mn} = 0$。为保持一致性，也可以假定，在 $\theta = 0$ 方向上辐射的场，沿着与球坐标系的 x 轴极化，因此将有 $\alpha_{1n} = \pi$ 和 $\beta_{1n} = \pi/2$。

在上面所加的要求和所做的假设情况下，在 $\varphi = 0$ 平面上 $E_\theta(r, \theta, \varphi, \omega)$ 分量可由下面表达式描写：

$$E_\theta(r, \theta, 0, \omega) = \frac{1}{r} \sum_{n=1}^{\infty} \left\{ a_{1n} i Z_0 h_n'(kr) \frac{\mathrm{d}P_n^1(\cos\theta)}{\mathrm{d}\theta} + b_{1n} h_n(kr) \frac{1}{\sin\theta} P_n^1(\cos\theta) \right\}$$

$$(12.1)$$

从物理学观点看，展开式（12.1）中单个相加项可以解释为自由空间下的波导本征波，而这个波满足辐射在无穷远处的条件，同时表示存在临界频率，从而限制了所考虑的展开很大的项数。这样很自然地，避免了物理上实现不了的超方向辐射模[①]的电流分布问题。非常重要应当指出，所考虑的展开项数直接

---

① 即为具有针状方向图的辐射模式，根据私人通讯——译者注。

与辐射源所占体积尺寸有关,这样应当将 N 个展开项加起来,从而能够使天线品质因子具有合适的值。这个展开项数 N,可以有不同的方法取得。在窄带天线下,通常假设 $N=[\omega_0 a/c]$,这里符号 $[\cdots]$ 表示符号内相应数的整数部分,ω_0 为辐射频谱中心的循环频率,c 为自由空间中光速。如果天线在很宽的频带上辐射,则随着 ω 的增大 N 也应当增大,这样就排除了超方向辐射模式的产生。在文献[19]中,采用的正是这样一种方法。然而,对文献[22,23]的结果分析表明,根据规范 $N=[\omega_0 a/c+2\pi]$,可以更正确地选取 N。这样,可以更精确地估计最大的电场强度,尤其像对组合天线一样的小尺寸天线,以及对波长处在频带下边界附近的超宽带脉冲,此时这个波长可以远大于天线的尺寸 a。

假设,在非稳态激发方式下,天线工作在由 $2\Delta\omega/\omega_0$ 比值表示的有限频带内辐射脉冲。我们引入 Ω 量表示:$\Omega=\{\omega:-\omega_0-\Delta\omega<\omega<-\omega_0+\Delta\omega;\omega_0-\Delta\omega<\omega<\omega_0+\Delta\omega\}$。此时,由该天线在 $r>a$ 区域激发的电场,可以写成

$$E_\theta(r,\theta,0,t)=\frac{1}{2\pi}\int_\Omega E_\theta(r,\theta,0,\omega)\exp(\mathrm{i}\omega t)\mathrm{d}\omega$$

式中:对 Ω 的积分既按正频率也按负频率进行。

辐射的总能量由下式给出:

$$W=\frac{1}{2\pi}\int_\Omega \oint_S [\boldsymbol{E}(r,\theta,\varphi,\omega),\boldsymbol{H}^*(r,\theta,\varphi,\omega)]\boldsymbol{n}\mathrm{d}s\mathrm{d}\omega$$

式中:S 为半径 a 的球表面;$\boldsymbol{n}$ 为球表面的外法线。利用场的分量表达式和三角函数以及勒让德函数 $P_n^1(\cos\theta)$ 的正交性关系式,在 S 表面上进行积分,得到下面结果:

$$W=\int_\Omega\left\{\sum_{n=1}^{N(\omega)}\frac{n^2(n+1)^2}{2n+1}\left[\mathrm{i}\,|a_{1n}|^2 Z_0 h_n'(ka)h_n^*(ka)-\frac{i}{Z_0}\,|b_{1n}|^2 h_n(ka)h_n'^*(ka)\right]\right\}\mathrm{d}\omega$$

$$(12.2)$$

引入下面的新系数进行讨论:

$$A_n=i^{n+1}Z_0 n(n+1)a_{1n},\ B_n=i^{n+1}n(n+1)b_{1n}$$

此时,式(12.1)在 $\theta=0$、$kr\to\infty$ 时和式(12.2)相对于 A_n 和 B_n 系数是对称的,所以 $|E_\theta(r,0,0,\omega)|$ 的最大值将在 $A_n=B_n$ 条件下达到。在满足这个条件和 $kr\to\infty$ 时,表达式(12.1)取下面形式:

$$E_\theta(r,\theta,0,\omega)\approx\frac{\exp(-\mathrm{i}kr)}{r}\sum_{n=1}^{N(\omega)}\frac{A_n}{n(n+1)}L_n(\theta)$$

式中:$L_n(\theta)=-\dfrac{\mathrm{d}P_n^1(\cos\theta)}{\mathrm{d}\theta}-\dfrac{P_n^1(\cos\theta)}{\sin\theta}$;$L_n(0)=n(n+1)$。

与此对应,在时域上将得到

$$E_\theta(r,\theta,0,\tau)=\frac{1}{2\pi r}\int_\Omega\sum_{n=1}^{N(\omega)}\frac{A_n}{n(n+1)}L_n(\theta)\exp(\mathrm{i}\omega\tau)\mathrm{d}\omega \qquad (12.3)$$

式中：$\tau = t - r/c$。

辐射的能量表达式（12.2），在采用函数 $h_n(ka)$ 和 $h_n^*(ka)$ 的乌龙斯基（Wronskian）关系式后，可写成

$$W = \frac{2}{Z_0} \int_\Omega \sum_{n=1}^{N(\omega)} \frac{|A_n|^2}{2n+1} d\omega \qquad (12.4)$$

现在将 $\tau = 0$ 时刻在 $\theta = 0$ 方向上辐射场幅度进行优化。如果用标量积写出式（12.3）[19] 如下：

$$E_\theta(r,0,0,0) = ([A]',[F])$$

式中：$[A]$ 为由 A_n 构成的列向量；$[F]$ 为表示成 $F_n = 1/2\pi r$ 的列向量；而 t 表示转置操作。此时，很容易确定在远区 $\theta = 0$ 方向和 $\tau = 0$ 时刻电场幅度的泛函，如果用标量积表示式（12.3）如下：

$$([A]',[B]) = \int_\Omega [A]' [B]^* d\omega$$

能量表达式（12.4），可以表示成[19]

$$W = ([A]',[H][A])$$

式中：$[H]$ 为对角平方矩阵，其元素 $H_{mn} = \dfrac{2\delta_{mn}}{Z_0(2n+1)}$，而 δ_{mn} 为科隆聂克（Кронекер）符号。

在给定能量 W 情况下，对表达式（12.3）确定的场值进行最大化。如果满足下面方程：

$$\nabla(E_\theta(r,0,0,0) - \lambda W) = 0$$

这个场值最大化就可达到，上面方程求解的结果是下面系数的表达式：

$$A_n = \frac{Z_0(2n+1)}{8\pi\lambda r} \qquad (12.5)$$

式中：λ 为勒让德因子，这个因子的选取在给定 W 值后，根据式（12.4）的计算确定。

在这种情况下，极限的有效辐射势为 r 与 E_θ 的乘积，它的计算方法如下：将式（12.5）代入式（12.4）后，求得勒让德因子 λ。这样，最佳系数值 A_n 完全确定：

$$A_n = \sqrt{Z_0 W} \frac{(2n+1)}{\sqrt{2\int_\Omega \left[\sum_{n=1}^{N(\omega)}(2n+1)\right] d\omega}}$$

将这些系数代入式（12.3），得到最后的计算公式[20]：

$$rE_\theta(r,0,0,0) = \frac{\sqrt{Z_0 W}}{2\sqrt{2}\,\pi} \sqrt{\int\int_\Omega \left[\sum_{n=1}^{N(\omega)}(2n+1)\right] d\omega} \qquad (12.6)$$

首先,将根据式(12.6)及在文献[20]中选取的 $N = [\omega_0 a/c + 2\pi]$ 值和在文献[19]中采用的 $N = [\omega_0 a/c]$ 值,估计极限有效辐射势并进行比较。结果,对于频带10%(1)和150%(2)的辐射,其有效辐射势的比值 $rE_{2\pi}/rE_0$ 在图12.1上给出。

显而易见,图12.1上显示对于电气长度小的天线,这个有效辐射势的比值可以超过10,而对于大的天线这个值趋向1。因此,采用文献[20]选取的 N 值,可以更精确地估计任意天线,尤其是由超宽带脉冲激发小尺寸天线的有效辐射势极限值。

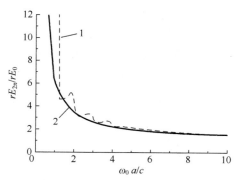

图 12.1 辐射器有效辐射势比值与其天线电气尺寸的依赖关系
辐射器频带:1—10%;2—150%。

根据选择标准,对采用众所周知天线的高功率超宽带辐射源进行比较是很有意义的。属于这样的辐射源有 IRA[22] 天线、TEM[23] 天线和组合天线(KA)[24]。根据这几篇文献提供的资料,估计了 IRA 天线的辐射能量和频谱,以及在 TEM 天线和组合天线输入端的电压脉冲能量和频谱。在组合天线情况下,假设了天线的能量效率等于100%。频带在 -10dB 水平上进行了估计,而 $\omega_0 = 2\pi f_0$ 选作此频带的中间值,即 $f_0 = (f_L + f_H)/2$,这里 f_L 和 f_H 分别为频谱的下边界和上边界。所研究天线的频谱宽度处在 160% ~ 190% 范围。在对极限的有效辐射电势估计中采用的超宽带辐射源特性,如表12.1所列。

表 12.1 不同单个天线超宽带辐射源的特性

参数/单位	KA[24] 天线	IRA[22] 天线	TEM[23] 天线
τ_p/ns	2	—	1
W/J	1.17	0.015	0.175
f_L/MHz	100	50	50
f_H/MHz	934	2900	2110
f_0/MHz	517	1475	1080
$\Delta f/f_0$/%	161	193	190

为了进行比较分析, 对不同辐射器的超宽带辐射源进行了 $rE_\theta = rE_{2\pi}$ 估计, 并得到了有效性系数值, 后者是实验测得的有效辐射势与其极限值的比值 $k = rE_{\exp}/rE_\theta$。对于 IRA、TEM 和 KA 天线, 系数 k 分别等于 0.5、0.35 和 0.26, 这些结果用不同的点表示在图 12.2 上。16 单元组合天线阵列被宽度 2ns 双极脉冲激发[24], 对这个阵列辐射源估计的 $k = 0.58$, 而对于 64 单元组合天线阵列, 在激发的双极脉冲宽度却为 1ns[25] 时, 估计的 $k = 0.65$。这些结果也用不同的点, 表示在图 12.2 上。此时, 在计算中也像单个天线一样, 假设了在天线–馈电系统中没有能量损失。由上面所给的数据得出, 基于多单元组合天线阵列, 尽管馈电系统中存在能量损失, 它的辐射器效率随着阵列单元数的增大仍然增大。

估计还表明, 对于组合天线和组合天线阵列, rE_θ/V 比值比其他辐射器高一个量级多, 这里 V 为辐射器的体积。

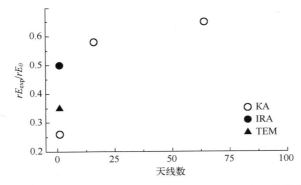

图 12.2　测得的有效辐射势对其极限值比值与阵列中组合天线数的依赖关系

图 12.2 中画出不同类型 (KA, IRA, TEM) 单个天线的不同实验点, 以及 16 和 64 单元 KA 阵列的结果。

12.2　双极高压脉冲发生器

12.2.1　单极电压脉冲发生器

双极电压脉冲发生器, 是由单极脉冲发生器和双极脉冲形成器构成的。单极脉冲发生器是用来给双极脉冲形成器充电的, 后者是具有内嵌特斯拉变压器的同轴线。在俄罗斯科学院西伯利亚分院强流电子学研究所, 建立了系列这样的发生器, 它们的共同名称叫 СИНУС[1, 26]。在后面将讨论的大多数超宽带辐射源中, 作为单极脉冲发生器采用了 СИНУС–160[18, 24]。图 12.3 上给出了 СИНУС–160 高压脉冲发生器的结构。

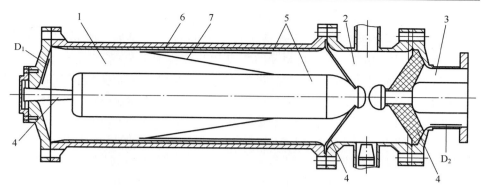

图 12.3　СИНУС-160 高压发生器的结构图

1—形成线；2—不可控气体开关；3—传输线；4—绝缘子；5—铁淦氧磁芯；6—初级线圈；7—次级线圈；
D_1—形成线中充电电压电容分压器；D_2—传输线中电压电容分压器。

　　在图 12.3 中,形成线(1)与内嵌的特斯拉变压器,置于充满变压器油的钢制圆柱筒中。变压器的开路铁淦氧磁芯(5),由厚 0.08mm 带状电工钢段制成。变压器的磁导作为形成线的导体用。初级线圈(6)含有厚 0.3mm 铜片制成一匝。次级线圈(7)置于由厚 0.3mm 电工纸板制作的光滑锥壳体上,它含有约 800 匝直径 0.18mm 的导线。为了测量发生器工作参数,预先设置了两个电压分压器:D_1 是给形成线充电的电压电容分压器,而 D_2 是传输线中的电压电容分压器。当今的 СИНУС-160 发生器[24]的基本参数如下:

电气长度(两倍波程)	4.5ns
波阻抗	40Ω
线的电容	66pF
最大充电电压(U_2^{max})	400kV
最大储能	5J
在频率 100Hz 时充电电压	360kV
在负载阻抗 50Ω 上脉冲幅度	180kV
充电到电压 U_2^{max} 的时间	5μs
特斯拉变压器的有效系数	50%
变压器回路频率失调	1.3

　　作为发生器的高压开关,采用了半球形电极的不可控火花开关(2),它的工作气体为 11 个大气压下氮(N_2)气体。发生器在重复频率 100Hz 下工作时,要通过电极间隙横向放电通道吹走气体,这里吹气系统包括有通风机、准直器和气体冷却装置。传输线(3)用于传送所产生的高压脉冲给双极脉冲形成器。发生器可以提供三种工作方式:单次方式;脉冲重复频率 100Hz 方式;可调从 1～100Hz 重复频率的外脉冲同步方式。

发生器的电原理图,表示在图 12.4 上。在传输线结构中引入了附加的元器件——接地电感 L_0,其用途是在下一个电压脉冲产生时刻前使传输线中心导体电势归零,还有限流电阻 R_0,它吸收在双极脉冲形成器截断开关启动后的剩余能量。超宽带脉冲源在 100Hz 脉冲重复频率长时间工作过程中,在它的电阻 R_0 上释出很大的平均功率,因此,在传输线外壳上安放了冷却散热片。

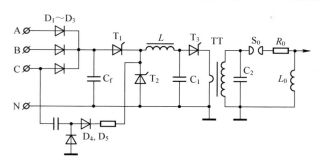

图 12.4　СИНУС-160 发生器电原理图

$D_1 \sim D_3$—26MD120;$D_4 \sim D_5$—Д112-25-14;$T_1 \sim T_2$—IRKU91/12;

T_3—两个并联闸流管(ТБИ 153-1000)。

发生器由三相工业频率交流电供电,网电压经过 $D_1 \sim D_3$ 整流加到滤波器 C_f 上,同时经过电压倍增器 D_4 和 D_5 给电容 C_1 预充电。

我们按图 12.4 上给出的电路,研究一下发生器一个周期的工作。在开始时刻,滤波器电容 C_f 充电到整流的网电压 310~340V。特斯拉变压器 TT 的初级电容 C_1 经过电压倍增,充电到+600V 水平。工作周期是从控制脉冲加到主闸流管开关 T_3 上开始,在接入开关 T_3 后,电容 C_1 接到特斯拉变压器 TT 的初级线圈上,从而形成线电容 C_2 开始了充电过程。由于回路间耦合系数 $k \approx 1$,电容 C_2 上电压按下面规律发生变化:

$$U_2 \approx U_1 \frac{N_2}{N_1} \frac{\alpha}{\alpha+1} [1-\cos(\pi t/t_{\max})]$$

式中:N_1 和 N_2 分别为特斯拉变压器第一回路和第二回路的匝数;$\alpha = 1.3$ 为回路本征频率失调系数;$t_{\max}$ 为 $U_2 \approx U_2^{\max}$ 的时刻。

开关 S_0 总是这样调节,就是要使它在 $t_0 < t_{\max}$ 时刻发生击穿,这样就满足了 $U_2 < U_2^{\max}$ 条件。必须这样进行调节,因为在开关未动作时,在第二回路上长时间存在幅度很大的电压振荡,这将导致形成线绝缘击穿。在开关 S_0 动作后,会形成宽度 4.5ns 和幅度 180kV 的电压脉冲,这个脉冲将所得双极脉冲形成器充电。在为恢复闸流管开关 T_3 需要的 100μs 暂停后,将控制信号加到开关 T_2 上,这里开关 T_2 将开关 S_0 经过扼流圈 L 动作后使初级电容 C_1 中剩余的能量得到恢复,此时,在电容 C_1 上电压符号发生改变。在开关 T_1 动作时,电容 C_1 经过扼流

圈 L 接到滤波器 C_f 上,此后电容 C_1 充电到初始水平。改变开关 T_1 的接入时刻相对开关 T_2 的接入时刻,可以调节电容 C_1 上电压的最后水平。滤波器电容 C_f 的充电,通过整流二极管组件 $D_1 \sim D_3$ 实现。扼流圈 L 由铁淦氧磁芯制成,这在它的尺寸相对小的时候,可以得到很大的电感达 1.8mH,并相应地降低了 T_1 和 T_2 开关电路中电流的幅度,这样也降低了电容 C_1 的充电和恢复时的能量损失。发生器脉冲延迟和重复频率,由远方的计算机通过控制台调节,此时控制台产生开关 $T_1 \sim T_3$ 的触发脉冲。

12.2.2 开路线的双极脉冲形成器

在文献[18]中提出了开路线的形成器,用于在单个组合天线的超宽带辐射源中得到宽度 $\tau_p = 1ns$ 双极高压脉冲。连接双极脉冲形成器和天线的同轴馈电线路的波阻抗 $\rho_f = 50\Omega$。双极脉冲形成器的结构特点,在下面的宽度 1ns[27]、2ns[24] 和 3ns[28] 双极脉冲的超宽带辐射源中保持不变,这些双极脉冲既经过波阻抗 $\rho_f = 50\Omega$ 馈电线路激发单个天线[24,27,28],也经过阻抗 50Ω 到 3.125Ω 波阻抗转换器和功率分配器激发 16 单元的阵列。

上面提出的形成器的工作特点,我们利用宽度 $\tau_p = 2ns$ 双极脉冲形成器[24] 作为例子进行讨论。这个形成器的等效电路,如图 12.5 所示。在电路的组成中,包括四个同轴形成线 $FL_0 \sim FL_3$、陡化开关 S_1 和截断开关 S_2、分隔电感 $L_1 = 250nH$ 和负载 R_L。形成线 $FL_0 \sim FL_2$ 具有电气长度(单次波程)$\tau = 0.35ns$ 和波阻抗 $\rho = 25\Omega$。传输线 FL_3 具有电气长度 3.7ns 和波阻抗 ρ_f,它与负载 $\rho_f = R_L = 2\rho = 50\Omega$ 匹配。形成线 FL_0 经过充电电感 L_1,由单极脉冲发生器充电到电压 $-U_0$。在陡化开关 S_1 启动时,幅度 $-U_0/2$ 的负脉冲沿着形成线 FL_1 传播,直到其终端串联承接到具有公共电阻 3ρ 的形成线 FL_2 和 FL_3。经过形成线 FL_3 的电压波,在负载上形成幅度 $-U_0/2$ 的双极脉冲负半波。经过 2τ 时间,当反射波到达形成线 FL_1 始端,而经过 FL_2 的波到达它的终端,截断开关 S_2 动作。现在沿着形成线 FL_1 传播的是测量电压的正向波,而沿着形成线 FL_2 传播的是从开路终端

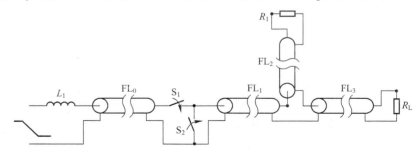

图 12.5 双极脉冲形成器等效电路
FL—形成线;S—开关;L—充电电感;R—电阻。

的反射波和加倍的正向波。这两个电压波到达 FL_1 的输出端和 FL_2 的输入端，它们相加并在负载上形成幅度 $U_0/2$ 的双极脉冲正半波，经过 4τ 时间，过渡过程结束。因此，在开关 S_1 和 S_2 理想转换时，在负载上产生幅度 $\pm U_0/2$ 和宽度 4τ 的双极脉冲。

利用众所周知的 PSPICE 程序，在计算机上模拟了形成器电路。转换时间是开关电阻从 $100k\Omega$ 改变到 0.01Ω 的时间，对于开关 S_1 和 S_2，它确定为 1ns。电阻值 $1000k\Omega$ 的电阻器 R_1，只是为了提供计数。选取充电电感 L_1，应使之能在形成线 FL_0 上充电电压，在最短的充电时间内接近最大值。实际上，形成线 FL_0 在 5ns 时间达到的最大充电电压为 555kV。在充电电压最大值附近开关 S_1 启动，而开关 S_2 要相对延迟 0.7ns 后启动，此时在负载上产生双极电压脉冲，其幅度为 270kV，宽度为 1.8ns，如图 12.6 中 1 所示。

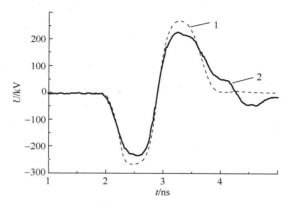

图 12.6　双极脉冲形成器输出端的电压脉冲
1—计算结果;2—测量结果。

图 12.7 上给出的双极脉冲形成器的结构，是由卡普纶过渡绝缘子分开的气体积和油体积构成。在壳体内，在 $p=70\sim90atm$ 下氮气介质中安置了充电电感 L_1、4 个同轴形成线 $FL_0\sim FL_3$、陡化开关 S_1 和截断开关 S_2。形成线 $FL_0\sim FL_2$ 内导体直径分别等于 33mm、33mm、16mm。形成线 FL_2 的绝缘为氟塑料。形成线 FL_0 和 FL_1 内导体的终端作为陡化开关 S_1 电极用的，而形成线 FL_0 和 FL_1 外导体上有厚 2mm 圆片和垫片，它们用作截断开关 S_2 的电极。这里和其他形成器中，开关的电极都是由铜制成，这样可以减小腐蚀并相应地增大双极脉冲形成器的工作寿命。

传输线 FL_3 将形成器输出端与电阻负载或辐射系统（图 12.7 上未画出）连接起来。形成线 FL_3 的左边部分和右边部分，分别为气体绝缘和油绝缘。形成器输出端的电压脉冲，借助耦合形成线上电压分压器 D_3 由 TDS 7404 示波器测量[29]，而此时分压器 D_3 置于形成线 FL_3 的充油部分内。

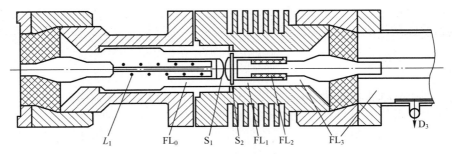

图 12.7　宽度 2ns 双极脉冲形成器结构图

FL—形成线；S—开关；D—电压分压器；L—充电电感。

在形成器体积中和间隙分别为 1.4mm 和 1.2mm 的 S_1 和 S_2 开关中充以 $p=$ 90atm 的氦气，此时形成器输出电压脉冲表示在图 12.6 中 2 上，而它的脉冲幅度近似等于 230kV。因为截断开关电极工作在高的电压上升速率约 5×10^{14}V/s 条件下，此时它实现了亚纳秒时间和高稳定性的多通道转换方式。在这种情况下，在发生器第一小时工作过程中脉冲幅度的均方偏差 $\sigma = 0.01$ 时，双极电压脉冲幅度的均方偏差不超过 $\sigma = 0.03$。由于开关电极发生腐蚀，在重复频率 100Hz 下经过 1~2h 工作，观测到了幅度稳定性降低和脉冲形状畸变。通过降低形成器中气体压强 5~10 个 atm，实际上可达到恢复脉冲的稳定性和形状。此时，在不更换开关电极时，形成器在 100Hz 频率下工作的总时间，它的不稳定性不超过 $\sigma = 0.05$ 时可达 5h。

应当指出宽度 $\tau_p = 1$ns 双极电压脉冲形成的特点。在文献 [18] 中给出，双极电压脉冲第二半波幅度远大于第一半波幅度。为了减小两个半波幅度的差别，在形成线 FL_2 终端上（见图 12.5）安置了 $L_2 \approx 200$nH 的电感[27]，以降低第二半波的幅度。

在减小双极电压脉冲的宽度从 1ns 到 0.5ns[30] 和 200ps[31] 时，在单极脉冲发生器和双极脉冲形成器间安置了有气体开关的中间线，以减小形成器的充电时间和增强输出脉冲的稳定性。在双极脉冲宽度 1ns[32] 和 3ns[33] 时，为减小输出的馈电线路波阻抗 ρ_f 从 50Ω 到 12.5Ω，也安置了锋化段。此时，相应地减小了双极脉冲形成器形成线波阻抗达 4 倍（$\rho = 6.25$Ω）。应当指出，СИНУС–160 发生器形成线的能量转换为双极脉冲能量的效率，随着其宽度增大而升高，并在 $\tau_p = 3$ns 时达到 30%[33]。根据所得结果，对于双极脉冲形成器储存的能量和双极脉冲每一宽度，都需要有自己的单极脉冲发生器，并且及其形成线有最佳的储能。

我们用皮秒宽度的双极脉冲发生器[31] 作为例子，研究一下具有锋化段的双极脉冲形成器的工作。双极电压脉冲发生器，是由 СИНУС–160 单极脉冲发生器、中间锋化段和双极脉冲形成器构成的。图 12.8 给出了双极电压脉冲发生器的电原理图,其中单极脉冲发生器由形成线 FL_0 和开关 S_0 表示。这个形成线具有波阻 40Ω,它由特斯拉变压器的次级绕组充电到 $-360kV$,其脉冲重复频率 $100Hz$。

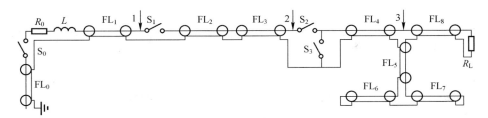

图 12.8　宽度 200ps 双极电压脉冲发生器电原理图

FL—形成线;S—开关;R—电阻;L—充电电感。

图 12.8 中间陡化段由形成线 FL_1、限流电阻 R_0、充电电感 L 和开关 S_1 构成。而双极脉冲形成器是由形成线 $FL_2 \sim FL_8$、陡化开关 S_2、截断开关 S_3 和负载 R_L 组成的。类似的发生器电路,在文献[30]中曾用于产生宽度 0.5ns 的双极电压脉冲。双极脉冲形成器电原理图的根本不同,是形成线 FL_5 接在形成线 FL_4 和 FL_8 的接地导体间,而其输出端加到到两个串联的高阻形成线 FL_6、FL_7 上。而形成线 FL_6、FL_7 的参数考虑到结构特点,采用计算方法选取。这个双极脉冲形成电路的优点,与通常在双极脉冲形成器中采用的是开路线的固体电介质绝缘不同,这里取代这个绝缘的是气体电介质,这样就降低了线中的能损,并简化了形成器的结构。

对发生器电路进行了计算机模拟,开关的转换非常接近理想情况。单极脉冲发生器,通过开关 S_0 并经过限流电阻 R_0 和充电电感 L,将形成线 FL_0 转换到中间形成线 FL_1 上。在形成线 FL_1 上最大充电电压,在 3.1ns 时间达到 500kV,如图 12.9 中 1 所示。计算的示波图的引出点,如图 12.8 所示。开关 S_1 在充电电压最大值处启动,并将形成线 FL_1 经过高阻线 FL_2 接到形成线 FL_3 上,后者经过 220ps 时间充电到 600kV 电压,如图 12.9 中 2 所示。当开关 S_2 在形成线 FL_3 上充电电压最大值处启动,而开关 S_3 也启动但相对延迟为沿着形成线 FL_4 的 2 倍行程时间的情况下,在终端布放匹配负载 $R_L = \rho_f = 50\Omega$ 的波阻抗 ρ_f 的传输线 FL_8 中,形成了幅度 $\pm 350kV$ 和宽度 200ps 的双极电压脉冲,如图 12.9 中 3 所示。在双极脉冲通过时,在传输线 FL_8 中观测到了电压振荡,这些振荡由于电压波在线 FL_6、FL_7 短路终端上发生反射而产生。振荡幅度在线 FL_6、FL_7 的电气长度和波阻抗增大时减小,但是不超过双极电压脉冲幅度的 10%。

陡化的中间段和双极脉冲形成器的结构,如图 12.10 所示。这个结构由三个气体体积构成,其间由聚碳酸酯材料的绝缘子 1 和 3 分开。在 $p = 90atm$ 氮气介质的第一体积中,安置有盘状形成线 FL_1、陡化开关 S_1 和电容分压器 D_1。充

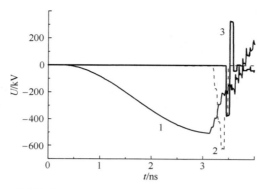

图 12.9　对形成线 FL_1(1)、FL_3(2)上充电电压和形成线 FL_8(3)上
双极电压脉冲计算的示波图

电电压脉冲,由单极脉冲发生器经过充电电感 L 加到形成线 FL_1 上。在充以 $p=$ 90~100atm 氮气或氢气的第二体积中,安置了形成线 $FL_2 \sim FL_7$、部分传输线 FL_8、陡化开关 S_2 和截断开关 S_3。形成线 FL_3 和 FL_4 内导体终端同时是开关 S_2 的电极,而形成线 FL_4 的厚 1mm 圆盘 2 和内导体同时是开关 S_3 的电极,并且电极间距可调。为了减小双极脉冲在形成线 FL_6、FL_7 中通过后产生的电压振荡幅度,安置了 10 只 35ВЧ17 型号的铁淦氧磁环 F,其尺寸为 39mm×17mm×6mm。在充以 $p=2$atm SF_6 气体的第三体积中,在耦合线上安置了带电压分压器 D_2 的形成线 FL_8 第二部分,用于测量输出的双极脉冲。

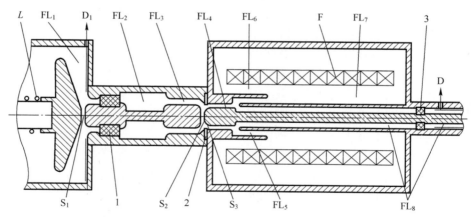

图 12.10　陡化中间段和宽度 200ps 双极脉冲产生器的结构图

1、3—过度绝缘子;2—电极;S—开关;FL—形成线;F—铁淦氧磁环;D—电压分压器;L—充电电感。

双极电压脉冲发生器的调试,归结为对开关 $S_1 \sim S_3$ 中间隙和压强的接续调试。陡化开关 S_1、S_2 启动的延迟时间应这样选取,就是它们的击穿发生在充电电压最大值附近,但一次都不要错过。而后,通过截断开关 S_3 间隙的调节,达到输出的双极脉冲形状是对称的。在开关 S_1 最佳的气体压强和间隙时,开关的击穿只延迟 2.7ns,这非常接近计算的时间。

在图 12.11 上表示从电压分压器 D_2 测得的电压脉冲形状,这个结果是在充以 $p=90$atm 氮气的第二体积条件下得到的。此时,开关 S_2 和 S_3 中间隙分别为 0.4mm 和 0.2mm。双极电压脉冲的前沿,被形成线 FL_3 的充电脉冲经过开关 S_2 的过渡电容(见图 12.8)而产生的预脉冲推迟。脉冲宽度根据幅度的 0.1 水平值,即利用脉冲前沿的线性近似直到与零线相交得到的值来确定,结果为 230ps。脉冲最大幅度与计算结果相差 3 倍,这是由于计算中电流转换过程简化和开关启动发生在电压低于最大充电电压时造成的。在充以氢气到 $p=100$atm 的第二体积中,开关 S_2 中的间隙增大到最大可能的 0.8mm 值。在这种情况下,得到了双极电压脉冲,其幅度为 -50kV 和 $+35$kV,宽度 260 ps。双极脉冲幅度的减小,是由于氢气比较氮气具有更低的电气绝缘强度,因而在后来的研究中氢气就不再采用了。

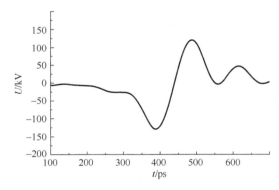

图 12.11　电压分压器输出的双极电压脉冲示波图

双极脉冲形成器研制的复杂性,在同时减小其脉冲宽度和增大其峰值功率时而急剧地增大,这是由于电气击穿限制了它的极限参数。下面将研究宽度 $\tau_p=1$ns 和脉冲峰值功率 3.2GW 的双极脉冲形成器[32,25]。在双极脉冲形成器的第一方案[32]中,形成线由两个串联的盘状线制作,而它们的转换是通过小直径 15mm 环状开关实现的。此时,幅度 200kV 的双极脉冲的不稳定性,在 100Hz 重复频率上很大,此时在双极脉冲形成器中出现的电气击穿决定了这个不稳定性。在双极脉冲形成器的第二方案[25]中,为了增大电气绝缘强度,采用了带直径 68mm 环状开关的同轴形成线。下面将给出对双极脉冲形成器第二方案的研究结果。

双极电压脉冲发生器,由单极脉冲发生器、中间陡化段和双极脉冲形成器构成。作为单极脉冲发生器,采用的是 СИНУС-200 高压脉冲发生器。在图 12.12 上,表示了双极电压脉冲发生器的原理图,图上单极脉冲发生器由波

阻抗 28.3Ω、电气长度 3.9ns 和开关 S_0 构成的输出形成线 FL_0 表示。这条线可以由特斯拉变压器次级绕组在 $4\mu s$ 并在脉冲重复频率 100Hz 时充电到最大电压达 485kV。中间陡化段是由限流电阻 R_0、泄漏电感 L、传输线 FL_1 和中间形成线 FL_2 以及开关 S_1 构成的。带从 65Ω 到 88Ω 变波阻抗的传输线 FL_1,将开关 S_0 与中间形成线 FL_2 连接起来。双极脉冲形成器根据开路线的电路构建,它的组成包括 $FL_3 \sim FL_7$ 线、陡化开关 S_2 和截断开关 S_3、标称 12.5Ω 的负载 R_L。泄漏电感 L 用于在下一个电压脉冲产生时刻前,去除开关 S_0 和 S_1 电极上的残余电荷。利用电阻 R_0,可以降低双极脉冲产生后在回路 FL_0-S_0-R_0-FL_1-FL_4-S_1-S_2 上的电压振荡,并降低开关电极的腐蚀。

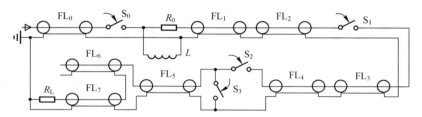

图 12.12　宽度 1ns 双极脉冲发生器电原理图

FL—形成线;S—开关;R—电阻;L—电感。

　　图 12.13 表示中间陡化段和双极脉冲形成器的结构,它由两个气体积和一个油体积构成。在第一个 $p=85atm$ 的氮气体积中,安置有 FL_1 和 FL_2 线、开关 S_1 和电容电压分压器 D_1。FL_1 线在图 12.13 上没有标出。开关 S_1 的电极间隙确定为 2.8mm。在第二个 $p=87atm$ 的氮气体积中,安置有 FL_4 和 FL_5 线、电容电压分压器 D_2 和开关 S_2、S_3。在 FL_3、FL_6 线和 FL_7 线左边部分都利用卡普纶进行绝缘。开关 S_2 和 S_3 中,电极间间隙分别等于 1.7mm 和 1mm。而 FL_2、FL_4、FL_5 线的波阻抗,都等于 6.25Ω。传输线 FL_7 的右边部分为充油的同轴线,其波阻抗为 12.5Ω。

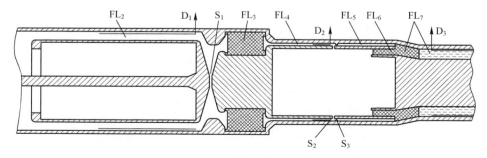

图 12.13　中间陡化段和宽度 1ns 双极电压脉冲形成器结构图

FL—形成线;S—开关;D—电压分压器。

从单极脉冲发生器产生的充电电压脉冲,加到 FL_2 线上。在 $S_1 \sim S_3$ 开关逐次启动后,输出电压脉冲经过 FL_7 传输线引入到负载 R_L 上。双极电压脉冲发生器的调试,像前面的一样,归结为逐次调试 $S_1 \sim S_3$ 开关中电极间隙和压强的调试。陡化开关 S_1 和 S_2 启动的延迟时间这样选取,应使它们的击穿在脉冲重复频率 100Hz 下发生在 FL_2 和 FL_4 线充电电压最大值附近,而没有漏掉一次。而后通过调节截断开关 S_3 中的间隙,达到输出的双极脉冲具有对称形状。这样,开关 S_1 和 S_2 的击穿延迟时间分别选取为 7.3ns 和 1.7ns。输出电压脉冲从电压分压器 D_3 上测量,其结果表示在图 12.14 上,这个脉冲的电压幅度为 −205kV/+180kV,它在 0.1 幅度水平上的宽度 $\tau_p = 1$ns。电压幅度相对它的平均值的相对分散,不超过 4%。在匹配负载 $R_L = 12.5\Omega$ 上耗散的脉冲能量为 1.2J,这相当于在形成线 FL_0 中储存能量的 9%。

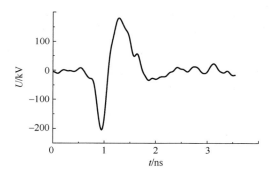

图 12.14　电压分压器输出的电压脉冲示波图

由于在开关 S_2 和 S_3 的电极上电压上升速率很高,采用直径 $D = 68$mm 的环状开关使波阻抗 6.25Ω 的线实现多通道转换。此时,$D/\tau_p c$ 比值不超过高级模式激发的标准水平 $1/(\pi\sqrt{\varepsilon_r})$(见 11.5 节)。与文献[32]比较,这里在双极脉冲形成器输出端上负电压上升速率,增大了 1.4 倍。

12.3　单个天线的辐射源

采用单个组合天线的高功率超宽带辐射源[18,24,27,28,30,31],是根据标准线路方案完成的,它由 СИНУС-160 单极脉冲发生器、双极脉冲形成器和天线构成,双极电压脉冲宽度在 0.3~3ns 范围内变化,而幅度在 100~230kV 范围内变化。为了预防天线的电气击穿,天线置于充以 1.2~4atm SF_6 气体的介电容器内,而工作气压选取决定于脉冲的宽度和幅度。通常,介电容器由聚乙烯制造,其中的 SF_6 气体压强不超过 1.5atm。只是对于宽度 0.5ns 和幅度 200kV 的双极脉冲源[30],容器才由卡普纶制造,其中的 SF_6 气体压强将达到 4atm。介电容器厚度

约为 $\lambda_0/30$，这里 $\lambda_0 = \tau_p c$，介电容器对辐射特性影响不大。

天线尺寸根据相似律改变，约等于双极脉冲空间尺度的一半。然而，将过渡绝缘子引入到天线的结构，是由电压幅度很高时天线正常工作的要求决定的。在一些情况下，这将导致 KCBH 增大，在电压脉冲频谱范围内可达 $K_V \leqslant 3$。组合天线结构，在试验工作积累过程中可能发生变化。为了使天线几何结构优化，利用了 4NEC2 程序，此时高电压天线驻波电压系数已降低到 $K_V \leqslant 2$（见10.5节）。

现在我们将简要地归纳一下单个天线超宽带辐射源的主要结果：高压天线的能量、峰值功率和峰值场强的效率，分别为 $k_w = 0.85 \sim 0.93$、$k_p = 0.6 \sim 1.2$ 和 $k_E = 0.9 \sim 2$；该源在方向图主方向上的定向作用系数 $D_0 = 4 \sim 5.7$。文献[34]给出了上面提到的参数的估计方法（见5.4节）。此外，在 H 和 E 平面上峰值功率半高水平的方向图宽度分别在 $75° \sim 90°$ 和 $75° \sim 110°$ 范围内变化。对于在重复频率 100Hz 下工作的超宽带辐射源，得到了超宽带辐射脉冲，该源在连续工作时间达5小时时，其峰值功率和有效势分别为 $120 \sim 1200$MW 和 $100 \sim 440$kV。

这里将更详细地研究单个天线被宽度 $\tau_p = 3$ns 双极脉冲激发的超宽带辐射源[27]。研究方案的选择，决定于对双极脉冲形成器输出脉冲相对充电单极脉冲稳定性的研究，后面我们将要看到，这一点是很重要的。图12.15给出了超宽带辐射源外形图。正如前面指出的，这个源由三个基本部分构成：单极脉冲发生器1，双极脉冲形成器2和介电容器中的发射天线3，同时介电容器充以 1.4atm 的 SF_6 气体。

图 12.15　由宽度 3ns 双极脉冲激发的单个天线超宽带辐射源外形图
1—СИНУС-160 单极脉冲发生器；2—双极脉冲形成器；3—介电容器中的天线。

图12.16给出的双极电压脉冲发生器等效电路上，СИНУС-160 单极脉冲发生器，由输出形成线 FL_0 和开关 S_0 表示。图12.16上利用箭头指出采用分压器 $D_0 \sim D_2$ 对电压脉冲测量的位置。双极电压脉冲形成器，由 $FL_1 \sim FL_4$ 线、陡化开关 S_1 和截断开关 S_2 构成。当 FL_1 线充电电压达到最大值附近时，S_1 开关启动，同时 S_2 开关也启动，但后者相对前者有2倍沿 FL_2 线行程时间的相对延迟，此时

在安置 R_L 负载的传输线 FL_4 终端上,形成了双极电压脉冲。充电电压脉冲沿着传输线 FL_3 在 S_0 开关转换时,加到 FL_1 线上。这里采用了三种充电方式:①通过限流电阻 $R_0 = 6\Omega$ 和电感 $L = 850nH$ 充电,即 $L+R_0$ 方式充电;②通过波阻抗 66Ω 和电气长度 0.14ns 的 FL 线和电阻 R_0 充电,即 $FL+R_0$ 方式充电;③通过 FL 线充电,即 FL 方式充电。

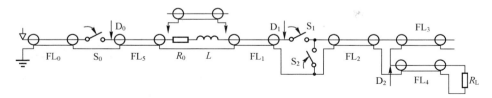

图 12.16　宽度 3ns 双极电压脉冲发生器的等效电路图

FL—形成线;S—开关;R—电阻;L—电感;D—电压分压器。

双极电压脉冲形成器的结构,在图 12.17 上给出。在壳体内充以 $p = 90atm$ 的氮气介质中,安置有三个同轴线 $FL_1 \sim FL_3$、陡化开关 S_1 和截断开关 S_2。从 СИНУС-160 产生的充电电压脉冲经过电感 L(图 12.17 的上面部分)或经过 FL 线(图 12.17 的下面部分)给 FL_1 充电。传输线 FL_4 将双极脉冲形成器输出端与电阻负载 R_L 或天线(图 12.17 上均未标出)连接起来。

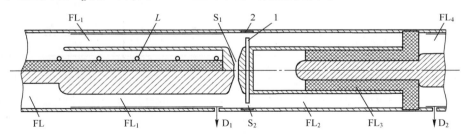

图 12.17　宽度 3ns 双极脉冲形成器结构图

FL—形成线;S—开关;D—电压分压器;L—充电电感;1、2—开关电极。

利用示波器和电压分压器 $D_0 \sim D_2$ 测量了如下脉冲:从 СИНУС-160 产生的电压入射波,FL 线的充电电压和 FL_4 线的输出电压。图 12.18 所示为从电压分压器 D_1 在 FL_1 线三种充电方式下得到的充电电压示波图。

FL_1 线的最大充电电压水平,是由 S_1 开关的击穿决定,约为 310~340kV,而它的充电时间处在 3.1~9.7ns。双极电压脉冲的幅度为 ±150~170kV,宽度为 3ns。电压入射波幅度的相对发散等于 1.5%。S_1 开关启动的时间分散 Δt 可通过简单方法确定。示波器的触发,利用双极脉冲负前沿实现。S_1 开关启动时间的分散,依赖于开关电极上电压的上升速率,在经过高阻抗线 FL 对 FL_1 线充电时为 80~100ps。这样,对 FL_1 线在三种充电方式下的测量结果,如表 12.2 所列。

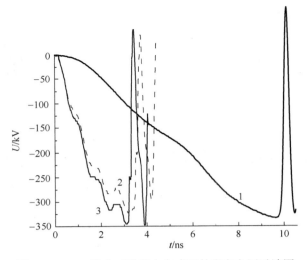

图 12.18　FL₁线在三种充电方式下的充电电压示波图

充电方式：1—$L+R_0$；2—$FL+R_0$；3—FL。

表 12.2　FL₁线在三种充电方式下的参数

充电方式	充电时间/ns	电压上升速率/(kV/ns)	时间分散/ps
$L+R_0$	9.73	34	260~290
$FL+R_0$	3.44	92	120~140
FL	3.14	110	80~100

由表 12.2 可以得出,对 FL 的充电方式,充电时间和时间分散最小。但是,没有限流电阻 R_0 将导致在加上截断开关 S_2 时电流的增大,并相应地使双极脉冲形成器工作寿命减小。因此,对于超宽带辐射源的工作,选择了 $FL+R_0$ 类型的充电方式。对于这种充电方式,开关 S_1 工作的不稳定性 Δt 与脉冲数的依赖关系,在图 12.19 上给出。显而易见,随着脉冲数的上升,开关工作的不稳定性上升得并不太大。

超宽带辐射源在脉冲重复频率 100Hz 下连续工作一小时过程中,进行了它的工作稳定性试验。在这一小时过程中开关中的压强没有进行改变,都是处在 $p=80$ atm 下。在试验中,测量了方向图主方向上电磁脉冲的幅度 rE_p 及双极电压脉冲幅度、它们幅度最大值的均方偏差。而平均是按 100 个脉冲进行的。得到了在测量幅度的均方偏差达 0.04 时的辐射脉冲,其有效势达 280kV。峰值场强的效率为 $k_E=1.7$。在远区辐射脉冲(rE)的形状,在图 12.20 上给出,图上在主脉冲后信号的振荡即它的前三个时间瓣,是由周围物体的反射产生的。这里和后续的高功率超宽带源辐射脉冲测量中,采用的都是 TEM 接收天线[35]。

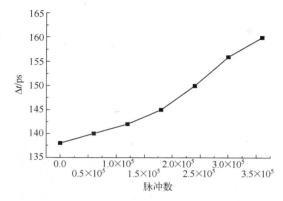

图 12.19　S_1 开关启动的时间分散与脉冲数的依赖关系

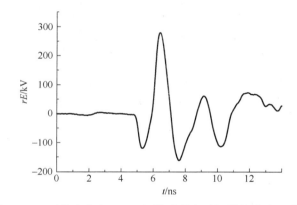

图 12.20　天线在宽度 3ns 双极脉冲激发时辐射的脉冲示波图

12.4　同步激发多单元阵列的辐射源

12.4.1　4-单元阵列的辐射源

在超宽带辐射源中,四单元阵列的辐射源具有最简单的结构。在这种情况下,采用的是双极脉冲形成器,其输出波阻抗 $\rho_f = 12.5\Omega$,而这个阻抗与阵列馈电线路阻抗(50/4Ω)是匹配的,由此这里没有波阻抗变换器。双极电压脉冲经过四通道功率分配器,沿着波阻抗 50Ω 的馈电电缆加到阵列单元上。下面我们将研究脉冲宽度 3ns 的这种源[33]。

辐射源如图 12.21 所示,它由 СИНУС-160 单极脉冲发生器(1)、双极脉冲形成器(2)、功率分配器(图上未标出)和四单元天线阵列(3)构成,而天线阵列由双极脉冲形成器经过功率分配器激发。从功率分配器来的脉冲,通过扭绳绝缘的电缆 PK 50-17-51 加到阵列单元上。为了提高电缆的电气强度,给它充以

4atm 的 SF$_6$ 气体。辐射特性的测量是在无回波暗室内进行的。

图 12.21　宽度 3ns 双极脉冲激发的四单元阵列辐射源外形图

1—单极脉冲发生器；2—双极脉冲形成器；3—天线阵列。

辐射系统是四单元（2×2）阵列，如图 12.21 所示。阵列单元固定在电介板上，并连接构成每组两单元的两个垂直组（阵列）。在垂直组中相邻单元相互直接连接。两组间距等于 $d_h = 50cm$。类似的结构对于组合天线构成的阵列是最佳的。阵列的孔径为 95cm×90cm。作为阵列单元，采用了组合天线（见图 10.61），其尺寸为 45cm×45cm×47cm，这个组合天线在结构上非常接近文献［28］描写的结构。通过电缆 PK 50-17-51 将阵列天线接入，因此改变了引入部分的结构。

在双极脉冲形成器 S$_1$、S$_2$ 开关中电极间隙分别为 1.5mm、0.5mm 和 $p = 65atm$ 的情况下，在开关 S$_1$ 前线的充电电压为 180kV，而充电时间为 7ns。形成器的输出双极电压脉冲示波图表示在图 12.22 中 1（曲线）上，而脉冲幅度分别为 $U_- = -83kV$ 和 $U_+ = +90kV$。双极脉冲的宽度在 0.1U_- 和 0.1U_+ 的水平上并对它的后沿线性近似到与零线相交时确定，这样得到的宽度为 3ns。一个脉冲向负载传送的能量 0.94J，这个能量为 СИНУС-160 发生器形成线中储存能量的 30%。S$_1$ 开关启动时间的均方偏差 Δt，也像单个天线的超宽带源一样，根据双极脉冲前沿相对充电电压入射波前沿的分散确定，结果约为 200ps，这从图 12.23 上给出的直方图上可以清晰地看出，图上 N 为脉冲数。

对于天线阵列，测量了远区（$r > 3.5m$）场的峰值功率方向图，远区的边界可根据式（5.18）进行了估计，而实验上根据 $rE_p(r)$ 关系的测量结果也确定了这个边界。在所有测量中，距离 r 从辐射中心即部分相中心算起，而这个中心对应的是阵列辐射系统的几何中心。峰值功率方向图半高水平的宽度等于 35°，如

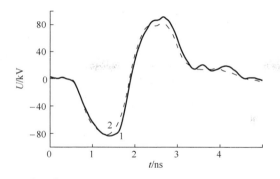

图 12.22　发生器在工作 1 小时(1)和 5 小时(2)时输出的双极电压脉冲示波图

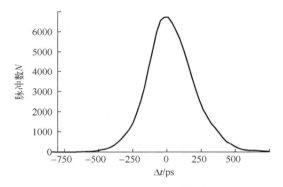

图 12.23　陡化开关 S_1 启动时间相对充电电压入射波前沿分散的直方图

图 12.24 所示。阵列在主方向上的方向作用系数 $D_0 = 18$。对于阵列,在低电压情况下测得的峰值场强效率 $k_E = 8.3$。

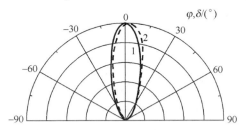

图 12.24　2×2 阵列在宽度 3ns 双极脉冲激发下的峰值功率方向图
1—在 H 平面上;2—在 E 平面上。

对于超宽带辐射源在脉冲重复频率 100Hz 条件下工作的稳定性和持续时间进行了试验。对于辐射源,在连续工作每 1 小时后,接着停机 2 小时以冷却单极脉冲发生器。在试验开始时,双极脉冲形成器开关中的氮气压强置于 $p = 62$ 大气压下。接着,为了补偿开关中由于电极腐蚀造成的间隙增大,降低了气体的压强。在试验过程中压强的变化表示在图 12.25 中 3 上。经过每工作 1 小时通过对形成器中气体压强在 2~3atm 范围内的降低,能够维持开关工作的稳定性。试验中,同时测量了双极电压脉冲正半波 U_+ 和负半波 U_- 的幅度(图 12.25 中 1、2)与脉冲数的依赖关系,以及电磁脉冲幅度(rE_p)及其均方偏差与脉冲数的依赖关系(图 12.26)。在所有这些测量中,平均都是按 100 个脉冲进行的。

双极脉冲正半波 U_+ 和负半波 U_- 的幅度相对它们 5 小时工作平均值的均方偏差,分别为 0.03 和 0.016。在充电电压入射波幅度 100 个脉冲的均方分散 $\sigma = 0.01$ 时,双极脉冲正半波和负半波幅度的均方分散为 $\sigma = 0.035 \sim 0.05$。此时,电压脉冲幅度在脉冲重复频率 100Hz 下 5h 工作的变化,不超过 11%。双极脉冲宽度在工作时间降低到 2.7ns(见图 12.22 中 2),这是由于截断开关 S_2 在延迟时间小于最佳时间时启动的结果。开关 S_1 启动时间相对充电电压入射波前沿在工作时间的均方偏差,在 180~250ps 范围内变化。

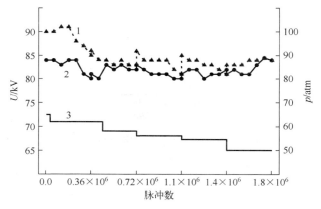

图 12.25 双极脉冲正半波 U_+(1)和负半波 U_-(2)的幅度及开关中压强(3)与
脉冲数的依赖关系

由图 12.26 中 2 可得,为了进入稳定工作状态,在电磁脉冲幅度(rE_p)的均方偏差 $\sigma < 0.05$ 时,在每小时工作开始时要求有 5 分~10 分。经过 5 小时工作,在均方偏差平均值 $\sigma = 0.06$ 时,电磁脉冲幅度(rE_p)的平均值等于 530kV。此时,电磁辐射的有效势的变化不超过 17%。超宽带辐射源的峰值场强的效率 $k_E = 6.2$。在低电压和高电压的测量时得到的 k_E 值不同,这是由于在低电压测量时,没有考虑在四通道功率分配器中和分配器与天线输入端间馈电电缆中的损失。

图 12.27 表示出天线阵列在源的第 1 小时(1)和第 5 小时(2)工作时辐射的电磁脉冲示波图。由图可见,辐射脉冲形状在脉冲数实际上达到 2M 次前,都很好地保持不变。

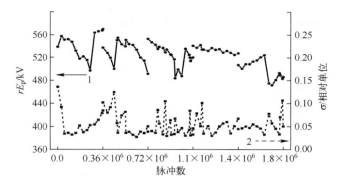

图 12.26　电磁脉冲有效辐射势(1)及其均方偏差(2)与脉冲数的依赖关系

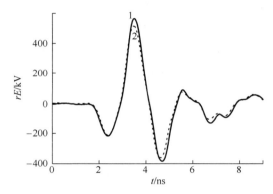

图 12.27　天线阵列在源工作第 1 小时(1)和第 5 小时(2)时辐射的电磁脉冲示波图

12.4.2　16-单元阵列的辐射源

16(4×4)单元阵列的辐射源是根据同一个线路制作的,这些源的建立是为了产生宽度不同的 2ns[24]、1ns[27]、0.5ns[30] 和 200ps[31] 的双极脉冲。在这些超宽带辐射源中,在重复频率 100Hz 下得到了有效势 0.4～1.7MV 的辐射脉冲。下面我们只研究脉冲宽度相差一个量级而其结构差别很大的两种源。

文献[24]给出的源,如图 12.28 所示,它包括 СИНУС-160 单极脉冲发生器(1)、宽度 2ns 的双极脉冲形成器(2)、波阻抗变换器(3)和 16-单元矩形阵列(4)。阵列单元利用馈电电缆 PK50-17-17 经过 16 通道功率分配器再与波阻抗变换器输出端连接,该馈电电缆的绝缘是连续的聚乙烯介质,它的双极脉冲形成器的结构,在图 12.7 上给出。天线阵列由尺寸 120cm×30cm 的四个垂直天线构成,其中的每组有四个直接连接的天线。每组的不同特点是,它不是由单个天线制成的,而作为一个整体在它的后面具有公共的金属板。这样各组都固定在一个电介板上,组间的距离 $d_h = 36cm$,而阵列的孔径为 138cm×120cm。

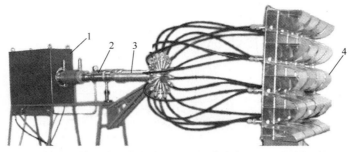

图 12.28　16-单元阵列在宽度 2ns 双极脉冲激发下的辐射源外形图
1—单极脉冲发生器;2—双极脉冲形成器;3—波阻抗变换器;4—天线阵列。

辐射特性的测量在 $r=9\mathrm{m}$ 距离上进行,这个距离接近场的远区边界 $r=11\mathrm{m}$,而边界距离 $r=11\mathrm{m}$ 是根据式(5.18)和图 12.29 上 $rE_\mathrm{p}(r)$ 关系的测量结果估计的。图 12.30 给出了在 E 平面和 H 平面上阵列峰值功率的方向图,可见该方向图是对称的,它们峰值功率半高水平的宽度约为 20°。

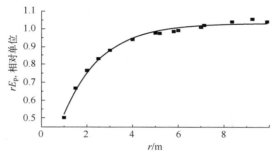

图 12.29　测量的有效辐射势 rE_p 与接收天线和 16-单元阵列间距离的依赖关系

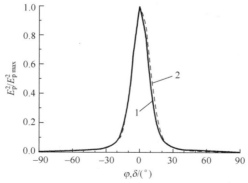

图 12.30　16-单元阵列在宽度 2ns 双极脉冲激发下在 $H(1)$ 和 $E(2)$
平面上得到的峰值功率方向图

对超宽带辐射源,在脉冲重复频率 100Hz 下进行了 1 个小时的试验。应当指出,在双极脉冲形成器开关电极不更换的情况下,发生器在试验开始时的脉冲总

数已达 $2.16×10^6$,这相当于它工作了 6 小时。图 12.31 分别给出了阵列单元输入端的电压脉冲和阵列辐射的电磁脉冲。由图可见,双极脉冲形成器开关的腐蚀引起了在幅度不变的情况下电压下降曲率的减小,从而导致辐射脉冲幅度的减小。影响场幅度减小的附加因子,可以是馈电电缆的部分电气击穿。由图 12.31(b)可得,辐射的有效势在脉冲重复频率 100Hz 下达到 $rE_p = 1.67$MV。该源峰值场强的效率 $k_E = 7.3$。在脉冲重复频率减小到 1Hz 时,这个有效辐射势 rE_p 值达到 1.8MV。超宽带辐射源在重复频率 100Hz 下连续工作的寿命,受限于同轴电缆的击穿,不超过 1h。但是,它可以类似文献[33]一样,通过用扭绳绝缘并充以压强下 SF_6 气体的 PK 50-17-51 电缆替换馈电电缆 PK 50-17-17,这样该源的工作寿命将大大地提高。

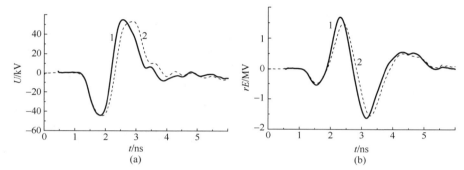

图 12.31　阵列单元输入端的电压脉冲(a)和 16-单元阵列辐射的电磁脉冲(b)
1—试验开始时;2—试验结束时。

非常有意义的是对宽度 200ps 双极脉冲激发的超宽带源的研究结果[31]。这个 16-单元阵列辐射源的外形,如图 12.32 所示。该源包括 СИНУС-160 单极脉冲发生器(1)、双极脉冲形成器(2)、波阻抗变换器(3)、功率分配器(4)和天线阵列(5)。阵列单元与波阻抗变换器输出端的连接,是利用扭绳绝缘的馈电电缆 PK 50-7-58通过 16 通道功率分配器实现的。向馈电系统充入 4atm 的 SF_6 气体,以保证该系统的电气强度。这个辐射源的双极脉冲形成器的结构,如图 12.10 所示。

图 12.32　宽度 200ps 双极脉冲激发的 16-单元阵列辐射源外形图
1—单极脉冲发生器;2—双极脉冲形成器;3—波阻抗变换器;4—功率分配器;5—天线阵列。

阵列是由单个制造的组合天线构成的,天线尺寸为4cm×4cm×4.3cm,它们固定在电介板(见图11.16)上。阵列单元垂直组按每组四个单元连在一起,它们相邻单元相互直接连接,组间距离 d_h =4.4cm。这样,阵列的孔径为17.2cm×16cm。

辐射特性的测量,在距离大于6m的远区进行。天线阵列峰值功率的方向图,在图12.33上给出。在水平 H 平面(图12.33中1)上半高水平上方向图的宽度为18°,而在垂直 E 平面(图12.33中2)上这个宽度为20°。根据宽度200ps双极脉冲的低压测量结果,阵列定向作用系数等于 $D_0 = 50$。此时,辐射器峰值场强的效率为 $k_E = 3$。

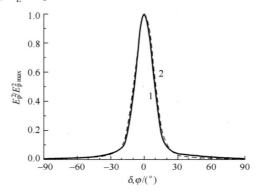

图12.33　16-单元阵列在宽度200ps双极脉冲激发下的峰值功率方向图①
1—在 H 平面上;2—在 E 平面上。

图12.34给出了阵列在双极脉冲形成器两种工作方式下辐射的脉冲示波图。在第一种工作方式下,陡化开关 S_2 (见图12.8和图12.10)在充电电压最大值处启动,而在第二种工作方式下这个开关会在充电电压上升部分启动。对于第一种工作方式,在双极电压脉冲幅度130kV和宽度230ps下(见图12.11)辐射的有效势

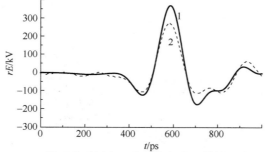

图12.34　16-单元阵列源在两种工作方式下辐射的脉冲示波图
1—第一种工作方式;2—第二种工作方式。

---

① 图12.33纵坐标 $\varepsilon_p^2/\varepsilon_{pmax}^2$ 改为 E_p^2/E_{pmax}^2,原著似有误。—译者注
另图12.30中亦同此,不另注。

为 370kV(1);而对于第二种工作方式,在双极电压脉冲幅度为 100kV 和宽度为 215ps 下相应的有效辐射势为 270kV(2)。在这些测量中,峰值场强的效率达到 $k_E = 2.8$。辐射脉冲在半高水平的宽度,对于两种工作方式都是 80ps。这些测量都是利用示波器 Tektronix TDS 6604 进行的,其频带为 6GHz。

对该辐射源工作在脉冲重复频率 100Hz 下,进行了它的稳定性和工作寿命(持续时间)试验。在连续工作每小时后,应休息(停机)2h,以冷却单极脉冲发生器。在试验开始时,双极脉冲产生器开关中氮气压强 $p = 95atm$。为了补偿开关由于电极腐蚀造成的间隙增大,降低了气体的压强。对于超宽带源的两种工作方式,图 12.35 给出了它们的气体压强。实验中还测量了电磁脉冲幅度(rE_p)及其均方偏差 σ。数据的平均是按 100 个脉冲进行的。

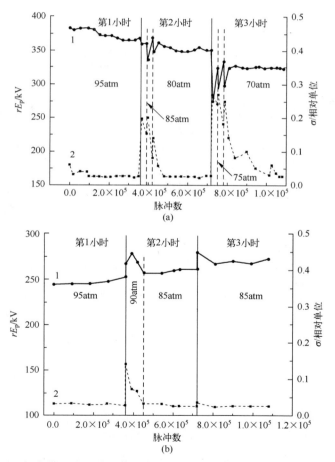

图 12.35　超宽带源在两种工作方式下的有效辐射势(1)及其均方偏差(2)与脉冲数的依赖关系

(a) 第一种工作方式;(b) 第二种工作方式。

第一种工作方式的结果,如图 12.35 所示。为了使源达到稳定工作水平,即 $\sigma \leqslant 0.03$,需要 20min 时间。在工作的第 2 小时,在最初的 20 分钟辐射的不稳定性增大,而在工作的第 3 小时,辐射的不稳定性更加增大。在超宽带源工作 3h 的过程中,辐射的有效势从 380kV 降低到 320kV。这是由于在电极腐蚀过程中电极间隙增大,而开关 S_2 在充电电压最大值后才启动的缘故。

为了提高源的稳定工作时间,通过开关 S_2 在其充电电压上升段的启动,降低了激发双极脉冲的幅度。第二种工作方式的结果,在图 12.35(b)上给出。在这种方式下,辐射的有效势在超宽带源工作 3 小时过程中从 245kV 上升到 270kV。这是由于在开关电极腐蚀过程中电极间隙增大,而开关 S_2 的启动更接近充电电压最大值。辐射的不稳定性 $\sigma \leqslant 0.03$,但不包括第 2 小时工作时 $p = 90atm$ 的区域。

对于天线阵列超宽带辐射源的特性,利用 Tektronix MSO 70000 示波器(带宽 12.5GHz)在无反射的暗室中进行了更精确的测量。对于宽度 230ps 和幅度 120kV 的双极电压脉冲,在重复频率 100Hz 下得到了半高幅度的宽度 70ns 和有效势 450kV 的辐射脉冲。此时,峰值场强的效率达到 $k_E = 3.7$。

有意义的是对上面得到的结果与已知辐射脉冲相近宽度即半高宽度 100ps 的超宽带辐射源的结果进行比较,这可以通过由有效辐射势对辐射器孔径面积的比值确定的参数进行。所做的估计表明,该超宽带辐射源按照上述参数,超过抛物线反射体的天线[22,36]和被单极脉冲激发的 TEM 发射天线[37,38]的辐射源达 1~2 量级之多。这是由于对该源应用了双极电压脉冲激发的紧凑型组合天线的结果[31]。这里得到的估计,与本章开始时对辐射器的比较分析[20]是一致的。

12.4.3　64-单元阵列的辐射源

这里研究的源[32,25]的结构,如图 12.36 所示。该源由 СИНУС-200 单极脉冲发生器、宽度 1ns 双极脉冲形成器、带阻抗变换器的功率分配器和 64-单元阵列构成。双极脉冲发生器的等效电路和双极脉冲形成器的结构[25],分别在前面的图 12.12 和图 12.13 上给出。

8×8 阵列由 64 个单独制造的组合天线构成,组合天线的尺寸为 15cm×15cm×16.5cm,它固定在金属板上。该阵列如前面图 11.22 所示,对它进行了细致研究。阵列的孔径为 141cm×141cm。图 12.37 给出了 64-单元阵列的方向图,而它的峰值功率半高水平的宽度,在两个平面上都为 10°。测量是在大于 10m 距离,更接近远区场的边界处($r = 26.7m$)进行的,这个边界值根据式 (5.18) 的估计给出。辐射的有效势 rE_p 与接收天线和阵列间距的依赖关系如图 12.38 所示,从图可见,这个关系在距阵列距离 $r = 13m$ 时还未达到饱和。

图 12.36　宽度 1ns 双极脉冲激发 64-单元阵列辐射源外形图

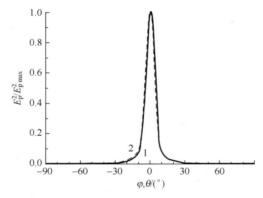

图 12.37　64-单元阵列在宽度 1ns 双极脉冲激发下峰值功率的方向图①
1—在 H 平面上；2—在 E 平面上。

　　在最初的一些实验[32]中，采用了基于径向线的双极脉冲形成器和用于馈电系统绝缘的变压器油。阵列是被幅度 200kV 的双极电压脉冲激发的。辐射的脉冲，利用布放在 10.7m 距离处 TEM 天线和示波器（Tektronix TDS 6604）进行了测量。在图 12.39 上表示测得的辐射脉冲形状，而在纵向虚线后表示的是从周围金属物体反射的脉冲。在脉冲重复频率 100Hz 时，辐射的有效势为 2.8±0.2MV，而辐射的不稳定性，在很大程度上决定于双极脉冲形成器中发生的电气击穿。此时，峰值场强的效率 $k_E = 14$。

_____

　　①　同图 12.33 注。—译者注

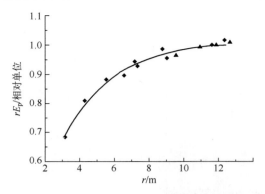

图 12.38　64-单元阵列有效辐射势 rE_p 与接收天线和阵列间距离的依赖关系

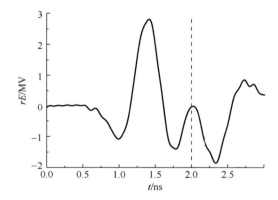

图 12.39　64-单元阵列源辐射的脉冲示波图

在晚些时候[25]研制了新结构的双极脉冲形成器(ФБИ),其中锥状形成线被圆柱状形成线替换。此外,为了馈电系统的绝缘(见图 11.19),采用了 BM-1 真空油替换变压器油,这将降低分配器的功率损失。在中间陡化段和 ФБИ 开关中氮气压强都是一样的,为 $p = 84 \sim 85\text{atm}$。在 64-单元阵列输入端测得的双极电压脉冲示波图,如图 12.14 所示。辐射脉冲通过布放在 10.5m 距离的 TEM 天线和 LeCroy WaveMaster 830Zi 示波器(带宽达 30GHz)进行了测量,图 12.40 给出了测得的辐射脉冲示波图,以及在纵向虚线后包括从周围金属物体上反射形成的叠加脉冲。在这些测量中,峰值场强乘以距离(rE_p)达到了 4.1MV。

正如前面指出,64-单元阵列在宽度 1ns 双极脉冲激发下,根据式(5.18)的估计,其远区场的边界等于 $r = 26.7\text{m}$。对 64-单元天线阵列的有效辐射势 rE_p 的测量,是在距离 10.5m 处完成的。因此,基于早前对 4×4 阵列在宽度 2ns 双极脉冲激发下所进行的研究(见图 12.29),以及对本阵列所做的工作(见图 12.38),利用得到的 $rE_p(r)$ 的依赖关系进行外推,直到远区场的边界。由得到的结果给出,在远区场确定的有效辐射势为 $rE_p = 4.3\text{MV}$,超过 $r = 10.5\text{m}$ 处的

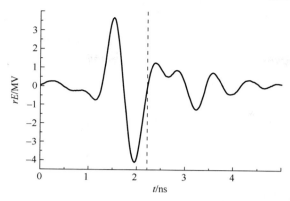

图 12.40 64-单元阵列升级源辐射的脉冲示波图

有辐射效势 5.8%，此时，峰值场强的效率 $k_E = 21$。应当指出，基于 IRA 的超宽带源[36]，其有效辐射势为 5.3MV，它的远区场峰值场强效率 k_E 不超过 6。

对该超宽带辐射源在脉冲重复频率 100Hz 下工作稳定性和持续时间进行了研究，其结果如图 12.41 所示。工作程序是这样的：每连续工作十分钟，应停机 1 小时以冷却双极脉冲形成器；系列实验开始时开关中氮气压强 $p = 84 \sim 86atm$，而在工作十分钟后氮气压强升高 2atm。此时，rE_p 值降低 20%。双极电压脉冲幅度也降低，但其脉冲宽度不改变。双极脉冲形成器的冷却并不能使 $rE_p = 4.1MV$ 初始值的完全恢复。在十分钟脉冲系列开始时，辐射的不稳定性是很大的，达到 $\sigma = 0.03$。为了保证源的长时间连续工作而 rE_p 值改变又很小，必须对双极脉冲形成器采用强制冷却并调节开关中的压强。

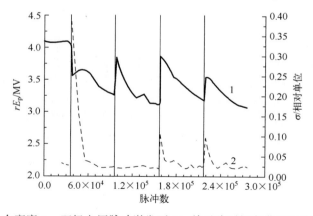

图 12.41 在宽度 1ns 双极电压脉冲激发下 64-单元阵列超宽带源有效辐射势(1)
及其均方偏差(2)与脉冲数的依赖关系

12.5 垂直极化脉冲的辐射

利用双极高压脉冲通过馈电电缆对多单元天线阵列进行激发,可以开辟获取垂直极化的高功率电磁脉冲辐射的可能性。为此目的,阵列分成两个子阵列,其单元相互转成 90°。两个子阵列馈电电缆的长度相差一个电气长度,这个长度对应辐射脉冲宽度或者更大些。在这种情况下,辐射的电磁脉冲在自由空间是分开的。

借助宽度 1ns 双极脉冲对这些阵列进行低压研究,其结果已在 11.3 节中给出。天线阵列几何,在图 11.28(a)~(c)上给出,并分别表示为 AP1~AP3。AP1 阵列对应 4×4 单元的同步激发,而这些单元具有相同的电场向量方向。类似阵列的源,在前面已有详细的描述。AP2 和 AP3 类型的阵列,用于获取垂直极化的高功率脉冲。在每个子阵列中各有 8 个单元,各单元呈直线式或对角线式布放。

具有 AP2 类型阵列的超宽带源[27]的外形,在图 12.42 上给出。在该阵列中采用了尺寸为 15cm×15cm×16cm 的天线,而且这些天线对于 1ns 双极脉冲的激发是优化了的。阵列单元固定在电介板上,单元间距离等于 $d_v = d_h = 18cm$。幅度 200kV 的双极电压脉冲,如图 12.43 所示,它以频率 100Hz 从双极脉冲形成器,经过波阻抗变换器从 16 通道功率分配器和馈电电缆 PK 50-17-17 加到阵列单元上。对于 A1 类型阵列,所有电缆的电气长度都是一样的,而对于 A2 和 A3 类型阵列,它们的电气长度相差 2ns。A2 类型阵列辐射的脉冲具有垂直和水平极化,并按时间相差 2ns 分散开来,它们的典型示波图如图 12.44 所示。

图 12.42　垂直极化脉冲辐射源的外形图

1—单极脉冲发生器;2—双极脉冲形成器;3—波(阻抗)变换器;4—具有两个子阵列的 16-单元阵列。

表 12.3 给出了不同类型阵列单元输入端双极脉冲幅度 U 和辐射的有效势 rE_p。在 AP2 类型阵列情况下双极脉冲幅度的增大,是双极脉冲形成器工作方式的改变决定的。此时,脉冲宽度减小了约 10%。

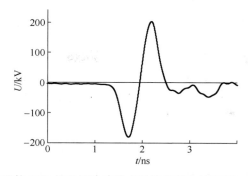

图 12.43　在波阻抗 50Ω 的双极脉冲形成器输出端上的宽度 1ns 双极电压脉冲

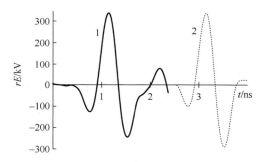

图 12.44　AP2 类型阵列辐射的不同极化电场的电磁脉冲示波图

1—垂直极化电场;2—水平极化电场。

表 12.3　辐射脉冲和电压脉冲参数

阵列类型	U/kV	极化,rE_p/kV	
		垂直极化	水平极化
AP1	+44/−33	+780/−600	—
AP2	+55/−40	+340/−240	+340/−280
AP3	+44/−33	+320/−260	+290/−220

应当指出,垂直极化、时间分开的超宽带脉冲辐射源,可用于无线电定位(雷达),如可用于在随机不均匀表面的背景下发现目标[39,40],也可用于研究它们对电子系统的作用。在后一种情况下,对电子系统的试验条件要求可能更为苛刻。

12.6　方向可控的四通道辐射源

基于一个双极脉冲形成器线路制作的超宽带辐射源,由于双极脉冲形成器的电气击穿,它在峰值功率上受到限制。因此,曾提出建议[41,28]并实现了超宽带辐射源新的线路[42,43],这个新线路包括单极脉冲发生器、多通道双极脉冲形成器(ФБИ)和天线数等于独立的 ФБИ 数的阵列。在这样的线路中没有波阻抗变换器和功率分配器,而脉冲是从自己的 ФБИ 产生并加到阵列的每个单元。这种源的辐射稳定性,是由不加外面控制的 ФБИ 工作的稳定性决定的。

在这种情况下,在采用具有相同脉冲宽度但时间位移的双极脉冲形成器时,出现了继续增大多通道形成器总的峰值功率和辐射方向可控的可能性。在采用不同宽度双极电压脉冲的多通道形成器和对应它们的组合天线时,显现了附加的可能性。利用这样一些源,可以使具有任意时间形状和相应频谱的远区辐射脉冲进行合成,这是具有不同频带的电磁脉冲相加[44]时实现的。简单的数值计算表明,当用于激发天线的不同宽度双极电压脉冲,在极性改变时对应过零转换在时间上同步时,则上面这样合成的脉冲具有更高的稳定性。

超宽带源[42,43]由 СИНУС-160 单极脉冲发生器、四个双极脉冲形成器和四单元天线阵列构成,其单元直接被双极脉冲形成器激发。脉冲从每个形成器加到阵列单元,是通过同轴线和扭绳绝缘电缆 PK 50-17-51 实现的,同时向同轴线和电缆充以 4atm 的 SF_6 气体。辐射特性的测量,在无反射的暗室内进行。

源的双极脉冲发生器,包括 СИНУС-160 高压单极脉冲发生器、中间陡化段和四个形成器(ФБИ)构成的部件。双极电压脉冲发生器的原理图,如图 12.45 所示,图中发生器 СИНУС-160 由输出形成线 FL_0 和开关 S_0 表示。输出形成线 FL_0,由特斯拉变压器次级绕组以 100Hz 脉冲重复频率充电到 $-360kV$,并且利用开关 S_0 经过高阻形成线 FL_1 和限流电阻 R_0 转换到中间形成线 FL_2 上。

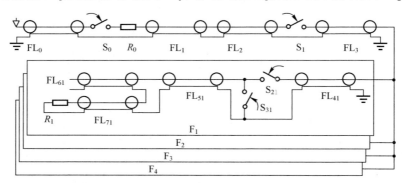

图 12.45　四通道双极脉冲形成器的发生器原理图
FL—形成线;S—开关;$R_1 \sim R_4$—负载;R_0—限流电阻; $F_1 \sim F_4$—形成器。

开关 S_1 在电压接近最大值时启动,并将中间线 FL_2 经过分布线 FL_3 接到双极脉冲形成器 $F_1 \sim F_4$ 的形成线 $FL_{41} \sim FL_{44}$ 上。这里所有的形成器,都是根据开路线 $FL_{61} \sim FL_{64}$ 的线路制作的。在陡化开关 $S_{21} \sim S_{24}$ 在电压接近最大值时启动,而截断开关 $S_{31} \sim S_{34}$ 以相对时间延迟等于沿着形成线 $FL_{51} \sim FL_{54}$ 的 2 倍行程时间也在电压接近最大值时启动,在终端上安置 $R_1 \sim R_4 = 50\Omega$ 负载的传输线 $FL_{71} \sim FL_{74}$ 中,形成了宽度 3ns 的双极电压脉冲。

中间陡化段和双极脉冲形成器部件的结构,如图 12.46 所示,这个结构由用卡普隆纤维绝缘子 1 和 2 分开的六个气体体积构成。在第一体积,在 $p = 28 \sim 36$ atm 下的氮气介质中,布放 $FL_1 \sim FL_3$ 线、开关 S_1 和充电电压的电容分压器 D_1。在由绝缘子 1 和 2 分开的四个相同又相互独立的体积中,在 $p = 25 \sim 35$ atm 下的氮气介质中布放 $FL_{41} \sim FL_{44}$ 线、$FL_{51} \sim FL_{52}$ 线、$FL_{61} \sim FL_{64}$ 线,$S_{21} \sim S_{24}$、$S_{31} \sim S_{34}$ 开关和充电电压的电容分压器 $D_{21} \sim D_{24}$。结构相同的四个传输线 $FL_{71} \sim FL_{74}$ 及在耦合线 $D_{31} \sim D_{34}$ 上内嵌的电压分压器和负载 $R_1 \sim R_4$ 都处在 2atm 的 SF_6 气体绝缘中。在前述的这些体积内的压强,可以独立地进行调节。

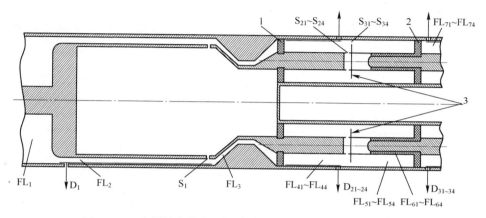

图 12.46　中间陡化段和双极脉冲形成器四通道部件的结构图
FL—形成线;S—开关;D—电压分压器;1、2—绝缘子;3—盘状电极。

作为环状陡化开关 S_1 和 $S_{21} \sim S_{24}$ 的电极,同时分别是形成线 FL_2、FL_3、$FL_{41} \sim FL_{44}$、$FL_{51} \sim FL_{54}$ 的内导体的终端。开关 S_1 和 $S_{21} \sim S_{24}$ 中的电极间隙,分别等于 1.4mm 和 0.6mm。而安装在线 $FL_{51} \sim FL_{54}$(其间隙 0.5mm)外导体上的圆筒件和厚 2mm 的圆盘,同时作为截断开关 $S_{31} \sim S_{34}$ 的电极。

开关 S_1 转换的火花通道,沿着直径为 70mm 电极从一炮到另一炮在转移,这可能导致形成线 $FL_{41} \sim FL_{44}$ 的非均匀充电,这将使形成器 $F_1 \sim F_4$ 的工作不稳定。为了降低这个不均匀性,在充电回路中接入 FL_3 线,后者将使中心导体的直径变窄,从 70mm 变到 24mm。而线的波阻抗从 6.25Ω 变到 12.5Ω。四个形成器的轴处在直径 53mm 圆周上径向相对点上。充电电压脉冲从 СИНУС-160 发生器沿着 FL_1 线给出,而双极脉冲在开关 $S_{21} \sim S_{24}$ 和 $S_{31} \sim S_{34}$ 启动后沿着波阻抗 50Ω 的四条线 $FL_{71} \sim FL_{74}$ 各自传送到匹配的电阻负载上或发射天线上。

为了测量从电压分压器 $D_{31} \sim D_{34}$ 输出的双极脉冲,采用了 LeCroy WaveMaster 830Zi 示波器,而为了测量从电容分压器 D_1 和 $D_{21} \sim D_{24}$ 上相应对 FL_2 线和 $FL_{41} \sim FL_{44}$ 线的充电电压,采用的是 Tektronix TDS 6604 示波器。电压分压器 D_1

和 $D_{31} \sim D_{34}$ 是已经标定了的,而电容分压器 $D_{21} \sim D_{24}$ 没有进行标定,它们只是用来估计 $FL_{41} \sim FL_{44}$ 线的充电时间。

开关 S_1 在延迟 6.9ns 后 145kV 电压下被击穿。对于陡化开关 $S_{21} \sim S_{24}$ 和截断开关 $S_{31} \sim S_{34}$,通过选取间隙大小精确到 0.05mm,得到了形成器 $F_1 \sim F_4$ 对称形状的双极电压脉冲。通过调节形成器中 $p = 25 \sim 35$atm 范围压强,改变开关 $S_{21} \sim S_{24}$ 击穿的延迟时间从 0.5ns 到 0.9ns,可以使双极脉冲在电压转换时间过零,或者在一些形成器相对另一些形成器的这些电压转换时刻移动到 Δt 达 300ps 时达到同步。

从电压分压器 $D_{31} \sim D_{34}$ 得到的输出双极脉冲,表示在图 12.47 上,这是在不同方式下得到的:①各形成器的所有脉冲在电压过零时间上同步;②形成器 F_2

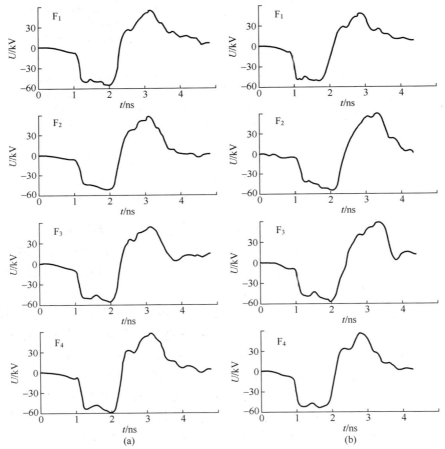

图 12.47 形成器 $F_1 \sim F_4$ 从电压分压器 $D_{31} \sim D_{34}$ 得到的输出双极脉冲

(a) 所有脉冲在电压过零时刻同步;(b) 形成器 F_2 和 F_3 的脉冲在电压过零时刻相对 F_1 和 F_4 的脉冲延迟 $\Delta t = 300$ps。

和 F_3 的脉冲在电压过零时间相对形成器 F_1 和 F_4 的类似时刻延迟 $\Delta t = 300 \text{ps}$ 时间,这里的脉冲重复频率 100Hz,其幅度为 $\pm (50 \sim 60) \text{kV}$,宽度 3ns。而观测到的预脉冲,与形成线 $FL_{41} \sim FL_{44}$ 的充电脉冲经过相应开关 $S_{21} \sim S_{24}$ 的过渡电容到达负载有关。

在 СИНУС-160 发生器充电电压幅度相对它的平均值的分散 $\sigma < 0.01$ 时,双极电压脉冲幅度的相对分散不超过 $\sigma = 0.05$。在 $\Delta t > 300 \text{ps}$ 时,输出的双极脉冲不稳定性增大,而它们的形状发生畸变。不同形成器输出脉冲相互间的稳定性,可以通过时间间隔(hold off time)t_1 分散的测量,即从一个形成器脉冲负前沿对示波器的触发点到另一个形成器电压过零点的测量进行估计。时间间隔 t_1 分散的直方图如图 12.48 所示,这里 N 为脉冲数,此时时间间隔的均方偏差为 $50 \sim 70 \text{ps}$。在一个脉冲从形成线 FL_0 储存的能量 3.2J 向中间线传送 53% 的能量,而向负载传送 14% 的能量。应当指出,从一个形成器的源[33],向负载(天线-馈电系统)传送 30% 的能量。四通道双极脉冲形成器的能量效率由于陡化段上能量损失而降低。

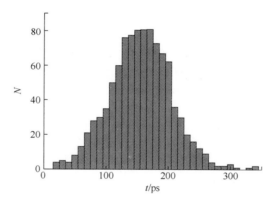

图 12.48　测得从 F_1 形成器脉冲负前沿对示波器触发点到 F_2 形成器
脉冲电压过零点的时间间隔分散的直方图

源的辐射系统类似于文献[33]中采用的系统,如图 12.21 所示,但是它不含四通道的功率分配器,因为阵列单元直接与双极脉冲形成器连接。为了测量电磁辐射,采用了 TEM 天线和 Tektronix TDS 6604 示波器。对远区辐射脉冲 (rE)100 个脉冲(炮)的平均示波图如图 12.49 所示。

对超宽带辐射源,在 1h 工作和 2h 停机以冷却特斯拉变压器的工作方式下,研究了它的寿命。该源在脉冲重复频率 100Hz 下工作的总时间,在不更换开关电极的情况下大于 5h。在第一小时工作结束时,它的输出脉冲的稳定性遭到破坏,这是由于对应开关 S_1 击穿时刻的点移到充电电压最大值后面的结果,这与开关电极发生烧蚀而使其间隙增大有关,此外开关体积内的压强,在工作

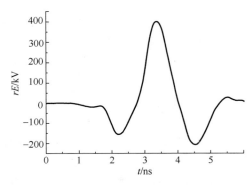

图 12.49 测得 100 个辐射脉冲的平均示波图

快结束时由于气体受热而升高也是一个原因。将补充的平衡气体体积 3L 接到开关 S_1 的容器上,并且经过每工作 1h 在 2atm 范围内降低它的压强,这样可以使双极电压脉冲发生器的工作稳定下来。在图 12.50 上,表示四通道 $F_1 \sim F_4$ 的双极电压脉冲幅度与脉冲数的依赖关系。

在实验中,同时测量了双极电压脉冲正半波和负半波的幅度与脉冲数的依赖关系,如图 12.50 中 1~8 所示,还有电磁脉冲幅度 rE_p 及其均方偏差 σ 与脉冲数的依赖关系,如图 12.51 所示。在图 12.50 上,也给出了中间陡化段(13)和形成器(9~12)开关中压强与脉冲数的依赖关系。像前面一样,在所有测量中,平均是对 100 个脉冲得到的。

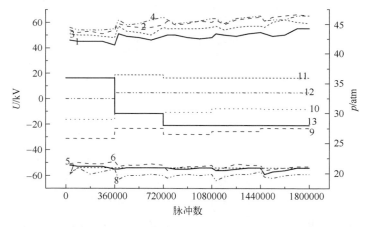

图 12.50 对于一组形成器双极电压脉冲负(1~4)和正(5~8)半波的幅度与脉冲数以及另一组形成器(9~12)和开关 S_1(13)中的压强与脉冲数的依赖关系

一组形成器:F_1(1,5)、F_2(2,6)、F_3(3,7)、F_4(4,8),另一组形成器:F_1(9)、F_2(10)、F_3(11)、F_4(12)

如图 12.51 所示,工作 5h 电磁脉冲有效辐射势 rE_p 的平均值为 400kV。此时,有效辐射势的改变不超过 20%。而其不稳定性 $\sigma = 0.03$。超宽带辐射源峰

值场强的效率 $k_E = 6.6$，这略大于有一个形成器和四通道功率分配器的源的相应效率 $k_E = 6.2^{[33]}$。

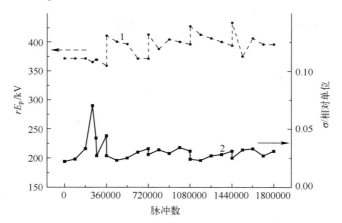

图 12.51　电磁脉冲的有效辐射势(1)及其均方偏差(2)与脉冲数的依赖关系

采用四个独立的形成器，进行了波束最大值偏离阵列法线的研究。为此，对于两个激发垂直行天线的形成器，它们的电压过零时间相对另两个形成器的时间，移动了 200ps 或 300ps。遗憾的是，由于无反射暗室的尺寸，只测量了宽度≤20°的部分方向图。此外，还利用了模拟复杂辐射脉冲的阵列方向图的计算程序，并且考虑了脉冲的形状、单元的方向图和阵列单元激发的时间延迟。在图 12.52 上，给出了阵列单元同步激发时 H 平面上的方向图。低压的方向图及其测量方法，已在文献[33]中给出。由图可见，计算和实验的方向图相互很好地符合。

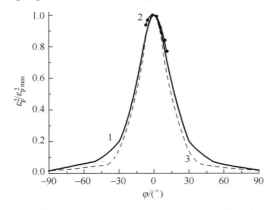

图 12.52　阵列在同步激发单元下在 H 平面上峰值功率的方向图

1、2—在低压和高压分别测得的结果；3—计算结果。

图 12.53(a)给出了 2×2 阵列在其中两个单元激发延迟 200ps 时在 H 平面上得到的方向图，由图可见，实验(1)和计算(2)的方向图最大值很好符合，而偏离角

为 5.5°。然而,在两个单元激发延迟 300ps 时,实验(1,12°)和计算(2,8°)的方向图最大值的位置不在一起,如图 12.53(b)所示。这可能与电压脉冲第一半周期宽度的改变有关(见图 12.47(b)),而计算中并没有考虑到这一点。

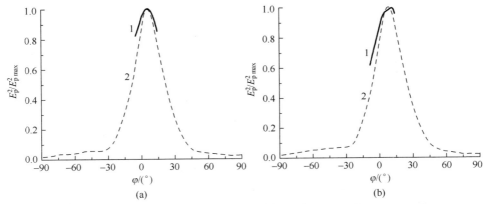

图 12.53 2×2 阵列中两个单元激发分别延迟 200ps(a)和 300ps(b)时
在 H 平面上的峰值功率方向图①
1—实验结果;2—计算结果。

12.7 频谱可控的辐射源

辐射频谱可控的源[45]的外形图,如图 12.54 所示。从 СИНУС-200 发生器(1)产生的单极电压脉冲,加到非线性传输线(2)上,之后经过带通滤波器(3)和馈电线路(4)再加到发射天线(5)上。为了提高电气强度,天线置于充1.4atm SF₆ 气体的介电容器中,而馈电线路、带通滤波器和非线性传输线都置于真空油中。

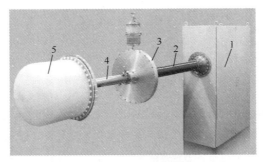

图 12.54 频谱可控的高功率超宽带辐射脉冲源外形图
1—СИНУС-200 发生器;2—非线性传输线;3—带通滤波器;4—馈电线路;5—发射天线。

---

① 图 12.53 注与图 12.33 情况一样。—译者注

在该装置中采用了非线性传输线,该传输线实际上是部分地装有处于饱和状态铁氧体[46]的均匀同轴线。由于螺旋线圈外存在轴向场,这使得铁氧体在最初就处于饱和状态。随着高电压脉冲前沿在线的始端出现(见图 12.55(a)),铁氧体的总磁场开始升高,这将导致脉冲前沿相应部分的群速度上升。在这种情况下,群速度的非线性确保冲击波的产生,从而在冲击波后面激起了铁氧体的磁化旋进。结果,在非线性形成线的输出阻抗 28Ω 上,产生了系列高频振荡,并叠加到了视频(单极)脉冲上,如图 12.55(b)所示。

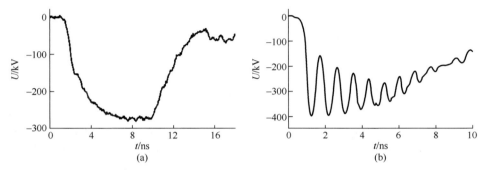

图 12.55　在输入脉冲幅度 270kV 和磁化场 50kA/m 下非线性传输线上电压脉冲示波图
(a) 在非线性线的输入端;(b) 在非线性线的输出端。

在螺旋线圈中散射的功率,只有约 1kW,因此在脉冲串工作方式下,不需要对线圈进行强制冷却。СИНУС-200 发生器的形成线,可以产生脉冲,其半高水平的宽度 8ns 和半高幅度的电压上升时间 2~3ns。这个电压幅度由工作在自放电方式下开关中的压强决定。在接入 28Ω 匹配负载时,电压幅度在单次脉冲方式下可稳定在 100~300kV 范围内。在脉冲串工作方式下,并且每串时间达 5s 时,发生器脉冲重复频率直到 200Hz。对于最大脉冲重复频率,在脉冲最大幅度限制在 250kV 以内的情况下,发生器可以实现长时间的工作寿命。因此,向非线性线曾加上 3.3GW 的极限功率,其能量达到 26J。在非线性线中激发振荡的中心频率,在最大电压的情况下超过 1.2GHz,而在最小电压的情况下,这个中心频率降低到 0.5GHz。在 -3dB 水平上系列振荡的宽度,在整个电压范围内约为 3~4ns。

为了分出装置中的高频分量,曾采用带通滤波器。输出脉冲的低频分量在穿过滤波器电感时,被带通滤波器的匹配电阻吸收,而高频分量(图 12.56(a))在穿过滤波电容时,在波阻抗 50Ω 的天线的馈电线路中产生最大能量 1.6J 和峰值功率 2.8GW 的高频脉冲,如图 12.54 4 所示。利用复传输系数测量仪(即网络分析仪)Agilent 8719ET,在频率 f 从 0.5~1.3GHz 范围内对开关 S_{21} 参数进行的测量(见图 12.56(b))表明,除了在 0.9GHz 附近出现不大的凹陷部分外,S_{21} 的值处在 0.7~0.8 范围内。

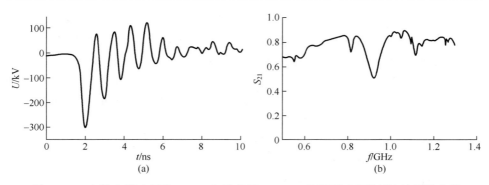

图 12.56　在输入脉冲幅度 270kV 和励磁场 50kA/m 条件下匹配带通滤波器输出端
电压脉冲示波图(a)和带通滤波器开关参数 S_{21} 与频率的依赖关系(b)

作为基准的发射天线,选取了尺寸 30cm×30cm×32cm 的组合天线,该天线先前曾用于激发宽度 2ns 的双极高压脉冲[24]。在给定的频率范围内,曾采用 4NEC2 程序[47]对该天线 KCBH 和方向图(ДН)进行了优化计算,在图 12.57 上给出了测量(1)和计算(2)的 KCBH 与频率的依赖关系。对置于容器中的天线,它的驻波电压系数 K_V(KCBH)与频率的依赖关系也表示在图 12.57 上。由图可见,容器中天线(3)的 K_V 与自由空间中天线的 K_V 差别不大。

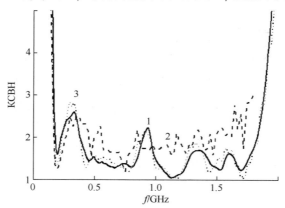

图 12.57　组合天线的 KCBH 系数与频率的依赖关系
1—实验;2—计算;3—实验(天线置于介电容器中)。

对高功率辐射脉冲的测量,在远区是通过 TEM 接收天线和 Tektronix TDS 6604 示波器进行的。辐射脉冲频谱的调节,既通过改变 СИНУС-200 发生器开关里的压强从而改变非线性线的输入电压,也通过改变励磁场 H_z 实现。

在最佳励磁情况下,对于最小的输入电压,得到的辐射脉冲的示波图及其幅度频谱 $S(f)$,表示在图 12.58 上。辐射脉冲宽度按底宽计算约为 6ns,而它的频谱 $S(f)$ 的宽度按-3dB 水平计算,在中心频率 $f_0 = 0.6GHz$ 时为 0.23GHz,这里中心频率应理解为对应辐射频谱最大值的频率。此时,若按-10dB 水平计算,频谱的相对宽度为 0.4,这与超宽带辐射的标准[48]一致。此时,在非线性线输入端上脉冲能量为 5.9J。在超宽带天线输入端上的能量为 0.2J,而根据天线输入端上电压脉冲频谱和天线的 $K_V(f)$(11.7)估计,辐射脉冲的能量为 0.15J。在这种情况下,源的能量效率为 2.6%。

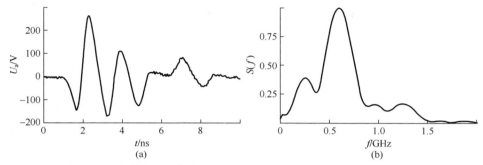

图 12.58　在输入电压幅度 135kV 和励磁场 40kA/m 下接收天线输出端
信号(a)及其幅度频谱(b)

在图 12.59 上给出了远区的有效辐射势 rE_p(a)和辐射脉冲中心频率调节(b)与励磁场 H_z 的依赖关系,这是在非线性线输入端上最小电压下得到的。在频率从 0.47~0.69GHz 范围内,调节的频带按-3dB 水平为 19%。

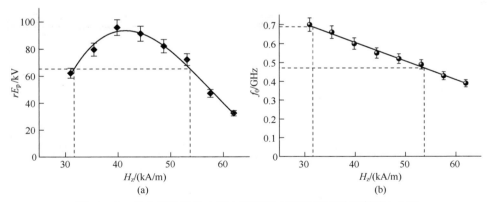

图 12.59　在非线性线输入端电压幅度 135kV 下有效辐射势(a)和
辐射脉冲中心频率的调节(b)与励磁场的依赖关系

在提高入射脉冲幅度到最大值 300kV 时,辐射脉冲宽度按底宽增大到 8ns,如图 12.60(a)所示。在这种情况下,中心频率增大到 1.15GHz,而辐射频谱宽度按-3dB 水平可增大到 0.27GHz,见图 12.60(b)。在天线输入端上电压脉冲能量等于 1.6J,而辐射脉冲的能量根据电压脉冲频谱和天线的 $K_V(f)$ 估计为 1.15J。该源的能量效率为 4.5%,而在进行相应的优化后还可以进一步增大。

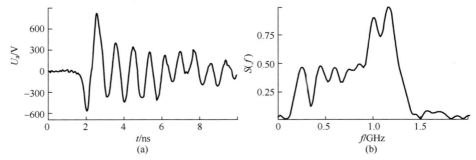

图 12.60　在输入电压幅度 300kV 和励磁场 53kA/m 下接收天线输出端的
信号波形(a)及其幅度频谱(b)

在最佳励磁和最大电压时,有效辐射势最大值达到 310kV,如图 12.61(a)
所示。在最大电压时,中心频率按-3dB 水平的调节,在从频率 1.06~1.25GHz
范围上为 15 % ,如图 12.61(b)所示。

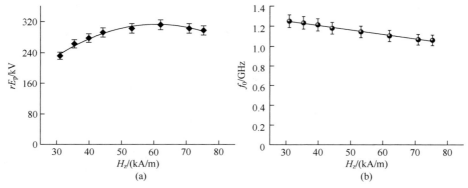

图 12.61　在非线性线输入端上电压幅度 300kV 时有效辐射势(a)和
中心频率按-3dB 水平的调节(b)与励磁场的依赖关系

在图 12.62 上,表示了在最佳磁场(1)下辐射脉冲中心频率的调节与输入电
压幅度 U_0 的依赖关系,以及中心频率依赖励磁场强(2)可以改变的范围。显然,
中心频率与输入电压升高呈线性增大。因此,通过电压和励磁场一起调节,可使
该超宽带辐射源辐射脉冲的中心频率处在 0.5~1.3GHz。该源在脉冲重复频率
50Hz 下的工作,展示了在非线性线输入端上脉冲幅度 250kV 下辐射参数的稳定性。

应当指出,基于非线性传输线在 СИНУС-200 发生器高压单极脉冲激发下
的超宽带辐射源,在选取的高频振荡中心频率 $f_0=1.2$GHz 和根据-10dB 水平的
0.4GHz 带宽下的工作,在文献[49]中进行了详细的描述。为了能获得直线性
极化的电磁脉冲辐射,采用了大口径的异形喇叭天线,并在其输入端上安装了
同轴线 TEM 波的变换器,使该 TEM 波变换为圆波导的 TE_{11} 模式,接着再变换为
高斯型波束。在非线性传输线输入端上电压脉冲幅度 250kV 时,有效辐射势达

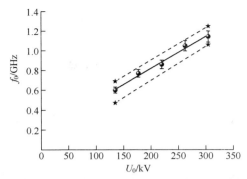

图 12.62　脉冲辐射中心频率与非线性线输入电压幅度的依赖关系

到 560kV。辐射源在脉冲串方式下工作,脉冲串时间宽度为 5s,其脉冲重复频率为 200Hz。

小结

本章阐述了在由发生器产生的双极脉冲激发组合天线阵列基础上构建的高功率超宽带辐射源,并进行了相关的研究和研制工作。对于超宽带辐射源实施了两种线路方案:在第一方案中,天线阵列由一个双极脉冲形成器产生的脉冲经过功率分配器激发,而在第二方案中采用的双极脉冲形成器数等于组合天线数,同时这个方案在超宽带辐射特性控制上具有更大的可能性,这后一个方案的一个特点,是在双极脉冲形成器中采用了双电极不可控的气体开关。

在第一方案框架下,采用宽度 0.2~3ns 双极电压脉冲对多单元(2×2、4×4、8×8)组合天线阵列进行激发,这样建立了系列高功率超宽带辐射源,并且获得了在脉冲重复频率 100Hz 下有效辐射势 rE_p = 0.4~4MV 范围的辐射脉冲。这些源的辐射参数,具有很高的稳定性,甚至在脉冲总数达 2 兆次的情况下,也不需要更换双极脉冲形成器的开关电极。

我们所进行的理论计算和得到的实验结果表明,利用双极脉冲激发组合天线阵列建立的辐射器,具有最大的比效率,即具有最大的辐射有效势与阵列体积或面积之比。

本章展示了建立垂直极化高功率脉冲辐射源的可能性,这是利用时间位移的双极电压脉冲来激发两个垂直取向组合天线子阵列达到的。对于发生器每一个电压脉冲,利用不同长度的馈电电缆,可以实现辐射脉冲串,它们每串的脉冲数等于阵列的天线数。在这种情况下,脉冲串的辐射脉冲重复频率,将比用于激发的电压脉冲重复频率高几个量级。

实践已经表明,采用组合天线,并利用高电压脉冲激发非线性传输线以及在宽频率范围内对频谱中心频率进行调节等手段,可以建立高功率超宽带辐射源。

问题和检测试题

1. 什么是极限的有效辐射势？为实现这个辐射势，阐述一下，对单个天线或阵列的辐射器提出的要求。

2. 讨论一下双极脉冲形成器的不同结构方案，给出它们的优点和缺点。

3. 用什么办法，可使开路线的双极脉冲形成器输出端上双极脉冲具有稳定性？

4. 什么因素限制了双极脉冲形成器开关工作的寿命？如何提高这个寿命？

5. 给出辐射电磁脉冲串的超宽带源的框图，并使它在一次加电中产生的脉冲串具有脉冲重复频率为 1GHz。

6. 哪些参数决定了非线性传输线辐射源频谱中心频率的调节？此时如何改变源的功率？

参考文献

[1] Месяц Г. А. Импульсная энергетика и электроника. – М. : Наука,2004. –704 c.

[2] Giri D. V. High-power electromagnetic radiators: Nonlethal weapons and other applications. – Cambridge: Harvard university press,2004. –198 p.

[3] Benford J. , Swegle J. A. , Schamiloglu E. High power microwaves. Second edition. –New York: Taylor & Francis,2007. –531 p.

[4] Agee F. J. , Baum C. E. , Prather W. D. , Lehr J. M. , O' Loughlin J. P. , Burger J. W. , Schoenberg J. S. H. ,Scholfield D. W. ,Torres R. J. , Hull J. P. , Gaudet J. A. Ultra-wide-band transmitter research // IEEE Trans. Plasma Sci. 1998. V. 26. No. 3. P. 860–872.

[5] Prather W. D. ,Baum C. E. ,Torres R. J. ,Sabath F. ,Nitsch D. Survey of worldwide high-power wideband capabilities // IEEE Trans. Electromagn. Compat. 2004. V. 46. No. 3. P. 335–344.

[6] Кошелев В. И. Антенные системы для излучения мощных сверхширокополосных импульсов//Доклады 3 Всероссийской научно-технической конференции 《Радиолокация и радиосвязь》. Россия, Москва: Институт радиотехники и электроники им. В. А. Котельникова РАН,2009. Т. 1. С. 33–37.

[7] Введенский Ю. В. Тиратронный генератор наносекундных импульсов с универсальным выходом // Известия вузов. Радиотехника. 1959. № 2. С. 249–251.

[8] Ауслендер В. Л. , Ильин О. Г. , Шендерович А. М. Формирование импульсов тока регулируемой длительности //Приборы и техника эксперимента. 1962. № 3. С.81–83.

[9] Ауслендер В. Л. , Ильин О. Г. , Шендерович А. М. Формирование импульсов в переменной нагрузке // Приборы и техника эксперимента. 1963. № 2. С. 173–174.

[10] Koshelev V. I. ,Buyanov Yu. I. ,Kovalchuk B. M. ,Andreev Yu. A. ,Belichenko V. P. , Efremov A. M. ,Plisko V. V. ,Sukhushin K. N. ,Vizir V. A. ,Zorin V. B. High-power ultrawideband electromagnetic pulse radiation // Proc. SPIE. 1997. V. 3158. P. 209-219.

[11] Андреев Ю. А. , Буянов Ю. И. , Визирь В. А. , Ефремов А. М. , Зорин В. Б. , Ковальчук Б. М. , Кошелев В. И. , Сухушин К. Н. Генератор мощных импульсов сверхширокополосного излучения // Приборы и техника эксперимента. 1997. Т. 40. № 5. С. 72-76.

[12] Andreev Yu. A. , Buyanov Yu. I. , Efremov A. M. , Koshelev V. I. , Kovalchuk B. M. , Sukhushin K. N. , Vizir V. A. , Zorin V. B. High-power ultrawideband electromagnetic pulse radiation // Proc. 11 IEEE Pulsed Power Conf. 1997. V. 1. P. 730-735.

[13] Andreev Yu. A. ,Buyanov Yu. I. ,Efremov A. M. ,Koshelev V. I. ,Kovalchuk B. M. ,Plisko V. V. ,Sukhushin K. N. ,Vizir V. A. ,Zorin V. B. Gigawatt-power-level ultrawideband radiation generator // Proc. 12 IEEE Pulsed Power Conf. 1999. V. 2. P. 1337-1340.

[14] Андреев Ю. А. , Буянов Ю. И. , Визирь В. А. , Ефремов А. М. , Зорин В. Б. , Ковальчук Б. М. , Кошелев В. И. , Плиско В. В. , Сухушин К. Н. Генератор гигаваттных импульсов сверхширокополосного излучения // Приборы и техника эксперимента. 2000. Т. 43. № 2. С. 82-88.

[15] Андреев Ю. А. ,Буянов Ю. И. ,Кошелев В. И. Малогабаритные сверхширокополосные антенны для излучения мощных электромагнитных импульсов // Журнал радиоэлектроники. 2006. № 4:http://jre. cplire. ru/mac/apr06/1/text. html.

[16] Ефремов А. М. , Ковальчук Б. М. , Королев Ю. Д. Эффект кратковременного прерывания тока при его переходе через нуль в субнаносекундных газовых разрядниках высокого давления // Журнал технической физики. 2012. Т. 82. № 4. С. 52-61.

[17] Koshelev V. I. ,Buyanov Yu. I. ,Andreev Yu. A. ,Plisko V. V. ,Sukhushin K. N. Ultrawideband radiators of high-power pulses // IEEE Pulsed Power Plasma Science Conf. 2001. V. 2. P. 1661-1664.

[18] Andreev Yu. A. , Gubanov V. P. , Efremov A. M. , Koshelev V. I. , Korovin S. D. , Kovalchuk B. M. ,Kremnev V. V. ,Plisko V. V. ,Stepchenko A. S. ,Sukhushin K. N. High-power ultrawideband radiation source // Laser and Particle Beams. 2003. V. 21. No. 2. P. 211-217.

[19] Pozar D. M. ,Schaubert D. H. ,McIntosh R. E. The optimum transient radiation from an arbitrary antenna // IEEE Trans. Antennas Propagat. 1984. V. 32. No. 6. P. 633-640.

[20] Belichenko V. P. ,Koshelev V. I. ,Plisko V. V. ,Buyanov Yu. I. ,Litvinov S. N. Estimation of a utmost efficient potential of ultrawideband radiating system // Proc. 14 Inter. Symp. on High Current Electronics. Russia, Tomsk: Institute of High Current Electronics SB RAS, 2006. P. 391-394.

[21] Harrington R. F. Effect of antenna size on gain, bandwidth, and efficiency // J. Res. Nat. Bur. Stand. 1960. V. 64D. No. 1. P. 1-12.

[22] Giri D. V. ,Lackner H. ,Smith I. D. ,Morton D. W. ,Baum C. E. ,Marek J. R. ,Prather W. D. ,Scholfield D. W. Design,fabrication,and testing of a paraboloidal reflector antenna and pulser system for impulse-like waveforms // IEEE Trans. Plasma Sci. 1997. V. 25. No. 2. P. 318-326.

[23] Yankelevich Y. , Pokryvailo A. A compact former of high − power bipolar subnanosecond pulses // IEEE Trans. Plasma Sci. 2005. V. 33. No. 4. P. 1186-1191.

[24] Губанов В. П. ,Ефремов А. М. ,Кошелев В. И. ,Ковальчук Б. М. ,Коровин С. Д. , Плиско В. В. ,Степченко А. С. ,Сухушин К. Н. Источники мощных импульсов сверхширокополосного излучения с одиночной антенной и многоэлементной решеткой // Приборы и техника эксперимента. 2005. Т. 48. No. 3. С. 46-54.

[25] Ефремов А. М. ,Кошелев В. И. ,Ковальчук Б. М. ,Плиско В. В. . Сухушин К. Н. Мощный источник сверхширокополосного излучения с мультимегавольтным эффективным потенциалом // Доклады 1 Всероссийской Микроволновой конференции. Россия,Москва: Институт радиотехники и электроники им. В. А. Котельникова РАН,27-29 ноября 2013. С. 197-201.

[26] Mesyats G. A. ,Korovin S. D. ,Gunin A. A. ,Gubanov V. P. ,Stepchenko A. S. ,Grishin A. V. ,Landl V. F. , Alekseenko P. I. Repetitively pulsed high − current accelerators with transformer charging of forming lines // Laser and Particle Beams. 2003. V. 21. No. 2. P. 197-209.

[27] Ефремов А. М. ,Кошелев В. И. ,Ковальчук Б. М. ,Плиско В. В. . Сухушин К. Н. Генерация и излучение мощных сверхширокополосных импульсов наносекундной длительности // Радиотехника и электроника. 2007. Т. 52. № 7. С. 813-821.

[28] Koshelev V. I. , Andreev Yu. A. , Efremov A. M. , Kovalchuk B. M. , Plisko V. V. , Sukhushin K. N. , Liu S. Study on stability and efficiency of high − power ultrawideband radiation source // J. Energy and Power Engineering. 2012. V. 5. No. 6. P. 771-776.

[29] Ефремов А. М. , Ковальчук Б. М. Субнаносекундный делитель напряжения на связанных линиях // Приборы и техника эксперимента. 2004. Т. 47. № 1. С. 69-70.

[30] Ефремов А. М. ,Кошелев В. И. ,Ковальчук Б. М. ,Плиско В. В. . Сухушин К. Н. Мощные источники сверхширокополосного излучения с субнаносекундной длительностью импульса // Приборы и техника эксперимента. 2011. Т. 54. № 1. С. 77-83.

[31] Андреев Ю. А. ,Ефремов А. М. ,Кошелев В. И. ,Ковальчук Б. М. ,Плиско В. В. . Сухушин К. Н. Генерация и излучение мощных сверхширокополосных импульсов пикосекундной длительности // Радиотехника и электроника. 2011. Т. 56. № 12. С. 1457-1467.

[32] Koshelev V. I. , Efremov A. M. , Kovalchuk B. M. , Plisko V. V. , Sukhushin K. N. High-power source of ultrawideband radiation wave beams with high directivity // Proc. 15 Inter. Symp. on High Current Electronics. Russia,Tomsk: Institute of High Current Electron-

ics SB RAS,2008. P. 383-386.

[33] Андреев Ю. А.,Ефремов А. М.,Кошелев В. И.,Ковальчук Б. М.,Плиско В. В.. Сухушин К. Н. Высокоэффективный источник мощных импульсов сверхширокополосного излучения наносекундной длительности // Приборы и техника эксперимента. 2011. Т. 54. № 6. С. 51-60.

[34] Андреев Ю. А., Буянов Ю. И., Кошелев В. И. Комбинированная антенна с расширенной полосой пропускания// Радиотехника и электроника. 2005. Т. 50. № 5. С. 585-594.

[35] Андреев Ю. А., Кошелев В. И., Плиско В. В. Характеристики ТЕМ антенн в режимах приема и излучения // Доклады 5 Всероссийской научно - технической конференции 《 Радиолокация и радиосвязь 》. Россия, Москва: Институт радиотехники и электроники им. В. А. Котельникова РАН,21-25 ноября 2011. С. 77-82.

[36] Baum C. E.,Baker W. L.,Prather W. D.,Lehr J. M.,O'Loughlin J. P.,Giri D. V., Smith I. D.,Altes R.,Fockler J.,McMillan D.,Abdalla M. D.,Skipper M. C. JOLT: A highly directive,very intensive,impulse-like radiator // Proc. IEEE. 2004. V. 92. No. 7. P. 1096-1109.

[37] Fedorov V. M.,Grekhov I. V.,Lebedev E. F.,Milyaev A. P.,Ostashev V. E.,Ulyanov A. V. Active antennas array with control and stabilization of regimes of synchronizing for UWB video-pulses // Proc. 14 Inter. Symp. on High Current Electronics. Russia,Tomsk: Institute of High Current Electronics SB RAS,2006. P. 405-408.

[38] Fedorov V. M., Grekhov I. V., Lebedev E. F., Ostashev V. E., Ulyanov A. V. Ultra-wideband sub-nanosecond high power radiators // Proc. 15 Inter. Symp. on High Current Electronics. Russia,Tomsk: Institute of High Current Electronics SB RAS, 2008. P. 403-406.

[39] Кошелев В. И.,Петкун А. А.,Тарновский В. М.,Шипилов С. Э. Обнаружение металлических объектов на фоне случайно неоднородной поверхности при зондировании сверхширокополосными импульсами // Доклады 5 Всероссийской научно-технической конференции 《Радиолокация и радиосвязь》. Россия,Москва: Институт радиотехники и электроники им. В. А. Котельникова РАН, 21 - 25 ноября 2011. С. 87-92.

[40] Кошелев В. И.,Петкун А. А.,Тарновский В. М. Влияние характеристик среды со случайно неоднородной поверхностью и геометрии приемной решетки на обнаружение металлических объектов // Известия вузов. Физика. 2013. Т. 56. № 8/2. С. 159-163.

[41] Koshelev V. I., Andreev Yu. A., Efremov A. M., Kovalchuk B. M., Plisko V. V., Sukhushin K. N.,Liu S. Increasing stability and efficiency of high-power radiation source // Proc. 16 Inter. Symp. on High Current Electronics. Russia,Tomsk: Institute of High Current Electronics SB RAS,2010. P. 415-418.

[42] Koshelev V. I. , Andreev Yu. A. , Efremov A. M. , Kovalchuk B. M. , Plisko V. V. High-power source of ultrawideband radiation with wave beam steering // Известия вузов. Физика. 2012. Т. 55. № 10/3. С. 217-220.

[43] Ефремов А. М. , Кошелев В. И. , Ковальчук Б. М. , Плиско В. В. Четырехканальный источник мощных импульсов сверхширокополосного излучения // Приборы и техника эксперимента. 2013. Т. 56. № 3. С. 61-67.

[44] Andreev Yu. A. , Buyanov Yu. I. , Koshelev V. I. , Plisko V. V. , Sukhushin K. N. Multichannel antenna system for radiation of high-power ultrawideband pulses // Ultra-Wideband, Short-Pulse Electromagnetics 4. Edited by E. Heyman et al. , New York: Plenum Press, 1999. P. 181-186.

[45] Андреев Ю. А. , Кошелев В. И. , Романченко И. В. , Ростов В. В. , Сухушин К. Н. Генерация и излучение мощных сверхширокополосных импульсов с управляемым спектром // Радиотехника и электроника. 2013. Т. 58. № 4. С. 337-347.

[46] Губанов В. П. , Гунин А. В. , Ковальчук О. Б. , Кутенков О. В. , Романченко И. В. , Ростов В. В. Эффективная трансформация энергии высоковольтных импульсов в высокочастотные колебания на основе передающей линии с насыщенным ферритом // Письма в ЖТФ. 2009. Т. 35. № 13. С. 81-87.

[47] NEC based antenna modeler and optimizer. Электронный ресурс: http://www. qsl. net/ 4nec2.

[48] Federal Communication CommissionUSA (FCC) 02-48, ET Docket 98-153, First Report and Order, April 2002.

[49] Romanchenko I. V. , Rostov V. V. , Gubanov V. P. , Stepchenko A. S. , Gunin A. V. , Kurkan I. K. Repetitive sub-gigawatt rf source based on gyromagnetic nonlinear transmission line // Rev. Sci. Instrum. 2012. V. 80. No. 7. 074705.

附录 1　符　号　表

A^e——电向量势

A^m——磁向量势

A_e——接收天线的有效面积

B——磁感应

$b=f_H/f_L$——频率覆盖系数

C——电容;通信通道的通过能力

C'——单位长度电容

c——电磁波在介质包括真空中的传播速度

D——电感应

D——直径;天线阵列最大横向尺寸

D_0——天线在方向图主方向上的定向作用系数

d——阵列相邻单元的距离

E——电场强度向量

E_t——电场强度向量的切向分量

E_n——电场法线分量

E^i——入射的电场强度

E^r——辐射的电场强度

E^s——散射的电场强度

$E(r,t)$——在空间点 r 时刻 t 的电场强度

$E(r,\omega)$——在圆频率 ω 上空间点 r 的电场强度复幅度

E_p——峰值电场强度

rE_p——有效辐射势

F——误报概率

$F(\theta,\varphi)$——归一天线方向图

$f(\theta,\varphi)$——天线幅度方向图

f——频率

$f_H \sqrt{} f_L$——脉冲频谱上边界频率、下边界频率

f_0——频谱的中心频率

Δf——脉冲频谱宽度

441

G——发射天线放大系数

$g_n(t,\theta,\varphi)$——遗传函数

$\boldsymbol{H}$——磁场强度

$\boldsymbol{H}_t$——磁场强度的切向分量

$\boldsymbol{H}_n$——磁场强度的法线分量

$\boldsymbol{H}^i$——入射磁场强度

$\boldsymbol{H}^r$——辐射磁场强度

$\boldsymbol{H}^s$——散射磁场强度

$\boldsymbol{H}(\boldsymbol{r},t)$——在空间点 $\boldsymbol{r}$ 时刻 t 的磁场强度

$\boldsymbol{H}(\boldsymbol{r},\omega)$——在圆频率 ω 上空间点 $\boldsymbol{r}$ 的磁场强度复幅度

$\boldsymbol{H}_a(i\omega)$——天线的发射函数

$|\boldsymbol{H}_a(\omega)|$——天线的幅频特性

$h(t)$——脉冲响应

$\boldsymbol{h}(t)$——脉冲响应的极化矩阵

h——高度

I、I^e——电流

I^m——磁流

I_e、I_o——电流的同相分量、反相分量

$\boldsymbol{j}^e$——电流密度

$\boldsymbol{j}^m$——磁流密度

$\boldsymbol{J}^e$——电流表面密度

$\boldsymbol{J}^m$——磁流表面密度

$\boldsymbol{k}$——波向量

k——无损耗介质中的波数

k_w——天线的能量效率

k_p——天线的峰值功率效率

k_E——天线的峰值场强效率

K_V——电压驻波系数

K_Σ——接收天线再辐射系数

K_u——电压放大系数;变换系数

L——长度;电感

L'——单位长度电感

l_e——接收天线有效长度

$\boldsymbol{m}$——磁偶极子矩

N——数;编号

N_0——噪声功率频谱密度

n——介质折射系数

$\boldsymbol{p}$——电偶极子矩

$\boldsymbol{p}_a(\theta,\varphi)$——天线极化特性

P——功率;探测概率

P_{Σ}——辐射功率

P_S、P_N——信号功率、噪声功率

p——开关中气体压强

q——电荷;信噪比

Q——天线品质因子

r——距离

R_{Σ}——辐射阻抗

$\boldsymbol{S}$——坡印廷向量

S——面积

$s(t)$——脉冲时间形状

$S(\omega)$——脉冲频谱函数

$|S(\omega)|^2$——辐射脉冲能量频谱

T——脉冲重复周期,振荡周期

T_S——信号宽度

t——时间

$U(t)$、$U_g(t)$——发生器的电压脉冲

$U_a(t)$——接收天线输出端电压

v——电流波传播速度

V——体积

W——能量

W_S——信号能量

$W(u)$——电压分布函数

w^e——电场能量密度

w^m——磁场能量密度

Z_0——介质波阻抗

$Z_a = R_a + iX_a$——天线阻抗

Z_L——负载阻抗

α——衰减系数;向量间夹角

β——相位系数

Γ——反射系数

γ——传播常数

ε——电动势

ε——绝对介电常数

$\varepsilon_r = \varepsilon/\varepsilon_0$——相对介电常数

ε_0——真空介电常数

η——相对带宽；目标形状重建精确度

λ——波长

λ_0——频谱中心波长

μ——绝对导磁系数

$\mu_r = \mu/\mu_0$——相对导磁系数

μ_0——真空导磁系数

$\boldsymbol{\Pi}^e$——电赫兹向量

$\boldsymbol{\Pi}^m$——磁赫兹向量

$\rho \, , \rho_a \, , \rho_f$——线、天线、馈电线路的波阻抗

$\rho^e \, , \rho^m$——电荷密度、磁荷密度

σ——目标有效散射面积；均方偏差

σ^e , σ^m——介质的导电系数、导磁系数

σ_N——噪声色散

τ_p——脉冲时间宽度

φ——标量势

$\Phi_a(\omega)$——天线相频特性

$\psi(\theta,\varphi)$——天线相位方向图

$\omega = 2\pi f$——圆频率

附录 2 缩 略 语

AA	有源天线
AБВ	行波天线
AM	天线模块
AP	天线阵列
ACB	驻波天线
AЧX	幅频响应
AЭ	有源单元
БПФ	快速傅里叶变换
ВПА	向量接收天线
ГФ	遗传函数
ДН	方向图
ИCC	理想匹配层
ИX	脉冲特性或脉冲响应
KA	组合天线
КПД	有效系数
KC	复频谱
КСВН	电压驻波系数
ЛЧM	线性频率调制
ПC	极化结构
СВЧ	超高频(微波)
СШП	超宽带
УЛЗ	可控延迟线
ФБИ	双极脉冲形成器
ФЧX	相频响应,相频特性
ЧПКО	周期间隔关联处理
ЭДС	电动势
ЭМИ ЯВ	核爆炸电磁脉冲
ЭМC	电磁兼容

内 容 简 介

本书是俄罗斯三位学者 B. И. 科舍廖夫、B. П. 别里钦科和 Ю. И. 布扬诺夫撰写的关于超宽带电磁辐射技术的一部专著,这是作者所在的两个单位——俄罗斯科学院西伯利亚分院强流电子学研究所和托木斯克国立大学——的联合科研集体,从 20 世纪 90 年代以来在超宽带脉冲技术领域进行研究和研制成果的总结,包括作者们的一些原创性成果。

本专著在前 8 章中除了阐述超宽带脉冲技术发展及其应用的历史外,主要有超宽带脉冲的定义和特性,非稳态过程电动力学的基本原理和超宽带脉冲辐射在导电、介电目标和通道中的传输和散射问题的求解方法,研究了脉冲信号散射目标和传输通道的脉冲特性,原脉冲的重建方法等。而在后 4 章中,基于行波叠加方法研究了有源接收天线和发射天线的脉冲响应,较详细地描述了超宽带接收天线、发射天线和天线阵列,以及作为高功率超宽带脉冲电磁辐射源的超宽带无线电系统,尤其在天线阵列方面已实践的上至 8×8 阵列系统。基于前述可以看出,本书反映了当今俄罗斯这一技术领域的概况和水平。相信本专著对于从事电磁场和微波技术,超宽带电磁脉冲的产生、辐射、接收和传播等领域的研究、研制和应用的专家和科技研究人员都是有益的。

本书适用于从事相关领域研究和应用的科研院所的专家、科技研究人员以及高等院校相关专业的教师、研究生等。